普通高等学校电气类一流本科专业建设系列教材

特种电机及其控制

邓智泉　主编

科学出版社
北京

内 容 简 介

本书系统论述特种电机的原理、控制及应用。全书共 11 章，包括绪论、步进电动机、永磁无刷直流电动机、伺服电动机、双凸极类电动机、直线电动机、磁悬浮电机、起动发电一体电机、混合励磁发电机、交流容错电动机、超声电机。

本书相对于大多数同类教材，增加了双凸极类电动机、磁悬浮电机、起动发电一体电机、混合励磁发电机、交流容错电动机等具有鲜明特色的章节，并力求反映特种电机发展的最新成果。

本书可作为高等学校电气工程及其自动化、自动化、机械电子工程等专业的高年级本科生及研究生的教材或者教学参考书，也可作为相关科技人员的参考用书。

图书在版编目（CIP）数据

特种电机及其控制 / 邓智泉主编．—北京：科学出版社，2022.3
普通高等学校电气类一流本科专业建设系列教材
ISBN 978-7-03-071672-9

Ⅰ．①特…　Ⅱ．①邓…　Ⅲ．①电机-控制系统-高等学校-教材　Ⅳ．①TM301.2

中国版本图书馆 CIP 数据核字（2022）第 031762 号

责任编辑：余　江 / 责任校对：崔向琳
责任印制：张　伟 / 封面设计：迷底书装

科学出版社 出版
北京东黄城根北街 16 号
邮政编码：100717
http://www.sciencep.com
固安县铭成印刷有限公司 印刷
科学出版社发行　各地新华书店经销
*
2022 年 3 月第　一　版　开本：787 × 1092　1/16
2023 年 7 月第二次印刷　印张：21 1/4
字数：517 000

定价：79.00 元

（如有印装质量问题，我社负责调换）

前　言

有别于传统的交流电机和直流电机，特种电机通常是指在工作原理、结构、技术性能或功能等方面有显著特点的电机。近 20 多年来，随着电力电子技术、计算机技术、新材料技术及控制技术的发展，以及工业信息化及智能化的需求，特种电机发展很快，可谓层出不穷、日新月异。本书作者力求编写一本反映当前特种电机研究和发展现状的教材，并确定以“内容新颖、航空特色”作为本书的选材原则。

本书共 11 章，章节和内容的编排与同类的相关教材相比有较大的更新，除了包含相对经典的步进电动机、永磁无刷直流电动机、伺服电动机、直线电动机和超声电机章节外，结合作者所属院校的航空航天背景以及特种电机的发展趋势，增加了双凸极类电动机、磁悬浮电机、起动发电一体电机、混合励磁发电机和交流容错电动机等具有鲜明行业特色的章节。为反映特种电机发展的最新成果，每个特种电机章节均加上综述性的“应用和发展”一节，一方面是激发读者的学习兴趣，另一方面是给从事该特种电机研究的科研人员提供一份有价值的参考资料，有利于他们了解特种电机发展的最新动向。

在本书编写过程中，尽量考虑全书的系统性和完整性，又保持每种电机的相对独立性。本书重点论述特种电机的原理、控制及应用，理论联系实际。在教学组织上，教师可以根据本科生和研究生的具体要求，有针对性地选择其中的章节进行教学。

本书由南京航空航天大学教师编写，其中邓智泉教授担任主编并编写第 1 章及第 7 章，陈志辉教授编写第 2 章和第 3 章，王晓琳教授编写第 4 章，刘闯教授编写第 5 章，黄旭珍教授编写第 6 章，黄文新教授编写第 8 章，张卓然教授编写第 9 章，郝振洋教授编写第 10 章，李华峰教授编写第 11 章。全书由邓智泉教授统稿。

在本书编写过程中，得到了南京航空航天大学自动化学院和电气工程系有关领导与教师的大力支持。其中，曹鑫教授、魏佳丹教授、王宇副教授、丁强博士参与了本书部分章节的编写工作，邵杰博士、杨艳博士参与了本书的校对工作，在此谨向他们表示诚挚的感谢。

由于作者水平有限，书中难免存在不足之处，恳请读者批评指正。

作　者

2021 年 9 月

目　录

第 1 章　绪　　论

1.1　特种电机的类型

有别于传统的交流电机和直流电机，特种电机通常是指工作原理、结构、技术性能或功能等有显著特点的电机。近半个世纪以来，随着电力电子技术、计算机技术、新材料技术及控制理论的发展，以及工业信息化和智能化的需求，一系列功能特殊、性能独特的有别于传统电机的新颖的机电能量转换装置相继出现。例如，利用压电材料的逆压电效应把电能转换成弹性体的超声振动，并通过摩擦传动方式而获取动力的超声波电机；将微波转换成机械能的微波电机；利用电场和电荷之间的动力而形成的超微电机；此外，还有磁致伸缩驱动器、非晶合金电机、分子电机、光热电机、仿生电机和记忆合金电机等。另外，应用于工业传动、交通运输、航空航天及国防尖端领域的传统电机也因越来越高的性能要求(如更高效、更高功率密度、更高速等)而发生了革命性的变化。例如，磁阻电机与电力电子器件相结合组成的开关磁阻电机；由电子换向电路取代机械换向器发展而来的无刷直流电动机；高速电机和磁轴承相结合构成的磁悬浮电机；功能集成化的起动发电一体电机，以及应用于高可靠性领域的容错电机等。这些电机的工作原理或性能已经突破了传统电机的范畴，也可称为特种电机。特种电机是目前电机技术中最活跃和最具发展潜力的领域，其发展与应用已成为衡量一个国家工业化发达程度的重要标志。

特种电机的种类繁多，功能多样化，对它进行严格的分类是困难的。本书结合特种电机已有的成果及其发展趋势，向读者介绍步进电动机、永磁无刷直流电动机、伺服电动机、直线电动机、特殊功能类电机(包括双凸极类电动机、磁悬浮电机、起动发电一体电机、混合励磁发电机和交流容错电动机)以及超声电机。

步进电动机(Stepping Motor)是一种将电脉冲信号转换成相应角位移或线位移的电动机。每输入一个脉冲信号，转子就转动一个角度或前进一步，其输出的角位移或线位移与输入的脉冲数成正比，转速与脉冲频率成正比，因此步进电动机又称脉冲电动机。步进电动机在不需要数模变换的条件下，可以将数字脉冲信号直接转换成角位移或线位移，非常适合作为数字控制系统的执行元件。目前，步进电动机广泛应用于计算机外围设备、机床进给系统及其他数字控制系统。

永磁无刷直流电动机(Permanent Magnet Brushless DC Motor)可以看作一台用电子换向装置取代机械换向的永磁直流电动机，由永磁同步电动机本体、电力电子逆变器、转子位置检测器和控制器组成。永磁无刷直流电动机具有优良的调速性能，同时克服了传统直流电动机采用机械式换向装置所引起的换向火花、可靠性低等缺点，且运行效率高、功率密度大，广泛应用在航空航天、电动车辆、医疗器械、仪器仪表、伺服系统、数控机床、现代家用电器等领域。

伺服电动机(Servo Motor)也称为执行电动机，是指接收来自上位控制装置的指令信号，驱动被控对象快速、精准跟随指令运动的一类反馈控制电动机。很多情况下，伺服电动机输出量是机械位移(转角)、速度(角速度)等。根据使用电源的类型，伺服电动机可分为直流伺服电动机和交流伺服电动机。和开环控制的步进电动机相比，通过闭环控制的伺服电动机具有宽广的调速范围、线性的机械特性和调节特性、快速响应和更高的控制精度等优良特性，应用领域更广。

双凸极类电动机(Doubly Salient Type Motor)是指一类定、转子均采用凸极结构形式的电动机，主要包括开关磁阻电机(Switched Reluctance Motor)、双凸极电机(Doubly Salient Motor)和磁通切换型电机(Flux Switching Motor)。由于电机每相磁路的磁阻随转子位置而改变，因此在一些文献中双凸极类电动机也被称为可变磁阻电机(Variable Reluctance Motor)。开关磁阻电机由于功率密度和普通感应电机相近，在较宽的运行范围内保持高效率等优越性能，在许多领域得到成功应用。但开关磁阻电机的功率密度、转矩特性和效率与永磁电机相比尤显不足。为提高这类电机的性能，双凸极电机和磁通切换型电机等被相继推出，并引起了广泛的关注。双凸极类电动机的显著特点是：转子结构简单，定子采用集中绕组，成本较低，可控变量多，需和电力电子器件配合工作。但从原理上讲，这三种电机转矩产生的机理不同。开关磁阻电机是利用磁阻转矩运行，而双凸极电机和磁通切换型电机则主要依靠电磁转矩工作。这类电机目前最显著的缺陷是其转矩脉动、振动和噪声等问题。

直线电动机(Linear Motor)是一种将电能直接转换成直线运动的机械能，而不需要任何中间转换装置(如旋转电动机和机械传动装置)的特种电机。在许多场合，其结构更为简单、性能更好、成本更低，直线电动机得到了越来越多的应用。例如，在交通运输领域的地铁和轻轨车、磁悬浮列车；在物流输送领域的各种流水生产线，以及需要进行各种水平和垂直运动的一些机电设备中，如数控机床的进给机构、冲压机，扫描仪和平面绘图仪，直线电梯和电动门等。在军事领域，利用直线电动机制成各种电磁炮、飞机电磁弹射器及其他电磁推进系统。从原理上讲，每种旋转电机都有与之相对应的直线电机，所以直线电机的分类与旋转电机大致相同。本书重点介绍常用的直线感应电动机和永磁直线电动机。

磁悬浮电机(Magnetic Levitation Motor)是一种将电机和磁轴承集成来实现电机转子无机械摩擦悬浮运行的电机。磁悬浮电机分成磁轴承电机(Magnetically Suspended Motor)和无轴承电机(Bearingless Motor)。其中，磁轴承电机主要是指高速磁悬浮电机，当然，还有一些低速重载电机也采用磁轴承技术。无轴承电机则是利用磁轴承和电机结构的相似性，将磁轴承控制绕组功能集成在电机的电枢绕组中，利用电力电子技术和微机控制实现同时具有驱动与自悬浮双重功能的一种新型电机，也称自悬浮支承电机(Self-bearing Motor)。由于不再需要独立的径向磁轴承，可最大限度地减少轴向空间，可微型化，拓宽了磁悬浮电机的应用领域。

起动发电一体电机(Starter Generator)是一种在传统的电起动机、发动机和发电机推进系统的构架基础上，利用电机可逆原理实现电起动机和发电机的集成的特种电机。起动发电一体电机在发动机稳定工作前作为电动机工作，带动发动机转子到一定转速后喷油点火，使发动机进入自行稳定工作状态；此后，发动机反过来带动电机，使其成为发电机向飞机(或车辆、舰艇等)用电设备供电。一台电机具有双重功能，从而大幅度减小了推进系统的体积和重量，提高了可靠性、维修性并降低了成本，是未来飞机(或车辆、舰船等)发展的必然趋势。起动发电一体电机类型较多，本书重点讲授航空三级式同步起动发电一体电机、开关磁阻起动发电一体电机、异步起动发电一体电机、磁通切换型起动发电一体电机和双凸极起动发电一体电机。

混合励磁发电机(Hybrid Excitation Generator)是一种在保持电机较高效率和功率密度的前提下，通过改变电机的拓扑结构，由永磁励磁源和电励磁源共同产生电机主磁场，实现电机的气隙磁场调节和控制，从而改善发电机输出特性的一类新型发电机。一般而言，励磁源主要由永磁磁势提供，而电励磁磁势主要起调节气隙磁场的作用。从永磁磁势和电励磁磁势的相互作用关系来看，混合励磁发电机可分成串联磁势式、并联磁势式和并列磁势式三大类，本书重点讲授这三类混合励磁发电机的工作原理、控制方式和输出特性。

交流容错电动机(AC Fault Tolerant Motor)是一种在系统发生故障时，不采取备份式控制策略，且仍能具备良好输出特性的电机。交流容错电动机有两个典型特点：一是采用多相交流电机(大于三相)；二是具备故障隔离能力，即电机绕组或功率管发生断路或者短路故障时，故障相不影响其他相的正常工作。有别于传统的具有多套绕组和功率变换器备份的余度电机，交流容错电动机只有一套绕组和一套功率变换器。当电机控制系统的某一相绕组或者功率管发生故障时，交流容错电动机控制系统仅需要切除故障相绕组及其变换器支路，由剩下的不对称绕组和变换器支路结合容错控制算法来满足输出特性的要求，而不必如余度电机那样切除包含故障相的一整套绕组(如三相对称绕组)和一整套功率变换器。因此，交流容错电动机在对功率密度和可靠性要求极高的航空航天领域具有重要的应用价值。本书重点讲授开关磁阻容错电机、永磁同步容错电机以及磁通切换型容错电机。

超声电机(Ultrasonic Motor)是利用压电材料(压电陶瓷)的逆压电效应，把电能转换成弹性体的超声振动，并通过定、转子之间摩擦传动的方式转换成运动体的回转或直线运动。这种电机一般工作在 20kHz 以上的频率，这个频率已超出人耳的可听频率范围(2～20kHz)，因此称为超声电机，也是近年来发展起来的一种非电磁原理电机。超声电机具有低速大扭矩、优良的动态响应性能以及良好的电磁兼容性等一系列优点，主要应用于照相机、精密仪器、汽车、航空航天、机器人等领域。

1.2　特种电机的发展概况和发展趋势

特种电机技术是集电机技术、精密机械及传感技术、材料科学、计算机技术、电力电子技术、控制技术、微电子技术、网络技术等诸多现代科学技术于一体的综合技术，目前的发展呈现如下趋势。

(1) 机电一体化。

机电一体化就是将传统电机和电力电子技术、传感器技术、计算机技术、现代控制理论相结合，最终实现电机的智能化。电机的应用已从传统简单的提供动力为目的发展到对其速度、位置和转矩等物理量的精确控制。为适应日益发展的智能化需求，机电一体化是必由之路。这样一来，改变了特种电机作为一个部件使用的传统概念，确立了特种电机作为一个系统来设计、制造和应用的新概念，标志着特种电机发展已步入一个新的阶段。

(2) 功能集成化。

在机电一体化的基础上，随着对电机的性能、价格多方面的综合需求，功能集成化也是特种电机发展中一直值得关注的方向。例如，将变频器和电机结构集成的变频电机；电动机和发电机功能集成的起动发电一体电机；磁轴承和电机结构集成的磁轴承电机；磁轴承和电机功能集成的无轴承电机；集直流发电机和交流发电机于一体的交直流发电机；电机转子和叶片集成的电动泵等。由于原理和结构的制约，各功能之间常常不可避免地存在相互制约或者耦合，而利用先进的控制策略实现多功能之间的协调或者解耦是目前特种电机的热门研究之一。

(3) 小型化和微型化。

在信息类产品和消费类产品、国防产品、医疗设备和航空航天装备中，对与之配套的电机提出了小型化和微型化的要求，如存储驱动器、微型摄像机、数码相机、微型收录机及移动手机等采用的小型或者微型的永磁无刷直流电机，应用于国防领域的微、轻、薄的永磁直流力矩电动机，应用于微型飞行器中的超薄型超声电动机，穿行于人体血管的亚毫米级微型电动机，以及用于控制药物释放速度的纳米级电机。

(4) 大功率化。

在工业传动、航空航天及舰船领域，特种电机呈现大功率化的趋势。目前，应用于舰船电力推进系统的稀土永磁电机的单台容量已超过 30MW，工业传动中开关磁阻电机的单台容量已超过 5MW。我国开发的高效稀土永磁电动机的功率达到 1120kW，而用于高铁动车的永磁牵引系统功率达 690kW。

(5) 高速化和高功率密度化。

随着现代工业的飞速发展，在新能源汽车、透平机械和航空航天领域，特种电机呈现高速化和高功率密度化的发展趋势。新型陶瓷轴承、油膜轴承、空气箔片轴承和磁轴承的技术进步为电机的高速化创造了条件，而永磁材料和电工材料的进步、电力电子技术的发展以及先进的电机系统设计手段则为高功率密度电机的发展铺平了道路。

(6) 新原理突破。

随着特种电机应用领域的拓宽以及新原理、新材料和新技术的发展，开发具有非电磁原理的特种电机已成为电机发展的一个重要方向。例如，利用压电材料的逆压电效应的超声波电机，利用霍尔效应的自整角机，还有诸如微波电动机、静电电机、磁致伸缩驱动器、非晶合金电机、分子电机、光热电机、仿生电机和记忆合金电机等。这类特种电机的发展，已经有别于传统的电磁理论，而与其他学科相互融合，相互渗透。其中，材料科学的发展，如高性能稀土永磁材料、陶瓷合金、导磁合金等材料的应用极大地推动了特种电机的技术发展与变革。

1.3　本书的特点、章节安排及使用说明

“特种电机及其控制”课程是面向电气工程及其自动化、自动化、机械电子工程等专业高年级本科生和研究生开设的一门综合性强、实践性较高的专业课程。“特种电机及其控制”课程要求学生先修的课程有电机学(或电机与拖动基础)、电力电子技术、自动控制原理、数字和模拟电子技术基础、单片机原理与接口技术、检测技术等。通过本书的学习，应掌握特种电机的基本原理、分析方法和基本性能，同时巩固、加深和拓宽“电机学”课程中所

学的理论知识。

本书共 11 章，章节和内容的编排与已有的相关教材有较大的更新。结合本书编写组所在高校的航空航天背景以及特种电机的发展趋势，本书在相对经典的特种电机的基础上，增加了双凸极类电动机、磁悬浮电机、起动发电一体电机、混合励磁发电机和交流容错电动机等具有鲜明行业特色的章节。除此之外，本书在讲述每种特种电机时均加上综述性的“应用和发展”一节，这不仅有利于广大学生和科研人员了解特种电机发展的最新动向，也希望以此激发相关科研人员的学习热情。

本书在编写中尽量考虑全书的系统性和完整性，又保持每种电机的相对独立性。在教学组织上，各院校可以根据本科生和研究生的具体要求，有目的地选择相关章节来进行教学。

随着科学技术的飞速发展，各类新结构、新原理的特种电机层出不穷。本书不可能涵盖所有的特种电机。希望读者通过本书的学习，掌握各类特种电机的基本原理、控制方法，并通过实验和科研环节加深对特种电机的基本理解，培养在遇到新技术、新问题时，能通过查阅相关文献资料，独立认知和研究新型特种电机的能力。

第 2 章　步进电动机

2.1　步进电动机的概述

步进电动机属于一种机电能量转换装置，其主要功能是将电脉冲信号转变为角位移或线位移。给电机加一个脉冲信号，电机则转过一个步距角。

步进电动机已被广泛应用于数控机床、自动化设备、仪器仪表等行业，但它与普通的直流电机、交流电机不同，必须与双环形脉冲信号、功率驱动电路等组成的控制系统相配合方可使用。因此，要真正用好步进电动机需要涉及电机、机械、电子及计算机等多方面专业知识。

步进电动机可以分为反应式步进电动机(Variable Reluctance Stepper)、永磁式步进电动机(Permanent Magnet Stepper)和混合式步进电动机(Hybrid Stepper)。本章在介绍这三种步进电动机结构特点的基础上，以反应式步进电动机为重点来讲述步进电动机的基本原理与运行特性。

一个完整的步进电动机驱动系统如图 2.1 所示，它由控制器、驱动器以及步进电动机本体三部分组成。

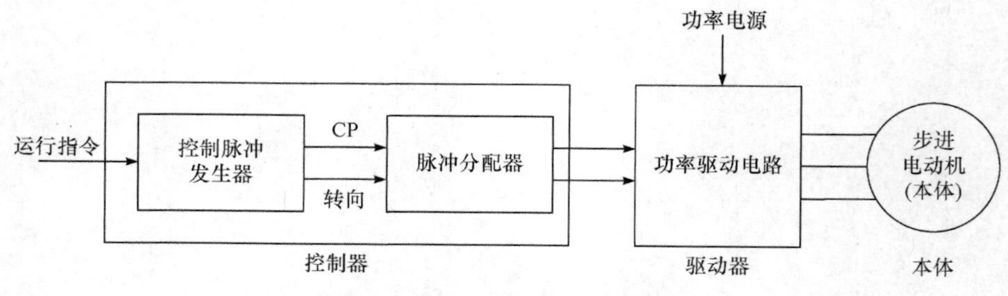

图 2.1　步进电动机驱动系统构成

2.1.1　步进电动机的定义与类别

下面对三种步进电动机逐一进行介绍。

1. 反应式步进电动机

1) 单段式 VR(变磁阻)型

图 2.2 是一个三相反应式步进电动机的示意图，定子铁心和转子铁心均由硅钢片叠压而成，多采用厚度为 0.5mm 或 0.35mm 的冷轧钢片。

步进电动机的转子部件由转子铁心和转轴等构成，转子上没有线圈，对于反应式步进电动机来说，转子上没有永磁体。转子的外圆周开有小槽，槽宽与齿宽相等，图中的转子齿数为 40 个。

图 2.2 中的步进电动机定子内周设有 6 个磁极，每个磁极上有 5 个小齿，小齿宽和槽宽均与转子的小齿宽度相等。定子的每个磁极上绕制有励磁绕组，径向相对的两个磁极上的励磁绕组串联，组成一对磁极。

2) 多段环形绕组 VR 型

三相三段环形绕组 VR 型步进电动机示意图如图 2.3 所示。图中的电机，在轴向有 3 段，每段结构相同，相邻两段之间留有空隙，以消除相互之间的磁路耦合。3 段转子共用一根轴。

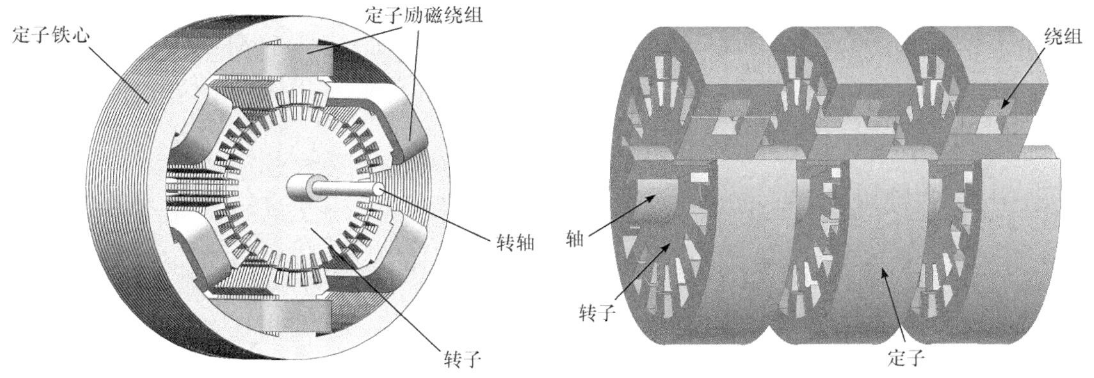

图 2.2　三相反应式步进电动机结构示意图　　图 2.3　三相三段环形绕组 VR 型步进电动机示意图

每段均有一个环形的绕组，称为一相绕组，嵌在定子铁心中。因而，图 2.3 中的电机为三相步进电动机。此外，定子的齿数与转子齿数一致，通常设计齿和槽等宽。为了使转子在任意位置都能产生电磁转矩，当沿轴向分布的 3 个定子，安装角度一致时，转子必须相互错开 1/3 齿距(即 120°电角度)。

该电机的绕组通电时，主磁路为轴向-径向流通。

3) 多段圆周分布绕组 VR 型

多段式结构也可以采用圆周分布式绕组，三相三段圆周分布绕组 VR 型步进电动机示意图如图 2.4 所示。每段结构，包括定子铁心、转子铁心、绕组形式等完全一样。图中，三段转子铁心的安装角度一致，有时可以将转子铁心做成一体。三段定子铁心相互错开 1/3 齿距(即 120°电角度)。

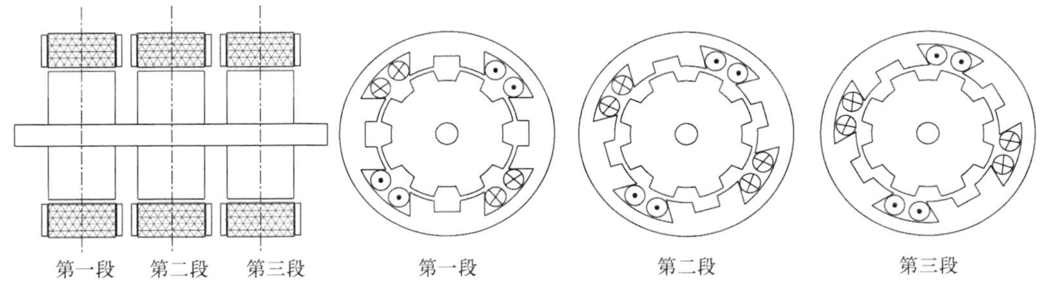

图 2.4　三相三段圆周分布绕组 VR 型步进电动机示意图

每段的绕组由 4 个沿圆周分布的线圈串联而成，形成一相。当绕组通电时，将形成轴向-径向流通的主磁路。

2. 永磁式步进电动机

图 2.5 是永磁式步进电动机示意图。其转子由永磁体和轴等组成，转子上不设小齿结构，因此，通常为大步距步进电动机。永磁材料一般选用铁氧体和铝镍钴。选用铁氧体时，大多数步距角为 7.5°和 15°，使用铝镍钴的步进电动机步距角多为 45°和 90°。

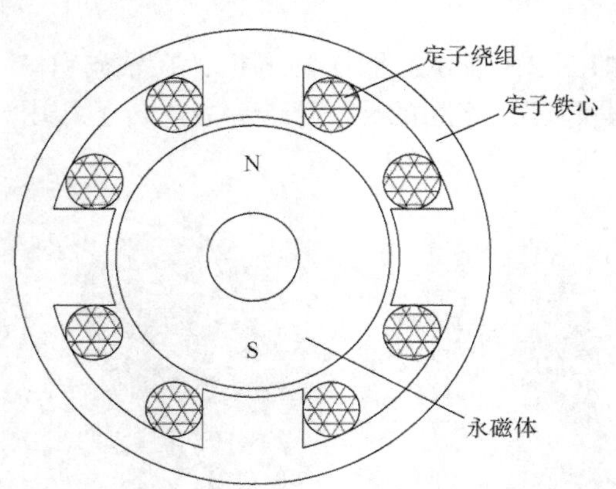

图 2.5　永磁式步进电动机示意图

图 2.5 中，永磁体为 2 极结构，定子上的 4 个齿上绕有 4 个线圈，径向相对的线圈可串联形成对应的相绕组，因此该结构为两相永磁式步进电动机。

3. 混合式步进电动机

混合式步进电动机也称为感应子式步进电动机，其结构如图 2.6 所示。转子铁心分为两段，中间夹有一块轴向磁化的永磁体。两段铁心错开 1/2 齿距。图中，定子线圈同时跨过两段定子铁心，当径向相对的线圈串联成一相绕组时，该电机便成为四相混合式步进电动机。

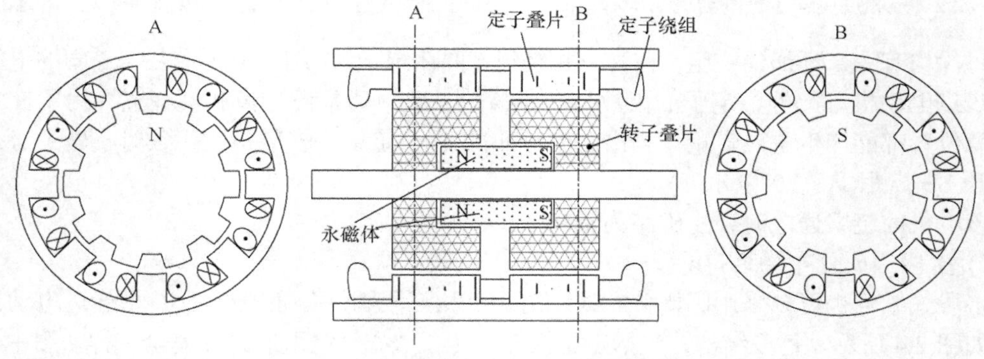

图 2.6　混合式步进电动机示意图

此外，与反应式步进电动机类似，混合式步进电动机可以在定、转子均设小齿结构，使其可以在小步距角的场合运行。

2.1.2　步进电动机的特点与应用领域

步进电动机在经济生产中应用广泛，通常认为具有如下特点：

(1) 输入脉冲信号数与位移相对应，步距误差不会长期累积，既可组成结构简单的开环控制系统，也可构成高精度闭环控制系统。

(2) 可以在较宽范围内对速度进行平滑调节。用一台控制器可以控制几台步进电动机同步运行。

(3) 容易实现起动、停止、正反转及变速运行，响应速度快。

(4) 具有自锁能力。

(5) 电机为无刷结构，转子上无绕组，可靠性高。

(6) 选择电机的不同结构，可以实现几十角分到 180°的步距角。小步距情况下，可实现低速高转矩稳定运行，不需减速装置即可直接驱动负载。

(7) 需要与专用的控制器、驱动器配合才能正常工作，不可直接使用普通的交直流电源。

(8) 步进电动机带惯性负载的能力较差。

(9) 在负载不匹配，或运行条件不合理时，存在失步、共振等现象。

步进电动机构成的控制系统具有定位精度高、可控性好、工作稳定可靠的特点。与交、直流伺服电机构成的控制系统相比，具有控制简单、造价便宜、性能可靠的优势。因此，步进电动机被广泛应用于电力、机械、仪表、冶金、纺织、医疗、航空等领域。具体包含以下几个方面：

(1) 涉及精准定位的场合，如包装机、机器人示教等。

(2) 要求运行平稳、反应快、噪声低的场合，如刻字机、写真机、医疗器械相关设备、计量仪器、精密机器和汽车等。

(3) 频繁起动、反应快且运行平稳的场合，如电脑绣花、移栽机等。

2.2　反应式步进电动机的特性

反应式步进电动机的运行状态可以分为静止、单步运行和连续运行三种，下面分别对它们进行描述。

2.2.1　步进电动机的静态特性

随着控制脉冲按顺序输入步进电动机控制器，电机各相绕组将会按一定顺序轮流通电，而步进电动机转子就一步一步地转动。当控制脉冲停止发送时，若对应的相绕组仍施加恒定不变的电流，则转子将固定在某一位置上，保持静止状态，或称为静态运行状态。

静态运行特性是指步进电动机的静转矩 T_e 与转子失调角 θ_e 之间的关系 $T_e = f(\theta_e)$，简称矩角特性。步进电动机的静转矩就是同步转矩(即电磁转矩)，失调角是转子偏离初始平衡位置的电角度，即通电相的定、转子齿中心线间用电角度表示的夹角 θ_e，典型的失调角与电磁转矩关系如图 2.7 所示。

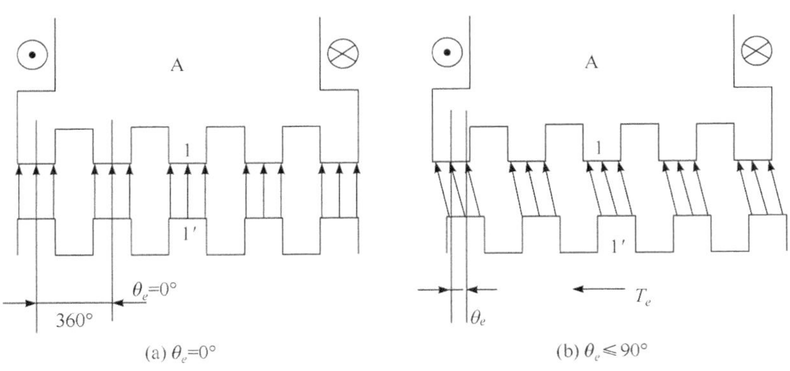

(a) θ_e=0°　　(b) $\theta_e \leqslant 90°$

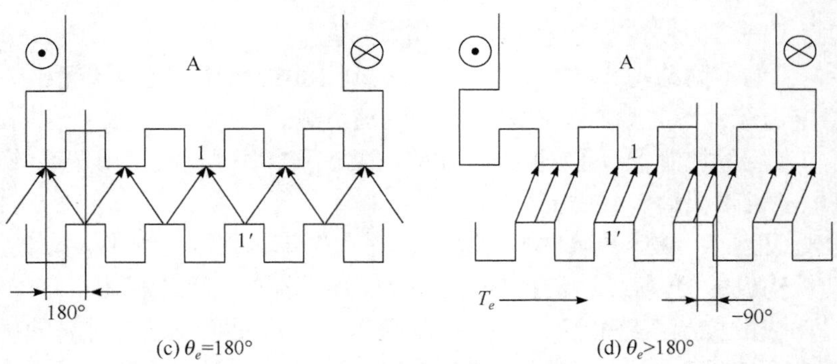

图 2.7　失调角与电磁转矩之间的关系

在步进电动机中，可以把转子齿数看作转子的极对数，于是，电角度就等于机械角度乘上转子齿数。那么，一个转子齿距角就对应 360°电角度或 2π电弧度，即用电角度或电弧度表示的齿距角为θ_{te}=360°或θ_{te}=2π(rad)。

多相步进电动机的相绕组可以采用单相通电的控制方式，也可以几相同时通电，需要分别进行讨论。

1. 单相通电

对于任意一台步进电动机，采用 N 拍控制时的步距角(电角度)为

$$\theta_{be}=\frac{\theta_{te}}{N}=\frac{360°}{N}=Z_r\theta_b \tag{2.1}$$

或

$$\theta_{be}=\frac{2\pi}{N}\ (\text{rad}) \tag{2.2}$$

所以，当拍数 N 一定时，无论转子齿数是多少，采用电周期表示的步距角均相等。对于三相步进电动机，三拍运行时的步距角为 120°电角度，六拍运行时步距角变为 60°电角度。

将步进电动机通电相的定、转子齿对齐时的位置角定义为转子零位，即θ_e=0°，此时电机转子不受切向磁拉力的作用，转矩 T_e 等于 0，如图 2.7(a)所示。

若转子齿相对于定子齿向右错开一个角度，这时将会出现切向磁拉力，产生转矩 T_e，其方向往左边，作用是阻碍转子齿错开，故为负值，当θ_e≤90°时，θ_e 越大，静转矩 T_e 绝对值越大，如图 2.7(b)所示。

当θ_e>90°时，由于磁阻显著增大，进入转子的磁通量急剧减少，切向磁拉力或静转矩随之减小，直到θ_e=180°时，转子齿处于两个定子齿的正中间，两个定子齿对转子齿的磁拉力相互抵消，静转矩 T_e 又等于 0，如图 2.7(c)所示。

如果θ_e 继续增大，则转子齿将受到另一个定子齿磁拉力的作用，出现与θ_e<180°时相反的转矩，即为正值，如图 2.7(d)所示。

通过以上分析可知，静转矩 T_e 随失调角 θ_e 呈周期性变化，周期恰好是一个齿距，即 360°电角度。$T_e=f(\theta_e)$的形状较复杂，它与铁心材料、气隙大小、定转子齿形状及磁路饱和程度有关。实践表明，反应式步进电动机的矩角特性接近正弦曲线，如图 2.8 所示。

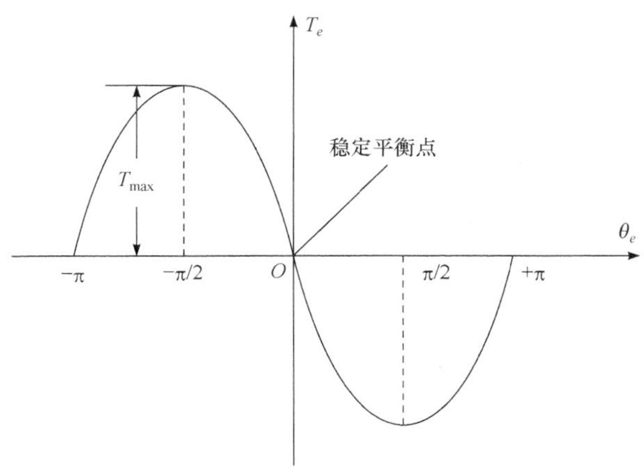

图 2.8　步进电动机的矩角特性

由图 2.8 所示的步进电动机的矩角特性曲线可以看出，当失调角 θ_e 在−180°～+180°电角度(相当于±1/2 齿距)的范围内时，若有外部扰动使转子偏离初始平衡位置，则待外部扰动消失后，转子仍能回到稳定平衡位置，因此，我们把 θ_e=0°的位置称为稳定平衡点。此外，θ_e=±180°的位置则是不稳定平衡点。

步进电动机矩角特性曲线上的静态转矩最大值 T_{max} 表示步进电动机承受负载的能力，它直接影响步进电动机的多个特性。因此，静态转矩最大值是步进电动机主要性能指标之一，在电机技术数据中通常都会标明。

2. 多相通电

对步进电动机来说，多相通电时的矩角特性和最大静态转矩 T_{max} 与单相通电时不同。可以利用叠加原理，将各相独立通电时的矩角特性叠加起来求得近似的多相通电时的矩角特性。

这里先以三相步进电动机为例加以说明。三相步进电动机可以单相通电，也可以两相同时通电，下面推导三相步进电动机在两相通电时(A、B 两相)的矩角特性。

A 相通电时的矩角特性是一条通过原点的正弦曲线，可以用式(2.3)表示：

$$T_{\mathrm{A}} = -T_{\max} \sin\theta_e \tag{2.3}$$

当 B 相单独通电时，由于 θ_e=0°时的 B 相定子齿轴线与转子齿轴线错开一个三相三拍制的步距角，以电角度表示，其值为 $\theta_{be}=\theta_e/3$=120°电角度，如图 2.9 所示。因此 B 相通电时的矩角特性可表示为

$$T_{\mathrm{B}} = -T_{\max} \sin(\theta_e - 120°) \tag{2.4}$$

A、B 两相同时通电时的矩角特性应为两者单独通电的矩角特性的叠加，即

$$T_{\mathrm{AB}} = T_{\mathrm{A}} + T_{\mathrm{B}} = -T_{\max}(\sin\theta_e - 60°) \tag{2.5}$$

可见它是一条幅值不变，相移 60°(即 θ_e/6)的正弦曲线。A 相、B 相及 A、B 两相同时通电的矩角特性如图 2.9(a)所示。除了用波形图表示多相通电时的矩角特性外，还可以用向量图来表示它，如图 2.9(b)所示。

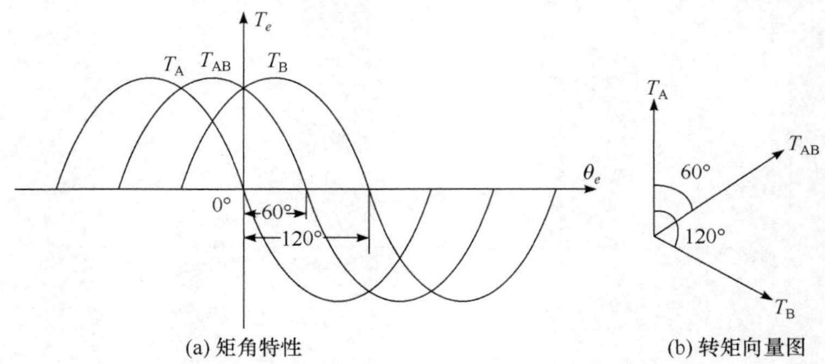

图 2.9　三相步进电动机单相、两相通电时的转矩

可见，对于三相步进电动机，两相通电的最大静态转矩值与单相通电时的最大静态转矩值相等。也就是说，三相步进电动机不能通过增加通电相数来提高转矩，这是三相步进电动机的一个缺点。对于多相步进电动机来说，多相通电还是可以提高转矩的。下面以五相步进电动机为例进行分析。

与三相步进电动机的分析方法一样，也可作出五相步进电动机的单相、两相、三相通电时矩角特性的波形图和向量图，分别如图 2.10(a)和图 2.10(b)所示。

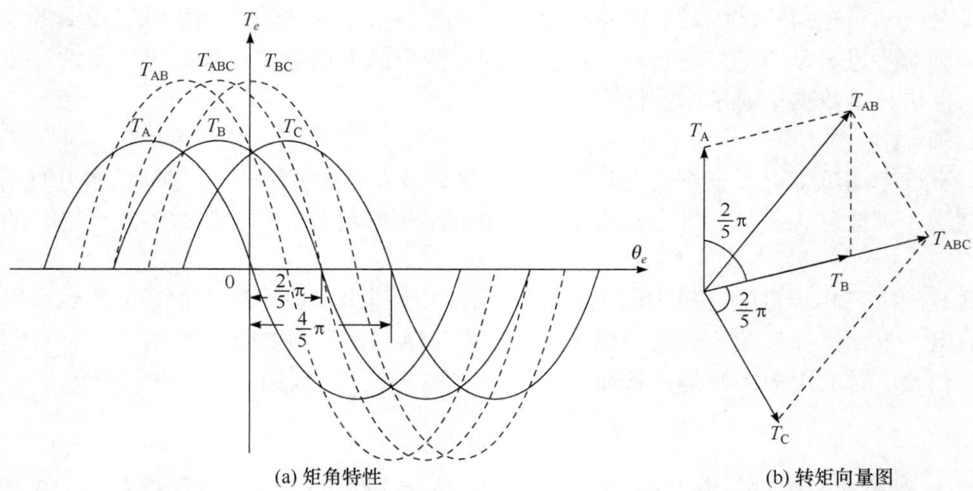

图 2.10　五相步进电动机单相、两相、三相通电时的转矩

由图 2.10 可见，两相和三相通电时，矩角特性相对 A 相通电的矩角特性分别移动了 $\theta_{te}/10=36°$及 $\theta_{te}/5=72°$相角，静态转矩最大值都比一相通电时大 61.8%。因此，五相步进电动机采用两相-三相运行方式不但转矩比单相通电运行方式增大，而且矩角特性形状相同，这对步进电动机的稳定运行非常有利，在实际使用时，这样的运行方式也是人们优先考虑的。

2.2.2　步进电动机的单步运行

单步运行状态是指控制脉冲的频率很低，在下一个脉冲到来之前，上一步运行已经完成，电机表现为一步一步地完成脉动(步进)式转动的情况。

1. 单步运行和最大负载转矩

以三相单三拍运行方式为例，设负载转矩为 T_L，当 A 相通电时，电机的矩角特性为 A 相矩角特性，其静态工作点为图 2.11 中的 A 点，对应的转子角位置为 θ_1。若 A 相断电，B 相通电，则电机的矩角特性将跃变为 B 相的矩角特性曲线。由于此时电磁转矩大于负载转矩(如图 2.11 中的阴影线所示)，转子运动，到达新的稳定平衡点 B，对应的转子角位置为 θ_2，即电机前进了一个步距角 $\theta_b=\theta_2-\theta_1$。

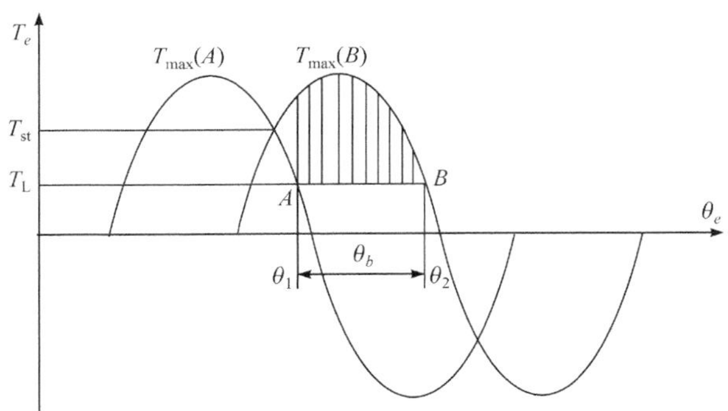

图 2.11　步进电动机单步运行

由图 2.11 可知，相邻两拍矩角特性的交点所对应的转矩是单步运行时电机输出的最小电磁转矩，要保证电机能够步进运动，负载转矩不能大于该转矩。也就是说，相邻两拍矩角特性的交点所对应的转矩是电机做单步运行所能带动的极限负载，称为极限起动转矩 T_{st}，其数学表达式为

$$T_{st}=-T_{max}\sin\frac{\theta_{be}}{2}=T_{max}\cos\frac{\theta_{be}}{2}=T_{max}\cos\frac{\pi}{N} \tag{2.6}$$

式中，N 为运行拍数。

由式(2.6)可见，在电源等条件不变的情况下(T_{max} 已定)，要提高步进电动机的负载能力，可以增加运行拍数，如三相电机由单三拍改为单双六拍运行。

另外，若 $m=2$，即两矩角特性相差 180°电角度，则 $T_{st}=0$，将没有带负载进行单步运行的能力。所以反应式步进电动机的相数应满足 $m=3$，相数越多，T_{st} 就越接近 T_{max}。

由于实际负载可能发生变化，T_{max} 的计算也不准确，在选用步进电动机时应留有足够的余量。

2. 单步运行时的振荡现象

前面的分析认为当绕组通电状态切换时转子是单调地趋向新的平衡位置，但实际情况往往并非如此。

参考图 2.11 进行说明，设开始位置，电机在 A 相通电作用下，处于稳定平衡点(θ_1 位置)，此时 $T_e=T_L$。当输入一个脉冲后，转子将转向新的稳定平衡点(θ_2 位置)。当转子到达 θ_2 位置时，$T_e-T_L=0$，但转子在运动过程中积累的动能会使转子冲过新的平衡位置。而此后 $T_e-T_L<0$，又使电机减速，进而反向运动。由于阻尼和能量损耗的结果，转子将在新的平衡位置附近处做衰减振荡。

单步运行时的振荡现象对电机的运行是很不利的，它影响系统的控制精度，带来了振动及噪声，更有甚者会使转子失步。步进电动机在运行中常常通过增大阻尼的方法来抑制振荡现象。

2.2.3 步进电动机的连续运行和动态特性

随着外加脉冲频率的提高，步进电动机进入连续运行状态。在伺服系统中，步进电动机经常做起动、制动、正转、反转、调速等动作，并在各种频率下(对应各种转速)运行，这就要求电机的步数与脉冲数严格相等，既不丢步也不越步，而且转子的运动应是平稳的。否则，由步进电动机的“步进”所保证的系统精度就失去了意义。因此，在运行过程中保持良好的动态性能是保证伺服系统可靠工作的前提。

1. 动态转矩与矩频特性

当输入脉冲频率逐渐增加，电机转速逐渐升高时，可以发现步进电动机的负载能力将逐步下降。电机转动时产生的转矩称为动态转矩，动态转矩与电源脉冲频率之间的关系称为矩频特性。

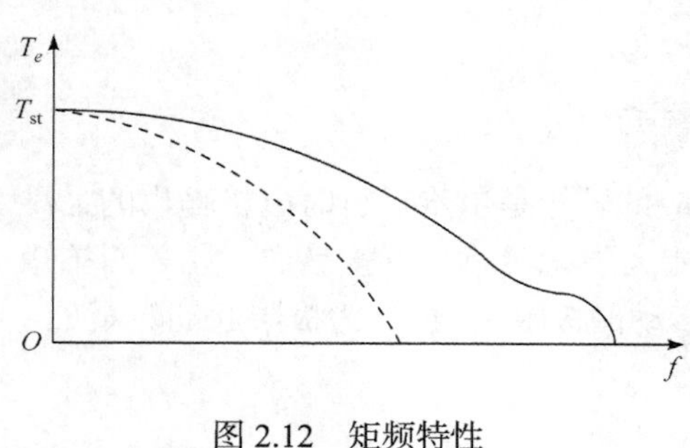

图 2.12 矩频特性

图 2.12 是步进电动机的矩频特性。该特性说明电源频率升高，步进电动机的最大输出转矩要下降，这主要是由控制绕组电感影响造成的。由于控制回路有电感，所以控制绕组通、断电后，电流均需一定的上升或下降时间。

当输入控制脉冲的频率较低时，绕组通电和断电的周期较长，电流的波形比较接近理想矩形波，如图 2.13(a)所示。频率升高，周期缩短，电流来不及上升到稳定值就开始下降，如图 2.13(b)所示。于是电流幅值降低(由 i_1 下降到 i_2)，因而产生的转矩也减小，电机带负载能力下降。

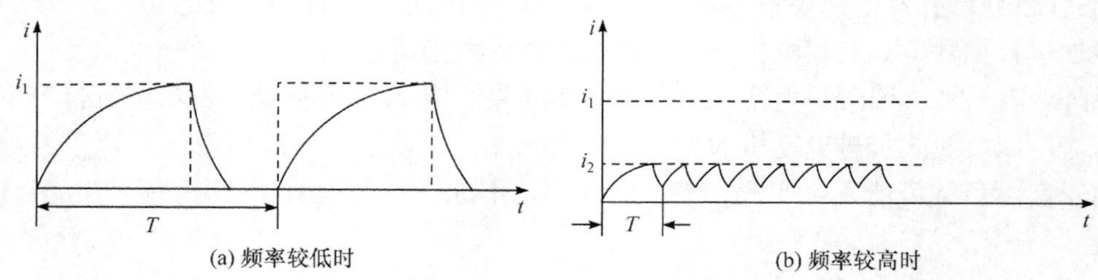

图 2.13 不同频率时控制绕组的电流波形

此外，当频率增加时，电机铁心中的涡流损耗也随之增大，使输出频率和转矩随之下降。当输入脉冲频率增加到一定值时，步进电动机已带不动任何负载，而且只要受到一个很小的扰动，就会振荡、失步，甚至停转。

从矩频特性可见，对于一定的供电方式，负载转矩越大，步进电动机允许的工作频率越低。图 2.12 所示的曲线即频率极限，工作频率绝对不能超过它。

值得注意的是，在电机起动时所能施加的最高频率(称为起动频率) f_{st} 比连续运行频率低得多，起动矩频特性如图 2.12 中的虚线所示。这是因为在起动过程中，电机除了要克服负载转矩 T_L 外，还要克服加速力矩 $J = d^2\theta/dt^2$。

2. 静稳定区和动稳定区

如图 2.14 所示，当步进电动机转子处于静止状态，A 相通电时，若转子上没有任何强制作用，则稳定平衡点是坐标原点 O。如果在外力矩作用下，转子离开平衡点，只要失调角在 $-\pi < \theta_e < \pi$ 范围内，当外力矩消失后，转子在电磁转矩的作用下仍会回到平衡位置 O 点；如果不满足这样的条件，即 $\theta_e > \pi$ 或 $\theta_e < -\pi$ 时，转子就会向前一齿或后一齿的平衡点运动，从而离开正确的平衡点，$\theta_e = 0$，所以 $-\pi < \theta_e < \pi$ 区间称为静稳定区。

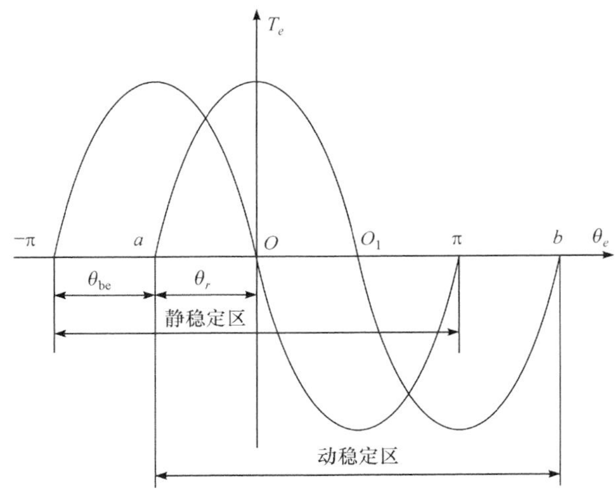

图 2.14　静稳定区和动稳定区

如果切换到 B 相绕组通电，这时矩角特性向前移动一个步距角 θ_{be}，新的稳定平衡点为 O_1，如图 2.14 所示，它对应的静稳定区为 $-\pi + \theta_{be} < \theta_e < \pi + \theta_{be}$。在绕组换接的瞬间，转子位置只要在这个区域内，就能趋向新的稳定平衡点，因此 $-\pi + \theta_{be} < \theta_e < \pi + \theta_{be}$ (即区间 ab) 称为电动机空载时的动稳定区。

图 2.14 中，a 点与 O 点之间的是静稳定区和动稳定区的重合区间，a 点与 O 点的夹角 θ_r 称为稳定裕度(或裕量角)。裕量角越大，电动机运行越稳定。

$$\theta_r = \pi - \theta_{be} = \pi - \frac{2\pi}{mCZ_r} = \frac{\pi}{mC}(mC - 2) \tag{2.7}$$

由式(2.7)可见，C=1 时，反应式步进电动机的相数最少为 3。电动机的相数越多，步距角越小，相应的稳定裕度越大，运行的稳定性也越好。

3. 不同频率下的连续稳定运行

1) 连续单步运行

在控制脉冲频率很低的情况下，转子一步一步地连续向新的平衡位置转动，电动机连续单步运行。在有阻尼的情况下，此过程为衰减的振荡过程。由于通电周期较长，当下一个控制脉冲到来时，电动机近似从静止状态开始，其每步都和单步运行基本一样，电机具有步进的特征，如图 2.15 所示。

在连续单步运行情况下，振荡是不可避免的，但最大振幅不会超过步距角，因而不会出现丢步、越步等现象。

2) 低频丢步和低频共振

当控制脉冲频率比连续单步运行频率高时，可能会出现在一个周期内转子振荡尚未衰减完毕，下一个脉冲已经到来的情况。这时下一个脉冲到来时转子究竟处于什么位置与脉冲的频率有关。如图 2.16 所示，当脉冲周期为 $T'(T'=1/f')$ 时，转子离开平衡位置的角度为 θ_e'；而周期为 T'' 时，转子离开平衡位置的角度为 θ_e''。

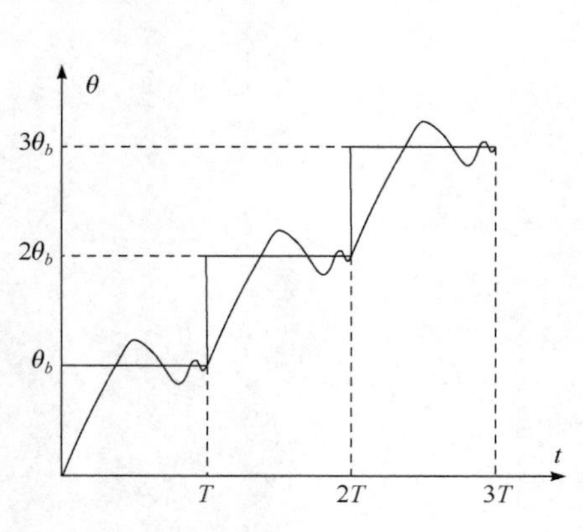

图 2.15 连续单步运行

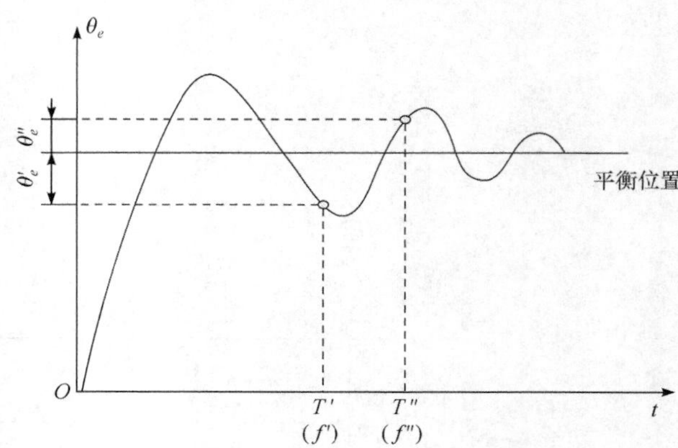

图 2.16 不同脉冲周期时的转子位置

值得注意的是，当控制脉冲频率等于或接近步进电动机振荡频率的 $1/k$ ($k=1,2,3,\cdots$)时，电机就会出现强烈振荡现象，甚至丢步或无法工作，这就是低频共振和低频丢步现象。

下面以三相步进电动机空载为例，说明低频丢步的物理过程。如图 2.17 所示，设转子开始时处于 A 相矩角特性的平衡位置 a_0 点，第一个脉冲到来时换为 B 相通电，矩角特性移动一个步距角 θ_{be}，转子向 B 相的平衡位置 b_0 点运动。由于运动过程中的振荡现象，转子要在 b_0 点附近振荡若干次，其振荡频率接近单步运行频率 f_0'，周期为 $T_0'=1/f_0'$。如果控制脉冲的频率也为 f_0'，则第二个脉冲正好在转子回摆到最大值时(对应于图中的 R 点)到来。这时换接成 C 相通电，矩角特性又移动一个步距角 θ_{be}。如果 R 点位于 c_0 点的动稳定区之外，即 $\theta_{eR}<-\pi+\theta_{\mathrm{be}}$，如图 2.17 所示，则 C 相通电时转子受到负的转矩作用，使转子不是由 R 向 c_0 点运动，而是向 c_0' 点运动。接着第三个脉冲到来，转子又由 c_0' 点返回 a_0 点。这样，转子经过三个脉冲仍然回到原来的位置，也就是丢了三步。这就是低频丢步的物理过程。

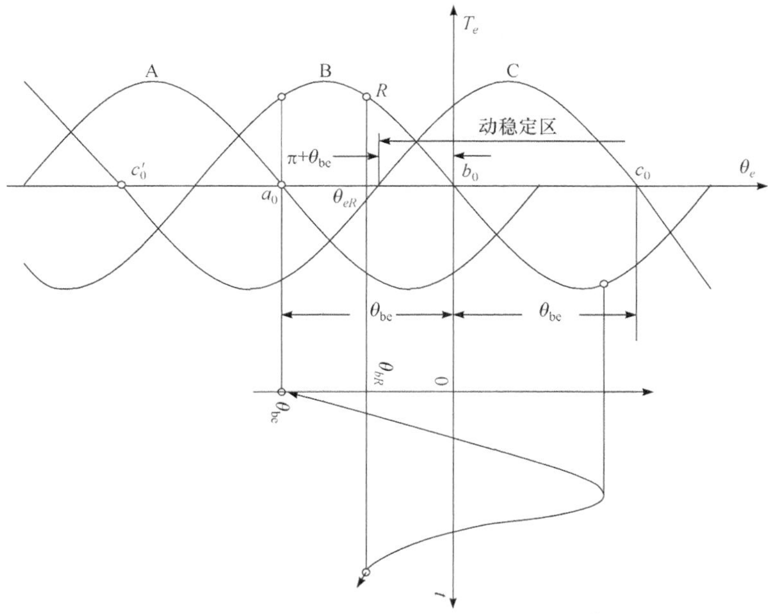

图 2.17　低频丢步的物理过程

2.3　步进电动机的驱动控制

2.3.1　步进电动机的工作原理

本节以三相反应式步进电动机为例来介绍步进电动机的工作原理。

1. 三相反应式步进电动机工作原理

反应式步进电动机依据“磁阻最小原理”进行控制，以图 2.2 所示电机为例。图 2.18 是该三相反应式步进电动机截面图。它的定子上有 6 个磁极，每个磁极绕有线圈，位置相对的 2 个磁极上的线圈相串联构成一相绕组；当绕组通电时，这两个磁极的极性相反；三

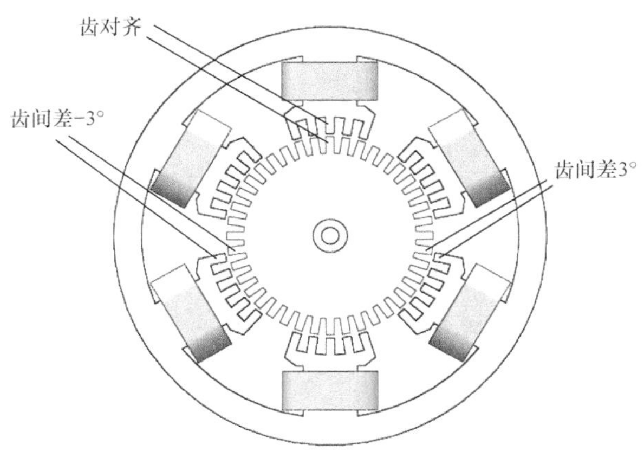

图 2.18　三相反应式步进电动机截面图

相绕组通常采用星形连接方式。转子铁心及定子极靴上有小齿，定子小齿和转子齿的齿距相等，且齿槽等宽。转子铁心上没有绕组，图中所示的步进电动机，转子齿数为 $Z_r = 40$，一个齿距对应的空间角度为 360°/40 = 9°，小齿宽 4.5°。当一相磁极下的定子齿和转子齿对齐时，其他两相磁极下的定子齿和转子齿错开±3°。

当某一相绕组通电，例如，A 相绕组通电时，电动机内建立以 AA′为轴线的磁场，如图 2.19(a)所示。由于定转子上有齿和槽，磁路的磁导取决于定转子齿不同的相对位置，定转子齿对齿位置的定子极磁导达到最大，定转子齿对槽位置的定子极磁导最小。此时仅有 A 相通电，转子的稳定平衡位置将是使 A 相磁路的磁导达到最大的位置，所以 A 相通电时转子处于 A 相磁极下定转子齿对齿的平衡位置。

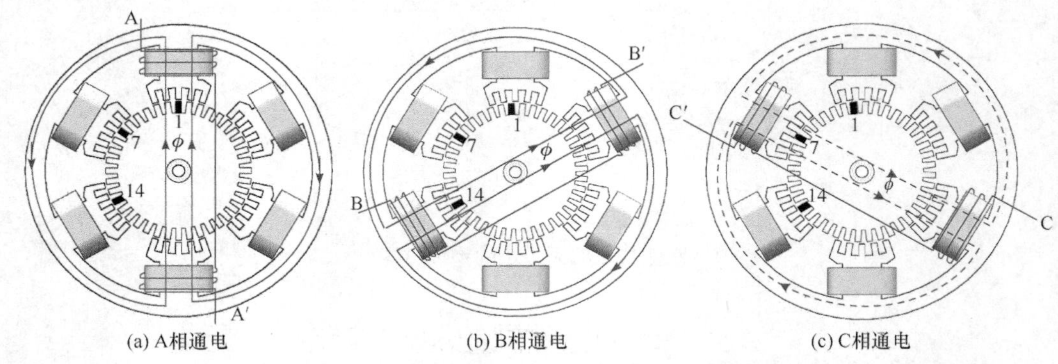

图 2.19　各相单独通电时的转子平衡位置和主磁路

B 相绕组的轴线与 A 相绕组轴线的夹角为 120°。中间包含的齿距数为 120°/9° = 13+ 1/3。即当转子齿与 A 相磁极下定子齿相对时，B 相磁极上定子齿的轴线沿 ABC 方向(逆时针)超前转子齿的轴线 1/3 齿距；C 相磁极上定子齿的轴线则沿 ABC 方向滞后转子齿的轴线 1/3 齿距。

在 A 相断电的同时，给 B 相通电，则会建立以 BB′为轴线的磁场，如图 2.19(b)所示，即磁场沿 ABC 方向转过了 120°空间角。此时，转子齿将力求与 B 相磁极上的定子小齿相对齐，即达到图示的稳定平衡位置。显然，对比 A 相通电情况，转子沿 ABC 方向转过 1/3 齿距。

同样，在 B 相断电的同时，让 C 相通电，则建立磁场的轴线如图 2.19(c)所示的 CC′方向，转子又会沿 ABC 方向转过 1/3 齿距，以使转子齿与 C 相磁极下定转子齿相对。

可见，在连续不断地按 A—B—C—A 的顺序分别给各相绕组通电时，电动机内磁场的轴线沿 ABC 方向不断转动，每改变一次通电状态，磁场转过的角度为二相磁极轴线间的夹角 120°。而转子则每次转过 1/3 齿距，即空间角度 3°。转子的转动，可以清楚地从图 2.19 中转子第 1、第 14 或第 7 个齿的位置变动上看出。当定子各相轮流通电完成一个循环时，磁场沿 ABC 方向转过 360°；空间上，转子沿 ABC 方向转过一个齿距。磁场转速与转子转速的比值恰好等于转子齿数。

同理，如果按 A—C—B—A 的顺序轮流通电，则磁场沿 ACB 方向断续转动，转子也沿 ACB 方向以较慢的速度断续转动。也就是说，改变轮流通电的顺序，可以改变电动机的转向。这两种通电方式都是三相单三拍运行方式。

三相反应式步进电动机也可以按三相双三拍(AB—BC—CA—AB)方式运行。当 AB 两相同时通电时，建立的磁场大致如图 2.20(a)所示，合成磁场的轴线在 CC′方向，转子的稳定平衡位置也是使通电相磁极下总的磁导为最大时的位置，即 AB 两相磁极上的齿分别与转子齿的轴线错开±1/6 齿距，如图 2.20(a)所示。此时，A 和 B′两个极下定转子相互作用的电磁转矩大小相等，方向相反，使转子处于平衡状态。另外一个位置，如图 2.21 所示，也是一个平衡位置，但由于通电相磁路的总磁导不是最大，所以它是不稳定平衡点。

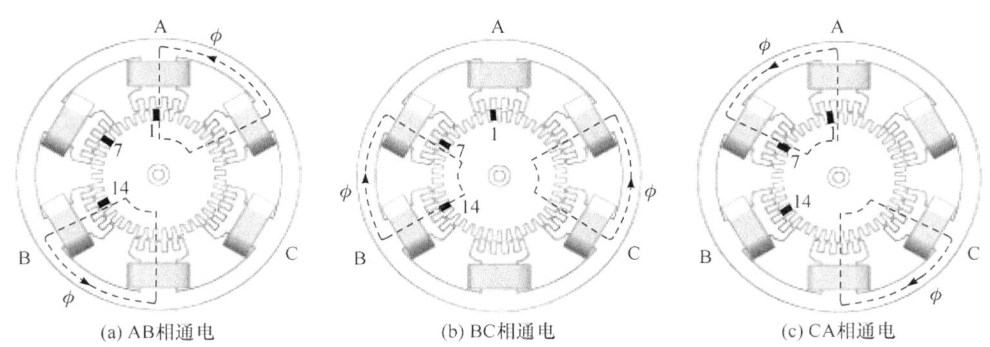

图 2.20　两相同时通电时的转子平衡位置和主磁路

当AB两相通电变换成BC两相通电时，电动机内合成磁场的轴线转过120°，大致在A′A方向。转子的稳定平衡位置如图 2.20(b)所示，转子齿与 BC 两相磁极上的齿分别错开±1/6 齿距。从 B 相磁极看，转子齿轴线与定子齿轴线的相对位置，从相距-1/6 齿距变为+1/6 齿距，可见转子转过 1/3 齿距。BC 两相通电变换成 CA 两相通电时，磁场和转子的运动情况也相似，如图 2.20(c)所示。

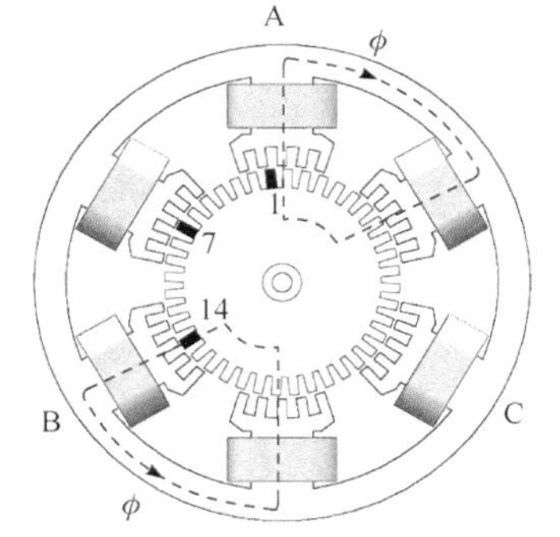

图 2.21　AB 相同时通电时的转子不稳定平衡位置

可以看出，双三拍运行方式作用原理与单三拍运行方式相似，每改变一次通电状态，磁场轴线转过 120°，转子转过 1/3 齿距。但由于通电方式不同，运行性能还是有差别的。

三相反应式步进电动机还可以采用三相六拍(A—AB—B—BC—C—CA—A)的通电方式，每改变一次通电状态，电动机内磁场的轴线转过 60°，转子转过 1/6 齿距，为三拍时的一半。

从前面的分析可以知道，同一台电动机，可以有不同的通电方式和不同的运行拍数，若用 m_1 表示运行拍数，Z_r 表示转子齿数，则每改变一次通电状态时转子转过角度的平均值称为步距角，用θ_b表示，则

$$\theta_b = 360°/(m_1 Z_r) \tag{2.8}$$

从式(2.8)中可以看出，拍数和转子齿数不同时，步距角不同，且步距角与拍数或转子齿数成反比。转子 40 个齿的三相反应式步进电动机，采用三相单三拍、三相双三拍工作方式的步距角为 3°，采用三相单双六拍工作方式时的步距角缩小一半，变为 1.5°。

此外，需要说明的是，若步进电动机设计不合理，则电机可能无法正常旋转。例如，

若五相步进电动机的转子齿数为 10 的倍数，则 A 相通电的稳定平衡位置恰好也会是其他相的稳定平衡位置，该电动机无论采用何种运行方式都不能够正常旋转。

2. 三相反应式步进电动机的线性解析

电动机的电磁转矩可以用磁共能对转角的变化率来表示，即

$$T=\partial W_f' / \partial\theta \tag{2.9}$$

其中，磁共能为

$$W_f'=\int_0^i \psi(i,\theta)\cdot \mathrm{d}i \tag{2.10}$$

忽略铁心中的磁压降，即认为铁心的磁导率为∞时，磁路呈线性，仅气隙中储存磁场能量，式(2.10)可简化成

$$W_f'=\int_0^i \psi(\theta)\cdot \mathrm{d}i=\int_0^F \phi\cdot \mathrm{d}F=\int_0^F (F\lambda)\cdot \mathrm{d}F=\frac{1}{2}F^2\lambda \tag{2.11}$$

一个极下的气隙磁共能为

$$W_{fq}'=\frac{1}{2}F_q^2\lambda_q \tag{2.12}$$

其中，F_q 为该极下的气隙磁势；λ_q 为一个极下的气隙磁导：

$$\lambda_q=\mu_0\cdot\frac{Z_1 l b_\theta}{\delta}=Z_1 l G_q \tag{2.13}$$

其中，Z_1 是每极下的定子齿数；l 为轴向长度；b_θ 为定子齿与转子齿正对的宽度；G_q 为比磁导率；δ 为气隙长度。

第 q 个极产生的电磁转矩为

$$T=\frac{\partial W_{fq}'}{\partial\theta}=\frac{1}{2}Z_1 F_q^2 l\cdot\frac{\partial G_q}{\partial\theta} \tag{2.14}$$

在忽略气隙比磁导率的 2 次及以上谐波时，以 A 相为例，取 A 相磁极下定子齿与转子齿相对时的转子位置角的参考点，则 A 相磁极下气隙比磁导率可表示为

$$G_{\mathrm{A}}=G_0+G_1\cos\theta_e \tag{2.15}$$

式中，$\theta_e=Z_r\theta$ 为电角度，与机械角度之间有 Z_r 倍的关系。若将 G_{A} 表达式代入式(2.7)中，则可以得到 A 相通电时，A 相磁极产生的电磁转矩对应的表达式。实际中，还需要考虑 A′ 相磁极下的电磁转矩。

如果是多相通电的情况，在忽略各相之间互感的前提下，可以利用叠加原理求取电机的电磁转矩。即先计算单相通电时的电磁转矩，再把各自单独通电产生的转矩求代数和。

步进电动机直接接到普通交直流电源上是无法正常工作的，它必须配合专用的步进电动机驱动器才能使用。步进电动机驱动器又称为步进电动机驱动电源。除了与电机本体性能有关之外，步进电动机驱动系统的性能很大程度上取决于驱动器的优劣。

2.3.2　驱动控制器

2.3.1 节中，学习了三相反应式步进电动机的 3 种运行方式，对于其中的双三拍运行方式，对应的相绕组理想电流波形如图 2.22 所示。但如何才能在绕组中产生希望的理想电流波形呢？

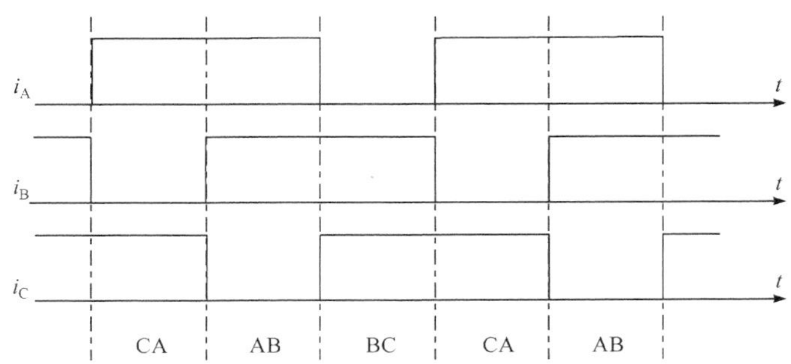

图 2.22　三相反应式步进电动机三相双三拍工作时各相绕组电流波形

图 2.22 所示的逻辑电平信号可以在图 2.1 中的脉冲分配器(又称为环形脉冲分配器)中产生，逻辑控制信号要转变成步进电动机绕组上的电压和电流，首先需要将逻辑控制信号放大；然后，将放大后的控制信号送给驱动控制器，控制其中功率开关器件的开通与关断，从而实现对步进电动机相绕组电压、电流的控制。步进电动机驱动环节的构成框图如图 2.23 所示。

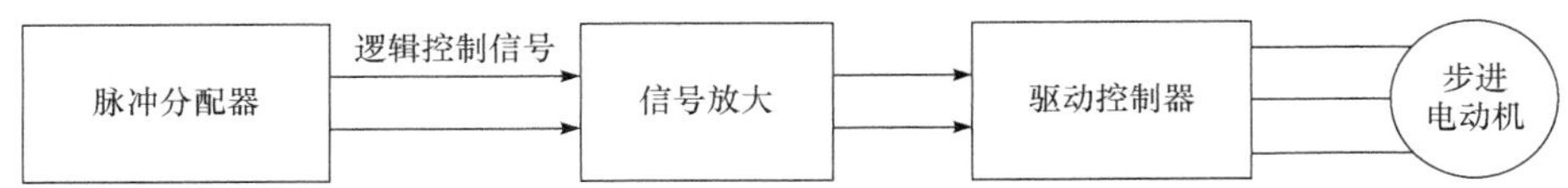

图 2.23　步进电动机驱动环节构成

驱动控制电路(驱动控制器)直接与步进电动机各相绕组相连接，其中的功率开关器件接收放大后的逻辑控制信号，从而控制电动机各相绕组的电压和电流。

为了使步进电动机满足各种需要的输出，驱动控制器必须能够向电动机绕组提供足够的电压和电流。但步进电动机驱动与一般电子设备(如影视音响等)的驱动有不同的特点，主要体现在以下几点。

(1) 相绕组是脉冲式供电。多数电动机绕组中的电流是连续的交流或直流，而步进电动机各相绕组都是脉冲式供电，所以绕组电流是断续而不是连续的。对于反应式步进电动机来说，在一个电周期内每个绕组通断一次，如图 2.22 所示。

(2) 电动机相绕组的电感值比较大。绕组通断电时，电流上升、下降速度受到电感的限制。另外，需要为绕组电流设计合适的续流回路，以避免断电时高的反电动势对驱动控制器中的半导体器件造成损害。

(3) 电动机运转时，各相绕组中会产生运动电动势，运动电动势与电动机转速成正比，转速越高，电动势越大，在电源电压不变时，绕组电流将越小，从而使电动机输出转矩也随着转速升高而下降。

选择和设计驱动控制器时，应该既要保证绕组有足够的电压、电流及理想的波形，又要保证其中的功率放大器件安全运行。另外，整个驱动控制器还应有较高的效率、较低的成本。

对小功率、小机座号的步进电动机，均可用中小功率晶体管进行驱动，晶体管具有推动功率小、放大倍数大、线路简单等优点，可用于驱动小机座号的步进电动机(绕组电流为数百毫安)，但若是对效率有所要求的场合，可以采用小功率场效应管，它在驱动功率以及开关损耗、开关频率等方面都具有明显优势。

对于较大机座号的大功率步进电动机，由于绕组所需的电流较大、电压高、反电动势也大，所以必须用大功率器件进行驱动，可以选用大功率晶体管、大功率达林顿晶体管、可控硅、可关断可控硅、场效应功率管、双极型晶体管与场效应管的复合管以及各种功率模块等常用的器件。随着电力电子器件的发展，除了上述的硅基功率器件之外，近年来，宽禁带器件如 SiC、GaN 等器件迅猛发展，新型器件更好地满足了高温、高频的运行场合。

下面介绍几种常用的步进电动机驱动电路。后面的电路图中，功率开关器件是以功率晶体管(NPN 型)的形式出现的，但并不妨碍我们根据不同的应用场合，选取更加适合的功率开关器件加以取代。

1. 单电压驱动电路

单电压驱动是指在电动机绕组工作过程中，只用单方向电压对绕组供电。其线路如图 2.24 所示，前端信号放大级输出电流信号 I_b 作为三极管 T 的基极电流，其集电极接步进电动机一相绕组 L_P 的一端，相绕组另一端直接与电源电压连接。

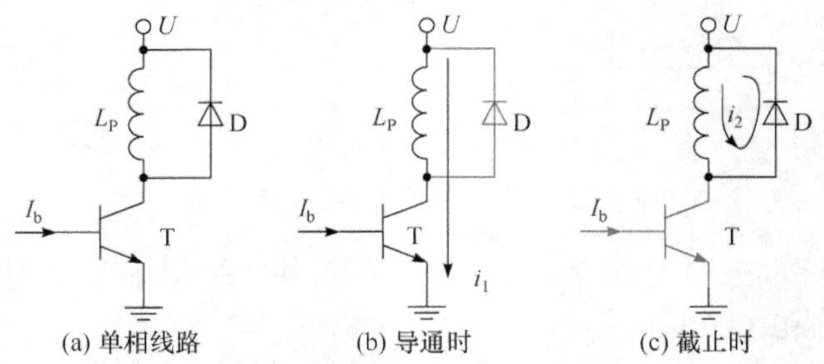

(a) 单相线路　(b) 导通时　(c) 截止时

图 2.24　单电压驱动的单元线路

当输入信号是高电平时，I_b 提供足够大的基极电流使三极管 T 处于饱和状态，若忽略三极管的饱和压降，则电源电压全部作用在电动机绕组上。等值电路如图 2.24(b)所示，相当于电源电压 U 加到绕组 L_P 上，此时，若不考虑相间互感，可以列出电压方程：

$$U = i_1 R + \frac{\mathrm{d}\psi}{\mathrm{d}t} = i_1 R + L\frac{\mathrm{d}i_1}{\mathrm{d}t} + E_v \tag{2.16}$$

若 R 为绕组电阻，L 为绕组的电感，E_v 为绕组的运动电动势，则运动电动势表达式为

$$E_v = i_1\frac{\mathrm{d}L}{\mathrm{d}t} = \omega_m i_1 \frac{\mathrm{d}L}{\mathrm{d}\theta_m} \tag{2.17}$$

式中，ω_m、θ_m 分别为转子机械角速度和转子机械角度。可见，在转子逐渐靠近平衡位置时，微分项为正；转子远离平衡位置时，微分项为负。而且运动电动势和转速成正比。电动机

处于静止状态，绕组处于不变的励磁状态，相电流将维持在稳定值，步进电动机处于锁定状态。控制器产生一个控制脉冲，脉冲分配器会切换到新的励磁状态(如图 2.22 中，励磁状态从 AB 通电切换到 BC 通电)，此过程称为换相，换相一次会使步进电动机运行一步，这个过程称为单步运行。步进电动机运行的转速足够低，即 CP 控制脉冲的周期足够长时，步进电动机处于单步运行状态。

图 2.25 给出了三相反应式步进电动机在单步运行时的相电流、转子位置角以及电磁转矩的波形，图 2.26 是换相前后的局部放大图。以图 2.26 的换相状态为例，对换相过程进行分析：①当 A 相绕组开始导通时，转子转速接近零，反电动势为零，电流 i_a 迅速上升，电磁转矩也迅速上升，转子开始加速。②前进到 1/2 步距角附近时，C 相电流 i_c 还处于续流阶段，由于运动电动势的影响，A 相、C 相电流进入短时间的平台区(二者的变化速率接近 0)；要注意 C 相电流产生的电磁转矩为负，它抵消了 A 相电流产生的正电磁转矩，而且随着转子位置角进一步增大，电磁转矩还会变到负值，由于惯性，转子位置角仍然在增大。③过了短暂平台区之后，随着 i_c 下降，i_a 上升，电磁转矩又开始增大，变为正值。在正的电磁转矩作用下，转子到达新的平衡位置(比换相初始位置前进 1 个步距角)，由于转子此时有一定速度，在惯性作用下，转子会冲过这个平衡点，冲过平衡点后，电磁转矩由正变负，电机受到负向电磁转矩作用，转子开始减速，当转速达到 0 时，电磁转矩达到局部最小值，而后转子又往平衡位置逐渐加速运动，于是形成了转子位置与电磁转矩的振荡波形。由于摩擦等阻尼的存在，转子最终稳定在新的平衡位置，呈现衰减振荡现象。

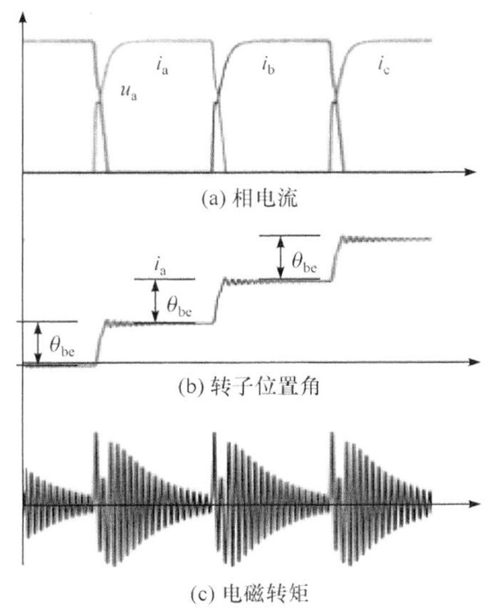

图 2.25　单步运行时的相电流、转子位置角及电磁转矩波形

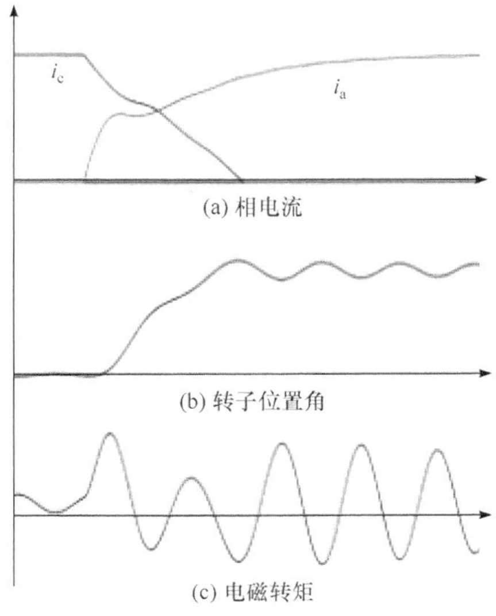

图 2.26　单步运行时的相电流、转子位置角及电磁转矩局部放大波形

在图 2.25、图 2.26 中，我们看到了电流下降也需要一个过程，下面我们分析这个过程的电流变化规律。在相绕组截止时，即 i_b 为 0 时，晶体管 T 将处于关断状态。由于此时绕组中存在电流，绕组又呈现显著的电感性质。因此，通常需要在绕组两端并联一个二极管

D 为绕组电流 i_1 提供一个泄放回路。这个二极管称为续流二极管。

在续流过程中，忽略二极管上的电压降，相绕组的电路模态如图 2.24(c)所示。写出其电压平衡方程为

$$0 = i_2 R + L\frac{\mathrm{d}i_2}{\mathrm{d}t} + E_v \tag{2.18}$$

此处的运动电动势与式(2.17)一致，只是用电流 i_2 取代原式子中的 i_1。对关断相而言，转子总是远离该相对应的平衡位置，运动电动势大多数时间为负，起着阻碍该相电流下降的作用。

图 2.27 是三相双三拍运行方式下，步进电动机单步运行的典型波形。从图中可以发现，采用双三拍运行方式，电磁转矩的收敛速度明显加快，转子振荡时间也相应缩短，说明双三拍运行方式相比单三拍运行方式可以改善单步运行时的性能。

采用单电压驱动电路，当步进电动机在连续运行状态下时，单三拍控制的典型波形如图 2.28 所示。可以明显看出各相电流没有达到稳态值便到达下一个换相时刻，相绕组电流的上升、下降阶段的平台区间更加明显。由于一个电周期，每相平均电流比低速时有所下降，电机的带负载能力也随之下降。

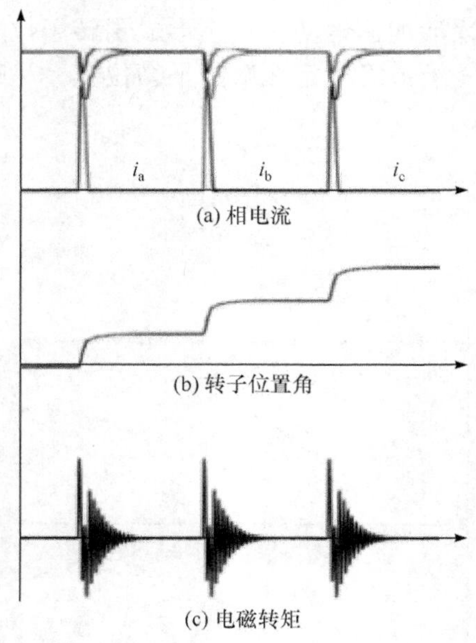

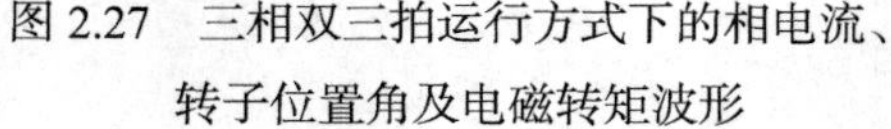
图 2.27　三相双三拍运行方式下的相电流、转子位置角及电磁转矩波形

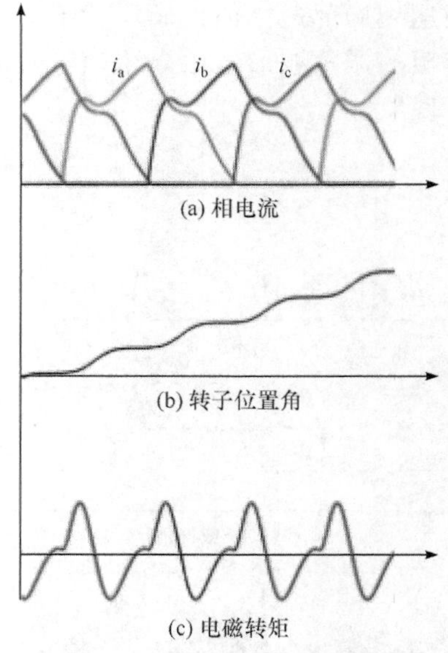

图 2.28　单三拍运行方式下，连续运行步进电动机的相电流、转子位置角及电磁转矩波形

在速度较快的情况下，由于管子关断时，接近 0 电压续流状态，相电流波形下降不到 0，即相电流波形一直连续，图 2.29 是在三相单双六拍运行方式下的相电压、相电流以及电磁转矩的波形。从波形图可以看出，在对应功率开关管关断后，受到运动电动势的影响，相电流在开始阶段下降，而后又开始上升，甚至达到整个电周期中的峰值。对于反应式步进电动机而言，在功率管关断阶段的相电流将产生负转矩，不利于电机运行。

还有一个重要问题是低频振荡。由前述单步响应的分析可知，当频率较低时，电动机处于步进工作状态，每一步都会发生过冲现象，并在稳定平衡点附近有一个振荡过程。在某些运行频率下电机就会发生共振，此时电动机几乎没有带载能力，即使在空载状态也不能正常运行。共振现象，究其原因是电动机获得的能量过剩。

共振会在哪些频率发生，即共振区在哪里，与电动机带载性质、电压高低、电流大小、电动机结构、驱动器的结构都有一定的关系，分析起来比较复杂。目前，通常在电动机中加机械阻尼、在电路中加电气阻尼、改进电路结构等来避免共振现象。此处不再详述。

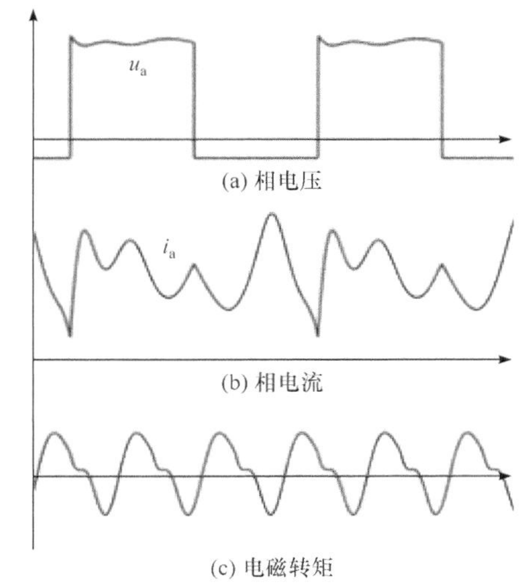

图 2.29 三相单双六拍运行方式下，连续运行步进电动机的相电压、相电流及电磁转矩波形(电源电压 10V)

通过不同运行方式下的典型物理量波形，可以将单电压驱动器的特点归纳如下：

(1) 每相绕组只需一个功率开关管和一个续流二极管，线路简单，成本低。

(2) 低频时响应较好，高频时由于电流不能迅速关断，带来负转矩的作用，使得带载能力下降。

单电压驱动结合不同运行方式使用时，随供电电压、绕组电感特性、绕组电阻等物理量的变化，相电流、电磁转矩等会发生很大变化，在设计合理的驱动器前，需要进行认真设计与仿真计算。单电压驱动由于性能不理想，只有在小机座号电动机且简单应用中才会用到。有些场合会在续流回路中串联电阻，以加快关断相的电流下降速度，相当于增大式(2.18)中的电阻 R，分析和单电压驱动电路类似，此处不再展开。

2. 双电压驱动电路

对前面单电压驱动电路的分析可以发现，提高电源电压也是提高电流上升速度的有效办法，但若没有通过串联电阻等手段限制电流，则会使得电机在稳态情况，特别是低速时，绕组电流过大，增加电机损耗和发热，也不利于电流迅速降为 0。

双电压驱动的基本思想是在低频区间用低电压驱动，而在高频时用高电压驱动，电路原理如图 2.30 所示。由功率管 T_H 和二极管 D_L 组成的转换电源是双电压驱动电路的关键。当 T_H 关断时，低压电源 U_L 通过 D_L 向电路提供驱动电压，当 T_H 导通时，高压电源 U_H 通过 T_H 向绕组提供驱动电压；此时，D_L 为反向截止状态，低压电源自动停止供电。图中，R_S 是串联电阻。

双电压驱动电路中，功率管 T 的控制规律和单电压驱动电路中的功率管 T 一致。可以设计用控制脉冲 CP 的频率来控制高低压转换功率管 T_H，当 CP 频率低于设定阈值 f_T 时，$I_H = 0$，功率管 T_H 关断；而当 CP 频率高于阈值 f_T 时，注入基极电流 I_H，使功率管 T_H 饱和导通。

相比单电压驱动电路，双电压驱动可以在高频阶段使得供电电压变高，有助于提高相电流幅值。图 2.31 是相比图 2.29 电压提高一倍后的相电压、相电流、电磁转矩波形，可以

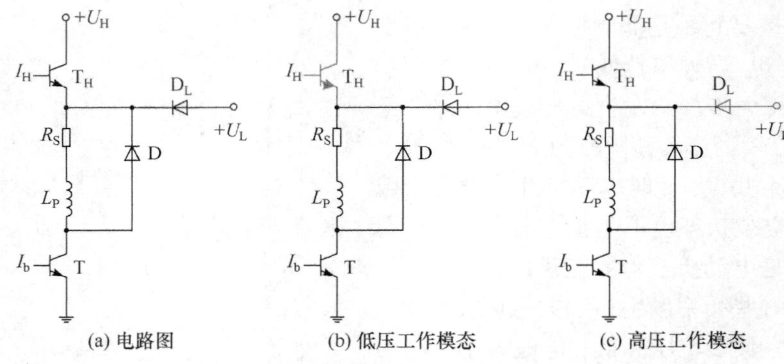

图 2.30　双电压驱动的原理图

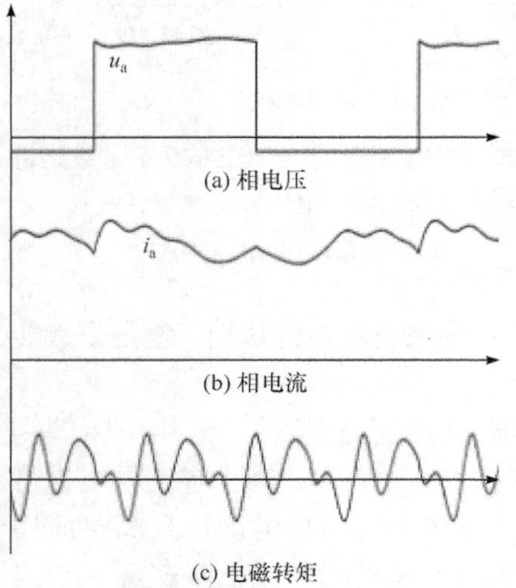

图 2.31　电压提高时的相电压、相电流、电磁转矩波形三相单双六拍，相比图 2.29 电源电压增加 1 倍

看出，功率管开通阶段相电流变得更大，这对于步进电动机高频特性是有利的；同时功率管关断阶段，电流还是维持较高水平，这就不利于步进电动机的高频运行了。

双电压驱动电路可以看成单电压驱动电路的改进版本，可以用单电压驱动电路的分析方法进行分析。本节不再进行赘述。

3. 高低压驱动电路

通过双电压驱动电路的分析，可知要改善驱动器的高频特性，必须提高电源电压，也就是增大导通相电流的上升率。但提高电压会使低频时相绕组电流过大。高低压驱动的控制思想是不论电动机工作频率高低，在相绕组导通的前沿用较高电压供电以提高电流的前沿上升率，而在前沿过后用低电压来维持绕组中的电流，而且当步进电动机相绕组关断时，利用高低电压之间的电压差，迫使相电流迅速下降。

高低压驱动的电路图如图 2.32(a)所示。与双电压驱动电路相比，高低压驱动取消了串联电阻 R_S，续流二极管 D 的阴极接到高压电源 U_H 上。更为关键之处在于，功率管的工作

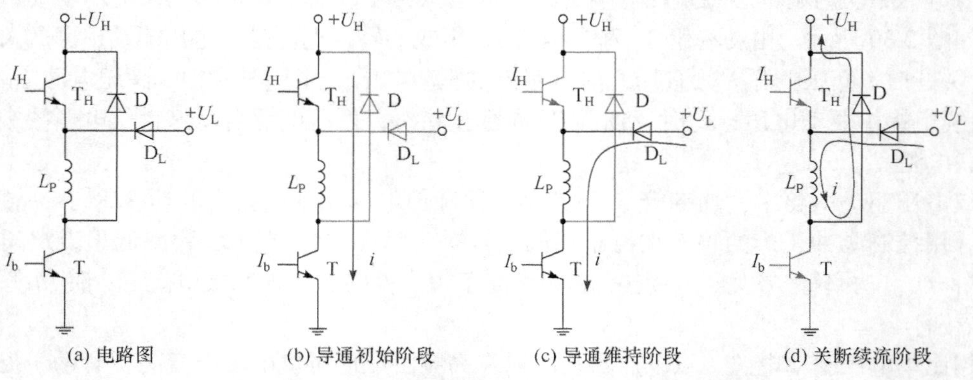

图 2.32　高低压驱动的电路图及三种电路模态

方式和双电压驱动电路也是截然不同的。在每相导通期间，功率管控制输入信号 I_b 保持有效，确保该相导通期间，对应功率管 T 饱和导通，有正电压加到相绕组上；而在每相导通的初始阶段，高压管 T_H 的输入信号 I_H 为有效信号，以使得在该阶段绕组上加上高的电压 U_H，使电流能够迅速上升。因此，在导通初始阶段，功率管 T_H 和 T 均处于导通状态，对应的电路模态如图 2.32(b)所示。当导通初始阶段结束时，信号 I_H 变为无效，高压控制功率管 T_H 关断，整个电路进入导通维持阶段，对应的电路模态如图 2.32(c)所示，此时低压 U_L 加在绕组上以维持绕组上的电流。

当导通维持阶段结束时，控制信号 I_b 变为无效，功率管 T 关断，电路进入关断续流阶段，电路模态如图 2.32(d)所示，此时，电流通路从 $+U_L$ 出发，经过二极管 D_L，流经相绕组 L_P，再流过续流二极管 D，流到高压端 U_H。此时，若忽略二极管导通压降，相绕组上的电压将是 U_L-U_H，这个负电压将有助于相电流迅速下降到 0。

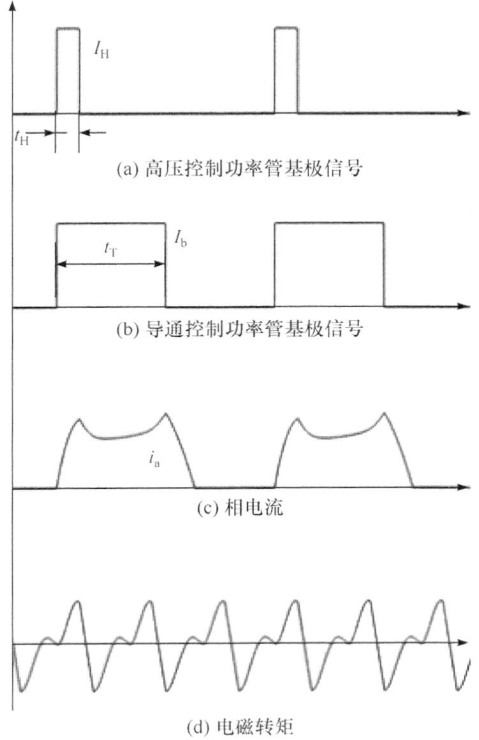

图 2.33　高低压驱动，实现单双六拍运行方式的控制信号、相电流及电磁转矩波形

下面我们给出一个波形图，以显示采用高低压驱动后的效果。步进电动机与图 2.29、图 2.31 一样，也采用单双六拍运行方式，当设置高压 U_H=15V，低压 U_L=5V 时，得到的波形如图 2.33 所示。

高压功率管的控制信号 I_H 的脉宽为 t_H，导通控制功率管 T 的控制信号 I_b 的脉宽为 t_T，一般情况下，2 个控制信号的上升沿在同一时刻，控制信号 I_b 的产生方法与单电压驱动电路相同，而 t_H 可以设置为固定时间段。在实现时，可以采用 RC 电路实现对控制信号 I_b 的微分，而后与比较器相配合，从而获得 I_H 信号。典型电路如图 2.34 所示。

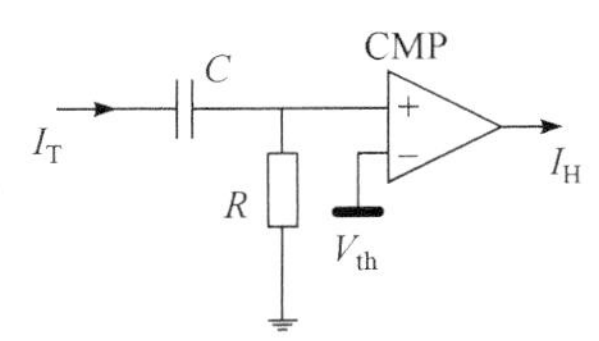

图 2.34　实现 I_H 控制信号的电路实例

图 2.33 显示，在时间 t_H 内，相绕组电流上升斜率很大，在控制信号 I_H 的下降沿，达到第一个峰值点。随后由于高压功率管关断，绕组上的电压从 U_H 降为 U_L，相电流开始下降，并维持在一定水平。在控制信号 I_T 的下降沿之前，由于此时该相电感处于下降状态，运动电动势为负值，在运动电动势和外加电压 U_L 的共同作用下，相绕组电流又会上升，在 I_T 信号的下降沿时刻达到第二个电流峰值。此后由于导通控制功率管 T 关断，绕组上的电压 U_L 变为负电压(U_L-U_H)，使得相电流迅速下降，直到降为 0。相比单电压驱动(图 2.24)和双电压驱动(图 2.30)，高低压驱动在较高频率下可以获得较好的电流波形。这里需要指出的是，在关断功率管 T 后，相电流能迅速降到 0 的原因，除了前面提到的该阶段相绕组电压变为负电压(U_L-U_H)之外，高低压驱动电路在导

通维持阶段采用了较低电压 U_L，使得在功率管 T 关断时刻的相绕组电流不至于过大，即电流下降过程的初值受到了有效抑制，这对于电流迅速降到 0 也是非常有利的。

综上分析，高低压驱动电路在很宽的频段内都能保证相绕组有较大的平均电流，在绕组需要断电时又能迅速对绕组电流进行泄放，有利于产生较大的电磁转矩，对应的驱动系统具有良好的驱动性能。

高低压驱动电路需要有供电电压不同的 2 个电源，而且由于这种驱动电路在低频工作时，导通初始阶段的绕组电流有较大上冲，因此步进电动机会存在较大的低频振动噪声，甚至产生低频共振现象。

4. 斩波恒流驱动电路

斩波恒流驱动电路的思想是通过功率管的高频开关，将相绕组电流控制在目标值附近，这样供电电源可以在绕组不串联限流电阻的情况下取较高电压，导通初始阶段可以使导通相电流获得高的上升速率；而且在关断时，可以通过关断续流回路，在关断相绕组两端加上负向电源电压，使关断相电流迅速降到 0。该电路不论在锁定、低频或高频工作状态都能将相电流控制在目标值。

图 2.35 给出斩波恒流驱动电路的实现原理图。主电路与高低压驱动电路具有一定的相似性，相比高低压驱动，斩波恒流驱动电路取消了低压电源，二极管 D_L 的阳极从 U_L 变为“地”，导通控制功率管 T 的发射极与“地”之间加入一个小阻值的电流采样电阻 R，在功率管 T 导通阶段，相绕组电流流经这个小电阻，小电阻上的电压降与绕组电流成正比。

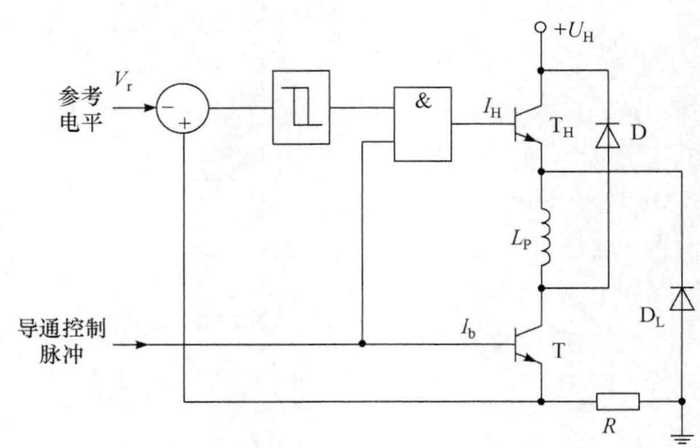

图 2.35 斩波恒流驱动电路的实现原理图

为了实现斩波恒流功能，相比单电压驱动电路，控制环节增加了由加法器和滞环构成的迟滞比较器以及一个与门。加法器负端连接的参考电平 V_r 数值上应等于期望的绕组电流乘以采样电阻阻值。通常，我们假设滞环的正阈值为 U_{th}，负阈值为 $-U_{th}$。

下面描述斩波恒流驱动电路的工作过程。当导通控制脉冲处于无效状态(低电平)时，导通控制功率管 T 关断，同时由于该信号也加到了与门的下输入端，故“与门”输出为低电平，高压功率管 T_H 也关断，绕组上没有加电压，故维持 0 电流状态。需要注意的是，此时采样电阻上的电压为 0，经迟滞比较器后向“与门”的上输入端输出高电平。当导通控制脉冲变为有效(高电平)时，功率管 T 导通，同时，由于采样电阻电压为 0，故迟滞比较器输出高电平，“与门”也随之输出高电平，高压功率管 T_H 导通，此时电路模态如图 2.36(a)所示，绕组上加的电压为电源电压 U_H，绕组电流迅速上升，当绕组电流 I 上升到

$$IR \geqslant V_r + U_{th} \tag{2.19}$$

时，迟滞比较器输出翻转，变为低电平，致使“与门”输出也变为低电平，高压功率管 T_H 关断，电路模态如图 2.36(b)所示，相绕组端电压接近 0，绕组处于零电压续流状态，绕组电流逐渐下降，当绕组电流下降到

$$IR \leqslant V_r - U_{th} \tag{2.20}$$

时，迟滞比较器输出又发生翻转，变为高电平，使“与门”输出变为高电平，高压功率管 T_H 又开始导通，主电路回到图 2.36(a)所示模态，绕组电流又开始上升。正是高压功率管的斩波，将导通相的绕组电流维持在 V_r/R 附近。

当导通控制脉冲从高电平变为低电平时，两个功率管同时关断，由于绕组的电感性质，绕组电流需要沿“地”→二极管 D→相绕组→二极管 D_L→$+U_H$ 进行流通，绕组上的电压为 $-U_H$，绕组电流将迅速下降，主电路模态如图 2.36(c)所示。

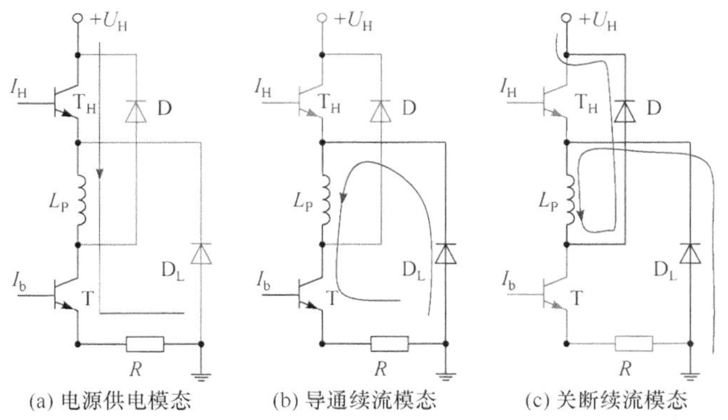

图 2.36　斩波恒流驱动的电路模态

针对一个三相反应式步进电动机，采用斩波恒流驱动电路实现其三相单双六拍运行方式，得到的相电压、相电流及电磁转矩波形如图 2.37 所示。图中，I_b 是相绕组导通控制信号。

因为对应的是三相单双六拍运行方式，I_b 的占空比为 0.5。由于可以采用斩波对绕组电流进行限制，驱动电压可以取得较高，图 2.37 的波形是在电源电压设置和高低压驱动电路(图 2.33)所用的高压电源电压 U_H(15V)一样的情况下获得的。因此，相绕组导通区间的初始阶段，相电流上升很快；此后，在斩波恒流控制逻辑作用下，相电压在 U_H 和 0 二者之间来回切换，致使绕组电流在目标值上下波动，波形较为平稳。当相绕组关断时，由于二极管 D 和 D_L 导通，相电压变为 $-U_H$，电流迅速下降到 0。

对于斩波恒流驱动电路来说，滞环宽度对于最后的电流控制效果有较大的影响，当滞环宽度调小到原来的 1/10 时，对应的波形变为图 2.38 所示形状。从图中可以看出，导通区间相电流波形波动幅度变得非常小，对应的斩波频率明显加大。这里，我们给出的是斩波恒流控制的一种实现方式，采用的是滞环比较电路，从图 2.37 及图 2.38 不难看出斩波频率

是变化的，在电流到达斩波门限后，斩波频率较高，而在随后的导通维持阶段内，斩波频率逐渐下降。若需要限制斩波频率，即高压功率管 T_H 的开关频率，则需要增加对应的开关频率限制电路，如图 2.39 所示，需要增加一个 D 触发器和一个高频时钟信号(频率 f_{th})，通过二者相配合，使 D 触发器输出的斩波信号相邻 2 个上升沿之间的时间间隔不小于 $1/f_{th}$，从而实现对开关频率的限制。

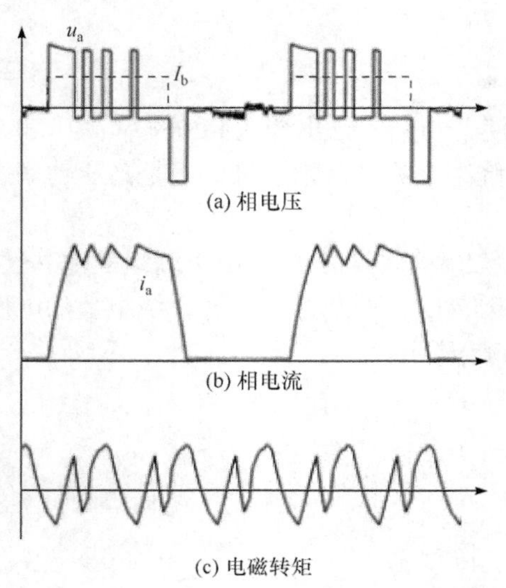

图 2.37　三相单双六拍运行方式下的相电压、相电流及电磁转矩波形(滞环宽度为 0.4A)

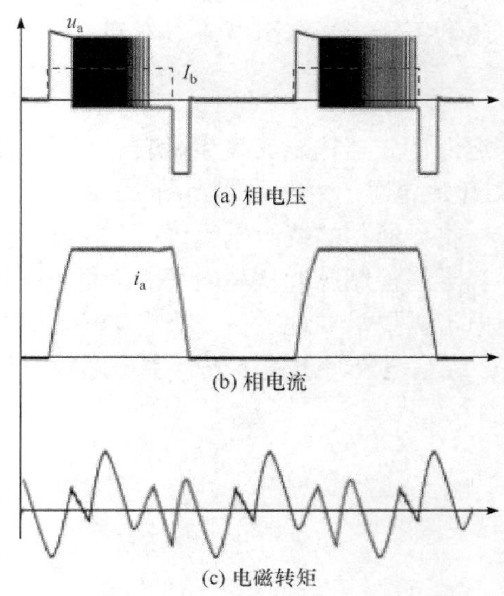

图 2.38　三相单双六拍运行方式下的相电压、相电流及电磁转矩波形(滞环宽度为 0.04A)

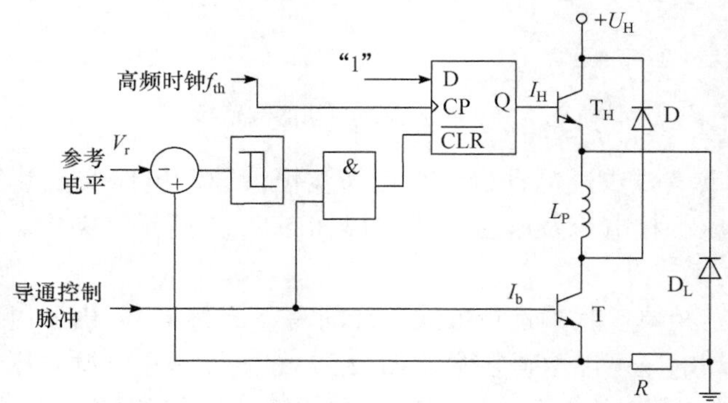

图 2.39　增加了开关频率限制功能的斩波恒流驱动原理图

图 2.39 中，设置高频时钟信号频率 f_{th} = 5kHz，其余条件与图 2.38 相同，得到的波形图如图 2.40 所示。

由图 2.40 可知，由于对开关频率进行了限制，相电流波形不再像图 2.38 那样平滑，但开关频率明显减小，对于高压功率管的运行工况来说是有益的。

斩波恒流驱动和高低压驱动在主电路中都不需要限流电阻，故驱动器效率较高。此外，斩波恒流驱动直接对相电流实施控制，避免了相绕组吸收能量过多的情况，有利于抑制步进电动机的共振现象。

综上分析，我们可以总结出斩波恒流驱动的特点如下：

(1) 可以将导通区电流幅值控制在目标值，在宽的频率范围内，输出转矩保持不变。

(2) 选取高的供电电源电压，不仅在开始导通时可以提高电流上升速率，还可以在关断时，使得绕组电流迅速下降为 0，显著改善高频响应性能。

(3) 对绕组电流实施了有效控制，避免绕组获得过量电能，有效抑制了共振现象。

(4) 控制线路相对比较复杂。

5. H 桥驱动电路

前面我们分析的驱动电路都是针对反应式步进电动机的，这些驱动电路控制的绕组电流均是单向流通的。而永磁步进电动机及混合式步进电动机的相绕组电流是需要双向流通的，这样就必须要用双极性驱动电路进行供电，而 H 桥驱动电路正是一种典型的双极性驱动电路，其原理电路见图 2.41。

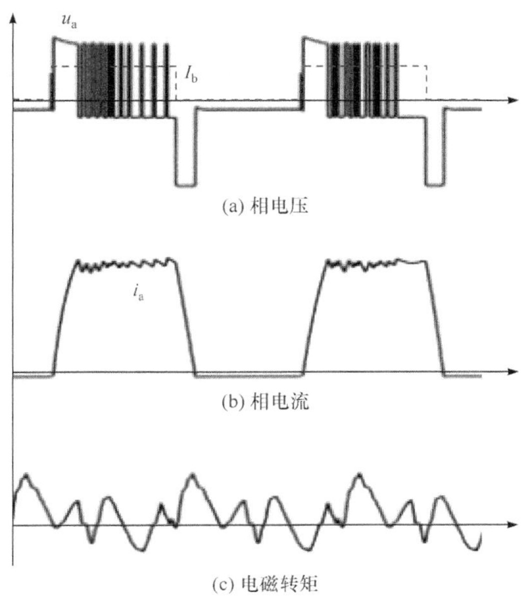

图 2.40　三相单双六拍运行方式下的相电压、相电流及电磁转矩波形(滞环宽度为 0.04A，f_{th} = 5kHz)

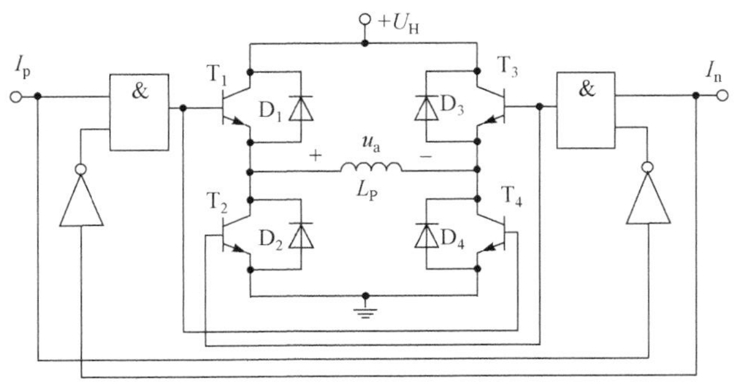

图 2.41　H 桥驱动原理线路

四个功率开关管 T_1～T_4(以及与它们反并联的二极管 D_1～D_4)组成主电路的四个桥臂，功率管 T_1、T_4 的基极接在一起，另 2 个功率管 T_2、T_3 的基极也接在一处，当 2 个输入信号 I_p 和 I_n 同时为低电平或同时为高电平时，2 个与门的输入端必有一个为低电平，致使与门输出均为低电平，所有的功率管均关断。

当正向导通输入信号 I_p 为高电平时(I_n 为低电平)，T_2、T_3 截止，T_1、T_4 导通，电流从 U_H 经 T_1、电机相绕组、T_4 到地，忽略 2 个功率管的导通压降，绕组上加的电压为 $+U_H$，电路模态见图 2.42(a)。若正向导通时电流过大，则 T_1、T_4 可同时关断，电流将经过二极管 D_2、D_3 续流，若忽略二极管的导通压降，此时相绕组上加的电压为 $-U_H$，绕组电流将迅速下降，电路模态如图 2.42(b)所示。在绕组正向电流关断时，也是 T_1、T_4 同时关断，模态也和图 2.42(b)一致。当然，采用上、下 2 个功率管同时关断进行电流斩波，会造成较大的电流纹波和高的开关频率，读者可以参考高低压驱动中的逻辑电路，在导通阶段相电流过大时，不是关断 2 个功率管，而是只关断其中一个功率管，就可以实现 0 电压续流。

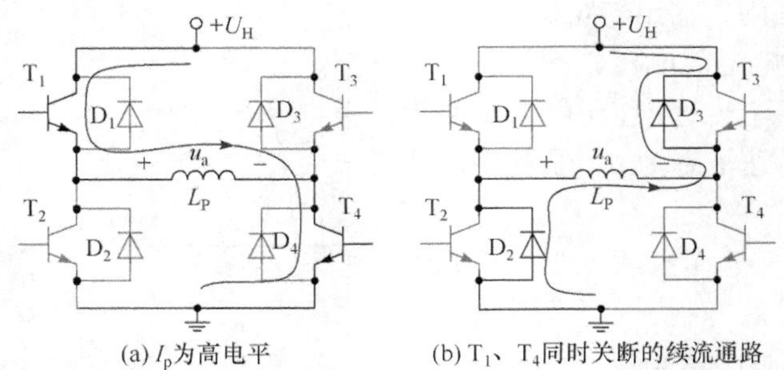

(a) I_p为高电平　　(b) T_1、T_4同时关断的续流通路

图 2.42　正向导通阶段电源供电及斩波续流的电路模态图

当 I_n 为高电平时，情况与 I_p 为高电平时类似，只是电流流向发生了反向变化。这里不再展开。

6. 细分驱动电路

前面介绍的几种步进电动机驱动线路，都是结合驱动器预定的分配方式，控制步进电动机各相绕组的导通或关断，将相绕组电流控制在我们希望的数值(通常是额定电流)，使电动机产生步进跳跃的合成磁通势，进而带动转子步进旋转。一般情况下，因为相电流幅值不变，而磁通势等于电流乘以匝数，所以磁通势的幅值不变，导致步距角的大小只有两种，即整步(如三相单三拍、三相双三拍)或半步(如三相单双六拍)。图 2.43 给出三相单三拍、三相双三拍和三相单双六拍工作方式下的磁通势矢量图。图中，磁通势 F_{AB} 是由 F_A 和 F_B 两个磁通势矢量叠加而得的。

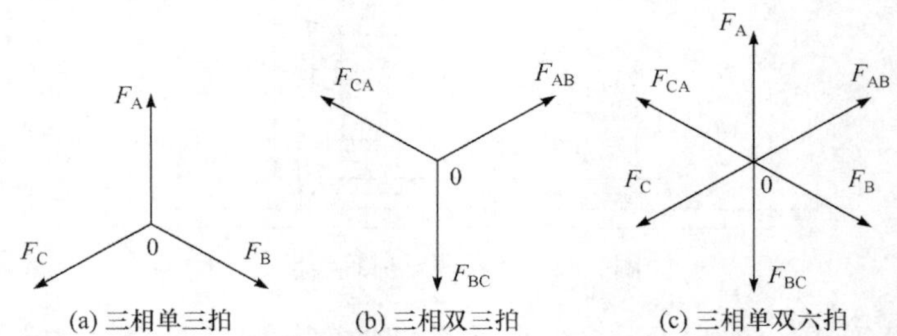

(a) 三相单三拍　　(b) 三相双三拍　　(c) 三相单双六拍

图 2.43　三相反应式步进电动机三种运行方式下的磁通势矢量图

从图 2.43 可知，运行拍数与磁通势矢量的数目是一致的，前两种运行方式相邻磁通势矢量间隔 120°电角度；而三相单双六拍运行方式相邻磁通势矢量间隔 60°电角度，所以对应的步距角也减小一半。通过上面的分析，我们可以得出结论：步进电动机转子平衡位置是由对应的磁通势矢量方向来确定的，如果我们通过有效控制相电流大小，就可能让磁通势矢量变得更密，从而实现小步距角，这就是细分驱动的基本原理。

在图 2.43 中，相电流仅有 2 个幅值，即 0 值与额定值。如果相电流变化时，每次改变相应绕组中额定电流的一部分，就会实现细分驱动的效果。如图 2.44 所示，每一步相电流变化额定值的 1/3，在磁通势矢量 F_A 与 F_{AB} 之间，增加了 2 个新的磁通势矢量，总的磁通势矢量达到 18 个(图中画出 F_0～F_6 前 7 个矢量)，相比三相单双六拍工作方式，相邻磁通势矢量间隔缩小，对应的步距角也随之减小。

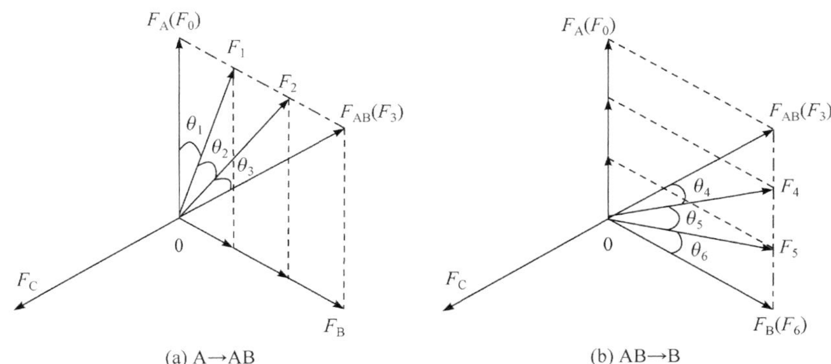

图 2.44　三相步进电动机三细分时合成磁通势的分布情况

采用三细分驱动电路后，对应的电流波形如图 2.45 所示。

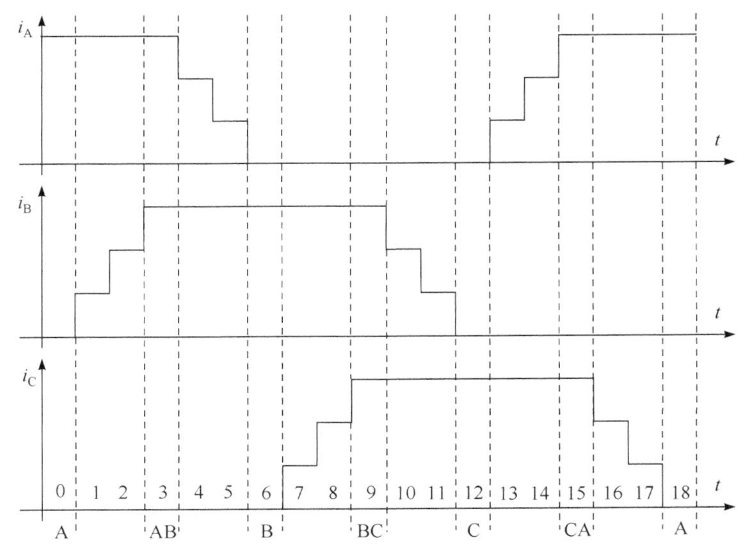

图 2.45　三相六拍三细分相电流波形

实现细分驱动时，可以利用斩波恒流驱动电路，只是参考电流(参考电压)要发生改变时，每次只按额定电流的 $1/n$ (n 细分)进行改变。对一个三相步进电动机采用上述的思路进行三细分驱动仿真，得到的波形如图 2.46 所示。

从图 2.46 中可以看出，相电流波形控制得较好，基本与图 2.45 相同，要注意由于反电动势的影响，下降阶梯对应的下降沿不如上升阶梯的上升沿来得陡。此外，每一拍都会使转子产生相应的步进角度，但是每拍步进的角度并不是相等的，其中，第 1、6、7、12、13、18 拍(见图 2.45 标示)产生的步进角度偏小。

因为步进电动机运行在单双六拍时，每步的步距角理论上都是 θ_b =60°(电角度)，三细分

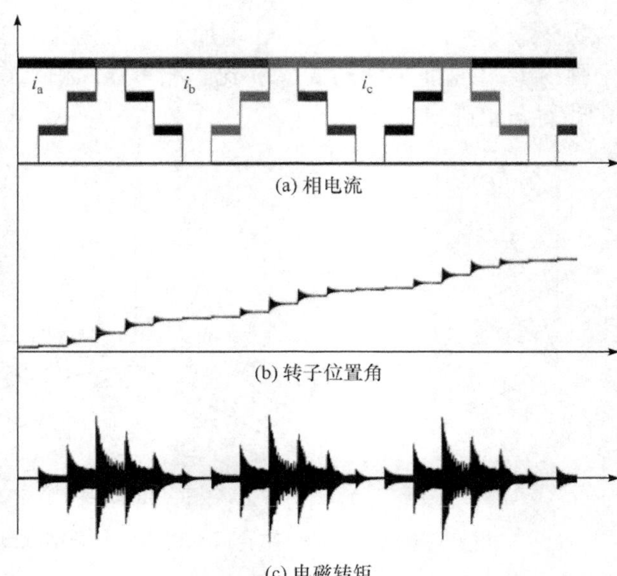

图 2.46　三相步进电动机三细分时的相电流、转子位置角与电磁转矩波形

后步距角应为 20°，但上面的细分方法各步的步距角理论上就不相等，我们可以借助简单的三角函数关系，算出图 2.44 中的θ_1为

$$\theta_1 = \operatorname{arctg}\left(\frac{1}{3}\cos 30° \Big/ \left(1-\frac{1}{3}\sin 30°\right)\right) = 19.1° \tag{2.21}$$

此外，也可以计算出另外 2 个角度。$\theta_3 = \theta_1 = 19.1°$，$\theta_2 = 21.8°$。可见，采用三细分驱动时，理论步距角有两个数值，其中，θ_2、θ_5、θ_8、θ_{11}、θ_{14}、θ_{17} 等于 21.8°，其余步距角等于 19.1°。但从仿真得到的结果看，θ_1(或θ_6、θ_7、θ_{12}、θ_{13}、θ_{18})明显小于θ_3(或θ_4、θ_9、θ_{10}、θ_{15}、θ_{16})，也就是说，即使理论上步距角相等，实际中仍有较大差异，如果要获得相等的步距角，需要采用理论分析与仿真相结合的方法来对各个电流阶梯进行精心整定。

细分驱动的明显优点是能够减小步距角，提高控制精度。除此之外，因为细分驱动中，每拍变化的电流显著下降，不仅有利于驱动系统电磁兼容设计，而且对步进电动机的振动噪声也有抑制作用。

2.4　步进电动机的应用和发展

步进电动机具有输入脉冲信号数与位移相对应、步距误差不会长期累积、能够精准定位、控制性能好、可以在较宽范围内对速度进行平滑调节、响应速度快等优点，且电机为无刷结构，转子上无绕组，可靠性高。但是步进电动机不可直接使用普通的交直流电源，需要与专用的控制器、驱动器配合才能正常工作；带惯性负载的能力较差，在负载不匹配，或运行条件不合理时，存在失步、共振等现象，一定程度上影响了其使用范围。

步进电动机的应用可以追溯到 20 世纪 20 年代。然而，步进电动机技术的迅速发展是与计算机技术密不可分的。步进电动机按其工作原理可以分为混合式步进电动机(HM)、反应式步进电动机(VR)和永磁式步进电动机(PM)三种基本类型。一般认为，混合式步进电动机更适合于低速大转矩用途；反应式步进电动机适合于平稳运行以及转速大于 1000r/min 的用途；而三相永磁式步进电动机在低转速时的振动和高转速时的大转矩方面比起两相永磁式电动机的性能要好。

当前最有发展前景的当属混合式步进电动机。混合式步进电动机的永磁体和相绕组均对磁路提供励磁，相同体积下，混合式步进电动机的转矩比反应式步进电动机要大。另外，混合式步进电动机的步距角可以做得很小，可达 1.8°，以满足高精度定位的需求。因此，混合式步进电动机适用于需要小步长，又对转矩密度有较高要求的场合。步进电动机以其显著的特点，在数字化时代发挥着举足轻重的作用，无论在仪表、医疗、工业自动化设备，还是在机械、电力、航空航天等领域，步进电动机都随处可见。随着各种数字化技术的不断发展，步进电动机还会在更多领域崭露头角。

2.4.1　步进电动机的应用

消费电子领域——步进电动机是众多摄像机、数码相机自动对焦和变焦系统的执行器；步进电动机还常作为移动电话相机模块中的执行器。用步进电动机程序控制代替机械凸轮对变焦距光学镜头进行连续变焦控制，利用计算机按照变焦方程对步进电动机进行程序控制。

交通工具——步进电动机可以调节天线位置，有助于汽车接收无线电信号。步进电动机也可以通过调节汽车油门，实现汽车自动巡航控制。在飞机中，大量步进电动机用于飞机仪表、传感装置、天线设备中。

办公设备——基于 PC 的扫描设备中多应用步进电动机；此外，光盘驱动器中的激光头驱动机构、打印机等设备中也有步进电动机。

医疗设备——在医疗扫描仪、多轴显微镜、分配泵、采样器、数字牙科摄影、流体泵和血液分析仪器中，步进电动机得到了广泛应用。

工业机械——步进电动机大量应用于汽车仪表、机床自动化生产设备(单/多轴步进电动机控制器)等场合。图 2.47 是一台由步进电动机驱动的宝石研磨机。步进电动机在数控机床中的应用最为广泛，因为步进电动机不需要 A/D 转换就能够直接将数字脉冲信号转换为角位移或者直线位移，进而经过适当传动机构转化为数控机床执行机构的进给运动、调整运动等，所以说步进电动机是数控机床最理想的驱动元件。早期的步进电动机的输出转矩比较小，无法满足数控机床对转矩的要求，随着技术的发展，现在已经能够实现步进电动机在数控机床上单独作为执行元件，比如有些大转矩步进电动机不需要经过传动系统的转矩放大就可以直接和主轴相连。

另外，步进电动机在工业机械手上的应用也十分广泛。工业机械手是一种模仿人手动作，并按照设定的程序、轨迹和要求代替人手抓取、搬运工件或者借助操持工具进行工作的机电一体化自动装置。大多数现代化工厂里都会有很多机械手，因为机械手不仅让人从繁重、枯燥的事务中解放出来，而且它能做很多工人不能做的工作，比如搬运汽车生产线上沉重的工件，不仅更快速、更安全而且更加高效，从而大大提高了工厂的产能，所以工

图 2.47　采用步进电动机的宝石研磨机

业机械手是建设现代化工厂和无人化工厂所不可或缺的。工业机械手的控制方式有液压式、气压式和电机式等。液压式和气压式机械手结构简单、易于控制，但是系统定位需要限位开关来实现，控制精度、可靠性和灵活性均不如电机式机械手，不利于生产的自动化。步进电动机可以精确控制机械手各个环节转向的角度和方向，借助其他夹持装置可以完成油漆喷涂、工件抓取和产品装配等多种工作。

此外，步进电动机在天文望远镜的定位、安防摄像头的控制等诸多场合都得到了应用。

2.4.2　步进电动机的研究及发展

国内外诸多科研院所均开展了对步进电动机的研究工作，力图通过本体优化和改进控制算法获得更好的伺服特性。

步进电动机是 20 世纪 20 年代初由英国人发明的，因此其控制技术最初是在国外发展起来的，且发展非常迅速。20 世纪 50 年代，随着晶体管的发明与应用，步进电动机的控制变得更为简单。到了 20 世纪 70 年代，高性能步进电动机及其驱动控制技术进入快速发展的黄金时期，大量的步进电动机及其相应的驱动器被研制生产出来，如美国的 M 系列、德国的 IBS/IBC 系列和日本的 EMP 系列。经过后期对步进电动机及控制技术的不断改进，其性能有了大大提高。步进电动机因其独有的优点被广泛应用于需要高定位精度、高灵敏度、高分辨率、高可靠性的工控场合中。步进电动机在工业控制领域中的应用已有多年的历史，目前它的作用还没有其他类型的电机可以替代，正因如此，步进电动机已经发展成为除交直流电机外的第三大类电机。几十年来，步进电动机的控制技术的应用领域越来越广泛，性能也得到了很大的提高，驱动器也在不停地更新升级，驱动电路一体化已经成为一种发展趋势。

我国对于步进电动机的研发工作起步较晚，直到 1958 年，国内只有清华大学、华中理工大学等工科较强的高校为研究一些装置而开发了少量产品，从事步进电动机的研发工作。到了 20 世纪 60 年代，受到苏联的影响，国内对于步进电动机的研发主要以反应式步进电动机为主。20 世纪 70 年代，数控机床、数控切割机等数控设备的广泛应用在很大程度上促进了步进电动机在我国的研究发展。到了 20 世纪 70 年代末期，我国成功研制成了一种三相反应式步进电动机结构和一种五相反应式步进电动机结构。虽然反应式步进电动机存在效率低、运行过程中的振动较大等不足，但是其成本相对较低、技术较为成熟且坚固耐用，因此当时我国步进电动机的生产还是以反应式步进电动机为主。到了 20 世纪 80 年代初期，我国也开始研发混合式步进电动机，刚开始主要是研发两相混合式步进电动机，后来又研发了五相混合式步进电动机。经过 60 多年的发展，我国已经开发了门类众多、性能优良的步进电动机，有些甚至处于世界领先水平。但总体看来，我国的步进电动机在全球的竞争中处于相对弱势地位，工业水平相对也比较落后，因此产品的更新换代相比国外来说还明显较慢，且步进电动机行业的发展极不平衡，两极分化现象较为严重，只有极少数处于高端地位，绝大多数处于低端领域。这些处于低端领域的步进电动机制造企业并非专门从事步进电动机研发、制造业务，它们只是在开展其他电机业务的同时顺带开展步进电动机业务，而且其产品多为应用于家电、办公设备等领域的中低端步进电动机。当前，我国正处在产业转型升级的重要时期，步进电动机作为机电一体化的重要产品之一会受到越来越多的关注，其发展和应用范围也会越来越广，我们应该充分利用这个宝贵机会加大发展这一行业的力度，努力追赶和超越发达多家。国内哈尔滨工业大学、浙江大学、东北大学、清华大学、浙江工业大学、上海交通大学、上海理工大学、华中科技大学、浙江工业大学以及中国电子科技集团公司第二十一研究所等科研院所均进行过步进电动机方面的研究。研究工作主要集中在改进控制策略、控制器的优化设计等方面。

步进电动机经过数十年的发展，技术已经比较成熟。近年来的研究主要有两个方面：一是步进电动机本体设计研究；二是步进电动机控制策略研究。具体如图 2.48 所示。

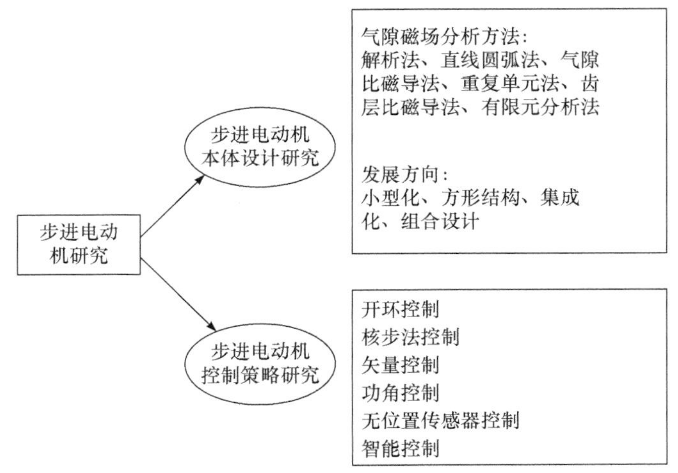

图 2.48　步进电动机研究方向

1. 步进电动机本体设计研究

1) 步进电动机分析方法

在计算常规电机如直流电机、同步电机、异步电机等的气隙磁场时，可以用一个系数来表示气隙的影响，而对计算结果的影响不大。步进电动机与传统电机相比，在结构上具有一定的特殊性，步进电动机的气隙小，主磁路一般处于高度饱和状态，并且气隙磁场随着转子位置的改变而改变，电机内部的磁状态复杂多变，是高度非线性的，用一般电机的分析方法对其进行分析会产生很大的误差，甚至错误。因此步进电动机的分析和计算方法发展相对较慢，国内外的电机工作者进行了大量的研究和实践。20 世纪七八十年代以来，步进电动机的计算方法才逐渐完善起来，总结出了解析法、直线圆弧法、气隙比磁导法、重复单元法、齿层比磁导法、有限元分析法等一系列步进电动机分析方法。

(1) 解析法。

解析法求解步进电动机的气隙磁场时，假设定、转子的齿和槽结构相同，并且槽无穷深，这种方法看似很严格，理论上讲也比较精确，但是由于假设条件很近似，计算效果不是很好，局限性也比较大。

(2) 直线圆弧法。

Chair 在研究齿数较少的步进电动机的气隙磁场并对这类电机进行设计时，把定、转子气隙及槽中的磁力线近似分解成直线和圆弧，这就是直线圆弧法。此外，Chair 还用傅里叶级数表达出了力矩、旋转电压及电感的公式。这种方法是一种近似的计算方法，也是线性分析方法的一种，计算结果与实际值只有在特定条件下才比较吻合，例如，电流比较小且气隙与齿距比值大于 25，误差较小，而当该比值小于 20 时，计算误差非常大。

(3) 气隙比磁导法。

气隙比磁导法与上面提到的直线圆弧法有一定相似之处，可以对比理解。定、转子的齿形通常是矩形的，用气隙比磁导法先把齿等效成梯形，然后用直线圆弧法(或者代角法)进行计算，得到精度更高的气隙磁导。气隙比磁导法部分地考虑了非线性因素，将传统电机的磁路计算与气隙磁导的变化结合起来。包括气隙比磁导法在内的所有线性分析方法的根本不足是等磁位面的假定偏差较大，从而与实际情况有较大的出入。气隙比磁导法经过一定的修正，在一定范围内应用时，与真实情况还是比较相近的，因此该方法在工程上仍然应用较多，尤其是在定性分析步进电动机的性质时，仍然具有一定的指导意义。日本的 Nobuyuki Matsui 等通过一种线性的磁导分析方法，建立了步进电动机的瞬时力矩方程，并给出了齿槽力矩的表达式，但是没有指出如何改进步进电动机，以减小齿槽力矩等原因带来的力矩波动。

(4) 重复单元法。

重复单元法是 Ertan 在 1981 年给出来的，主要是用来计算多段反应式步进电动机的磁场问题。这种方法进步的地方在于对于齿层这一关键部位采用场求解，但是其应用范围比较窄，而且没有考虑电机的铁心对电磁力矩的影响，把槽底和齿根当作等磁位面也不十分准确。

(5) 齿层比磁导法。

齿层比磁导法的提出以及计算机辅助设计软件的发展，更是大大提高了步进电动机设计和分析的效率，并为步进电动机的进一步优化奠定了基础。齿层比磁导法融合了场计算的精确性和路计算的简明性。齿层比磁导与气隙比磁导的概念、定义、公式等类似，又有着本质的区别。只对一个定、转子“齿对”范围的磁场问题进行计算，或者一个齿距范围内的场域进行计算即可。

在齿层比磁导法分析的基础上，尽可能全面地考虑到步进电动机整个磁系统的各部分作用，建立步进电动机的磁网络模型。磁网络的建立应包括所有磁路部分，包括定子绕组磁势、定子极身、定子轭部、转子轭部以及定子磁极间漏磁路部分。哈尔滨工业大学的王宗培教授等针对步进电动机齿层比磁导法、非线性磁网络模型的建立和求解分析、齿层参量数据库的建立、最优化技术的研究等方向进行了深入研究，并取得了一系列研究成果。

(6) 有限元分析方法。

Courant 于 1943 年最早提及了有限元的思想，有限元方法的特点是精度高、物理意义明确、数值计算简单，广泛应用于电磁场、热传导、流体力学、空气动力学、机械零件强度分析等工程领域。其基本原理是把要分析的区域分割成很多小区域，即“有限元”或“单元”。这些小区域在二维计算中一般是三角形或四边形，三维计算中一般为四面体。由于有限元法的计算是基于剖分单元的计算，为了提高计算精确度，剖分单元的数量往往非常大，手工计算来实现几乎是不可能的。有限元分析软件随着计算机性能的不断提高而迅速发展起来，比较有代表性的有 ANSYS、Ansoft Maxwell、Flux 等。在对电机进行有限元分析时，Ansoft Maxwell 是一款比较常用的软件，它有专门针对电机设计进行仿真的软件包，包括剖分技术在内的很多技术都是世界领先的。现在的 Ansoft 软件都支持分布式计算和并行计算，这对于三维仿真模型庞大的计算量来说非常有利。它可以与 AutoCAD、Solidworks 等软件兼容，但是对于一般的模型，这款软件的处理能力虽然不是很强，但是完全够用。其三维场求解器有六种，完全可以满足各种情况的仿真。

随着电机仿真软件的不断成熟，科学工作者越来越多地结合有限元仿真来分析步进电动机结构与性能之间的关系。Christoph Kuert 等介绍了一种建立混合式步进电动机动态模型的新方法，通过这个动态模型可以更好地理解步进电动机运行过程中各状态量的变化规律，为进一步优化控制方案奠定基础。法国的 Eric Duckler Kenmoe Fankem 等针对混合式步进电动机用二维有限元和磁阻网络模型相结合的方法进行分析，并通过这种方法对步进电动机进行优化设计，确定了新的结构参数。上海理工大学的方春仁等利用 ANSYS 软件对步进电动机的齿层结构进行了优化设计，并得出和验证了一些已有的结论。Devasahayam 等用三维有限元的方法对齿形对径向力的影响进行了分析，得出定子上的径向力随着转子的转动而由高到低变化，变化的大小取决于定子和转子齿形与齿宽比的饱和程度。Praveen 等用二维模型等效三维模型简化，讨论了一款应用于空间领域的步进电动机齿层结构的设计，并得出了齿宽、齿形与定位力矩、静力矩曲线的一些关系。

通过以上对步进电动机分析方法的阐述可以看出，齿层比磁导法和有限元分析法虽然精度较高，定性分析却不是很方便。直线圆弧法、气隙比磁导法等线性分析方法表示的各个量之间的关系相对简单，适于定性分析相关量的变化趋势和相对关系，在定性分析时有一定的优势。

2) 步进电动机本体设计发展方向

在步进电动机的发展历程中，先后出现了多种类型的步进电动机，按结构和工作原理可以分为三大类，即反应式步进电动机、永磁式步进电动机和混合式步进电动机。在欧美和日本等工业发达国家和地区早期都是研制反应式步进电动机，但是反应式步进电动机存在效率低、运行过程中的振动和噪声较大等缺点，因此逐步被淘汰。永磁式步进电动机的定、转子一般采用爪式结构，成本较低、价格便宜、制造工艺简单，但是由于转子永磁体在机械加工方面受到限制，其步距角比较大、运行时的步距精度较低，因而其广泛应用于对性能要求较低的控制场合。混合式步进电动机则具备了反应式和永磁式步进电动机的优点，最初它是和反应式步进电动机一同发展的，后来其因性能较高逐步替代了反应式步进电动机，成为工业自动化场合的应用主流。

步进电动机的制造技术虽然已经比较成熟，但是各国学者仍然在不断优化、提高和改善其性能。印度的 Rajagopal 等提出了两种应用于卫星太阳能帆板的具有冗余绕组结构的两相混合式步进电动机，一种结构是定子为 16 个磁极，转子为 180 个齿，48 个圆柱形磁钢排布在两段转子中间，该电机结构在变化的供电电压和温度环境下能够输出稳定的力矩；另一种结构定子有 8 个磁极，每个磁极两套绕组，转子采用三段结构。Clarence W. de Silva 提出了定、转子齿距大小不同的步进电动机结构的设计方法。类似的，哈尔滨工业大学的王宗培教授、程智等在研究新型步进电动机系统时也采用了定、转子齿距不同的设计方法，计算了减小定位力矩的效果，不同的是，这里的定子齿距和转子齿距较大。除了做旋转运动的传统步进电动机，已经为特殊应用要求研发了直线步进电动机、球形步进电动机等新的形式，这也将促进学者对新结构步进电动机展开研究，不断丰富步进电动机的分析方法与设计理论。当前混合式步进电动机的发展与应用最多，其发展方向代表了步进电动机的发展方向。

(1) 步进电动机将继续沿着小型化的方向发展。随着技术的进步、应用领域的拓宽，要求与之配套的电机尺寸也逐渐变小。

(2) 步进电动机结构由圆形发展为方形。方形的结构更能提高设计潜力，使得相同设计体积下的电机的工作性能指标达到 30%～40%。

(3) 步进电动机集成化程度继续提高，将位置传感器、变速器等装置与电机本体集成在一起。国内外的许多厂家也推出了自己的集成有位置编码器的步进电动机，位置反馈元件成本得到了有效的控制，这些为采用高品质的闭环控制提供了保障。

(4) 对电动机组合设计，且更多使用三相和五相电动机。现在使用较多的步进电动机多为二相和四相，而三相和五相电动机振动、噪声更小。五相电动机的驱动电路相比三相电动机结构更为复杂，要求更高，所以三相电动机的性价比更高，在实用性上发展潜力更大一些。

2. 步进电动机控制策略研究

步进电动机伺服系统的核心是控制系统，该系统以运动控制理论和现代控制理论为基础，包括许多不同学科交叉的技术领域，如电机技术、电力电子技术、微电子技术、传感器技术、控制理论和微计算机技术等。近年来，现代控制理论的发展，现代电力电子技术的进步，DSP、FPGA 等控制元件和 MOSFTE、IGBT 等功率元件性能不断提高，极大地促进了步进电动机控制技术的发展。在开环控制的基础上引入现代步进电动机控制策略，逐步发展出核步法控制、矢量控制、功角控制、无位置传感器控制和智能控制等控制方式。

1) 开环控制

开环控制是最早应用到步进电动机的控制方式，也是最简单、应用最方便的控制方式，其结构原理图如图 2.49 所示。

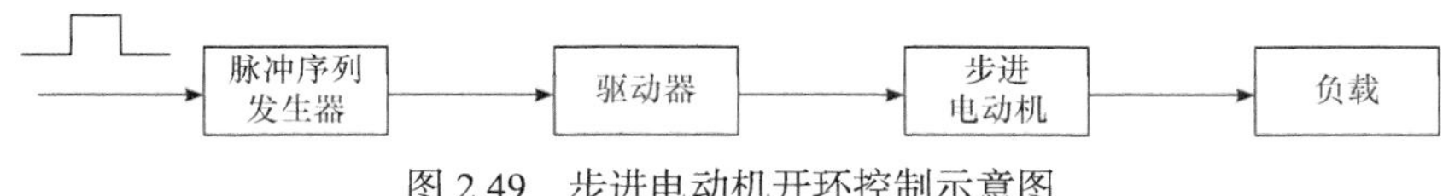

图 2.49　步进电动机开环控制示意图

虽然数字控制技术的出现使得其适应于许多实际生产设备中，但开环控制对步进电动机的输出转矩和速度的影响很大，仍有误差失步及低频振动现象。

2) 核步法控制

在原有开环控制的基础上，引入位置反馈环节，将位置给定与位置反馈进行比较，如果发生失步，通过补发脉冲，完成闭环控制。这种控制方式在一定程度上保证了位置的精度，其原理图如图 2.50 所示。但是这种控制方法也有很多的不足，当步进电动机出现越步后，采取事后补救的措施会存在一定的延后现象，这就限制了其在精密加工行业的应用；此外，当步进电动机出现失步或是堵转问题时，没有采取增加输出转矩的措施，无法从根本上解决问题。

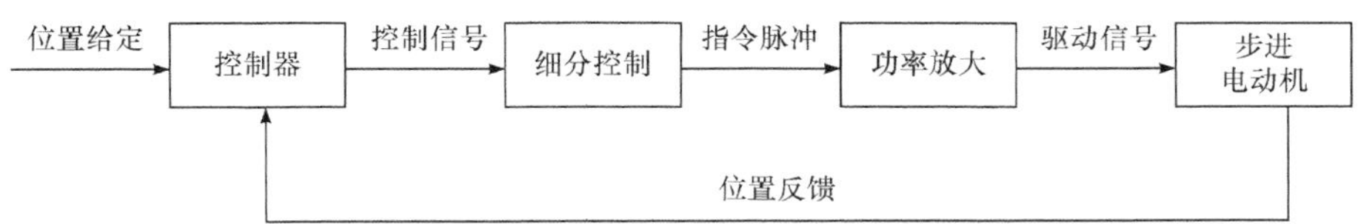

图 2.50　步进电动机核步法控制示意图

为了进一步提高控制性能，在核步法控制的基本原理上进行改进，增加了转矩调节环节。步进电动机是一种高度非线性、强耦合的机电元件，且有些参数是时变的，采用智能控制理论可以有效解决这些问题。目前研究比较多的是在混合式步进电动机的控制中引入模糊控制理论。模糊控制是将专家知识或熟练操作人员的经验通过模糊逻辑推理转化成数学表达式的控制策略，也就是说该控制方法对控制对象的数学模型的精度要求不高。主要的控制思路是通过比较位置反馈与位置给定，经模糊控制器作用输出调节后的电流脉冲，达到改善步进电动机运行性能的目的。考虑到负载出现扰动以及步进电动机失步的情况，将现代电机控制中的单矢量控制应用在电机的转矩控制中，来解决步进电动机转速与丝杠平均移动速度的问题。此外，通过对磁场定向分别控制定子电流的励磁和转矩分量获得很好的解耦性，对于步进电动机来说，这是一种很好的办法，但是步进电动机的非线性也超过普通电机，这使得用矢量控制也相当复杂和困难。

3) 矢量控制

随着对矢量控制技术研究的深入，科研工程人员将矢量控制技术应用到了步进电动机位置伺服系统中，如图 2.51 所示。

在 d-q 坐标系上建立步进电动机电磁转矩表达式，通过控制交轴电流分量 i_q 就可以达

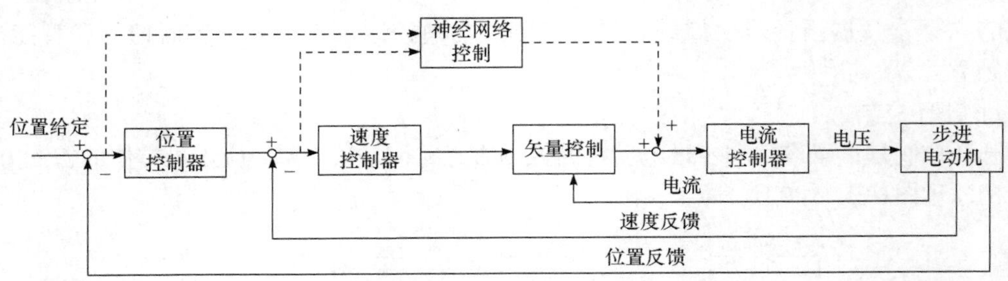

图 2.51　步进电动机矢量控制示意图

到调节步进电动机输出转矩的目的，从而提高响应负载转矩的能力。与一般的直流或交流电机相比，混合式步进电动机的气隙要小得多，磁阻转矩对电磁转矩的影响较大，忽略直轴电流分量 i_d 将会造成较大的误差；同时，交直轴电感随着电动机磁场饱和度、定转子相对位置的不同而变化，因此得到精确的转矩表达式较为复杂。采用最大转矩电流矢量控制策略对步进电动机进行控制，利用智能控制中的神经网络原理对步进电动机建模，抗负载扰动能力较强。但是由于神经网络建模存在不稳定的因素，对于控制对象需要精确实时控制的场合，该方法没有经典控制方法效果好。

4) 功角控制

混合式步进电动机最初是按照低速、大扭矩的两相交流同步电机设计的，它实质上是一种极对数相对较多的永磁同步电机。因此，也可以借鉴预防永磁同步电机失步的研究方法来讨论两相混合式步进电动机失步的问题。可以通过调节端电压和同步电机的运行速度来控制功角，或者通过检测端电压、相绕组电流、功率因数间接地观测功角，使其不超过稳定运行的最大值。这些控制功角的方法操作起来比较简便而且有效。

结合实际的工况，在原有步进电动机开环伺服系统的基础上引入位置反馈环节，对功角进行实时的监测，当功角接近步进电动机稳定运行的最大值时，对绕组励磁电流进行调节，达到增强混合式步进电动机抗负载冲击的能力并改善步进电动机运行性能的目的。功角控制策略在驱动器中完成，操作起来比较简单、有效，但是混合式步进电动机功角模型的建立以及功角的获取较为复杂，其原理图如图 2.52 所示。

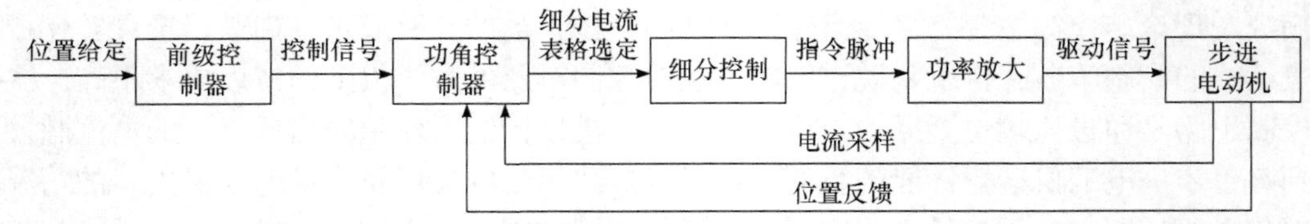

图 2.52　步进电动机功角控制示意图

5) 无位置传感器控制

步进电动机一般运用在精度和稳定性要求不高的开环系统中，可能存在失步且无法准确及时地对失步进行检测补偿，导致系统的精度降低。如果在步进系统中引入检测环节并对其进行闭环控制，不仅可以获得更加精确的位置控制和稳定的转速，而且可以获得更大的通用性。传统的步进电动机闭环控制多采用光电编码器或者旋转变压器等机械传感器，但是机械传感器实现困难，更有结构、价格等问题。为了解决机械传感器带来的各种缺陷，需要研究步进电动机，通过适当的方法估算出转子的位置和转速。

无位置传感器控制可以省去昂贵的位置编码器，低成本实现高性能的闭环控制。很多应用中采用了反电动势检测技术，利用反电动势检测转子位置时，需要借助于电机的参数模型，由于磁路的非线性，反电动势与步进电动机转子转速之间不是理想的解析关系，参数模型准确性难以保证；此外，由于反电动势幅值与转速相关，无法在静止时检测转子位置；低速时，反电动势幅值小，检测精度有限。无传感器技术利用步进电动机的电磁关系，构建观测器对其位置进行精确观测，从而实现无传感器控制。

无传感器控制技术的核心是实现位置的估算，即通过电压、电流等电量的测量与物理关系推导出转子位置，如相反电动势、相电流等均与转子位置有关，通过物理关系式，借助神经网络、卡尔曼滤波等算法就可估计出转子位置，有了转子位置信息，就能对步进电动机实施开环或闭环控制。Masi 与 Bendjedia 等采用卡尔曼滤波对信号进行观测，实现了无传感器控制。Antonioli 等通过静止坐标系上的反电动势观测器实现了电机的速度控制。Szalai 等借鉴同步电机的控制算法控制混合式步进电动机，并设计了高频幅值控制器。欧洲粒子物理研究所对混合式步进电动机的建模方法、长电缆供电下的无传感器控制技术等方面进行了研究。Matsui 等尝试将脉冲电流法用于检测步进电动机静止时转子的位置，实验效果较好；静止时采用脉冲电流法检测转子的初始位置，运行时采用卡尔曼滤波器原理，通过对绕组电压、电流进行分析处理，推算出转子的位置。在国内，贵献国等提出了利用磁阻变化实现对转子位置进行连续检测的方法，王泮海等提出了通过对电感进行分析，推算出转子的位置，该方法适用于步进电动机的全速范围。

6) 智能控制

智能控制可以不依赖或不完全依赖控制对象的数学模型，根据实际效果进行系统控制并能兼顾系统的精确和不确定因素的控制方法，突破了传统控制必须基于数学模型的框架。其应用也很广泛，其中比较有代表性的是模糊控制、神经网络及它们和其他智能控制的集成应用。控制理论不断向前发展，将先进的控制理论、控制方法应用到步进电动机控制系统中，无疑将会改善驱动电流波形，改善电机的运行特性，提高步进电动机的性能，拓展步进电动机的应用，使得步进电动机的驱动与控制更加精准。将非线性控制理论、变结构控制等新型控制方法引入步进电动机控制系统中，可以有效提高整个系统的动、静态性能，满足更高的应用要求。国外，汉阳大学、卡内基梅隆大学、新莱昂自治大学等对永磁式步进电动机的先进控制策略开展了深入研究；布鲁克林理工大学针对不同类型步进电动机的自适应控制算法开展了研究；南洋理工大学研究了双轴步进电动机的系统控制策略。国内，南京大学的 Chen 等从控制理论的角度介绍了一种新的控制算法，将该算法应用于低速、高精度场合的混合式步进电动机伺服系统中，可以降低力矩波动和外来干扰的影响，大大提高了控制精度；重庆理工大学的谢启河等提出可以在绕组电流中加入一定的低频分量来改善电机的振荡；沈正海等对步进电动机细分电流进行设计时，采用了神经网络的方法估计和计算给定电流的波形，取得了较好的效果。

虽然智能控制是一种比较优越的控制方式，但是由于理论和相关应用的技术还不是很完善，所以在实际市场应用上还是比较少见的，但是这也是相关领域的研究热点。

随着计算机技术及现代控制策略的不断发展，步进电动机也因其成本低、运行稳定的特点，在日常生活中的应用范围越来越广。一方面，对步进电动机结构进行优化，沿着小型化、精密化的方向发展，提高步进电动机工作性能，拓宽其工作领域，将其应用到特殊场合。另一方面，步进电动机驱动器的好坏直接影响电机运行的性能，因此，将先进的控制理论、控制方法应用到步进电动机控制系统中，提高步进电动机的性能，拓展步进电动机的应用，使得步进电动机的驱动与控制更加精准。可以预见，步进电动机将会得到更长远的发展，具有广阔的应用前景。

参考文献

陈士进, 朱学忠, 2007. 步进电动机系统驱动与控制策略综述[J]. 电机技术, (6): 14-17.

陈志聪, 2008. 步进电机驱动控制技术及其应用设计研究[D]. 厦门: 厦门大学.

何航, 2019. 仿生眼用两自由度混合式步进电机及其驱动系统研究[D]. 济南: 山东大学.

李景忠, 2018. 步进电机细分驱动系统设计与实现[D]. 淮南: 安徽理工大学.

李鹏, 鲁华, 郑文鹏, 等, 2016. 基于模型变换的混合式步进电机静态特性仿真分析方法[J]. 中国电机工程学报, 36(17): 4737-4745.

刘建芳, 杨志刚, 程光明, 等, 2004. 压电驱动精密直线步进电机研究[J]. 中国电机工程学报, 24(4): 102-107.

刘景林, 王帅夫, 2013. 数控机床用多步进电机伺服系统控制[J]. 电机与控制学报, 17(5): 80-86.

罗绍锋, 2019. 三相混合式步进电机高动态响应位置控制研究[D]. 广州: 华南理工大学.

茹珂, 2018. 两相混合步进电机伺服控制技术研究[D]. 北京: 北京交通大学.

史敬灼, 王宗培, 2007. 步进电动机驱动控制技术的发展[J]. 微特电机, 35(7): 50-54.

史敬灼, 徐殿国, 王宗培, 2001. 二相混合式步进电机模型参数的辨识[J]. 电工技术学报, 16(4): 12-15, 38.

童怀, 王宗培, 1994. 五相混合式步进电机牵入特性的齿层比磁导分析模型[J]. 中国电机工程学报, 14(1): 20-26.

王睿, 吴峻, 黄文君, 2015. 基于模型变五相混合式步进高动态特性步进电机驱动器系统设计[J]. 控制工程(英文版), 22(2):222-226.

王太勇, 赵巍, 李宏伟, 等, 2005. 基于最小偏差法的步进电机速度控制方法研究[J]. 机械科学与技术, 24(6): 699-701.

王文杰, 2019. 磁悬浮轴承步进电机及驱动器设计[D]. 济南: 山东大学.

王英, 田一, 王宗培, 2001. 五相混合式步进电动机的振荡特性研究[J]. 中国电机工程学报, 21(6): 44-47.

吴俊云, 方亮, 裘慧祥, 2012. 电子膨胀阀用爪极步进电机数值优化研究[J]. 中国电机工程学报, 32(27): 73-78, 185.

夏莹, 孙承鉴, 1980. 反应式步进电机的快速控制问题[J]. 自动化学报, 6(4): 302-310.

肖申平, 2019. 五相混合式步进电机微分解耦控制[D]. 南京: 南京航空航天大学.

朱辉, 2016. 基于误差补偿的步进电机矢量控制系统研究[D]. 杭州: 浙江工业大学.

DEVASAHAYAM R, ACHARY V T S, RAVICHANDRAN M H, et al., 2003. Performance enhancement of a 720-step stepper motor for solar array drive of Indian remote sensing satellites to achieve low power micro-stepping[C]. The fifth international conference on power electronics and drive systems, Singapore: 264-268.

KIM W, SHIN D, CHUNG C C, 2013. Microstepping using a disturbance observer and a variable structure controller for permanent-magnet stepper motors[J]. IEEE transactions on industrial electronics, 60(7): 2689-2699.

KUERT C, JUFER M, PERRIARD Y, 2002. New method for dynamic modeling of hybrid stepping motors[C].IEEE industry applications conference, Pittsburgh: 6-12.

PRAVEEN R P, RAVICHANDRAN M H, ACHARI V T S, et al., 2009. Design and finite element analysis of hybrid stepper motor for spacecraft applications[C]. 2009 IEEE international conference on electric machines and drives, Miami: 1051-1057.

SHIN D, KIM W, LEE Y, et al., 2013. Phase-compensated microstepping for permanent-magnet stepper motors[J]. IEEE transactions on industrial electronics, 60(12): 5773-5780.

WANG Q J, LI Z, NI Y Y, et al., 2006. Magnetic field computation of a PM spherical stepper motor using integral equation method[J]. IEEE transactions on magnetics, 42(4): 731-734.

YANG S M, KUO E L, 2003. Damping a hybrid stepping motor with estimated position and velocity[J]. IEEE transactions on power electronics, 18(3): 880-887.

第 3 章　永磁无刷直流电动机

3.1　永磁无刷直流电动机的概述

我们通常所说的永磁无刷直流电动机，就其基本结构而言，可以认为是一个由电子开关线路、永磁式同步电动机本体以及位置检测器三者组成的“电动机系统”。电动机本体的电磁结构上与有刷永磁直流电动机一样有电枢绕组和永磁体，但其电枢绕组放在定子上，转子上安装永磁磁钢。该电动机的电枢绕组一般采用多相形式，经由驱动器(即相应的电子开关线路)接到直流电源上，采用电子换相代替有刷电动机定子上的电刷和机械换相器，使得各相依照一定逻辑进行通电，在空间产生电枢磁场，和转子磁极主磁场相互作用，产生转矩，使电动机旋转。永磁无刷直流电动机的原理框图如图 3.1 所示。

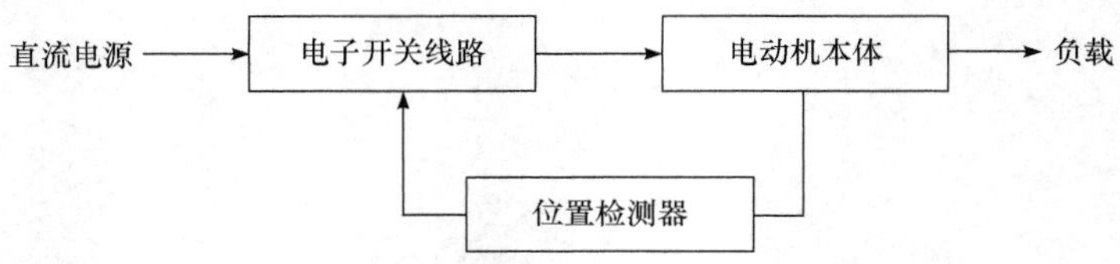

图 3.1　永磁无刷直流电动机的原理框图

图 3.1 中，电子开关线路(也称作电子换相器)是用来控制电动机定子上各相绕组通电顺序和通电时间的，除了有直接控制电动机相电流的主功率开关电路之外，还有逻辑控制电路。电子开关线路的功能是将电能以一定的逻辑关系分配给永磁无刷直流电动机定子上的各相绕组，使得运行过程中定子绕组所产生的磁场和转动中的转子磁钢产生的永磁磁场在空间上始终保持 90°左右的电角度，以获得最大转矩。位置检测器向逻辑控制电路提供相应的电动机转子位置信息，逻辑控制电路根据转子位置信息和相电流大小等物理量，确定主功率电路中各个功率开关器件的导通/关断逻辑，实现对功率主电路的控制。

3.1.1　永磁无刷直流电动机的定义与类别

永磁无刷直流电动机为了实现无电刷换相，首先要把永磁直流电动机的电枢绕组放在定子上，把永磁磁钢放在转子上。为了能产生较大的电磁转矩来驱动电动机转子，永磁无刷直流电动机还要有电子换相器来使定子绕组产生的磁场和转动中的转子磁钢产生的永磁磁场在空间上保持 90°的平均电角度。这样的两个磁场相互作用，将产生最大平均转矩以驱动电动机不停地旋转。

一般永磁无刷直流电动机本体的转子由转轴、转子铁心和永磁材料组成，其结构与永磁同步电动机相似，可以制作成内转子式、外转子式等类型的结构：①内转子式结构，永磁无刷直流电动机的内转子结构更常见，电动机的定子在外面，转子在里面，在传统的有刷直流电动机中，定子磁场在外，转子电枢在内；永磁无刷直流电动机出现后，电枢从里面移到外面，即从转子侧移到了定子侧；转子侧有转子铁心和永磁体，而没有线圈，于是就不再需要电刷结构了。②外转子式结构，在实际使用中，有时为了满足某些电子机械的特殊技术要求，要把永磁无刷直流电动机的定子电枢做在里面，而把带永磁体的转子放在外面，形成外转子结构。内转子结构和外转子结构分别如图 3.2(a)和图 3.2(b)所示。永磁无刷直流电动机无论采用内转子结构还是外转子结构，其工作原理是没有差别的。

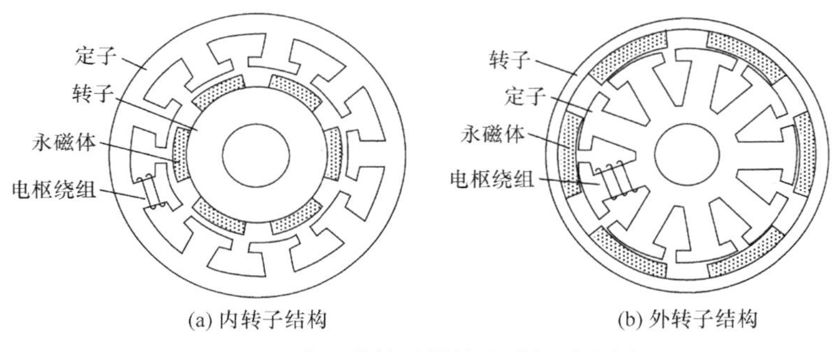

(a) 内转子结构 (b) 外转子结构

图 3.2 内、外转子结构电动机示意图

内转子结构的永磁无刷直流电动机常用三种形式的转子结构，如图 3.3 所示。其中，图 3.3(a)所示结构是转子铁心外圆粘贴瓦片形永磁体，又称为永磁体表面贴装式结构；图 3.3(b)所示结构是在转子铁心中嵌入矩形板状永磁体。图 3.3(a)和图 3.3(b)结构在高速运行时，为了防止电动机工作时离心力将永磁体甩出，转子外侧常需要套一个 0.3～0.8mm 的护套，护套常用的材料有不锈钢、玻璃纤维以及碳纤维等。同时，护套在盐雾等恶劣环境中也可对永磁体起到保护作用。图 3.3(c)所示结构是在转子铁心外套上一个环形永磁体，这种结构比较适合体积和功率较小的永磁无刷直流电动机。

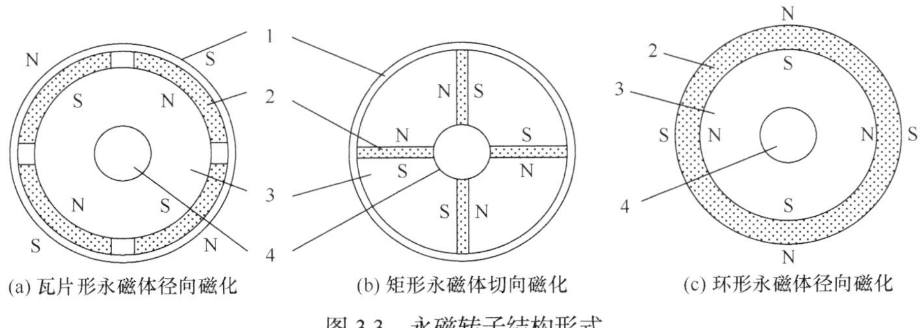

(a) 瓦片形永磁体径向磁化 (b) 矩形永磁体切向磁化 (c) 环形永磁体径向磁化

图 3.3 永磁转子结构形式

1-护套；2-永磁体；3-铁心；4-转轴

永磁无刷直流电动机绕组一般有两种结构：分布绕组和集中绕组。分布绕组的定子槽数多，绕组节距可以设计为整距、短距和长距。集中绕组的定子槽数少，每对极下只有 3 个槽(甚至更少)。每相绕组集中放置在相邻的 2 个槽内，绕组节距为短距。分布绕组的优点是定子磁势中谐波含量小；而集中绕组的优点是下线方便，能绕更多的匝数，绕组的端接部分缩短，减少了铜用量，降低了绕组电阻，从而有利于减小铜耗，提高电动机效率。

图 3.4 是永磁体表面贴装式外转子永磁无刷直流电动机本体的实物照片。

(a) 定子

(b) 转子

(c) 电机装配图

图 3.4　表面贴装式外转子永磁无刷直流电动机实物图

三相永磁无刷直流电动机通常采用三相电压型逆变器供电，其定子绕组为星形接法，下面以一对极三相永磁无刷直流电动机为例详细说明其工作原理。永磁无刷直流电动机调速系统原理框图如图 3.5 所示，反电动势及驱动波形如图 3.6 所示。三相永磁无刷直流电动

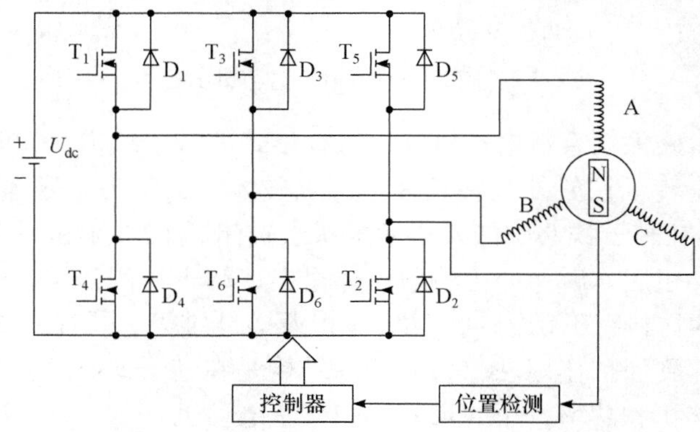

图 3.5　永磁无刷直流电动机调速系统原理框图

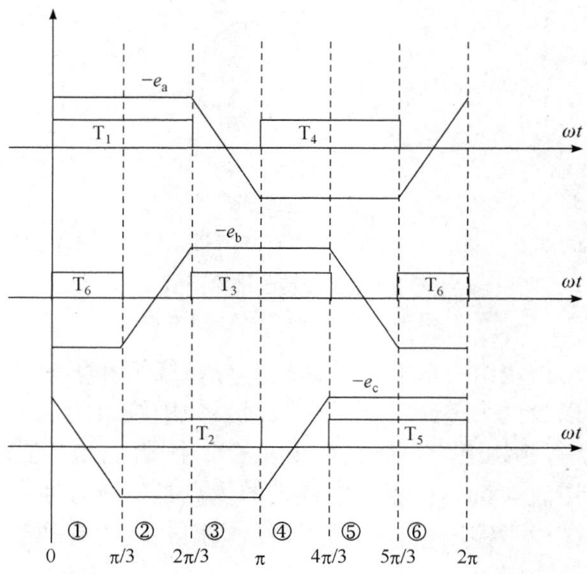

图 3.6　永磁无刷直流电动机反电动势及驱动波形

机通常采用两两导通的控制方式，两两导通方式是指在转子任意位置，均有且仅有两相电枢绕组通入电流。因为反电动势为 120°的梯形波，电枢磁势轴线与励磁磁势轴线互差 60°～120°电角度时，产生的平均电磁转矩最大。因此为保持电机输出最大平均电磁转矩，永磁无刷直流电动机必须保持每 60°就换相一次。在该换相方式下，永磁无刷直流电动机同一桥臂的上下两管互差 60°电角度导通，因此，在换相瞬间，不存在同一桥臂上下两管同时导通的情况，不必在控制上设置死区。

当转子永磁体位于图 3.7(a)所示位置时，永磁体 N 极在 B′位置，即永磁磁势方向为 $\overline{BB'}$，此时逻辑控制器驱动三相逆变桥，使开关管 T_3、T_4 导通，即绕组 B、A 相通电，电流从 B 相流入、A 相流出，根据右手螺旋定则，可得电枢绕组在空间的合成磁势为 F_{ba}，方向为 $\overline{CC'}$，此时，电枢磁势和永磁体磁势轴线间夹角为 120°电角度，定转子磁场相互作用，拖动转子顺时针转动。电流流通路径为电源正极→T_3→B 相绕组→A 相绕组→T_4→电源负极。当转子旋转过 60°电角度，到达图 3.7(b)所示位置时，永磁磁势方向为 $\overline{A'A}$，与电枢磁势轴线方向 $\overline{CC'}$ 间的夹角变为 60°电角度，此时逻辑控制电路控制开关管 T_3 截止、T_5 导通、T_4 仍导通，即切换到绕组 C 相、A 相通电状态，电流从 C 相流入、A 相流出，电枢绕组在空间合成磁场，如图 3.7(b)中 F_{ca} 所示，其方向为 $\overline{B'B}$；定转子磁势轴线夹角又恢复至 120°电角度，使转子继续沿顺时针方向转动。电流流通路径为电源正极→T_5→C 相绕组→A 相绕组→T_4→电源负极，以此类推，循环运行。转子沿顺时针每转过 60°电角度，通电相与相应的功率开关管导通逻辑将发生一次改变，对应的示意图可参见图 3.7(c)～(f)。当转子到达图 3.7(f)所示位置时，若再转过 60°电角度，则又回到了图 3.7(a)所示状态。

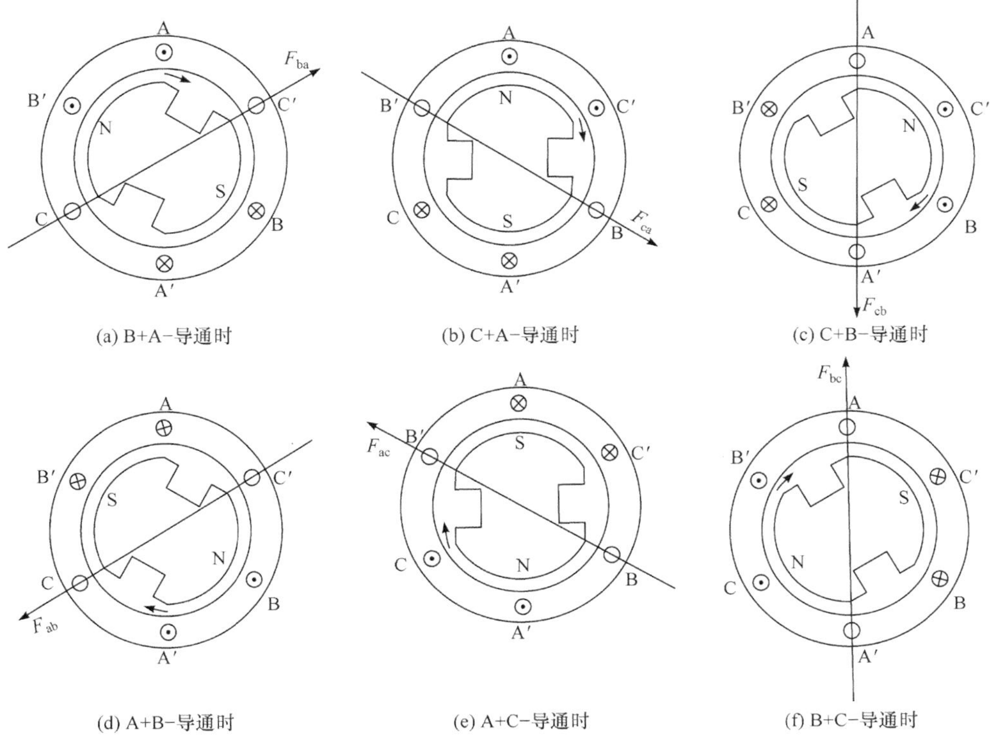

图 3.7　永磁无刷直流电动机定、转子磁场相对位置

综上分析，图 3.7 中的永磁无刷直流电动机的通电相序为 B+A−、C+A−、C+B−、A+B−、A+C−、B+C−，相应功率开关管的导通逻辑为 T_3T_4、T_5T_4、T_5T_6、T_1T_6、T_1T_2、T_3T_2，则转子磁场始终受到定子合成磁场的作用并沿顺时针方向连续转动。值得注意的是磁极每转动 60°电角度，电流从一相转移到另一相，这样电枢磁场就在空间上跃进 60°电角度，所以永磁无刷直流电动机中磁场是一种步进式旋转磁场。

综上所述，永磁无刷直流电动机借助位置检测器(可以是位置传感器，也可以是观测器)获得位置信号，协调控制为电枢绕组供电的功率电路中的功率开关器件，使其依次导通或截止，从而产生步进式旋转的电枢磁场，驱动永磁转子旋转。随着转子的旋转，检测到的位置信号不断变化，并实时反映转子位置，功率开关线路控制电枢绕组的磁状态，使电枢磁场总是超前于永磁转子磁场 60°～120°电角度，以产生最大的平均电磁转矩。

转子位置信息可以通过转子位置传感器来获得，其种类包括磁敏式、电磁式、光电式、接近开关式、正余弦旋转变压器以及编码器等。转子位置传感器的技术指标主要有输出信号幅值、精度、响应速度、工作温度、抗干扰能力、体积重量、安装方便性及可靠性等。常用的两种位置传感器有霍尔位置传感器和光电式位置传感器。

霍尔位置传感器属于磁敏式位置传感器，是利用霍尔效应制成的。当霍尔元件处于一定的磁场中，并按要求通以电流，在相应端子即可输出霍尔电势信号；否则，其输出端口无信号。用霍尔元件作为转子位置传感器通常有两种方法。第一种方法是将霍尔元件粘贴于电机端盖内表面，靠近霍尔元件并与之有一个间隙，安装着与电机轴同轴的永磁体，如图 3.8 所示。

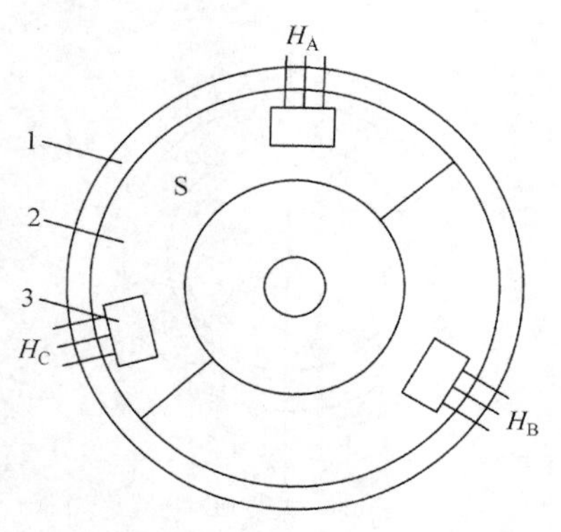

图 3.8　霍尔元件式位置传感器
1-永磁体架；2-永磁体；3-霍尔元件

对于两相导通星形三相六状态永磁无刷直流电动机，三个霍尔元件在空间彼此相隔 120°电角度，永磁体的极弧宽度为 180°电角度。这样，当电动机转子旋转时，三个霍尔元件便交替输出三个宽为 180°电角度、相位互差 120°电角度的矩形波信号。

第二种方法是直接将霍尔元件敷贴在定子电枢铁心气隙表面或绕组端部紧靠铁心处，将电机转子上的稀土磁体主极作为传感器的永磁体，根据霍尔元件的输出信号即可判断转子磁极的位置，将信号放大处理后便可驱动逆变器工作。

此外，有些霍尔元件接近磁导率高的铁磁物质时，信号发生翻转，这种霍尔传感器通常与铁磁物质制成的爪盘相配合实现位置传感器的功能，如图 3.9 所示。图 3.9(a)所示的是一个槽型霍尔元件，当有铁磁性物质处于槽内时，其输出为高电平，否则输出低电平。图 3.9(b)则是由 3 个槽型霍尔元件与爪盘构成的位置传感器，爪盘由电工纯铁等铁磁材料加工而成，有 4 个齿，每个宽度为 45°；相邻的槽型霍尔元件之间夹角为 30°。该位置传感器适用于 4 对极三相永磁无刷直流电动机。

霍尔元件式位置传感器结构简单、体积小、价格低、可靠，但对工作温度有一定要求，同时霍尔元件应靠近传感器的永磁体，否则输出信号电平太低，不能正常工作。因此，在对性能和环境要求不是很高的稀土永磁无刷直流电动机应用场合，大量使用霍尔元件式位置传感器。

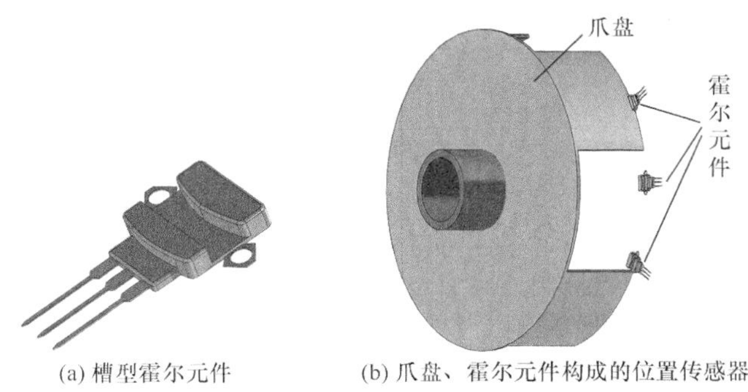

(a) 槽型霍尔元件　(b) 爪盘、霍尔元件构成的位置传感器

图 3.9　槽型霍尔元件及构成的位置传感器

光电式位置传感器由固定在定子上的几个光电耦合开关和固定在转轴上的遮光盘所组成。几个光电耦合开关沿圆周布置，每只光电耦合开关由两个相对的红外发光二极管 VD_1 和光敏三极管 V_1 组成。遮光盘处于发光二极管和光敏三极管中间，盘上开有一定角度的窗口。红外发光二极管通电后发出红外光，当遮光盘随电动机转子一起旋转时，红外光间断地照在光敏三极管上，使其不断导通和截止，其输出信号反映了转子的位置，经过功率放大后去驱动逆变器上相应的开关管。光电式位置传感器及安装示意图如图 3.10 所示。这种位置传感器轻便可靠，安装精度高，抗干扰能力强，调整方便，因而获得了广泛的应用。

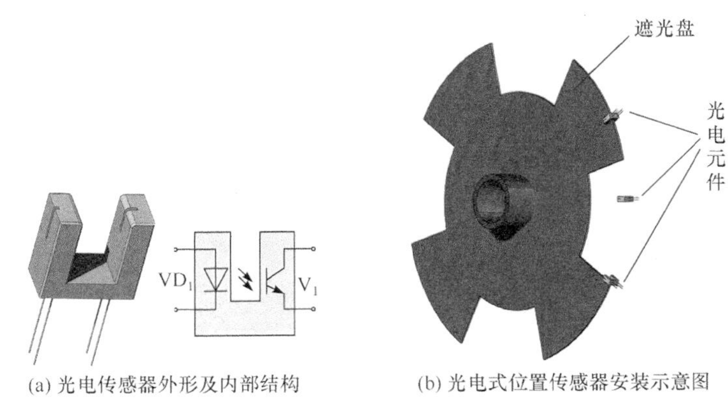

(a) 光电传感器外形及内部结构　(b) 光电式位置传感器安装示意图

图 3.10　光电式位置传感器及安装示意图

3.1.2　永磁无刷直流电动机的特点与应用领域

永磁无刷直流电动机和永磁同步电动机是当今广泛应用的两种电动机，它们的电动机本体组成结构基本相同，如图 3.11 所示，转子上有转子铁心和永磁体；定子上有硅钢片叠压而成的定子铁心以及绕制于其上的电枢绕组。对于永磁无刷直流电动机来说，它的反电动势设计为梯形波；而永磁同步电动机的反电动势为正弦波。为了实现方波形状的反电动势，永磁无刷直流电动机的气隙磁密呈方波分布，电枢绕组常采用集中绕组；而永磁同步电动机的气隙磁密呈正弦波分布，电枢绕组多采用分布式绕组。

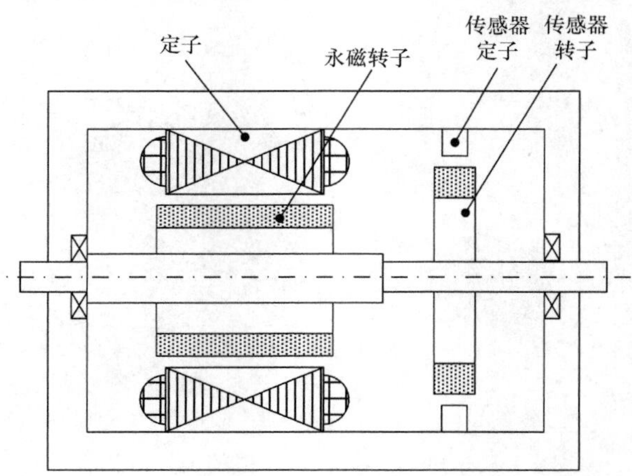

图 3.11　永磁无刷直流电动机本体结构图

永磁无刷直流电动机的理想电流波形为方波，而永磁同步电动机的理想电流波形为正弦波，典型波形如图 3.12 所示。

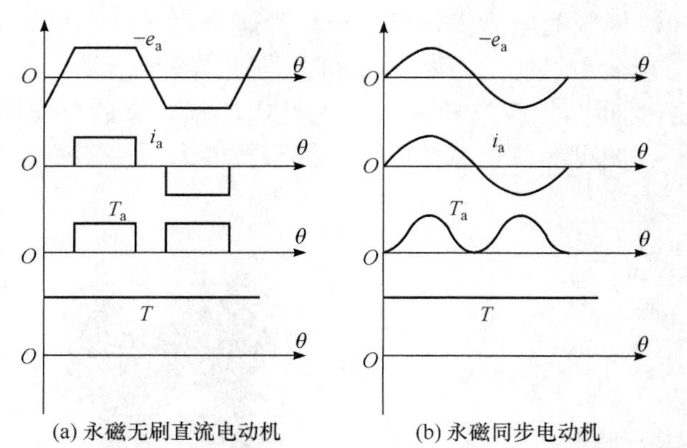

图 3.12　永磁无刷直流电动机与永磁同步电动机的波形比较

对于三相永磁无刷直流电动机和三相永磁同步电动机，在相电流有效值 I 相等的条件下，电枢绕组的铜损相等，此时永磁无刷直流电动机的电流幅值为

$$I_{\mathrm{dm}}=\sqrt{\frac{3}{2}}I \tag{3.1}$$

而永磁同步电动机的相电流幅值为

$$I_{\mathrm{sm}}=\sqrt{2}I \tag{3.2}$$

在相电势幅值相等的情况下，两种电动机的功率比为

$$\frac{P_{\mathrm{BLDCM}}}{P_{\mathrm{PMSM}}}=\frac{2E_{\mathrm{m}}I_{\mathrm{dm}}}{3(E_{\mathrm{m}}/\sqrt{2})I}=2/\sqrt{3}=1.1547 \tag{3.3}$$

可见，在相电势幅值相等的前提下，通入有效值相等的相电流，永磁无刷直流电动机的功率比永磁同步电动机要高 15%。

两种电动机的主要差别如表 3.1 所示。

表 3.1　永磁无刷直流电动机与永磁同步电动机的对比

项目	永磁无刷直流电动机	永磁同步电动机
气隙磁场	方波形状	正弦波分布
反电动势	梯形波	正弦波
理想相电流	方波	正弦波
位置传感器	仅需要换相位置信息，采用霍尔、光电位置传感器	需要转子准确位置，采用光电编码盘、旋转变压器等昂贵传感器
定子磁场	向前跳跃式磁场	连续旋转磁场
控制算法	PWM 控制	矢量控制
电磁兼容性	由于相电流存在阶跃突变，会产生较大电磁干扰	相电流正弦，比较平滑，电磁干扰较小

永磁同步电动机不仅可以实现速度调节，还可实现位置控制，被精密伺服系统大量采用。而永磁无刷直流电动机由于可以采用廉价的位置传感器和简单的控制算法，适合用于对驱动系统效率、成本等比较敏感的场合。

3.2　永磁无刷直流电动机的工作原理与运行特性

3.2.1　永磁无刷直流电动机的数学模型

本节以最常用的 120°导通方式星形三相六状态永磁无刷直流电动机为例，对电动机进行数学建模分析。

由于永磁无刷直流电动机的气隙磁场为梯形波分布，因此不能采用永磁同步电动机常采用的 d-q 坐标轴模型来对其进行分析。永磁无刷直流电动机的数学模型通常采用原始的三相变量进行列写。当然，为了得到这个数学模型，我们做下列假设：

(1) 电动机结构对称。

(2) 磁路线性，可以适用叠加原理。

(3) 忽略电动机的铁损和杂散损耗。

(4) 忽略电枢反应的影响。

这样，根据基尔霍夫电压方程，并遵照电动机定向，电动势的正方向与电流正方向一致，可以写出以下相电压平衡方程。

$$\begin{bmatrix} u_a \\ u_b \\ u_c \end{bmatrix} = \begin{bmatrix} R_s & 0 & 0 \\ 0 & R_s & 0 \\ 0 & 0 & R_s \end{bmatrix} \begin{bmatrix} i_a \\ i_b \\ i_c \end{bmatrix} - \begin{bmatrix} e_a \\ e_b \\ e_c \end{bmatrix} \tag{3.4}$$

式中，R_s 为电枢绕组电阻；以 A 相为例，u_a 为相绕组两端电压，e_a 为相反电动势，其表达式为

$$e_{\mathrm{a}}=-\frac{\mathrm{d}\psi_{\mathrm{a}}}{\mathrm{d}t} \tag{3.5}$$

式中，ψ_{a} 为 A 相磁链，即

$$\psi_{\mathrm{a}}=L_{\mathrm{a}}i_{\mathrm{a}}+L_{\mathrm{ab}}i_{\mathrm{b}}+L_{\mathrm{ac}}i_{\mathrm{c}}+\psi_{\mathrm{aPM}} \tag{3.6}$$

式中，L_{a}为 A 相绕组自感；L_{ab}与 L_{ac}分别为 A 相与 B 相、A 相与 C 相之间的互感；ψ_{aPM} 为永磁磁场在 A 相绕组中交链的磁链。

由于电动机结构的对称性，可以得到 $L_{\mathrm{ab}}=L_{\mathrm{ac}}=L_{\mathrm{bc}}=L_{\mathrm{m}}$，即任意两相之间的互感相等，需要注意的是互感 L_{m}数值为负。对于空载反电动势波形为梯形波的三相永磁无刷直流电动机来说，A 相绕组交链的永磁磁链 ψ_{aPM} 波形也为梯形波。A 相空载反电动势为

$$e_{\mathrm{a0}}=-\frac{\mathrm{d}\psi_{\mathrm{aPM}}}{\mathrm{d}t} \tag{3.7}$$

这样，就可以写出永磁无刷直流电动机的三相电压方程：

$$\begin{bmatrix}u_{\mathrm{a}}\\u_{\mathrm{b}}\\u_{\mathrm{c}}\end{bmatrix}=\begin{bmatrix}R_{\mathrm{s}}&0&0\\0&R_{\mathrm{s}}&0\\0&0&R_{\mathrm{s}}\end{bmatrix}\begin{bmatrix}i_{\mathrm{a}}\\i_{\mathrm{b}}\\i_{\mathrm{c}}\end{bmatrix}+\mathrm{p}\begin{bmatrix}L_{\mathrm{a}}&L_{\mathrm{m}}&L_{\mathrm{m}}\\L_{\mathrm{m}}&L_{\mathrm{b}}&L_{\mathrm{m}}\\L_{\mathrm{m}}&L_{\mathrm{m}}&L_{\mathrm{c}}\end{bmatrix}\begin{bmatrix}i_{\mathrm{a}}\\i_{\mathrm{b}}\\i_{\mathrm{c}}\end{bmatrix}-\begin{bmatrix}e_{\mathrm{a0}}\\e_{\mathrm{b0}}\\e_{\mathrm{c0}}\end{bmatrix} \tag{3.8}$$

式中，p 为微分算子 d/dt，若空载反电动势 e_{a0}、e_{b0}和 e_{c0}是梯形波，它们的峰值 E_{m}可表示为

$$E_{\mathrm{m}}=(Blv)N_{\phi}=2W_{\phi}(Blr\omega_{\mathrm{m}}) \tag{3.9}$$

式中，N_{ϕ}为每相电枢绕组串联导体数；W_{ϕ}为每相电枢绕组串联匝数；v 为导体相对磁场的运动速度(m/s)；l 为电动机的有效长度(m)；r 为气隙半径(m)；ω_{m} 为转子旋转角速度(rad/s)；B 为导体所在区域中的磁密(T)。

由于每极磁通量：

$$\phi_{\delta}=\frac{\alpha_{i}Bl\pi r}{n_{p}} \tag{3.10}$$

式中，α_i 为极弧系数；n_p 为电动机极对数。相电动势幅值表达式变为

$$E_{\mathrm{m}}=2W_{\phi}(Blr\omega_{\mathrm{m}})=\frac{2n_{p}W_{\phi}}{\alpha_{i}\pi}\phi_{\delta}\omega_{\mathrm{m}}=C_{\mathrm{e}}\phi_{\delta}\omega_{\mathrm{m}} \tag{3.11}$$

式中，C_{e}为相反电动势常数。

$$C_{\mathrm{e}}=\frac{2n_{p}W_{\phi}}{\alpha_{i}\pi} \tag{3.12}$$

对于星形三相六状态永磁无刷直流电动机来说，每个时刻均两相绕组串联，因此，线反电动势幅值为

$$E_{\mathrm{mL}}=2E_{\mathrm{m}}=C_{\mathrm{eL}}\phi_{\delta}\omega_{\mathrm{m}} \tag{3.13}$$

式中，线反电动势常数 $C_{\mathrm{eL}}=2C_{\mathrm{e}}$。永磁无刷直流电动机的反电动势大小与每极磁通量及转速有关，若保持每极磁通量不变，永磁无刷直流电动机的反电动势便和转速成正比。

因为电动机转子位置不会对各相磁路磁阻造成影响，且电动机磁路呈线性，所以各相

绕组自感相等，且为恒值，即 $L_a = L_b = L_c = L$；又因为三相永磁无刷直流电动机多采用星形接法，根据 KCL 定律，$i_a + i_b + i_c = 0$。式(3.8)可以变为

$$\begin{bmatrix} u_a \\ u_b \\ u_c \end{bmatrix} = R_s \begin{bmatrix} 1 & 0 & 0 \\ 0 & 1 & 0 \\ 0 & 0 & 1 \end{bmatrix} \begin{bmatrix} i_a \\ i_b \\ i_c \end{bmatrix} + \begin{bmatrix} L-L_m & 0 & 0 \\ 0 & L-L_m & 0 \\ 0 & 0 & L-L_m \end{bmatrix} \mathrm{p} \begin{bmatrix} i_a \\ i_b \\ i_c \end{bmatrix} - \begin{bmatrix} e_{a0} \\ e_{b0} \\ e_{c0} \end{bmatrix} \tag{3.14}$$

从式(3.14)可以看出，永磁无刷直流电动机的电枢绕组方程在形式上与永磁直流电动机电枢方程一致。若引入等效电感 $L_{eq} = L - L_m$，根据式(3.14)可以画出对应的等效电路，如图 3.13 所示。式中的 u_a 与图中的 u_{AN} 相对应。

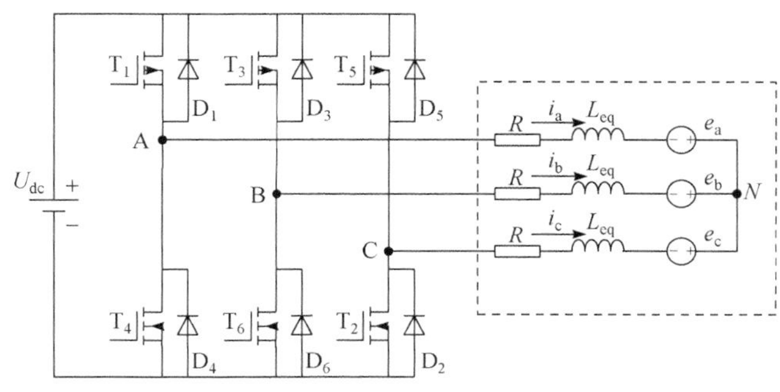

图 3.13　永磁无刷直流电动机及驱动主电路等效图

永磁无刷直流电动机的电磁转矩由定子电流与转子永磁磁场相互作用产生，在等式(3.14)左右两边同时左乘以$[i_a \quad i_b \quad i_c]$，根据功率平衡，可以写出电磁转矩表达式为

$$T_e = \frac{-e_{a0}i_a - e_{b0}i_b - e_{c0}i_c}{\omega_m} \tag{3.15}$$

结合三相六状态控制方式，任意时刻，均两相绕组有电流，且此时，这两相中电流为 i 的相反电动势等于$-E_m$，电流为$-i$ 相的相反电动势为 E_m，于是在星形三相六状态控制方式下的电磁转矩表达式为

$$T_e = \frac{2E_m i}{\omega_m} = E_{mL} i / \omega_m \tag{3.16}$$

结合式(3.11)～式(3.13)：

$$T_e = \frac{4n_p W_\phi}{\alpha_i \pi} \phi_\delta i = C_T \phi_\delta i \tag{3.17}$$

可见，永磁无刷直流电动机有 $C_T = C_{eL}$。

在考虑电动机及负载转动惯量 J、阻尼系数 B、负载转矩 T_L 的电动机-负载系统中，机械转矩平衡方程为

$$J\frac{d\omega_m}{dt} + B\omega_m = T_e - T_L \tag{3.18}$$

3.2.2　永磁无刷直流电动机的运行特性

本小节主要分析永磁无刷直流电动机运行特性中的机械特性和调节特性。

参考图 3.13，容易推导得到在两相导通时，电路平衡方程为

$$U_{\mathrm{dc}} - 2U_{\mathrm{T}} = 2R_{\mathrm{s}}i + 2L_{\mathrm{eq}}\mathrm{p}i + E_{\mathrm{mL}} \tag{3.19}$$

式中，U_{T}为逆变器功率开关器件的正向导通压降。考虑电流已经稳定的情况，则 $\mathrm{p}i = 0$，结合式(3.13)与式(3.17)，式(3.19)变为

$$U_{\mathrm{dc}} - 2U_{\mathrm{T}} = 2R_{\mathrm{s}}\frac{T_{\mathrm{e}}}{C_{\mathrm{T}}\phi_{\delta}} + C_{\mathrm{eL}}\phi_{\delta}\omega_{\mathrm{m}} \tag{3.20}$$

$$\omega_{\mathrm{m}} = \frac{U_{\mathrm{dc}} - 2U_{\mathrm{T}}}{C_{\mathrm{eL}}\phi_{\delta}} - 2R_{\mathrm{s}}\frac{T_{\mathrm{e}}}{C_{\mathrm{T}}C_{\mathrm{eL}}\phi_{\delta}^{2}} \tag{3.21}$$

从式(3.21)可以知道永磁无刷直流电动机的机械特性较硬，另外，依据该式画出机械特性曲线如图 3.14(a)的曲线 1 所示。式(3.21)是在仅考虑电流已达到稳态的前提下推导获得的，由于相电感的存在，换相过程中，电流上升到稳态值需要一段时间，有效平均电流下降，引起平均电磁转矩降低，这在电枢电流较大的情况下尤为明显，因此，永磁无刷直流电动机实际的机械特性曲线如图 3.14(a)的曲线 2 所示。图 3.14(b)中给出了在直流电压不同情况下的一簇机械特性曲线，4 个直流电压的关系为 $U_1 > U_2 > U_3 > U_4$。在电磁转矩较大的情况下，电枢电流也较大，使得功率开关管的导通压降增加，机械特性曲线出现明显下垂。

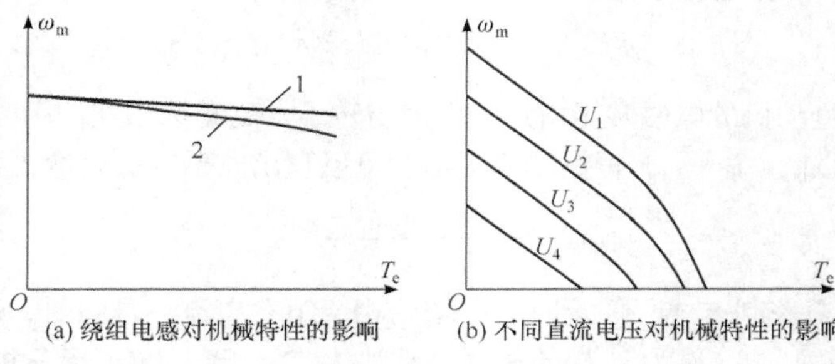

(a) 绕组电感对机械特性的影响　(b) 不同直流电压对机械特性的影响

图 3.14　机械特性曲线

直流电压 U_{dc} 与转子角速度ω_{m}之间的关系曲线称为调节特性曲线，此时可以直接应用式(3.20)。定义转子开始转动的直流输入电压为始动电压 U_0，则

$$U_0 = 2U_{\mathrm{T}} + 2R_{\mathrm{s}}\frac{T_{\mathrm{e}}}{C_{\mathrm{T}}\phi_{\delta}} \tag{3.22}$$

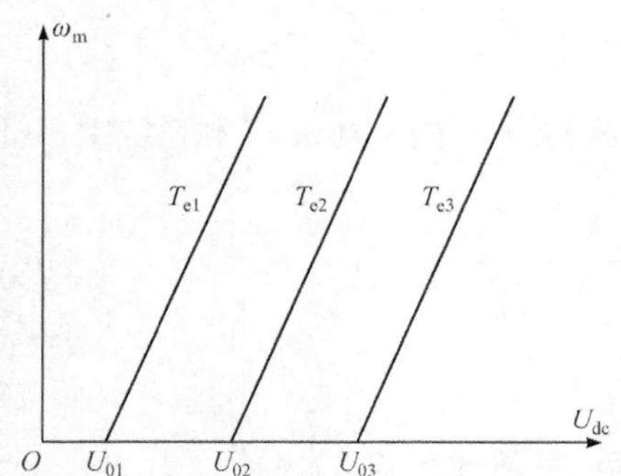

图 3.15　永磁无刷直流电动机调节特性曲线

调节特性曲线如图 3.15 所示，曲线的斜率 K 可由式(3.20)推得，即

$$K = \frac{1}{C_{\mathrm{e}}\phi_{\delta}} \tag{3.23}$$

这里需要注意的是，图 3.15 中的曲线并没有考虑电枢电感对电枢电流换相过程的影响。

本小节得到的永磁无刷直流电动机机械特性和调节特性均是采用转子角速度ω_{m}(rad/s)作为变量，若要以转速 n(r/min)作为变量，只要利用关系

式$\omega_m = n\pi/30$进行简单变换即可。

3.2.3　永磁无刷直流电动机的换相转矩脉动分析

转矩脉动是衡量一个驱动系统性能好坏的重要指标,定义为转矩峰-峰值与平均值之比,即$T_r = (T_{max} - T_{min}) / T_{av}$。引起永磁无刷直流电动机转矩脉动的主要原因有下面三种。

(1) 齿槽转矩。齿槽转矩是由转子的永磁体磁场同定子铁心的齿槽相互作用而产生的转矩。此转矩与定子电流无关，它总是试图将转子定位在某些位置。在变速驱动中，当转矩频率与定子或转子的机械共振频率一致时，齿槽转矩产生的振动和噪声将被放大。齿槽转矩还会影响电动机在速度控制系统中的低速性能和位置控制系统中的高精度定位性能。目前，抑制齿槽转矩脉动的方法主要集中在电动机本体的优化设计上。

(2) 非理想反电动势引起的转矩脉动。当永磁无刷直流电动机的反电动势不是理想的梯形波，而控制系统依然按照理想梯形波的情况向电枢绕组供给方波电流时，就会引起电磁转矩脉动。一种解决方法是，通过对电动机本身气隙、齿槽、定子绕组的优化设计，使反电动势波形尽可能接近理想波形，从而减小电磁转矩脉动。例如，对表面粘贴式磁钢结构的电动机，采用径向充磁从而使得气隙磁密更接近方波；又如，为了增加永磁无刷直流电动机反电动势的平顶宽度，采用整距集中绕组结构。另一种解决方法就是采用合适的控制方法，寻找最佳的定子电流波形来消除转矩脉动。同时，这种最佳电流法也能削弱齿槽转矩脉动。但是，最佳电流法需要对反电动势进行精确测定，而反电动势的实时检测比较困难。目前采用较多的方法是先对反电动势进行离线测量，然后计算出最优电流，再实施控制。因为需要事先进行离线测量，所以其便利性、可行性就大打折扣了。

(3) 换相转矩脉动。由于永磁无刷直流电动机相电感的存在，电枢绕组电流从一相切换到另一相时会产生相应的换相延时，从而造成电动机换相过程中的转矩脉动。目前，抑制换相转矩脉动的方法主要有重叠换相法、滞环电流法、PWM 占空比补偿法等。

下面,我们对两相导通星形三相六状态控制的方波永磁无刷直流电动机的换相转矩脉动机理进行分析。为了简化分析，功率开关管的导通压降与二极管导通压降均不予考虑，另外，永磁无刷直流电动机电枢绕组的电阻通常都较小，在本小节中，将电枢电阻 R_s 取为 0。

以图 3.16 中的换相过程为例说明电流、转矩等物理量变化情况。假设导通过程电枢稳态电流幅值为 I，则换相前，功率开关管 T_1、T_2 导通，A 相流过电流$+I$，C 相流过负向电流$-I$，即此时的通电状态为 A+C−。换相后，功率开关管 T_3、T_2 导通，B 相流过电流$+I$，C 相流过负向电流$-I$，即此时的通电状态为 B+C−。该换相过程实际上是电流从 A 相转移到 B 相的过程。由于电枢绕组具有电感特性，电枢电流的变化速度受到制约，假设梯形波反电动势的平顶宽度大于 120°电角度，在换相过程中，有

$$-e_a = -e_b = e_c = E_m \tag{3.24}$$

于是式(3.14)变为

$$\begin{bmatrix} u_a \\ u_b \\ u_c \end{bmatrix} = \begin{bmatrix} 1 & 0 & 0 \\ 0 & 1 & 0 \\ 0 & 0 & 1 \end{bmatrix} L_{eq} p \begin{bmatrix} i_a \\ i_b \\ i_c \end{bmatrix} + \begin{bmatrix} E_m \\ E_m \\ -E_m \end{bmatrix} \tag{3.25}$$

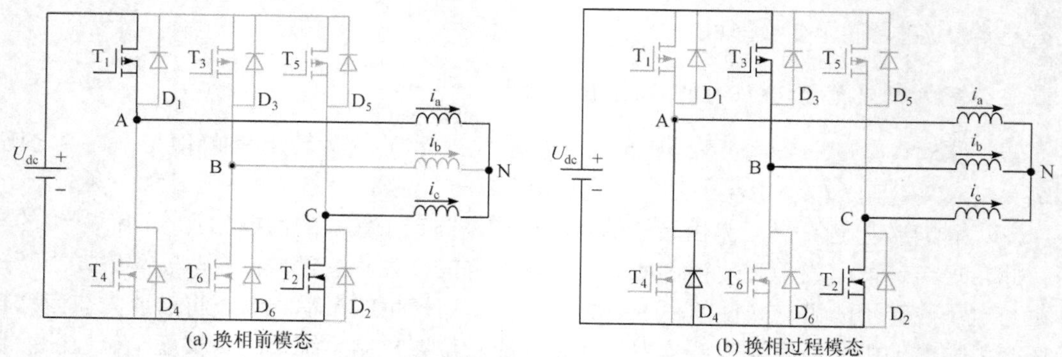

(a) 换相前模态　(b) 换相过程模态

图 3.16　换相时的电路模态

对于图 3.16(b)，可以列写出 2 个回路方程，第一个是由于 A 相电流续流存在的回路，即 D_4 阴极→A 相→C 相→T_2→D_4 阳极，由式(3.25)的第一个和第三个方程式容易得到

$$2E_{\mathrm{m}}+L_{\mathrm{eq}}\frac{\mathrm{d}i_{\mathrm{a}}}{\mathrm{d}t}-L_{\mathrm{eq}}\frac{\mathrm{d}i_{\mathrm{c}}}{\mathrm{d}t}=0 \tag{3.26}$$

第二个回路为 U_{dc} 正端→T_3→B 相→C 相→T_2→U_{dc} 负端，将式(3.25)的第二个方程式减去第三个方程式，即可得到

$$2E_{\mathrm{m}}+L_{\mathrm{eq}}\frac{\mathrm{d}i_{\mathrm{b}}}{\mathrm{d}t}-L_{\mathrm{eq}}\frac{\mathrm{d}i_{\mathrm{c}}}{\mathrm{d}t}=U_{\mathrm{dc}} \tag{3.27}$$

利用星形绕组 $i_{\mathrm{a}}+i_{\mathrm{b}}+i_{\mathrm{c}}=0$，式(3.26)与式(3.27)可以写成：

$$\begin{bmatrix}0\\U_{\mathrm{dc}}\end{bmatrix}=\begin{bmatrix}2&1\\1&2\end{bmatrix}L_{\mathrm{eq}}\begin{bmatrix}\mathrm{p}i_{\mathrm{a}}\\\mathrm{p}i_{\mathrm{b}}\end{bmatrix}+2E_{\mathrm{m}}\begin{bmatrix}1\\1\end{bmatrix} \tag{3.28}$$

解方程(3.28)，可得换相过程各相电流变化率：

$$\mathrm{p}i_{\mathrm{a}}=-\frac{U_{\mathrm{dc}}+2E_{\mathrm{m}}}{3L_{\mathrm{eq}}} \tag{3.29}$$

$$\mathrm{p}i_{\mathrm{b}}=\frac{2U_{\mathrm{dc}}-2E_{\mathrm{m}}}{3L_{\mathrm{eq}}} \tag{3.30}$$

于是

$$\mathrm{p}i_{\mathrm{c}}=-\mathrm{p}i_{\mathrm{a}}-\mathrm{p}i_{\mathrm{b}}=\frac{-U_{\mathrm{dc}}+4E_{\mathrm{m}}}{3L_{\mathrm{eq}}} \tag{3.31}$$

考虑电流的初始值和终值，则可以得到换相过程的电流表达式：

$$\begin{aligned}i_{\mathrm{a}}&=I-\frac{U_{\mathrm{dc}}+2E_{\mathrm{m}}}{3L_{\mathrm{eq}}}t\\i_{\mathrm{b}}&=\frac{2U_{\mathrm{dc}}-2E_{\mathrm{m}}}{3L_{\mathrm{eq}}}t\\i_{\mathrm{c}}&=-I+\frac{-U_{\mathrm{dc}}+4E_{\mathrm{m}}}{3L_{\mathrm{eq}}}t\end{aligned} \tag{3.32}$$

根据 i_a、i_b 的变化率，可将换相过程分三种情形进行讨论。

(1) i_a 与 i_b 的变化速率相等。即当换相开始后经过 t_f，i_a 降到零时刻，i_b 恰好达到稳定值 I，如图 3.17 所示。

对式(3.32)的第一式令 $i_a(t_f)=0$，可得换相时间 t_f 为

$$t_f=\frac{3L_{eq}I}{U_{dc}+2E_m} \tag{3.33}$$

对式(3.32)的第二式令 $i_b(t_f)=I$，可得

$$t_f=\frac{3L_{eq}I}{2(U_{dc}-E_m)} \tag{3.34}$$

由式(3.33)与式(3.34)相等，可得

$$U_{dc}=4E_m \tag{3.35}$$

即外加直流电压 U_{dc} 等于永磁无刷直流电动机相反电动势 E_m 的 4 倍时，参与换相的两相电流变化率的绝对值相等。

结合式(3.35)与式(3.32)的第三式，可知换相过程中，C 相电流 $i_c=-I$，即保持不变。

(2) i_a 下降速度高于 i_b 上升速度。假设换相开始后经过 t'_f，i_a 降到零，此时 i_b 还未上升到 I。在 t_f 时刻，i_b 才上升到 I，换相结束。该情形的电流波形如图 3.18 所示。

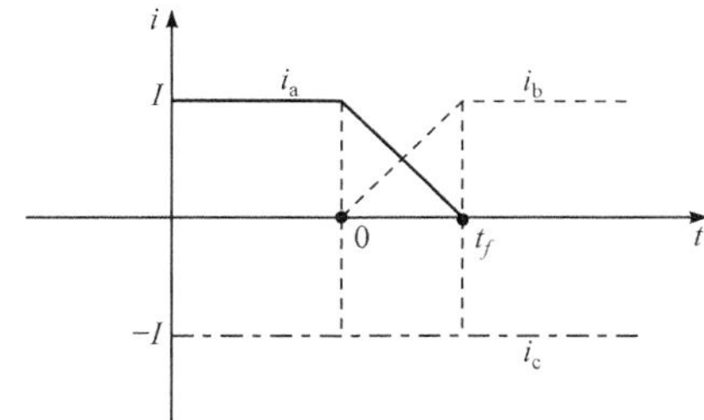

图 3.17　换相情形(1)对应的电流波形

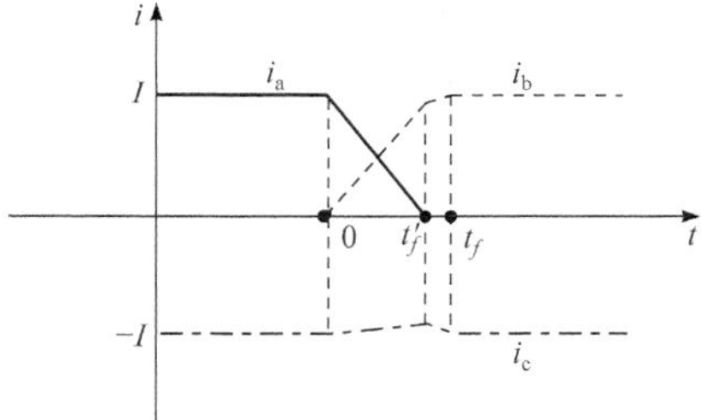

图 3.18　换相情形(2)对应的电流波形

与第一种情形的分析类似，由式(3.32)的第一式可得

$$t'_f=\frac{3L_{eq}I}{U_{dc}+2E_m} \tag{3.36}$$

将式(3.36)代入式(3.32)的第二式，得

$$i_b(t'_f)=\frac{2U_{dc}-2E_m}{3L_{eq}}t'_f=\frac{2U_{dc}-2E_m}{U_{dc}+2E_m}I<I \tag{3.37}$$

即得

$$U_{dc}<4E_m \tag{3.38}$$

依据式(3.32)的第三式，C 相电流换相时绝对值变小，在 t'_f 时刻和 B 相电流大小相等，方向相反，即 $i_c(t'_f)=-i_b(t'_f)$。

从 $t'_f \sim t_f$ 阶段，电路已变成仅 B、C 相导通模态，B 相电流 i_b 由 $\frac{2U_{dc}-2E_m}{U_{dc}+2E_m}I$ 上升到稳态电流 I。

(3) i_a 下降速度低于 i_b 上升速度。假设换相开始后经过 t''_f，i_b 已上升到 I，i_a 还未降到零。在 t_f 时刻，i_a 才降到零，换相结束。对应的电流波形图如图 3.19 所示。

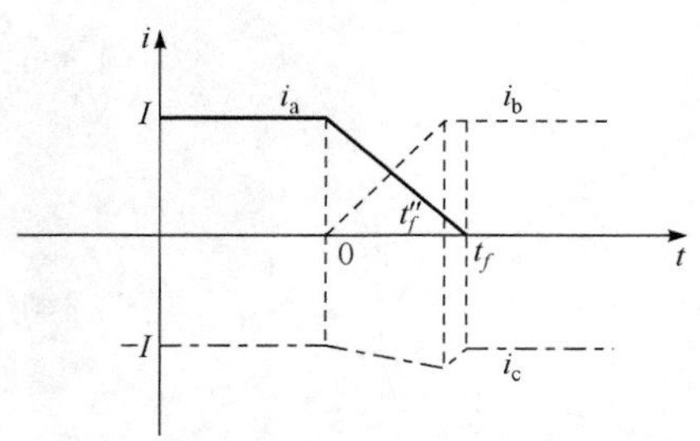

图 3.19　换相情形(3)对应的电流波形

与式(3.34)类似，可得

$$t''_f = \frac{3L_{eq}I}{2(U_{dc}-E_m)} \tag{3.39}$$

代入式(3.32)的第一式，得

$$i_a(t''_f) = I - \frac{U_{dc}+2E_m}{3L_{eq}}t''_f = \frac{U_{dc}-4E_m}{2(U_{dc}-E_m)}I > 0 \tag{3.40}$$

于是，可得

$$U_{dc} > 4E_m \tag{3.41}$$

在 t''_f 时刻，C 相电流为

$$i_c(t''_f) = -\frac{3(U_{dc}-2E_m)}{2(U_{dc}-E_m)}I < -I \tag{3.42}$$

对于三种情形下对应的电磁转矩，由式(3.15)和 $i_a + i_b = -i_c$ 可以得到

$$T_e = \frac{E_m i_a + E_m i_b - E_m i_c}{\omega_m} = \frac{-2E_m i_c}{\omega_m} \tag{3.43}$$

因此，换相期间永磁无刷直流电动机的电磁转矩与非换相相的电流成正比，结合式(3.32)的第三式，可得换相期间的电磁转矩表达式为

$$T_e = \frac{2E_m}{\omega_m}\left(I + \frac{U_{dc}-4E_m}{3L_{eq}}t\right) \tag{3.44}$$

因此，对于第一种情形 $U_{dc} = 4E_m$，T_e 将会维持不变；对于第二种情形 $U_{dc} < 4E_m$，T_e 将会下降；对于第三种情形 $U_{dc} > 4E_m$，T_e 将会增大。对于第二、三种情形，与 C 相电流相对应，电磁转矩分别在 t'_f、t''_f 时刻达到极值。而在非换相期间，电磁转矩表达式见式(3.16)，由于换相过程通常较短，可以认为平均电磁转矩

$$T_{eav} = \frac{2E_m i}{\omega_m} \tag{3.45}$$

定义转矩脉动率

$$\Delta T_e = \frac{T_{pk} - T_{eav}}{T_{eav}} \tag{3.46}$$

式中，T_{pk} 为峰值转矩。在第二种情形下，$T_{pk} = T_e(t'_f)$；在第三种情形下，$T_{pk} = T_e(t''_f)$。结合式(3.36)、式(3.39)和式(3.44)，可以得到第二种情形下：

$$\Delta T_e = \frac{U_{dc} - 4E_m}{U_{dc} + 2E_m} \tag{3.47}$$

第三种情形下的转矩脉动率为

$$\Delta T_e = \frac{U_{dc} - 4E_m}{2U_{dc} - 2E_m} \tag{3.48}$$

若电源电压不变，当转速很低或堵转时，$E_m \approx 0$，由式(3.48)得$\Delta T_e = 50\%$；当转速很高时，$U \approx 2E_m$，由式(3.47)得$\Delta T_e = -50\%$。

需要注意的是本小节中换相转矩的分析是针对理想情况进行的，在实际中，需要结合永磁无刷直流电动机的控制方式来具体分析。

3.3 永磁无刷直流电动机的控制方法

永磁无刷直流电动机驱动系统的重要控制量就是其电磁转矩，根据永磁无刷直流电动机转矩表达式(3.17)可以知道，电磁转矩决定于电枢电流，可以通过对逆变器上的功率开关管实施 PWM 控制的方式实现对电枢电流的控制；也可以通过在逆变器前级引入诸如 Buck 类型的 DC/DC 变换器，通过调节逆变器的输入直流电压来实现对电枢电流的控制。

本节仍以 120°导通方式星形三相六状态永磁无刷直流电动机为例来对永磁无刷直流电动机的控制方法进行分析。

3.3.1 PWM 控制

如图 3.20 所示，永磁无刷直流电动机常见的 PWM 调制方式有以下 5 种：①PWM_ON；②ON_PWM；③H_PWM-L_ON；④H_ON-L_PWM；⑤H_PWM-L_PWM。如图 3.20(a)所示，PWM_ON 调制方式是指在开关管导通的 120°电角度期间，前 60°进行 PWM 调制，后 60°保持恒通；如图 3.20(b)所示，ON_PWM 调制方式是指前 60°保持恒通，后 60°进行 PWM 调制；如图 3.20(c)所示，H_PWM-L_ON 调制方式是指上桥臂开关管进行 PWM 调制，下桥

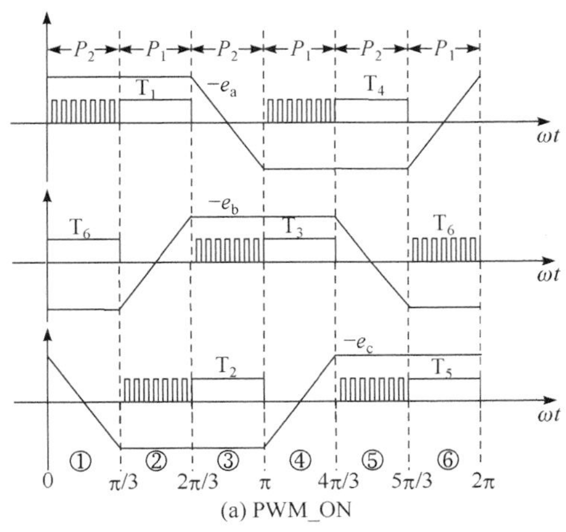

(a) PWM_ON

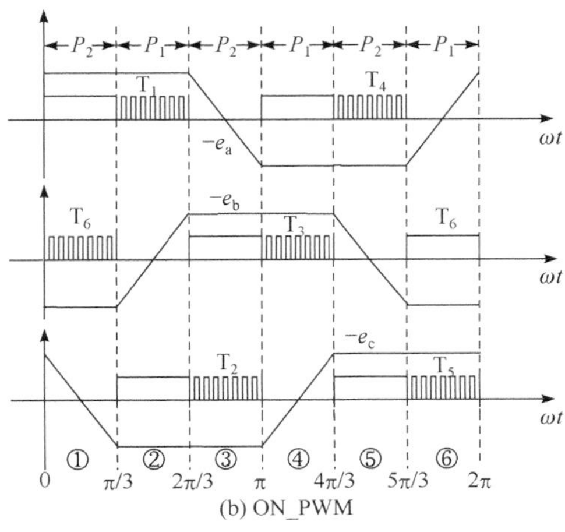

(b) ON_PWM

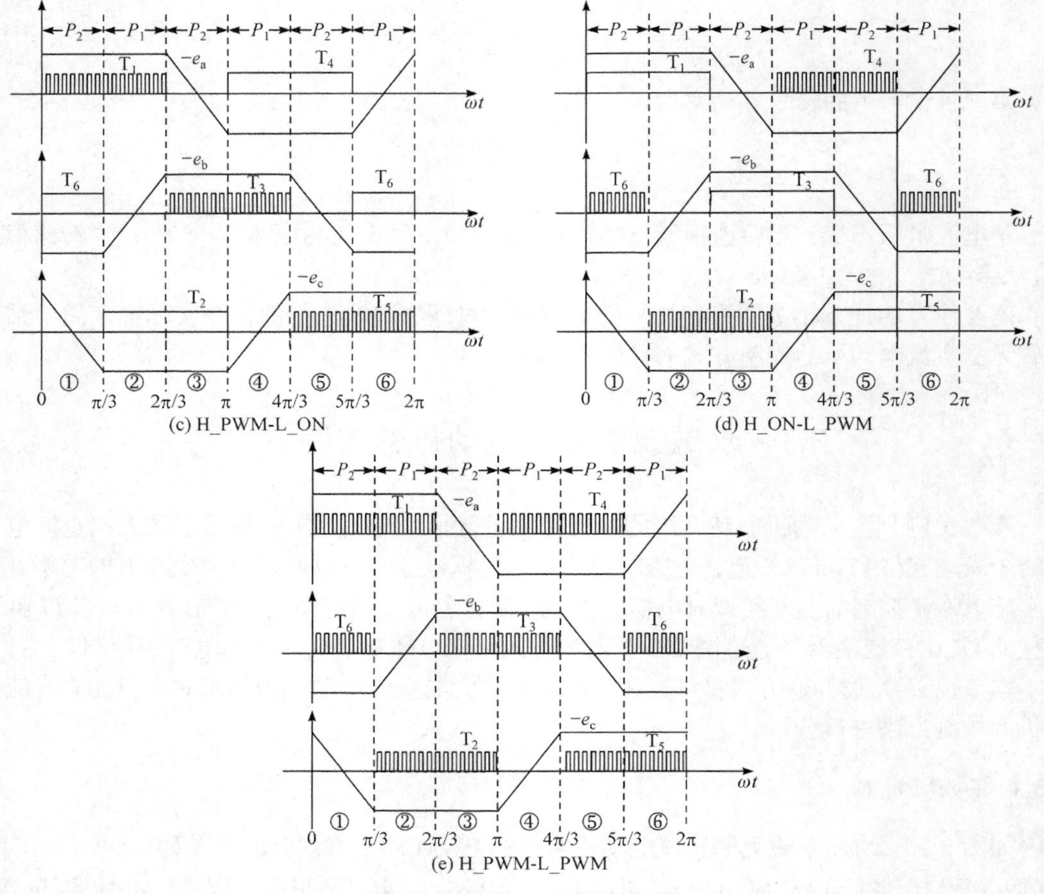

图 3.20 五种 PWM 调制方式

臂开关管保持恒通；如图 3.20(d)所示，H_ON-L_PWM 调制方式与图 3.20(c)相反，即上桥臂开关管保持恒通，下桥臂开关管进行 PWM 调制；如图 3.20(e)所示，H_PWM-L_PWM 调制方式指上、下桥臂开关管均进行 PWM 调制。

对于前四种 PWM 调制方式，在进行 PWM 调制的功率开关管处于“ON”状态时，逆变器直流电源电压通过 2 个功率开关管加在对应的 2 个导通相上，使得绕组电流上升；而当进行 PWM 调制的功率开关管处于“OFF”状态时，绕组电流通过恒通的功率开关管和续流二极管进行续流，相当于 2 个导通相上的施加电压为 0，在反电动势作用下，电枢电流下降。

对于第五种 PWM 调制方式，对应的 2 个开关管同时进行 PWM 调制，当功率开关管处于“ON”状态时，直流电源电压 U_{dc} 通过 2 个功率开关管加在对应的 2 个导通相上，使得绕组电流上升；而当 2 个开关管处于“OFF”状态时，绕组电流通过续流二极管和直流电源进行续流，相当于 2 个导通相上的电压为 $-U_{dc}$，在反电动势和 $-U_{dc}$ 共同作用下，电枢电流迅速下降。因此，不论何种 PWM 调制方式，只要改变 PWM 波形的占空比就能对导通相的平均电压进行调节，从而对电枢电流实施控制。

下面以导通 A+C−绕组(电流从 A 相流入，C 相流出)分析各种 PWM 调制方式，参考图 3.13，以电源电压负端为参考电位，A、B、C 为各相端点，n 为星形中点。根据永磁无刷直流电动机的运行规律，可知在 A+C−状态，C 相电势满足 $-U_{dc}/2<-e_{b0}<U_{dc}/2$。

对于 H_PWM-L_ON 调制，U_A、U_C、U_n 电压值如表 3.2 所示，当进行 PWM 调制的上桥臂开关管 T_1 开通时，为了简化表述，标记为 PWM(ON)，即非导通相 $U_B=U_{dc}/2-e_{b0}$ 始终在$(0,U_{dc})$内，非导通相不存在续流；当为 PWM(OFF，A+C−续流)时，即进行 PWM 调制的上桥臂开关管 T_1 关断，且 A、C 相有续流电流流过时，非导通相端电压 $U_B=-e_{b0}$，则当 $-e_{b0}$ 小于零时，非导通相端电压小于零，此时非导通相通过下桥臂续流二极管续流；当为 PWM(OFF，A+C−续流结束)时，非导通相端电压 $U_B=E_m-e_{b0}$ 始终在$(0,U_{dc})$内，非导通相不存在续流。

表 3.2　上桥臂 PWM 调制时 U_A、U_C、U_n 电压值

上桥臂 PWM	ON	OFF(续流)	OFF(续流结束)
U_A	U_{dc}	0	$2E_m$
U_C	0	0	0
$U_n=\dfrac{U_A+U_C}{2}$	$\dfrac{U_{dc}}{2}$	0	E_m

对于 H_ON-L_PWM 调制，U_A、U_C、U_n 电压值如表 3.3 所示，当为 PWM(ON)时，非导通相 $U_B=U_{dc}/2-e_{b0}$ 始终在$(0,U_{dc})$内，非导通相不存在续流；当为 PWM(OFF，A+C−续流)时，非导通相端电压 $U_B=U_{dc}-e_{b0}$，则当 $-e_{b0}$ 大于零时，非导通相端电压大于 U_{dc}，此时，非导通相通过上桥臂续流二极管续流；当为 PWM(OFF，A+C−续流结束)时，非导通相端电压 $U_B=U_{dc}-E_m-e_{b0}$ 始终在$(0,U_{dc})$内，非导通相不存在续流。

表 3.3　下桥臂 PWM 调制时 U_A、U_C、U_n 电压值

下桥臂 PWM	ON	OFF(续流)	OFF(续流结束)
U_A	U_{dc}	U_{dc}	U_{dc}
U_C	0	U_{dc}	$U_{dc}-2E_m$
$U_n=\dfrac{U_A+U_C}{2}$	$\dfrac{U_{dc}}{2}$	U_{dc}	$U_{dc}-E_m$

上桥臂进行 PWM 调制，下桥臂也进行 PWM 调制时，U_A、U_C、U_n 电压值如表 3.4 所示，当为 PWM(ON)时，非导通相 $U_B=U_{dc}/2-e_{b0}$ 始终在$(0,U_{dc})$内，非导通相不存在续流；当 PWM(OFF，A+C−续流)时，非导通相 $U_B=U_{dc}/2-e_{b0}$ 始终在$(0,U_{dc})$内，非导通相不存在续流；当为 PWM(OFF，A+C−续流结束)时，所有开关管均关闭，U_A、U_C、U_n 与直流母线电压完全隔离，不存在续流。

表 3.4　上、下桥臂均进行 PWM 调制时 U_A、U_C、U_n 电压值

上、下桥臂 PWM	ON	OFF(续流)	OFF(续流结束)
U_A	U_{dc}	0	U_n+E_m
U_C	0	U_{dc}	U_n-E_m
$U_n=\frac{U_A+U_C}{2}$	$\frac{U_{dc}}{2}$	$\frac{U_{dc}}{2}$	U_n

在图 3.20(a)所示 PWM_ON 调制方式下，P_1 工作区间 PWM 调制方式属于上桥臂恒通、下桥臂 PWM 调制方式。P_2 工作区间 PWM 调制方式属于上桥臂 PWM 调制、下桥臂恒通方式。在 PWM_ON 调制方式下，相电流波形如图 3.21(a)所示。

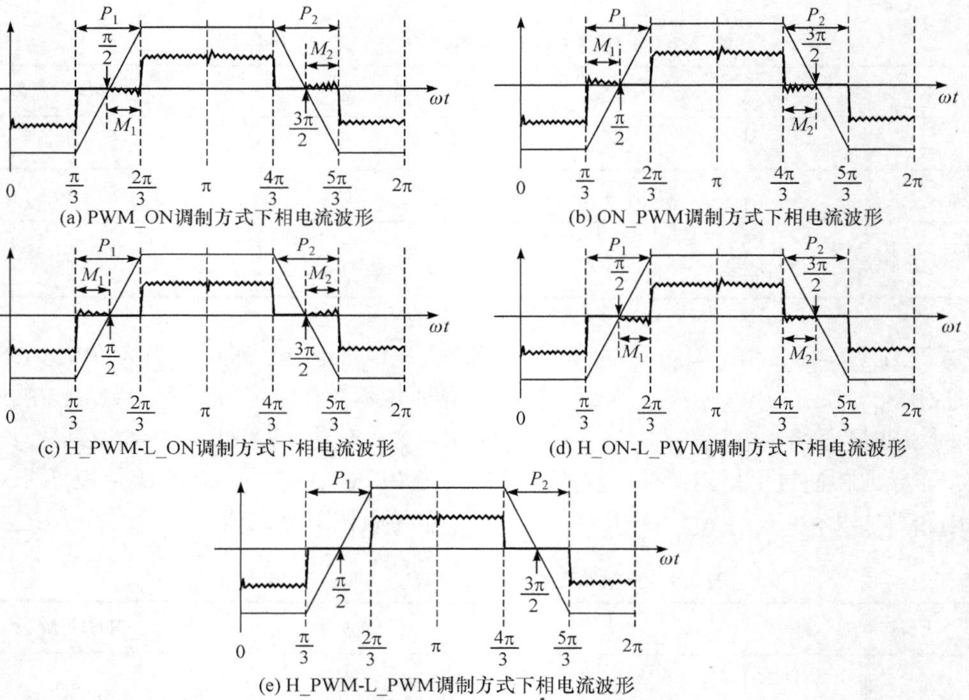

(a) PWM_ON调制方式下相电流波形

(b) ON_PWM调制方式下相电流波形

(c) H_PWM-L_ON调制方式下相电流波形

(d) H_ON-L_PWM调制方式下相电流波形

(e) H_PWM-L_PWM调制方式下相电流波形

图 3.21　不同 PWM 调制方式下相电流波形

在图 3.20(b)ON_PWM 调制方式下，P_1 工作区间 PWM 调制方式属于上桥臂 PWM 调制、下桥臂恒通方式。P_2 工作区间 PWM 调制方式属于上桥臂恒通、下桥臂 PWM 调制方式。在 ON_PWM 调制方式下，相电流波形如图 3.21(b)所示。

在图 3.20(c)H_PWM-L_ON 调制方式下，P_1、P_2 工作区间 PWM 调制方式属于上桥臂 PWM 调制、下桥臂恒通方式。相电流波形如图 3.21(c)所示。

在图 3.20(d)H_ON-L_PWM 调制方式下，P_1、P_2 工作区间 PWM 调制方式属于上桥臂恒通、下桥臂 PWM 调制方式。相电流波形如图 3.21(d)所示。

在图 3.20(e)H_PWM-L_PWM 调制方式下，P_1、P_2 工作区间 PWM 调制方式属于上桥臂 PWM 调制、下桥臂 PWM 调制方式。相电流波形如图 3.21(e)所示。

由前面分析可以得到，在 H_PWM-L_PWM 调制方式下，非导通相电流无续流情况，

而对于其余四种 PWM 调制方式，非导通相均存在电流续流。对于前四种 PWM 调制方式在 PWM(ON)时，非导通相也不存在续流。在一些无位置传感器控制系统中，需要检测相反电动势，而非导通相没有电流续流时，反电动势检测才准确，因此一般选择 H_PWM-L_PWM 调制方式或者在 PWM(ON)阶段进行反电动势检测。

作者利用有限元软件对图 3.4 所示的外转子永磁无刷直流电动机的三种 PWM 调制方式进行了仿真，仿真中设置电动机转速 n=15000r/min，外加直流电压为 12V。这三种 PWM 调制方式分别为 H_PWM-L_ON 调制方式、H_ON-L_PWM 调制方式、H_PWM-L_PWM 调制方式。占空比均设为 0.75。其波形图如图 3.22 所示。

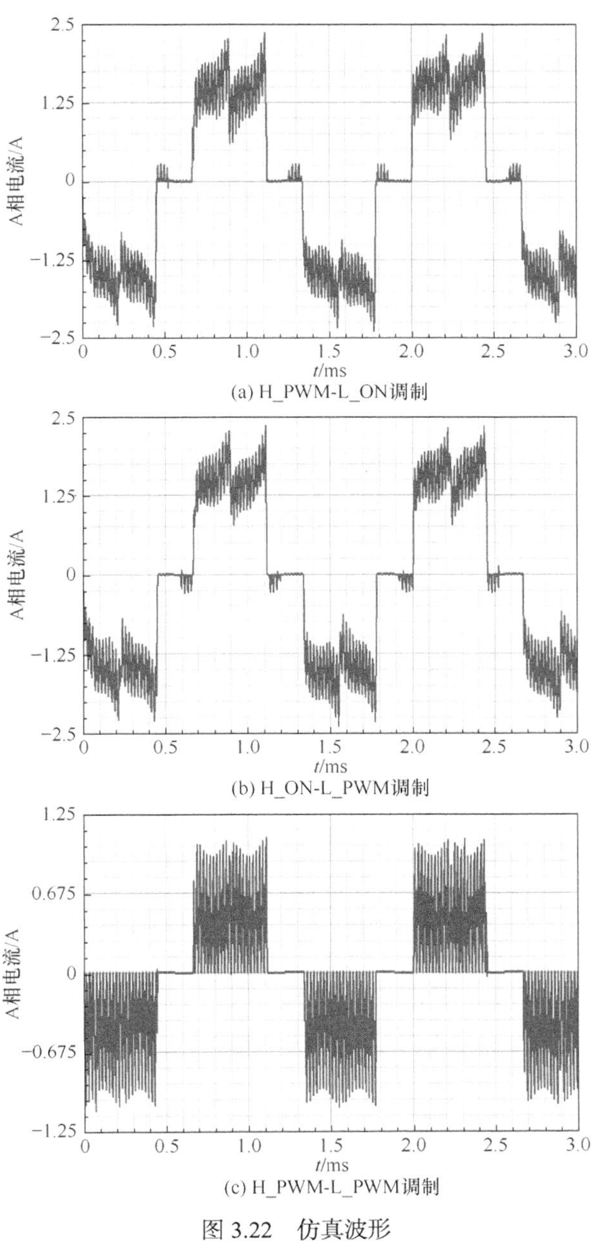

(a) H_PWM-L_ON调制

(b) H_ON-L_PWM调制

(c) H_PWM-L_PWM调制

图 3.22　仿真波形

如图 3.22(a)所示，H_PWM-L_ON 调制方式下，当非导通相反电动势小于零时，非导通相会通过下管的续流二极管进行续流。

图 3.22(b)所示的 H_ON-L_PWM 调制方式在非导通相反电动势大于零时，非导通相会通过上管的续流二极管进行续流。

H_PWM-L_PWM 调制方式下，非导通相不会出现续流现象，如图 3.22(c)所示。但是，由于上、下管均进行 PWM 斩波，当处于上、下管均关断状态时，电流迅速下降，甚至到 0，使得电流断续，电流纹波很大。

3.3.2 变压控制

变压控制是通过 DC/DC 变换器调节逆变器输入电压，从而控制电枢电流的控制方式，在这种控制方式中，逆变器的 6 个功率开关管只负责换相，不进行 PWM 调制。变压控制中，最常用的 DC/DC 变换器是 Buck 变换器。

如图 3.23 所示，在三相逆变器前端加一前级 Buck 变换器，通过 Buck 电路开关管的 PWM 调制来连续调节直流母线电压 U_{dc}，后级三相逆变器采用两管恒通方式，即每一个状态区间处于开通的两个开关管不进行 PWM 调制。这样避免了非导通相期间的续流现象的产生，从而削弱了在非换相期间的电磁转矩脉动。

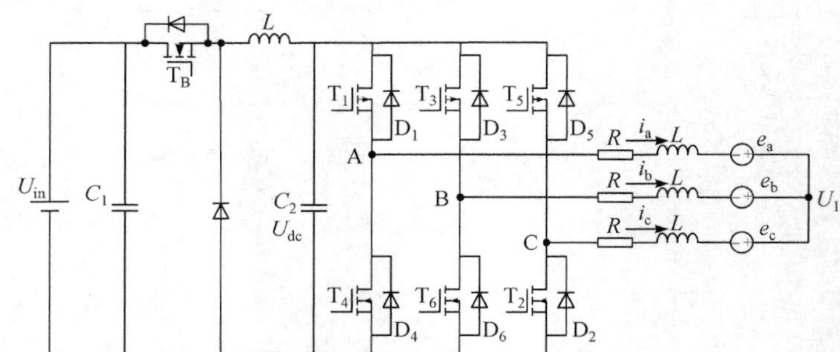

图 3.23　基于 Buck 变换器的永磁无刷直流电动机控制系统

Buck 电路输出电压为

$$U_{dc} = DU_{in} \tag{3.49}$$

电压平衡方程

$$U_{dc} = E_{mL} + 2U_T + 2I \cdot R_s \tag{3.50}$$

式中，I 为电枢电流；线反电动势 E_{mL} 正比于电机转速。

机械转矩平衡方程和电磁转矩表达式可参见 3.2.1 节。

近年来，各国对电气设备的要求日益提高，以减小用电设备谐波电流等对电网的污染。传统前级为二极管整流器的永磁无刷直流电动机控制拓扑显然是不符合相关标准的。为了适应这一趋势，学者对这类永磁无刷直流电动机驱动器进行了研究，使得逆变器前级的整流电路具有功率因数校正(PFC)功能，同时还能向逆变器提供可变的直流电压。图 3.24 在逆变器前级增加了具有 PFC 功能的 Buck/Boost 变换器，通过控制功率管 S_{W1}、S_{W2} 的占空比来调节 V_{dc}，以实现对永磁无刷直流电动机的转速控制。

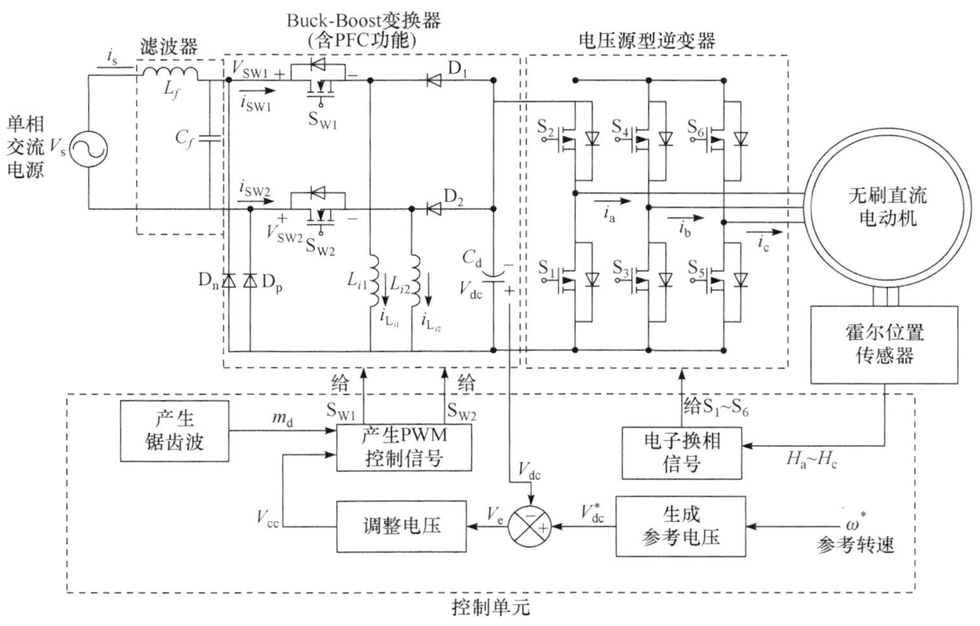

图 3.24　具有 PFC 功能、无桥升降压变换器供电的永磁无刷直流电动机调速系统

3.4　永磁无刷直流电动机无位置传感器控制

永磁无刷直流电动机的无位置传感器技术的实质是取消实物类型的电机位置传感器，通过硬件电路或者软件的方法检测电机的电压、电流等参数来间接得到转子位置信息。由于永磁无刷直流电动机一般工作于 120°导通方式下，转子旋转 360°电角度，只需要知道 6 个转子位置点(即换相点)即可。因此，利用硬件电路或软件方法估计转子位置时，一般也就以准确估计这 6 个转子位置点为目标。目前已有多种方法，以下介绍几种常用的转子位置估计技术。

3.4.1　反电动势过零检测法

这是目前被认为应用最广泛也是最成熟的方法之一。其原理是：永磁无刷直流电动机一旦起动后，其转子磁钢所产生的磁通要切割定子绕组而产生反电动势。其大小正比于永磁无刷直流电动机转速及其气隙中磁感应强度。当转子磁钢极性改变时，反电动势的正负也随着改变，该反电动势的相位反映了转子位置信息。下面结合图 3.25 进行说明。

在 T_1 时刻，为使转子继续按顺时针方向最大转矩转动，电流由从 A 相绕组流入，B 相绕组流出，换成从 A 相绕组流入，C 相绕组流出，合成磁势为 F_{ac}，如图 3.25(a)所示，B 相交链的永磁体磁链反向增加，使得 B 相反电动势 $-e_b$ 在此时刻为负值。当转子再转过 30°电角度后，在 T_2 时刻，转子轴正好和 B 相绕组轴线相重合，此时 B 相绕组的反电动势 e_b 为零，如图 3.25(b)所示。当转子再转过 30°电角度后，在 T_3 时刻，如图 3.25(c)所示，电流由从 A 相绕组流入，C 相绕组流出，变为从 B 相绕组流入，C 相绕组流出，在此时刻反电动势为正值。因此，在 T_1～T_3 阶段，B 相的反电动势如图 3.25(d)所示。理论上，反电动势过零点出现在每次换相后 30°电角度的时刻，下次换相前 30°电角度的时刻，即从反电动势过零时刻开始，延迟对应 30°电角度的时间就是下一个换相时刻。

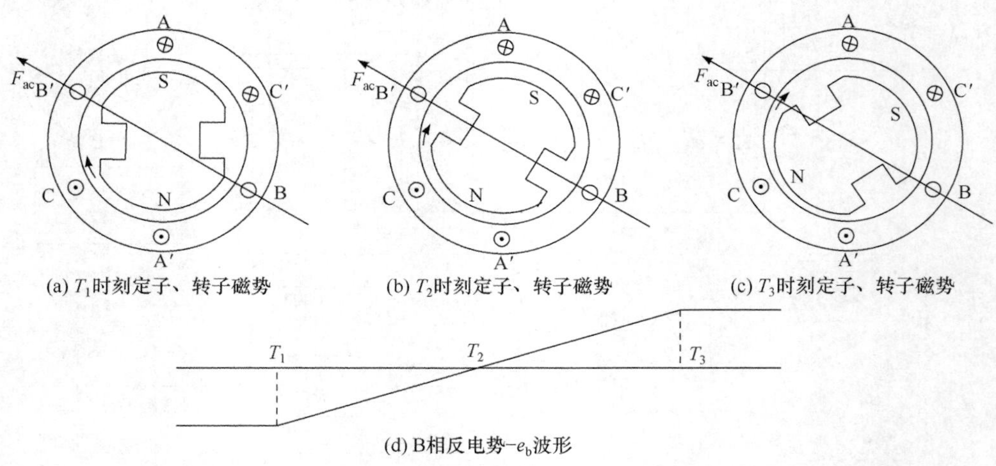

图 3.25　反电动势过零检测原理图

在实际应用中，绕组中的反电动势是难以直接获得的，需要采用其他方法来获取反电动势信号，并找到过零点。国内外的研究人员在这方面做了大量的研究工作，得到了检测反电动势的两种变通方法，习惯上把它们称为“相电压法”和“端电压法”。

1. 相电压法

通过对两两导通星形三相六状态方式运行的无刷直流电动机工作原理的分析可以知道，永磁无刷直流电动机任意一相绕组的端口通常有三种状态，即高电压态，绕组接到电源正端，有电流流入；低电压态，绕组接到电源负端，有电流流出；高阻态，此时绕组处于不导通状态。电动机运行时，在任意时刻逆变器中总有一相的功率器件是全部关断的，也就是说，电动机的该相绕组端口处于高阻态，习惯上把这相绕组称为悬空绕组。

以 A+C–的导通状态为例，此时 B 相处于高阻态，为悬空绕组，则满足条件：$i_b = 0$，$L \cdot di_b / dt = 0$。此时，由永磁无刷直流电动机电压方程可得

$$U_{BN} = U_B - U_N = -e_b \tag{3.51}$$

式中，U_N 为电机中性点 N 的电压。由此可以看出，在绕组悬空的时候，采用绕组的相电压来替代反电动势是可行的。所以，只要能够检测到悬空相相电压的过零点，就等于知道了该相反电动势的过零点，从而就能确定逆变器的换相时刻。这种方法称为“相电压法”，尤其适用于有中性点引出线的永磁无刷直流电动机。

然而一般永磁无刷直流电动机的中性点都不引出，这时可以采用三相对称星形电阻网络来构成电动机的模拟中性点，如图 3.26 所示。

根据基尔霍夫电流定律，在 M 点满足：

$$\frac{U_A - U_M}{R_1} + \frac{U_B - U_M}{R_2} + \frac{U_C - U_M}{R_3} = 0 \tag{3.52}$$

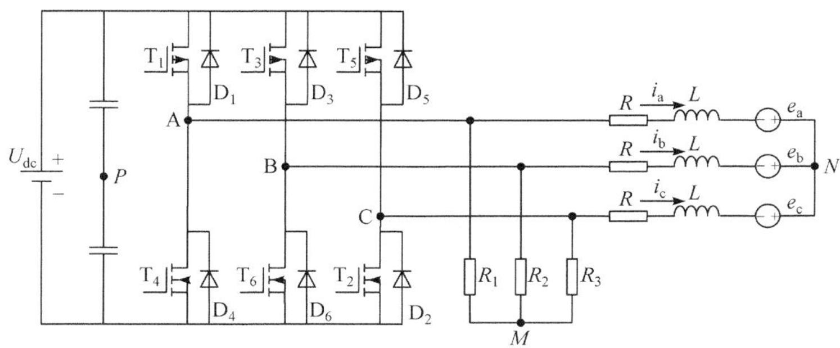

图 3.26　模拟中性点电路原理图

利用 $R_1 = R_2 = R_3$，式(3.52)可化为

$$U_M = \frac{U_A + U_B + U_C}{3} = U_N + \frac{u_a + u_b + u_c}{3} \tag{3.53}$$

结合式(3.14)，式(3.53)变为

$$U_M = U_N + \frac{-e_a - e_b - e_c}{3} \tag{3.54}$$

由于在 A+C−的导通状态，$-e_a - e_c=0$，由式(3.51)与式(3.54)可得

$$U_{BM} = U_B - U_M = -2e_b/3 \tag{3.55}$$

因此，只要能够检测到悬空绕组对 M 点电压的过零点，就等于知道了该相反电动势的过零点。

2. 端电压法

永磁无刷直流电动机没有将中性点引出，也不采用模拟中性点时，还可以采用端电压法。

在正常的导通情况下(以 T_1、T_2 导通时为例)，电流的走向为电源正极→T_1→A 相绕组→C 相绕组→T_2→电源负极，若以直流电源负端作为参考电位，则此时电机满足条件：

$$U_A = U_{dc}，\ U_B = U_N - e_b，\ U_C = 0，\ i_b = 0，\ i_a = -i_c$$

式中，U_{dc} 为电源端直流母线电压。

由式(3.14)得

$$U_{dc} - U_N = Ri_a - e_a + L\frac{di_a}{dt} \tag{3.56}$$

$$-U_N = R(-i_a) - e_c + L\frac{d(-i_a)}{dt} \tag{3.57}$$

将式(3.56)和式(3.57)相加得到

$$U_{dc} = 2U_N - e_a - e_c \tag{3.58}$$

当 $e_b = 0$ 时，$e_a = -e_c$，此时

$$U_N = U_{dc}/2 \tag{3.59}$$

于是

$$-e_{b}=U_{B}-U_{N}=U_{B}-\frac{1}{2}U_{dc} \tag{3.60}$$

所以，$-e_b$ 的过零点就是 $U_B-\frac{1}{2}U_{dc}$ 的过零点，这时需要检测端电压 U_B 和直流母线电压 U_{dc}，经过简单运算获得 $U_B-\frac{1}{2}U_{dc}$ 就可以知道该时刻的转子位置，求取其过零时刻，经过 30°电角度的延时，进行换相控制。根据三相对称关系，可以与其他两相端电压一起确定其他几个过零点时刻，从而控制功率管的导通和关断，实现电动机的换相。这就是“端电压法”基本原理。

检测反电动势过零点的方法中，通常需要使用低通滤波器滤除端电压中的高频信号，由此带来了位置信号相移的问题。而相移角度的大小随着转速的改变而变化，这给相移角度的校正带来一定的困难，从而影响电机的运行性能。为此，很多文献对永磁无刷直流电动机无位置传感器信号相位校正的方法进行了研究。

对于永磁无刷直流电动机，特定位置开环起动法是一种最常用的起动方法，在各类无位置传感器永磁无刷直流电动机产品中得到了广泛的应用。这种起动方法将永磁无刷直流电动机从静止到自同步状态之间的起动过程分为转子预定位、外同步加速、外同步到自同步的切换三个阶段。因此，又称为“三段式”起动法。其具体实现步骤如下。

(1) 转子预定位。预定位时，由控制器给定转子初始的位置，即给电动机其中两相绕组通电，产生一个合成磁场。在该磁场作用下，转子会向合成磁场的轴线方向旋转，直到转子磁极与该合成磁场轴线重合。转子到达定位平衡点以后，并不立刻静止，将在平衡点附近摆动。在黏滞摩擦和磁滞涡流的阻尼作用下，经过几次摆动后静止在预定位点。所以为了使转子有足够的时间定位，两相通电要保持一定的时间。预定位时的最坏情况是转子轴和定向磁场夹角为 180°电角度，产生的电磁转矩为零，理论上无法使转子定位到预定的位置。这时，可以用两次定位来避免这种情况。

两次定位是指：在前一段时间先导通 B+C−，产生合成磁场 F_{bc}，方向为 $\overline{A'A}$，在该磁场作用下，转子会向合成磁场的轴线方向旋转，直到转子磁极与该合成磁场轴线重合，如图 3.27(a)所示。如果转子轴和定向磁场初始夹角为 180°电角度，产生的电磁转矩为零，则会导致第一次定位失败，如图 3.27(b)所示。第一段通电时间过后，再导通 B+A−一定时

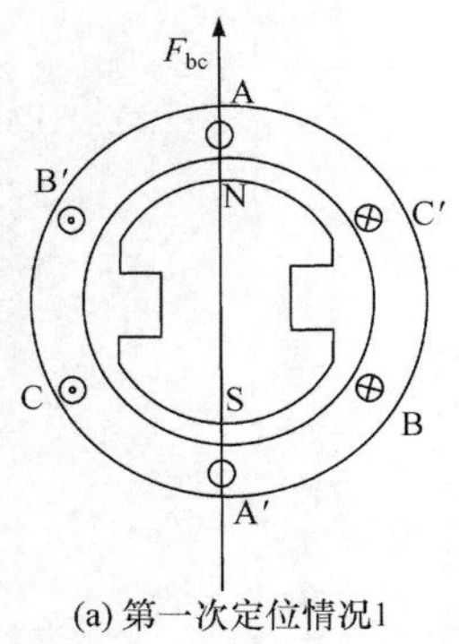

(a) 第一次定位情况1

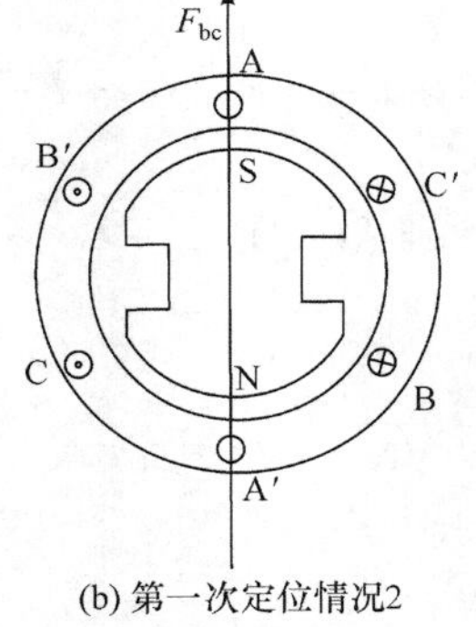

(b) 第一次定位情况2

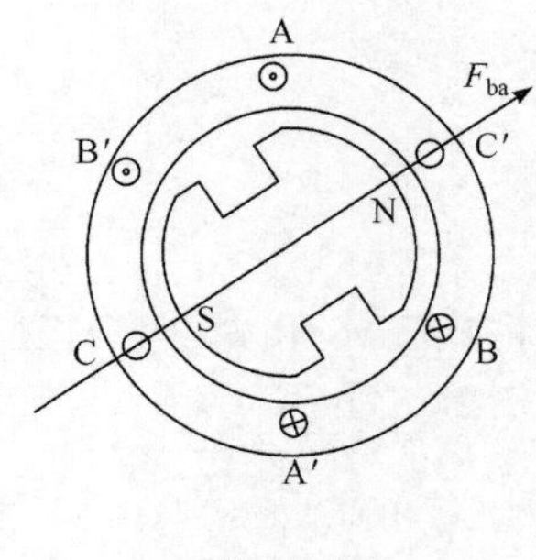

(c) 第二次定位

图 3.27　转子预定位示意图

间，此时产生合成磁场 F_{ba}，方向为 $\overline{CC'}$，在该磁场作用下，不管第一次定位处于哪种情况，转子都会定位于方向 $\overline{CC'}$，如图 3.27(c)所示。这样就实现了转子的成功预定位。

(2) 外同步加速。完成转子定位后，对电动机加速，使电动机达到一定转速，产生足够大的反电动势而检测其过零点。外同步加速是按照预先设置好的换相顺序对功率管轮流导通，同时逐步升高换相频率，加大外施电压，直到达到预定频率为止，故又称为升频升压。外同步加速完全是一个开环运行过程，每次换相并不知道转子是否转到了相应的换相位置，如果转子偏离换相位置太多，外同步加速就会失败。电压初值、升压、升频曲线斜率等起动参数受电机参数、负载大小、转动惯量及摩擦系数等影响，经常需要在实验中调试确定。

(3) 外同步到自同步的切换。电动机起动加速到达一定转速以后，就可以从外同步阶段切换到根据反电动势过零信号进行换相的自同步阶段，这个过程称为外同步到自同步的切换。首先，需要确定切换速度，即电动机外同步运行速度达到多少时进行切换，一般选择电动机转速为最高转速的 15%～20%时进行切换。其次，需要确定切换时电动机外同步运行的状态，当永磁无刷直流电动机处于最佳运行状态时，其以最佳换相逻辑换相。在这种运行状态时，外同步换相信号和自同步信号完全同步，此时可以实现平稳切换。

3.4.2　续流二极管法

续流二极管法基于电机工作于 120°导通方式的特点，通过检测反并联在悬空相开关管上续流二极管的电流状态来判断转子位置。当永磁无刷直流电动机工作于 120°导通方式下时，由于 PWM 调制以及反电动势的作用会引起悬空相端电压高出直流母线电压或者低于零电压，因此相应的上桥臂二极管或下桥臂二极管导通，从而在悬空相流过电流；该二极管的导通时刻与转子位置相对应。悬空相产生电流的原理分析，可参见 3.3.1 节部分，此处不再赘述。

续流二极管法的本质还是基于反电动势，该方法能够弥补反电动势检测法在低速下的不足，能够检测更低的速度范围。然而，随着功率器件集成化的趋势越来越明显，该方法也越来越受到挑战，原因是它需要单独检测出与每只开关管并联的二极管的状态，因此，只可以使用分立功率器件搭建起来的逆变桥，如果是集成功率器件，该方法则难以实施。此外，当速度较低时，会因反电动势幅值较小带来位置估计误差增大的问题；该方法另一个缺陷是需要开关管按照特定要求进行 PWM 斩波。

3.4.3　反电动势三次谐波检测法

通常，永磁无刷直流电动机的反电动势为梯形波，其中含有大量的三次谐波，这样，我们可以把三相反电动势相加，得到 $e_3 = -e_a - e_b - e_c$，对应的波形如图 3.28 所示。由图 3.28 可知，相电势三次谐波的过零点就是各相电势的

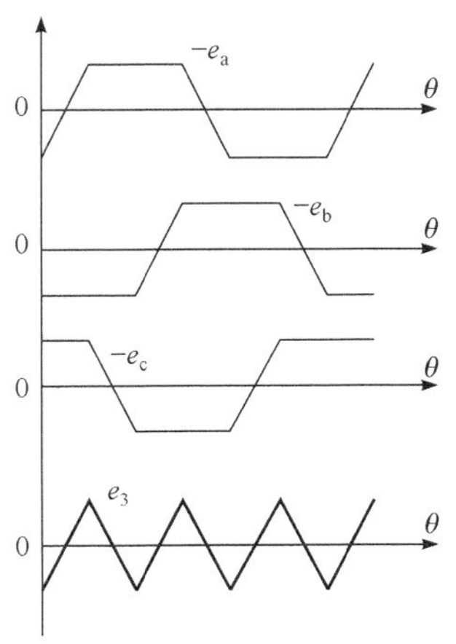

图 3.28　三相反电动势叠加波形

过零点。一些应用中，将相电势三次谐波延迟 90°电角度，其过零点直接作为换相时刻。下面对相电势三次谐波的获取方法做简单描述。

由式(3.54)与式(3.59)可知，测量 M 点相对于 P 点的电压，则

$$U_{MP}=U_N+\frac{-e_{\mathrm{a}}-e_{\mathrm{b}}-e_{\mathrm{c}}}{3}-\frac{1}{2}U_{\mathrm{dc}}=\frac{-e_{\mathrm{a}}-e_{\mathrm{b}}-e_{\mathrm{c}}}{3}=e_3/3 \tag{3.61}$$

即 U_{MP} 包含了三次谐波，只要获得它的过零点时刻，就可以实现永磁无刷直流电动机的正确换相。从上面的分析也可看出，反电动势三次谐波检测法本质上也是一种反电动势过零检测法。

3.4.4 基于磁链函数的转子位置检测法

永磁无刷直流电动机电枢绕组电压方程可由式(3.4)与式(3.5)推得，以 A 相为例，其绕组电压方程为

$$u_{\mathrm{a}}=R_{\mathrm{s}}i_{\mathrm{a}}+\frac{\mathrm{d}\psi_{\mathrm{a}}}{\mathrm{d}t} \tag{3.62}$$

式中，A 相磁链 ψ_{a} 为绕组电感(包括自感和互感)以及转子位置的函数。

于是，由式(3.62)可以得到 A 相磁链的表达式：

$$\psi_{\mathrm{a}}=\int_0^t(u_{\mathrm{a}}-R_{\mathrm{s}}i_{\mathrm{a}})\mathrm{d}t \tag{3.63}$$

式(3.63)表明，我们可以通过检测电枢绕组的电压和电流，并进行相应积分运算得到相磁链。对于表面贴装式永磁无刷直流电动机来说，若采用星形三相六状态控制方式，其等效电感 L_{eq} 是常值，即不随转子位置而变化。这样，转子永磁磁场在相绕组中交链的磁链为

$$\psi_{\mathrm{a}PM}(\theta)=\psi_{\mathrm{a}}-L_{\mathrm{eq}}i_{\mathrm{a}} \tag{3.64}$$

该部分磁链将是转子位置 θ 的函数。

由于电机的星形中点一般没有引出，相电压 u_{a} 的测量比较困难，但线电压的测量是方便的，于是

$$\begin{aligned}u_{\mathrm{ab}}&=R_{\mathrm{s}}(i_{\mathrm{a}}-i_{\mathrm{b}})+L_{\mathrm{eq}}\mathrm{p}(i_{\mathrm{a}}-i_{\mathrm{b}})+\mathrm{p}(\psi_{\mathrm{a}PM}-\psi_{\mathrm{b}PM})\\&=R_{\mathrm{s}}(i_{\mathrm{a}}-i_{\mathrm{b}})+L_{\mathrm{eq}}\mathrm{p}(i_{\mathrm{a}}-i_{\mathrm{b}})+\omega\frac{\mathrm{d}\psi_{\mathrm{ab}PM}}{\mathrm{d}\theta}\end{aligned} \tag{3.65}$$

式中，ω 为转子电角速度；θ 为转子电角度。若引入磁链函数：

$$H_{\mathrm{ab}}(\theta)=\frac{\mathrm{d}\psi_{\mathrm{ab}PM}}{\mathrm{d}\theta}=\frac{1}{\omega}[u_{\mathrm{ab}}-R_{\mathrm{s}}(i_{\mathrm{a}}-i_{\mathrm{b}})-L_{\mathrm{eq}}\mathrm{p}(i_{\mathrm{a}}-i_{\mathrm{b}})] \tag{3.66}$$

为了消除转速 ω 的影响，还有学者引入了函数 $G_{\mathrm{bc/ab}}(\theta)$，定义为

$$G_{\mathrm{bc/ab}}(\theta)=\frac{H_{\mathrm{bc}}(\theta)}{H_{\mathrm{ab}}(\theta)}=\frac{u_{\mathrm{bc}}-R_{\mathrm{s}}(i_{\mathrm{b}}-i_{\mathrm{c}})-L_{\mathrm{eq}}\mathrm{p}(i_{\mathrm{b}}-i_{\mathrm{c}})}{u_{\mathrm{ab}}-R_{\mathrm{s}}(i_{\mathrm{a}}-i_{\mathrm{b}})-L_{\mathrm{eq}}\mathrm{p}(i_{\mathrm{a}}-i_{\mathrm{b}})} \tag{3.67}$$

上述的磁链函数与函数 $G_{bc/ab}(\theta)$的波形如图 3.29 所示。从波形可以看出，函数 $G_{bc/ab}(\theta)$的正负极值点出现在磁链函数 $H_{ab}(\theta)$的过零点处，可以证明对应的过零点恰好可以用于控制 B 相功率开关管进行换相。在实际应用中，通过检测 $G_{bc/ab}(\theta)$出现正值到负值的突变时刻来控制相应开关管的换相。同样道理，函数 $G_{ca/bc}(\theta)$与 $G_{ab/ca}(\theta)$的突变时刻分别用于控制函数的 C 相、A 相功率开关管的换相。

据文献报道，对于额定转速 1000r/min 的永磁无刷直流电动机，采用改进后的磁链函数方法，可以实现在 15r/min 下的稳定运行。

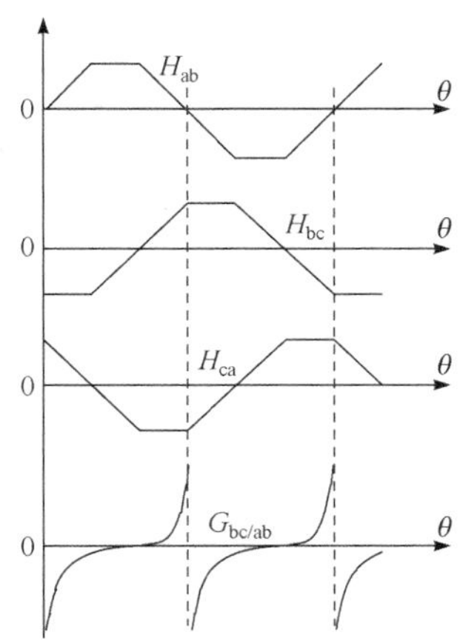

图 3.29　磁链函数与函数 $G_{bc/ab}(\theta)$的波形

3.5　永磁无刷直流电动机的应用和发展

直流电动机具有优越的调速性能，其具有控制性能好、调速范围宽、起动转矩大、低速性能好、运行平稳、效率高等优点，但是由于直流电动机存在机械换相部件电刷和换向器，其在机械换相时会出现换相火花，导致电刷和换相器磨损、电磁干扰、噪声等问题，这也降低了直流电动机的可靠性，限制了其应用范围。

在 20 世纪 30 年代，就有人开始研制以电子管换相来代替电刷机械换相的无刷直流电动机。至 1955 年，美国人 Harrison 等首次申请用晶闸管换向线路代替机械换相器的专利，标志着现代无刷直流电动机的诞生。1978 年，MANNESMANN 公司在汉诺威贸易展览会上正式推出其 MAC 方波永磁无刷直流电动机及其驱动系统，标志着永磁无刷直流电动机真正进入了实用阶段。永磁无刷直流电动机由永磁体来产生磁场。由于永磁材料的固有特性，它经过预先磁化(充磁)以后，不再需要外加能量就能在其周围空间建立磁场。这既可简化电机结构，又可节约能量；既具有交流电动机结构简单、运行可靠、维护方便等优点，又具备直流电动机运行效率高、调速性能好的特点，加上成本较低，在家用电器领域、信息产品及办公自动化领域、交通工具领域及工业领域等的应用日益普及。

3.5.1　永磁无刷直流电动机的应用

交通运输领域——在纯电动汽车、混合动力汽车以及电动自行车上，永磁无刷直流电动机已经广泛使用。电动自行车上的永磁无刷直流电动机常做成轮毂电机的形式，在我国广受欢迎。

供暖与通风——在暖通空调和制冷工业中，使用永磁无刷直流电动机代替各种类型的交流电机是一种趋势。与交流电机相比，永磁无刷直流电动机运行所需的功率大幅降低，现在很多通风用风扇中采用永磁无刷直流电动机的目的就是提高系统的整体效率。一些吊扇和便携式风扇也因更节能、噪声更小等优点而采用永磁无刷直流电动机。

工业工程领域——永磁无刷直流电动机在工业中的应用主要集中在制造及工业自动化

设计方面。永磁无刷直流电动机具有功率密度高、转速转矩特性好、效率高、调速范围宽、维护费用低等优点，是制造领域的理想选择。工业工程中最常用的永磁无刷直流电动机有直线电机、伺服电机、工业机器人执行机构、挤出机驱动电机、数控机床进料驱动。永磁无刷直流电动机由于具有高转矩和转速快速响应能力，常用于泵、风机和主轴的调速或变速。此外，它们可以很容易地实现远程化的自动控制。在装配机器人中，定位、装配、焊接、涂装等部件广泛采用永磁无刷直流电动机。

无线遥控的车模航模——永磁无刷直流电动机在无线电遥控汽车领域日益受到欢迎。2006 年开始，北美无线遥控赛车中已经允许采用无刷电机。永磁无刷直流电动机为无线遥控赛车提供强大动力，如果配合适当的传动装置和大容量的锂聚合物锂电池或 $LiFePO_4$ 电池，这些遥控赛车的速度可以高达每小时 160km。在航模上，永磁无刷直流电动机配合无刷电子调速器具有重量小、效率高、功率大等优点，其在四轴飞行器、电动固定翼飞机等航模上已经取代了有刷电机，成为主流。目前，一个重 72g 的航模用永磁无刷直流电动机的额定转速达到 15000r/min，最大连续功率高达 500W。图 3.30 所示的是一个航模用的外转子永磁无刷直流电动机。

图 3.30　航模用外转子永磁无刷直流电动机

3.5.2　永磁无刷直流电动机的研究与发展

1. *永磁无刷直流电动机本机设计研究*

永磁无刷直流电动机设计过程要结合实际需求和管理参数的具体结构，并对永磁无刷直流电动机进行综合性分析和集中整合，确保设计效果和实际应用水平相适应，在优化设备使用效率的同时，能进一步提高设备应用价值，从而优化整体运行效果。对电动机本体的研究主要体现在电动机本体优化设计以及电动机损耗分析方面。

1) 永磁无刷直流电动机转子设计

正是因为在永磁无刷直流电动机的正常运转中，电动机转子也会随之进行高速的旋转。所以，电动机转子不仅会产生较大的离心力，还会因为不断摩擦产生高温对电机转子结构进行破坏。因此，要想进一步确保永磁无刷直流电动机能够进行安全运转，须确保电动机的转子能够拥有最为基本的强度，并且还要拥有耐高温、低损耗等特性。而要想达到这一目标，就必须从电动机转子的结构与材料设计这两个方面入手。

在电动机转子材料的设计上，应选择具有较高矫顽力的永磁材料，这是因为这类材料本身就具有较小的温度系数，所以能够使电动机转子维持在一个稳定的温度之上，其能够适应较高的温度，可应用范围极为广泛。同时，具有较高矫顽力的永磁材料往往还具有较好的抗压性能与抗挠强度，能够承受住高速永磁电动机在运转过程中产生的离心力。而在电动机转子结构的设计上，则可以利用以下两种结构：表贴式结构与两极圆柱永磁结构，这两种结构在使用过程中，对电动机转子材料能够进行很好的保护。

2) 永磁无刷直流电动机定子精细化设计

永磁无刷直流电动机运行过程中，电动机定子是主要的散热通道。因此，其实际损耗程度和定子的材料、结构有着密切的联系，需要设计人员针对具体问题进行集中处理，从根本上提高材料设计和结构设计效果的最优化。

在电动机定子结构设计方面，目前较为常见的就是环形绕组结构模式，该模式最大的优点就在于定子结构能处于轭部，减少电动机转子长度参数的同时，进一步优化电动机转子的刚度。另外，在结构设计项目中，齿槽会对电动机转子的损耗产生影响，为了提升其抗损耗能力，增加高速永磁电动机气隙长度，选择在 0.2mm 以下的无取向硅钢片。

2. 永磁无刷直流电动机损耗分析

永磁无刷直流电动机以及分数槽电动机的关键问题之一是转子涡流损耗所造成的温升对永磁体磁性能的影响，因而建立转子涡流损耗的分析模型，在此基础上采用相应的措施减小涡流损耗是十分必要的。对永磁无刷直流电动机转子涡流损耗的分析主要有两种方法，分别为解析法和有限元法。解析法能够在电动机设计的阶段给予参考，有限元法精度更高，起着对已有的设计结果加以验证的作用。有文献基于二维旋转极坐标系，考虑了曲率、时间和空间谐波，忽略开槽的影响，建立了转子涡流损耗的分析模型。也有文献提出采用双重傅里叶级数法，较为全面地建立转子涡流损耗的分析模型。还有文献采用二维静态磁场分析和三维涡流场分析相耦合的方法，对内插式永磁无刷直流电动机转子的涡流损耗进行有限元分析，节省了大量的仿真时间。在分析的基础上，主要有以下四种减小涡流损耗的方法。

(1) 从透入深度的角度采用在永磁体表面附加铜层的做法降低转子的透入深度，进而屏蔽涡流损耗对永磁体的影响。

(2) 采用相-槽-极数之间的有效配合减小电枢磁动势的空间谐波，进而减小转子涡流损耗。

(3) 采用永磁体径向分段或轴向分段减小转子涡流损耗。

(4) 从电力电子的角度合理地设计 LC 滤波器，减小电枢磁动势中时间上的谐波，进而减小转子涡流损耗。采用有限元法和相关实验研究分析转子轴向长度、转子外径等设计参数对转子固有频率的影响。

电动机设计及优化是一个复杂的系统工程，包括强耦合、非线性、多变量等复杂环境。在大多数电机 CAD 软件中，仍然由设计人员主观意向的选择选取合适的设计方案，系统缺乏判断设计方案优劣的功能，所以设计方案的选择仍然受经验和直觉影响，因此局限性较大。

对此，有文献提出在 Ansoft Maxwell 软件的基础上以 Visual Basic 编程软件为平台、使用 VB 脚本语言开发出一套电机性能分析系统。如果性能不符合要求，通过该系统只需调整电机结构尺寸等相应参数，重新运行程序即可，不需要人工反复计算，直到电机的性能和设计达到相对最优，从而确定最终的设计方案。

3. 永磁无刷直流电动机无位置传感器技术

永磁无刷直流电动机虽然有着独特优势，但位置传感器对其在某些要求较高场合的应用带来不利影响。例如，降低了系统的稳定性和可靠性，增加电动机的尺寸，尤其是在高速永磁无刷直流电动机中，位置传感器的安装迫使电动机转子轴向长度加长，进而降低了电动机的临界转速。所以永磁无刷直流电动机的无位置传感器已经成为其控制技术的一个重要发展方向。

无位置传感器技术的主要思想是利用电动机绕组中相关的电信号(电压和电流信号)，通过适当的处理方法估算出转子的位置。根据适用的电动机转速范围，无位置传感技术归纳又可总结为三类，即适用于低速的注入法、中高速电动机的电磁关系法、全速度域的结合法，如图 3.31 所示。

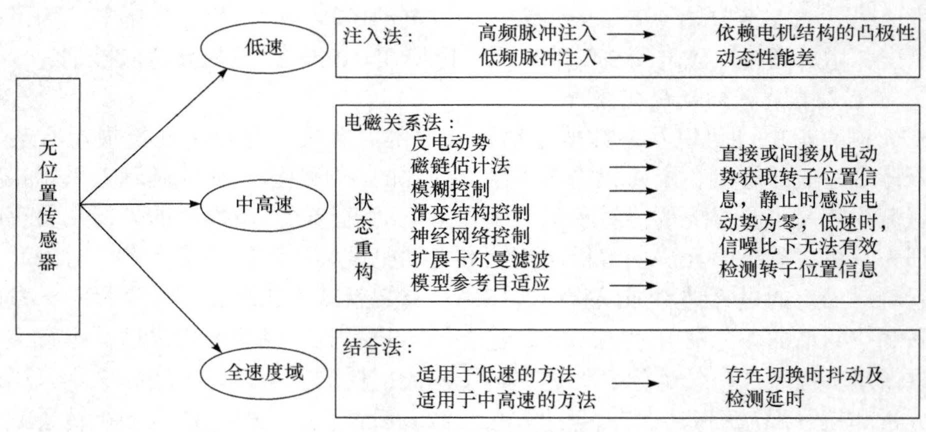

图 3.31　无位置传感器分类

注入法是针对电动机低速和零速的无位置传感器控制提出的，最常用的是高频注入法。高频注入法虽然有旋转高频注入法、高频方波信号注入法、高频载波信号注入法等不同的方法，但归根结底都是基于线圈的自感和互感来估算转子位置，依赖于转子的凸极性。Hinkkanen 等提出了采用低频注入法估计电动机的转子磁极位置和速度的方法，与传统的高频注入法相比，低频注入法虽然不需要电动机的凸极性及由饱和引起的凸极性，但是这种方法存在系统动态特性不理想的缺点。

对于电动机运行于中高速领域的无位置传感器技术，按照所利用电信号的不同大致可分为反电动势法(检测电压信号)和电感法(检测电流信号)。反电动势法是利用永磁无刷直流电动机梯形反电动势中包含的换相信息，通过提取反电动势得到换相时刻。对于凸极电动机，由于转子 d 轴与 q 轴磁阻的差异，其三相绕组电感随转子位置变化。文献对电动机施加 PWM 检测脉冲，在 PWM 开通和关断时对非导通相信号进行采样，从两个采样值之差中提取位置信息。

按照对相关电信号不同的处理方法，无位置传感器技术又可分为：端电压法(或相电压法)，该方法是将电动机三相端电压分压后经过简单低通滤波器滤波，通过提取悬空相端电压得到反电动势信号，再进行 30°延时即可得到一个电周期中的 6 个换相时刻；三次谐波法，该方法比端电压检测法更加直接，无需 30°的相移，但它需要电动机引出中性点，而且电动机三次谐波磁链不能太小，这些条件在许多场合下都无法得到满足；磁链观测法，该方法通过对测量的电压和电流进行积分运算得到转子磁链值，从转子初始位置、电动机参数和磁通之间的关系出发得到转子位置。另外，还有一些智能方法，如滑模观测器法、卡尔曼滤波法等。有文献对传统的滑模观测器进行了改进，减小了系统抖振，具有较好的位置估计精度；也有文献基于卡尔曼滤波器，分别对相反电动势和转子位置进行估计，鲁棒性好，但需要对输入量进行精确测量。上述所提方法都存在计算量大、对硬件要求较高的问题。

以上这些无位置传感器控制方法都有自身的优缺点，在不同的应用场合和要求下应充分发挥各算法的优势，也可以将几种方法进行融合，相互取长补短，以求得到更佳的控制效果和全速度范围内的位置检测，将其称为结合法。有文献在低速时采用高频脉振电压信号注入法实现低速的位置检测，而在中高速运行时选用滑模变结构控制和自抗扰控制两种方法进行研究，很好地实现了全速域的无位置运行。另有文献在低速时采用旋转高频电压信号注入法，高速时采用模型参考自适应法，将低速、中高速范围的两种方法进行组合实现全速度范围。

无位置传感器技术虽然省去了传感器安装和维护的麻烦，降低了系统成本并提高了可靠性，但由于算法的复杂程度各异且受电动机参数影响较大，在一些高精度的伺服驱动场合还是很难取代外置传感器技术。因此，对于无位置传感器技术的研究仍然是一个具有重要意义的方向。

4. 永磁无刷直流电动机转矩脉动抑制研究

转矩脉动是永磁无刷直流电动机固有的缺陷，且会引起电动机转速波动、机械振动和噪声。这大大限制了其在一些要求高精度位置、速度控制系统中的应用。因此，永磁无刷直流电动机的转矩脉动抑制技术一直都是一个研究较多且具有重要现实意义的课题。

1) 传导区转矩脉动

永磁无刷直流电动机转矩脉动主要分为传导区转矩脉动和换相转矩脉动。其中传导区转矩脉动主要是由非理想感应电动势和逆变器斩波造成的转矩脉动。对于逆变器斩波脉动有学者研究引入前置 DC-DC 变换器控制母线电压来调节转速，后级逆变器只需要进行自然换相，大大降低了逆变器开关管的开关频率，适合高速电机驱动，理论上也可以完全消除永磁无刷直流电动机在传导区的转矩脉动；对于由非理想反电动势引起的转矩脉动，有文献在无位置控制的基础上给出了一种转矩闭环控制方法，抑制非理想感应电动势造成的转矩脉动，但控制算法相对复杂。另有文献分析了转矩滞环的单环控制方法，避免了磁链估计的困难，并很好地抑制了非理想感应电动势带来的转矩波动。

2) 换相转矩脉动

换相转矩脉动理论最早是 Carlson 提出的，他认为导通相和断开相的电流变化率不同是导致换相转矩波动产生的主要原因。换相转矩脉动的主要抑制方法有 PWM 调制法、直接转矩控制法、重叠换相法、电流预测控制法和基于 DC-DC 变换器的直流侧电压控制法等。

(1) PWM 调制法。

由于在工业领域永磁无刷直流电动机控制器通常采用 PWM 方式进行调速，所以采用 PWM 调制来改善换相转矩脉动时，只要通过软件编程就能实现，而不必改变原有电动机和控制系统的硬件结构，非常便捷。PWM 调制法是通过在功率开关管导通后和断开前进行 PWM 控制，使得导通相相电流上升时间和断开相相电流下降时间相同，从而保证恒导通相相电流稳定，换相转矩脉动得到有效抑制。在四种半桥调制方式中，PWM-ON 调制方式的换相转矩脉动最小。而有文献选择在换相区同时对三相绕组进行调制，在非换相区使用 PWM-ON 调制，有效抑制了电机换相时恒导通相的电流脉动。

(2) 直接转矩控制法。

直接转矩控制最初应用于异步感应电机，现已在永磁无刷直流电动机上得到成熟运用，并获得了不错的控制效果。直接转矩控制是在定子坐标系下对电机的磁链和转矩进行观测，并与给定值进行比较，通过滞环控制得到相应的控制信号，所以可以通过设定环宽将电磁转矩限定在较小范围内，实现对转矩脉动的抑制。有文献采用滞环转矩控制和 PWM 方式相结合的转矩控制方式，并对空间矢量选择表进行改良，以实现转矩脉动最小化的目标。也有文献在磁链自控系统的基础上，采用滑模观测器实时估算电机转矩，较好地抑制了非理想反电动势和低速换相转矩波动，但其滑模观测器的估计滞后和误差问题仍需要进一步解决。

(3) 重叠换相法。

重叠换相法的原理是通过延时断开关断相，提前开通导通相来补偿换相期间的电流跌落，决定这种方法有效性的关键因素是重叠换相的区间长度。有文献采用 PWM 控制对重叠换相法进行改进，使得重叠换相时间可以随电流的调节过程自动调整，有效消除了高速区换相转矩脉动。

(4) 电流预测控制法。

电流预测控制是一种通过实时检测永磁无刷直流电动机相电流波形来控制相电流变化的转矩脉动抑制方法。该方法采用单个电流传感器检测直流侧母线电流，并通过相应 PWM 控制策略使断开相和导通相换相时间相同，从而保证输出转矩的稳定性。该方法在低速区和高速区都取得了较好的效果，但是由于该方法是通过检测相电流变化来实现的，所以对系统硬件要求较高。

(5) 基于 DC-DC 变换器的直流侧电压控制法。

近年来，一些学者通过对永磁无刷直流电动机驱动系统进行研究分析，提出了通过 DC-DC 变换器对直流侧电压进行控制的方法来抑制换相转矩脉动，取得了不错的进展。有文献提出，三相逆变桥采用恒通方式，由 Buck 电路实现 PWM 调制功能，减少甚至消除 PWM 调制方式带来的转矩脉动问题。但是 Buck 电路只能实现降压功能，所以该方法只适用于解决低速区转矩脉动问题。有文献采用 SEPIC 变换器代替 Buck 变换器，并根据 Calson 的经典理论，在换相过程中始终保持直流侧电压和反电动势的线性关系，有效抑制了换相转矩脉动，同时使整个系统在更大调速范围内都有良好的输出转矩特性。也有文献提出了 CUK 变换器，并与传统调制方式中换相转矩脉动最小的 PWM-ON 控制方式进行比较分析，得出了前者能更加有效地抑制转矩脉动的结论。

面对日益增长的永磁无刷直流电机市场的需求：一方面，永磁无刷直流电动机具有广阔的发展空间和机遇；另一方面，其也面临着挑战，这种挑战来自于对永磁无刷直流电动机越来越高的应用和技术性能的要求。可以预见，将来永磁无刷直流电动机将得到更长远的发展，具有广阔的应用前景。并且，根据目前永磁无刷直流电动机的应用情况以及高性能伺服系统的发展要求，永磁无刷直流电动机将朝着智能化、高效率化、高性能化的方向发展。

参考文献

陈磊, 高宏伟, 柴凤, 等, 2006. 小型无刷直流电动机振动与噪声的研究[J]. 中国电机工程学报, 26(24): 148-152.

程文杰, 耿海鹏, 冯圣, 等, 2012. 高速永磁同步电机转子强度分析[J]. 中国电机工程学报, 32(27): 87-94, 187.

矫鹏霖, 2013. 基于 CUK 变换的 BLDCM 转矩脉动抑制方法研究[D]. 青岛: 中国石油大学.

KRISHNAN R, 2013. 永磁无刷电机及其驱动技术[M]. 柴凤, 等译. 北京: 机械工业出版社.

李珍国, 章松发, 周生海, 等, 2014. 考虑转矩脉动最小化的无刷直流电机直接转矩控制系统[J]. 电工技术学报, 29(1): 139-146.

凌星, 2012. 无刷直流电机无位置传感器技术研究[D]. 南京: 南京航空航天大学.

刘栋良, 崔言飞, 陈镁斌, 2013. 无刷直流电机反电动势估计方法[J]. 电工技术学报, 28(6): 52-58.

史婷娜, 吴志勇, 张茜, 等, 2012. 基于绕组电感变化特性的无刷直流电机无位置传感器控制[J]. 中国电机工程学报, 32(27): 45-52, 181.

史婷娜, 肖竹欣, 肖有文, 等, 2015. 基于改进型滑模观测器的无刷直流电机无位置传感器控制[J]. 中国电机工程学报, 35(8): 2043-2051.

谭建成, 2011. 永磁无刷直流电机技术[M]. 北京: 机械工业出版社.

唐任远, 等, 2016. 现代永磁电机理论与设计[M]. 北京: 机械工业出版社.

王骋, 2016. 高速永磁无刷直流电机的转子位置检测技术研究[D]. 南京: 南京航空航天大学.

王秀和, 等, 2007. 永磁电机[M]. 北京: 中国电力出版社.

詹国兵, 2017. 基于衰减记忆卡尔曼滤波的无刷直流电机转子位置估计[J]. 微特电机, 45(5): 32-35, 39.

张琛, 1998. 直流无刷电机原理及应用[M]. 北京: 机械工业出版社.

张相军, 陈伯时, 2003. 无刷直流电机控制系统中 PWM 调制方式对换相转矩脉动的影响[J]. 电机与控制学报, 7(2): 87-91.

周凤争, 沈建新, 王凯, 2008. 转子结构对高速无刷电机转子涡流损耗的影响[J]. 浙江大学学报(工学版), 42(9): 1587-1590.

CARLSON R, LAJOIE-MAZENC M, FAGUNDES J C D S, 1992. Analysis of torque ripple due to phase commutation in brushless DC machines[J]. IEEE transactions on industry applications, 28(3): 632-638.

JOHNSON P M, BAI K, DING X F, 2015. Back-EMF-based sensorless control using the hijacker algorithm for full speed range of the motor drive in electrified automobile systems[J]. IEEE transactions on transportation electrification, 1(2): 126-137.

KIM S I, IM J H, SONG E Y, et al., 2016. A new rotor position estimation method of IPMSM using all-pass filter on high-frequency rotating voltage signal injection[J]. IEEE transactions on industrial electronics, 63(10): 6499-6509.

LIU Y, ZHU Z Q, HOWE D, 2006. Instantaneous torque estimation in sensorless direct-torque-controlled brushless DC motors[J]. IEEE transactions on industry applications, 42(5): 1275-1283.

MARKOVIC M, PERRIARD Y, 2008. Analytical solution for rotor eddy-current losses in a slotless permanent-magnet motor: the case of current sheet excitation[J]. IEEE transactions on magnetics, 44(3): 386-393.

OKITSU T, MATSUHASHI D, MURAMATSU K, 2009. Method for evaluating the eddy current loss of a permanent magnet in a PM motor driven by an inverter power supply using coupled 2-D and 3-D finite element analyses[J]. IEEE transactions on magnetics, 45(10): 4574-4577.

SHAH M R, LEE S B, 2006. Rapid analytical optimization of eddy-current shield thickness for associated loss minimization in electrical Machines[J]. IEEE transactions on industry applications, 42(3): 642-649.

SHI T N, GUO Y T, SONG P, et al., 2010. A new approach of minimizing commutation torque ripple for brushless DC motor based on DC-DC converter[J]. IEEE Transactions on Industrial Electronics, 57(10): 3483-3490.

SONG J H, CHOY I, 2004. Commutation torque ripple reduction in brushless DC motor drives using a single DC current sensor[J]. IEEE transactions on power electronics, 19(2): 312-319.

TODA H, XIA Z P, WANG J B, et al., 2004. Rotor eddy-current loss in permanent magnet brushless machines[J].IEEE transactions on magnetics, 40(4): 2104-2106.

YAMAZAKI K, SHINA M, KANOU Y J, et al., 2009. Effect of eddy current loss reduction by segmentation of magnets in synchronous motors: difference between interior and surface types[J]. IEEE transactions on magnetics, 45(10): 4756-4759.

ZHOU F, SHEN J, FEI W, et al., 2006. Study of retaining sleeve and conductive shield and their influence on rotor loss in high-speed PM BLDC motors[J]. IEEE transactions on magnetics, 42(10): 3398-3400.

第 4 章　伺服电动机

4.1　伺服电动机的概述

4.1.1　定义与分类

伺服系统(Servo System)是机电一体化的重要组成部分，广泛应用于工业、农业、航空航天、国防军事、交通等领域中。伺服电机系统包括伺服控制器、执行电机与反馈检测装置，是一种以位置、角度或速度为被控对象的自动控制系统，主要功能是实现执行机构对位置、角度或速度指令的跟踪和定位，使系统按某种特定的规律运动，同时保证输入量和输出量的偏差小于允许范围。

伺服系统的发展与伺服电机的发展联系紧密。按照供电方式的不同，常用的伺服电机主要分为以下两大类。

1. 直流伺服电机

输入信号为直流电源，称为直流伺服电机。直流伺服电动机在电气伺服驱动系统中应用较早，在励磁不变的情况下，其输出转矩与电枢电流呈线性关系，易于实现对转矩的控制，调速范围宽，且可以达到较高的性能指标，在伺服系统发展的早期，应用非常普遍。但直流电动机存在严重不足，存在电刷、滑环等易磨损的机械部件，需要经常维护，使用寿命低，电火花还会限制直流伺服电动机的最高转速和过载能力，而且直流电动机的转子绕组散热难度大，导致电动机的效率较低，同时结构较为复杂，转动惯量大，响应速度慢，这些均限制了直流伺服电机在高精度、高性能伺服系统的发展。

2. 交流伺服电机

输入信号为交流电源，称为交流伺服电机。应用于伺服机构的交流电动机主要包括步进电机、异步电动机与永磁同步电动机。

(1) 步进电机是一种存在转差率的同步机，通过脉冲的方式实现控制，输入脉冲的个数与频率分别对应电动机的位移与转速，运行于位置开环状态。20 世纪 60 年代前，功率步进电机是发展的主流，步进电机的控制最简单，大部分的硬件电路都可以由软件代替，具有可靠性高和成本低等优点，但是过载能力不强，响应速度也相对较慢。由于开环控制会影响系统的精度，并且高速时电动机的输出转矩迅速减小，因此步进电机主要应用在对精度和速度要求较低的场合。

(2) 异步电动机具有简单可靠、维护方便、价格低廉和环境适应性强的优势，在变极调速以及矢量控制技术成熟以后，目前主要在机床伺服驱动中得到了一定的应用。异步电动机系统采用矢量变换控制，控制复杂，励磁电流与转矩电流间耦合程度极高，运行中时变参数极大地影响了控制品质。异步电动机存在功率因数低、效率低及难以实现宽范围调速等缺陷，难以在高精度伺服领域一展所长，但是随着技术的发展，系统的性能在不断优化。

(3) 永磁同步电动机的可靠性高、功率因数高、效率高、控制简单，还便于实现高质量的矢量控制，在低速时的运行性能良好，目前是伺服系统执行电动机的研究热门，在具有高精度定位、宽范围调速及高质量转矩需求的控制场合担当主流驱动设备，尤其被广泛地应用在航空、航天、数控机床、加工中心、机器人等领域。

4.1.2 特点及应用领域

随着伺服系统的应用越来越广泛，各行各业对伺服系统的伺服精度、定位精度和快速性的要求也越来越高，而作为伺服系统中执行机构的伺服电机也需要具备更好的性能。一般需要具备如下特点：调速范围宽、位置控制性能好、低速特性好，频繁起动、制动、正反转以及在全速度范围内的平稳运行能力强，转动惯量小，断续运行区域的最大脉冲转矩大以及连续运行区域谐波转矩小等。

基于以上特点，伺服系统应用于以下领域。

(1) 数控机床。数控机床是伺服系统最主要的应用领域，包括对各种高性能机床运动部件的运动轨迹控制、位置控制、速度控制。不仅可以实现转动、直线运动的控制，还能通过复杂的系统配合控制空间曲线运动，成功应用在仿型机床等方面，对高精端加工和未来工业发展具有关键的作用。

(2) 工业机器人。工业化的飞速发展对工业机器人伺服系统的性能要求更高，高精度的机器人关节伺服控制对工业机器人至关重要。工业机器人的快速发展对制造业的进步意义巨大，对“智慧能源”“智慧交通”等理念的实现也有着重大的意义。

(3) 交通运输。伺服系统的速度可控、速度响应快、控制精度高，可以对行进轨迹进行精确控制，解放了人力，提高了运输的效率，智能化水平高。同时现代汽车对减振、转向等要求很高，电液伺服式减振器、电液伺服控制主动悬架等都有很好的应用前景。

(4) 航空航天。随着航空航天领域技术的飞速发展，对精密伺服电机的要求越来越高，应用也越来越广。例如，各种导弹的自动导引系统、卫星和飞船等设备的自动驾驶系统和太阳能帆板展开机构等。

(5) 国防军事。现代战争对于军事设备的精度、稳定度和快速性的要求越来越高，而伺服电机的控制精度高、鲁棒性好、动态响应速度快，被广泛应用在国防军事相关领域。例如，雷达天线自动瞄准跟踪控制系统、高射火炮自动跟踪系统、舰艇火炮与仪表的自动稳定系统、坦克炮塔的防摇稳定控制。

4.2 直流伺服电动机及其控制

4.2.1 工作原理及结构特点

直流伺服电机在自动控制系统中用作执行元件，将输入的直流电压信号转换为轴上的角位移或角速度。对直流伺服电机的要求是：①具有线性的机械特性，具有能够准确反映控制信号的数值和极性的控制特性；②具有良好的起动和调速性能，反应快，灵敏度高。直流伺服电机的功率比较小，在几瓦至几百瓦之间。

直流伺服电机的基本结构与普通直流电动机相同。有的小型直流伺服电机，采用盘形电枢和空心杯电枢的特殊结构。这两种电枢都不带铁心，因此惯量小、换向性能好，可做成高性能指标的伺服电机。

盘形电枢电动机如图 4.1 所示，其利用印刷电路来构成电枢绕组，故有印刷绕组电路之称。磁极的有效磁通为轴向布置，电枢上面的径向载流导体在磁场作用下产生转矩。电刷直接与印刷绕组接触，无须另加换向器。

空心杯电枢直流伺服电机如图 4.2 所示。这种电动机的电枢绕组是编织成薄壁圆筒状后用环氧树脂粘接成形，也有的采用印制绕组。这种电动机有内磁式和外磁式两种。外磁式电动机的外定子是永磁体，而内定子为圆柱形的软磁材料。外磁式空心杯电枢直流伺服电机的时间常数在各种交直流电动机中是最小的。内磁式电动机的外定子采用软磁材料，内定子是永磁体，主要是为了满足较大的转矩常数和中等惯量的要求。空心杯电枢直接装在电动机轴上，在内外定子间的气隙中旋转。图 4.2 中外定子为永磁磁极，内定子采用导磁材料以减小磁路的磁阻。空心杯电枢直流伺服电动机转子无铁心，故惯量和电感都大为减小，其没有槽，磁阻均匀，转矩平稳，换向好，噪声小，是低惯量电动机中性能最好的一种。但有的杯形转子只有一端受支撑，机械强度较差，故功率输出不能太大。

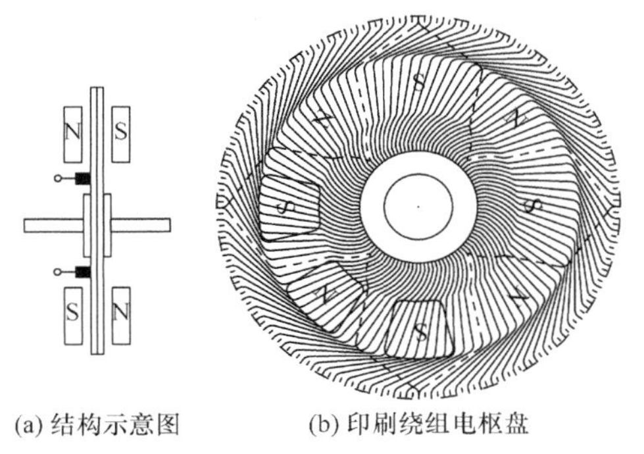

(a) 结构示意图　(b) 印刷绕组电枢盘

图 4.1　印刷绕组直流伺服电机

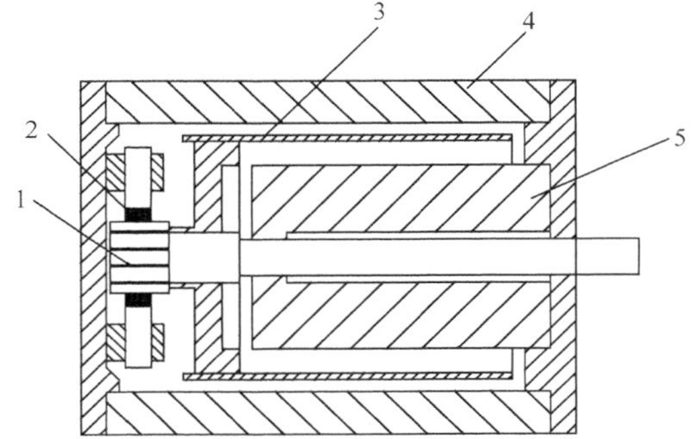

图 4.2　空心杯电枢直流伺服电机

1-电刷；2-换向器；3-空心杯电枢；4-外定子(磁极)；5-内定子

4.2.2　控制方式与特性分析

直流伺服电机的工作原理与普通直流电动机相同。它的控制电压多是加在电枢两端，称为电枢控制，如图 4.3 所示，U_a 为控制电压。励磁绕组接在恒定电压的电源上。

直流伺服电机的磁路一般不饱和，电枢反应很小，且认为励磁电压不变(或是永久磁铁励磁)，所以分析时可设主磁通 ϕ 为恒值。根据直流伺服电动机基本关系：

$$U_a = E_a + I_a r_a \tag{4.1}$$

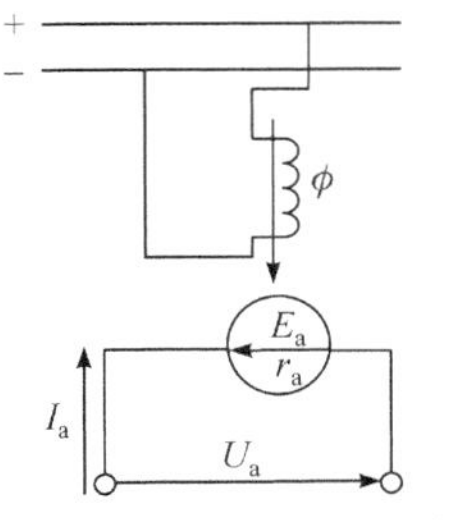

图 4.3　直流伺服电机电路图

$$E_a = C_e \phi n \tag{4.2}$$

$$T_{em} = C_T \phi I_a \tag{4.3}$$

得到电动机转速表达式，即

$$n = \frac{U_a}{C_e \phi} - \frac{r_a}{C_e C_T \phi^2} T_{em} \tag{4.4}$$

当控制电压 U_a 一定时，式(4.4)表示直流伺服电机的机械特性 $n = f(T_{em})$。不同 U_a 的机械特性为一族平行直线，如图 4.4 所示。

若电磁转矩 T_{em} 一定时，式(4.4)也可以表示稳态控制特性 $n = f(U_a)$，这也是一族直线，如图 4.5 所示。由图可知，一定负载就有一个对应的起始电压。例如，对于转矩 T_{em1} 而言，当 $U_a < U_{s1}$ 时，电动机不能运转，因此存在失灵区。负载转矩越大，起始电压及失灵区就越大。其中，电刷和换向器存在接触压降，这也是造成失灵区的一个原因。从图 4.5 还可以看出，工作段内具有线性调节特性，这是电枢控制直流伺服电机的可贵特点。

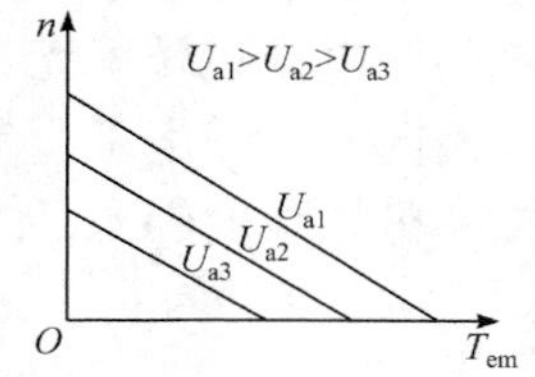

图 4.4 直流伺服电机机械特性

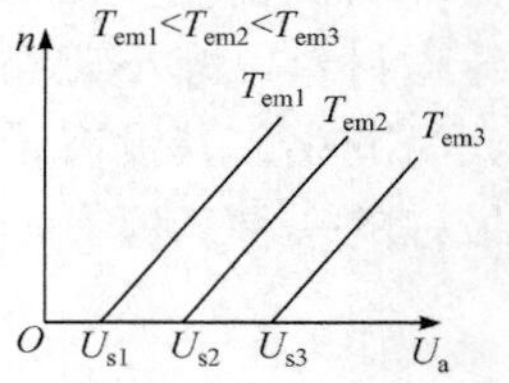

图 4.5 直流伺服电机控制特性

直流伺服电机的动态特性是指控制电压有一阶跃后，转速的变化规律 $n = f(t)$。伺服系统要求 n 变化时的过渡过程应该尽量短，即转速能很快跟上控制电压的变化，常称为响应快。在控制电压发生阶跃之后，一定同时存在电的过渡过程和机械运动的过渡过程。由于直流电动机的电枢电感是很小的，因此可忽略电流的过渡过程，而获得基本动态特性。

动态特性研究常以角速度 Ω 为参数，因此

$$e_a = C_e \phi n = C_T \phi \Omega \tag{4.5}$$

不计电枢电感，则由电压平衡式

$$U_a = E_a + I_a r_a \tag{4.6}$$

得瞬态电枢电流及电磁转矩为

$$i_a = (U_a - C_T \phi \Omega)/r_a \tag{4.7}$$

$$T_{em} = C_T \phi i_a \tag{4.8}$$

电动机的瞬态转矩平衡式为

$$T_{em} = T + J\frac{\mathrm{d}\Omega}{\mathrm{d}t} \tag{4.9}$$

式中，T 为静态负载转矩，

$$T = T_2 + T_0 \tag{4.10}$$

将上述关系式代入式(4.9)，即得动态特性微分方程：

$$\frac{Jr_{\mathrm{a}}}{C_{\mathrm{T}}\phi}\frac{\mathrm{d}\Omega}{\mathrm{d}t} + C_{\mathrm{T}}\phi\Omega = U_{\mathrm{a}} - \frac{r_{\mathrm{a}}}{C_{\mathrm{T}}\phi}T \tag{4.11}$$

解此一阶线性微分方程，并以$t=0$时U_{a}发生阶跃作为初始条件代入，就得到角速度的变化规律表达式：

$$\Omega = \Omega_1 + (\Omega_2 - \Omega_1)\left(1 - \mathrm{e}^{-\frac{t}{T_{\mathrm{M}}}}\right) \tag{4.12}$$

其中

$$\begin{cases} \Omega_1 = \dfrac{U_{\mathrm{a1}}}{C_{\mathrm{T}}\phi} - \dfrac{r_{\mathrm{a}}}{C_{\mathrm{T}}^2\phi^2}T \\ \Omega_2 = \dfrac{U_{\mathrm{a2}}}{C_{\mathrm{T}}\phi} - \dfrac{r_{\mathrm{a}}}{C_{\mathrm{T}}^2\phi^2}T \\ T_{\mathrm{M}} = \dfrac{Jr_{\mathrm{a}}}{C_{\mathrm{T}}^2\phi^2} \end{cases} \tag{4.13}$$

各量的变化规律如图 4.6 所示。

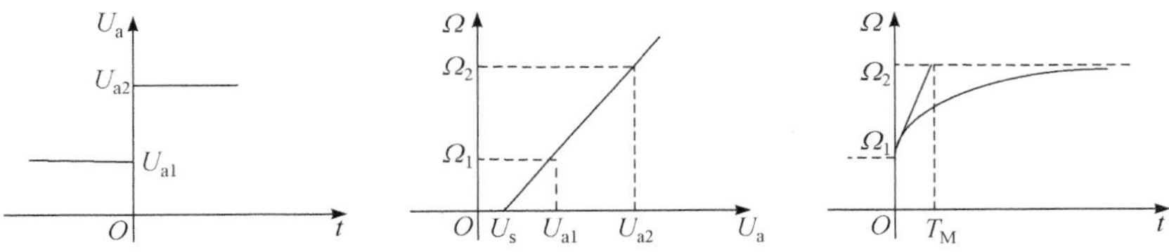

图 4.6　直流伺服电机动态特性

式(4.12)可表达转速上升的规律，也可表达转速下降的规律(当U_{a}有负阶跃时)。当然零初始状态：

$$\begin{cases} U_{\mathrm{a1}} = 0 \\ \Omega_1 = 0 \end{cases} \tag{4.14}$$

也可适用。式(4.13)中，T_{M}称为机电时间常数，T_{M}的大小直接影响角速度的快慢。T_{M}越小，则角速度变化速率越大，机械过渡过程越短，即响应越快。所以，伺服电机以机电常数T_{M}为动态性能的重要指标。

从式(4.13)看出，机电时间常数T_{M}为电动机惯量J与电动机机械特性斜率$r_{\mathrm{a}}/(C_{\mathrm{T}}^2\phi^2)$的乘积。一般直流伺服电机的机械特性硬，而且是线性的，其斜率不受控制电压的影响，所以其T_{M}为一个常数，数值也不大。如杯形电枢结构，J很小，这时T_{M}可达 1ms 甚至更小。值得指出，实际伺服系统前有电源、后有负载，因此r_{a}应包括电源内阻、J应加上负载机械惯量，这样才能计算得到实际系统的机电时间常数。

4.3　步进伺服电动机及其控制

4.3.1　工作原理及结构特点

步进伺服电动机的工作原理是利用电子电路将直流电变成分时供电的多相时序控制电流。通常电动机的转子为永磁体，当电流流过定子绕组时，定子绕组产生一矢量磁场。该磁场会带动转子旋转一定角度，使得转子的一对磁场方向与定子的磁场方向一致。当定子的矢量磁场旋转一个角度时，转子也随着该磁场转一个角度。每输入一个电脉冲，电动机转动一个角度前进一步。它输出的角位移与输入的脉冲数成正比、转速与脉冲频率成正比。改变绕组通电的顺序，电动机就会反转。所以，可用控制脉冲数量、频率及电动机各相绕组的通电顺序来控制步进电机的转动。

步进电机的结构形式和分类方法较多，按励磁方式分，可以分为反应式步进电机、永磁式步进电机和混合式步进电机三类。

反应式步进电机如图 4.7 所示，其定转子均为由多个小齿组成的凸极结构，定子极靴上分布着绕组而转子上没有，且转子是由不含磁钢的低剩磁软磁材料制成的。反应式步进电机是利用磁阻最小原理工作的，该类步进电机具有简单的结构、低廉的价格、较小的步距角等优点，但其动态性能差、效率低、断电无定位转矩等缺点使其应用范围受到限制。

永磁式步进电机的定子和反应式步进电机的定子结构相似，为爪式结构但无小齿，其上装设有两相或多相控制绕组，转子是与定子各相具有相同极数的凸极式永久磁钢，且转子上无小齿，结构图如图 4.8 所示。其工作原理类似于永磁同步电动机，这种步进电机消耗的功率比反应式步进电机小，且具有动态性能良好、转矩体积比大、断电仍具有定位转矩等优点，缺点是步距角受永久磁钢数量的限制较大，起动及运行频率不宜过高，相数必须为偶数，而且需由正负脉冲电源供电。

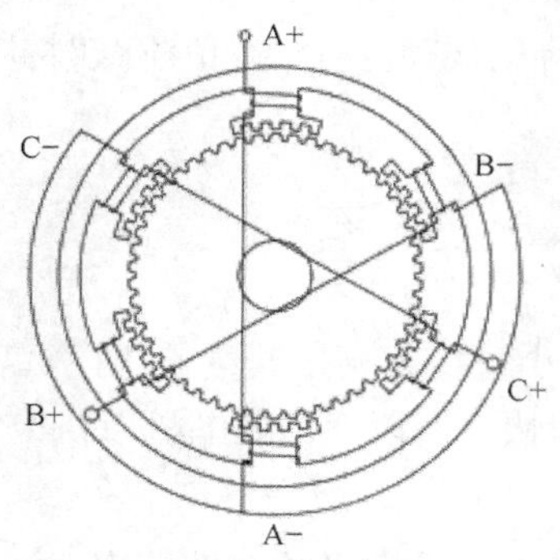

图 4.7　反应式步进电机结构图

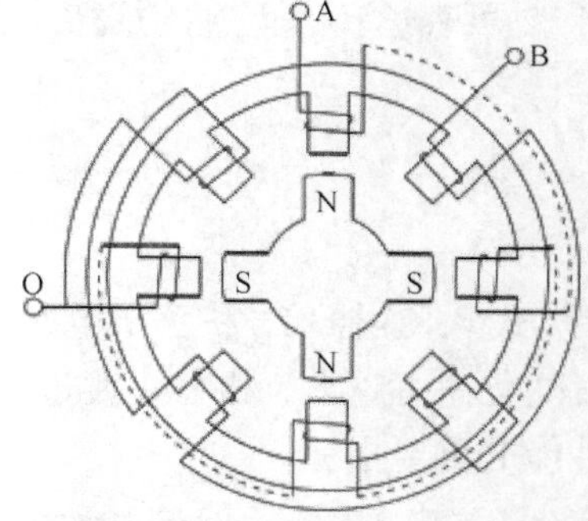

图 4.8　永磁式步进电机结构图

混合式步进电机又称感应子式步进电机。其转子铁心分为两段且内部嵌有环形磁钢，两段铁心外圆周上有均匀分布的齿槽且错开半个齿距，定转子齿数的配合也如同单段反应式步进电机。混合式步进电机结合了永磁式步进电机和反应式步进电机的优点，具有效率高、转矩大、步距角小、动态性能好的优点，但也存在结构较为复杂、成本相对较高的问题。然而，随着工业自动化等场合对控制性能要求的不断提高，混合式步进电机应用最为广泛。

4.3.2　控制方式与特性分析

步进电机是将电脉冲信号转变为角位移或直线位移的电磁元件，从能量转换的角度来看，它和普通的电动机无异，但是它的运行原理、驱动电源及控制方式的特殊性，使其具有如下特点：

(1) 电动机的转速与脉冲频率保持严格的同步关系。

(2) 具有自锁能力，定位精度高。

(3) 励磁绕组上施加的不是一个恒定的直流或交流电压，而是采用电子开关断续加以直流电压，即采用脉冲供电方式。

(4) 步进电机具有加速转矩大等特点，其性能的提高与控制方式、驱动电路的参数等有密切的关系。

步进电机静态运行时具有矩角特性。当驱动器接收外部脉冲时，各相绕组按一定的顺序通电，步进电机转子就会一步步地转动；当外部脉冲停止发送时，各相绕组保持上一状态的通电情况，转子将固定不动，处于静止状态，此时的电动机静转矩 T_e 与转子失调角 θ_e 之间的关系称为矩角特性，步进电机的矩角特性如图 4.9 所示。

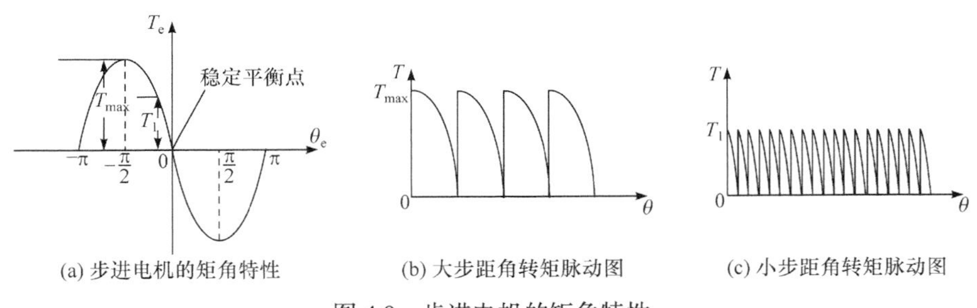

(a) 步进电机的矩角特性　(b) 大步距角转矩脉动图　(c) 小步距角转矩脉动图

图 4.9　步进电机的矩角特性

步距角过大会引起电动机运行时转矩脉动和噪声过大，降低执行机构的定位精度，尤其是在军工、医疗等应用场合，对执行机构的定位精度要求和运行噪声有着极其严格的要求。例如，五相混合式步进电机的整步运行模式，当转子齿数为 50 时，其步距角为 0.72°。为了抑制转矩脉动和低频振荡，电动机的步距角还需要进一步减小。无论采取哪种电路拓扑或者控制方式，步距角始终是步进电机重要的指标，减小步距角是提高步进电机驱动系统性能的必经之路。

4.4　异步伺服电动机及其控制

4.4.1　工作原理及结构特点

传统异步伺服电机实际上是一个感应式两相伺服电机，而三相异步电动机结合高性能的伺服控制器也能作为伺服机构来使用。因伺服用三相异步电动机在基本工作原理上与普通三相异步电动机没有本质差别，故本章不再赘述。两相伺服电机的结构和电路分别如图 4.10 和图 4.11 所示。定子铁心槽中安放空间相差 90°电角度的两相绕组，直接接于电源电压的绕组称励磁绕组 W_f；另一相加控制电压的绕组称控制绕组 W_k。伺服电机的转子转速将由控制电压 $\dot{U}_k$ 的大小和相位来控制。

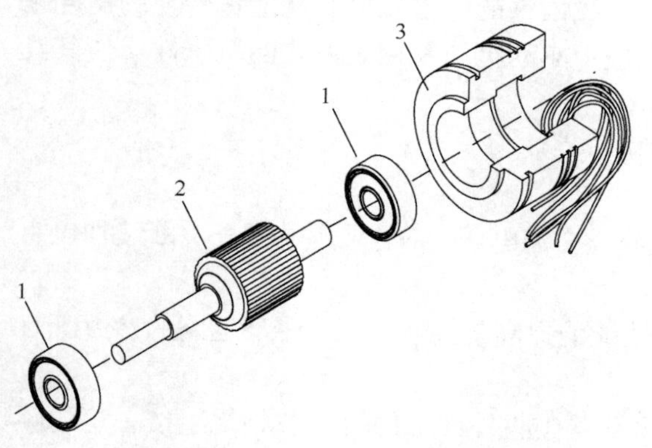

图 4.10 笼型转子两相伺服电机
1-轴承；2-转子组件；3-定子组件

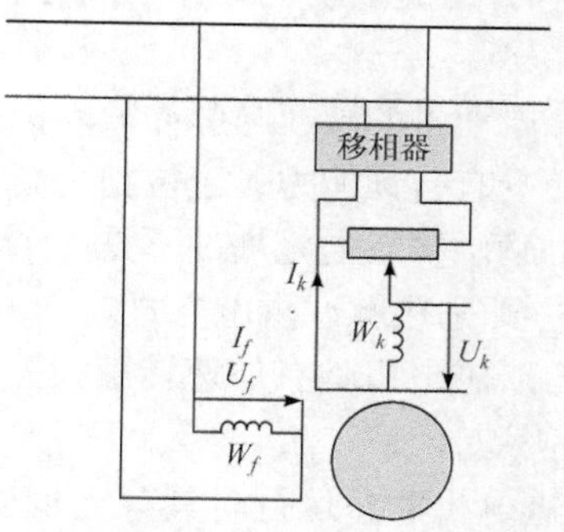

图 4.11 两相伺服电机原理电路图

两相伺服电机的转子主要有笼型和空心杯两种。图 4.10 中 2 为笼型转子组件，笼型结构电动机的体积小、机械强度好、励磁电流较小(与空心杯的相比)，所以被采用得较多。

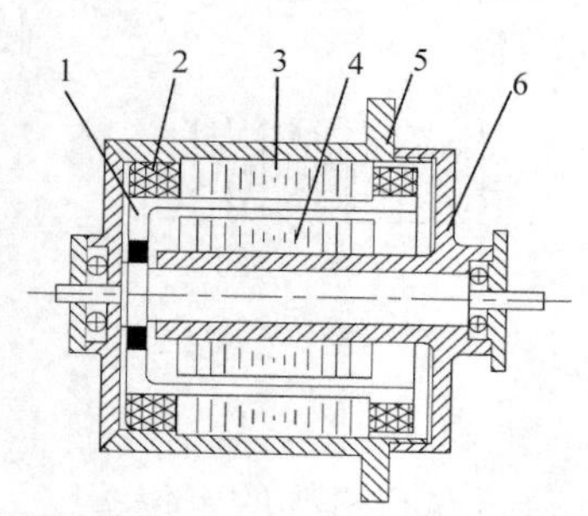

图 4.12 空心杯转子两相电动机
1-空心杯转子；2-定子绕组；3-外定子；4-内定子；5-机壳；6-端盖

空心杯转子结构的伺服电机如图 4.12 所示，图中，1 为空心杯转子。通常空心杯体采用铜或铝合金制成，杯壁很薄，一般为 0.2～0.8mm。空心圆柱形的杯壁可看成由许许多多根导条紧密排列而成，故与笼型转子的导条起同样作用，在旋转磁场作用下，杯壁上感应电势并有电流，从而产生电磁转矩。为增加主磁路磁导，所以装有电工钢片制成的内定子铁心。有的电动机则是在内定子上嵌放绕组，而外定子仅为主磁路的一部分。空心杯转子的惯量小，又无齿槽，故运行平稳、噪声小，缺点是电动机气隙大(包括非磁性杯壁的厚度)，因此励磁电流消耗大。

两相伺服电机的控制方式有幅值控制、相位控制和幅相控制三种。幅值控制是指控制电压 $\dot{U}_k$ 与励磁电压 $\dot{U}_f$ 的相位差保持 90°不变，而以 $\dot{U}_k$ 的幅值大小作为控制量。相位控制则保持 $\dot{U}_k$ 的幅值不变，而调节 $\dot{U}_k$ 的相位作为控制量。同时调节幅值和相位即幅相控制。总的来说，在不同控制电压条件下，将产生不同椭圆度的旋转磁场，从而使转子带动负载具有不同的工作转速。

值得提出，伺服电机的基本要求之一是：当控制信号消失时，电动机转子应立即停转，而不自转。当 $\dot{U}_k = 0$ (或 $\dot{U}_k$ 与 $\dot{U}_f$ 同相位)时，电动机转子处于脉振磁场作用下，若不加特殊考虑，将如单相感应电动机那样继续运转，这对伺服电机来说，就是出现了不希望有的“自转”。为了避免自转现象，就需从设计上特殊考虑：使转子电阻足够大，例如导条或空心杯采用电阻率较高的铜或者铝的合金做成。这样在脉振磁场作用下产生的正转和反转的机械特性如图 4.13 中实线所示，图中虚线为转子电阻较小的机械特性。由图 4.13 可见，只要转子电阻足够大，那么电动机转子在脉动磁场作用下的合成电磁转矩 T 的方向始终与转子转向相反，即为制动转矩，符合前述不自转的要求。这样在没有控制信号时，若外界的其他干扰要使转子转动，都将产生与转子转向相反的制动转矩。所以转子电阻足够大时，在脉振磁场作用下，转子同时还具有“电磁自锁”作用，对减少系统的误差是有利的。

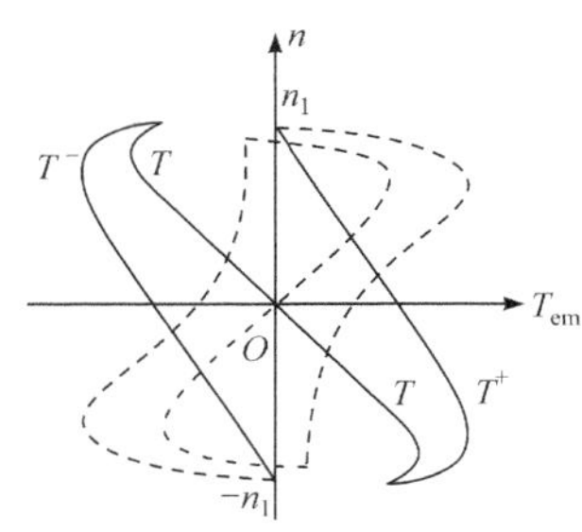

图 4.13　脉振磁场作用下的两类机械特性

4.4.2　控制方式与特性分析

以幅值控制为例说明两相伺服电机的机械特性和控制特性。

设两相伺服电机的供电电压为一组不对称两相电压 $\dot{U}_f$ 和 $\dot{U}_k$，如图 4.14 所示，两者关系有 $\dot{U}_k=-\mathrm{j}\alpha\dot{U}_f$，其中，$\alpha$ 称为信号系数：

$$\alpha=\frac{U_k}{U_f} \tag{4.15}$$

这组不对称两相电压可以分解成正序和负序两组对称两相电压，即如图 4.14 中正序 $\dot{U}_f^+$、$\dot{U}_k^+$ 和负序 $\dot{U}_f^-$、$\dot{U}_k^-$。作用于电动机，正序对称电压建立正转圆形旋转磁场；负序对称电压建立反转圆形旋转磁场。若信号系数 α 改变，则椭圆度变化，对转子的作用也变化。做如下简化：忽略定子绕组的电阻、漏抗和转子绕组的漏抗，并设励磁阻抗支路开路，那么正、负序的等值电路最简形式如图 4.15 所示。

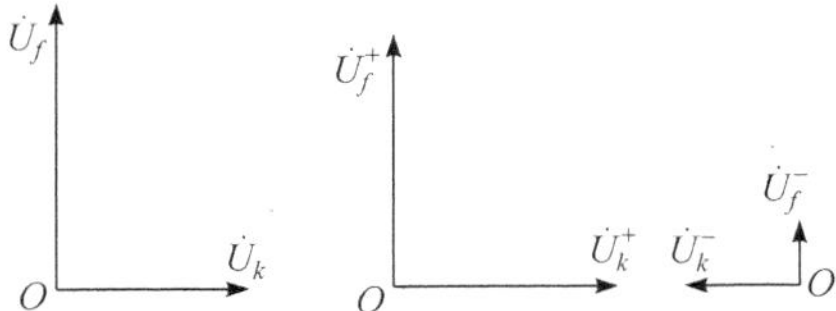

图 4.14　不对称两相电压及其对称分量

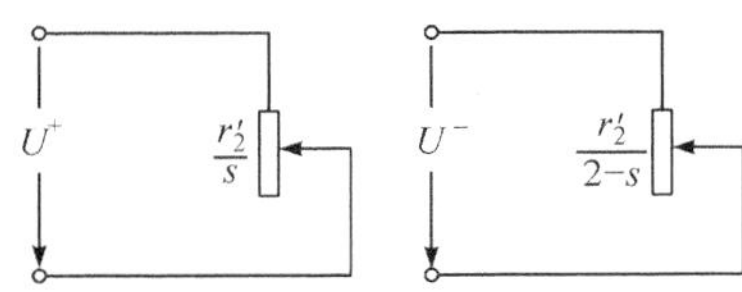

图 4.15　正序和负序最简单等值电路

该电动机运行时的正、负序电磁功率分别为

$$P_{\mathrm{em}}^+=m_1\frac{(U^+)^2}{r_2'/s},\quad P_{\mathrm{em}}^-=m_1\frac{(U^-)^2}{r_2'/(2-s)} \tag{4.16}$$

式中，$m_1=2$ 为定子相数；s 和 $2-s$ 分别为转子对应正序和负序磁场的转差率。以同步角速度 Ω_1 可得合成电磁转矩表达式为

$$T = T^+ - T^- = \frac{1}{2}T_\text{m}\left[2\alpha - (1+\alpha^2)\frac{n}{n_1}\right] \tag{4.17}$$

式中，$T_\text{m} = -m_1U_f^2 / \Omega_1 r_2'$ 为 α =1、n=0 时的起动转矩，以下特性中以它作为转矩基值。

由式(4.17)可以得到以下静态的基本特征。

1. 机械特性

以信号系数 α 作参变量，得机械特性族 $T = f(n)$，如图 4.16 所示。这是一族具有负斜率的理想线性特征曲线，当然是经简化后的分析结果。实际的机械特性略偏离线性，但由于转子电阻足够大，因此仍近似于线性。

2. 控制特性

以电磁转矩 T 作参变量，得控制特性族 $T = f(\alpha)$，如图 4.17 所示。其中理想空载($T = 0$)时的控制特性由式(4.17)求得，其理想空载转速 n_0 为

$$n_0 = \frac{2\alpha}{1+\alpha}n_1 \tag{4.18}$$

图 4.17 所示特性族仍是简化后的分析结果，实际的控制特性也略有差异。

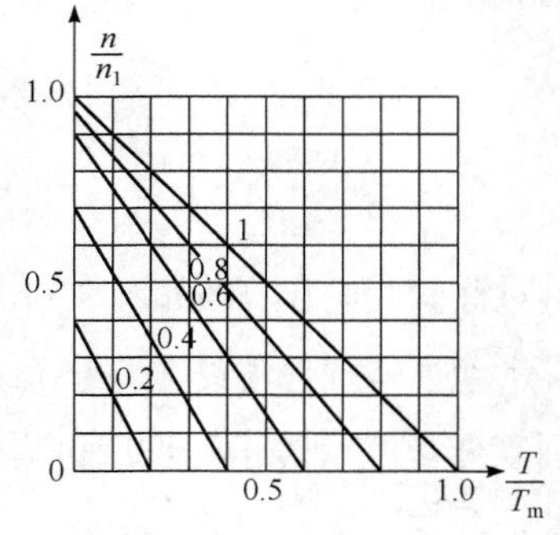

图 4.16　两相伺服电机的机械特性族

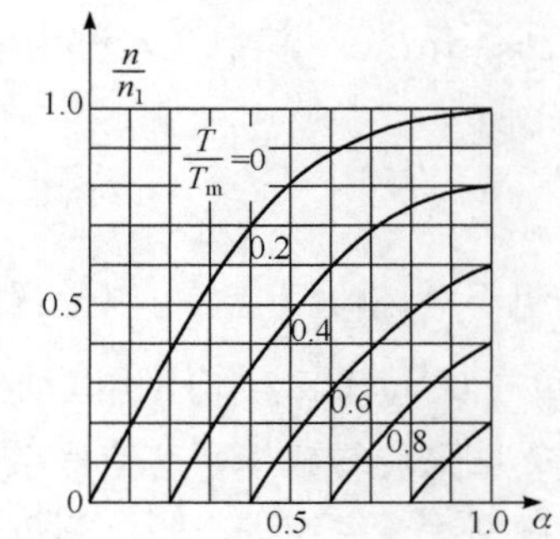

图 4.17　两相伺服电机的控制特性族

3. 起动特性

将 $n = 0$ 代入式(4.17)，即得起动转矩 T_st 与 α 是线性关系，有

$$T_\text{st} = T_\text{m}\alpha \tag{4.19}$$

以上是静态的基本特性。关于动态特性的分析方法与直流伺服电机无异。由于机械特性基本为线性，因此在一定阶跃控制电压的作用下，转子转速的变换规律完全类同图 4.6。机电时间常数 T_M 正比于转动惯量和机械特性斜率。必须指出，两相伺服电机的转动惯量 J 比直流伺服电机的小得多，但是如果电动机体积相同，则两相电动机的电磁转矩比直流电动机的小，所以两相伺服电机的机电常数比直流电动机还要小些。若计及整个机械负载的惯量，那么两相伺服电机的动态响应常不如直流伺服系统。

实际应用中的两相交流力矩电动机，也是两相伺服电机的一种应用。它经常工作在起动或低速运转状态。为了产生更大的电磁转矩，可以做成多极对数和扁环形结构。

4.5　永磁同步伺服电动机及其控制

4.5.1　工作原理与结构特点

永磁同步伺服电动机分类方法较多。按工作主磁场方向不同，可分为径向磁场式和轴向磁场式。按电枢绕组位置的不同，可分为内转子式和外转子式。按转子有无起动绕组，可分为无起动绕组电动机(常称为调速永磁同步电动机)和有起动绕组电动机(常称为异步起动永磁同步电动机)。按供电电流波形，可分为矩形波永磁同步电动机(简称无刷直流电动机)和正弦波永磁同步电动机(简称永磁同步电动机)。永磁伺服驱动系统中执行机构通常采用正弦波永磁同步电动机的形式。

1. 永磁同步电动机结构特点

永磁同步电动机主要由基座、定子三相绕组、定子铁心、永磁体、导磁轭、转子铁心、转子轴、轴承和端盖等部件构成。其定子结构与普通感应电动机基本类似，采用叠片结构以减小电动机运行时的铁损，但转子结构却大有不同。传统电网供电永磁同步电动机若采用异步电动机起动法，需要在转子上安装额外笼型绕组，但目前采用交流变频调速技术的永磁同步电动机通常无须安装此类机构。永磁同步电动机转子铁心可做成实心，也可用叠片叠压而成。为减小电动机杂散损耗，定子绕组通常采用星形接法。永磁同步电动机的气隙长度是一个非常关键的尺寸，尽管它对这类电动机的无功电流的影响不如对感应电动机那么敏感，但它对电动机交、直轴电抗影响很大。此外，气隙长度的大小影响电动机的装配工艺与杂散损耗大小。转子磁路结构不同，电动机的运行性能、控制系统、制造工艺与适用场合也不同。根据永磁体在转子上的不同位置，永磁同步电动机的转子磁路结构一般可分为三种：表面式、内置式与爪极式。

1) 表面式转子磁路结构

在表面式转子磁路结构中，永磁体通常呈瓦片形，并位于转子铁心的外表上，永磁体提供磁通的方向为径向，且永磁体外表面与定子铁心内圆之间一般仅套以起保护作用的非磁性圆筒，或在永磁磁极表面包以无纬玻璃丝带保护层。有些调速永磁同步电动机永磁磁极采用许多矩形小条拼装成瓦片形，该做法可有效降低了电动机制造成本。

表面式转子磁路结构又分为凸出式(图 4.18(a))与插入式(图 4.18(b))两种。对采用稀土永磁的电动机来说，永磁材料的相对回复磁导率接近 1，所以表面凸出式转子在电磁性能上属于隐极转子结构；而表面插入式转子的相邻两永磁磁极间有磁导率很大的铁磁材料，故在电磁性能上属于凸极转子结构。

其中，凸出式转子结构具有结构简单、制造成本较低、转动惯量小等优点。此外，表面凸出式转子结构中的永磁磁极易于实现最优设计，使之成为能使电动机气隙磁密波形趋近于正弦波的磁极形状，且附加的磁阻转矩非常小，可显著提高电动机乃至整个传动系统的性能。但该类电动机直轴、交轴磁路的等效气隙很大，弱磁能力不强，并且由于转子磁材料一直裸露在气隙磁场中，因而容易退磁。然而，因其制造工艺简单且成本低的优势，在永磁同步伺服系统中仍然得到了广泛的应用。

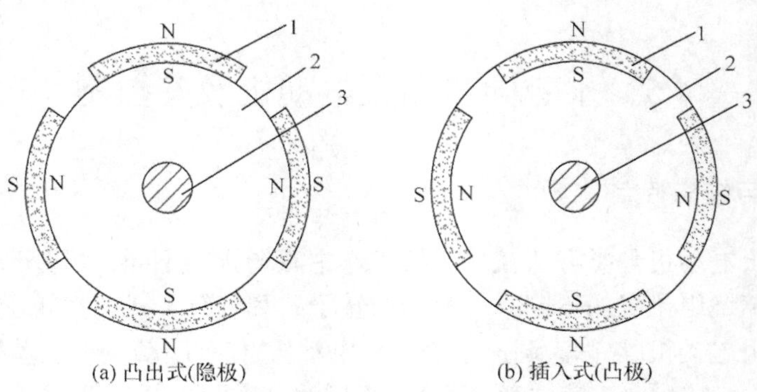

图 4.18　表面式转子磁路结构

1-永磁体；2-转子；3-转轴

由于永磁体埋在转子铁心内，插入式转子结构更加牢固，易于增强电动机高速旋转的安全性。内置式永磁同步电动机由于永磁体内置形式多种多样，不同内置式电动机的内部结构大不相同，凸极率也差别很大。并且，这种结构可充分利用转子磁路的不对称性所产生的磁阻转矩，提高电动机的功率密度，动态性能较凸出式有所改善，制造工艺也较简单，常被某些调速永磁同步电动机所采用。但漏磁系数和制造成本都较凸出式大。

2) 内置式转子磁路结构

内置式转子磁路结构的永磁体位于转子内部，永磁体外表面与定子铁心内圆之间有铁磁物质制成的极靴，极靴中可以放置铸铝笼或铜条笼，起阻尼或(和)起动作用，动、稳态性能好，这类结构广泛用于要求有异步起动能力或动态性能高的永磁同步电动机。内置式转子内的永磁体受到极靴的保护，其转子磁路结构的不对称性所产生的磁阻转矩有助于提高电动机的过载能力和功率密度，而且易于“弱磁”扩速。按永磁体磁化方向与转子旋转方向的相互关系，内置式转子磁路结构又分为径向式、切向式和混合式三种。

(1) 径向式结构。这类结构的优点是漏磁系数小、轴上不需采取隔磁措施，极弧系数易于控制，转子冲片机械强度高，安装永磁体后转子不易变形。图 4.19 中，永磁体轴向插入永磁体槽并通过隔磁磁桥限制漏磁通，结构简单可靠，转子机械强度高，因而径向式结构近年来应用较为广泛。图 4.19(b)可比图 4.19(a)提供更大的永磁体空间。

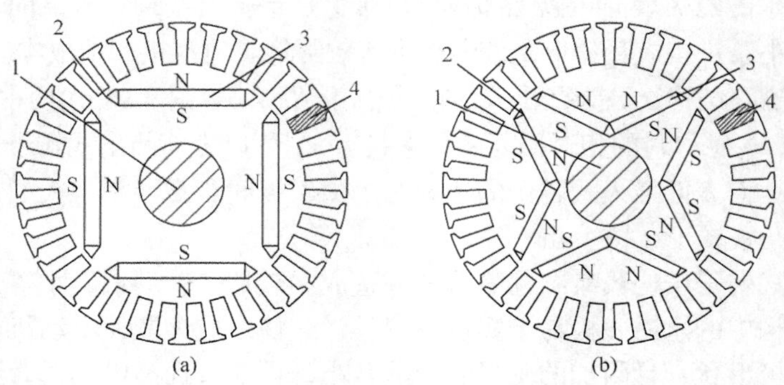

图 4.19　内置径向式转子磁路结构

1-转轴；2-空气隔磁槽；3-永磁体；4-转子绕组

(2) 切向式结构。这类结构(图 4.20)的漏磁系数较大，并且需采用相应的隔磁措施，电动机的制造工艺和制造成本较径向式结构有所增加。其优点在于一个极距下的磁通由相邻两个磁极并联提供，可得到更大的每极磁通，尤其当电动机极数较多，径向式结构不能提供足够的每极磁通时，这种结构的优势更为突出。此外，采用切向式转子结构的永磁同步电动机磁阻转矩在电动机总电磁转矩中的比例可达 40%，这对充分利用磁阻转矩，提高电动机功率密度和扩展电动机的恒功率运行范围很有利。

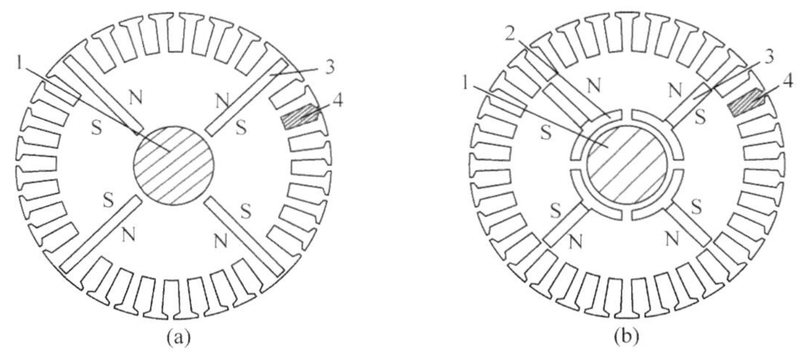

图 4.20　内置切向式转子磁路结构

1-转轴；2-空气隔磁槽；3-永磁体；4-转子绕组

(3) 混合式结构。这类结构(图 4.21)集中了径向式和切向式转子结构的优点，但其结合制造工艺较复杂，制造成本也比较高。图 4.21(a)是由德国西门子公司发明的混合式转子磁路结构，需采用非磁性轴或采用隔磁铜套，主要应用于采用剩磁密度较低的铁氧体等永磁材料的永磁同步电动机。图 4.21(b)所示结构采用隔磁桥隔磁。需指出的是，这种结构的径向部分永磁体磁化方向长度约是切向部分永磁体磁化方向长度的一半。图 4.21(c)是由图 4.19 的两种

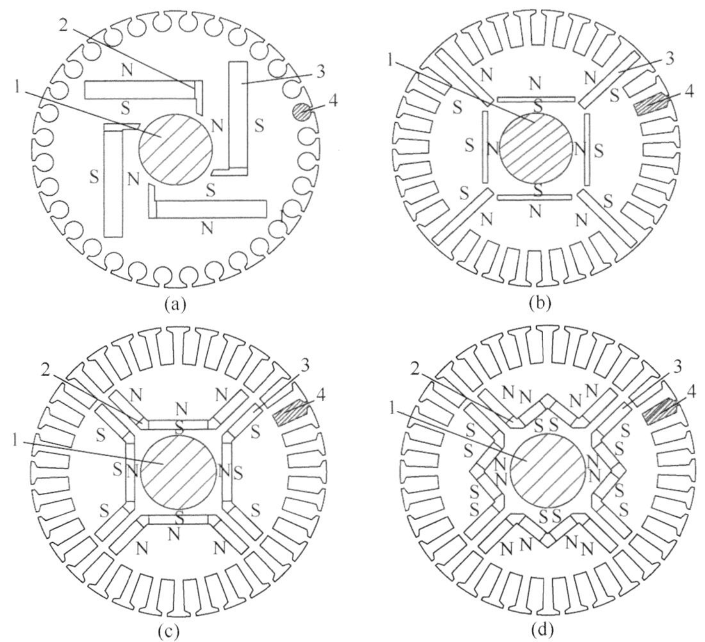

图 4.21　内置混合式转子磁路结构

1-转轴；2-空气隔磁槽；3-永磁体；4-转子绕组

径向式结构衍生而来的一种混合式转子磁路结构，其中，永磁体的径向部分与切向部分的磁化方向长度相等，也采取隔磁桥隔磁。图 4.21(d)在图 4.21(c)基础上增加了永磁体有效面积，加强了聚磁效应，并进一步优化了磁路路径。

在选择转子磁路结构时还应考虑不同转子磁路结构电动机的直、交轴同步电抗 X_d、X_q 及其比例关系 X_q/X_d(称为凸极率)也不同。在相同条件下，上述三类转子磁路结构电动机的直轴同步电抗 X_d 相差不大，但它们的交轴同步电抗 X_q 却相差较大。切向式转子结构电动机的 X_q 最大，径向式转子结构电动机的 X_q 次之。

2. 工作原理

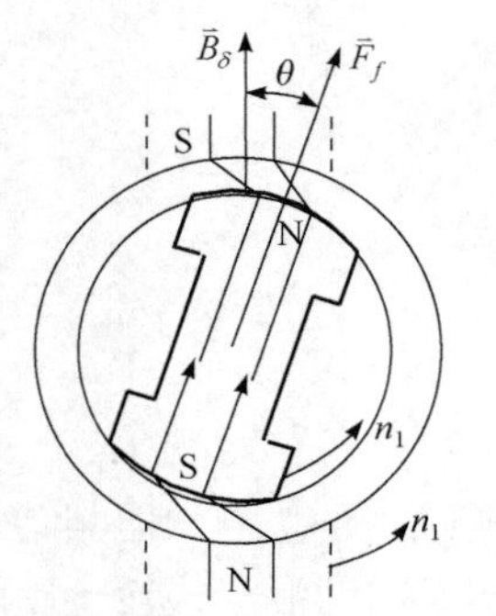

图 4.22　永磁同步电动机工作原理

下面以两极电动机为例说明永磁同步电动机的工作原理，如图 4.22 所示。当电动机定子绕组通入三相交流电后，会产生一个旋转磁场，如图中的定子圆上的 N 和 S 所示。当定子磁场以同步转速 n_s 沿逆时针方向旋转时，根据异性相吸、同性相斥的原理，定子旋转磁极将带动转子一起旋转。转子旋转速度与定子磁场旋转速度相等，即同步转速 n_s。当电动机转子上的负载转矩增大时，定、转子磁极轴向的夹角也就相应增大；反之，夹角则减小。定、转子磁极间的磁力线就像具有弹性的橡皮筋一样，随着负载的增加或减小而拉伸或收缩。只要负载不超过某个极限，转子就始终跟随定子旋转磁场以同步转速 n_s 转动。

4.5.2　控制方式与特性分析

1. 永磁同步伺服电动机控制方式

目前，永磁同步伺服电动机的控制策略主要有恒压频比控制、矢量控制、直接转矩控制与智能控制等算法。恒压频比控制属于开环控制，控制相对简单，但对于效率、精度以及动态性能要求更加严格的场合，该方案不具备满意的调速性能。矢量控制方案是在电动机统一理论、机电能量转换和坐标变换理论的基础上发展而来的，以三相交流电动机、模拟直流电动机转矩控制规律为核心思想，可实现高精度位置、转速、电流调控。直接转矩控制采用滞环控制定子磁链与电动机转矩，具有参数依赖小、转矩响应快及控制简单的优势，但运行过程中开关频率实时变化，在大功率传动系统中存在谐波频带宽、转矩脉动大的不足。为获得优异的伺服控制性能，在现有典型的交流伺服系统中，模糊控制器、神经网络控制等智能算法常被用于转速/电流调节器、电动机参数估算与辨识等单元。以下将对永磁同步伺服电动机的控制方式及其原理作进一步详细介绍。

1) 恒压频比控制

恒压频比控制是一种最常用的变频调速控制方法。该方法是通过控制 V/f 恒定，使磁通保持不变。这种控制方法只控制了电动机的气隙磁通，无法保证定子磁势矢量与转子磁势矢量相互垂直，所以功率因数和效率都不会很高。而且，在电压幅值、频率和电动机负载不匹配时容易出现不稳定现象，所以对无阻尼绕组的电动机，如表贴式永磁同步电动机，恒压频比控制的稳定性是一个难以解决的问题。但该方法由于实现简单、调速方便，因此一般用于对性能要求不太高的调速场合，如风机、水泵等。

2) 矢量控制

矢量控制理论是在电动机统一理论、机电能量转换和坐标变换理论的基础上发展起来的，其核心思想是在普通的三相交流电动机上设法模拟直流电动机转矩控制的规律，将电动机的三相电流、电压、磁链经坐标变换变到以转子磁链定向的两相参考坐标系，通过控制定子电流的幅值和相位，可以使坐标变换后的两个电流分量独立地进行控制，两个电流分量相互正交，一个与转子磁链同方向，代表定子电流的励磁分量；另一个与磁链方向正交，代表定子电流的转矩分量。维持定子电流中的励磁分量不变，只控制转矩分量，这就相当于直流电动机中维持励磁电流不变，而通过控制电枢电流来控制电动机的转矩一样，能使系统具有较好的动态特性。

矢量控制的关键是对定子电流矢量的幅值和空间位置(频率和相位)的控制。在系统参数不变的情况下，对电磁转矩的控制最终归结为对交轴电流 i_q 和直轴电流 i_d 的控制。对于给定的输出电磁转矩，有多种交、直轴电流的控制组合，不同的控制组合将影响系统的效率、功率因数、电机端电压以及转矩输出能力，由此形成了永磁同步电动机的电流控制策略问题。

永磁同步电动机的矢量控制策略主要有以下四种。

(1) $i_d=0$ 控制。

$i_d=0$ 的控制方法比较简单，当 $i_d=0$ 时，电磁转矩 $T_e=P_n\psi_f i_q$，此时电磁转矩就和电机交轴电流 i_q 呈线性关系。那么只要控制 i_q 就能控制其转矩，从而控制电动机的转速，实现其矢量控制。对隐极式同步电动机($L_d=L_q=L$)，$i_d=0$ 产生的电磁转矩最大；对凸极式同步电动机，$i_d=0$ 控制策略没有考虑电机的磁阻转矩，无法充分发挥输出转矩，而且随负载转矩增大，端电压增加较快，功率因数下降，对逆变器容量要求很高。

(2) $\cos\varphi=1$ 控制。

$\cos\varphi=1$ 控制方法的原理是通过控制定子交、直轴电流，使电机的功率因数恒为 1，能使逆变器的容量得到充分利用。但是直轴电流 i_d 有去磁作用，永磁材料可能被去磁，且使负载变化时的 d 轴磁链不恒定，导致定子电流与转矩不能保持线性关系。在同等电流的情况下，输出转矩存在极大值，且该极值较小，对于某一输出转矩，有两个定子电流值与之对应。且该方法在同等电流下输出的最大转矩较小。

(3) 恒磁链控制。

恒磁链控制属于气隙磁场定向控制，通过控制电机定子电流，使电机气隙磁链和转子永磁体产生磁链 ψ_f 相等，即

$$\sqrt{(\psi_f+L_d i_q)^2+(L_q i_q)^2}=\psi_f \tag{4.20}$$

恒磁链控制的方法能使系统获得比较高的功率因数，并在一定程度上提高了电动机的最大输出转矩，但它仍存在最大输出转矩限制的问题，相对 $\cos\varphi=1$ 的控制方式，其最大输出转矩增大一倍。

(4) 转矩电流比最大控制。

转矩电流比最大控制指在给定转矩的情况下，最优配置交轴和直轴电流分量，使定子

电流最小，即使单位电流下电动机输出转矩最大的控制方法。这种控制方法可以减小铜耗、提高效率，从而使整个系统的性能得到优化，对逆变器容量要求最小，有利于逆变器开关元件的工作。但该方法运算较为复杂，需要高性能的 DSP 控制器才能实现。

对比上述几种电流控制方法，大功率交流同步电动机调速系统为获得比较高的功率因数，比较适合使用功率因数 $\cos\varphi=1$ 控制及恒磁链控制这两种控制方法，它们能够充分利用逆变器的容量。但交流永磁同步伺服系统，由于装置功率一般不大，而对装置的过载能力及转矩响应性能有比较高的要求，因此适合使用 $i_d=0$ 和转矩电流比最大控制。对于凸极式永磁同步电动机，应采用转矩电流比最大控制，充分提高系统的输出转矩；而对于隐极式永磁同步电动机，由于转子磁路对称，采用转矩电流比最大控制时 $i_d=0$，因此 $i_d=0$ 控制就是转矩电流比最大控制。

3) 永磁同步交流伺服控制系统

(1) 旋转坐标系下的电机数学模型。

在设计永磁同步交流伺服控制系统之前，首先建立电机的数学模型。为了便于对电机的数学模型进行分析，故进行简化，做以下假设：

① 定子三相绕组完全对称；

② 忽略铁心饱和及漏磁通的影响，不计电机的涡流损耗和磁滞损耗；

③ 永磁体无阻尼作用，且转子上也没有阻尼绕组；

④ 定、转子表面光滑，无齿槽效应，转子磁链在气隙中呈正弦分布，反电动势也为正弦。

电动机三相定子绕组的电压方程为

$$\begin{bmatrix} u_A \\ u_B \\ u_C \end{bmatrix} = \begin{bmatrix} R_A & 0 & 0 \\ 0 & R_B & 0 \\ 0 & 0 & R_C \end{bmatrix} \begin{bmatrix} i_A \\ i_B \\ i_C \end{bmatrix} + \mathrm{p} \begin{bmatrix} \psi_A \\ \psi_B \\ \psi_C \end{bmatrix} \tag{4.21}$$

式中，p 为微分算子。

磁链方程为

$$\begin{bmatrix} \psi_A \\ \psi_B \\ \psi_C \end{bmatrix} = \begin{bmatrix} L_{AA} & M_{AB} & M_{AC} \\ M_{BA} & L_{BB} & M_{BC} \\ M_{CA} & M_{CA} & L_{CC} \end{bmatrix} \begin{bmatrix} i_A \\ i_B \\ i_C \end{bmatrix} + \begin{bmatrix} \psi_f \cos\theta \\ \psi_f \cos\left(\theta - \dfrac{2\pi}{3}\right) \\ \psi_f \cos\left(\theta + \dfrac{2\pi}{3}\right) \end{bmatrix} \tag{4.22}$$

三相绕组空间对称分布，并且通入三相绕组中的电流是对称的，则

$$L_{AA}=L_{BB}=L_{CC}=L \tag{4.23}$$

$$M_{AB}=M_{AC}=M_{BA}=M_{BC}=M_{CA}=M_{CB} \tag{4.24}$$

$$i_A+i_B+i_C=0 \tag{4.25}$$

代入式(4.21)，则

$$\begin{bmatrix} u_A \\ u_B \\ u_C \end{bmatrix} = \begin{bmatrix} R_A + pL & 0 & 0 \\ 0 & R_B + pL & 0 \\ 0 & 0 & R_C + pL \end{bmatrix} \begin{bmatrix} i_A \\ i_B \\ i_C \end{bmatrix} - \omega \psi_f \begin{bmatrix} \cos\theta \\ \cos\left(\theta - \dfrac{2\pi}{3}\right) \\ \cos\left(\theta + \dfrac{2\pi}{3}\right) \end{bmatrix} \tag{4.26}$$

永磁同步电动机在三相坐标系下的电压方程为一组变系数的线性微分方程，不易计算。为方便分析，可采取坐标变换得到的等效模型进行替代，常用坐标有三相定子静止坐标系(ABC 坐标系)、两相定子静止坐标系(α-β 坐标系)和两相转子旋转坐标系(d-q 坐标系)三种，如图 4.23 所示。根据矢量控制思想，在这三种坐标系下对永磁同步电动机数学模型进行变换，从而得到等效直流电动机模型。其中，三相定子静止坐标系和两相定子静止坐标系之间的变换称为 Clarke 变换(3/2 变换)和 Clarke 逆变换(2/3 变换)，如图 4.24 所示。两相定子静止坐标系和两相转子旋转坐标系之间的变换称为 Park 变换和 IPark 变换，如图 4.25 所示。

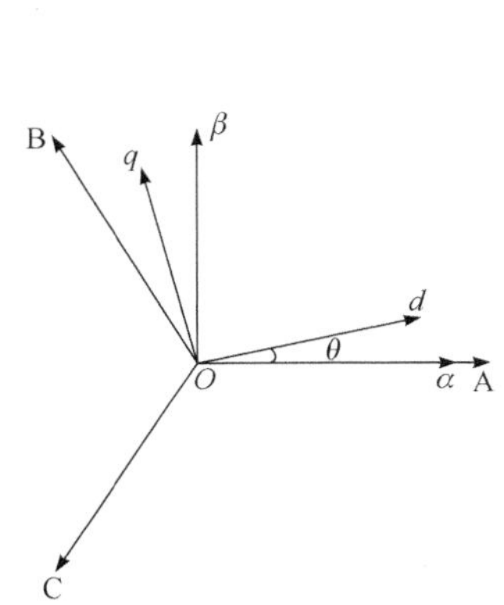

图 4.23　三种坐标系矢量关系图

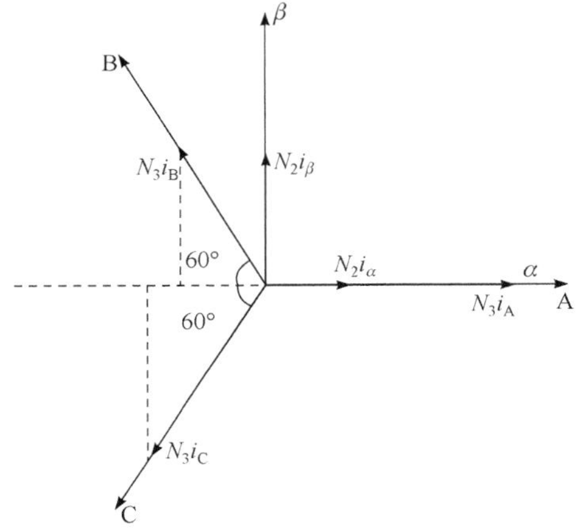

图 4.24　Clarke 坐标变换示意图

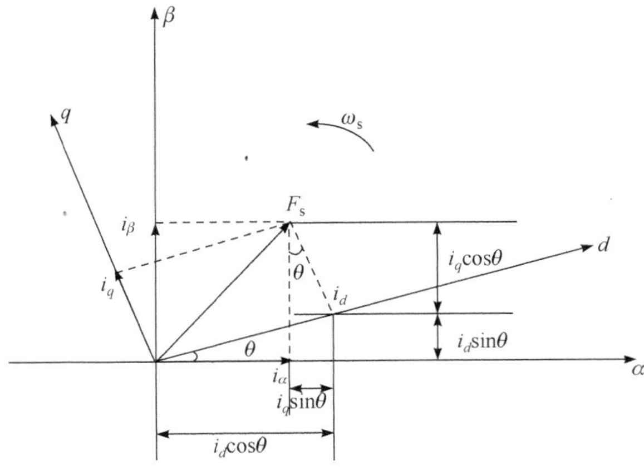

图 4.25　Park 坐标变换示意图

由电压、电流矢量的合成与分解可以得到 Clarke 变换的数学关系：

$$\begin{bmatrix} i_\alpha \\ i_\beta \end{bmatrix} = \frac{N_3}{N_2} \begin{bmatrix} 1 & -\dfrac{1}{2} & -\dfrac{1}{2} \\ 0 & \dfrac{\sqrt{3}}{2} & -\dfrac{\sqrt{3}}{2} \end{bmatrix} \begin{bmatrix} i_\mathrm{A} \\ i_\mathrm{B} \\ i_\mathrm{C} \end{bmatrix} = \frac{N_3}{N_2} T_{\mathrm{Clarke}} \begin{bmatrix} i_\mathrm{A} \\ i_\mathrm{B} \\ i_\mathrm{C} \end{bmatrix} \tag{4.27}$$

$$\begin{bmatrix} u_\alpha \\ u_\beta \end{bmatrix} = \frac{N_3}{N_2} \begin{bmatrix} 1 & -\dfrac{1}{2} & -\dfrac{1}{2} \\ 0 & \dfrac{\sqrt{3}}{2} & -\dfrac{\sqrt{3}}{2} \end{bmatrix} \begin{bmatrix} u_\mathrm{A} \\ u_\mathrm{B} \\ u_\mathrm{C} \end{bmatrix} = \frac{N_3}{N_2} T_{\mathrm{Clarke}} \begin{bmatrix} u_\mathrm{A} \\ u_\mathrm{B} \\ u_\mathrm{C} \end{bmatrix} \tag{4.28}$$

Clarke 变换可遵循变换前后总功率不变和幅值不变两种原则进行，不同原则对应的变换矩阵系数略有差异。总功率不变系数 $\dfrac{N_3}{N_2}=\sqrt{\dfrac{2}{3}}$，幅值不变系数为 $\dfrac{N_3}{N_2}=\dfrac{2}{3}$。

设定 d 轴和 α 轴之间的夹角为 θ，则 Park 变换为

$$\begin{bmatrix} i_d \\ i_q \end{bmatrix} = \begin{bmatrix} \cos\theta & \sin\theta \\ -\sin\theta & \cos\theta \end{bmatrix} \begin{bmatrix} i_\alpha \\ i_\beta \end{bmatrix} = T_{\mathrm{Park}} \begin{bmatrix} i_\alpha \\ i_\beta \end{bmatrix} \tag{4.29}$$

$$\begin{bmatrix} u_d \\ u_q \end{bmatrix} = \begin{bmatrix} \cos\theta & \sin\theta \\ -\sin\theta & \cos\theta \end{bmatrix} \begin{bmatrix} u_\alpha \\ u_\beta \end{bmatrix} = T_{\mathrm{Park}} \begin{bmatrix} u_\alpha \\ u_\beta \end{bmatrix} \tag{4.30}$$

故将电机模型由三相定子静止坐标系等效变换到两相转子旋转坐标系：

$$\begin{bmatrix} i_d \\ i_q \end{bmatrix} = \frac{N_3}{N_2} \begin{bmatrix} \cos\theta & \cos\left(\theta - \dfrac{2\pi}{3}\right) & \cos\left(\theta + \dfrac{2\pi}{3}\right) \\ -\sin\theta & -\sin\left(\theta - \dfrac{2\pi}{3}\right) & \sin\left(\theta + \dfrac{2\pi}{3}\right) \end{bmatrix} \begin{bmatrix} i_\mathrm{A} \\ i_\mathrm{B} \\ i_\mathrm{C} \end{bmatrix} = \frac{N_3}{N_2} T_{\mathrm{ABC}-dq} \begin{bmatrix} i_\mathrm{A} \\ i_\mathrm{B} \\ i_\mathrm{C} \end{bmatrix} \tag{4.31}$$

$$\begin{bmatrix} u_d \\ u_q \end{bmatrix} = \frac{N_3}{N_2} \begin{bmatrix} \cos\theta & \cos\left(\theta - \dfrac{2\pi}{3}\right) & \cos\left(\theta + \dfrac{2\pi}{3}\right) \\ -\sin\theta & -\sin\left(\theta - \dfrac{2\pi}{3}\right) & \sin\left(\theta + \dfrac{2\pi}{3}\right) \end{bmatrix} \begin{bmatrix} u_\mathrm{A} \\ u_\mathrm{B} \\ u_\mathrm{C} \end{bmatrix} = \frac{N_3}{N_2} T_{\mathrm{ABC}-dq} \begin{bmatrix} u_\mathrm{A} \\ u_\mathrm{B} \\ u_\mathrm{C} \end{bmatrix} \tag{4.32}$$

等效 d-q 旋转坐标系下的两相电机模型中，有以下方程。

磁链方程：

$$\begin{aligned} \psi_d &= L_d i_d + \psi_f \\ \psi_q &= L_q i_q \end{aligned} \tag{4.33}$$

电压方程：

$$\begin{aligned} u_d &= \mathrm{p}\psi_d - \omega\psi_q + Ri_d \\ u_q &= \mathrm{p}\psi_q - \omega\psi_d + Ri_q \end{aligned} \tag{4.34}$$

电磁转矩方程：

$$T_e = \frac{3}{2}P_n\left[\psi_f i_q - (L_q - L_d)i_q i_d\right] \tag{4.35}$$

对于满足 L_d=L_q 的表贴式永磁同步电动机，有

$$T_e = \frac{3}{2}P_n \psi_f i_q \tag{4.36}$$

类比直流电动机，d-q 旋转坐标系下交流电动机模型中交轴电流分量 i_q 为转矩电流，控制电磁转矩 T_e；直轴电流分量 i_d 为励磁电流，控制励磁磁场。由此可见，利用矢量控制的坐标变换思想可将交流电动机等效为直流电动机，通过控制 i_d、i_q 分别来控制交流电动机的励磁磁场和电磁转矩，从而实现优良的调速性能。

(2) 三闭环伺服控制系统。

永磁同步交流伺服控制系统通常涉及三个反馈控制环节，即电流环、转速环和位置环，如图 4.26 所示。它们由内到外组成了伺服电机的三闭环伺服控制系统。以矢量控制 i_d =0 的控制系统为例，系统框图如图 4.26 所示。

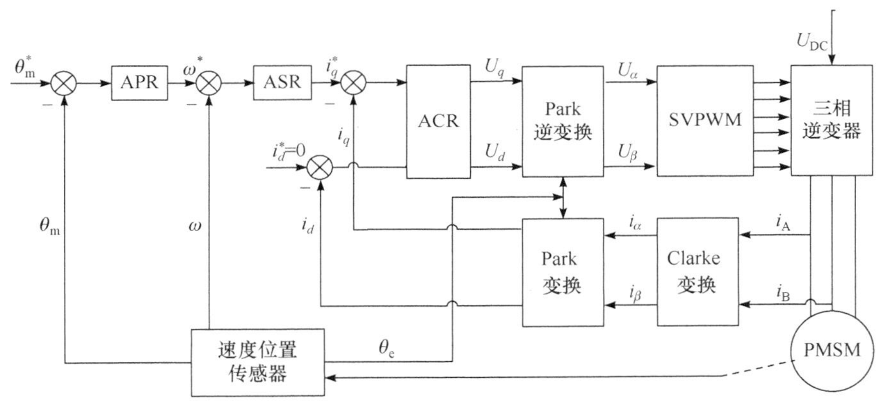

图 4.26　永磁同步电动机伺服矢量控制系统框图

由图 4.26 可知，永磁同步电动机伺服矢量控制系统由下面几部分组成：①位置、速度检测模块；②位置环、速度环、电流环控制器；③坐标变换模块；④SVPWM(电压空间矢量调制)模块；⑤整流和逆变模块。

系统控制过程如下：

① 位置给定信号 θ_m^* 与检测得到的 θ_m 信号相比较，将角度偏差经过位置调节器 APR 作用，产生速度给定信号 ω^*。

② 速度给定信号 ω^* 与检测到的实际速度信号 ω 做比较，产生的偏差经速度调节器 ASR 作用，得到转矩电流的给定信号 i_q^*。

③ 经过坐标变换，定子反馈的三相电流 i_a、i_b、i_c 变换为 i_d、i_q，采用 $i_d^* = 0$ 的控制策略，使 d 轴的电流输入指令信号 i_d^* 为零，并与检测到的 i_d 信号相比较；q 轴电流给定信号 i_q^* 与检

测到的 i_q 信号相比较，二者经电流控制器(ACR)调节，输出为直轴与交轴的电压 U_d 和 U_q。

④ 直轴和交轴的电压经 IPark 坐标变换，得到定子静止两相坐标系统中的电压指令信号 U_α 和 U_β。U_α 和 U_β 经过 SVPWM 算法得到六路 PWM 电压信号以驱动 IGBT，控制电压逆变器开关状态，产生可变频率和幅值的三相正弦电流输入电机定子，从而产生旋转的磁场使电动机同步旋转。

2. 电磁转矩和功角特性

为便于直接表达，电动机是输入电能的，常按电动机惯例，将电枢电流 $\dot{I}$ 的正方向定义为与励磁电势 $\dot{E}_0$ 的正方向相反，可画出同步电动机的等值电路，如图 4.27(a)所示。由此可以列写电压平衡式为

$$\dot{U} = \dot{E}_0 + \mathrm{j}\dot{I}_d x_d + \mathrm{j}\dot{I}_q x_q + \dot{I} r_a \tag{4.37}$$

对应的矢量关系如图 4.27(b)所示。此处，$\varphi < 90°$，所以计算的电功率 P_1 将为正值，表示电动机输入正的电功率。

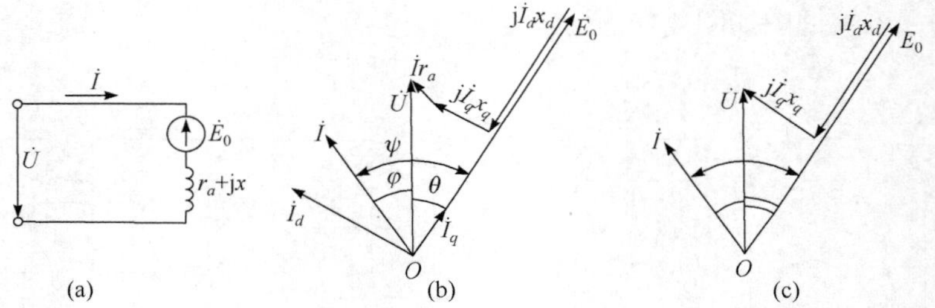

图 4.27　同步电动机的等值电路和矢量图(电动机惯例)

同步电动机吸收电网的有功功率转变为机械输出。令 P_1 为输入的电功率，P_2 为输出的机械功率。输入功率 P_1 扣除定子铜耗后，其余就是电磁功率 P_{em}，它经由磁场传递转换为转子上的机械功率。转子空转时有空载损耗，它包括铁损耗 p_{Fe} 和机械损耗 p_{m}，所以转子获得的电磁功率扣除铁损耗和机械损耗后才是输出的机械功率 P_2，即

$$\begin{gathered} P_{\mathrm{em}} = P_1 - p_{\mathrm{Cu}} \\ P_2 = P_{\mathrm{em}} - p_{\mathrm{Fe}} - p_{\mathrm{m}} \end{gathered} \tag{4.38}$$

这里未计及励磁消耗功率和杂散损耗。若进一步简化，忽略定子绕组电阻 r_{a}，则电动机的电磁功率就等于输入功率，即

$$P_{\mathrm{em}} = mUI\cos\varphi \tag{4.39}$$

忽略电阻后的简化矢量图如图 4.27(c)所示。可知：

$$\varphi = \psi - \theta \tag{4.40}$$

$$I_d = (E_0 - U\cos\theta) / x_d \tag{4.41}$$

$$I_q = U\sin\theta / x_q \tag{4.42}$$

将它们代入式(4.39)得

$$P_{\text{em}}=\frac{mE_0U}{x_d}\sin\theta+\frac{mU^2}{2}\left(\frac{1}{x_q}-\frac{1}{x_d}\right)\sin 2\theta \tag{4.43}$$

式(4.43)为电动机的功角特性。不过要注意的是，由于永磁同步电动机的 $x_d < x_q$，所以根据凸极同步电动机电磁功率公式分析可知，其功角特性的变化规律将与电励磁电动机不同，如图 4.28 所示，其比整步功率 $\mathrm{d}P_{\text{em}}/\mathrm{d}\theta$ 小，故其运行的稳定性不如电励磁电动机。

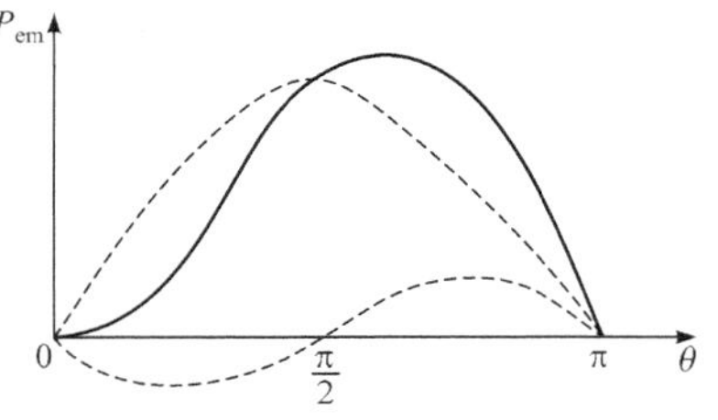

图 4.28　永磁同步电动机功角特性

4.6　伺服电动机的应用和发展

20 世纪 60 年代以前，伺服电机系统主要以步进电机作为执行机构，具有运行平稳、响应快和功率因数高等优点。但其位置和速度伺服控制系统一般为开环系统，易产生定位与速度控制的偏差。另外，系统还存在发热多、过载能力差等缺点。20 世纪 60～70 年代，直流伺服系统因其便于控制、调速性能优越的特点在工业等领域得到广泛应用，并且传感器技术的进步也使伺服系统由开环控制逐渐发展成为闭环控制系统。20 世纪 80 年代至今，随着各项相关技术的迅速发展，交流伺服系统的性能有了飞速的提升。尤其是微处理器性能的快速提升，促使伺服驱动装置经历了模拟式、数字模拟混合式和全数字化等几个发展时期。更重要的是，它为同步交流电动机的矢量控制理论的应用提供了很好的硬件平台。矢量控制理论实现了交流电机励磁电流分量和转矩分量的解耦控制，使交流电动机具备了与直流电动机相当的调速性能。目前，交流伺服系统已逐渐取代各个领域里所使用的直流伺服系统，并成为伺服系统的主导产品。高速数字处理芯片在伺服系统中的应用，使得许多控制理论和技术中的新方法，如无传感器技术、观测器技术、最优控制理论、自适应和滑模控制理论等，可以应用于伺服系统中，使其性能和效率得到极大改善。

4.6.1　直流伺服电动机的发展与研究现状

直流伺服电动机以用电刷换相的有刷直流电动机结构为基础，逐渐演变出了应用于小负载情况下的盘形、杯形直流伺服电机，近年来则是朝着使用电子换相的无刷电动机不断发展。总的来说，直流伺服电动机的本体结构已经趋于成熟，其研究与创新主要集中在驱动方式上。直流伺服电动机一般采用调节电枢电压的方式进行驱动，控制方法简单。目前主要采用脉宽调制(PWM)变换器的驱动系统：用脉冲宽度调制的方法，把恒定的直流电源电压调制成频率一定、宽度可变的脉冲电压序列，从而可以改变平均输出电枢电压的大小，以调节电动机的转速。PWM 调速系统具备主电路简单、开关频率高、稳速精度高、调速范围宽以及装置效率较高等优势，因而应用日益广泛，特别是在中小容量的高动态性能系统中。与此同时，传感器技术的进步也使伺服系统由开环控制系统逐渐发展成为闭环控制系统。转速、电流双闭环调速系统不仅具有良好的动静态特性，同时具备良好的抗扰动能力，因而被广泛应用于高要求的伺服系统驱动中。

4.6.2　步进伺服电动机的发展与研究现状

随着计算机控制系统的发展，数字脉冲可以转化为模拟信号，驱使步进电机运动，因此步进电机又称为脉冲电动机。通过改变脉冲的频率、数量，可以改变步进电机的运行状态，获取想要的运行特性。从结构上，步进电机主要分为永磁式、反应式和混合式步进电机三种。从励磁方式上，步进电机主要分为二相、三相、四相、五相等。反应式步进电机的运行原理是磁阻最小原理，定、转子均为凸极结构，并且存在很多小齿，绕组分布在定子上，所以结构简单、价格较低，但是动态的运行性能不好、断电时转矩不能定位、电动机的效率较小。永磁式步进电机的定子是没有小齿的凸极结构，转子是凸极结构的永磁体，定转子极对数一致，绕组分布在定子上。结构和工作原理都类似永磁同步电动机，改善了反应式步进电机具有的缺点，但是需要正负脉冲电源、步距角较大、相数被制约为偶数。混合式步进电机结合了反应式和永磁式步进电机的优点，定转子结构类似反应式步进电机，但是转子沿轴向被分为对称的两段，错开 0.5 个齿距安装，中间有轴向充磁的环形永磁体，运行原理是磁阻最小原理。虽然结构复杂、惯量大，但是混合式步进电机具有两者的长处，优势显著，越来越被广泛地应用在要求高的场合。混合式步进电机主要分为两相、三相和五相，步距角分别是 1.8°、1.2°和 0.72°。混合式步进电机的本体发展方向主要是通过增加相数来降低步距角，五相式步进电机的步距角较小，控制精度较高，低速时振荡的概率较低，但是成本较高，而细分驱动可以有效提高二相式步进电机的精度，所以目前两相混合式步进电机的应用最为广泛，相关问题的研究也最多。

随着工业应用的深入和相关技术的发展，人们对步进电机伺服控制系统的动稳态特性等提出了更高的性能要求，眼下的研究热点主要集中于控制系统和控制策略的研究与优化。步进电机由于自身特殊的工作原理，需要专用的驱动器才能工作。步进电机的驱动方式主要分为电压控制型驱动和电流控制型驱动两种。电压控制型驱动技术主要包括恒压驱动、高低压驱动和升频升压驱动方式。其中，升频升压驱动通过建立电机驱动电压与工作频率的对应关系，使得步进电机低速阻尼和高速运行之间的矛盾得以解决，既改善了矩频特性，又避免低频振动，被认为是步进伺服电机开环运行中最为有效的驱动方式。电流控制型驱动技术主要包括恒流斩波驱动和细分驱动方式。其中，细分驱动通过控制绕组电流通断和方向对各相电流进行微量控制，从而使电机以比原始步距角更小的角度运行。这不仅提高了步进电机的分辨率，而且有效降低了低频时的振动和噪声。由于步距角的细分是通过软件实现的，加之微处理器的性能不断提高，该方法在步进电机高性能驱动产品中得到了广泛应用。

步进电机伺服系统从其控制方式来看，可以分为两类：开环控制系统和闭环控制系统。开环控制的原理是根据移动距离来确定脉冲数，具有控制简单、实现容易的特点，但由于负载位置对控制电路没有反馈，因而可能出现低速振荡和高速失步等现象。而闭环控制方式直接或间接地检测出转子(或负载)的位置或速度，结合微步驱动技术及微型计算机控制技术，可以通过反馈机制很大程度地避免较大误差，能够实现很高的位置精度要求。目前，对于步进电机闭环控制策略的研究主要包括传统 PID 控制、现代控制、智能控制。

1. 传统 PID 控制

PID 控制通过对给定值和反馈值的误差量进行比例、积分和微分运算得到实际控制数值，虽然算法简单、易操作、稳定性好，适用于线性、定常对象的控制，但是不适用于复杂、非线性的控制系统。PID 控制主要有两类：位置式 PID 控制、增量式 PID 控制。位置式 PID 控制算法对控制对象的实际位置进行计算，运算量较大，需要时时关注对象的位置信息，适用于没有积分功能的执行机构，如电液伺服阀。而增量式 PID 控制算法对控制对象的位置增量进行计算，是递推性质的计算，计算无须累加，输出量是增量，受计算机影响较小，适用于有积分功能的执行机构，如步进电机。目前通过设计步进伺服电机的位置、速度双闭环增量式 PID 控制系统，可以提高定位精度和响应速度，极大程度地制约超调现象。传统 PID 控制仍然是目前在步进电机中应用最为广泛的控制策略，但对于非线性、时变、参数不确定的复杂对象，往往很难获得满意的控制效果，因此将各种控制策略相互结合，互取所长，形成复合控制策略，已成为当前的研究重点，也是今后的一大发展趋势。

2. 现代控制

现代控制理论的应用范围比传统 PID 控制更广，弥补了传统控制理论的不足。常见的现代控制策略包括最优控制、自适应控制、鲁棒控制、滑模控制、无源性控制等。最优控制是指有约束条件的前提下，找到最优的控制路径使系统的指定性能指标达到最佳，适用于非线性时变系统，但是对模型的要求较高，不适用于较复杂的对象。自适应控制对于模型的不精确或参数变化等包容性较强，但是计算过程烦琐、使用时间长，更适用于系统变化范围大且有长时间保持高性能指标要求的对象。自适应 PI 控制应用在步进电机中可以优化电机模型，对外界的扰动有较好的抑制作用。无源性控制从能量入手，更考虑全局稳定性，具有较好的鲁棒性和动态特性。对比传统的 PID 控制，无源性控制对步进电机的速度和位置控制方面都占据一定优势，动态响应较好，没有超调。在哈密顿模型下的基于状态误差模型的鲁棒无源性位置控制，可以解决步进电机的非线性摩擦力扰动产生的故障，得到更高的控制精度和动稳态性能。滑模变结构控制是一种基于相平面控制的非线性开关控制策略，响应只与滑模面参数有关。用于两相式混合步进电机的滑模控制可以增大系统的响应速度，鲁棒性也很好，位置跟踪效果很好。

3. 智能控制

智能控制可以使得智能机器自主运行进行控制，具有自适应性，更适用于模型不确定、高度非线性和任务要求复杂的研究对象，如混合式步进电机。智能控制包括模糊控制、人工神经网络控制、人工智能、专家系统等。模糊控制是目前最实用的智能控制策略之一，是模拟了人类思维的模糊特性的一种算法，鲁棒性较好，但是对经验的要求较高，计算过程复杂。模糊控制无须被控对象的完整模型，通过工程人员的经验以模糊语句的形式设计模糊控制器。与传统控制方法相比，模糊控制能够解决传统控制响应速度慢、超调和误差大的问题。然而，模糊控制无法自动获取信息完成控制，设计过于依赖已有信息和先验知识，无法保证控制精度。用于两相式混合步进电机的基于模糊控制和模糊 PID 控制的多模态位置环控制策略，可以提高响应速度和控制精度，并且跟踪性能良好，降低了低速时的振荡。将滑模控制和模糊控制结合，是一种自适应模糊滑模变结构控制的智能控制策略，用于步进电机中可以有效提高抗干扰能力，鲁棒性很强，并且抑制了低频抖动。而利用遗传算法优化 PID 和模糊控制的加权因子，能够进一步使得融合系统性能实现最优。人工神经网络控制是模拟人脑神经功能的算法，能够很好地模拟复杂非线性系统，可以提高步进电机在低速时的性能，但是收敛性差、计算难度大。结合神经网络和传统的 PID 控制策略，通过神经网络训练 PID 参数来实现在线整定，可以有效提高步进电机的动态性能和响应速度，并降低转矩和转速波动。

4.6.3　异步伺服电动机的发展与研究现状

20 世纪 70 年代以后，随着电力电子技术、自动控制理论及交流电动机制造技术的发展，交流异步电机以其高性价比脱颖而出，在自动化工业中，尤其是数控机床领域应用较多。但其励磁电流与转矩电流间耦合程度极高，运行中时变参数极大地影响了控制品质，且异步电机存在功率因数低、效率低及难以实现宽范围调速等缺陷，无法在高精度伺服领域一展所长。对于异步伺服电机的本体设计，较为热门的是通过智能算法来进行单/多目标优化，改变人工调节参数带来的依赖经验的劣势，但目前更多的文献是关于异步伺服驱动系统控制策略的研究。

异步电机伺服控制技术经历了从稳态模型到动态模型以及从开环控制到闭环控制的发展历程。异步伺服电机主要包括变极调速、变转差率调速与变频调速三种调速方式，而变频调速是三种方法中最为节能的，也是我国提倡、鼓励发展的异步电机调速方式。变频调速技术是经典控制方法，主要是恒压频比控制、直接转矩控制及矢量控制。

恒压频比控制方式是指基速以下采用固定电压/频率比值的方法控制，基速以上采用恒压升频的方法控制，同时调节频率和电压，又称为 VVVF 控制。虽然控制方法极为简单，但是不对电机转矩进行直接控制，是考虑稳态特性的标量控制，所以动态响应性能比较差，低速时可能会有振荡现象，带载能力较差，控制效果不佳。因此 VVVF 控制一般用于调速精度要求不高的场合，如水泵等。直接转矩控制是直接对电机的转矩进行控制，放弃了电流解耦的思路，在三相定子坐标系下直接分析电机的动态数学模型，从而控制定子磁链和转矩，简化了控制结构，提高了运算速度，对电机参数依赖小，但是因其转矩脉动大、调速范围窄、电流谐波大等缺点，很难应用于伺服控制系统。矢量控制通过控制定子电流的励磁分量和转矩分量实现电机数学模型的解耦和简化，对二者进行控制，从而实现了对定子电流幅值与相位的闭环。矢量控制方案可实现高精度位置、转速、电流调控，可以细分为 $i_d=0$ 控制、最大转矩电流比控制、单位功率因数控制以及弱磁控制等不同实现方式。采用矢量控制可以抑制两个电流分量的交叉耦合及感应电势的扰动，动态性能很好，调速性能佳，因此在异步伺服电机中应用广泛。基于矢量控制策略的位置环、电流环和速度环的三闭环控制方案在异步电机伺服驱动中应用最为广泛。虽与同步电机相比，异步电机矢量控制系统响应时间较长、带载能力较弱、控制精度较低，但是其支持长时间高转速、大功率状态下工作，在某些特定领域上有着同步电动机无法企及的优点。

除了以上经典控制策略，现代控制策略和智能控制策略也应用于异步伺服电机中，主要分类在步进伺服电机的控制策略中有所介绍，此处不多加介绍。

目前，为提高异步伺服电机控制性能，在经典控制基础上应用现代控制和智能控制等先进控制算法成为一大趋势。结合滑模控制的不变性和自适应对参数的适应性，自适应变结构的直接转矩控制方法可以提高用于机器人关节的伺服电机的精度，响应时间短，有很好的鲁棒性，动稳态特性好。利用自适应遗传算法优化滑模控制涉及的参数，可以减小滑模控制带来的抖振，并且有好的抗干扰能力和动静态特性，适用于高精度、快响应的异步伺服电机。利用神经网络的自学习功能提高交流异步电机系统的定位精度，对于电液伺服系统这类强非线性、参数时变的系统具有良好的控制效果。采用模糊控制进行异步电机旋转角度、电流的精确控制，解决电机控制系统的非线性控制问题，提高系统的自适应性和鲁棒性，有利于解决无速度传感器下的快速位置伺服问题。引入先进控制算法一方面对于高性能的异步电机的在线参数辨识研究较以往的离线参数辨识更具时效性，模型更加精确，控制性能更加优越；另一方面，便于应用无位置传感器技术，最为经典的模型参考自适应法转速辨识系统，采用迭代搜索的优化机制，寻找令代价函数值最小的最佳转子位置，并实现在线更新，克服了传统位置传感器的应用限制。

4.6.4　永磁同步伺服电动机的发展与研究现状

永磁同步电动机伺服驱动系统在具有高精度定位、宽范围调速及高质量转矩需求的控制场合担当主流驱动设备，伺服电机本体特性、控制器的算法精度、位置检测精度都会影响电机的最终控制效果。

目前对于应用在伺服系统的永磁同步电动机本体的研究主要集中在电机性能的研究、电机结构的优化、优化磁场计算方法等方面，主要通过对定转子各项参数设计、定转子结构进行优化，从而使得电机转矩、效率、体积等某一项或某几项指标的性能达到最优，以突出永磁同步伺服电机自身的优势，为提高控制性能提供基础。在高性能永磁同步伺服电机系统中，转矩脉动是影响控制精度的重要原因之一，可设计出消除部分谐波的绕组以削弱部分谐波电势，定子采用斜槽、齿部开辅助槽以及不同槽口宽度配合，转子采用多体、分段和扭斜磁极结构等方案，均可实现齿谐波电势的削弱。除转矩脉动抑制之外，提升弱磁性能的电机结构优化也是一大主流研究点。可以改变磁通路径实现弱磁，大多数通过在转子上附加四块环形软铁实现永磁同步电机可调磁通；通过提高转子凸极率实现弱磁，包括轴向叠片式转子结构与转子附加扼铁及磁障结构；采用著名的三明治转子结构实现可控磁通，永磁同步电机的转子采用两种不同的永磁体构成，可在较大范围内实现对永磁体磁场强度的调节。此外，目前对磁场的优化主要通过有限元分析法计算永磁电机的暂态、稳态特性和电磁参数，以及电机温升、电磁噪声、重要零件的机械应力、转子弯曲和扭转振动等。

近年来，随着电力电子技术及稀土永磁材料的不断发展更新，永磁同步电机伺服驱动技术也在向高能效、高精度的方向发展，研究有效的电机控制策略并设计快速响应、高精度执行的控制器是伺服驱动技术推进的基础。

永磁同步电机伺服控制策略包含恒压频比控制(V/F)、矢量控制、直接转矩控制。V/F控制属于开环控制，控制相对简单，在压缩机、风机等对动态性能要求不高的领域得到广泛应用，但不适合效率、精度以及动态性能要求更加严格的场合。矢量控制和直接转矩控制在异步伺服电机的控制策略中有所介绍。目前，矢量控制方案已成为永磁同步电机高性能调速领域的主导技术。

在矢量控制和直接转矩控制的基础上，应用先进控制算法可获得良好的控制性能，包括模糊控制、滑模变结构控制等。上面已经做过详细介绍，此处不再赘述，这些先进控制算法在典型的交流伺服系统中常被用于转速、电流控制器，电机参数估算与辨识，位置信息估算等单元以提高控制效果，却普遍存在算法复杂、占用资源多等问题。实际应用中，永磁同步电机伺服产品对计算实时性要求较高，因此，此类控制算法应用较少。

目前，交流伺服系统绝大部分采用PI或PID调节器实现对转速、电流的控制。实际工程应用中，调节器参数自整定可以改进因人工调节带来的误差，节省成本和时间，因此它是整体伺服系统向高性能、智能化提升的重要一步。参数自整定技术可根据是否依赖伺服系统模型分为基于模型的参数整定法与基于规则的参数整定法。基于模型的参数整定法需要在合理条件下简化伺服控制系统的数学模型，根据系统期望的性能指标与整定经验公式得到相应的调节参数。从最初的ZN法在线优化参数，到后来利用继电器自优化来分析控制，系统控制精度得到了提高。但是该方法过于依赖系统模型和假设条件，往往因为建模误差等无法达到最佳工作点，可以配合参数辨识算法避免这些误差。基于规则的参数整定法通过预设某种评价标准，根据不同控制参数下的实际响应特性，选取符合伺服系统控制目标的最优参数。可以通过特定评价函数评价系统阶跃响应，在若干控制周期内采取固定补偿修正调节器参数，而结合机器学习方案提出评价函数方案，学习性能最优的开环截止频率，能够实现电流环及速度环控制器参数整定。该方案无需理论推导，但需要一定的计算机资源寻找特定指标下的参数最优值。

目前，主要通过参数辨识算法对部分或全部电机参数进行辨识，以追求电机时刻处于最佳运行状态。永磁同步电机的参数辨识方法主要分为离线辨识法和在线辨识法。电机起动之前，通常先采用离线辨识法初步估算参数大小。离线辨识法具备高精度、小偏差辨识的优势，但调试周期长、步骤烦琐重复、辨识算法复杂，忽略了系统工作状态或环境变动的影响。近年来，在线辨识法已取得许多新的理论与应用成果，逐渐成为伺服高性能驱动领域的关注热点。基于最小二乘法的在线辨识法发展较为成熟，且结构简单、易于实现，但是计算负担重。而利用人工神经网络技术等智能算法实现在线辨识法则普遍存在结构复杂、耗费资源多等问题。也有研究将常用位置辨识技术应用于电机参数估算，包括卡尔曼滤波器法、模型参考自适应法等。若要同时准确辨识交、直轴电感，以及定子电阻与转子磁链四个参数会造成估算结果发散或收敛在错误点上，因而目前实现对于全部参数的辨识较为困难。

伺服电机的控制离不开精确的转子位置信息，目前转子位置检测技术主要有无位置传感器技术和有位置传感器技术两种。有位置传感器技术需安装机械式位置传感器，不仅增加体积与转动惯量，而且容易受到温度及电磁噪声的干扰，无法应用于一些特殊场合。无位置传感器技术简化了变频器和电机之间的连接线路，降低了系统成本，一定程度上提高了系统可靠性。但长时间运行状态下电机参数的非线性变化使这一技术无法满足高精度伺服系统驱动要求，因此无位置传感器技术多用于对精度要求不高的伺服领域。

将无位置传感器控制技术用于永磁同步伺服电机，一般有基于电机基波模型的方法和基于凸极跟踪的方法。基于电机基波模型的方法包含电机模型直接计算法、扩展卡尔曼滤波器法以及滑模观测器法，但这一算法在零速和低速段精度差，无法使用。电机模型直接计算法直接计算出反电动势或磁链的开环算法，原理简单、易于实现且响应速度快，但在高速时需要很高的采样与控制频率，受电机参数影响大，需要进行位置矫正。扩展卡尔曼滤波器(EKF)法对非线性时变系统进行最优状态估计，能同时实现多个状态变量和电机参数的在线观测，观测精度对电机参数的鲁棒性好，但运算复杂且实时性差，其状态收敛速度依赖于参数匹配程度。滑模观测器法本质上具有不连续的砰-砰控制特性，在低速运行时不可避免会引起高频抖振现象。基于凸极跟踪的方法在高速段易受速度/电流环带宽和滤波器带宽的影响，动态性能较差，主要包括旋转高频信号注入法、脉振高频信号注入法两种。旋转高频电压(电流)注入法利用电机本身具有凸极性，通过检测电机中与注入高频信号对应的电流(或电压)响应，采用特定的信号处理来获得转子位置，适用于具有结构凸极特性的永磁同步伺服电机。脉振高频电压注入法在估计的旋转坐标系直轴上注入高频脉振电压信号，检测高频电流响应，解调之后得到转子位置和转速，既可以应用于内埋式永磁同步电机，也可以应用于表贴式永磁同步电机。因此上述两类位置估算方法常常结合使用，以在全速域内获得精度较高的位置观测。另外，电流、电压传感器的采样精度，信号调理电路的抗干扰能力，主核心 DSP 的运算能力和存储空间等，都会对算法的精度和可靠性产生影响。

目前，永磁同步电机交流伺服系统正朝着全数字化、高度集成化、模块化、无传感器化、智能化和网络化方向发展。

(1) 全数字化。全数字交流伺服系统就是将伺服电机的位置环、速度环、电流环控制、参数设置和监控通信等功能全部由微处理器完成，极大增强了交流伺服系统的灵活性。

(2) 高度集成化。研究重量轻、结构紧凑、效率高、输出功率大、转矩密度高的高性能交流伺服电机是目前的发展趋势。把控制电路和大功率电子开关器件集成智能功率模块，伺服系统采用高集成化的多功能控制单元，改变伺服系统的控制模式或性能，适应不同需求。

(3) 无传感器化。无位置传感器技术简化电机结构的同时降低了成本，且能适应恶劣环境，已成为国内外研究的热点。由于算法复杂且受电机参数影响较大，在高精度的伺服驱动场合还很难取代外置传感器。

(4) 智能化。智能化是当前工业控制设备的流行趋势，其特点主要表现在：参数记忆功能，所有参数都可以保存在伺服单元内部；故障自诊断与分析功能，故障类型和原因可以通过用户界面显示出来；参数自整定的功能，能够通过试运行自动进行系统的参数整定和优化。

(5) 网络化。为适应工厂自动化的迅猛发展，最新的伺服系统都配置了标准的串行通信及局域网接口以便增强伺服单元与其他控制设备的互联能力，从而使数台以至数十台伺服单元与上位控制计算机连接形成一个完整庞大的数控系统，有效提升了工厂自动化的水平。

参 考 文 献

敖荣庆, 袁坤, 2006. 伺服系统[M]. 北京: 航空工业出版社.
陈伯时, 1992. 电力拖动自动控制系统[M]. 2 版. 北京: 机械工业出版社.
陈伯时, 陈敏逊, 2013. 交流调速系统[M]. 北京: 机械工业出版社.
陈鹏展, 2010. 交流伺服系统控制参数自整定策略研究[D]. 武汉: 华中科技大学.
陈荣, 2005. 永磁同步电机伺服系统研究[D]. 南京: 南京航空航天大学.
郭庆鼎, 王成元, 1994. 交流伺服系统[M]. 北京: 机械工业出版社.
吉智, 2013. 高性能永磁同步伺服系统关键技术研究[D]. 徐州: 中国矿业大学.
纪科辉, 2013. 低速交流电机伺服系统的研究与实现[D]. 杭州: 浙江大学.
林伟杰, 2005. 永磁同步电机伺服系统控制策略的研究[D]. 杭州: 浙江大学.
刘宝志, 2010. 步进电机的精确控制方法研究[D]. 济南: 山东大学.
刘源晶, 2014. 基于三相逆变器的两相混合式步进电机伺服系统的研制[D]. 广州: 华南理工大学.

鲁文其, 2010. 永磁同步电机工程伺服系统若干关键技术研究[D]. 南京: 南京航空航天大学.
路新, 2009. 雷达伺服系统控制精度的研究[D]. 哈尔滨: 哈尔滨工业大学.
马祥, 2008. 三相混合式步进电机伺服控制系统的研究与开发[D]. 重庆: 重庆大学.
马义方, 2006. 无刷直流电机伺服系统先进控制策略的研究[D]. 杭州: 浙江大学.
钱平, 2005. 伺服系统[M]. 北京: 机械工业出版社.
秦忆, 1995. 现代交流伺服系统[M]. 武汉: 华中理工大学出版社.
孙冠群, 于少娟, 2011. 控制电机与特种电机及其控制系统[M]. 北京: 北京大学出版社.
孙泽标, 2019. 非线性负载下高性能步进电机闭环驱动控制系统设计与实现[D]. 杭州: 浙江大学.
唐任远, 2010. 特种电机原理及应用[M]. 2 版. 北京: 机械工业出版社.
王成元, 夏加宽, 孙宜标, 2014. 现代电机控制技术[M]. 2 版. 北京: 机械工业出版社.
王宏佳, 2012. 微小型高性能永磁交流伺服系统研究[D]. 哈尔滨: 哈尔滨工业大学.
王松, 2011. 永磁同步电机的参数辨识及控制策略研究[D]. 北京: 北京交通大学.
吴财源, 2011. 基于 DSC 的无刷直流伺服电机驱动器设计与研究[D]. 广州: 华南理工大学.
吴茂刚, 2006. 矢量控制永磁同步电动机交流伺服系统的研究[D]. 杭州: 浙江大学.
严帅, 2009. 永磁交流伺服系统及其先进控制策略研究[D]. 哈尔滨: 哈尔滨工业大学.
张玉秋, 2013. 永磁直线伺服电机及其冷却系统研究[D]. 杭州: 浙江大学.

第 5 章　双凸极类电动机

5.1　双凸极类电动机的概述

在航空航天、电动汽车、工业驱动等领域中，电动机有时需要长时间工作在温度高、粉尘多、不便维修的状态，因此研究结构简单、坚固可靠、成本较低、容错性能好的电机具有重要的意义。近年来，随着电力电子技术和永磁材料的发展，效率高、功率密度高、控制较为简单的永磁无刷直流电机迅速地发展起来，并得到了广泛应用。然而在传统的永磁无刷直流电机中，永磁体通过内嵌或表贴的方式安装于电机的转子上，通常需要对永磁体采取加固措施以克服高速运转时的离心力，这不仅导致转子结构复杂，大大提高了电机的制造成本，同时也增大了等效气隙，降低了电机的性能。另外，永磁体安装在转子上，也导致永磁体散热困难，容易导致不可逆的退磁，这也将使得电机性能大大下降。本章着重介绍三种转子上无永磁体或绕组的双凸极类电动机：开关磁阻电机、双凸极电动机、磁通切换型电机。分析三种电机各自的结构特征和工作原理，总结归纳它们的共性规律和个性特点，并对本体设计方法和基本控制策略中的一些关键技术进行论述，讨论双凸极类电动机在相关领域的应用潜力以及未来的发展方向。

5.1.1　定义与类别

双凸极类电机因定、转子极都是凸极形状而得名。它们的主要特点是遵循磁阻最小原理工作，即磁链总是沿着磁阻最小的路径闭合，由此产生电磁或磁阻转矩。如图 5.1(a)、(b)、(c)所示，分别为三相 12/8 开关磁阻电机、三相 12/8 永磁双凸极电机、三相 12/10 磁通切换电机的定、转子结构示意图。双凸极电机和磁通切换电机也可称为感应子电机或定子励磁型电机。

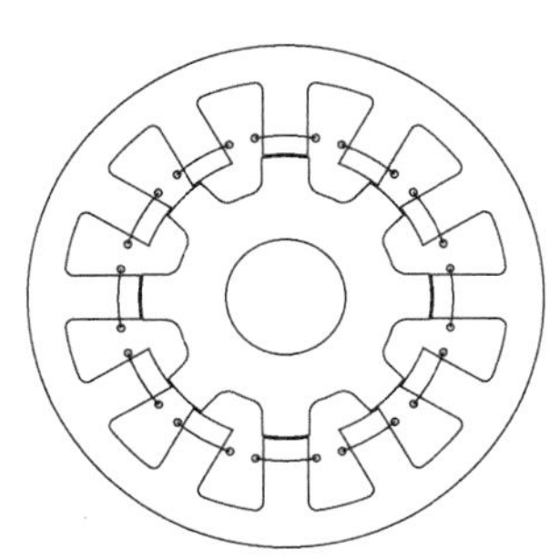

(a) 三相12/8开关磁阻电机

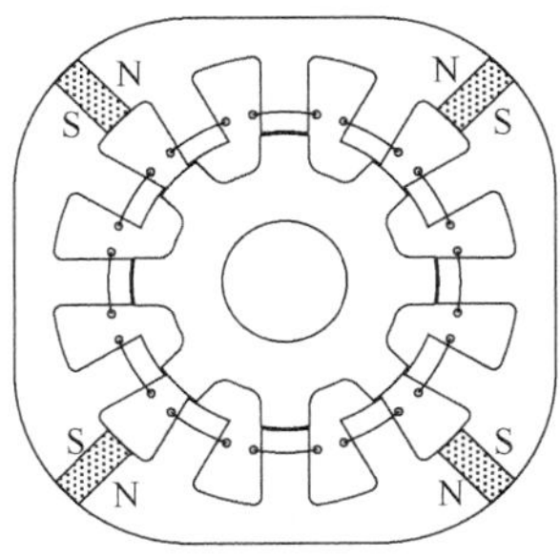

(b) 三相12/8永磁双凸极电机

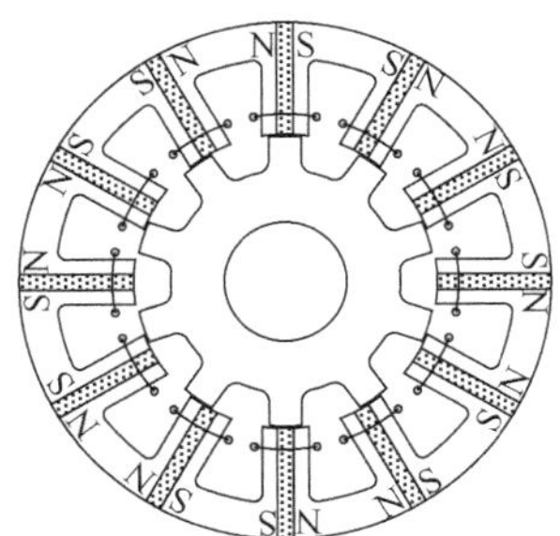

(c) 三相12/10磁通切换电机

图 5.1　定转子截面示意图

1. 开关磁阻电机

典型的开关磁阻电机(Switched Reluctance Motor，SRM)定、转子为双凸极结构，转子上无永磁体，采用集中绕组，如图 5.1(a)所示，其结构极其简单。开关磁阻电机具有调速性能好、生产成本低、容错性能好等特点，因此受到国内外的广泛关注。目前，针对开关磁阻电动机的研究主要集中在电机本体的设计与优化、转矩脉动抑制、无位置传感器控制、容错控制等几个方面。

然而传统的开关磁阻电机各相仅采用一套绕组，既作为电枢使用，又作为励磁使用，从能量转换的角度来看，带来了特殊换向控制问题。其中最主要的问题是开关磁阻电机只能在电感上升区产生正向转矩，相电流和磁通都是单极性的，因此材料利用率较低，功率密度较低。另外，由于相绕组中的电流不仅要产生转矩，还要有励磁分量，功率变换器的伏安容量和损耗也会因此增大。虽然可以通过额外增加一套励磁绕组改善上述问题，但这又将会导致电机结构变得复杂，加工成本显著增加。

2. 双凸极电动机

双凸极电动机(Doubly Salient Machine，DSM)实质上是感应子电机，采用“定子励磁+凸极转子”结构，按照励磁方式的不同可分为：永磁双凸极电机、电励磁双凸极电机和同时具有永磁体与电励磁绕组的混合励磁双凸极电机。永磁双凸极电机的定转子结构与开关磁阻电机基本相似，主要的不同是在定子轭部增加了两块切向充磁的永磁体，如图 5.1(b)所示。由于增加了单独的励磁源，永磁双凸极电机的电枢电流可以工作在双极性模式下，在电感的上升区和下降区都可以输出电动转矩。电机的空载电枢感应电势和电枢电流波形为双极性方波，与无刷直流电机相似，也可以通过对电机定转子进行特殊设计，得到正弦的感应电势。

将定子上的永磁体替换为电励磁绕组，即为电励磁双凸极电机，该结构可以有效地解决永磁式双凸极电机气隙磁场难以调节、故障时不易灭磁等问题。在重载时，通过增大励磁电流，可以增加转矩输出，而在高速时，通过减小励磁电流，可以实现弱磁扩速，扩大电机的调速范围。而将永磁体励磁与电励磁相结合就得到了混合励磁双凸极电机。

由于双凸极电机定子上存在额外的励磁结构，增加了结构的复杂性，可以获得较高的功率密度。使用电励磁方式的双凸极电动机，励磁磁场易于调节，调速性能也可以得到较好的保证。

3. 磁通切换型电机

磁通切换型电机(Flux-Switching Machine，FSM)的定子结构最为复杂。与双凸极电机相似，按照励磁方式，磁通切换型电机可分为永磁式、电励磁式和混合励磁式三类。如图 5.1(c)所示为三相 12/10 永磁式磁通切换型电机定转子结构示意图。该电机的定子由 12 个 U 形导磁铁心单元依次紧贴拼装而成，每两块导磁铁心单元之间嵌有一块永磁体，永磁体沿切向交替充磁。这种独特的设计使得同一个绕组线圈包围的定子齿由分属于两个 U 形单元的两部分组成。如图 5.2(a)所示，对于图中的绕组而言，当转子齿与右侧的 U 形铁心单元对齐时，磁通穿出绕组，而在图 5.2(b)中，转子齿与左侧的 U 形铁心单元对齐，磁通进入绕组，绕组匝链的磁链极性会发生改变，实现了“磁通切换”，电枢绕组中匝链交变的磁链，进而产生感应电势。

磁通切换型电机中组成一相的各线圈的感应电势的谐波相位互补，合成后的单相感应电势正弦度较高，尤其是经过优化设计后，采用直槽转子和集中绕组的磁通切换电机也可以获得高度正弦的磁链和空载感应电动势。

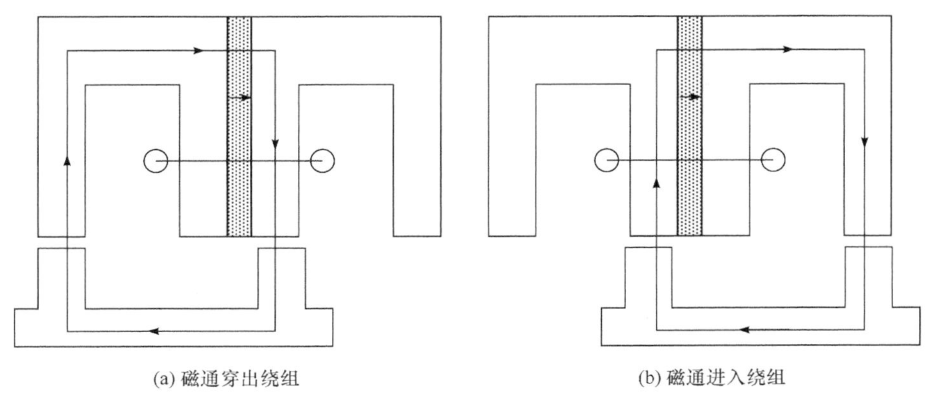

(a) 磁通穿出绕组　(b) 磁通进入绕组

图 5.2　磁通切换原理

5.1.2　特点与应用领域

5.1.1 节中提到的三种双凸极类电机既有共性，又有个体差异。它们的共性主要可以总结为以下两方面。

(1) 定子、转子铁心结构类似，均呈凸极结构，励磁源和电枢绕组都位于定子上，转子上没有永磁体，简单可靠，比较适合高温、高转速的工况。

(2) 通常采用集中式绕组，端部短，用铜少，电枢绕组的电阻小，铜耗低。

三种双凸极类电机也具有不同的特点，主要对比见表 5.1，为了方便讨论，表格中仅列举开关磁阻电机、永磁双凸极电机和磁通切换型电机。

表 5.1　三种双凸极类电机的主要特点

特性	电机种类		
	开关磁阻电机	永磁双凸极电机	磁通切换型电机
永磁体位置	无永磁体	定子轭	定子齿中
永磁体用量	无	较少	较多
磁链极性	单极性	单极性	双极性
空载感应电势	非正弦，正负不对称	非正弦，正负不对称	正弦，正负对称
结构和工艺	最简单	较简单	复杂
机械特性	串励特性	并励特性	并励特性

双凸极类电机由于结构的优势，转子结构简单，多数为非正弦供电，转矩脉动大、振动噪声显著，因此双凸极类电机较适合应用于高速和恶劣环境场合，如航空航天、矿山机械、新能源汽车、风力发电等应用场合。

5.2　开关磁阻电动机及其控制

磁阻电机是结构最简单的一种电机，过去由于其同步控制困难，它的应用和发展一直受到限制。随着现代电力电子技术、微电子和控制技术的迅速发展，20 世纪 80 年代初，形成了磁阻电机应用的新台阶——开关磁阻电机(SRM)。开关磁阻电机是开关控制电路与磁阻电机的结合，它有优异的调节控制性能，可灵活实现正、反转和电动、发电四象限运行，电机结构又十分简单，所以在调速电动机、高速电机及起动发电机等场合得到了广泛应用。

本章首先介绍开关磁阻电机系统的组成和特点，然后讨论开关磁阻电动机的工作原理和特性，最后阐述开关磁阻发电机的机理和主要特性。

5.2.1　基本构成和工作原理

1. 系统组成

开关磁阻电机由双凸极结构的磁阻电机、功率变换器、位置检测器和控制器单元等部分组成。基本框图如图 5.3 所示。控制器根据电流、位置信号控制功率变换器的功率开关的通断，控制电机绕组的电流来达到控制电机输出转矩和转速的目的。双凸极磁阻电机是利用凸极磁阻效应产生磁阻转矩进行工作的，如图 5.4 所示的典型的双凸极磁阻电机截面示意图，其定子有 6 个齿极，转子有 4 个齿极，每个定子齿极上设有一个绕组，位于径向相对的两个线圈串联构成一相绕组，可组成 A、B、C 三相绕组。若 A 相绕组通电，则该绕组所建立的磁场将吸引转子齿向定子齿重合，即逆时针旋转。随转子转动，通电相应从 A 相改为 B 相，随后又从 B 相改为 C 相，以此相序循环供电就能保持转子持续逆时针方向旋转，输出机械能。仍如图 5.4 所示，给 C 相通电，则可使转子顺时针偏转，然后根据转子不同位置循序以 B、A、C 规律通电，则可保持转子持续顺时针旋转。所以说，应该有一个可控的开关电路，它根据转子位置来合理地、周期性地导通和关断磁阻电机各相绕组电路，实现转子以一定方向连续旋转，输出机械能。

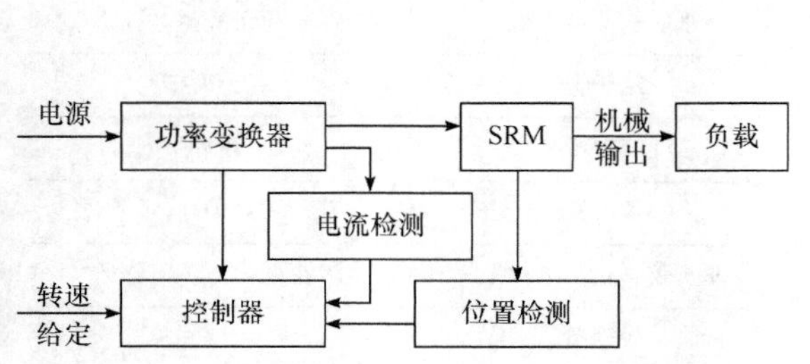

图 5.3　开关磁阻电机系统组成框图

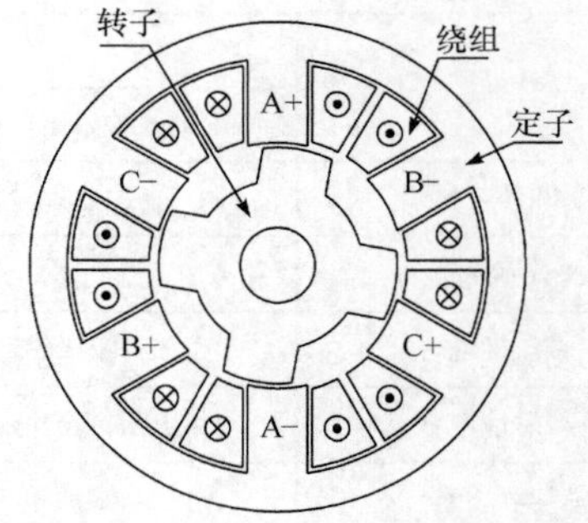

图 5.4　6/4 结构磁阻电机铁心截面图

可控开关电路即功率变换器，它和电源及电机绕组一起构成的功率主电路如图 5.5 所示。这是最典型的三相开关磁阻电动机系统主电路。图中每相两只功率三极管作为可控开关(也可以是其他类型的功率开关)，两只二极管建立续流通道。例如，S_{A1}、S_{A2} 触发导通，则 A 相由电源供电，形成相电流 i_A；当 S_{A1}、S_{A2} 受控关断时，相绕组的相电流将循续流二极管形成通路回馈至电源而迅速衰减。可以看出，转子每转过一个齿，定子每相通断工作一个周期，因此功率变换器输出基本频率始终与转子转速保持同步关系，即

$$f = \frac{nZ_r}{60} \tag{5.1}$$

式中，Z_r 为转子齿数；n 为电机转速(r/min)。

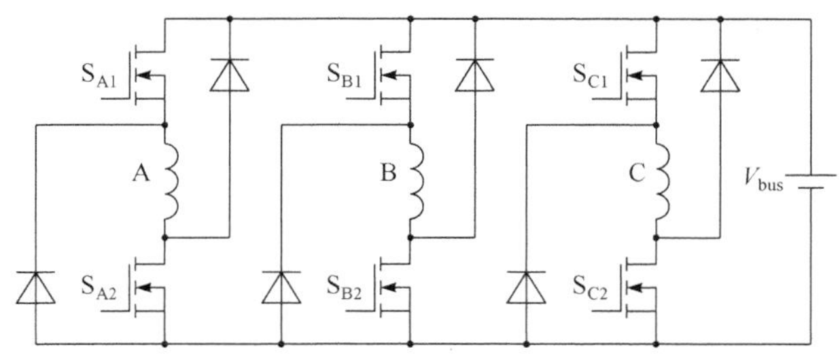

图 5.5　典型开关磁阻电机功率主电路

开关磁阻电动机有功率系统和控制系统两部分。功率系统即电源→变换器→电机→机械负载，它完成电能到机械能的转换。控制系统通常包括三个闭环，最本质的是位置闭环，即位置检测器→逻辑变换→控制和触发→变换器→电机，它实时检测转子位置，有序、有效地控制变换器的工作。从原理上保证了开关磁阻电动机不失步同步运行。电流闭环是控制系统的一部分，它由电流检测→控制和触发→变换器组成闭环，这一电流的检测和控制，可以实现起动和加速特性控制，也是过载和过电流保护所必需的。还有一个是速度闭环，它由位置检测信号变换成速度反馈信号，然后与速度给定信号比较，以此控制变换器，实现速度控制，构成良好的调速系统。因此，SRM 综合了电机、电力电子、微电子及自动控制等技术，是机电一体化的新型调速电动机系统。

2. 双凸极结构磁阻电机结构

双凸极结构磁阻电机是系统进行机电能量转换的关键部件，属于同步电机。图 5.6 为双凸极磁阻电机结构图，电机包括定子和转子两大部分，其中定子包括定子铁心、绕组、机壳等部件；转子包括转子铁心、转轴、位置盘、轴承、风扇等部件。图 5.7 为磁阻电机定子和转子实物图片，可见定、转子铁心均为凸极齿槽结构，由高导磁的电工钢片冲制成简单的齿槽，然后叠压而成。定子设有集中绕组，转子无绕组，该电机结构简单坚固，易于冷却。

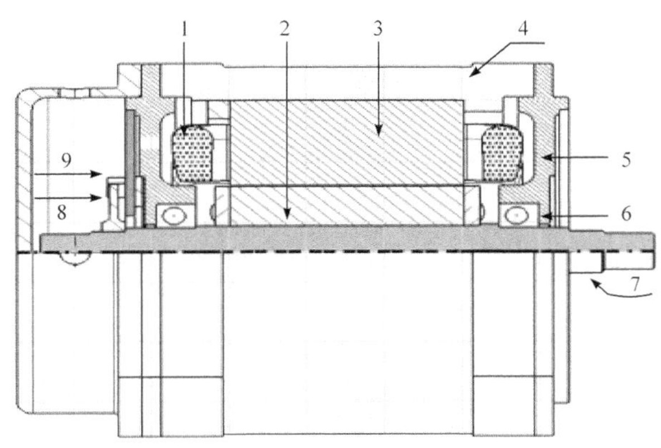

图 5.6　双凸极磁阻电机结构图

1-绕组；2-转子铁心；3-定子铁心；4-外壳；5-端盖；6-轴承；7-轴；8-位置盘；9-位置检测开关

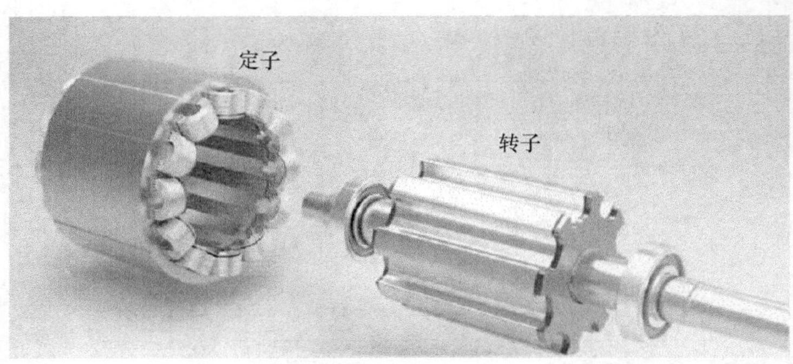

图 5.7　磁阻电机定子和转子实物图片

双凸极结构磁阻电机可以设计成多种不同相数结构，且定、转子的极数有多种不同的搭配，一般来说，相数少则功率开关电路简单，成本也低，因此两相甚至单相结构是很有吸引力的。相数多有利于减少转矩脉动，但结构复杂，而且主开关器件多，成本高。考虑自起动能力及能正反转等，选择电机的相数 $m \geqslant 3$。目前最常用的是三相和四相两种，电机结构为 6/4、12/8(三相)、8/6(四相)。如图 5.4 所示为三相 6/4 结构磁阻电机，其定子有 6 个齿极，转子有 4 个齿极，每个定子齿极上设有一个绕组，位于径向相对的两个线圈串联构成一相绕组，可组成 A、B、C 三相绕组。由图 5.4 可以看出，磁阻电机定、转子齿间的间隙随转子位置变化而变化，因此相绕组线圈的电感均随转子位置而变。

位置检测器和电机装配一体，这与常规的无刷直流电动机一样。位置检测器的功能是正确提供转子位置信息，这些信息经逻辑处理后形成变换器主开关的触发信号。所以位置检测器是 SRM 的关键部件和特征部件。位置检测器有电磁式、光电式，磁敏式等多种类型。应用最多的是光电式位置传感器。

图 5.8 所示为光电式位置检测器，它由齿盘和光电传感器组成。齿盘上开 Z_r 个齿槽，适于 6/4 结构，齿盘上有 45°间隔的 6 个齿槽，它与电机转子同轴。光电传感器 P、Q、R 固定于电机机壳，当齿遮挡了传感器的光路时，光敏二极管处于截止状态；当处在槽位置时，光敏二极管受光处于通态。所以电机旋转时就可由传感器获得(经适当整形)45°的方波信号。设置空间相隔 15°的三个传感器，由此得如图 5.9 所示的基本时序信号 P、Q、R。这些信号便成为 SRM 的位置闭环控制的最基本信息。

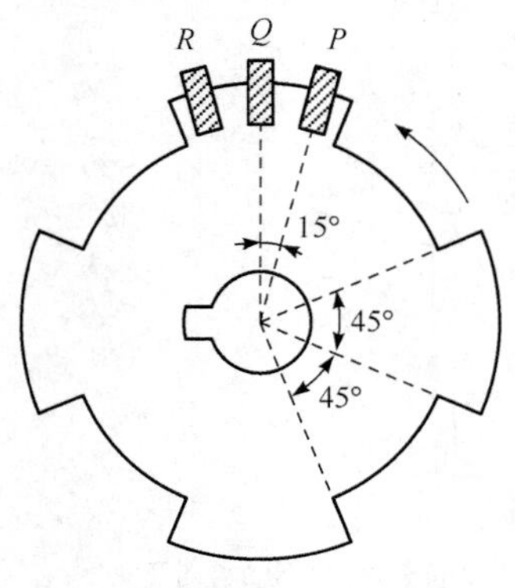

图 5.8　位置检测器结构

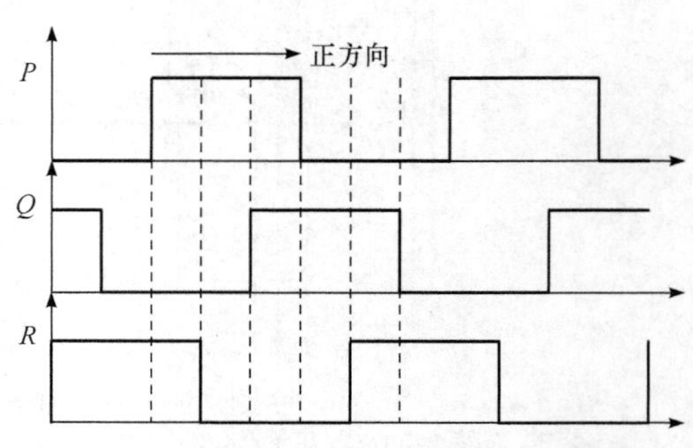

图 5.9　三相位置时序信号

3. 开关磁阻电动机工作原理

电机各相磁路的磁阻随转子位置而变，因此电机的磁场能量也将随转子位置而变，由此可以以磁能为媒介变换得到机械能。当定子绕组通电，产生电磁转矩，使得转子齿总是趋向磁阻最小位置，即磁阻转矩，磁阻电机的电磁转矩的形成及其理论是认识其工作原理的基础。

当 A 相绕组供电时，相电流为 i_A，相绕组相电感为 L，则相绕组的磁链：

$$\psi_A = L i_A \tag{5.2}$$

则绕组建立磁场的能量：

$$W_{mag} = \int_0^{\psi_A} i_A \, d\psi \tag{5.3}$$

式中，相绕组磁链 ψ 是相电流和转子位置的函数。如图 5.10 所示，转子在某位置角 θ 的磁特性，P 点(ψ_A, i_A)为该磁工作点。由电磁场基本理论可知，其电磁转矩：

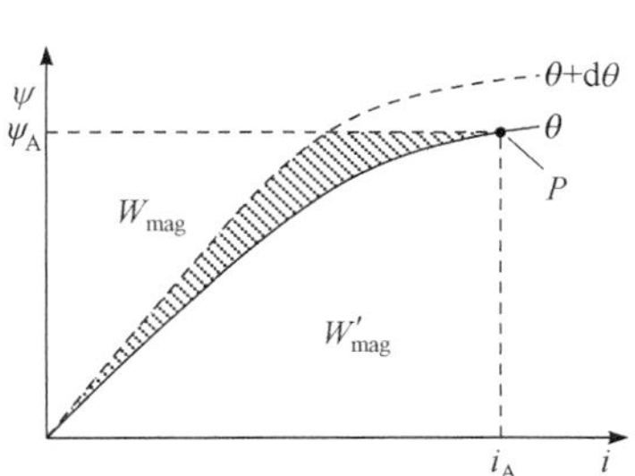

图 5.10　电磁转矩计算关系图

$$T_{em} = -\left.\frac{\partial W_{mag}}{\partial \theta}\right|_{\psi=\text{const}} \tag{5.4}$$

式(5.4)以磁链 ψ 不变为约束条件，这表示增减的磁能和机械能的变化相平衡，式中的负号表示产生的电磁转矩的方向趋于磁能的减少。其中该相绕组的磁能也可表示为

$$W_{mag} = \frac{1}{2} L i_A^2 \tag{5.5}$$

则磁阻电机的电磁转矩为

$$T_{em} = \frac{1}{2} i^2 \frac{\partial L}{\partial \theta} \tag{5.6}$$

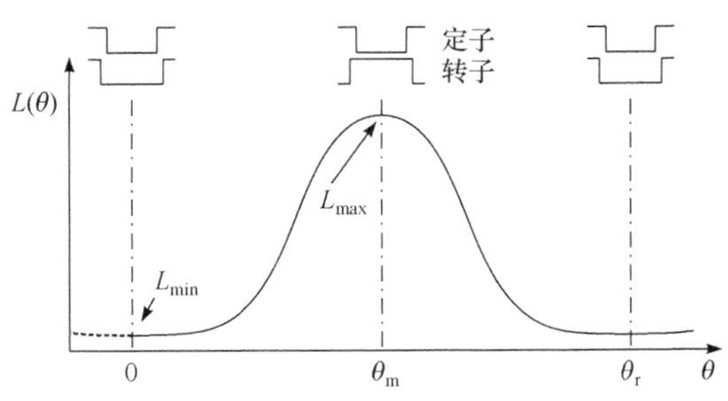

图 5.11　相电感转子位置变化

式中，i 为通电相的相电流；L 为相电感；θ 是转子位置角。磁阻电机相电感 L 是转子位置角 θ 的函数，如图 5.11 所示，定义 L_{max} 为相电感最大值，此处 $\theta=\theta_m$，即该相定子绕组轴线和转子齿极轴线重合位置；L_{min} 为相电感最小值，此处 $\theta=0°$，即该相绕组轴线与转子槽轴线重合位置；转子齿距角为 θ_r，则电机的相电感将以转子齿距角为周期而变化。

转子齿距角：

$$\theta_r = 2\theta_m = \frac{2\pi}{Z_r} \tag{5.7}$$

式中，Z_r 为转子齿极数。以三相 6/4 结构电机为例，$Z_r=4$，$\theta_r=\pi/2$，$\theta_m=\pi/4$。

根据式(5.6)，磁阻电机电磁转矩的方向是由相电流所对应的相电感的变化率$\partial L/\partial\theta$决定的，与电流方向无关：若相电流处于$\partial L/\partial\theta>0$区间，则产生正转矩，SR电机工作在电动状态；若相电流处于$\partial L/\partial\theta<0$的区间，则产生负转矩，开关磁阻电机工作在制动或发电状态。即只要根据转子位置来控制主开关通断角度，以改变相电流幅值的大小和波形位置，就可以产生不同大小和方向的电磁转矩，如图5.12所示，因此以主电路控制相绕组电流幅值大小和位置，方便地实现了开关磁阻电机的四象限运行，这正是SRM调速控制的基本原理。

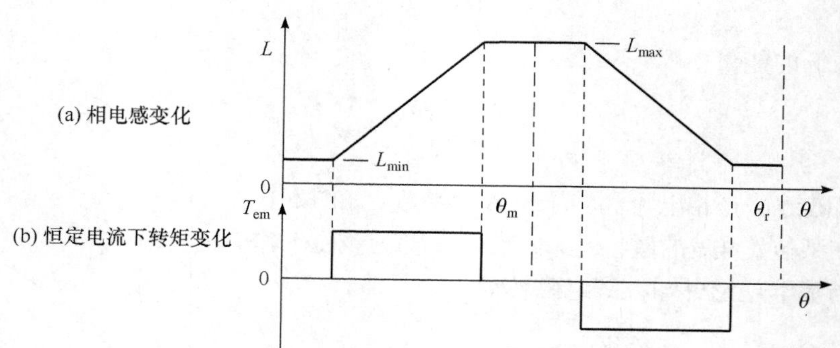

图5.12　相电感、转矩随转子位置变化

开关磁阻电机为多相系统，各相的控制规律虽然相同，但电流可能在若干相同时存在，这时应计及自感，还应计及互感。所以计算电机的电磁转矩时，应计及各相的总体效应。

任意m相绕组的电机，其总磁能：

$$W_{mag}=\sum_{j=1}^{m}\int_{0}^{\psi_j} i_j \mathrm{d}\psi_j \tag{5.8}$$

若用线性化参数表达，磁链矩阵表达式为

$$\begin{bmatrix}\psi_1\\ \psi_2\\ \vdots\\ \psi_m\end{bmatrix}=\begin{bmatrix}L_{11} & L_{12} & \cdots & L_{1m}\\ L_{21} & L_{22} & \cdots & L_{2m}\\ \vdots & \vdots & & \vdots\\ L_{m1} & L_{m2} & \cdots & L_{mm}\end{bmatrix}\begin{bmatrix}i_1\\ i_2\\ \vdots\\ i_m\end{bmatrix} \tag{5.9}$$

式中，$L_{11}, L_{22}, \cdots, L_{mm}$为各相绕组自感；$L_{jk}=L_{kj}$为任意两相绕组之间的互感。这些电感值均为转子位置角θ的函数，由此计算的电机磁能为

$$W_{mag}=\frac{1}{2}\sum_{j=1}^{m}\sum_{k=1}^{m}L_{jk}I_jI_k=\frac{1}{2}I^{\mathrm{T}}LI \tag{5.10}$$

式中，I^{T}为I的转置矩阵。

按式(5.10)，只要正确列写电机的电感矩阵L，并根据通电条件列写电流矩阵I，即可计算该系统的磁能。可得

$$T_{em}=\frac{1}{2}I^{\mathrm{T}}\frac{\partial L}{\partial\theta}I \tag{5.11}$$

电流是时间函数，电感是转子位置θ的函数。按运动规律，θ和时间是相关的。所以，式(5.11)电磁转矩的表达式均可表达为时间函数，它按周期 T 脉动。因此，可积分求得开关磁阻电机的平均电磁转矩。

$$T_{av} = \frac{1}{T}\int_0^T T_{em}\mathrm{d}t \tag{5.12}$$

5.2.2　控制方式与特性分析

1. 开关磁阻电动机的控制原理

开关磁阻电机的运行必须结合开关电路和位置信号控制，绕组的相电流的形成与开关管的工作状态密切相关。变换器的主电路包括两个工作状态：供电状态、续流状态。

(1) 上、下两开关管均导通，处于导通状态，电源给绕组供电。其供电回路如图 5.13(a)中实线所示，若不计开关管压降，则电压平衡式为

$$U = -e + ir = \frac{\mathrm{d}\psi}{\mathrm{d}t} + ir \tag{5.13}$$

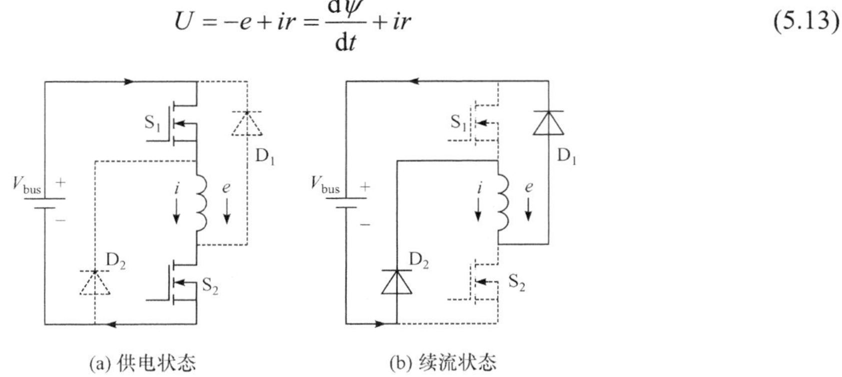

(a) 供电状态　　(b) 续流状态

图 5.13　开关磁阻电机主电路工作状态

由前面的分析可知，磁阻电机的绕组磁链是角度θ的函数，计及铁磁材料的饱和效应，还是相电流 i 和位置θ的函数，即$\psi = \psi(i, \theta)$，因此式(5.13)可变为

$$U = \frac{\partial\psi}{\partial i}\cdot\frac{\mathrm{d}i}{\mathrm{d}t} + \frac{\partial\psi}{\partial\theta}\cdot\omega + ir \tag{5.14}$$

式中，U 为电源电压；i 为相电流；ψ 为相绕组磁链；r 为相绕组电阻；$\omega=\mathrm{d}\theta/\mathrm{d}t$ 为转子角速度。

(2) 上、下两管均关断，绕组通过二极管给电源续流，绕组电流下降很快，其续流回路如图 5.13(b)中实线所示；同样不计二极管压降，则电压平衡式为

$$-U = \frac{\partial\psi}{\partial i}\cdot\frac{\mathrm{d}i}{\mathrm{d}t} + \frac{\partial\psi}{\partial\theta}\cdot\omega + ir \tag{5.15}$$

结合式(5.14)，式(5.15)的电压方程即求解的绕组的相电流的波形，方程中是含时变系数的微分方程，$\partial\psi/\partial\theta$, $\partial\psi/\partial i$ 可以通过磁阻电机的磁场数值计算得到。因此一般来讲，开关磁阻电机性能分析需要用数值法仿真求解。

1) 起动控制

开关磁阻电机低速工作时多采用斩波控制，低速运行时，相周期长，绕组的运动电势小，故适宜采用斩波限流，以期限制电流峰值。低速斩波时不必再控制导通角，通常可直接选择每相导通 1/2 周期，即θ_1=0°，θ_2=θ_m，使整个相电感有效工作段都得以充分利用。开关磁阻电机斩波工作原理及所得相电流波形如图 5.14 所示，I_H为相电流的幅值。

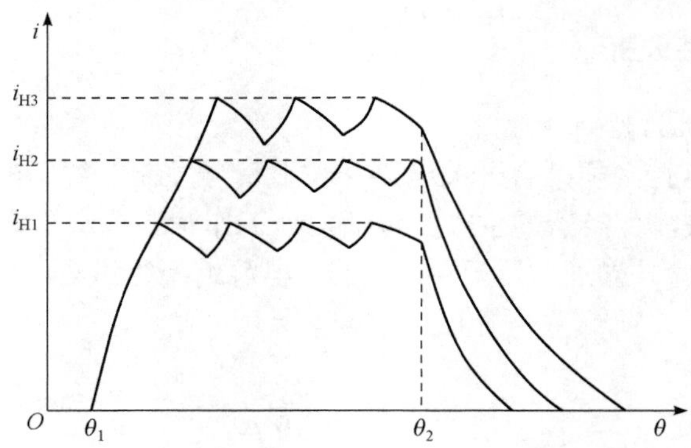

图 5.14 斩波控制的相电流示意图

2) 正反转控制

相对正转而言，反转运行需要两个条件：一是应有负转矩，二是应有反相序的循序控制信号。正如前面所述，在$\partial L/\partial\theta>0$区段通电产生正转矩，那么在$\partial L/\partial\theta<0$的区段通电就会产生负转矩。一旦电机按负转矩反向旋转，则位置检测器获得信号就自动反相序了，由此经逻辑变换而得到的控制逻辑也自然形成反相序(相对正转逻辑)。

3) 调速控制

高速时相电流周期已经很短，电流的建立过程和续流段已占有相当比例，又因为运动电势阻碍相电流的上升速度，因此通常不必采用斩波限流，也不宜采用 1/2 周期导通控制。通常采用θ_1和θ_2控制，每相电流形成单脉冲状态，简称角度控制。由图 5.15 可见，用不同θ_1和θ_2控制，相电流的波形和峰值大小不同。图 5.16 为改变开通角θ_1相绕组的电流波形。因此，通过调节开关角改变相电流大小，达到调速的目的。

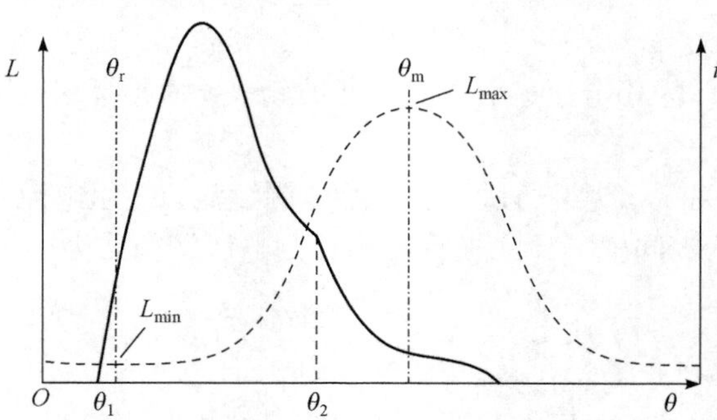

图 5.15 SRM 高速运行时相电流波形及控制参数

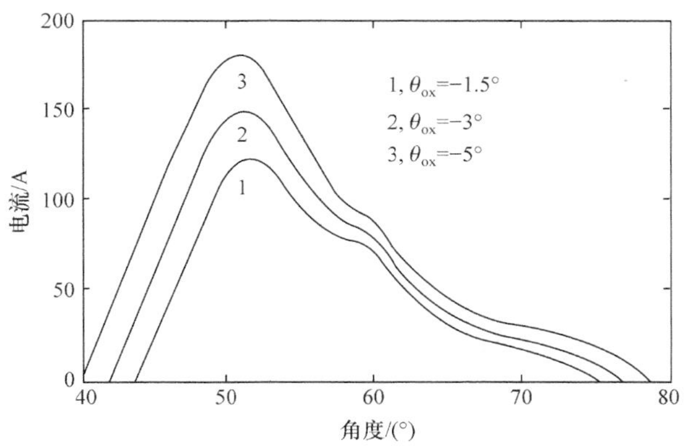

图 5.16 角度位置控制对应相电流波形

2. 机械特性

SRM 运行的主要控制参数包括主开关开通角(记作θ_1)、主开关关断角(记作θ_2)、相电流幅值(记作 I_H)、电源电压等。根据不同的运行状态可以选择不同的参数作为主控参数，因此控制非常灵活。SRM 具有串励自然机械特性。但实际上，转速低时，电流及输出功率都有限制值，因此 SRM 基本机械特性恰如图 5.17 所示。图中机械特性在低转速范围(0～n_1 区间)靠斩波限流，以达到基本恒转矩输出；在中速范围(n_1～n_2 区间)，可调节开关角实现恒功率输出；在高速段(大于 n_2)，则θ_1 和θ_2 均不变，转矩反比于转速的平方，呈自然机械特性。

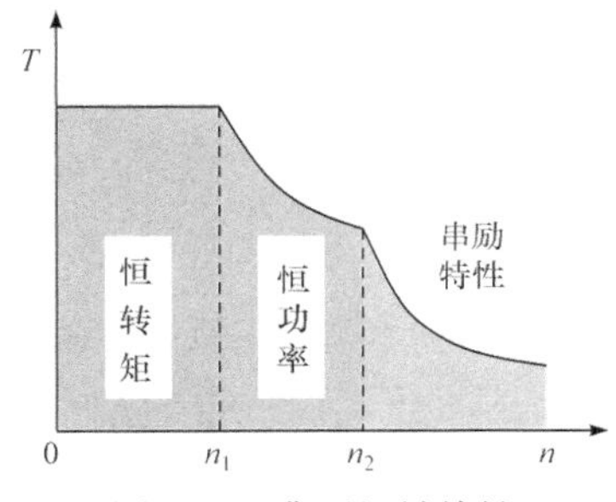

图 5.17 典型机械特性

3. 开关磁阻电动机主要性能特点

开关磁阻电动机是靠磁阻效应工作的。它可以看作带位置闭环控制的反应式大步距角步进电机，也可视为反应式自整步同步电动机(即无换向直流电动机)。实际上，SRM 是它们的综合发展，可以构成性能良好的调速系统。它主要有以下两大特点。

(1) 结构简单，成本低，可靠性高。双凸极型磁阻电机是结构最为简单的电机，定子为集中绕组，热耗大部分在定子上，易于冷却，它的转子无绕组也不加永久磁铁，制造和维护方便，高速适应性好。因为电机是反应式的，转矩方向与电流的方向无关，因此仅需单方向供电的开关电路作为变换器，可以做到每相只用一个或两个主开关，而且它不致发生常规逆变器的直通短路故障，又因为相间耦合弱，系统可以缺相运行，容错工作能力强。

(2) 可控参数多，实现四象限控制方便。SRM 可控制参数多，包括主开关的开通角、关断角、相电流幅值等都是有效的可控参数，控制方便，可以四象限运行(即正转、反转和电动、再生)，能实现特定要求的调节控制，而且每一步控制都可改变工作参数和工作状态，并能在很宽转速范围内实现高效优化控制。

所以，开关磁阻电动机综合了电机、电力电子和电子控制(可包括计算机)等技术，是机电一体化的新型调速电动机系统。当然，它也存在转矩脉动大，振动、噪声较大的缺陷，这是因为开关磁阻电机低速时呈明显步进特性，转矩脉动大；从本质上讲，SRM 由脉冲供电，电机气隙又很小，因此有显著变化的径向磁拉力，加上结构上及各相参数上难免不对称，从而形成振动和噪声，特别是高速重载时，噪声可能要大些，不过只要注意合理设计，掌握好电机加工精度和动平衡合理要求，精心调整控制参数和各相工作的对称性，噪声按标准感应电动机的指标考核也是能达到的。

5.3　双凸极电动机及其控制

双凸极电机与开关磁阻电机同属于变磁阻电机(Variable Reluctance Machine，VRM)。双凸极电机根据其相数的不同，分为单相、两相、三相、四相和多相等，其中应用最多的是三相电机；根据励磁源性质的不同，可分为永磁双凸极电机、电励磁双凸极电机、混合励磁双凸极电机三种，其中电励磁双凸极电机可通过调节励磁电流方便地调节电机气隙磁场，这里以电励磁双凸极电机为例讲述双凸极电动机的控制策略。

首先介绍三相电励磁双凸极电机的基本结构，在此基础上分析其数学模型和基本工作原理；详细介绍三相电励磁双凸极电机电动运行时采用的标准角和提前角策略，以及有利于提高电机性能的三相六拍控制策略，并对系统采用不同控制策略时的电路导通模态进行比较分析。

5.3.1　基本构成和工作原理

三相电励磁双凸极电机主要由定子、转子、励磁绕组、电枢绕组和转轴等部件组成，6/4 极结构为其基本结构形式，称为单元电机。如图 5.18 所示，该电机在结构上类似于开关磁阻电机，其定、转子极均为凸极齿槽结构，由硅钢片叠压制成；定子上有 6 个均匀分布的定子极，每个定子极上绕有集中式电枢绕组，空间上相对的两个绕组串联构成一相绕组；转子上有均匀分布的 4 个转子极，转子极上没有绕组。

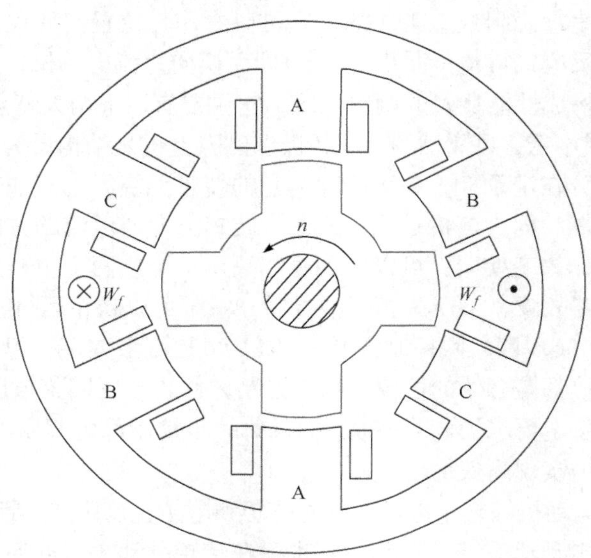

图 5.18　三相 6/4 极电励磁双凸极电机结构

与开关磁阻电机的不同之处在于，电励磁双凸极电机除了在各定子极上绕有三相电枢绕组外，还在处于空间相对位置的定子槽内嵌有励磁绕组。为使由励磁源产生的转子定位力矩为零，励磁磁路的磁导应不受电机转子位置的影响，即需保证转子极和定子极的重叠角之和恒等于一个定子极弧长度，而与转子位置无关，则电励磁双凸极电机的定子极宽 l_t 与定子极距 l_p 之比应满足 1∶2 的关系；而作为发电机运行时，为使电流能正常换相，转子极宽一般应大于定子极宽，这样的设计可以形成一段绕组电感特性曲线不变的区间，在此区间内电机反电动势为零，从而保证电流完成换相。

1. 数学模型

电励磁双凸极电机的凸极齿槽结构导致磁路分布比较复杂，磁路的局部饱和及边缘效应使得电机磁通、转矩等各量随转子位置和绕组电流呈非线性变化，无法用明确的代数式表示，通常采用一簇曲线来描述。为讨论方便，常常忽略电机的磁路饱和和边缘效应的影响，也就是近似认为空载时电机参数只和转子位置角有关，称这种简化了的电机模型为线性模型。通常对电励磁双凸极电机数学模型的研究都是基于线性模型进行的。

电励磁双凸极电机的数学模型包括磁链方程、电压方程、功率方程、转矩方程和机械方程，这五个方程描述了其主要电机参数之间的关系，是对其电动运行控制策略进行理论研究的基础。

1) 磁链方程

$$[\psi]=[L]\cdot[i] \tag{5.16}$$

式中，$[\psi]=\begin{bmatrix}\psi_a\\ \psi_b\\ \psi_c\\ \psi_f\end{bmatrix}$为电机 A、B、C 三相绕组和励磁绕组所匝链的磁链；$[L]=\begin{bmatrix}L_a & L_{ab} & L_{ac} & L_{af}\\ L_{ba} & L_b & L_{bc} & L_{bf}\\ L_{ca} & L_{cb} & L_c & L_{cf}\\ L_{fa} & L_{fb} & L_{fc} & L_f\end{bmatrix}$为电机相绕组、励磁绕组自感及相绕组与励磁绕组间的互感，其中电机相绕组间的互感相对于其自感而言非常小，可忽略不计；$[i]=\begin{bmatrix}i_a\\ i_b\\ i_c\\ i_f\end{bmatrix}$为电机三相绕组和励磁绕组的电流。

2) 电压方程

$$\begin{aligned}[u]&=[R][i]-[e]\\ &=[R][i]+\frac{\mathrm{d}[\psi]}{\mathrm{d}t}\\ &=[R][i]+[L]\frac{\mathrm{d}[i]}{\mathrm{d}t}+\frac{\mathrm{d}[L]}{\mathrm{d}t}[i]\end{aligned} \tag{5.17}$$

式中，$[u]=\begin{bmatrix} u_{\mathrm{a}} \\ u_{\mathrm{b}} \\ u_{\mathrm{c}} \\ u_f \end{bmatrix}$ 为电机 A、B、C 相和励磁绕组的电势；$[R]=\begin{bmatrix} R_{\mathrm{a}} \\ R_{\mathrm{b}} \\ R_{\mathrm{c}} \\ R_f \end{bmatrix}$ 为电机 A、B、C 相和励磁绕组的内阻。

3) 功率方程

$$\begin{aligned} P_{\mathrm{in}} &= [i]^{\mathrm{T}}\cdot\left([R]\cdot[i]+[L]\cdot\frac{\mathrm{d}[i]}{\mathrm{d}t}+\frac{\mathrm{d}[L]}{\mathrm{d}t}\cdot[i]\right) \\ &= [i]^{\mathrm{T}}\cdot[R]\cdot[i]+\frac{\mathrm{d}}{\mathrm{d}t}\left(\frac{1}{2}\cdot[i]^{\mathrm{T}}\cdot[L]\cdot[i]\right)+\frac{1}{2}\cdot[i]^{\mathrm{T}}\frac{\mathrm{d}[L]}{\mathrm{d}t}[i] \\ &= p_{\mathrm{Cu}}+\frac{\mathrm{d}W_{\mathrm{m}}}{\mathrm{d}t}+T_{\mathrm{e}}\cdot\omega \end{aligned} \tag{5.18}$$

其中，P_{in} 为电机从电源吸收的功率；$p_{\mathrm{Cu}}=[i]^{\mathrm{T}}\cdot[R]\cdot[i]$ 为电机铜耗；$W_{\mathrm{m}}=\frac{1}{2}[i]^{\mathrm{T}}\cdot[L]\cdot[i]$ 是电机磁场的储能；$T_{\mathrm{e}}=\frac{1}{2}[i]^{\mathrm{T}}\cdot\frac{\mathrm{d}[L]}{\mathrm{d}\theta}\cdot[i]$ 是电机的输出转矩；ω 是转子角速度。

4) 转矩方程

$$\begin{aligned} T_{\mathrm{e}} &= \frac{1}{2}[i]^{\mathrm{T}}\cdot\frac{\mathrm{d}[L]}{\mathrm{d}\theta}\cdot[i] \\ &= \left(\frac{1}{2}i_{\mathrm{a}}^{2}\frac{\mathrm{d}L_{\mathrm{a}}}{\mathrm{d}\theta}+i_{\mathrm{a}}I_f\frac{\mathrm{d}L_{\mathrm{a}f}}{\mathrm{d}\theta}\right)+\left(\frac{1}{2}i_{\mathrm{b}}^{2}\frac{\mathrm{d}L_{\mathrm{b}}}{\mathrm{d}\theta}+i_{\mathrm{b}}I_f\frac{\mathrm{d}L_{\mathrm{b}f}}{\mathrm{d}\theta}\right) \\ &\quad+\left(\frac{1}{2}i_{\mathrm{c}}^{2}\frac{\mathrm{d}L_{\mathrm{c}}}{\mathrm{d}\theta}+i_{\mathrm{c}}I_f\frac{\mathrm{d}L_{\mathrm{c}f}}{\mathrm{d}\theta}\right)+\frac{1}{2}i_f^2\frac{\mathrm{d}L_f}{\mathrm{d}\theta} \end{aligned} \tag{5.19}$$

而电励磁双凸极电机励磁绕组的自感随其转子位置变化不大，可忽略式(5.19)中的$\frac{1}{2}i_f^2\frac{\mathrm{d}L_f}{\mathrm{d}\theta}$，因此

$$\begin{aligned} T_{\mathrm{e}} &= \left(\frac{1}{2}i_{\mathrm{a}}^{2}\frac{\mathrm{d}L_{\mathrm{a}}}{\mathrm{d}\theta}+i_{\mathrm{a}}I_f\frac{\mathrm{d}L_{\mathrm{a}f}}{\mathrm{d}\theta}\right)+\left(\frac{1}{2}i_{\mathrm{b}}^{2}\frac{\mathrm{d}L_{\mathrm{b}}}{\mathrm{d}\theta}+i_{\mathrm{b}}I_f\frac{\mathrm{d}L_{\mathrm{b}f}}{\mathrm{d}\theta}\right)+\left(\frac{1}{2}i_{\mathrm{c}}^{2}\frac{\mathrm{d}L_{\mathrm{c}}}{\mathrm{d}\theta}+i_{\mathrm{c}}I_f\frac{\mathrm{d}L_{\mathrm{c}f}}{\mathrm{d}\theta}\right) \\ &= T_{\mathrm{a}}+T_{\mathrm{b}}+T_{\mathrm{c}} \end{aligned} \tag{5.20}$$

以 P 相(P=a、b、c)为例，P 相的输出转矩为

$$T_P = T_{P\mathrm{r}}+T_{Pf}=\frac{1}{2}\cdot i_P^2\cdot\frac{\mathrm{d}L_P}{\mathrm{d}\theta}+i_P\cdot i_f\cdot\frac{\mathrm{d}L_{Pf}}{\mathrm{d}\theta} \tag{5.21}$$

其中，$T_{P\mathrm{r}}$ 为电机 P 相磁阻转矩，是由 P 相绕组的自感随电机转子位置变化产生的；T_{Pf} 为电机 P 相励磁转矩，是由电机 P 相电枢绕组与励磁绕组间的互感随其转子位置变化产生的，是电励磁双凸极电机输出转矩的主要部分。

5) 机械方程

$$T - T_1 - c \cdot \omega = J \cdot \frac{\mathrm{d}\omega}{\mathrm{d}t} \tag{5.22}$$

其中，T 为合成转矩；T_1 为负载转矩；c 为阻尼系数；J 为电机转动惯量。

2. 工作原理

当向电励磁双凸极电机的励磁绕组通电时，电机内部会产生一定的磁场分布，此时磁通将依次经过定子轭部、定子齿部、气隙、转子齿部、转子轭部形成闭合回路。如果仅给励磁绕组通电，而各相电枢绕组不通电，由式(5.20)可知，此时电机输出转矩为零，电机无机械能输出，因此为了使电机能够连续转动，需要在给励磁绕组通电的基础上，按照一定的导通顺序给电机三相绕组通电，从而使电机产生稳定的输出转矩。

式(5.21)表明，电励磁双凸极电动机的输出转矩由磁阻转矩与励磁转矩这两部分构成，磁阻转矩的正负仅和电枢绕组的自感变化率大小有关，而与相电流方向无关；励磁转矩的正负不仅与电机电枢绕组和励磁绕组间互感变化率有关，还与相电流方向有关。当电机运行时，若励磁电流保持不变，其相绕组自感 L_P、相绕组与励磁绕组间互感 L_{Pf} 的变化规律如图 5.19 所示，在任意时刻，总有一相绕组电感处于上升区间，另一相绕组电感处于下降区间。为了保证电机电动运行过程中保持正转矩输出，电机相绕组的通电模式一般遵循“电感上升区通正电，电感下降区通负电”的原则，因此从理论而言，电机电动运行时除了可以采用类似于开关磁阻电机的半周控制方法，还可以采用单相控制和两相控制的方法。半周控制仅在绕组电感的上升区通正电，而下降区不通电，这种控制方法简单，但电机仅半周期出力；单相控制指电机在任意时刻只有一相导通，且仅在该相绕组电感上升区通正电流或下降区通负电流，这种方法不仅输出转矩低，而且电机转矩脉动较大；通常采用的是两相控制方法，即电机在任意时刻都有两相绕组通电，其中一相绕组电感处于上升区通正电流，另一相绕组电感处于下降区通负电流，这样可以使电机单位体积出力更大，且转矩脉动相对较小。

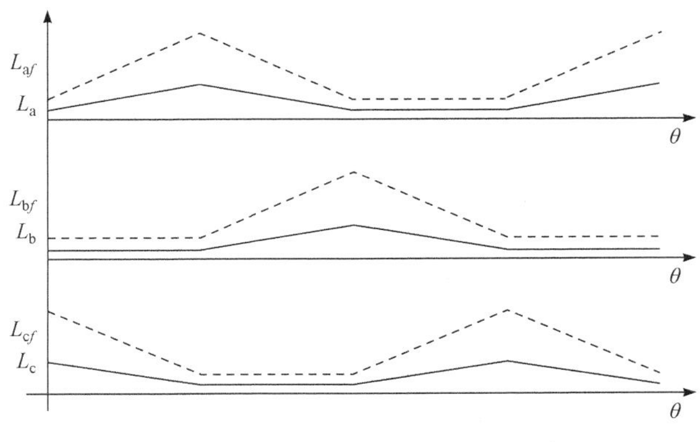

图 5.19　电励磁双凸极电机电感特性曲线

以电机 A、C 两相绕组导通为例，由式(5.21)可知，此时 A、C 两相绕组的输出转矩分别为

$$T_{\mathrm{a}}=\frac{1}{2}\cdot i_{\mathrm{a}}^{2}\cdot\frac{\mathrm{d}L_{\mathrm{a}}}{\mathrm{d}\theta}+i_{\mathrm{a}}\cdot i_{f}\cdot\frac{\mathrm{d}L_{\mathrm{a}f}}{\mathrm{d}\theta}\tag{5.23}$$

$$T_{\mathrm{c}}=\frac{1}{2}\cdot i_{\mathrm{c}}^{2}\cdot\frac{\mathrm{d}L_{\mathrm{c}}}{\mathrm{d}\theta}+i_{\mathrm{c}}\cdot i_{f}\cdot\frac{\mathrm{d}L_{\mathrm{c}f}}{\mathrm{d}\theta}\tag{5.24}$$

电机的合成输出转矩为

$$T_{\mathrm{e}}=T_{\mathrm{a}}+T_{\mathrm{c}}=2i_{\mathrm{a}}\cdot i_{f}\cdot\frac{\mathrm{d}L_{\mathrm{a}f}}{\mathrm{d}\theta}\tag{5.25}$$

由式(5.25)可以看出，采用两相控制方法时，电机输出转矩仅由各相绕组的励磁转矩构成，与磁阻转矩无关。

5.3.2　控制方式与特性分析

电励磁双凸极电动机驱动系统主要由功率变换器、双凸极电动机、位置传感器和控制器四部分组成，其主电路拓扑如图 5.20 所示。当电机运行时，根据其各相绕组换相时刻的不同，其控制策略一般采用标准角控制(Standard Angle Control，SAC)、提前角控制(Advanced Angle Control，AAC)和三相六拍(Three-Phase Six-State，TPSS)控制，其中相对于三相六拍控制而言，前两种控制策略属于三相三拍(Three-Phase Three-State，TPTS)控制。

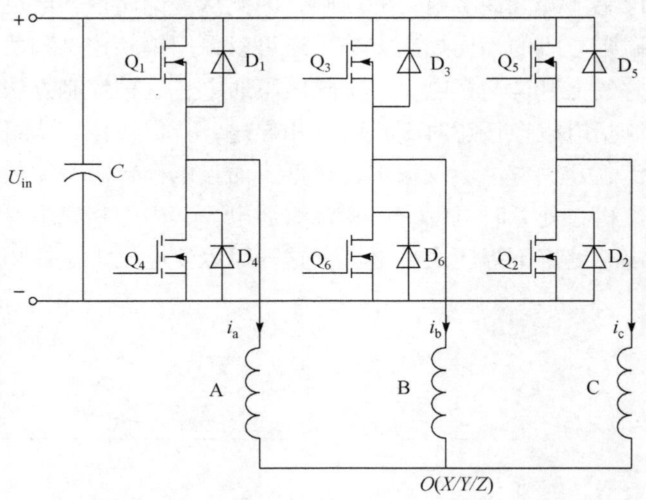

图 5.20　电励磁双凸极电机驱动主电路

为便于分析，在详细介绍上述三种控制策略之前，首先对电机各相绕组的同名端、感应电势和相电流的正方向进行定义。图 5.21(a)给出电机各相磁链以及绕组同名端的定义，图 5.21(b)为电机 A 相绕组等效示意图，此处忽略了绕组电阻和相绕组间的互感。当电机转子按图示方向旋转时，各相绕组所匝链的磁链 ψ_P (P=a、b、c)随转子位置的变化而变化，此时，线圈中将产生感应电势，其方向可由楞次定律确定，即感应电势的正方向与磁链方向满足右手定则，电流与电势的正方向需满足正相关的关系。

电机绕组感应电势的大小为

$$[e]=-\frac{\mathrm{d}[\psi]}{\mathrm{d}t}=-[L]\cdot\frac{\mathrm{d}[i]}{\mathrm{d}t}-\frac{\mathrm{d}[L]}{\mathrm{d}t}\cdot[i] \tag{5.26}$$

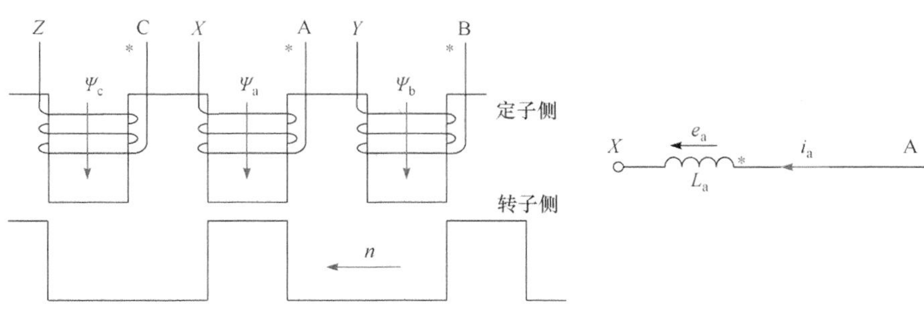

(a) 电机磁链正方向与绕组同名端之间的关系　　(b)电机一相绕组等效电路

图 5.21　绕组电势、磁链、电流正方向以及同名端的定义

由于电动运行时，励磁电流是基本不变的，即 $\frac{\mathrm{d}i_f}{\mathrm{d}t}\approx 0$ ，则以 P 相(P=a、b、c)为例，P 相电枢绕组的感应电势为

$$e_P=-\left(i_P\cdot\frac{\mathrm{d}L_P}{\mathrm{d}\theta}\cdot\omega+i_f\cdot\frac{\mathrm{d}L_{Pf}}{\mathrm{d}\theta}\cdot\omega\right)-L_P\cdot\frac{\mathrm{d}i_P}{\mathrm{d}\theta}\cdot\omega=e_{P0}-L_P\cdot\frac{\mathrm{d}i_P}{\mathrm{d}\theta}\cdot\omega \tag{5.27}$$

式中， $e_{P0}=-\left(i_P\cdot\frac{\mathrm{d}L_P}{\mathrm{d}\theta}\cdot\omega+i_f\cdot\frac{\mathrm{d}L_{Pf}}{\mathrm{d}\theta}\cdot\omega\right)$ 为由绕组电感变化而产生的电势，其中由互感产生的电势 $-i_f\cdot\frac{\mathrm{d}L_{Pf}}{\mathrm{d}\theta}\cdot\omega$ 是其主要部分，称为空载感应电势。为便于分析，假设电机运行时，各相绕组所匝链的磁链呈线性变化，则当电机励磁电流 i_f 与转速 ω 恒定时，电机空载感应电势幅值为一个常数，设为 E_0 ，其正负由电机相绕组和励磁绕组间互感变化率决定。

1. 标准角控制

标准角控制是双凸极电动机运行的最基本控制策略，如图 5.22 所示，通过控制功率变换器各开关管的开通和关闭，使电感处于上升区的相绕组接电源正端，通正电流；电感处

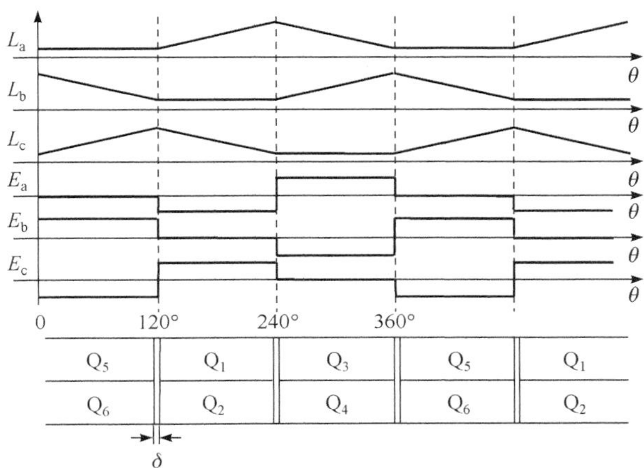

图 5.22　SAC 策略开关逻辑图

于下降区的相绕组接电源负端，通负电流；电感无变化的相绕组不通电。在一个电周期内，电机每隔 120°电角度换相一次，且上、下开关管均同时开通和关断。为防止在绕组换相时刻，同一桥臂的上、下开关管因功率管开通及关断延时而发生直通故障，需在换相时刻插入一定的死区时间δ，在此区间内，各开关管均处于关闭状态。

以 120°换相时刻为例，在死区时间δ内，开关管 Q_5、Q_6 已关断，而开关管 Q_1、Q_2 还未开通，此时由于电机绕组电感的作用，电机相电流不能突变，通过反向二极管 D_2、D_3 续流，从而将电机绕组储存的能量向母线电容回馈。此时电流由电源负端流出，依次经过二极管 D_2、C 相绕组、B 相绕组、二极管 D_3，最终流入电源正端，如图 5.23 所示，该模态可用式(5.28)表示，其中定义流入电机的方向为绕组电流正方向。

$$\begin{cases}-U_{\text{in}}=E_{\text{b}}-E_{\text{c}}+i_{\text{c}}(R_{\text{b}}+R_{\text{c}})+(L_{\text{b}}+L_{\text{c}})\dfrac{\text{d}i_{\text{c}}}{\text{d}t}\\ E_{\text{b}}=E_0,\quad E_{\text{c}}=-E_0\end{cases}\tag{5.28}$$

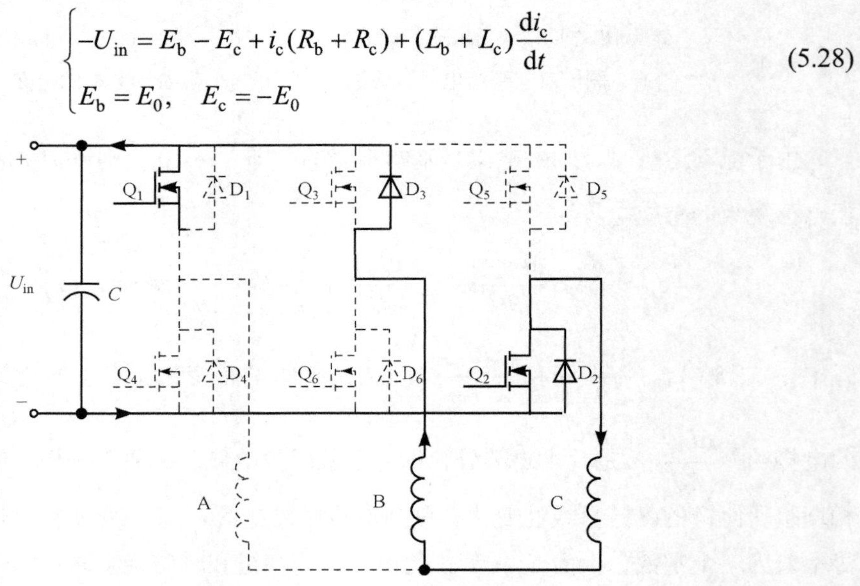

图 5.23　D_2、D_3 导通电路模态

忽略绕组电阻，则此时电机相电流下降率为

$$\frac{\text{d}i_{\text{c}}}{\text{d}t}=-\frac{\text{d}i_{\text{b}}}{\text{d}t}=-\frac{U_{\text{in}}+2E_0}{L_{\text{b}}+L_{\text{c}}}\tag{5.29}$$

当开关管 Q_1、Q_2 开通时，若电机绕组的储能已在换相死区时间内向母线电容回馈完毕，则此时主电路的导通模态如图 5.24 所示，电流由电源 U_{in} 正端流出，依次经过开关管 Q_1、A 相绕组、C 相绕组、开关管 Q_2，最终流入电源 U_{in} 的负端，该导通模态可用式(5.30)表示。

$$\begin{cases}U_{\text{in}}=E_{\text{c}}-E_{\text{a}}+i_{\text{a}}(R_{\text{a}}+R_{\text{c}})+(L_{\text{a}}+L_{\text{c}})\dfrac{\text{d}i_{\text{a}}}{\text{d}t}\\ E_{\text{a}}=-E_0,\quad E_{\text{c}}=E_0\end{cases}\tag{5.30}$$

忽略绕组电阻，则此时电机相电流上升率为

$$\frac{\text{d}i_{\text{a}}}{\text{d}t}=-\frac{\text{d}i_{\text{c}}}{\text{d}t}=\frac{U_{\text{in}}-2E_0}{L_{\text{a}}+L_{\text{c}}}\tag{5.31}$$

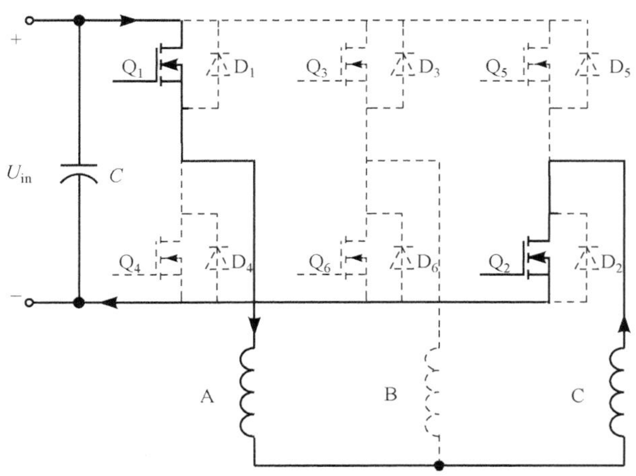

图 5.24　Q1、Q2 导通电路模态

而当电动机在负载力矩比较大的情况下运行时，电机绕组电流比较大，绕组储存的能量往往无法在死区时间内完全回馈，当开关管 Q1、Q2 开通时，主电路存在两支电流回路，如图 5.25 所示，其中一支电流回路为：电流由电源 U_{in} 正端流出，依次经过开关管 Q1、A 相绕组、C 相绕组、开关管 Q2，最终流入电源 U_{in} 的负端；另一支电流回路由开关管 Q1 与二极管 D3 以及 A、B 相绕组组成。该电路模态可用式(5.32)表示。

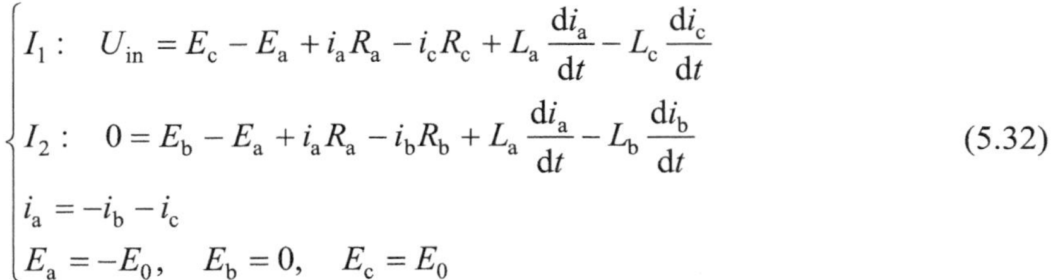

$$\begin{cases} I_1: \quad U_{in} = E_c - E_a + i_a R_a - i_c R_c + L_a \dfrac{di_a}{dt} - L_c \dfrac{di_c}{dt} \\ I_2: \quad 0 = E_b - E_a + i_a R_a - i_b R_b + L_a \dfrac{di_a}{dt} - L_b \dfrac{di_b}{dt} \\ i_a = -i_b - i_c \\ E_a = -E_0, \quad E_b = 0, \quad E_c = E_0 \end{cases} \tag{5.32}$$

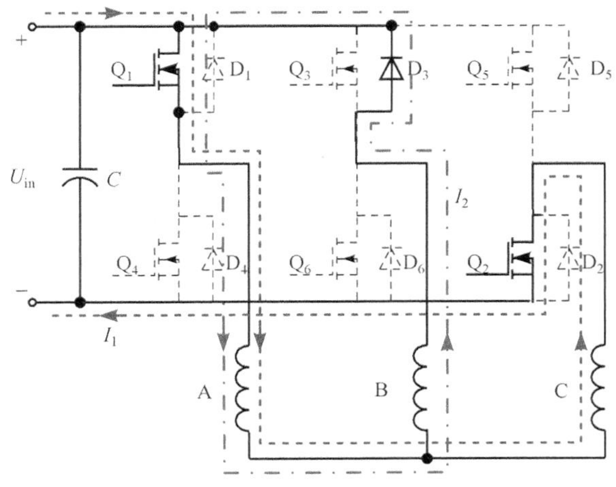

图 5.25　Q1、Q2、D3 导通电路模态

忽略绕组电阻，此时电机相电流变化率为

$$
\begin{cases}
\dfrac{\mathrm{d}i_{\mathrm{a}}}{\mathrm{d}t}=\dfrac{L_{\mathrm{b}}U_{\mathrm{in}}-(2L_{\mathrm{b}}+L_{\mathrm{c}})E_0}{L_{\mathrm{a}}L_{\mathrm{b}}+L_{\mathrm{b}}L_{\mathrm{c}}+L_{\mathrm{c}}L_{\mathrm{a}}} \\
\dfrac{\mathrm{d}i_{\mathrm{b}}}{\mathrm{d}t}=\dfrac{L_{\mathrm{a}}U_{\mathrm{in}}-(L_{\mathrm{a}}-L_{\mathrm{c}})E_0}{L_{\mathrm{a}}L_{\mathrm{b}}+L_{\mathrm{b}}L_{\mathrm{c}}+L_{\mathrm{c}}L_{\mathrm{a}}} \\
\dfrac{\mathrm{d}i_{\mathrm{c}}}{\mathrm{d}t}=-\dfrac{(L_{\mathrm{a}}+L_{\mathrm{b}})U_{\mathrm{in}}-(L_{\mathrm{a}}+2L_{\mathrm{b}})E_0}{L_{\mathrm{a}}L_{\mathrm{b}}+L_{\mathrm{b}}L_{\mathrm{c}}+L_{\mathrm{c}}L_{\mathrm{a}}}
\end{cases}
\tag{5.33}
$$

由式(5.29)、式(5.31)以及式(5.33)可以看出，换相时的电机相电流变化率与相绕组空载感应电势的幅值E_0有关。当电机运行转速较高时，E_0较大，此时开通相(A、C 相)的电流上升率较小，而关断相(B 相)的电流下降率较大。以[120°, 240°]导通区间为例，当开关管 Q_1、Q_2 开通时，相电流 i_{a}、i_{c} 上升率较小，从而使电机相电流有效值 I_{a}、I_{c} 较小，由式(5.34)可知，这会造成电机输出转矩较低，不利于电机出力；另外，当电机换相时，由于绕组电感的存在，相电流不能突变，以 120°换相时刻为例，此时开关管 Q_5、Q_6 关断，Q_1、Q_2 开通，在此换相发生后的一定时间内，电机各相电流存在如下情况：

$$
\begin{cases}
i_{\mathrm{a}}>0, \quad i_{\mathrm{a}}=-(i_{\mathrm{b}}+i_{\mathrm{c}}) \\
i_{\mathrm{b}}<0 \\
i_{\mathrm{c}}>0
\end{cases}
\tag{5.34}
$$

而此时各相绕组自感、互感的变化率如下：

$$
\begin{cases}
\dfrac{\mathrm{d}L_{\mathrm{a}}}{\mathrm{d}\theta}>0, \quad \dfrac{\mathrm{d}L_{\mathrm{a}f}}{\mathrm{d}\theta}>0 \\
\dfrac{\mathrm{d}L_{\mathrm{b}}}{\mathrm{d}\theta}=\dfrac{\mathrm{d}L_{\mathrm{b}f}}{\mathrm{d}\theta}=0 \\
\dfrac{\mathrm{d}L_{\mathrm{c}}}{\mathrm{d}\theta}<0, \quad \dfrac{\mathrm{d}L_{\mathrm{c}f}}{\mathrm{d}\theta}<0
\end{cases}
\tag{5.35}
$$

由式(5.21)可得，此时电机各相绕组输出转矩为

$$
\begin{cases}
T_{\mathrm{a}}=\dfrac{1}{2}\cdot i_{\mathrm{a}}^2\cdot\dfrac{\mathrm{d}L_{\mathrm{a}}}{\mathrm{d}\theta}+i_{\mathrm{a}}\cdot i_f\cdot\dfrac{\mathrm{d}L_{\mathrm{a}f}}{\mathrm{d}\theta}>0 \\
T_{\mathrm{b}}=0 \\
T_{\mathrm{c}}=\dfrac{1}{2}\cdot i_{\mathrm{c}}^2\cdot\dfrac{\mathrm{d}L_{\mathrm{c}}}{\mathrm{d}\theta}+i_{\mathrm{c}}\cdot i_f\cdot\dfrac{\mathrm{d}L_{\mathrm{c}f}}{\mathrm{d}\theta}<0
\end{cases}
\tag{5.36}
$$

因此，电励磁双凸极电动机采用标准角控制策略且负载运行时，在绕组换相时刻，电机仅单相绕组出力，另一相绕组输出负转矩，从而使电机合成输出转矩产生较大的脉动。

2. 提前角控制

为了提高电机输出转矩和功率，需提高换相时电机开通相的电流上升率，加大电机在有效转矩区内的电流值。因此，在标准角控制基础上，将主电路的上、下开关管均适当提前一个角度α开通和关闭，实现电机的提前换相，即提前角控制，如图 5.26 所示。

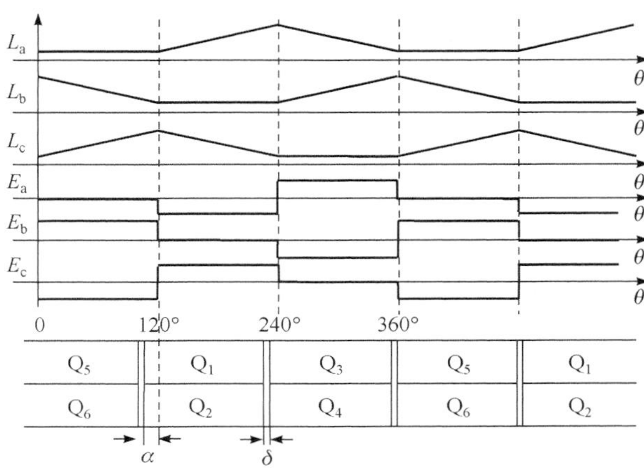

图 5.26　AAC 策略开关逻辑图

在提前角区间[120° −α，120°]内，当开关管 Q_1、Q_2 开通时，若电机绕组的储能已在换相死区时间内向母线电容回馈完毕，则主电路的导通模态如图 5.24 所示，该模态可用式(5.37)表示。

$$\begin{cases}U_{in}=E_c-E_a+i_a(R_a+R_c)+(L_a+L_c)\dfrac{di_a}{dt}\\E_a=0,\quad E_c=-E_0\end{cases}\tag{5.37}$$

忽略绕组电阻，则此时电机相电流变化率为

$$\frac{di_a}{dt}=-\frac{di_c}{dt}=\frac{U_{in}+E_0}{L_a+L_c}\tag{5.38}$$

当电动机负载运行时，绕组储存的能量无法在死区时间内完全回馈，当开关管 Q_1、Q_2 开通时，主电路也存在两支电流回路，其导通模态与图 5.25 相同，此时可用式(5.39)表示。

$$\begin{cases}I_1:\quad U_{in}=E_c-E_a+i_aR_a-i_cR_c+L_a\dfrac{di_a}{dt}-L_c\dfrac{di_c}{dt}\\I_2:\quad 0=E_b-E_a+i_aR_a-i_bR_b+L_a\dfrac{di_a}{dt}-L_b\dfrac{di_b}{dt}\\i_a=-i_b-i_c\\E_a=0,\quad E_b=E_0,\quad E_c=-E_0\end{cases}\tag{5.39}$$

忽略绕组电阻，则此时相电流变化率为

$$\begin{cases}\dfrac{di_a}{dt}=\dfrac{L_bU_{in}+(L_b-L_c)E_0}{L_aL_b+L_bL_c+L_cL_a}\\\dfrac{di_b}{dt}=\dfrac{L_aU_{in}+(2L_a+L_c)E_0}{L_aL_b+L_bL_c+L_cL_a}\\\dfrac{di_c}{dt}=-\dfrac{(L_a+L_b)U_{in}+(2L_a+L_b)E_0}{L_aL_b+L_bL_c+L_cL_a}\end{cases}\tag{5.40}$$

将式(5.38)和式(5.40)分别与采用标准角控制时各相电流的变化率进行比较，可以发现，采用提前角控制策略可以提高电机相电流上升率，即可提高电机相电流有效值，从而提高电机平均输出转矩和输出功率，有利于电机出力。

在电机换相时刻，即开关管 Q_5、Q_6 关断，Q_1、Q_2 开通，在此换相后的一定时间内，电机各相电流仍与式(5.34)相同，此时各相绕组自感、互感的变化率如下：

$$\begin{cases}\dfrac{\mathrm{d}L_{\mathrm{a}}}{\mathrm{d}\theta}=\dfrac{\mathrm{d}L_{\mathrm{a}f}}{\mathrm{d}\theta}=0\\ \dfrac{\mathrm{d}L_{\mathrm{b}}}{\mathrm{d}\theta}<0,\quad \dfrac{\mathrm{d}L_{\mathrm{b}f}}{\mathrm{d}\theta}<0\\ \dfrac{\mathrm{d}L_{\mathrm{c}}}{\mathrm{d}\theta}>0,\quad \dfrac{\mathrm{d}L_{\mathrm{c}f}}{\mathrm{d}\theta}>0\\ \dfrac{\mathrm{d}L_{\mathrm{b}}}{\mathrm{d}\theta}=-\dfrac{\mathrm{d}L_{\mathrm{c}}}{\mathrm{d}\theta},\quad \dfrac{\mathrm{d}L_{\mathrm{b}f}}{\mathrm{d}\theta}=-\dfrac{\mathrm{d}L_{\mathrm{c}f}}{\mathrm{d}\theta}\end{cases} \tag{5.41}$$

电机各相绕组输出转矩为

$$\begin{cases}T_{\mathrm{a}}=0\\ T_{\mathrm{b}}=\dfrac{1}{2}\cdot i_{\mathrm{b}}^2\cdot\dfrac{\mathrm{d}L_{\mathrm{b}}}{\mathrm{d}\theta}+i_{\mathrm{b}}\cdot i_f\cdot\dfrac{\mathrm{d}L_{\mathrm{b}f}}{\mathrm{d}\theta}>0\\ T_{\mathrm{c}}=\dfrac{1}{2}\cdot i_{\mathrm{c}}^2\cdot\dfrac{\mathrm{d}L_{\mathrm{c}}}{\mathrm{d}\theta}+i_{\mathrm{c}}\cdot i_f\cdot\dfrac{\mathrm{d}L_{\mathrm{c}f}}{\mathrm{d}\theta}>0\end{cases} \tag{5.42}$$

由式(5.42)可以看出，电励磁双凸极电动机采用提前角控制且带载运行时，电机绕组换相后仍是两相同时出力，因此与标准角控制相比，采用提前角控制有助于抑制电机转矩脉动。但是，如果提前角度α太大，在提前角度区内，电机 C 相绕组有负电流产生，此时$T_{\mathrm{c}}<0$，即该相绕组输出负转矩，电机仅单相出力，从而会造成电机合成输出转矩出现较大脉动。由此可见，采用提前角控制时应合理选取提前角度值α，否则不利于电机稳定运行。

提前角控制策略是在标准角策略的基础上通过移相控制的方法完成的，即通过检测 A 相位置信号 Pa 的变化来产生开关管 Q_3、Q_4 的驱动信号，检测 B 相位置信号 Pb 的变化来产生开关管 Q_5、Q_6 的驱动信号，检测 C 相位置信号 Pc 的变化产生开关管 Q_1、Q_2 的驱动信号。

3. 三相六拍控制

采用上述两种控制策略时，电机在一个电周期内共换相三次，且每次换相时上、下开关管均同时开通和关断，因此主电路在一个电周期内共有三种开关状态。这种在一个电周期内电机绕组换相三次、开关管有三种开关状态的控制策略称作三相三拍控制策略。

采用三相三拍控制时，为了避免上、下开关管出现直通现象，需要在换相时刻加入一定的死区时间，由式(5.29)可知，在死区时间内电机相电流下降率较大，这会导致电机输出转矩瞬时减小，从而引起较大的转矩脉动。因此，为了在提高电机平均输出功率的同时，进一步减小电机转矩脉动，还可以采用三相六拍控制策略，即在主电路上、下开关管开通和关断的同时提前一个角度(定义为α)的基础上，将主电路各上管的开通和关断时刻再提前另一个角度(定义为β)。采用这种控制策略时，不需要在电机换相时刻加入死区时间，系统主电路开关管在一个电周期内共有六种开关状态，如图 5.27 所示。

当开关管 Q_5 关断、Q_1 开通、Q_6 保持开通时，即在区间[120°−α−β, 120°−α]内，系统存在如图 5.28 所示的两条电流回路。

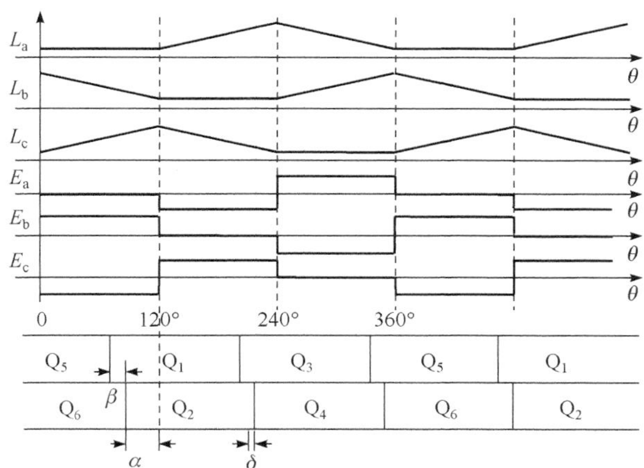

图 5.27　TPSS 策略开关逻辑图

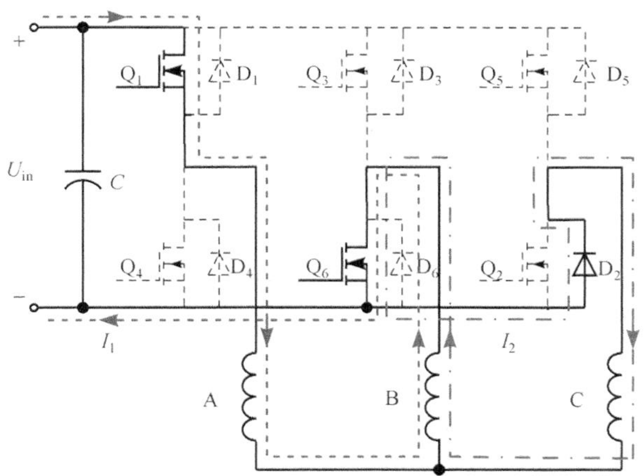

图 5.28　Q_5 关断，Q_1 开通时的电路模态

该电路模态可用式(5.43)表示：

$$\begin{cases} I_1: \quad U_{in} = E_b - E_a + i_a R_a - i_b R_b + L_a \dfrac{di_a}{dt} - L_b \dfrac{di_b}{dt} \\ I_2: \quad 0 = E_b - E_c - i_b R_b + i_c R_c - L_b \dfrac{di_b}{dt} + L_c \dfrac{di_c}{dt} \\ i_b = -i_a - i_c \\ E_a = 0, \quad E_b = E_0, \quad E_c = -E_0 \end{cases} \tag{5.43}$$

忽略绕组电阻，则此时相电流变化率为

$$\begin{cases}\dfrac{\mathrm{d}i_{\mathrm{a}}}{\mathrm{d}t}=\dfrac{(L_{\mathrm{b}}+L_{\mathrm{c}})U_{\mathrm{in}}+(L_{\mathrm{b}}-L_{\mathrm{c}})E_0}{L_{\mathrm{a}}L_{\mathrm{b}}+L_{\mathrm{b}}L_{\mathrm{c}}+L_{\mathrm{c}}L_{\mathrm{a}}}\\ \dfrac{\mathrm{d}i_{\mathrm{b}}}{\mathrm{d}t}=\dfrac{-L_{\mathrm{c}}U_{\mathrm{in}}+(2L_{\mathrm{a}}+L_{\mathrm{c}})E_0}{L_{\mathrm{a}}L_{\mathrm{b}}+L_{\mathrm{b}}L_{\mathrm{c}}+L_{\mathrm{c}}L_{\mathrm{a}}}\\ \dfrac{\mathrm{d}i_{\mathrm{c}}}{\mathrm{d}t}=-\dfrac{L_{\mathrm{b}}U_{\mathrm{in}}+(2L_{\mathrm{a}}+L_{\mathrm{b}})E_0}{L_{\mathrm{a}}L_{\mathrm{b}}+L_{\mathrm{b}}L_{\mathrm{c}}+L_{\mathrm{c}}L_{\mathrm{a}}}\end{cases} \tag{5.44}$$

比较式(5.39)和式(5.44)可得，采用三相六拍控制时，在主电路换相时刻电机相电流下降率相对较小，避免了三相三拍控制由于死区时间的存在而引起的转矩脉动。此时电机各相绕组输出转矩与式(5.42)相同，电机合成输出转矩为

$$\begin{aligned}T_{\mathrm{e}}&=T_{\mathrm{a}}+T_{\mathrm{b}}+T_{\mathrm{c}}\\&=0+\left(\frac{1}{2}\cdot i_{\mathrm{b}}^2\cdot\frac{\mathrm{d}L_{\mathrm{b}}}{\mathrm{d}\theta}+i_{\mathrm{b}}\cdot i_f\cdot\frac{\mathrm{d}L_{\mathrm{b}f}}{\mathrm{d}\theta}\right)+\left(\frac{1}{2}\cdot i_{\mathrm{c}}^2\cdot\frac{\mathrm{d}L_{\mathrm{c}}}{\mathrm{d}\theta}+i_{\mathrm{c}}\cdot i_f\cdot\frac{\mathrm{d}L_{\mathrm{c}f}}{\mathrm{d}\theta}\right)\\&=\frac{1}{2}\cdot(i_{\mathrm{c}}^2-i_{\mathrm{b}}^2)\cdot\frac{\mathrm{d}L_{\mathrm{c}}}{\mathrm{d}\theta}+(i_{\mathrm{c}}-i_{\mathrm{b}})\cdot i_f\cdot\frac{\mathrm{d}L_{\mathrm{c}f}}{\mathrm{d}\theta}\end{aligned} \tag{5.45}$$

由式(5.40)和式(5.44)可得 $\left.\dfrac{\mathrm{d}i_{\mathrm{b}}}{\mathrm{d}t}\right|_{\mathrm{AAC}}>\left.\dfrac{\mathrm{d}i_{\mathrm{b}}}{\mathrm{d}t}\right|_{\mathrm{TPSS}}>0$，$\left.\dfrac{\mathrm{d}i_{\mathrm{c}}}{\mathrm{d}t}\right|_{\mathrm{AAC}}<\left.\dfrac{\mathrm{d}i_{\mathrm{c}}}{\mathrm{d}t}\right|_{\mathrm{TPSS}}<0$，由于 $\dfrac{\mathrm{d}L_P}{\mathrm{d}\theta}\ll\dfrac{\mathrm{d}L_{Pf}}{\mathrm{d}\theta}$，忽略电机磁阻转矩对电机转矩输出的影响，则当电机在相同时刻换相时，有

$$T_{\mathrm{e}}\big|_{\mathrm{TPSS}}-T_{\mathrm{e}}\big|_{\mathrm{AAC}}\approx\left[(i_{\mathrm{c}}\big|_{\mathrm{TPSS}}-i_{\mathrm{c}}\big|_{\mathrm{AAC}})+(i_{\mathrm{b}}\big|_{\mathrm{AAC}}-i_{\mathrm{b}}\big|_{\mathrm{TPSS}})\right]\cdot i_f\cdot\frac{\mathrm{d}L_{\mathrm{c}f}}{\mathrm{d}\theta}>0 \tag{5.46}$$

因此，与提前角控制相比，采用三相六拍控制可以进一步抑制电机转矩脉动、提高电机输出转矩、优化电机运行性能。但是，若上管提前角度 β 太大，仍会出现电机单相绕组出力的情况，不利于电机输出转矩的提高。因此，采用三相六拍控制时，应根据电机的负载大小，合理选取提前角 α 和 β，当电机空载或轻载运行时，应选取较小的提前角度；反之，应选取较大的提前角度。

下面给出采用 CPLD 实现三相六拍控制的思路。三相六拍控制的实现依然是借鉴提前角控制中的移相思想，即检测 A 相位置信号 Pa 的变化，通过软件计数输出某提前角度下的上管 Q_3 控制信号，然后检测 Q_3 控制信号的变化，同样采用软件计数的方法输出下管 Q_4 的控制信号，其他各开关控制信号的产生方法与此类似。

同样以 A 相位置信号 Pa 为例，当 CPLD 检测到 P1 的上升沿后，开始对脉冲信号 P0 进行计数，当计数值 CNT2 达到 MAX1 值时，控制主电路上管 Q_3 开通；而当检测到 P1 的下降沿时，每检测到一个脉冲信号就对计数值 CNT2 进行"减 1"操作，直至 CNT2=0，此后控制上管 Q_3 关断，如此循环；主电路下管 Q_4 的驱动信号是根据检测上管 Q_3 的驱动信号，并采用与上述类似的方法产生的，其程序流程图和程序仿真波形分别如图 5.29 和图 5.30 所示。开关管提前角度 α、β 的大小分别由 MAX1 和 MAX2 的值确定，关系如下：

$$\alpha=120^\circ-0.7^\circ\times(\mathrm{MAX1}+\mathrm{MAX2}) \tag{5.47}$$

$$\beta=0.7^\circ\times\mathrm{MAX2} \tag{5.48}$$

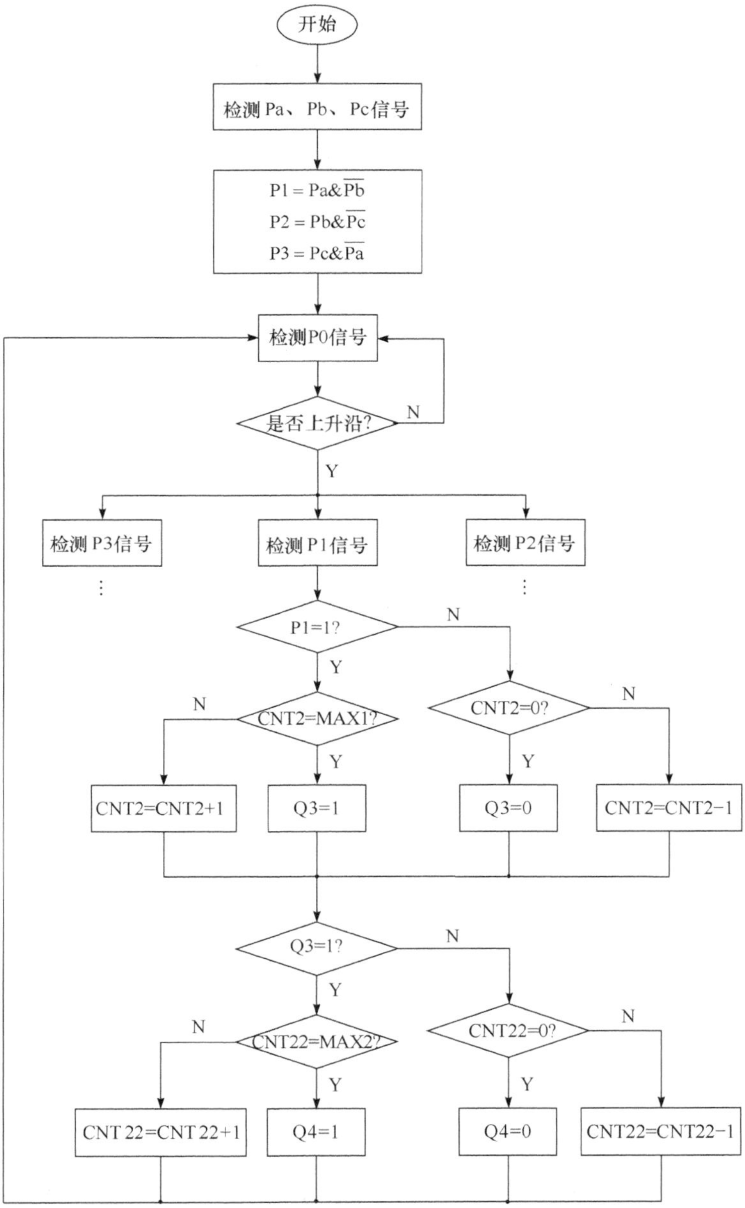

开始

检测 Pa、Pb、Pc信号

$P1 = Pa\&\overline{Pb}$

$P2 = Pb\&\overline{Pc}$

$P3 = Pc\&\overline{Pa}$

检测P0信号

是否上升沿?　N　Y

检测 P3信号　检测 P1信号　检测 P2信号

P1=1?　N　Y

CNT2=MAX1?　N　Y　CNT2=0?　N　Y

CNT2=CNT2+1　Q3=1　Q3=0　CNT2=CNT2−1

Q3=1?　N　Y

CNT22=MAX2?　N　Y　CNT22=0?　N　Y

CNT 22=CNT 22+1　Q4=1　Q4=0　CNT22=CNT22−1

图 5.29　三相六拍控制程序流程图

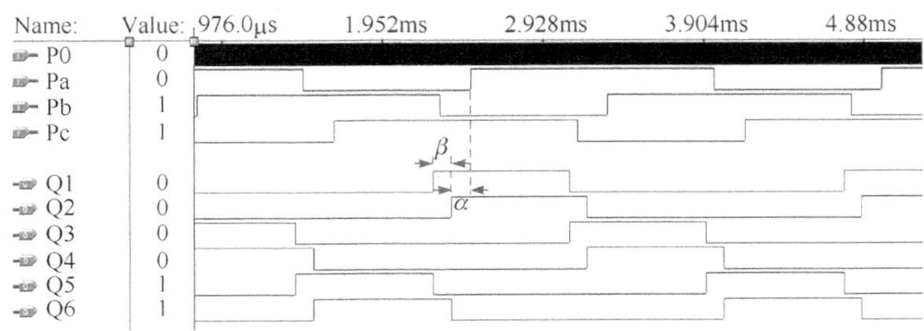

图 5.30　三相六拍控制程序仿真波形

5.4　磁通切换型电机及其控制

磁通切换型永磁电机作为一种新型结构的定子永磁型电机，其结构完全不同于转子永磁型电机，FSPM 电机的转子部分和开关磁阻电机相似，均为凸极结构，转子上既无绕组也无永磁体，结构非常简单。

5.4.1　永磁磁通切换电机

本章节以永磁磁通切换电机为例来介绍磁通切换电机的基本构成和工作原理。如图 5.31 所示，永磁磁通切换(FSPM)电机可以视为在开关磁阻电机的定子齿中嵌入永磁体的凸极类电机。

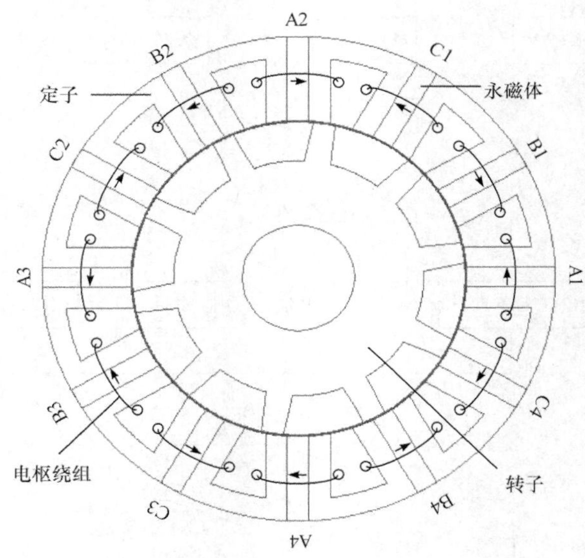

图 5.31　永磁磁通切换电机

如图 5.32 所示，对于永磁双凸极(DSPM)电机，定子轭高 h_{ys}，定子齿宽 h_{ts}，定子槽宽 h_{slot}，转子齿尖宽 h_{tr1} 满足关系如下：

$$h_{ys} = h_{ts} = h_{slot} = h_{tr1} = \frac{360°}{2P_s} \tag{5.49}$$

而对于 FSPM 电机，其满足关系如下：

$$h_{ys} = h_{ts} = h_{slot} = h_{tr1} = \frac{360°}{4P_s} \tag{5.50}$$

式中，P_s 为定子齿数。

FSPM 电机的工作原理分别如图 5.33 所示，图 5.34 给出了电机的永磁磁场分布。随着转子位置的变化，电机电枢绕组中所匝链的永磁磁链发生变化，从而产生电动势。但值得注意的是：与 DSPM 电机不同的是，FSPM 电机永磁磁链体现为双极性，如图 5.33 所示。

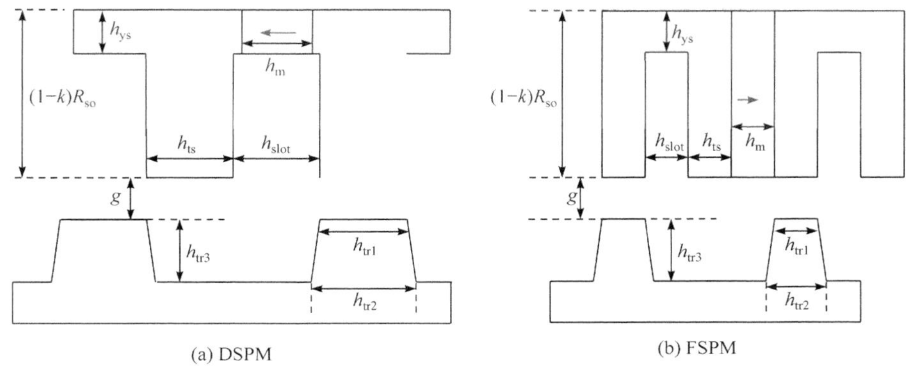

图 5.32　DSPM 电机和 FSPM 电机基本尺寸标识

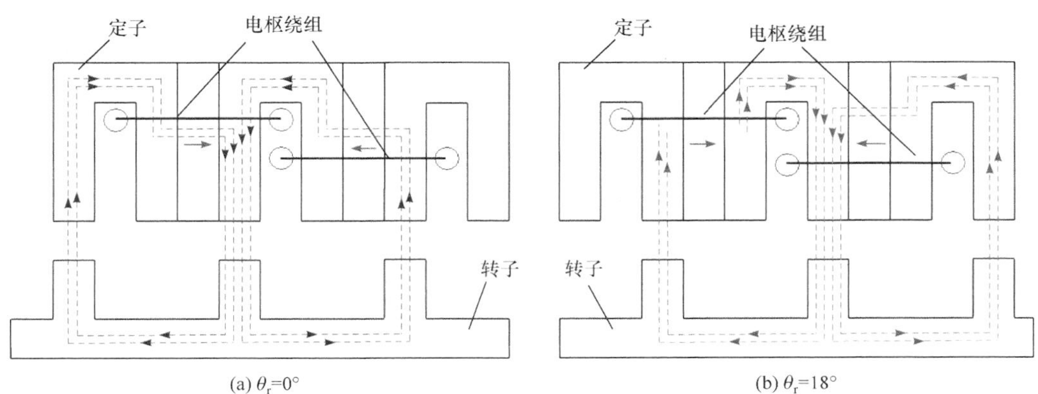

图 5.33　FSPM 电机工作原理

图 5.35 给出了给出了 FSPM 电机的空载定子磁链(永磁磁链)和反电动势。从图中可以看出，FSPM 电机由于具有谐波互补优势，定子磁链和反电动势具有较高的正弦度，因此适合运行在 BLAC 模式。

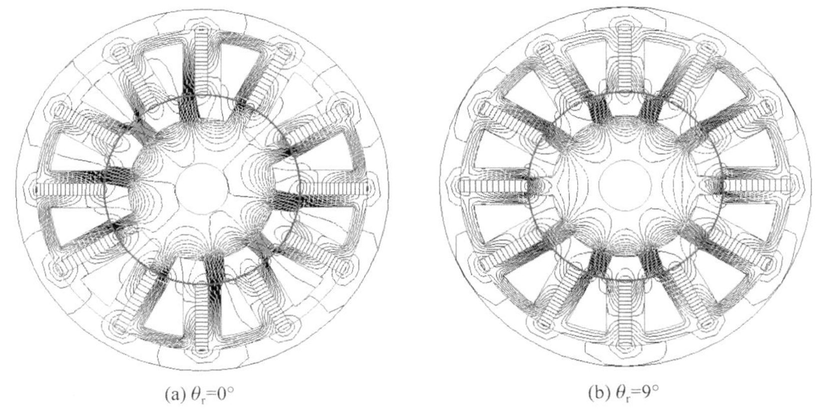

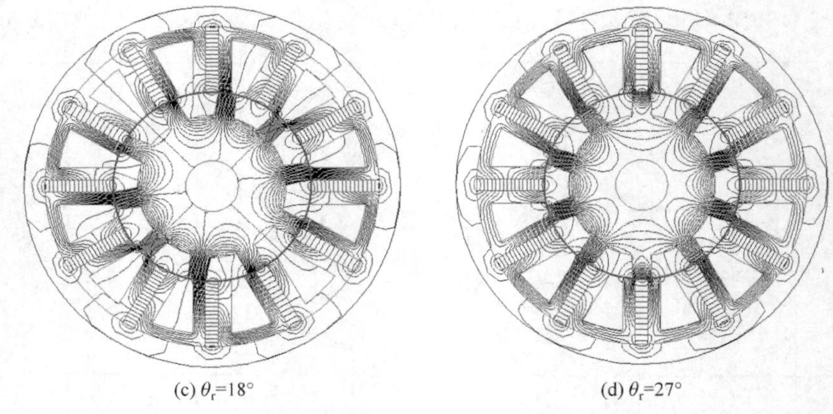

图 5.34　FSPM 电机永磁磁场分布

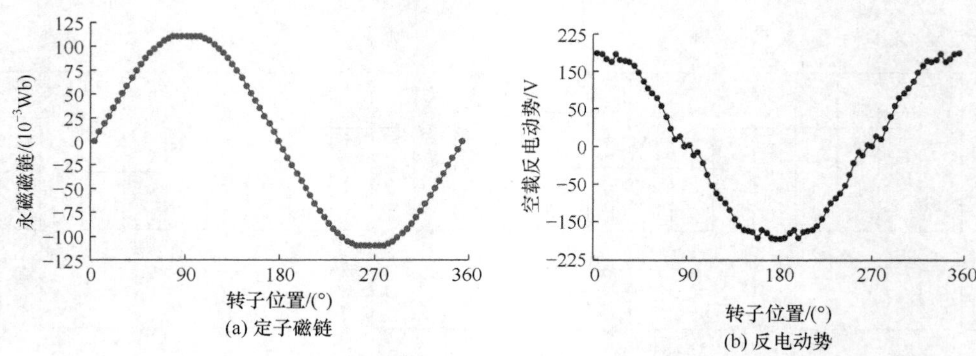

图 5.35　FSPM 电机定子磁链和反电动势(有限元仿真波形)

5.4.2　控制方式及特性分析

图 5.36 给出了 12/10 FSPM 电机同步旋转坐标 d-q 轴定义，其中α-β为电机两相静止坐标。当转子齿 1 处于位置 A(转子齿 1 轴线与定子齿 A1 轴线夹角为 9°)，同步旋转坐标 d 轴与α轴重合。当转子齿 1 处于位置 B(转子齿 1 轴线与定子齿 A1 轴线重合)，同步旋转坐标 d 轴与β轴重合。永磁磁通切换电机的数学模型推导如下。

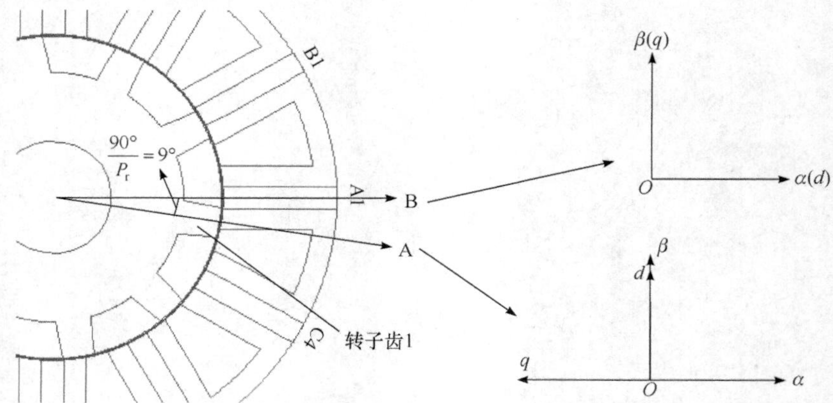

图 5.36　12/10 FSPM 电机同步旋转坐标 d-q 轴定义

根据图 5.35，由于绕组互补的作用，12/10 FSPM 电机永磁磁链具有较高的正弦度，在忽略谐波的条件下，12/10 FSPM 电机永磁磁链表达式如下所示：

$$\begin{cases}\Psi_{\text{pm-a}}=\Psi_{\text{pm}}\cos(P_{\text{r}}\theta_{\text{r}})=\Psi_{\text{pm}}\cos(P_{\text{r}}\omega_{\text{r}}t)\\ \Psi_{\text{pm-b}}=\Psi_{\text{pm}}\cos(P_{\text{r}}\theta_{\text{r}}-120°)=\Psi_{\text{pm}}\cos(P_{\text{r}}\omega_{\text{r}}t-120°)\\ \Psi_{\text{pm-c}}=\Psi_{\text{pm}}\cos(P_{\text{r}}\theta_{\text{r}}+120°)=\Psi_{\text{pm}}\cos(P_{\text{r}}\omega_{\text{r}}t+120°)\end{cases} \tag{5.51}$$

式中，$\Psi_{\text{pm-a}}$、$\Psi_{\text{pm-b}}$、$\Psi_{\text{pm-c}}$ 分别为电机三相电枢绕组的永磁磁链；Ψ_{pm} 为永磁磁链幅值；P_{r} 为转子齿数；θ_{r} 为转子齿 1 与图 5.36 中位置 A 的夹角(机械角度)；ω_{r} 为电机的机械同步角频率。

将式(5.51)对时间 t 求导：

$$\begin{cases}e_{\text{a0}}=-\Psi_{\text{pm}}P_{\text{r}}\omega_{\text{r}}\sin(P_{\text{r}}\omega_{\text{r}}t)=-E\sin(P_{\text{r}}\omega_{\text{r}}t)\\ e_{\text{b0}}=-\Psi_{\text{pm}}P_{\text{r}}\omega_{\text{r}}\sin(P_{\text{r}}\omega_{\text{r}}t-120°)=-E\sin(P_{\text{r}}\omega_{\text{r}}t-120°)\\ e_{\text{c0}}=-\Psi_{\text{pm}}P_{\text{r}}\omega_{\text{r}}\sin(P_{\text{r}}\omega_{\text{r}}t+120°)=-E\sin(P_{\text{r}}\omega_{\text{r}}t+120°)\end{cases} \tag{5.52}$$

式中，e_{a0}、e_{b0}、e_{c0} 分别为电机三相电枢绕组的空载反电动势；E 为空载反电动势幅值。

图 5.37 为 FSPM 电机的电枢绕组的自感和互感，忽略电感中的高次谐波，FSPM 电机的自感表达式如下所示：

$$\begin{cases}L_{\text{a}}=L_0-L_{\text{m}}\cos(2P_{\text{r}}\theta_{\text{r}})\\ L_{\text{b}}=L_0-L_{\text{m}}\cos(2P_{\text{r}}\theta_{\text{r}}+120°)\\ L_{\text{c}}=L_0-L_{\text{m}}\cos(2P_{\text{r}}\theta_{\text{r}}-120°)\end{cases} \tag{5.53}$$

式中，L_0 为自感的直流分量；L_{m} 为自感的二次谐波分量幅值。

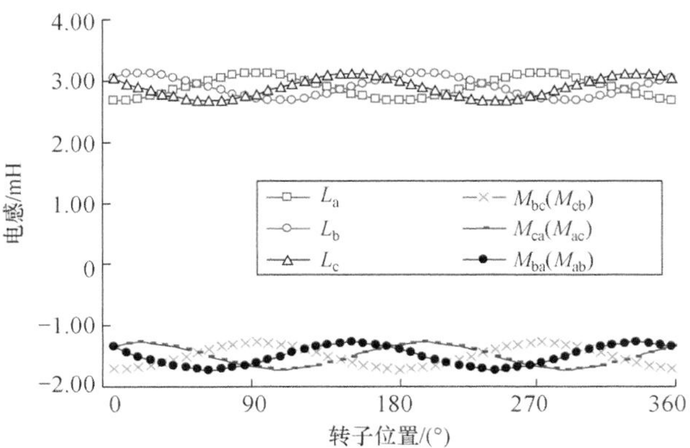

图 5.37　FSPM 电机电感(仿真数据)

忽略高次谐波，FSPM 电机的互感表达式如下所示：

$$\begin{cases}M_{\text{ab}}=M_{\text{ba}}=M_0-M_{\text{m}}\cos(2P_{\text{r}}\theta_{\text{r}}-120°)\\ M_{\text{bc}}=M_{\text{cb}}=M_0-M_{\text{m}}\cos(2P_{\text{r}}\theta_{\text{r}})\\ M_{\text{ca}}=M_{\text{ac}}=M_0-M_{\text{m}}\cos(2P_{\text{r}}\theta_{\text{r}}+120°)\end{cases} \tag{5.54}$$

式中，M_0为互感的直流分量；M_m为互感的二次谐波分量幅值。

三相电枢绕组电流表达式如下所示：

$$\begin{cases} i_a = I_m \sin(P_r\theta_r + \beta) \\ i_b = I_m \sin(P_r\theta_r - 120° + \beta) \\ i_c = I_m \sin(P_r\theta_r + 120° + \beta) \end{cases} \tag{5.55}$$

式中，I_m为电枢电流幅值；β为i_a与e_{a0}的夹角。

根据式(5.50)～式(5.55)，电机定子磁链的表达式如下所示：

$$\begin{bmatrix} \varPsi_{sa} \\ \varPsi_{sb} \\ \varPsi_{sc} \end{bmatrix} = \begin{bmatrix} L_a & M_{ab} & M_{ac} \\ M_{ba} & L_b & M_{bc} \\ M_{ca} & M_{cb} & L_c \end{bmatrix} \begin{bmatrix} i_a \\ i_b \\ i_c \end{bmatrix} + \begin{bmatrix} \varPsi_{pm\text{-}a} \\ \varPsi_{pm\text{-}b} \\ \varPsi_{pm\text{-}c} \end{bmatrix} \tag{5.56}$$

将式(5.50)～式(5.55)代入式(5.56)，并对时间t求导，可得

$$\begin{bmatrix} u_{sa} \\ u_{sb} \\ u_{sc} \end{bmatrix} - R\begin{bmatrix} i_a \\ i_b \\ i_c \end{bmatrix} = (L_0 - M_0)\frac{d}{dt}\begin{bmatrix} i_a \\ i_b \\ i_c \end{bmatrix} + \frac{d}{dt}\begin{bmatrix} \varPsi'_a \\ \varPsi'_b \\ \varPsi'_c \end{bmatrix} + \begin{bmatrix} e_{a0} \\ e_{b0} \\ e_{c0} \end{bmatrix} = \begin{bmatrix} e_a \\ e_b \\ e_c \end{bmatrix} \tag{5.57}$$

式中，u_{sa}、u_{sb}、u_{sc}分别为三相电枢绕组电压；R为电枢绕组的电阻；e_a、e_b、e_c分别为三相电枢绕组的负载反电动势。$\varPsi'_a$、$\varPsi'_b$、$\varPsi'_c$表达式如下所示：

$$\begin{bmatrix} \varPsi'_a \\ \varPsi'_b \\ \varPsi'_c \end{bmatrix} = -L_m \begin{bmatrix} \cos(2P_r\theta_r) & \cos(2P_r\theta_r - 120°) & \cos(2P_r\theta_r + 120°) \\ \cos(2P_r\theta_r - 120°) & \cos(2P_r\theta_r + 120°) & \cos(2P_r\theta_r) \\ \cos(2P_r\theta_r + 120°) & \cos(2P_r\theta_r) & \cos(2P_r\theta_r - 120°) \end{bmatrix} \begin{bmatrix} i_a \\ i_b \\ i_c \end{bmatrix} \tag{5.58}$$

根据式(5.50)～式(5.58)，电机的电磁转矩表达式如下所示：

$$T = \frac{P_{em}}{\omega_r} = \frac{e_{a0}i_a + e_{b0}i_b + e_{c0}i_c}{\omega_r} + \frac{(d\varPsi'_a/dt)i_a + (d\varPsi'_b/dt)i_b + (d\varPsi'_c/dt)i_c}{\omega_r} = T_e + T_r \tag{5.59}$$

式中，P_{em}为电机的电磁功率；T_r为电机的磁阻转矩：

$$T_r = \frac{(d\varPsi'_a/dt)i_a + (d\varPsi'_b/dt)i_b + (d\varPsi'_c/dt)i_c}{\omega_r} \tag{5.60}$$

T_e为永磁磁场和电枢磁场相互作用产生的电磁转矩：

$$T_e = \frac{e_{a0}i_a + e_{b0}i_b + e_{c0}i_c}{\omega_r} \tag{5.61}$$

在 FSPM 电机中，T_e远远大于T_r，所以 FSPM 电机的电磁转矩主要由T_e提供。

根据式(5.50)～式(5.58)，式(5.61)可以表示为

$$T_e = \frac{3}{2}P_r\varPsi_e I_m \cos\beta \tag{5.62}$$

图 5.38 给出了 FSPM 电机的矢量图，$\vec{\varPsi}_s$为定子磁链矢量，$\vec{\varPsi}_{pm}$为永磁磁链矢量，$\vec{i}_s$为

定子电流矢量，L_d 为电枢绕组 d 轴电感，L_q 为电枢绕组 q 轴电感。根据图 5.38，式(5.62)可以表示为

$$T_{\mathrm{e}}=\frac{3}{2L_q}P_{\mathrm{r}}\left|\vec{\Psi}_{\mathrm{s}}\times\vec{\Psi}_{\mathrm{pm}}\right|=\frac{3}{2L_q}P_{\mathrm{r}}\Psi_{\mathrm{s}}\Psi_{\mathrm{pm}}\sin\delta \tag{5.63}$$

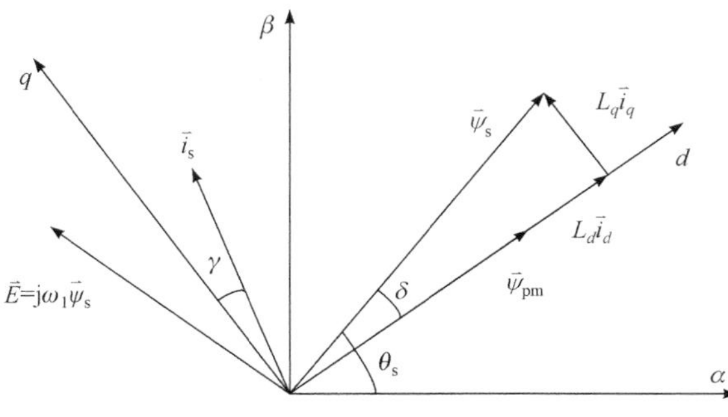

图 5.38　FSPM 电机矢量图

从式(5.62)和式(5.63)可以看出，FSPM 电机的转矩表达式与传统的永磁同步电机相同，因而永磁同步电机经典的控制算法(矢量控制、直接转矩控制)可以直接移植到 FSPM 电机上，在此不再赘述。

5.4.3　永磁磁通切换电机的特点

(1) 永磁磁通切换电机既具备 DSPM 电机和 SRM 电机转子结构简单、适合高速运行、冷却方便等优点，又拥有转子永磁型电机空载磁链为双极性的优点。

(2) 永磁磁通切换电机具有内嵌式永磁电机聚磁效应的特点，使得气隙磁场可以设计得很大(可达 2.5T)；具有功率密度大的特点，特别适合于严格限制电机尺寸同时又需要较高出力的场合，如航空、航天、航海和电动汽车等领域。

(3) 电枢反应磁场和永磁磁场的磁路并联，具有很强的抗退磁能力。

(4) 相比较 DSPM 电机，FSPM 电机绕组具有互补型特点，可以减少或抵消永磁磁链和反电动势波形中的高次谐波分量，在采用定子集中绕组和转子直槽的条件下就可以获得较高的正弦度，较适合无刷交流的方式运行。

(5) 电机的结构和工艺较为复杂，由于磁阻效应的存在，电机数学模型较为复杂，铁损耗较大，相比较于永磁同步电机，其输出机械特性偏软。

5.5　双凸极类电动机的应用和发展

双凸极类电机定子、转子均为凸极结构，其中转子上无线圈或永磁体结构尤其简单。与永磁无刷直流电机相比，双凸极类电机无须对转子采取特殊加固措施来防止永磁体在转动过程中脱落；而对于安装在定子上的永磁体，散热也更加容易，可以有效地防止永磁体高温退磁的问题。因此凸极类电机在高温、高转速、高容错要求的应用场合具有明显优势。

5.5.1 开关磁阻电机的技术发展和应用

开关磁阻电机这一术语首次出现在英国 Lawrenson 教授课题组于 1980 年发表的论文中。欧美等国家和地区对开关磁阻电机的理论研究与工程实践给予了高度重视，对 SRM 在航空航天、混合动力汽车、分布式电源等领域的应用进行了广泛而深入的研究，并取得了丰硕的研究成果，其中部分成果已经进入工程应用。自 1984 年以来，南京航空航天大学、浙江大学、华中科技大学、中国矿业大学及北京中纺锐力机电有限公司等我国的高校和研究机构也展开了一系列关于开关磁阻电机的研究及产业化推广工作。

1. 开关磁阻电机在航空航天领域的应用

对应用于航空领域的永磁电机、感应电机和开关磁阻电机进行了对比分析，开关磁阻电机在功率密度、热性能等方面具有很大的潜力。美国的 GE、Sundstrand 等公司在美国国家航空航天局(NASA)和美国空军(USAF)的支持下对 SRM 在高速航空燃油泵电机、航空滑油泵电机、航空压气机驱动电机、航空作动电机及航空起动/发电机等方面的应用进行了系统的研究，研制出多种规格的实验样机。一台采用 270V 高压直流电源、功率为 5hp(1hp=745.7W)、最高转速达 12500r/min、采用无位置传感器技术的航空燃油/滑油泵电机，其电机功率密度达 2.35kW/kg，满载额定运行时系统效率为 82.2%，电机效率高达 93.8%。一台 6/4 结构 30kW 的开关磁阻起动/发电机系统，采用 270V 高压直流电源体制，有效功率密度达到 3.89kW/kg，最高转速达 52000r/min，发电电压品质满足 MIL-STD-704E 指标要求。12/8 结构 250kW 的开关磁阻起动/发电机系统，其电机和变换器皆采用油冷方式，转速高达 22000r/min，功率密度高达 5.3kW/kg，电机效率高达 91.4%。另外，该系统采用了双通道双余度设计，大大提高了容错性能。另外，Lockheed Martin 公司研制的联合攻击战斗机(Joint Strike Fighter)F-35 将成为欧美新一代的主战机型，其主电源系统就是采用高转速的内置式的航空高速 SRM 起动/发电机。

国内对开关磁阻电机起动/发电系统的研究起步较晚，但是至今也已经有一些工程实践上的成果。南京航空航天大学开发了一台 6kW 的 270V 高压直流航空 SRM 起动/发电原理样机，电机采用风冷形式，0～6000r/min 为起动状态，7000～12000r/min 为发电状态，发电品质满足 MIL-STD-704E 指标要求；西北工业大学也开发了一台 4kW 的 SRM 起动/发电原理样机，并对该样机的容错运行能力进行了研究；南京航空航天大学与陕西航空电气有限责任公司进行合作研发了大功率的高速 SRM 航空起动/发电机系统。

2. 开关磁阻电机在新能源交通工具中的应用

在电动汽车和混合动力汽车领域，国内外专家对开关磁阻电机进行了大量的研究。从成本的角度，对永磁电机和 SRM 进行了对比，虽然永磁电机具有更高的功率密度和效率，但是永磁电机的系统整体成本要高于 SRM。SRM 实现了很宽的恒功率转速范围，并在很宽转速范围内实现高效率。东京理科大学研制了一台 15kW，6/4 结构的电动车驱动 SR 电机，电机最高效率可达 92.9%，接近永磁电机水平。国内的高校和企业单位也对 SRM 在电动汽车和混合动力汽车中的应用做了大量研究。

自 20 世纪 90 年代至今，已有多家国内外知名企业对开关磁阻电机应用于 EV、HEV 进行研究，制作了样车甚至已有产品上市。例如，Nidec 公司生产的开关磁阻电机驱动的有轨电车，每辆电车配备四套 SR 驱动系统，电车行驶距离超过 2.4 万千米，整车平顺性和调速性得到充分验证。英国捷豹公司 C-X75 混合动力汽车中，各个车轮上各有 145kW 的牵引电机，并通过两个微型燃气轮机，以 2×70kW 的功率通过 SR 发电机对电池进行充电，极限速度高达 330km/h，续航里程超过 900km。比利时的 Green Propulsion 城市公交车同样为采用开关磁阻电机作为驱动的混合动力汽车，其牵引过程采用混合输出方案，动力系统可以在 130kW SR 电机、55kW SR 电机搭配柴油机间平顺切换，消除了车体对主变速箱的需求。英国路虎公司的 Defender 纯电动车型采用开关磁阻电机系统替代前期产品的柴油发动机和变速箱，样车的整车电动行程超过 80km，最高时速达 113km/h。德国宝马公司的 iX3 纯电动 SUV(图 5.39)车型已上市，该车以开关磁阻电机作为主要驱动系统，峰值功率达到 250kW，续航里程预计超过 400km。北京中纺锐力机电有限公司研发的东风 EQ6110HEV 混合动力城市公交车(图 5.40)于 2007 年 9 月发布，额定转速为 2000r/min，额定转矩为 238N · m，最高转速可达 4500r/min，系统最高效率超过 90%，高效区超过 80%。

图 5.39　宝马 iX3 纯电动 SUV

图 5.40　东风 EQ6110HEV 混合动力城市公交车

除了家用轿车和公共交通车辆外，开关磁阻电机因其结构简单、调速性能好等特性在其他应用场合也常被作为牵引电机使用。南京航空航天大学、江苏大学设计了一套 3kW 六相开关磁阻电机驱动系统，用于轻型叉车的牵引系统，四相开关磁阻电机用于轻型电动摩托车驱动系统。莱图尔诺科技有限公司的电动轮式装载车装备了四个额定功率为 300kW 的开关磁阻电机，系统保留了开关磁阻电机的发电功能，可实现回馈制动，提升了整车的经济性。地下矿山机电设备，如电牵引采煤机、轨道输送机等，需要频繁起动、重载起动、正反转变换运行，开关磁阻电机结构简单可靠、容错性能好，可以实现四象限运行，也非常适合使用开关磁阻电机。

3. 开关磁阻电机在家电领域的应用

洗衣机中的驱动电机在工作过程中需要频繁地正转-停-反转-停-正转交替运行，电机工况恶劣，脱水过程中又要求电机具有很高的转速，这对其驱动系统提出了比较高的要求，而 SRD 能够很好地达到这种要求。英国 Leeds 大学已经研究开发出一套应用于洗衣机的开关磁阻电动机系统，电机长度为 118mm，直径为 100mm，重 3.1kg，最高转速可达 10000r/min，在不降低洗涤性能的前提下，电机的尺寸可缩小近一半，具有强大的市场竞争优势。在美国，已有一部分高档洗衣机采用开关磁阻电机及其控制系统，取得了很好的反响。国内高校和企业在研制采用开关磁阻电机的洗衣机产品。在小家电行业，德国 Vorwerk 公司将开关磁阻电机应用于多功能料理机，调速范围为 100～10000r/min，可以实现和面、切菜、榨果汁等多种功能。另外，还有一些国内外家电企业正在研发开关磁阻电机驱动的吸尘器、除草机等，有望在未来投入市场。

4. 开关磁阻电机在工业领域的应用

在精密加工和纺织机械领域，高速主轴电机的高速性能在很大程度上决定了数控机床和纺织机械的整体加工性能。由于高速 SRM 结构简单坚固、成本低、效率高、冷却方便，而且低速时可以方便地实现恒转矩控制，其性能指标均达到或超过现在应用最为广泛的感应电机，是新一代高性能、高速主轴电机的发展方向。高速 SRM 主轴电机已应用于高速机床，电机工作转速达 15000r/min，电机采用了转矩控制方式，可以提高转矩控制精度。一台用于纺织机的高速 6/4 结构的 SRM 主轴电机，电机工作转速增加到 30000r/min。

5.5.2 双凸极电机的应用

美国威斯康星大学麦迪逊分校的 Lipo 教授在 20 世纪 90 年代提出了永磁体位于定子上的永磁双凸极电机(Doubly-Salient Permanent-Magnet Machine，DSPM)，该电机兼备永磁电机与开关磁阻电机的优点。永磁双凸极电机被提出之后，国内外许多学者、专家对该电机的特性和应用进行了研究，如英国谢菲尔德大学及中国香港大学、浙江大学、东南大学、南京航空航天大学、上海大学、华南理工大学等高校和相关课题组。永磁双凸极电机的主要应用领域包括风力发电、电动车驱动、工业应用等。北京某电机厂研制的 18kW 双凸极无刷直流起动发电机已成功应用于某高空无人机(图 5.41)。国电联合动力技术有限公司在连云港建有直驱海上风力发电机组(图 5.42)，采用永磁双凸极电机发电系统，发电功率达 1.5MW。

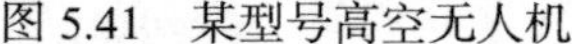

图 5.41　某型号高空无人机

图 5.42　1.5MW 直驱海上风力发电机组

南京航空航天大学提出将双凸极电机轭部的永磁体替换为励磁线圈，改善了永磁电机作为发电机运行时其输出电压控制复杂且难以实现故障灭磁等缺点，该电机在电力驱动、起动发电机和新能源发电等场合具有良好的应用前景。国产品牌奇瑞汽车推出的 QQ3EV 纯电动微型轿车(图 5.43)采用电励磁双凸极驱动系统，总功率达 12kW，总扭矩为 72N · m，续航总里程数达 120km。另外，用于增程式电动客车的 45kW 24/16 极双励磁绕组复励双凸极直流发电机(图 5.44)也已经完成了实验验证。苏州某科技公司的电励磁双凸极直流发电机组已有系列产品成功应用于增程式电动汽车，迈出了双凸极电机工业应用的步伐。

图 5.43　奇瑞 QQ3EV 纯电动微型轿车

图 5.44　E-REV 车载 24/16 极 DSBLDCG 发电系统

混合励磁双凸极电机在具备永磁电机高效率这一优点的同时，还兼备了电励磁电机励磁磁场容易控制的特点。当混合励磁双凸极电机工作在电动状态时，可发挥其调速范围宽的特点，当工作在发电状态时，可在较宽的转速范围内调节输出额定电压。香港大学、东南大学、南京航空航天大学等高校都发表过关于混合励磁双凸极电机电磁设计和样机应用的相关文献。

在电力驱动领域中，国内东南大学较早对永磁双凸极电机进行了相关研究工作。江苏大学的研究团队研发了一台双凸极永磁双转子电机并将其应用于混合动力汽车的驱动系统，一台π型永磁双凸极电机被用于汽车的发电系统。南京航空航天大学的研究团队研发了一台电动叉车用电励磁双凸极电机，该电机的恒功率区较宽，经过调节励磁电流可以保证 3000r/min 的转速状态下仍有 2.6kW 的输出功率。一台轮毂式电励磁双凸极电机被设计用于电动汽车驱动，该电机额定转速为 1000r/min，经过调节励磁电流，输出功率可达 8kW 以上。

西北工业大学的研究人员设计了一种 6/4 极的永磁双凸极电机，并搭建了完整的驱动控制平台，实验表明该电机很适合电动自行车，具有系统成本低、效率高的优点，有较高的推广价值。

目前，对于双凸极电机的应用大多还停留在理论验证和样机实验阶段，市面上采用双凸极电机驱动的车辆产品还非常少。

在食品加工传送机等工业应用中，需要额定转速小于 500r/min、额定输出转矩高于 500N · m 的低速大转矩电机，人们将一台 45kW 24/16 极结构的三相电励磁双凸极电机应用于电动滚筒驱动，并从电机的齿槽转矩和磁阻转矩入手，探讨了减小电机转矩脉动的方法，达到了很好的实验效果。但该电机目前仍停留在实验室研究阶段。

5.5.3　磁通切换型电机的应用

法国卡尚高等师范学院学者 Hoang 提出永磁体与 C 形定子铁心间隔排列的磁通切换永磁电机，该电机具有双凸极类电动机的基本特征，但其运行原理和控制策略与开关磁阻电机、双凸极电机却存在较大的差异。目前国际上对磁通切换电机的研究尚停留在初步理论和样机实验阶段，就国内而言，研究成果主要集中在磁通切换型电机的参数计算和建模分析上，实际成型的电动机产品应用于实际的并不多。

由于磁通切换电机将励磁源安置于电机定子侧，转子结构简单可靠，因此磁通切换电机易于采用水冷散热系统、鲁棒性高、适合高速运行，在电动汽车领域具有应用优势。相对于开关磁阻电机，磁通切换电机仍采用永磁体做励磁源，能够获得更高的效率、功率因数和功率密度，具有更高的续航能力。在飞轮储能系统中，磁通切换型电机因其转子结构简单坚固，可将电机转子直接与飞轮相连，显著简化了系统复杂性，进而提高了系统可靠性。

由于磁通切换电机将永磁体和电枢绕组均放置在定子上，占据了大量定子空间，磁路饱和严重，永磁磁通切换电机的过载能力要逊色于传统的表贴式永磁同步电机。定子分区电机被提出，它将电枢绕组和永磁体分别放置在内、外定子上，充分利用了电机空间。研究表明，在相同的电枢铜耗下，定子分区电机比对应的永磁磁通切换电机转矩输出提高 15%以上。定子分区电机的转动部件为调磁铁块，它的电励磁结构和混合励磁结构依然可以简单地实现无刷励磁。但是，该电机是一个双气隙电机，其杯形转子的支撑方式较为复杂。

永磁磁通电机的永磁磁链和空载反电动势正弦度高，适合运行在 BLAC 模式，这一点与永磁同步电机相同，但是其气隙磁密谐波丰富。相较于传统的永磁同步电机，双凸极类电动机具有转子结构简单、定子结构拓扑灵活等优点；由于双凸极结构及磁阻效应的存在，其数学模型较为复杂、控制参数非线性强，并且铁损耗较大，其输出机械特性偏软。

双凸极类电动机中开关磁阻电机(SRM)方案被最早提出，其结构最为简单坚固，控制灵活，在工程上得到广泛的应用，产业化技术和条件也逐步成熟；永磁双凸极电机(DSPM)和磁通切换电机(FSPM)发展时间较短，目前工程应用和产业化大多还停留在理论验证和样机实验阶段。双凸极类电动机由于结构和性能的特殊优势，在未来很多应用领域必将得到快速的发展和应用。

参 考 文 献

程明，张淦，花为，2014. 定子永磁型无刷电机系统及其关键技术综述[J]. 中国电机工程学报，34(29): 5204-5220.

程明, 周鹗, 蒋全, 1999. 双凸极变速永磁电机的静态特性[J]. 电工技术学报, 14(5): 9-13.

胡荣光, 邓智泉, 蔡骏, 等, 2014. 一种开关磁阻电机位置信号故障诊断与容错控制方法[J]. 电工技术学报, 29(7): 104-113.

花为, 程明, ZHU Z Q, 等, 2006. 新型磁通切换型双凸极永磁电机的静态特性研究[J]. 中国电机工程学报, 26(13): 129-134.

刘闯, 2000.开关磁阻电机起动/发电系统理论研究与工程实践[D]. 南京: 南京航空航天大学.

刘迪吉, 等, 1994. 开关磁阻调速电动机[M]. 北京: 机械工业出版社.

孟小利, 王莉, 严仰光, 2005. 一种新型电励磁双凸极无刷直流发电机[J]. 电工技术学报, 20(11): 10-15.

王宏华, 2014. 开关磁阻电动机调速控制技术[M]. 2 版. 北京: 机械工业出版社.

王宇, 2012. 磁通切换型电机拓扑结构及运行特性的分析与研究[D]. 南京: 南京航空航天大学.

吴建华, 2000. 开关磁阻电机设计与应用[M]. 北京: 机械工业出版社.

赵文祥, 唐建勋, 吉敬华, 等, 2015. 五相容错式磁通切换永磁电机及其控制[J]. 中国电机工程学报, 35(5): 1229-1236.

朱孝勇, 程明, 2010. 定子永磁型混合励磁双凸极电机设计、分析与控制[J]. 中国科学: 技术科学, 40(9): 1061-1073.

CHAU K T, CHAN C C, LIU C H, 2008. Overview of permanent-magnet brushless drives for electric and hybrid electric vehicles[J]. IEEE transactions on industrial electronics, 55(6): 2246-2257.

CHAU K T, JIANG J Z, WANG Y, 2003. A novel stator doubly fed doubly salient permanent magnet brushless machine[J]. IEEE transactions on magnetics, 39(5): 3001-3003.

CHEN Z H, WANG B, CHEN Z, et al., 2014. Comparison of flux regulation ability of the hybrid excitation doubly salient machines[J]. IEEE transactions on industrial electronics, 61(7): 3155-3166.

CHENG M, CHAU K T, CHAN C C, 2001. Static characteristics of a new doubly salient permanent magnet motor[J]. IEEE transactions on energy conversion, 16(1): 20-25.

CHENG M, CHAU K T, CHAN C C, et al., 2003. Control and operation of a new 8/6-pole doubly salient permanent-magnet motor drive[J]. IEEE transactions on industry applications, 39(5): 1363-1371.

CLOYD J S, 1998. Status of the United States air force's more electric aircraft initiative[J]. IEEE aerospace and electronic systems magazine, 13(4): 17-22.

FERREIRA C A, JONES S R, HEGLUND W S, et al., 1995. Detailed design of a 30-kW switched reluctance starter/generator system for a gas turbine engine application[J]. IEEE transactions on industry applications, 31(3): 553-561.

FERREIRA C A, RICHTER E, 1993. Detail design of 250kW switched reluctance starter/generator for aircraft engine[J]. IEEE transactions on journal of aerospace, 102(1):289-300.

LI H Y, LIANG F, ZHAO Y, et al., 1993. A doubly salient doubly excited variable reluctance motor[C]. Conference record of the 1993 IEEE industry applications conference twenty-eighth IAS annual meeting, Toronto: 137-143.

LIAO Y, LIANG F, LIPO T A, 1995. A novel PM machine with doubly salient structure [J]. IEEE transactions on industry applications, 1995, 3(5): 1069-1078.

RADUN A V, 1992. High-power density switched reluctance motor drive for aerospace applications[J]. IEEE transactions on industry applications, 28(1):113-119.

RAHMAN K M, FAHIMI B, SURESH G, et al., 2000. Advantages of switched reluctance motor applications to EV and HEV: design and control issues[J]. IEEE transactions on industry applications, 36(1): 111-121.

VAS P, DRURY W, 1996. Electrical machines and drives: present and future[C]. Proceedings of 8th mediterranean electrotechnical conference on industrial applications in power systems, computer science and telecommunications (MELECON 96), Bari: 67-74.

WU Z Z, ZHU Z Q, 2016. Analysis of magnetic gearing effect in partitioned stator switched flux PM machines[J]. IEEE transactions on energy conversion, 31(4): 1239-1249.

ZHANG Z R, TAO Y Y, YAN Y G, 2012. Investigation of a new topology of hybrid excitation doubly salient brushless DC generator[J]. IEEE transactions on industrial electronics, 59(6): 2550-2556.

ZHU Z Q, CHEN J T, 2010. Advanced flux-switching permanent magnet brushless machines[J]. IEEE transactions on magnetics, 46(6): 1447-1453.

ZHU Z Q, HOWE D, 2007. Electrical machines and drives for electric, hybrid, and fuel cell vehicles[J]. Proceedings of the IEEE, 95(4): 746-765.

第 6 章　直线电动机

6.1　直线电动机的概述

6.1.1　定义与类别

在人类的各种生产生活中，需要大量的直线运动控制系统。过去，人们普遍采用旋转电机系统方案。通过滚珠丝杠、齿轮齿条、链条等机械结构，将旋转电机转子输出的旋转运动转换为直线运动，如图 6.1 所示，此类系统具有高可靠、高功率密度、技术成熟的优点。但是，由于系统存在多个中间机械传递及转换机构，系统的结构复杂、传动效率低，而且由于机械元件的响应时间远远长于电气元件的响应时间，且存在回程差等非线性因素，因此系统的动态性能和控制精度的提高受到制约。采用直线电机的直接驱动系统，大大简化了系统结构，有利于克服上述传统旋转电机系统方案存在的问题。

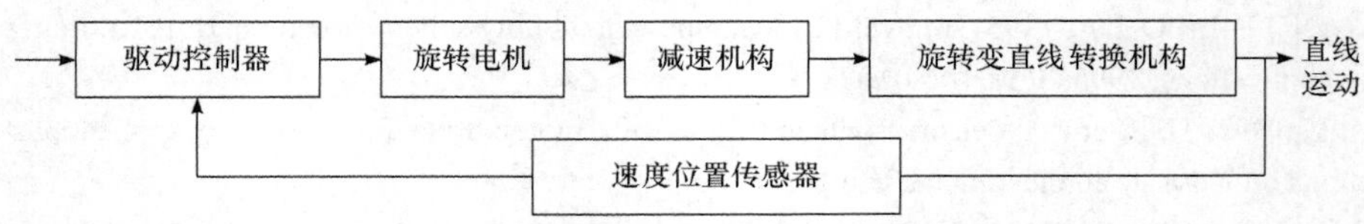

图 6.1　采用旋转电机的直线传动系统

直线电动机系统是一种将电能直接转换成直线运动机械能而不需要机械转换机构的传动装置，如图 6.2 所示，较之于采用旋转电机的直线传动系统，该系统省去了旋转变直线转换机构，使系统结构大大简化，使系统的传动效率提高，易于实现高精度和高动态性能。近二十年来，直线电动机系统已在工业生产、轨道交通、武器装备等场合广泛应用，而且受到越来越多的关注。

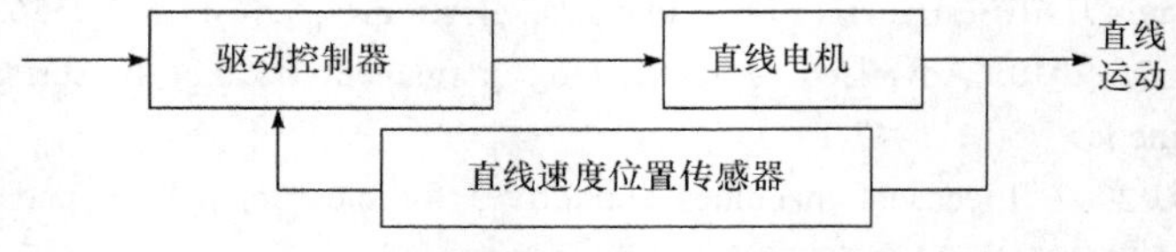

图 6.2　采用直线电机的直线传动系统

直线电动机可以看成将一台旋转电动机沿径向剖开，再将旋转电动机的定转子展开成平面，形成平板型直线电动机。如果将平板型直线电动机沿轴向卷成筒，则形成圆筒型直线电动机，如图 6.3 所示。

每种旋转电动机都有相对应的直线电动机方案。但直线电动机的结构形式比旋转电动机更灵活。以永磁同步旋转电机演变为永磁同步直线电机为例，由旋转电机的定子演变而来的一侧称为初级，通常情况下初级包含电枢绕组、电枢铁心等结构。由转子演变而来的一侧称为次级，永磁同步直线电机的次级上包括次级铁心、永磁体等结构。定子和转子之间通过直线导轨和直线轴承进行支撑，或采用气浮和磁悬浮方案，形成有效气隙。

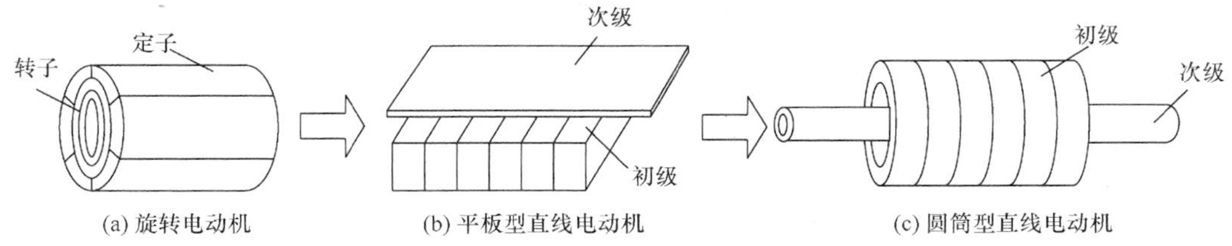

图 6.3　从旋转电动机到直线电动机的演变

在应用时，既可将初级用作动子，又可以将次级用作动子。在实际应用时，根据所需的直线运动行程的不同，将初级和次级制造成不同的长度。当其他结构和电磁参数保持不变时，虽然不同行程电机的初级或次级长度不同，但初级与次级之间的耦合长度保持不变，即可保证长初级和长次级电机的输出推力基本相同。所以，直线电动机可以是短初级长次级，也可以是长初级短次级。可见，直线电动机的结构形式比旋转电动机更灵活。但实际上，选择短初级还是长初级方案，还与直线电动机的供电条件、性能指标要求、空间结构限制等因素相关，因此在具体应用时，需要综合考量，选取合理的方案。

除了上述长、短初级直线电动机分类方式，按照结构不同、用途不同、工作原理不同等，直线电动机还有很多其他分类方式。

按照结构不同可分为平板型直线电动机(图 6.4)、圆筒型直线电动机(图 6.5)、弧形直线电动机等，其中平板型直线电动机又有单边平板型直线电动机、双边平板型直线电动机之分。此外，平面电机也可以看作一种特殊的直线电机，它可以直接将电磁能转换为平面运动，通常也由定子、转子和支撑部件等部分组成，在支撑部件的限制和电磁力的作用下，平面电机的动子能够带动负载产生两维的平面运动。

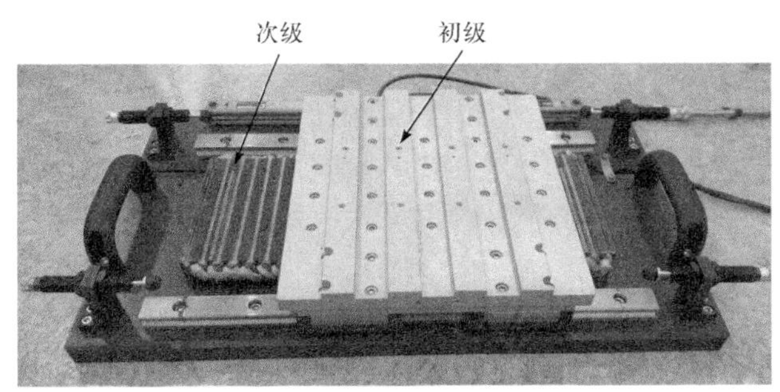

图 6.4　单边平板型直线电动机

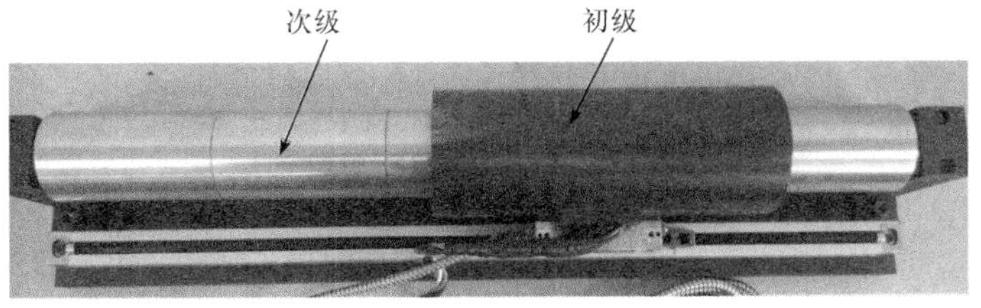

图 6.5　圆筒型直线电动机

按照用途不同，主要可分为力电机、功电机和能电机。力电机主要用于在静止物体上或低速的设备上施加一定的短时、低速推力的直线电机，主要以推力、推力密度指标来衡量其性能，如自动卷帘机。功电机主要为长期连续运行的直线电机，其性能衡量的指标与旋转电机基本类似，即可用效率、功率因数等指标来衡量其电机性能的优劣，如高速磁悬浮列车及矿井提升用直线电机。能电机是能在短时间、短行程内实现较大的电能和机械能之间转换的直线电机，如用于无人机弹射的直线电机。

按照工作原理分，不同原理的旋转电机均有所对应的直线电机，如直线感应电机、直线同步电机、直线直流电机、直线磁阻电机、直线音圈电机、直线超声波电机等。每种电机都包括电动机和发电机。

按照磁通路径形式不同(主要指永磁电机)，可以分为切向磁通直线电机、横向磁通直线电机等，其中切向磁通直线电机即主磁路所在的平面与直线运动平面平行的电机。而横向磁通电机的主磁路所在平面与电机直线运动平面垂直。

总之，除了考虑结构和运动方式的不同，直线电机的分类方法与旋转电机基本相同。本质上，直线电动机由旋转电动机演变而来，其工作原理与旋转电动机基本相同，均为磁场的相互作用。只不过，在旋转电机中，是旋转磁场的相互作用，而在直线电机中，则为行波磁场的相互作用。

6.1.2 特点与应用领域

直线电动机系统具有如下优点。

(1) 控制特性好，动态响应快，定位精度高。

由于取消机械中间传动环节，消除了反向间隙和机械摩擦，系统的弹性变形大大减少，也取消了由于传动结构存在的回程差等非线性因素，系统运动惯量也减少了，有利于提高运动控制系统的定位精度和控制精度。目前，高精度直线电机系统的定位精度向着纳米级方向发展。

(2) 速度范围宽，易于实现高速高加速运动。

由于不存在任何旋转元件，零部件不受离心力作用及电机自身转动惯量的影响，理论上，直线运动速度可不受限制。此外，由于直线电机系统取消了响应时间常数较大的机械传动件(如滚珠丝杠)，加上直线电机起动推力大，其加减速过程大大缩短。直线电机的空载加速度一般可达十几甚至几十 g (g=9.8m/s^2)，远高于旋转电机转子输出旋转运动，再经滚柱丝杠转换为直线运动的系统。直线电机在高速高加速直线运动场合的应用备受关注，如高速直线感应电机在轨道交通系统、电磁弹射系统中的应用是当前的研究热点。

(3) 运动长度可以不受限制。

在导轨上通过串联直线电机，就可以无限延长其行程，而且性能不会因为行程的改变而受到影响。而采用旋转电机和滚珠丝杠系统，其输出直线运动的行程受机械转换机构的限制。

(4) 运行噪声低，传动效率高。

由于取消了滚珠丝杠等部件的机械摩擦，且导轨又可采用滚动导轨或磁悬浮导轨(无机械接触)，其运动时噪声可极大降低。由于无中间传动环节，消除了机械转换机构的能量损耗。同时，在高精密直线电机系统中，采用气浮和磁悬浮导轨消除了轴承摩擦损耗。因此，直线电机系统的传动效率较高。

(5) 具有较大的静态、动态刚度。

直接驱动避免了起动、变速和换向时因中间传动环节的弹性变形、摩擦磨损和反向间隙造成的运动滞后现象，大大提高了传动刚度。

(6) 结构简单可靠，易于维护。

由于直线电机不需要把旋转运动变成直线运动的附加装置，以最少的零部件数量实现直线驱动，而且只有一个运动的部件，因而系统本身的结构大为简化。直线电机可以实现无接触传递力，而且部件少，从而大大降低了零部件的磨损，只需很少维护甚至无须维护，工作安全可靠。

当然，直线电机由于其特殊结构，存在横向和纵向端部，以及半开放式磁场的特点，因此在各种应用时，也必须针对如下缺点进行特殊考虑和处理。

(1) 边端效应问题。

直线电机由于铁心开断，存在边端效应。虽然在不同结构和原理的直线电机上，边端效应的表现和影响有所差别，但基本均会使气隙磁场发生畸变，引起三相绕组不对称，造成电机输出推力波动增大和损耗增大。因此，在电机本体设计时需要考虑通过特殊设计对边端效应加以抑制，或者在驱动控制系统中需要采用合理的边端效应补偿控制策略，以减小边端效应的影响。

(2) 效率和功率因数较低。

直线电机的气隙一般比较大，因此需要的磁化电流(对永磁电机来说，可以认为等效磁化电流)更大，损耗增加。另外，受边端效应的影响，气隙磁场畸变，增加了铁心损耗和附加损耗。因此，和同容量的旋转电机相比，直线电机的效率和功率因数一般较低，尤其在低速时比较明显。但是从整个直线电机装置系统来看，由于省去了传动装置，消除了装置上的损耗，因此整个直线电机系统的效率未必比采用旋转电机的方案低。在具体应用时，需要根据具体应用背景对直线运动驱动电机系统的效率、推力、控制精度、动态指标、成本等进行综合评估，并合理选择是采用旋转电机，还是直线电机系统方案。

(3) 对控制系统要求高。

一方面，直线电机的铁心存在边端，端部铁心磁场畸变，与中间铁心上的磁场分布不同。相绕组与边端的相对位置不同，因此不同相绕组存在不对称特性，这种不对称特性体现为三相绕组电感的幅值不相等、电感之间的相位差不相等。因此在控制系统建模时，不考虑这种电感不对称特性，容易造成推力波动大、损耗增大等。此外，对于旋转电机系统，来源于负载端的扰动常经过减速器、滚珠丝杠等传动机构的缓冲后加载在电机上。不同于旋转电机系统，直线电机系统负载的变化、参数摄动和各种干扰都毫无缓冲地作用在直线电动机上，因此对控制系统的响应速度、抗干扰性能、鲁棒性等提出了更高的要求。

(4) 半开放磁场问题。

对于大多数的直线电机，其磁场是半敞开式的。以单边平板结构永磁同步直线电机为例，由于初级和次级的长度不一致，必然存在初级和次级非耦合区域，非耦合区域的磁场向外辐射，由于外部不存在类似旋转电机机壳的结构，缺乏隔磁屏蔽结构。该半开放式磁场对外部的电磁环境存在一定的影响。因此在具体应用中，需要考虑该开放式磁场对邻近设备的电磁干扰，在一些特殊的应用场合需要考虑采取隔磁防护结构。

(5) 存在单边法向磁拉力。

对于单边平板型直线电动机，动子上存在三个方向的力，包括沿运动方向的推力、垂直于运动方向的单边磁拉力(也叫法向力)，以及垂直于主磁场平面的偏航力矩。其中，推力是我们所需要的力矩。而单边磁拉力是使动子和定子相互吸引的力矩，该力的大小通常为推力的十几倍以上，它的存在使得直线轴承承受较大的力矩，如果直线轴承和动子、定子表面接触的摩擦系数较大，将导致较大的摩擦力，因此对直线轴承的安装面(即支撑结构)的光滑度及刚度提出了较高要求。与单边平板型直线电机不同，采用结构对称的双边平板型直线电机和圆筒型直线电机，理想情况下可以认为不存在单边磁拉力，但是在实际系统中，材料特性的非均一、非理想性，以及加工和装配误差，都会引起一定的磁拉力。通常情况下，偏航力矩普遍很小，但是在超精密的直线电机应用系统中，该力矩的存在也会引起系统控制精度的下降，它的影响也需要加以考虑。

(6) 无机械自锁的问题。

对于采用旋转电机、连接减速器、滚珠丝杠的传统直线运动控制系统，中间结构件本身存在机械自锁功能，因此，电机在停机后通常不需要考虑自锁问题。与之不同，直线电机系统不具备自锁功能，因此在一些应用场合，如在垂直布置的直线运动场合(如电梯牵引系统)，由于直线电机自重问题，需要进行额外的机械自锁结构设计或采用适当的电磁自锁技术，以保证系统的可靠性和安全工作。

基于以上的特点，直线电机主要可以应用于如下系统。

(1) 高动态和高精密伺服进给系统。在工业领域，高档数控装备、精密扫描测试仪器设备、半导体加工及纳米制造等应用中，要求进给驱动部件具有快的进给速度、高定位精度及高动态性能。直线电机系统在动态性能和控制精度上具有显著优势，在各种高性能直线伺服进给系统中应用前景广阔。

(2) 高速和高加速运动控制领域。在一些运动行程长且直线运动速度高、通常要求能快速起停(具备高加减速性能)的领域，适合采用直线电机系统。例如，直线电机系统行程不受限，易于实现高速和高加速的特点，因此在轨道交通、电磁发射等领域具有优势。

此外，直线电机用于无绳电梯驱动，对于解决高层电梯驱动占用空间大问题具有明显优势；直线电机在邮包分拣系统、绘图仪、打印机和自动化生产线等系统中应用，其高动态性能可以显著提升工业自动化设备的工作效率；直线电机用于自动卷帘机、自动门、冰箱压缩机等系统，在降低系统噪声、提升传动效率方面具有优势。总之，随着直线电机理论、设计分析方法、控制技术及加工工艺的不断进步，直线电机在各种直线运动领域的应用呈不断扩大趋势。

6.2 直线感应电动机

6.2.1 基本结构和工作原理

1. 基本结构

直线感应电动机的结构由初级、次级和支撑结构组成。其中，初级结构在导磁铁心上开槽，并在槽内按照一定的相序绕制电枢绕组形成。直线感应电动机的次级结构主要有两种，如图 6.6 所示，图中给出了具有不同次级结构的两种短初级单边平板型直线感应电动机。一种与鼠笼型旋转感应电动机的转子结构相对应，该结构在次级导磁铁心上开槽，槽内放置导条，并将导条端部连接起来形成次级导体结构，在此称为栅型次级结构。另一种与实心转子结构旋转电动机类似，采用次级感应板，形成实心次级结构。现阶段，直线感应电动机的次级大部分采用第二种次级结构，虽然该结构次级表面导体大多采用导电板或叠片结构，但在分析时，仍然可以认为其上具有与第一种结构类似的次级导体路径。

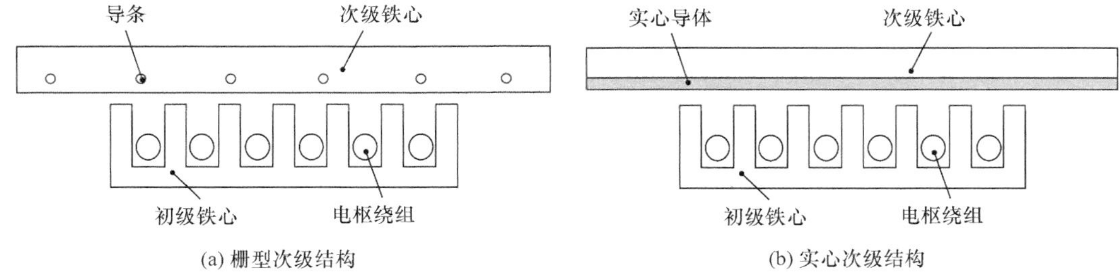

图 6.6　具有不同次级结构的直线感应电动机

直线感应电动机的支撑结构由导轨和直线轴承组成。其中，直线轴承又包括直线滚动轴承和直线滑动轴承，其中前者适用于大推力、对精度要求不高的场合，后者适用于推力较小，但对运动控制精度要求较高的场合。当然，在一些更高精度运动控制应用中，为克服机械轴承对运动控制精度的影响，常采用气浮或磁悬浮技术，从而实现直线电动机无接触传动。

直线感应电动机的初级结构和次级结构做相对直线运动，因此两者需要采用不同的长度。当行程较长时，长初级结构存在较大的绕组电阻，导致较大的绕组损耗并且效率低下，增加供电设备的容量，且成本较高，因此通常采用短初级长次级结构。

2. 工作原理

直线感应电动机的行波磁场工作原理如图 6.7 所示，与旋转感应电动机类似，初级三相绕组中通入电流，从而在气隙中产生合成磁场。当绕组中的电流变化时，气隙磁场也相对应地变化。该合成磁场的原理和分布与旋转感应电动机中的类似。所不同的是，直线感应电动机中的气隙磁场是平行移动的。忽略铁心端部对磁场的影响，当对称三相电流随着时间变化，相序为 A-B-C 时，气隙磁场也将跟随电流变化方向平行移动，因此将该磁场称为行波磁场。将该行波磁场的直线运动速度 v_s 称为同步速度，同步速度由电机的极距 τ 和三相电流的频率 f 决定，可表示为

$$v_s = 2f\tau \tag{6.1}$$

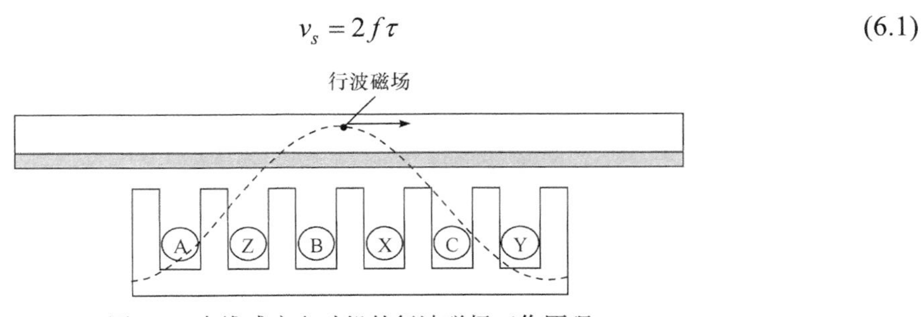

图 6.7　直线感应电动机的行波磁场工作原理

由此可知，该平行磁场的速度类似于旋转感应电动机旋转磁场的线速度。次级导条或者实心导体切割行波磁场，从而在导体内感应出感应电动势，产生次级电流。次级上感生的电流与气隙行波磁场相互作用，从而产生电磁推力，驱动直线感应电动机的动子做直线运动。在应用中，既可以将初级用作动子，也可以将次级用作动子。假设将次级用作动子，次级运动的速度为 v 。与旋转电机相似，直线感应电动机动子的运动速度 v 一定低于同步速度 v_s ，沿用旋转感应电动机中的转差率概念，直线感应电动机的转差率 s 可表示如下：

$$s = \frac{v_s - v}{v_s} \tag{6.2}$$

通过改变三相绕组中电流的相序，可以改变动子输出推力的方向，产生反向的制动推力，从而改变动子运动状态，如使动子由加速正向运动，变换为减速正向运动，再过渡到反向加速运动状态。改变电源频率可以改变动子的运动速度。需要说明的是，对于行程较短的直线感应电动机，动子进行往复直线运动，动子运动的方向、速度和加速度常反复变化。

6.2.2　运行特性及边端效应

1. 运行特性

当不考虑直线感应电动机的边端效应时，可以直接采用旋转感应电动机的分析方法分析直线感应电动机。直线感应电动机的等效电路模型如图 6.8 所示。图中，R_1 和 X_1 分别表示初级绕组的电阻和漏抗，X_m 为初级的励磁电抗，R_m 为铁损等效电阻，X_2' 和 R_2'/s 分别为次级侧折算到初级侧的电抗和电阻。

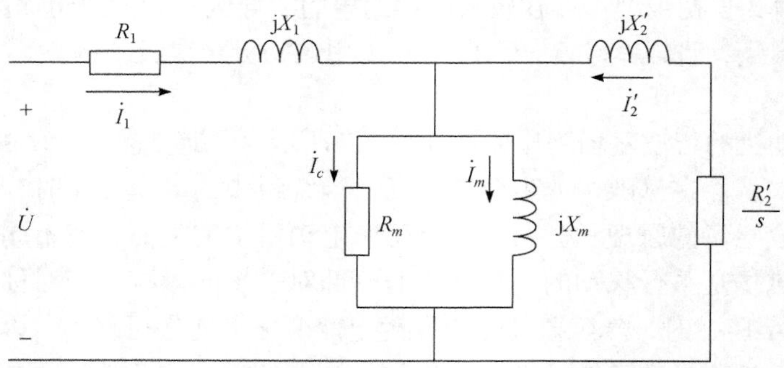

图 6.8　直线感应电动机每相的等效电路模型

当直线电机速度不高时，铁心损耗较小，为简化计算可以忽略 R_m 的影响。此外，电机电动运行时，s 较小，次级主要受电阻的影响，次级电抗的影响也较小，因此 X_2' 也可以忽略。图 6.9 给出了简化后的直线感应电动机每相的等效电路模型。

根据直线感应电动机的等效电路模型，可以求解直线感应电动机中的各参数，其方法与旋转感应电动机完全相同，在此不再赘述。需要注意的是，在旋转感应电动机的设计和应用中，通常采用效率、功率因数等指标来评判电机性能优劣。但是由于直线感应电动机特殊的结构特点，如气隙普遍较长，因此采用旋转感应电动机的指标系统评价直线感应电动机是不合理的。为此，Laithwaite 在 1965 年提出品质因数 G 指标，它是评价直线感应电动机性能参数的好坏的一项指标。G 表示直线感应电动机电路和磁路耦合程度的质量因数，它反映了电机将一种能量形式转换成另一种能量形式的能力。品质因数 G 具有多种定义形式，根据直线感应电动机模型的不同，主要有如下两种形式。

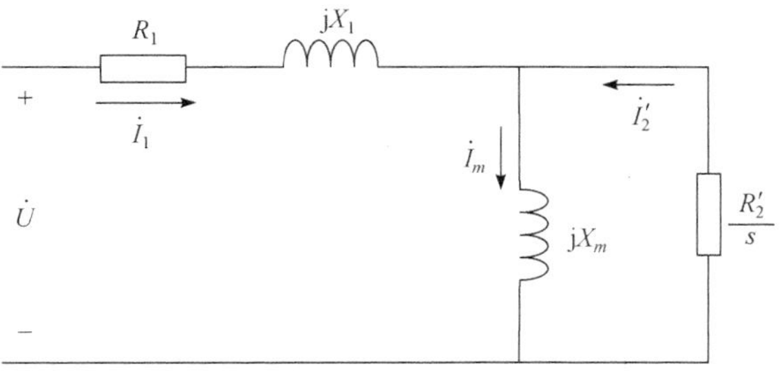

图 6.9　简化后的直线感应电动机每相的等效电路模型

第一种定义来源于将直线感应电动机的初级电流等效为电流片模型，G 可表示如下：

$$G = \frac{\omega\mu_0\sigma}{g\beta^2} \tag{6.3}$$

该式定义代表了磁通密度的实部，也可代表产生力的有功分量。式中，ω 为电角度；σ 为次级导体的电导率；μ_0 为空气磁导率；g 为气隙长度；β 为相位常数。

第二种定义来源于等效电路，是对次级所做的定义，表示如下：

$$G = \frac{X_m}{R'_2} \tag{6.4}$$

对于低速直线感应电动机，其具有较高的滑差，通常期望电机在起动时具有最大的推力，同时在运行过程中获得较大的推力及推力密度，因此在电机设计过程中选取结构和电磁参数时，应根据使单位输入功率产生最大推力来选择最佳品质因数 G 的取值，一般 G 大于 1。

对于高速直线感应电动机，当品质因数 G 增大时，若不考虑边端效应，电机的性能参数将得到优化。但是随着品质因数 G 增大，边端效应的影响增加，会造成电机性能恶化，因此 G 并不是越大越好。

通常情况下，直线感应电动机的气隙越大，电机所需的励磁电流也越大；极距越大，品质因数越高，需要增大初级的轭部厚度以减小磁场饱和效应；当电机的极数设计得越多时，边端效应的影响越小。

从图 6.9 所示的等效电路，可以建立如下关系：

$$I'_2 = \frac{I_1 X_m}{\sqrt{(R'_2/s)^2 + X_m^2}} \tag{6.5}$$

将式(6.4)代入式(6.5)中，可以获得如下关系式：

$$I'_2 = \frac{I_1}{\sqrt{(1/sG)^2 + 1}} \tag{6.6}$$

直线感应电动机的输出功率 P_2 可表示为

$$P_2 = Fv = mI_2^2 R'_2 \frac{1-s}{s} \tag{6.7}$$

式中，F 表示输出推力；m 表示相数。

将式(6.6)代入式(6.7)中，可以进一步获得电机的推力：

$$F = \frac{mI_1^2 R_2'}{sv_s\left[1/(sG)^2 + 1\right]} \tag{6.8}$$

根据式(6.8)，结合输入功率，可以进一步推导求解最大推力/输入功率比值的品质因数，在此不再赘述。图 6.10 给出了低速直线感应电动机和旋转感应电动机的转差率-推力/转矩曲线。

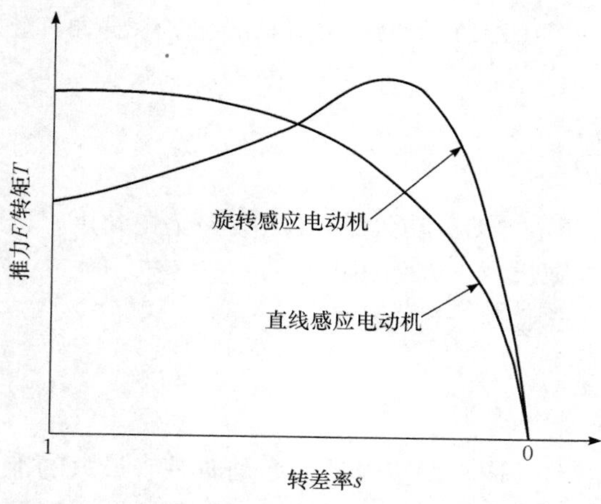

图 6.10　直线感应电动机和旋转感应电动机的转差率-推力/转矩曲线

从图 6.10 中可见，旋转感应电动机的最大力矩发生在速度接近于同步速度时，转差率通常为 0.2～0.3。而低速直线感应电动机速度较低时，具有较大的推力，即直线感应电动机起动推力较大，越接近于同步速度，输出推力越小，电机具有良好的控制品质。

由于直线感应电动机机械支撑及加工工艺要求，其气隙通常较大，一般都≥2mm，对于轨道交通等长行程大推力应用场合，其气隙通常为 10mm 左右。因此，通常情况下，直线感应电动机的气隙比旋转感应电动机的长，其功率因数和效率稍低。图 6.11 给出低速直线感应电动机的功率因数和效率特性随转差率的变化曲线。

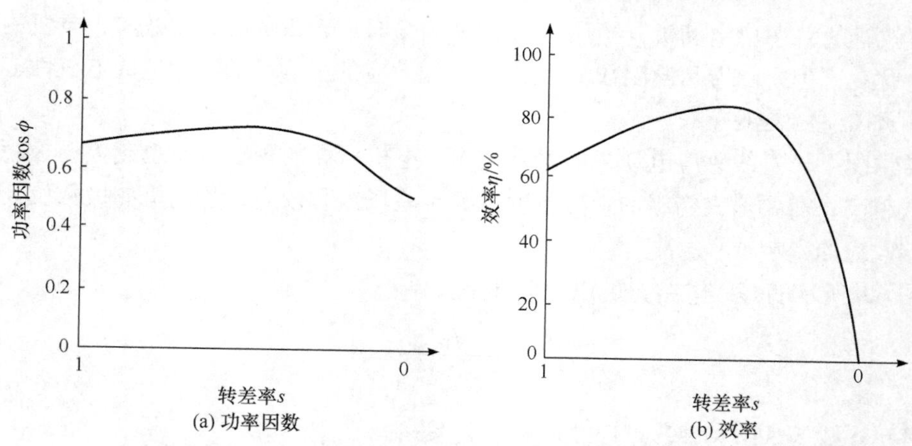

图 6.11　低速直线感应电动机的功率因数和效率随转差率的变化曲线

需要说明的是，在应用中，根据具体应用需求，考虑行程、速度特性，针对不同行程、速度特点设计得到的直线感应电动机，其功率因数、效率等特性将发生很大变化。例如，用于轨道交通中的直线感应电动机，需要在一段时间内维持较高速运行，其功率因数和效率特性接近旋转感应电动机。

对于当前常采用的实心次级结构，次级导体材料的选取对直线感应电动机的性能具有重要影响。通常，直线感应电动机的次级导体采用的材料主要包括两类：一类为单一材料，如采用实心钢结构，或导磁铁心表面附单一导电材料，如铜、铝等；另一类为复合材料，将电阻率不同的两种或多种材料复合在一起，如铝和钢复合、铜和钢复合等，结构上可以采用分层叠片复合或者开槽内嵌等形式。图 6.12 给出次级采用不同导电材料时低速直线感应电动机的推力特性曲线。

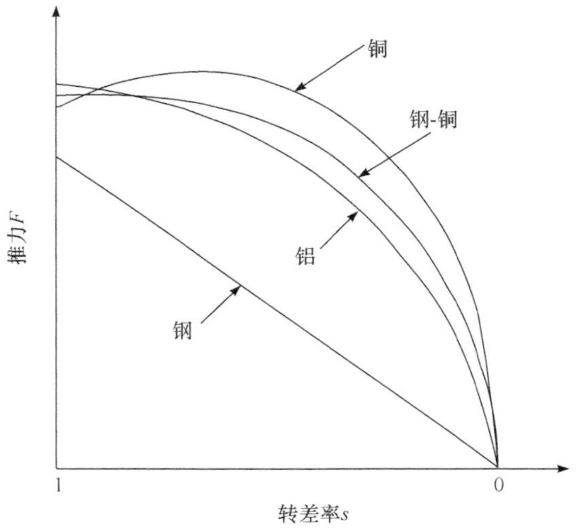

图 6.12　次级采用不同导电材料电机推力特性

2. 边端效应

直线感应电动机由旋转电动机沿径向剖开展成平面形成，因此铁心两端开断，初级电枢绕组不连续，从而形成了两个纵向端部，引起纵向边端效应。按照产生原因和对电机特性影响不同，直线感应电动机的纵向边端效应可以分为两类：静态纵向边端效应和动态纵向边端效应。

(1) 静态纵向边端效应。

如图 6.13 所示，端部铁心磁场分布不同于中间段铁心上磁场分布，相对应的气隙磁场在端部也会发生变化，这导致位于不同位置处的不同相绕组与磁通匝链特性不同。因此，三相绕组匝链磁通不对称，造成三相绕组电感具有不对称特性。因此，即使在加载的电压源作用下，三相绕组的电流波形仍然不是对称的，使得行波磁场中包含“正序”、“负序”和“零序”分量。其中，“正序”和“负序”磁场分量均为正弦行波，只是行进方向相反，而“零序”分量对应驻波磁场。“正序”行波磁场是电机输出电磁推力所需的磁场，“负序”行波磁场和“零序”磁场则产生阻力和推力波动，同时还引起铁心损耗和附加损耗增大。

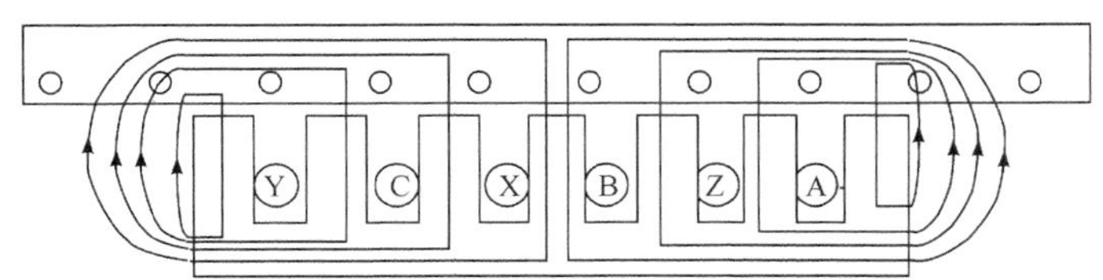

图 6.13　直线感应电动机的静态纵向边端效应

为了改善静态纵向边端效应造成的绕组不对称现象，可以采用多台直线感应电动机级联，或者采用多个初级部件共用一个次级的结构，并通过不同的相绕组位置设置，以削弱三相绕组之间的不对称现象，如图 6.14 所示为三台直线感应电动机级联时三相绕组的布置。

(2) 动态纵向边端效应。

当次级突然进入初级磁场时，次级导体闭合回路除了产生与通常的旋转感应电动机类似的感应电动势和感应电流外，还存在由于端部磁场变化引起的感应涡流，这种感应电流将削弱气隙磁场，这种效应称为纵向进入端的边端效应(“进入效应”)；当次级离开初级时，

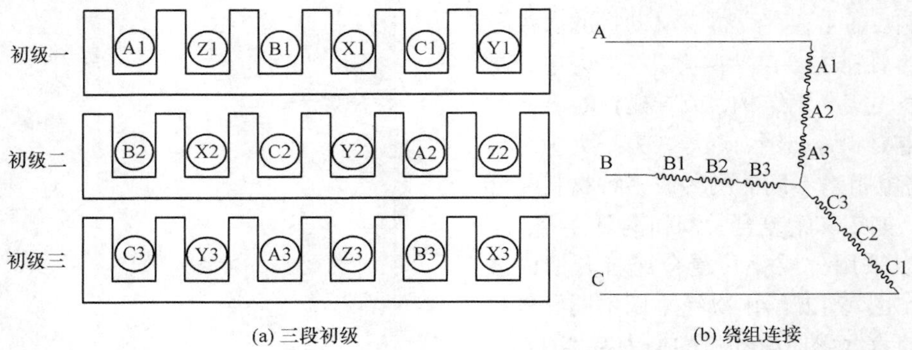

(a) 三段初级　　(b) 绕组连接

图 6.14　绕组分三段布置结构以削弱静态纵向边端效应

在次级导体板里也会产生类似的感应涡流，这种感应电流将对气隙磁场起到增强作用，这种效应称为纵向离开端的边端效应(“穿出效应”)。“进入效应”和“穿出效应”统称为动态纵向边端效应。这种边端效应的影响会随着动子运动时间而不断衰减，衰减的速度取决于时间常数。从能量转换的角度看，动态纵向边端效应会导致产生感应涡流损耗，引起加载在做相对直线运动的动子上的一个制动力。考虑动态纵向边端效应的影响，如图 6.9 所示的等效电路模型，可以修正为如图 6.15 所示的模型，图中 $R_2'f(Q)$ 和 $\mathrm{j}X_m(1-f(Q))$ 是考虑动态纵向边端效应影响而引入和修改的项。

$$f(Q)=(1-\mathrm{e}^{-Q})/Q \tag{6.9}$$

$$Q=L/(vT_2) \tag{6.10}$$

式中，L 表示初级的有效长度；T_2 为次级的时间常数。式(6.10)表示以 vT_2 为基准将初级长度转换为标幺值，可见 Q 是表示电机长度的无单位量。$f(Q)$ 的值与电机初级长度、次级电阻、次级电感和速度相关。初级越长、速度较小时，Q 越小，动态纵向边端效应的影响较小。但是 Q 的变化规律与品质因数 G 的变化规律相反，因此 Q 也并非越小越好。

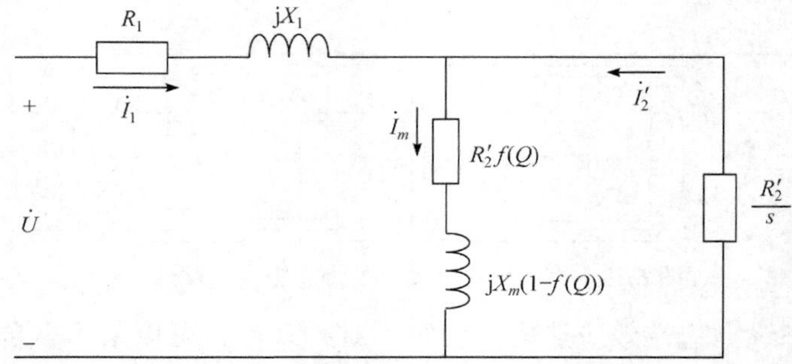

图 6.15　考虑动态纵向边端效应影响的直线感应电动机等效电路模型

除了存在纵向边端效应，旋转电机的铁心端部展开后，成为直线感应电动机的横向端部铁心，而三相绕组绕制在槽内，在该横向端部形成端部绕组，如图 6.16 所示，不但开断的横向的端部铁心会影响主磁场的分布，而且端部绕组上的电流会产生法向和横向磁场分量，从而影响气隙磁场。此外，端部绕组不能全部与主磁通匝链，因此端部绕组过长，不但不能起到产生推力作用，还会增大三相绕组电阻，从而使绕组损耗增大，使电动机的工作效率降低。为减小横向边端效应的影响，一般直线感应电动机次级导体板的横向宽度常设计得略宽于初级铁心的横向宽度。

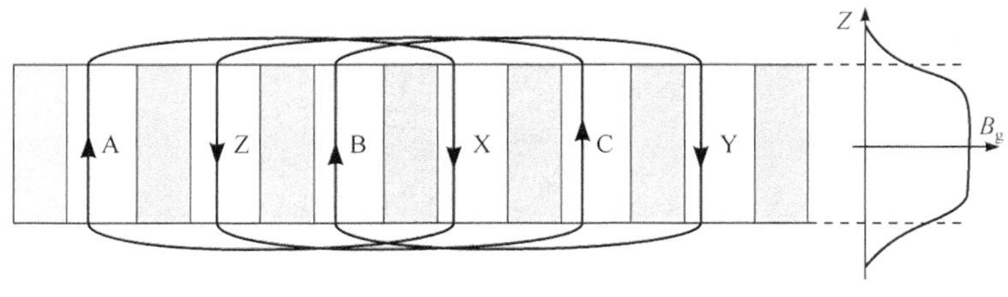

图 6.16　横向边端效应

6.3　永磁同步直线电动机

6.3.1　基本结构和工作原理

1. 基本结构

永磁同步直线电动机由旋转永磁同步电动机演变而成，采用永磁体励磁，其基本结构包括初级和次级。初级包括初级铁心和电枢绕组。次级由永磁体和次级铁心构成。同样，电机还需要支撑结构，由直线轴承和导轨等组成。

按照初级是否有齿槽及铁心结构，可以将永磁同步直线电动机分为有槽结构、无槽结构和无铁心结构，如图 6.17 所示为平板型短初级永磁同步直线电动机的结构示意图。其中，有槽结构的初级与直线感应电动机的相同。采用有槽结构的永磁同步直线电动机气隙磁密高，电机具有较高的推力密度，易于加工和绕制，且具有较好的刚度和强度。无槽结构指的是初级铁心只有轭部，不存在齿部和槽结构，绕组按照一定的相序排列好后，需要采用环氧灌封等工艺使绕组固定成型。无槽结构的电机不存在齿槽效应，但是由于存在初级铁心轭部，仍然存在边端效应及边端定位力。无铁心结构电机的初级上不存在导磁铁心，绕组按照一定的相序排列成型后，直接作为动子使用，没有初级铁心结构，因此不存在由于齿槽和端部引起的齿槽力和端部力波动，电机具有推力波动小的优点，常在高精度运动控制场合应用，如光刻机、高精度数控机床等。但是，由于无槽绕组和无铁心绕组所在位置的磁导率与空气相同，相当于电机的物理气隙大，主磁路中的磁阻大，气隙磁密较低，电机的功率因数和效率偏低。对于无槽和无铁心永磁同步直线电动机，为克服较大的磁阻，所需的永磁体用量通常较大。

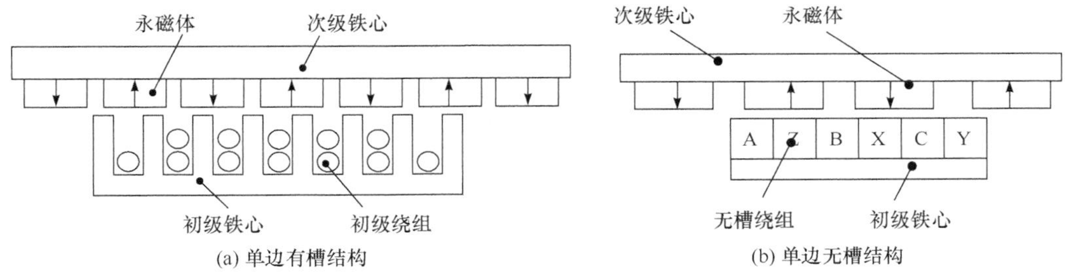

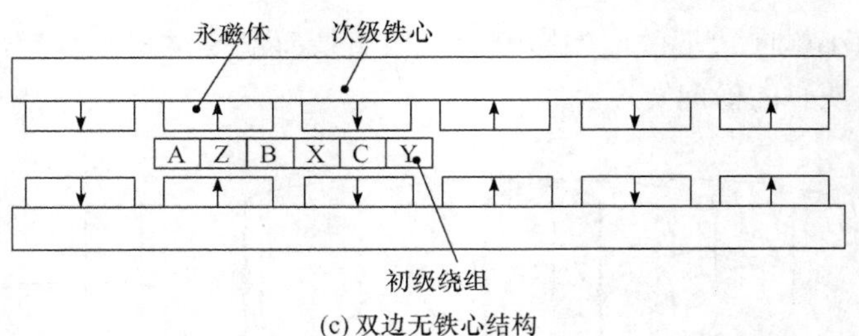

(c) 双边无铁心结构

图 6.17　平板型短初级永磁同步直线电动机基本结构

与旋转永磁同步电动机类似，按照次级上永磁体结构的不同，永磁同步直线电动机具有表贴式、内置式和 Halbach 永磁阵列等结构形式。

图 6.18 为二维 *RZ* 坐标系下圆筒型内置式永磁同步直线电动机结构示意图。内置式电机的结构简单，次级上永磁体和导磁的铁心依次叠制而成，具有推力密度高的优点，通常应用于圆筒型永磁同步直线电动机上，在单边平板型直线电动机上应用时，易导致较大的漏磁。

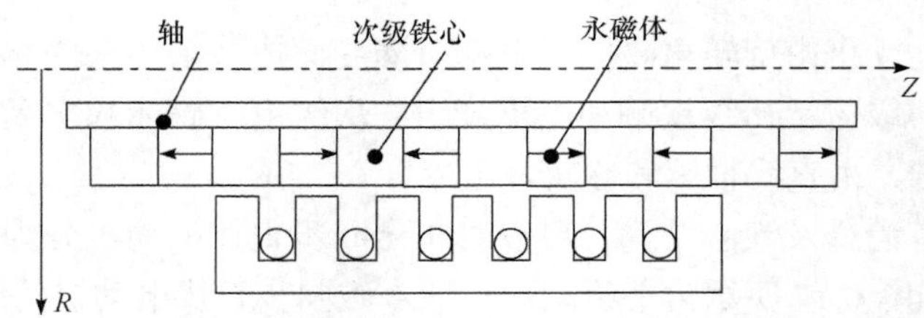

图 6.18　圆筒型内置式永磁同步直线电动机结构

图 6.19 为 Halbach 永磁阵列式同步直线电动机结构示意图。采用 Halbach 永磁阵列的次级上，每极下的气隙磁场由 $n(n \geqslant 2)$块充磁方向互差一定角度的永磁体产生。Halbach 永磁阵列具有增强磁场、改善磁场正弦性的作用。当 Halbach 永磁阵列每极下的永磁体块数足够多时，永磁体发出的磁通大部分经气隙、永磁体本身与初级铁心形成闭合回路。只有少数磁通需要经过次级铁心形成闭合回路，因此，采用 Halbach 永磁阵列有利于减少次级铁心厚度，甚至采用轻质的非导磁材料以减小电机的质量。

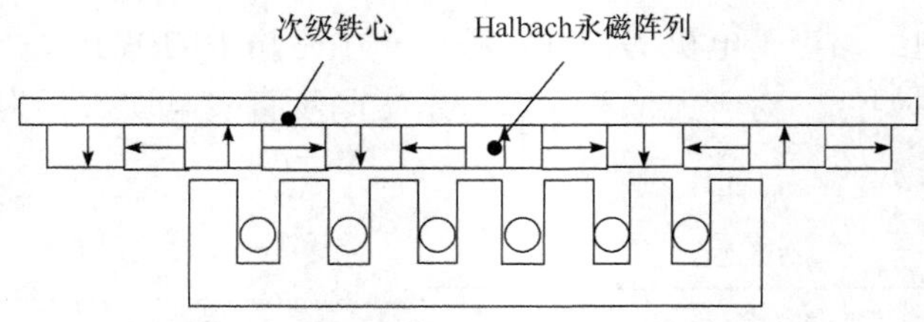

图 6.19　Halbach 永磁阵列式同步直线电动机结构

2. 工作原理

永磁同步直线电动机的工作原理与旋转永磁同步电动机的类似。如图 6.20 所示，图中将气隙结构放大，行波磁场的运动和直线感应电动机中的行波磁场相似，但不同的是，永磁同步直线电动机的空载磁场由永磁体励磁产生。负载状态时，初级绕组中通入三相对称电流，电枢电流和永磁体共同作用，从而在气隙中形成合成的行波磁场。

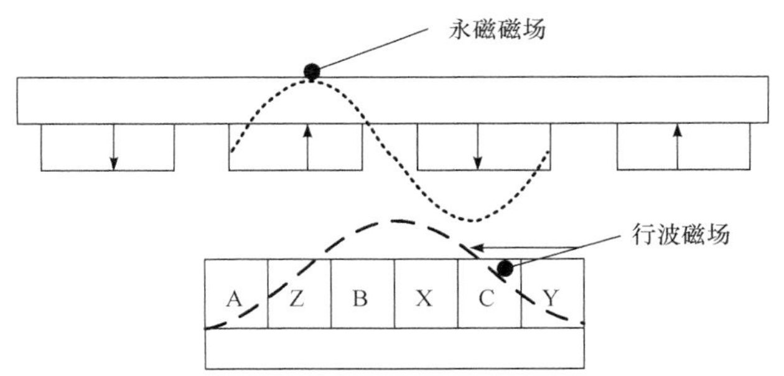

图 6.20　永磁同步直线电动机的工作原理

永磁同步直线电动机次级的永磁体产生一个固定的永磁磁场。行波磁场的 N、S 极与永磁磁场的 N、S 极之间相互吸引，两者之间存在磁拉力。当行波磁场随着绕组中电流的变化直线运动，且运动速度为同步速度 v_s 时，在两个磁场的相互作用下，永磁磁场也以相同的速度做直线运动，从而带动动子运动。

由此可见，永磁同步直线电动机动子直线运动的速度 v 等于同步速度 v_s，该速度由电源频率和电机极距决定，控制电源的频率即可控制永磁同步直线电动机动子的运动速度：

$$v = 2f\tau \tag{6.11}$$

不考虑边端效应时，正弦波驱动的永磁同步直线电动机的空载反电动势计算公式与旋转永磁同步电动机相同：

$$E_0 = 4.44 fNk_w\phi_1 k_\phi \tag{6.12}$$

式中，N 为每相绕组串联匝数；k_w 是绕组因数；ϕ_1 为磁通；k_ϕ 为气隙磁通的波形系数。

永磁同步直线电动机的电磁功率与旋转永磁同步电动机的完全相同，其电磁推力计算如下：

$$F = mE_0 I_1 \lambda / v \tag{6.13}$$

式中，m 为相数；λ 为功率因数。

永磁同步直线电动机的驱动控制基本与旋转永磁同步电动机相同，将旋转永磁同步电动机的转速转换为线速度即可。需要注意的是，在很多直线运动控制场合，永磁同步直线电动机常工作在高动态往复直线运动场合，因此直线电机的动子需要频繁变换运动方向，且速度一直在变化，因此对控制系统的动态性能要求较高。此外，永磁同步直线电动机系统中，需要采用直线位移传感器。在对控制精度要求不高的场合，可以采用霍尔传感器，通过检测磁场的变化来估算动子位置。在高精度的直线运动控制场合，常采用高精度的光栅尺、磁栅尺作为直线位移传感器。线性差动变压器、磁致伸缩位移传感器等也是常用的直线位移传感器。

6.3.2 运行特性及边端效应

1. 运行特性

对永磁同步直线电动机力矩特性的分析可以采用 d-q 轴双轴理论，对于具有凸极效应的

永磁同步直线电动机，忽略初级绕组的电阻值，其推力可以表示为

$$F_{\theta}=\frac{m}{v}\cdot\frac{UE_0}{X_d}\cdot\sin\theta+\frac{1}{v}\cdot\frac{mU^2}{2}\cdot\left(\frac{1}{X_q}-\frac{1}{X_d}\right)\sin 2\theta \tag{6.14}$$

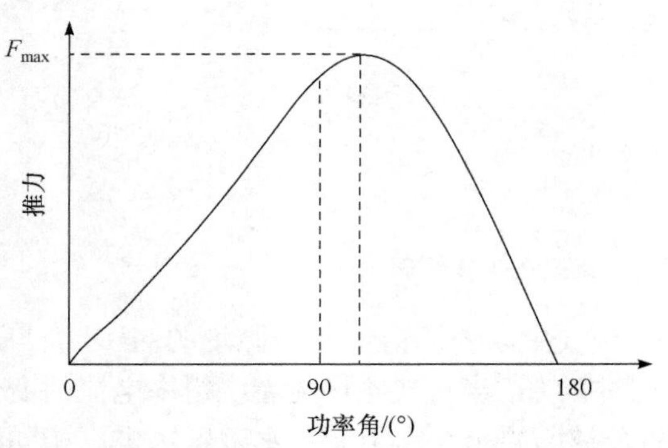

图 6.21　永磁同步直线电动机的推力-功率角特性曲线

式中，θ 为 $\dot{U}$ 与 $\dot{E}_0$ 之间的相位角，称为功率角。由此可以作输出推力随功率角变化的特性曲线，如图 6.21 所示，当永磁同步直线电动机具有凸极结构时，最大推力对应的功率角略大于 90°。对于采用表贴式永磁体结构的有槽永磁同步直线电机或者无槽、无铁心永磁同步直线电机，最大推力所对应的功率角为 90°。

在永磁同步直线电动机设计、选型及应用时，难以完全按照旋转电机常用的指标体系来考量它。除了与旋转电动机类似，考虑电机的功率、供电电压和电流、电阻、电感等参数外，通常还可以参考如下参数和性能指标。

1) 推力常数 k_f

将永磁同步直线电机的推力表示为如下与初级电流有效值相关的形式：

$$F=k_f I_1 \lambda \tag{6.15}$$

式中，k_f 称为永磁同步直线电动机的推力常数，表示单位电流产生的推力，单位为 N/Arms。

考量直线电动机推力性能的指标还包括持续推力、峰值推力、推力密度等。持续推力和峰值推力与旋转电动机中的持续转矩和峰值转矩相类似，分别指一定环境温度下，永磁同步直线电动机长时间连续工作和短时工作时，所输出的推力。相对应的，平均推力密度和峰值推力密度指相应的推力与有效体积或者有效质量的比值。直线电动机的有效体积或者有效质量指的是定子和动子耦合段的体积或质量。

2) 反电动势常数 k_e

将动子的速度式(6.11)代入式(6.12)中，有

$$E_0=0.707\frac{\pi}{\tau}Nk_w\phi_1 v \tag{6.16}$$

令 $k_e=0.707\frac{\pi}{\tau}Nk_w\phi_1$，得

$$E_0=k_e v \tag{6.17}$$

式中，k_e 称为反电动势常数，也称电枢常数，单位为 V/(m/s)，由极距、每相串联匝数、绕组因数和主磁通决定，一个设计加工好的永磁同步直线电动机，基本可以认为 k_e 已知，可以认为是动子单位运动速度对应的空载反电动势，因此，当速度范围已知时，基本可以根据式(6.17)确定 E_0 的范围。

3) 电机常数 k_m

永磁同步直线电动机的电机常数，指的是电机推力与损耗的平方根的比值，单位为 $\mathrm{N}/\sqrt{\mathrm{W}}$，表明了单位热损耗下电机输出的推力，是电机的推力和热特性综合体现的一个指标。

4) 最大速度 v_m

永磁同步直线电动机的动子所能工作的最大速度，由电机的电磁设计和机械结构决定。

5) 动子质量 M_m 或最大加速度 a_0

永磁同步直线电动机动子的质量与永磁同步直线电动机的最大加速度 a_0 相关。相同的输出推力下，动子质量越小，电机的动态性能越好。因此动子质量 M_m 或最大加速度 a_0 是反映永磁同步直线电动机动态性能的重要指标。

2. 边端效应

和直线感应电动机相同，永磁同步直线电动机也存在纵向边端效应。所不同的是，因为采用永磁体励磁，气隙中始终存在永磁磁场。因此，当绕组中未加载电流时，永磁同步直线电动机就存在端部磁场。当电机空载运行时，边端效应会导致气隙磁场中加载一个驻波磁场，该驻波磁场将引起边端定位力。

通常情况下，初级铁心的长度为 2～3 倍极距，认为初级铁心左右两个端部之间基本无相互影响，因而可以将初级看成两个半无限长的铁心单端受力的合成结果。边端效应引起的定位力，可以认为是两个半无限长的电枢铁心单端受力 f_+和 f_-的合成结果，两个边端结构完全相同，所引起的定位力的波形幅值相等、波动规律相同，但存在一定相位差的关系，如图 6.22 所示。

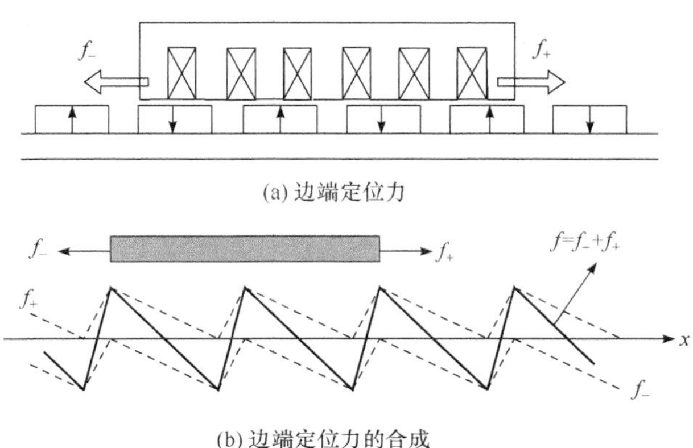

图 6.22　边端效应引起定位力

f_+ 和 f_- 可以用傅里叶函数表示为

$$f_+ = F_0 + \sum_{n=1}^{\infty} F_{sn} \sin\frac{2n\pi}{\tau}x + \sum_{n=1}^{\infty} F_{cn} \cos\frac{2n\pi}{\tau}x \tag{6.18}$$

$$f_- = -F_0 + \sum_{n=1}^{\infty} F_{sn} \sin\frac{2n\pi}{\tau}(x+\varDelta) - \sum_{n=1}^{\infty} F_{cn} \cos\frac{2n\pi}{\tau}(x+\varDelta) \tag{6.19}$$

式中，x 表示定子的任一位置；τ 为电机极距；$\varDelta$ 为与初级铁心长度有关的量。

$$\Delta = L_s - k\tau \tag{6.20}$$

式中，L_s 为初级铁心的长度；k 为任意整数。

因而合成边端定位力可以表示为

$$f(x) = f_+ + f_- = \sum_{n=1}^{\infty} F_n \sin\left[\frac{2n\pi}{\tau}\left(x + \frac{\tau}{2}\right)\right] \tag{6.21}$$

式中

$$F_n = 2\left(F_{sn}\cos\frac{n\pi}{\tau}\Delta + F_{cn}\sin\frac{n\pi}{\tau}\Delta\right) \tag{6.22}$$

永磁同步直线电动机端部定位力是电机极距的周期函数，其基波和各次谐波的幅值与初级铁心的长度相关。因此，对于短初级永磁同步直线电动机，常采用适当增长初级铁心端部长度(图 6.23)、调整初级端部齿宽或齿高和端部阶梯齿等方法，以调节左右两个边端定位力的相位和幅值，最终实现减小整个动子的边端定位力、减小推力波动的目标。此外，还可以通过设置端部补偿绕组，并在控制上采用合理的电流补偿控制策略对边端定位力及推力波动实现有效补偿抑制。

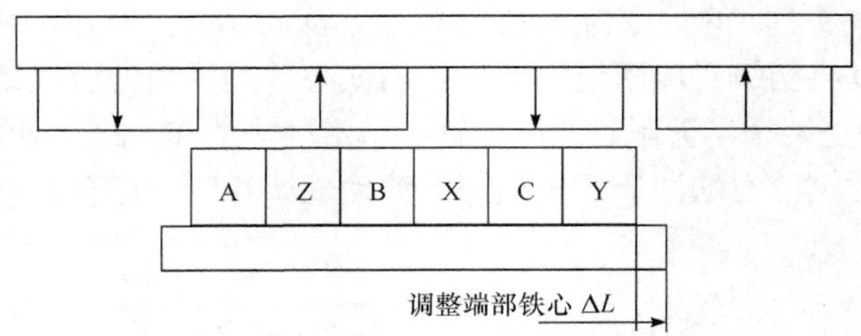

图 6.23　调整端部铁心长度抑制边端效应

6.4　初级永磁直线电动机

6.4.1　基本结构和工作原理

1. 基本结构

如图 6.24 所示为三种定子永磁电机，即磁通反向永磁电机、双凸极永磁电机和磁通切换永磁电机。这三种电机的共同特点是：①永磁体和电枢绕组均置于电机定子上；②转子结构简单，既无永磁体也无绕组，仅为导磁铁心，特别适合高速运行；③永磁体和绕组置于定子上，容易冷却；④采用集中绕组，可缩短绕组端部长度，电机结构紧凑，体积小、转矩(功率)密度高，同时能减小电阻和铜耗，保证高效率。正是由于上述诸多优点，定子永磁电机近年来成为国际、国内研究的热点。

在图 6.24 所示三种定子永磁电机的基础上，沿着半径方向将其展开成直线结构，原来旋转电机的转子作为直线电机的次级，而旋转电机的定子作为直线电机的初级，就可以得到三种新型永磁直线电机，即磁通反向永磁直线电机、双凸极永磁直线电机和磁通切换永磁直线电机，如图 6.25 所示。由于该类新型永磁直线电机的永磁体和电枢绕组均置于初级，因此该类新型永磁直线电机被称为初级永磁型直线电机。

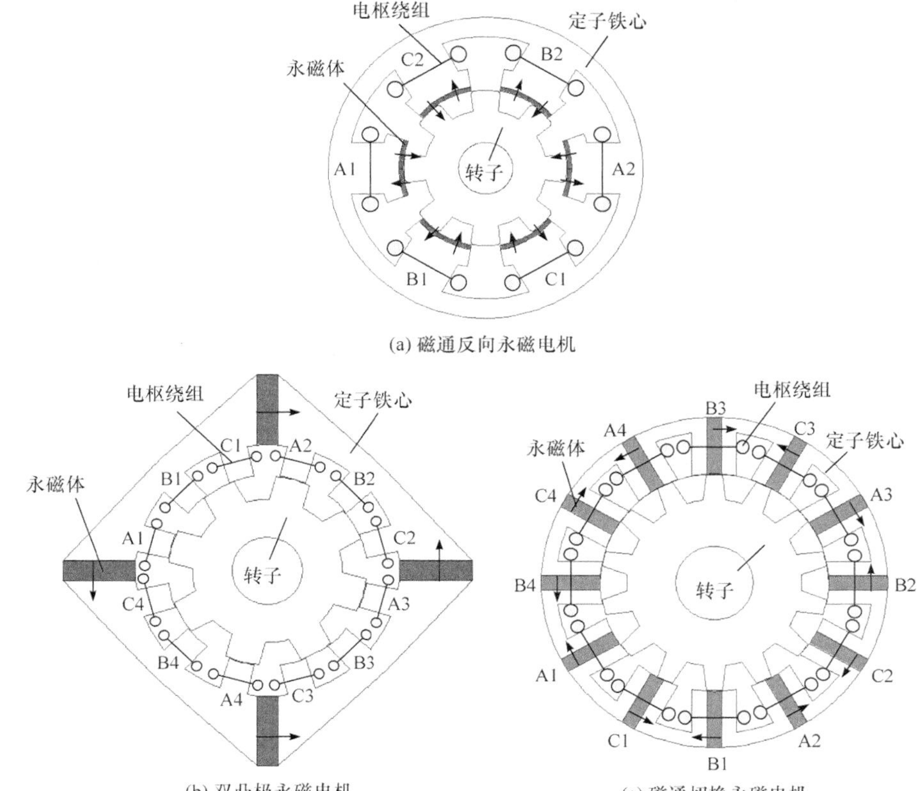

(a) 磁通反向永磁电机

(b) 双凸极永磁电机

(c) 磁通切换永磁电机

图 6.24　定子永磁型电机典型结构

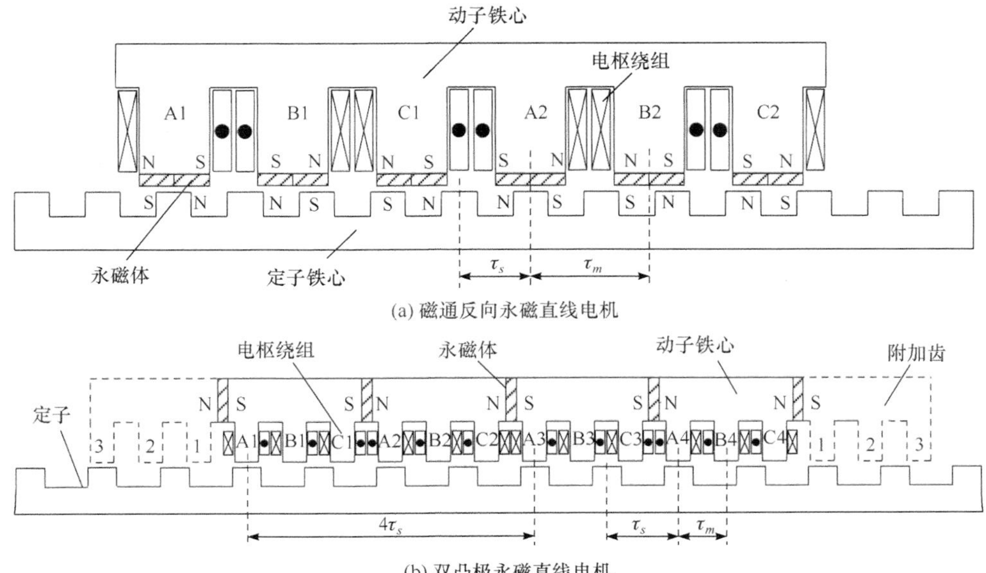

(a) 磁通反向永磁直线电机

(b) 双凸极永磁直线电机

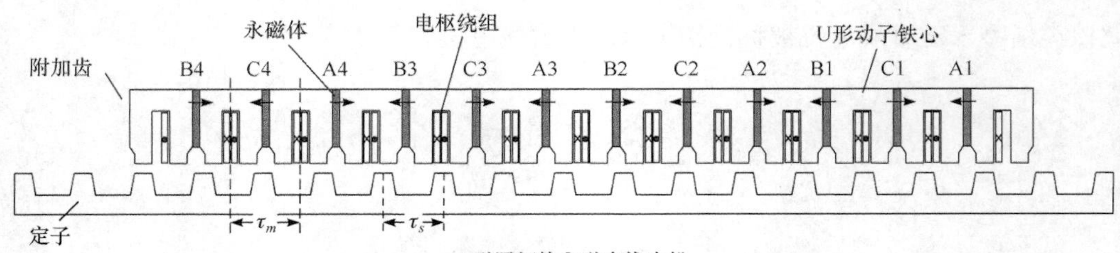

(c) 磁通切换永磁直线电机

图 6.25 初级永磁直线电机

初级永磁直线同步电机具有以下优点：①置于定子侧的电机次级结构简单、无绕组、无永磁体、成本低、可靠性高；②稀土永磁材料作为励磁源，具有永磁直线同步电机的优点；③电枢绕组为集中式绕组结构，制作嵌线方便，绕组端部短，电阻和铜耗较小；④初级、次级均可采用模块化结构，易于实现容错，易于电机的生产和维护。因此，初级永磁直线电机特别适用于轨道交通、高层楼宇电梯、矿井垂直提升、水平运输等长距离驱动系统。该类直线电机将永磁直线同步电机功率密度高、效率高、推力特性好等优点与直线感应电机和直线开关磁阻电机定子结构简单、可靠性高、成本低的优点结合起来，可为长距离传输系统提供一种高效、可靠、低成本的解决方案，具有重要的工程应用价值。

但是，由于其特殊的结构和原理，此类电机也具有一定的缺点：①绕组和永磁体均位于初级，使初级结构复杂且离散，初级的强度和刚度受到一定的影响；②双凸极型初级永磁直线同步电机具有双凸极特性，因此定位力矩较大，易导致较大的速度波动，在高精度运动控制场合的应用受到一定的限制。

目前，这三种初级永磁直线电机也得到了国内外学者的广泛关注。研究表明，与磁通反相永磁电机和双凸极永磁电机相比，磁通切换永磁直线电机具有功率密度高、反电动势正弦性好、适用于无刷交流控制等优点。因此，磁通切换永磁直线电机得到更为广泛的研究和关注。以下将以磁通切换永磁直线电机为研究对象，介绍其工作原理。

2. 工作原理

图 6.25(c)为一台由 12/14 极旋转磁通切换永磁电机沿径向切开得到的磁通切换永磁直线电机。为了在一定程度上补偿初级端部绕组的磁路，分别在初级动子两边增加了两个附加齿。初级两端各有一个半填槽，因此实际上初级上的总槽数为 13 个。每相电枢绕组由 4 个集中线圈串联组成(如 A 相绕组由线圈 A1、A2、A3、A4 串联组成)。任一时刻属于同相的线圈 A1、A3 与定子的相对位置相同，线圈 A2、A4 与定子的相对位置也相同。线圈 A1 与 A2，A3 与 A4 在空间上互差半个定子极距，对应为 180°电角度。因此可将 A 相绕组分为两组，即 A1 与 A2，A3 与 A4，这两组线圈的电磁特性相同。为了简化分析该电机的工作原理，仅分析线圈 A1 与 A2 在初级动子运动一个定子极距范围内的电磁特性。为了便于分析，做以下简化处理，将 A1 和 A2 所在 E 形模块放在一起，并保持二者与定子的相对位移为半个定子极距，并利用有限元分析这两个模块在四个特殊位置时的磁场分布，对应的电角度θ_e分别为 0°、90°、180°和 270°，如图 6.26 所示。

在图 6.26(a)所示位置时，线圈 A1 所在的模块中永磁体产生的主磁通路径为永磁体→齿 4→气隙→定子齿→定子轭→定子齿→气隙→齿 2→永磁体。线圈 A2 所在的模块中永磁体产生的主磁通路径为永磁体→齿 5→气隙→定子齿→定子轭→定子齿→气隙→齿 6→永磁体。此时，永磁磁通由定子齿向上穿过气隙进入动子齿，规定此时 A 相电枢绕组中的磁链为“正最大值”。当 A1、A2 所在的动子运动到图 6.26(b)所示位置时，无永磁磁通穿过线圈 A1 和 A2，此时线圈 A1 和 A2 中的磁链近似为零。但是由于二者的磁路不同，为了便于区分，将线圈 A1 所在的位置称为“第一平衡位置”，线圈 A2 所在的位置称为“第二平衡位置”。当 A1、A2 所在的动子运动到图 6.26(c)所示位置时，穿过线圈 A1 和 A2 的磁通达到最大值，但是其方向与图 6.26(a)所示位置相反，此位置称为“负最大位置”。当 A1、A2 所在的动子运动到图 6.26(d)所示位置时，线圈 A1 和 A2 中的磁链也近似为零。线圈 A1 处在“第二平衡位置”，而线圈 A2 处在“第一平衡位置”。因此在初级动子运动一个周期过程中，线圈 A1 中的磁链为正的最大位置→平衡位置 1→负的最大位置→平衡位置 2→正的最大位置。线圈 A2 中的磁链为正的最大位置→平衡位置 2→负的最大位置→平衡位置 1→正的最大位置。可见，线圈 A1 和 A2 的磁链变化具有互补对称性。对于开路的定子绕组来说，当初级动子以一定速度运动时，其两端会感应出一定的电动势。

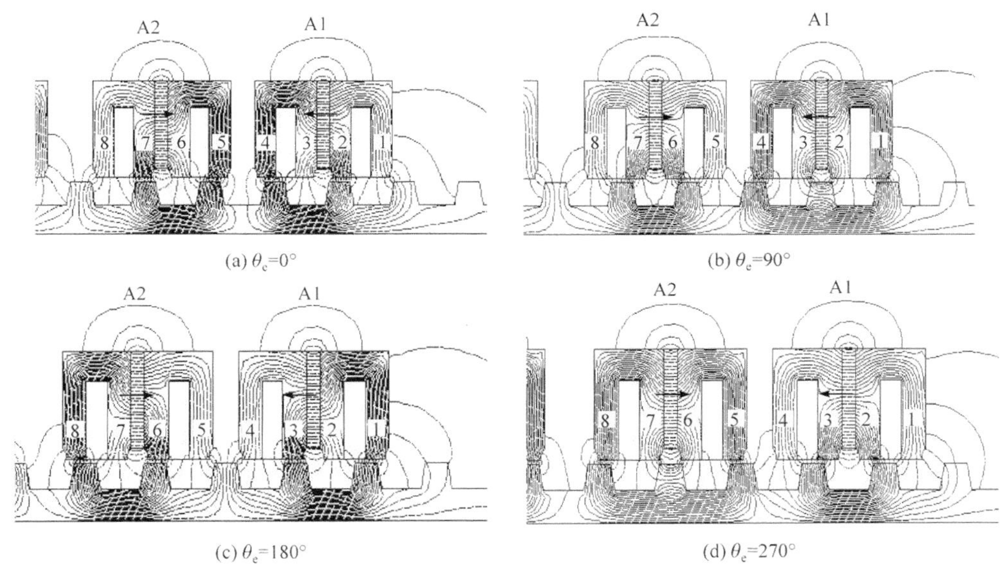

图 6.26　A1 与 A3 模块在不同位置的磁场分布

图 6.27 为线圈 A1、线圈 A2 及由其串联组成 A 相绕组的永磁磁链和反电动势波形。可见，线圈 A1、线圈 A2 和 A 相绕组中的磁链均为双极性磁链，与传统的永磁直线同步电机相同。正是由于线圈 A1 和线圈 A2 的磁路具有互补特性，通过相内两线圈的反电动势叠加，从而消除了反电动势中的偶次谐波分量，进而使得两个线圈合成后的 A 相反电动势谐波减少，更接近于理想正弦波形。

为了得到一台三相磁通切换永磁直线电机，只需在初级动子上依次放置三个如图 6.26 所示的 A 相两 E 形模块，保证属于同相的两 E 形模块与定子的相对位移相差半个定子极距，二者之间的距离为λ_1；属于相邻相的两模块与定子的相对位移相差 120°电角度，二者之间的距离为λ_2。根据上述分析，λ_1和λ_2满足如下关系：

$$\lambda_1 = (j \pm 0.5)\tau_s \tag{6.23}$$

$$\lambda_2 = (k \pm 1/3)\tau_s \text{ 或 } \lambda_2 = (k \pm 1/6)\tau_s \tag{6.24}$$

式中，j 和 k 为正整数。当 j=2，k=5 时，$\lambda_1 = 2.5\tau_s$，$\lambda_2 = (5+1/3)\tau_s$，即可得到如图 6.28 所示的直线电机。由于相邻两线圈所在的模块之间有非导磁材料间隔，该电机称为磁路互补型模块化磁通切换永磁直线电机。图 6.29 为该电机三相空载反电动势波形，可见三相反电动势对称且为正弦波，因此该电机特别适用于无刷交流控制。

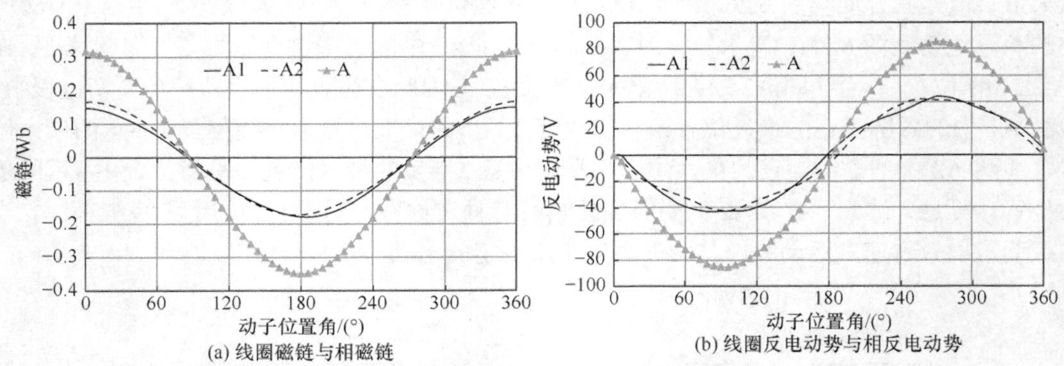

图 6.27　线圈 A1、A2 和 A 相绕组永磁磁链与反电动势波形

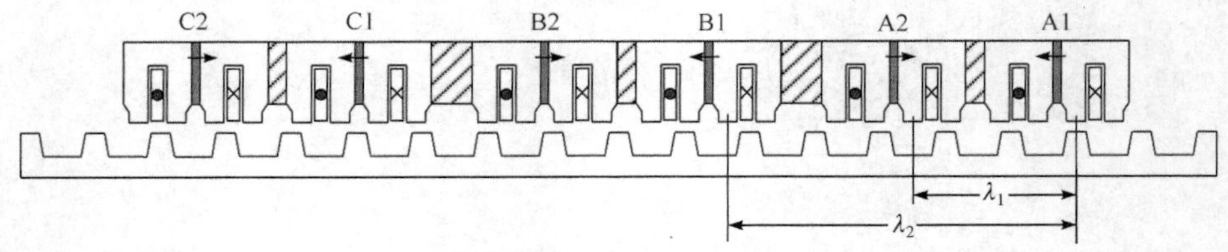

图 6.28　磁路互补型模块化磁通切换永磁直线电机

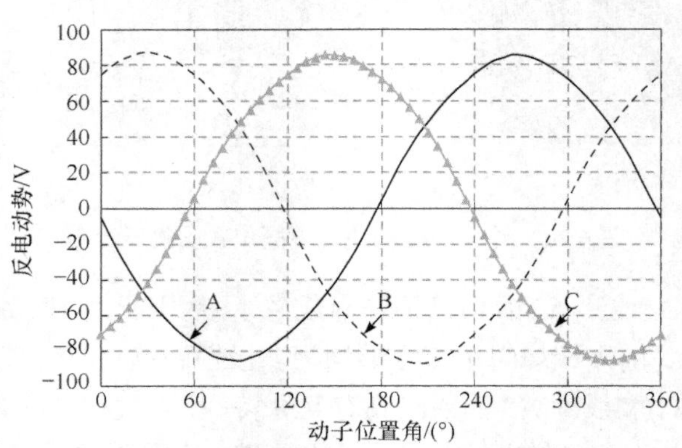

图 6.29　磁路互补型模块化磁通切换永磁直线电机三相反电动势波形

由图 6.25 可知，将某一极距比和结构形式的旋转磁通切换永磁电机直接展开，即可得到某一极距比和结构的磁通切换永磁直线电机，该研究方法比较直观。但是该研究方法存在以下不足和局限性。首先，该设计方法受到旋转磁通切换永磁电机极距比和结构的限制。该缺点主要体现在三个方面：第一，例如，定、转子极数之比为 12/12 和 12/15 的磁通切换

永磁电机不是三相电机，由此磁通切换永磁电机直接展开得到的磁通切换永磁直线电机必然不是一台三相电机；第二，即使由某个定、转子极数的三相磁通切换永磁电机(如定、转子极数为 12/14)展开可以得到一台三相磁通切换永磁直线电机，也存在端部磁路不对称和相绕组不具有互补特性的缺点；第三，即使得到的磁通切换永磁直线电机具有互补特性，其设计方法也受旋转电机设计方法的限制。其次，由旋转磁通切换永磁电机直接展开得到直线电机范围较窄，不具有通用的指导意义。因此，本节将介绍磁通切换永磁直线电机结构设计原则，该设计原则不仅便于设计磁通切换永磁直线电机，而且有利于理解“磁通切换”电机的本质原理，拓宽磁通切换电机的研究范围。

由前面分析可知，只要一个 E 形模块结构满足“磁通切换”原理，就可由此 E 形模块构成不同结构的多相磁通切换永磁直线电机。因此，如何设计具有“磁通切换”原理的 E 形模块是设计磁通切换永磁直线电机的关键。现将满足“磁通切换”原理、任意极距比 E 形模块的通用设计规则总结如下：

$$\begin{cases}\tau_m = \text{或} \approx n\tau_s, & n=1,2,3,4,\cdots \\ \tau_{u1} = \text{或} \approx (j+0.5)\tau_s, & j=0,1,2,3,4,\cdots \\ \tau_u = \tau_m - \tau_{u1} \\ w_{mt} \leqslant w_{st}\end{cases} \tag{6.25}$$

其中，τ_m 为初级极距；τ_s 为次级极距；τ_u 为 U 形导磁齿中心线距离；τ_{u1} 为永磁体两边导磁齿中心线距离；n 为正整数；j 为非负整数。

为了更好地理解式(6.25)，图 6.30 给出了极距比 τ_m/τ_s=1、2 和 3 时，满足“磁通切换”原理的 E 形模块结构图。

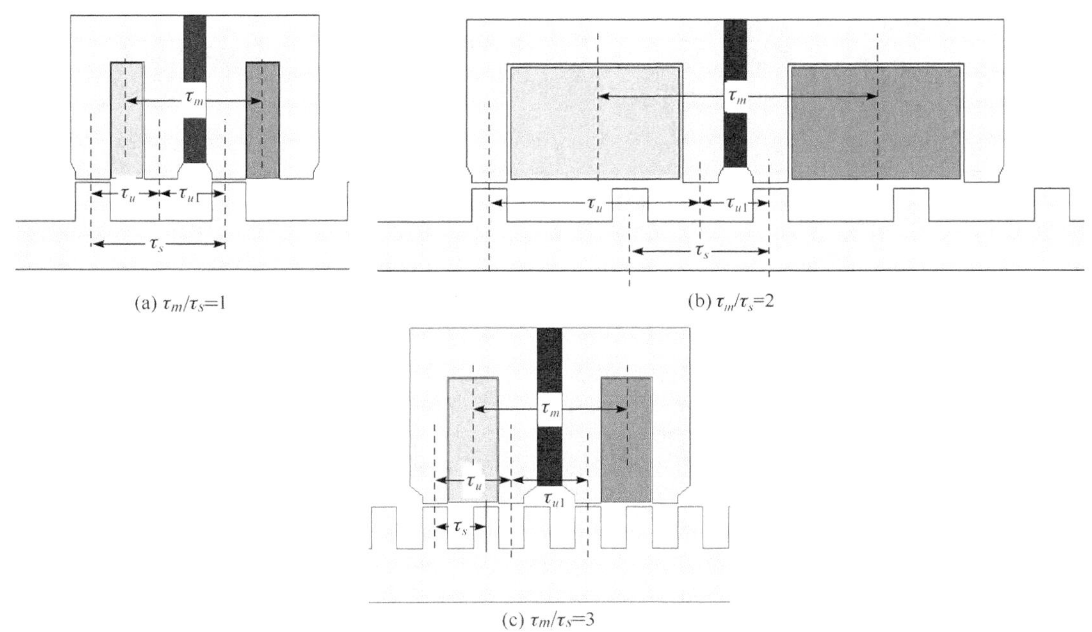

(a) τ_m/τ_s=1　(b) τ_m/τ_s=2　(c) τ_m/τ_s=3

图 6.30　极距比 τ_m/τ_s=1、2、3 的 E 形模块

对于图 6.30(a)所示的 E 形模块，$\tau_m/\tau_s=1$，$\tau_{u1}=\tau_u=\tau_m/2$，即式(6.25)中的 $n=1$，$j=0$。首先，如果τ_s和τ_{u1}保持不变，将 n 由 1 变为 2，此时可得到图 6.30(b)所示的 E 形模块。该 E 形模块仍然满足“磁通切换”工作原理，因此基于此模块可以得到不同结构的磁通切换永磁直线电机。其次，如果将 n 由 1 变为 3，j 由 0 变为 1，则$\tau_m/\tau_s=3$，$\tau_u=\tau_{u1}=1.5\tau_s=\tau_m/2$，此时图 6.30(a)所示 E 形模块将变为图 6.30(c)所示的 E 形模块，该 E 形模块即极距比为 3 的结构。显然，该 E 形模块满足“磁通切换”工作原理。因此，只要一个 E 形模块的结构满足式(6.25)，就可以由多个该 E 形模块构成不同极距比的磁通切换永磁直线电机。

6.4.2 运行特性及边端效应

1. 运行特性

本节以图 6.28 所示的磁路互补型模块化磁通切换永磁直线电机为研究对象，利用有限元分析其电磁推力特性，具体包括空载时的定位力、法向吸力、无刷交流控制模式下的电磁推力及推力波动。

为了分析电机的定位力特性，本节通过以下两步来计算其定位力。首先，利用有限元法计算初级动子只有一个 E 形模块的定位力和法向吸力(即线圈 A1 所在的模块)，由于每相两 E 形模块在空间上互差 180°电角度，因此第二个 E 形模块的定位力可以通过移相 180°得到。图 6.31(a)为按上述方法求得的每相和三相模块总定位力波形，其中 F_{x_AA}、F_{x_BB}、F_{x_CC}分别表示 A、B、C 三相动子模块的定位力，F_x为 F_{x_AA}、F_{x_BB}、F_{x_CC}之和。可见，A 相模块总的定位力波形近似为周期等于 180°的正弦波，其数值在动子位置为 0°、90°、180°、270°时等于零，这些位置被称为平衡位置。由图 6.31(b)和图 6.28 可知，A 相两 E 形模块在空间上互差 180°，在动子位置为 0°和 180°时，两 E 形模块构成的整体结构的中心线均与定子齿或槽的中心线重合，而在 90°和 270°时，左、右两 E 形模块的中心线都与定子齿或槽的中心线重合。因此，在这些平衡点 A 相模块总的定位力 $F_{x\_AA}=0$。由于任意两相模块之间在空间上互差 120°，B 相模块的定位力平衡位置为 30°、120°、210°、300°，C 相模块的定位力平衡位置为 60°、150°、240°、330°。可见，虽然每相的定位力较大，但是电机总的定位力F_x被大大削弱。另外，图 6.31(b)为按上述方法计算的每相两 E 形模块的法向吸力波形和三相法向吸力之和，其中 F_{y_AA}、F_{y_BB}、F_{y_CC}分别表示 A、B、C 三相动子模块的法向吸力波形，F_{y_avg}为 F_{y_AA}、F_{y_BB}、F_{y_CC}的平均值。可见，虽然每相两 E 形模块的法向吸力波动较大，但是电机总的法向吸力波动大大降低。

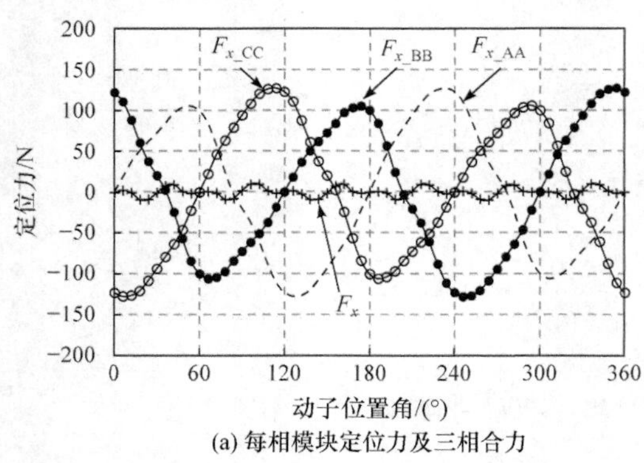

(a) 每相模块定位力及三相合力

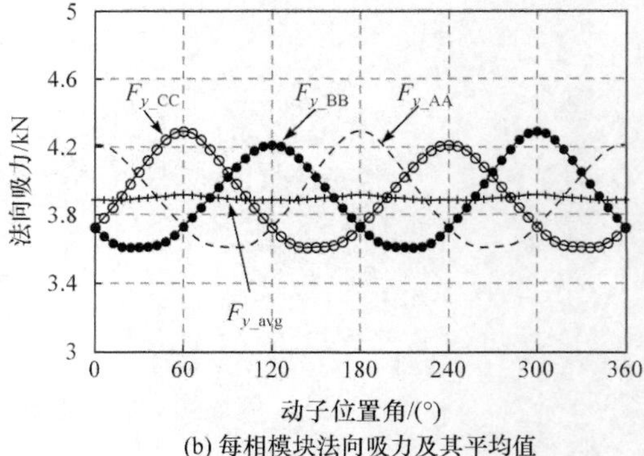

(b) 每相模块法向吸力及其平均值

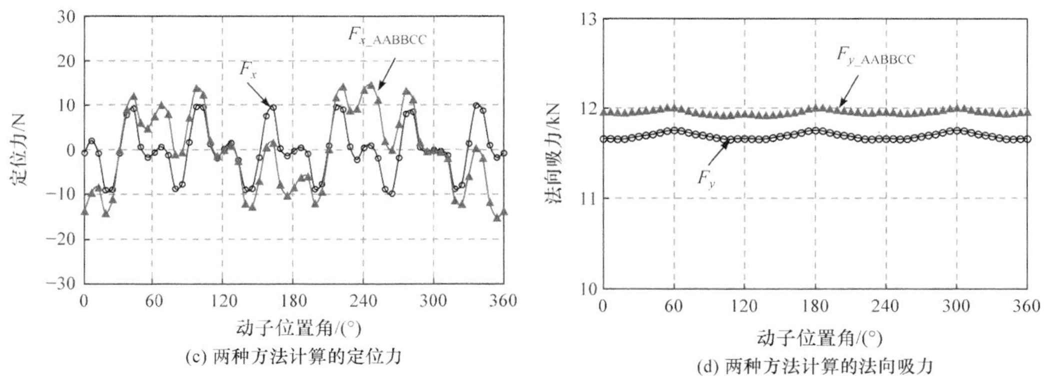

(c) 两种方法计算的定位力　(d) 两种方法计算的法向吸力

图 6.31　磁路互补型模块化磁通切换永磁直线电机定位力和法向吸力

其次，直接利用有限元计算图 6.28 中电机总的定位力 F_{x_AABBCC} 和法向吸力 F_{y_AABBCC}。图 6.31(c)比较了两种计算方法得到的定位力。可见，两种方法计算得到的定位力 F_{x_AABBCC} 与 F_x 在 B 相的平衡点 30°、120°、210°、300°附近吻合得较好，而在[30°, 120°]和[210°, 300°]范围内 F_{x_AABBCC} 略大于 F_x，在[0°, 30°)、(120°, 210°)及(300°, 360°]范围内 F_{x_AABBCC} 略小于 F_x。这是由于第一种方法在计算电机定位力时直接把三相模块的定位力相加，而实际上三个模块靠近时，模块之间的端部磁场与第一种方法是不同的。由图 6.28 可知，由于 A、C 两相的模块处在电机动子两端，当第二种方法计算电机总的定位力时，A、C 两相模块在平衡位置时左、右两边的磁场是不对称的，这将导致电机总的定位力在 A、C 两相定位力的平衡点定位力不为零。而由于 B 相处在电机动子模块的中间位置，因此 B 相模块的定位力和电机总的定位力有共同的平衡点：30°、120°、210°、300°。所以两种计算方法在 B 相平衡点位置吻合度较高。图 6.31(d)所示为两种计算方法得到的法向吸力 F_y 和 F_{y_AABBCC}，同样，二者形状相似、幅值有较小的误差。

为了分析磁路互补型模块化磁通切换永磁直线电机的推力特性，本节将通过该电机的数学模型进行分析，然后利用有限元仿真分析进行验证。磁路互补型模块化磁通切换永磁直线电机的空载永磁磁链和反电动势正弦非常适合正弦波电流控制，因此可利用 d-q 轴数学模型来分析该电机的电磁特性，该电机在 d-q 坐标下的推力表达式为

$$\begin{aligned}F_e &= \frac{3\pi}{\tau_s}\psi_{md}i_q + \frac{3\pi}{\tau_s}i_d i_q(L_d - L_q) + \frac{3\pi}{\tau_s}L_m(i_d^2 - i_q^2)\sin 3\theta_e \\ &= F_{pm} + F_r + F_{Lm}\end{aligned} \tag{6.26}$$

其中，ψ_{md} 为 d 轴永磁磁链；L_d 为 d 轴电感；L_q 为 q 轴电感；i_d 为 d 轴电流；i_q 为 q 轴电流；F_{pm} 为永磁推力；F_r 为磁阻推力；L_m 为电感基波峰值；F_{Lm} 为附加推力分量，由 L_m 和 d-q 轴电流共同作用产生。

如果忽略 L_m，则推力方程可进一步表示为

$$F_e = \frac{3\pi}{\tau_s}\left[\psi_{md}i_q + i_d i_q(L_d - L_q)\right] \tag{6.27}$$

由式(6.27)可以看出，电机的电磁推力由两部分组成：第一部分为永磁推力，第二部分为磁阻推力。由于该电机的 d 轴和 q 轴电感近似相等，因此其磁阻推力较小，一般采用 i_d=0

控制方式。

2. 边端效应

磁通切换直线电机与传统的永磁直线同步电机一样，也存在边端效应问题。直接由旋转磁通切换永磁电机切开并展平得到。显然，图 6.25(c)所示的磁通切换永磁直线电机端部线圈 A1 和 B4 的磁路必然与中间线圈不同，存在边端效应。由此导致电机运动过程中端部线圈 A1 和 B4 中产生的反电动势小于中间线圈，电机的三相反电动势幅值不对称。在端部增加附加齿结构，可在一定程度上补偿端部绕组的磁路，但当电机动子在不同位置时依然存在端部绕组磁路与中间相绕组磁路不对称的问题。

为分析该电机边端效应带来的端部绕组与中间相绕组磁路不对称问题，图 6.32(a)和(b)分别给出了动子在两个位置时端部线圈 A1 的磁路。在图 6.32(a)所示的位置，假定线圈 A1 中的磁链到达正的最大值，则在图 6.32(b)所示的位置线圈 A1 中的磁链到达负的最大值。可见，在图 6.32(a)所示的位置，线圈 A1 中的磁通仅由一块永磁体提供，而在图 6.32(b)所示的位置，线圈 A1 中的磁通则由两块永磁体提供。而对于处在电机中间位置的线圈，在这两个位置时，线圈中磁通均由两个永磁体提供。因此，该电机仍然存在由边端效应带来的端部相绕组磁路与中间相绕组磁路不对称的问题，一个电周期内端部线圈中的反电动势幅值小于中间线圈，导致三相绕组反电动势不对称。

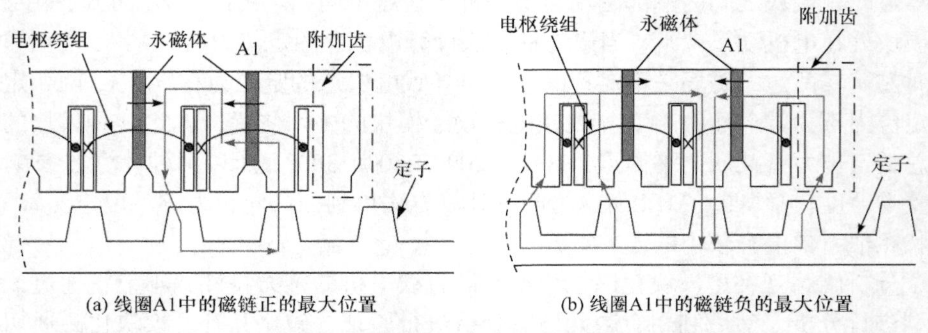

(a) 线圈A1中的磁链正的最大位置　　(b) 线圈A1中的磁链负的最大位置

图 6.32　带辅助齿的磁通切换永磁直线电机磁路不对称分析

图 6.33 为电机在额定速度空载运行时 A 相四个线圈中的反电动势波形。可见，端部线

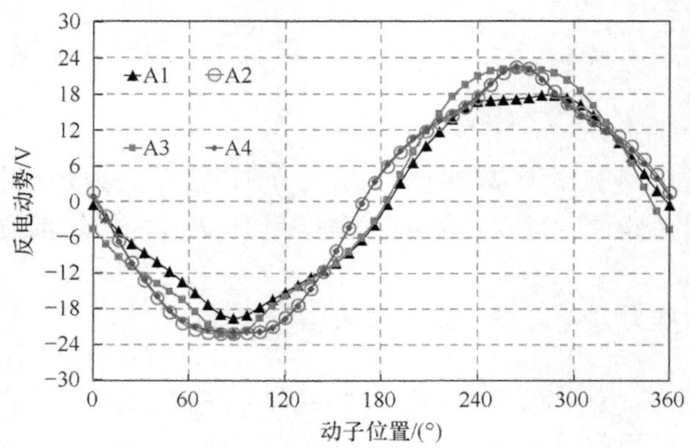

图 6.33　带辅助齿 LFSPM 电机磁路不对称分析

圈 A1 中的反电动势幅值明显小于处在初级动子中间部位的线圈 A3 的反电动势。而初级动子中间部位的线圈 A3 在正、负半周的反电动势峰值与处在初级动子中间部位的线圈 A2、A4 的反电动势近似相等。值得说明的是，虽然线圈 A1+A3 与线圈 A2+A4 具有旋转磁通切换永磁电机绕组互补特性，但由于边端效应的影响，四个线圈串联得到的 A 相绕组总的反电动势波形的谐波含量不能彻底抵消，A 相绕组的谐波含量将增大。同样，B 相绕组也有一个线圈处在初级动子的端部，也存在 A 相同样的问题。由于 C 相绕组都位于初级动子的中间，因此 C 相绕组不存在 A、B 两相绕组磁路不对称问题。同时，由前面的分析可知，采用模块化互补型结构可以解决边端效应引起的端部绕组磁路与中间绕组磁路不对称问题。

6.5　直线电动机的应用和发展

6.5.1　直线电动机的起源

直线电机的出现比旋转电机晚，其发展经历了漫长的探索实验、开发应用和实用阶段。

从 1840 年到 20 世纪中叶，直线电机经历了由设想到实验的探索过程。该阶段科研人员主要致力于对直线电机理论的研究和各种设想模型的试验验证工作。到 20 世纪中叶，发达国家将对直线电机的试验研究往前推进一步，开展了少量直线电机在电磁发射、电磁泵等相关领域的应用研究。该阶段直线电机发展缓慢的原因有多方面，包括：直线电机的气隙普遍比旋转电机大，且属于直接驱动系统，速度较低，因此电机的效率和功率因数相对较低。传统的以效率、功率因数、功率密度指标来衡量旋转电机的概念，用以衡量直线电机，存在不合理之处，因此束缚了直线电机的发展应用。直线电机铁心开断，存在边端效应，引起推力波动。在元器件水平和控制技术水平尚未发展的背景下，一方面，作为直接驱动系统，推力波动和各种扰动直接加载在电机上，使得直线电机系统的控制性能较差；另一方面，直接驱动系统对功率器件的响应速度等要求更高，因此控制系统的成本更高。虽然直线电机可以看作旋转电机沿径向剖开，再拉伸展成平面而成，但是直线电机在结构和磁场分布等方面存在特殊性，如横向和纵向边端效应、半填槽结构等，因此旋转电机的相关理论及设计方法不能完全适用于直线电机，早期所设计和试验的直线电机的性能较差，限制了其发展应用。

20 世纪 50 年代以来，新型控制元器件的出现和自动控制技术的发展，为直线电机的发展提供了新契机。该阶段，人们开始转换观念，例如，人们开始认识到，由于省去了机械传动结构，虽然与旋转电机相比，直线电机的效率较低，但是由于传统链结构大大简化，因此传动效率大大提高，以整个直接驱动传动系统(包括直线电机、传动机械部件等)的效率来衡量直线电机更为合理。观念的转变使人们开始重拾对直线电机的信心，对直线电机的研究越来越多，到 1965 年，人们已开展了针对各种应用的直线电机研究，例如，采用直线电机的自动绘图仪、空气压缩机、输送装置等。

20 世纪 70 年代开始，直线电机进入快速发展应用阶段，各种直线电机的产品不断涌现。直线电机在各种领域得到应用推广，如用于高端数控机床直线伺服系统、工件传送带驱动、电动门、轨道交通系统、自动绘图仪等。到 21 世纪，供应直线电机的厂家不断涌现，国外具有代表性的企业主要有美国 Danaher 公司、Parker 公司、Baldor 公司、Copley 公司、Rockwell

公司、Aerotech 公司、Anorad 公司，瑞士 ETEL 公司，德国 Siemens 公司，日本 Fanuc 公司、Yaskawa 公司等。国内直线电机的生产厂商主要有深圳大族激光科技股份有限公司、哈尔滨泰富电气有限公司、嘉兴华嶺机电设备有限公司、长沙一派数控机床有限公司、郑州微纳科技有限公司等。

近年来，国内直线电机的应用领域不断扩大。不同需求场合对直线电机产品的性能要求不同，对直线电机产品的研究和开发呈现多样性。在高精密加工、自动化仪表等领域，直线电机的精度和动态性能不断提高，目前直线电机的控制精度向着纳米级目标发展。在轨道交通应用领域，直线电机向着高速、高加速方向发展。直线电机的推力等级得到提高，国内外直线电机厂家已有多种规格的 10000N 级别产品。面向智能制造和自动化生产线应用的直线电机，动子运动速度显著提高，电机系统的成本显著下降。不断扩大的应用领域和需求，使得对直线电机的研究成为热点，针对新型拓扑结构、优化设计方法、驱动控制技术、测试技术等的研究全面铺开。

6.5.2 国内外研究概况

对直线电机的研究已成为特种电机研究的热点之一，国内外诸多企业、科研机构和高校目前均大力开展直线电机系统相关技术的研究。

国外具有代表性的研究单位包括各直线电机生产销售企业，还有日本的武藏工业大学、东京大学等。各大学主要从事基础理论、关键技术等方面的研究，而各公司则主要面向应用市场，从事直线电机本体和驱动控制器的开发，开发生产出各种直线电机及其驱动控制器的系列产品。

国内对直线电机的研究起步较晚，但发展很快，已经在多个领域应用并取得了较多的研究成果。例如，中国科学院电工研究所的平面直线电机绘图仪，上海大学的直线电机机械手，浙江大学的直线电机驱动的冲压机、直线电机驱动的分拣系统，焦作工学院在“直线同步电机提升系统的理论与控制研究”课题中对实验样机进行了全面的分析与理论研究。将直线电机作为机床或加工中心进给系统研究的有：广东工业大学的超高速电主轴和直线电动机高速进给单元，将直线感应电动机应用于 GD-3 型直线电动机高速数控进给单元，并且对高速机床伺服刚度的研究颇有深度；哈尔滨工业大学面向光刻机应用系统，研制了系列高精密音圈直线电机、无铁心永磁同步直线电机、平面电机系统，并致力于直线电机测试技术研究；沈阳工业大学在伺服系统理论方面进行了深入的研究，并取得了丰硕的成果；清华大学则在高频短行程圆筒式直线电机驱动的凸变活塞车床的横向刀架研究中取得了较好的应用成果。与国外直线电机企业的产品相比，国产的直线电机产品在推力指标、控制精度、驱动器的可靠性、系列化产品开发等方面还存在一定的差距。

总结国内外直线电机发展的现状，目前对直线电机的研究主要在如下几个方面。

(1) 精确分析与设计技术。直线电机的结构多样，而且存在横向和纵向边端效应，对于单边直线电机，还存在单边磁拉力的影响。因此为实现电机准确的设计分析，必须首先解决直线电机准确建模问题，如建立考虑边端效应的直线电机磁路及磁场分析模型。定子、动子结构及气隙结构的优化设计是提高电机性能(如减小电机损耗、提高最大推力、降低推力波动等)的关键。此外，各种新原理、新结构直线电机不断涌现(如横向磁通直线电机、磁场调制直线电机等)，不同结构电机的磁路、磁场和推力模型上存在差异。因此，以提高电机推力及推力密度、抑制推力波动、降低电机损耗为目标，有必要深入开展直线电机磁路和磁场、边端效应、齿槽效应等的研究，掌握准确的电机建模、优化及分析设计方法。

(2) 冷却与温升控制技术。直线电机反复加减速以及边端效应，可能导致损耗增加，直线电机效率较低。直线电机开放式气隙结构的结构简单，散热面积大，其散热效果较好。但是，当直线电动机安装在散热条件较差的机床内部时，极易使温度升高，导致机床热变形。直线电机半开放式气隙特点，使得对直线电机动子和定子之间的热交换进行准确计算成为难点。而且，为提高直线电机的推力密度，直线电机常采用水冷或者油冷结构。因此，必须准确分析电机的损耗和温升规律，在直线电机的设计、制造过程中，降低电机内部热阻，提高各散热表面的散热系数，从而提高电机的推力和效率等性能。

(3) 直线电机系统建模及控制技术。采用直线电动机直接驱动方式时，负载的变化、系统参数摄动和各种干扰，都将毫无缓冲地作用在直线电机上，影响电机系统的性能，这对控制系统的鲁棒性提出了更高的要求。此外，直线电机边端效应使得三相绕组存在不对称现象，因此在高精度直线电机控制系统中，直线电机的数学建模及控制策略需要考虑三相绕组电感不对称现象。目前对直线电机控制的研究较多，涉及系统建模、参数辨识、模型预测控制、无位置传感器控制等相关技术。同时，针对特殊结构的电机系统，其控制技术也要特别加以考虑。例如，长初级绕组分段电机，其绕组分段通电以降低绕组损耗，提高系统效率，因此其驱动器和控制策略需要考虑通断电切换的影响。

(4) 应力和振动抑制技术及动力学分析。由于直线电机往复直线运动，尤其当电机频繁快速加减速(或振动)时，其结构受应力变形，从而对电机推力等性能产生较大影响。而且直线电机安装在各种负载台架上，必须考虑其振动问题，以防止共振现象。此外，当直线电机用于高速高加速直线推进系统(如轨道交通应用)时，直线电机动子和轨道之间形成复杂而独特的动力学特性。开展直线电机动力学分析，对于掌握直线电机动子和定子之间的电磁与力耦合作用机理、保持直线电机系统的可靠运行具有重要意义。

(5) 隔磁与防护技术。由于旋转电机磁场是封闭式的，不会对外界造成任何影响，而直线电机的磁场是敞开式的，可能会对外部环境造成一定影响。例如，将永磁同步直线电动机用于数控机床时，要在机床床身上安装一排排强磁的永磁体，而工件、床身和工具等均为磁性材料，很容易被直线电机的磁场吸住，使装配工作难以进行。特别是磁性切屑和空气中的磁性尘埃，一旦被吸入直线电机的初级与次级之间不大的气隙中，就会造成堵塞，电机就无法工作。为此，防护工作不能忽视。同时，当直线电动机用于垂直进给机构时，由于存在动子自重，必须解决好直线电动机断电时的自锁问题和通电工作时重力加速度的影响。

(6) 直线电机测试技术。直线电机的测试技术远不如旋转电机成熟，也缺乏相应的直线电机测试标准。因此研究高效精确的直线电机性能测试方法及设备，对直线电机的各项性能指标(如速度、加速度、静态力、动态力、推力波动、定位力、定位精度、温升、效率等)进行准确测量，具有重要意义。

(7) 直线电机可靠性相关研究。其包括开展直线电机损耗和温升研究，冷却系统设计研究、应力振动研究、失效机理研究等，在保证电机可靠性基础上，为进一步提高电机性能提供依据和指导。

6.5.3 直线电动机系统的应用

采用直线电动机的直线运动控制系统，能将电能直接转换为直线运动的机械能，是一种新型直接驱动系统，该系统有利于提高传动效率和可靠性，具有高动态、高精度等优点。目前，直线电动机已广泛应用于工业领域、交通运输、军事装备等人民生产生活的各个领域，并且其应用越来越广泛。

(1) 直线电机系统在精密运动控制领域应用。近十多年来，随着高速加工技术、精密制造技术和数控技术等先进制造技术的发展，高速、高效、高精成为当前数控设备的发展方向，对设备各功能部件的性能也提出了更高的要求。对于高响应、微进给的高精度加工场合，要求进给驱动部件具有快的进给速度、高的定位精度以及高的动态响应性能，高速、高效、高精度的直线电机驱动系统的需求越来越广泛，如数控机床、半导体行业以及精密检测仪器等领域。

永磁直线电机具有良好的静态、动态性能和控制特性，与闭环控制系统结合在一起，可实现精密的位置伺服控制。因此，在许多短行程、高精度、高频往复运动的特殊应用场合，采用高精度永磁直线电机直接驱动系统可充分发挥其响应快、精度高的特点，实现工件的精密或超精密加工，如中凸变椭圆活塞的车削加工、凸轮的车削加工、波瓣形轴承外环滚道的磨削加工以及振镜式激光扫描系统等。

(2) 直线电机系统在轨道交通行业应用。直线电机驱动系统在交通运输行业的应用是交通技术发展上的重大突破。直线电机地铁系统采用直线感应电机牵引，不仅具有良好的经济效益，而且技术先进、安全可靠、绿色环保。直线电机地铁系统目前已在加拿大、日本、美国、马来西亚等国家投入使用。我国广州地铁 4 号线、5 号线等线路也采用了直线电机。磁悬浮列车是直线电机技术与悬浮技术、多级计算机闭环控制技术、现代通信技术以及现代交流调速技术相结合的研究成果，它的速度介于常规火车和喷气式飞机之间。上海磁悬浮列车是世界上第一条“常导型”磁悬浮列车示范运营线，速度为430km/h。

(3) 直线电机系统在采矿和建筑行业的应用。在采矿行业，直线电机驱动装置有起重吊车、斜巷运输、自动搬运装置、直线电机传送车、电磁锤、磁性选矿机以及直线电机抽油机等。

在建材行业中，直线电机的应用也越来越多，如浮法玻璃生产中，推动锡槽中的锡液按照需要的方向和速度进行运动的直线电机驱动系统。此外，直线电动机用于电梯驱动，解决了传统电梯配重问题，是当前的研究热点。直线电机还可以用于自动门驱动、自动窗帘驱动等。

(4) 在其他行业的应用。在军事装备中，直线电动机系统在无人机发射、鱼雷发射、导弹推力矢量控制中也有应用前景；在民用领域，直线电动机可用于邮包分拣系统、绘图仪、打印机等直线运动驱动系统中；在生物医学领域，直线电机可以用于人工心脏和医用机器人。

和旋转电机类似，直线电机除了用作电动机，还可以用作发电机。目前，直线发电机与内燃机、外燃机、热声发动机、海(波)浪能收集装置浮筒等匹配，构成新型的直线发电系统，成为目前提高发电效率以及新能源发电领域研究和应用的热点。

参 考 文 献

波罗亚多夫, 1985. 直线感应电机理论[M]. 张春镐, 译. 北京: 科学出版社.

曹瑞武, 程明, 花为, 等, 2011. 磁路互补型模块化磁通切换永磁直线电机[J]. 中国电机工程学报, 31(6): 58-65.

程远雄, 2011. 永磁同步直线电机推力波动的优化设计研究[D]. 武汉: 华中科技大学.

龙遐令, 2006. 直线感应电动机的理论和电磁设计方法[M]. 北京: 科学出版社.

马明娜, 2014. 初级绕组分段永磁直线同步电机边端效应研究[D]. 哈尔滨: 哈尔滨工业大学.

山田一, 1979. 直线电机及其应用技术[M]. 胡德元, 译. 长沙: 湖南科学技术出版社.

沈丽, 2014. 高精度永磁直线伺服电机法向力波动分析与抑制方法研究[D]. 沈阳: 沈阳工业大学.

孙宜标, 闫峰, 刘春芳, 2009. 基于 μ 理论的永磁直线同步电机鲁棒重复控制[J]. 中国电机工程学报, 29(30): 52-57.

唐任远, 2016. 现代永磁电机理论与设计[M]. 北京: 机械工业出版社.

唐勇斌, 2014. 精密运动平台用永磁直线同步电机的磁场分析与电磁力研究[D]. 哈尔滨: 哈尔滨工业大学.

王骞, 2006. 横向磁场永磁直线电机及其驱动的研究[D]. 哈尔滨: 哈尔滨工业大学.

夏加宽, 2006. 高精度永磁直线电机边端效应推力波动及补偿策略研究[D]. 沈阳: 沈阳工业大学.

夏加宽, 赵鹏, 黄伟, 2010. 直线伺服电机法向力分析[J]. 电气开关, 48(4): 15-17.

夏永明, 卢琴芬, 叶云岳, 等, 2007. 新型双定子横向磁通直线振荡电机[J]. 中国电机工程学报, 27(27): 104-107.

叶云岳, 2000a. 新型直线驱动装置与系统[M]. 北京: 冶金工业出版社.

叶云岳, 2000b. 直线电机原理与应用[M]. 北京: 机械工业出版社.

CHENG M, HUA W, ZHANG J Z, et al., 2011. Overview of stator-permanent magnet brushless machines[J]. IEEE transactions on industrial electronics, 58(11): 5087-5101.

CHUNG S U, LEE H J, HWANG S M, 2008. A novel design of linear synchronous motor using FRM topology[J]. IEEE transactions on magnetics, 44(6): 1514-1517.

FUJII N, HARADA T, 1999. A new viewpoint of end effect of linear induction motor from secondary side in ladder type model[J]. IEEE transactions on magnetics, 35(5): 4040-4042.

GIERAS J F, DAWSON G E, EASTHAM A R, 1987. A new longitudinal end effect factor for linear induction motors[J]. IEEE transactions on energy conversion, EC-2(1): 152-159.

HUANG X Z, LI L Y, ZHOU B, et al., 2014. Temperature calculation for tubular linear motor by the combination of thermal circuit and temperature field method considering the linear motion of air gap[J]. IEEE transactions on industrial electronics, 61(8): 3923-3931.

JANG S M, LEE S H, YOON I K, 2002. Design criteria for detent force reduction of permanent-magnet linear synchronous motors with Halbach array[J]. IEEE transactions on magnetics, 38(5): 3261-3263.

LAITHWAITE E R, 1996. Induction machines for special purposes[M]. London: George Newnes Limited.

LI L Y, HUANG X Z, PAN D H, et al., 2011. Magnetic field of a tubular linear motor with special permanent magnet[J]. IEEE transactions on plasma science, 39(1): 83-86.

MIN S G, SARLIOGLU B, 2018. 3-D performance analysis and multiobjective optimization of coreless-type PM linear synchronous motors[J]. IEEE transactions on industrial electronics, 65(2): 1855-1864.

NASAR S A, XIONG G Y, FU Z X, 1994. Eddy-current losses in a tubular linear induction motor[J]. IEEE transactions on magnetics, 30(4): 1437-1445.

WANG J B, HOWE D, 2005a. Influence of soft magnetic materials on the design and performance of tubular permanent magnet machines[J]. IEEE transactions on magnetics, 41(10): 4057-4059.

WANG J B, HOWE D, 2005b. Tubular modular permanent-magnet machines equipped with quasi-Halbach magnetized magnets-part I: magnetic field distribution, EMF, and thrust force[J]. IEEE transactions on magnetics, 41(9): 2470-2478.

WILKINSON K J R, 1982. End effects in series-wound linear induction motors[J]. IEE proceedings B electric power applications, 129(1): 35.

ZHU Z Q, XIA Z P, HOWE D, et al., 1997. Reduction of cogging force in slotless linear permanent magnet motors[J]. IEE proceedings-electric power applications, 144(4): 277.

第 7 章　磁悬浮电机

7.1　磁悬浮电机的概述

7.1.1　定义与类别

随着现代工业的飞速发展，高速、超高速电机已在离心机、压缩机、主轴机床、飞轮储能等领域得到日益广泛的应用。但是电机转速的提升加剧了机械轴承的磨损，同时带来两大问题：一是缩短机械轴承使用寿命，降低系统的可靠性；二是电机转子发热严重，电机工作效率下降。工业中普遍采用气浮、油膜轴承来解决上述机械轴承带来的问题。然而，气浮、油膜轴承或承载力不足，或结构复杂、可靠性低，在高速驱动领域应用仍然受到限制。

随着电力电子技术、精密测量技术及计算机控制技术的发展，磁悬浮技术应运而生。磁轴承(Magnetic Bearings)可以克服以上气浮和油膜轴承的缺陷，具有无摩擦、无润滑、高速度、长寿命等一系列优良特性。磁悬浮电机是利用磁轴承支承转子的电机，即通过控制电磁力来实现电机定、转子之间无接触的稳定悬浮运行，大幅度拓宽了高速电机的应用领域。

按照磁力提供方式的不同，磁轴承大致可分为以下几个类型。

(1) 永磁磁轴承，也称为被动磁轴承(Passive Magnetic Bearings，PMB)。永磁磁轴承主要利用磁性材料之间固有的斥力或吸力(如永磁材料之间，永磁材料与软磁材料之间)来实现转轴的悬浮。其结构简单，功耗较少，但阻尼与刚度也相对较小。根据 Earnshaw 的理论，除超导磁轴承外，单纯采用被动磁轴承是无法实现物体的稳定平衡的，因此还需要在至少一个方向上采用其他轴承(如电磁轴承、超导磁轴承或机械轴承)才能实现稳定的悬浮。但在现代风力发电和飞轮储能装置中，为了简化结构、降低磁轴承功耗，仍然广泛采用被动磁轴承；在负载较小、对位移控制精度要求不高的场合，为了降低功耗，也采用被动磁轴承。

(2) 电磁轴承(Electric Magnetic Bearing，EMB)，也称为主动磁轴承(Active Magnetic Bearings，AMB)。主动磁轴承主要是通过主动控制定、转子之间的电磁力来实现转轴的稳定悬浮，其工作原理为：控制器根据转轴的位移信号来实时控制定子电磁铁中电流的大小与方向，使转轴稳定悬浮于某一位置。因此一套完整的主动磁轴承系统通常由磁轴承本体、位移传感器、控制器以及功率放大器组成，如图 7.1 所示。它是一个闭环系统，在其正常工作时，控制器根据转子的位移信号来实时控制磁轴承本体中控制电流的大小与方向，在气隙中产生控制磁通与气隙中的偏置磁通叠加，产生可控承载力，使转子稳定悬浮于某一位置。由于其偏置磁通和控制磁通分别由偏置绕组与控制绕组产生，因此称为电磁轴承，这种磁轴承控制方便，但功耗较高。

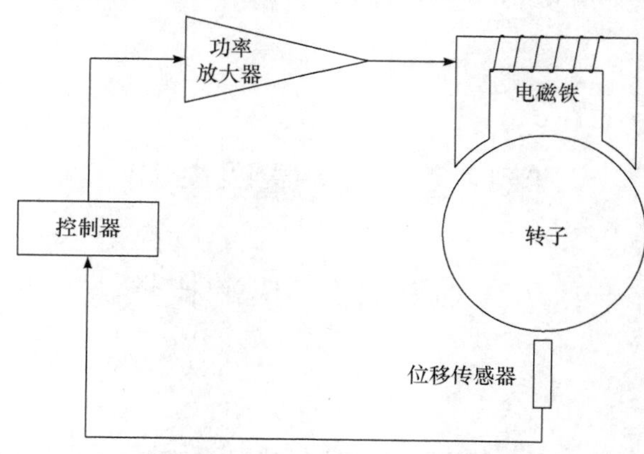

图 7.1　主动磁轴承的功能示意图

(3) 电磁永磁混合型磁轴承(Hybrid Magnetic Bearing，HMB)。其利用永久磁铁(一般采用钕铁硼)产生的静态偏置磁通取代电磁轴承中电磁偏置绕组产生的偏置磁通，又称为永磁偏置磁轴承(Permanent-Magnet-Biased Magnetic Bearing， PMMB)，只有控制绕组，不需要偏置绕组，可以明显降低磁轴承的功耗，同时这种磁轴承的每个自由度需要的功率放大器由两个减为一个，进一步提升了系统的可靠性。正是由于 HMB 在励磁功耗、体积、性能等方面所具有的其他磁轴承不可比拟的优势，其已成为磁轴承技术的一个重要研究方向。

(4) 功能集成型磁轴承。其利用电磁轴承与电机结构的相似性，将产生悬浮力的原电磁轴承功能集成于旋转电机中，通过电力电子和微机控制使其同时具备驱动与电磁悬浮支承功能，这是一种典型的功能集成型磁轴承的应用实例，也称无轴承电机(Bearingless Motor 或 Self-Bearing Motor)。无轴承电机不仅继承了磁轴承电机无摩擦、无磨损、无润滑等优点，而且具备轴向空间利用率高、体积小、功耗低的特点，在空间技术、机床、真空技术及超高速电机等领域具有潜在的应用前景，已成为高速电机领域的研究热点。

由于无轴承电机的结构特点及控制方式的独特性，研究中将其单独归为一类。因此，目前磁悬浮电机主要分成两大类：磁轴承电机和无轴承电机。磁轴承电机是在转轴上并列地分布电机与磁轴承，磁轴承用来在轴向和径向支承转子，而电机用来实现对转子的旋转控制，两者在物理结构上是独立的。无轴承电机则是将磁悬浮技术与电机技术相集成，构成无需机械轴承支承的电机。可以从两个角度对其本质进行理解：集成有磁悬浮功能的电机或是集成有电机功能的磁轴承。对于电气工程师来说，更习惯于用前一种表述，因此，本章内容将从前一种表述的角度对无轴承电机的相关内容进行阐述。需要指出的是，为了实现五自由度悬浮运行，无轴承电机中的轴向磁轴承是不可或缺的。

磁轴承电机和无轴承电机二者各有优劣。对于磁轴承电机来说，由于磁轴承与电机之间的并列放置关系，必然会加大电机的轴向长度，降低转子的临界转速，且易引起转轴的弯曲振动，但优点是悬浮力和转矩独立控制，控制方法较简单。而无轴承电机由于磁悬浮功能与电机的高度集成，轴向长度缩短，因而提高了转子的临界转速，系统的尺寸得以减小，但是功能的集成带来的问题就是电机中悬浮力与转矩之间的耦合严重，控制系统较为复杂。本章后面的内容将分别围绕这两类磁悬浮电机的原理进行更为深入的介绍。

需要指出的是，磁悬浮电机在功能上仍然需要有额外的机械轴承辅助，在磁悬浮电机的正常工况下，机械轴承与转子间无接触，而在电机未运转或电机发生超载、故障时，机械轴承仍需要发挥支承作用，以确保定、转子不会发生机械碰撞。这里的机械轴承通常被称为辅助轴承、保护轴承、备用轴承(Auxiliary Bearing、Touch-Down Bearing、Back Up Bearing)。

7.1.2　优越特性

由于磁悬浮电机的定、转子间无机械接触，因此具有如下优越特性。

(1) 运行速度高。磁悬浮电机可以在超临界、每分钟数十万转的工况下运行，其圆周速度只受转轴材料强度的限制，这为设计出更高功率密度的电机提供了可能。通常来说，在相同的轴颈直径下，磁轴承支承的转轴能达到的转速比滚动轴承支承的转轴高约 2 倍，比滑动轴承支承的转轴高约 3 倍。德国 FAG 公司通过实验得出：滚动轴承的 DN 值(即轴承平均直径与主轴极限转速的乘积)为(2.5～3)×10^6mm·(r/min)，滑动轴承的 DN 值为(0.8～2)×10^6mm·(r/min)，磁轴承的 DN 值为(4～6)×10^6mm·(r/min)。如今，在磁轴承的应用中，350m/s 的转轴线速度已经可以实现。

(2) 摩擦损耗小。在转子转速为 10000r/min 时，磁轴承的功耗大约只有流体动压润滑轴承功耗的 6%，只有滚动轴承功耗的 17%，节能效果明显。

(3) 使用寿命长。由于磁轴承依靠磁场力悬浮转轴，定、转子之间无机械接触，因此不存在由摩擦、磨损和接触疲劳所带来的寿命问题，使用寿命与可靠性均远高于传统的机械轴承。

(4) 维护成本低，环境适应性强。不需要定期更换润滑剂，降低了维护成本；不存在润滑剂对环境所造成的污染问题。在禁止使用润滑剂和禁止污染的场合，如真空设备、超净无菌空间、侵蚀性或高纯度介质传输等场合，甚至在极端高、低温环境中，磁悬浮电机优势明显。

(5) 运行状态可控。主动磁轴承不仅可以通过控制来调整相关的参数，如其静态与动态刚度、阻尼、转子悬浮位置等，还可以通过控制来实现电机转子的不平衡力抑制、产生激振力与实时监测，实现在线故障诊断。这样的智能机械在免维护、高可靠性要求的应用领域具有较强的优势。

7.1.3　磁悬浮原理

不论是磁轴承还是无轴承电机，其磁悬浮的原理都是相近的：控制定、转子之间的不平衡电磁场，产生不平衡磁拉力，进而控制转子的实时位移。

如图 7.2 所示为定子、转子截面示意图。定义定子、转子间上、下气隙长度分别为 l_1、l_2，定子、转子相对面积为 S。已知气隙中电磁能密度的公式为

$$\omega_f = \frac{1}{2}\frac{B^2}{\mu} = \frac{1}{2}\frac{\phi^2}{\mu S^2} \tag{7.1}$$

式中，B 为气隙磁通密度；μ 为磁导率；ϕ 为气隙磁通。对于长度为 l 的气隙，储存能量为

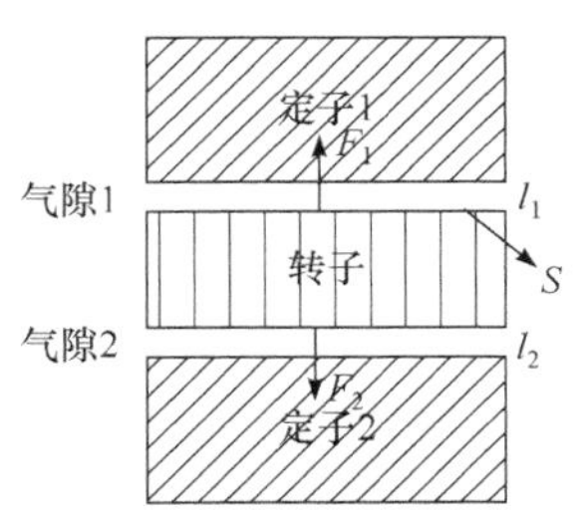

图 7.2　定子、转子截面示意图

$$W_f = \omega_f Sl = \frac{1}{2}\frac{\phi^2}{\mu S}l \tag{7.2}$$

则图 7.2 所示结构中上、下气隙中的储能为

$$\begin{cases} W_{f1} = \dfrac{1}{2}\dfrac{\phi_1^2}{\mu S}l_1 \\ W_{f2} = \dfrac{1}{2}\dfrac{\phi_2^2}{\mu S}l_2 \end{cases} \tag{7.3}$$

根据机电能量转换的原理，将气隙储能对气隙长度求偏导，可得厚度方向上磁场能量对转子的磁拉力，即气隙所储电磁能产生对转子的吸引力为

$$\begin{cases} F_1 = \dfrac{\partial W_{f1}}{\partial l_1} = \dfrac{1}{2}\dfrac{\phi_1^2}{\mu S} \\ F_2 = \dfrac{\partial W_{f2}}{\partial l_2} = \dfrac{1}{2}\dfrac{\phi_2^2}{\mu S} \end{cases} \tag{7.4}$$

由此可知，上、下气隙中磁通大小的不同决定了上、下气隙储能对转子磁拉力大小的不同。

根据上述推导易知，当转子处于所需悬浮的平衡位置时，两边气隙大小相等，如果不考虑转子自重，转子两侧受力平衡，通过控制确保上、下气隙中磁通大小相等，即可使转子悬浮在平衡位置。当转子处于不平衡位置时，若上气隙大，则控制使得上气隙磁通大于下气隙磁通，则转子受到的向上的径向悬浮力大于向下的径向悬浮力，即可确保转子受到的合力向上，从而迫使转子回到平衡位置；若下气隙大，则相反。因此，磁悬浮电机的控制中需要位移传感器测得转子的实时位移，将其作为反馈量形成闭环控制系统，根据实时的位移量对气隙内磁通大小进行实时控制，即可实现转子的悬浮控制。

7.2　磁轴承电机

由于磁轴承电机中电机和磁轴承两者在物理结构上是一种组合关系，在保证转子动力学特性的前提下，电机和磁轴承的设计和控制相对独立。高速电机的种类较多，各类电机的设计和控制在此不再赘述，本章重点关注磁轴承电机中磁轴承的工作原理及其特性。

7.2.1　磁轴承工作原理

7.1.3 节中已对磁轴承的悬浮原理做了简要的概述，本节分别以定子贴装永磁体的永磁偏置径向磁轴承和永磁偏置轴向磁轴承为例深入介绍磁轴承径向和轴向的悬浮原理，同时给出了一种轴向径向磁轴承的实例。

定子贴装永磁体的永磁偏置径向磁轴承如图 7.3 所示。该磁轴承包括两个径向定子，径向定子为左右相同的四齿两对极结构，轴向充磁的环形永磁体贴装在径向定子外部磁极铁心的中间位置，在径向定子上产生了极性相同的偏置磁通(如实线箭头所示)，为同极性永磁偏置径向磁轴承；径向控制绕组绕制在径向定子磁极上，相对两个磁极上的绕组串联，产生方向一致的控制磁通(如虚线箭头所示)，但左右径向定子产生的控制磁通方向相反，使左

右径向气隙中的合成磁通相同，实现转子的径向两自由度悬浮。

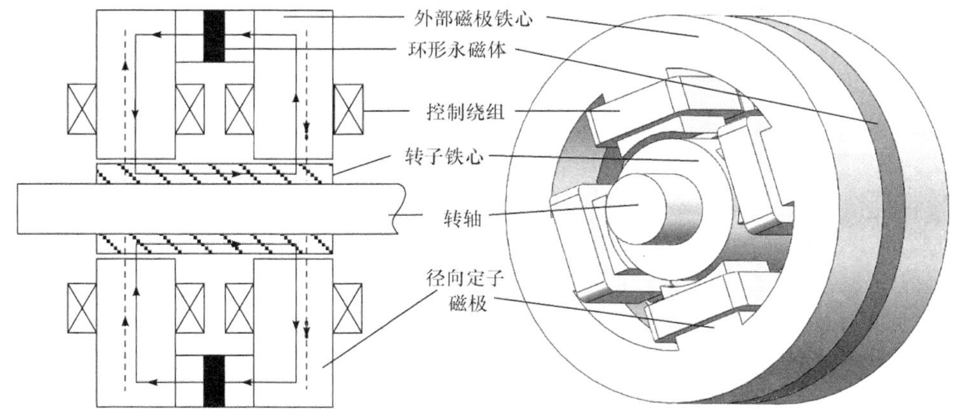

图 7.3　永磁偏置径向磁轴承结构示意图

该结构磁悬浮原理为(以图 7.3 右图水平方向为例)：由于结构对称，当转子位于中心位置时，永磁体在八个径向气隙的偏置磁通密度分别相等，转子受到的悬浮力为零。假定此时转子偏离平衡位置向左有一微小位移，位移传感器检测到该位移偏差后，利用控制器实时调节控制电流，在径向气隙中控制磁通与偏置磁通叠加，使得右气隙中磁场增强，左气隙中磁场减弱，那么即可在转子上产生向右的悬浮力，以抵抗转子向左的位移偏差。若转子偏离平衡位置向右有一微小位移，则控制电流反向，形成的反向控制磁通与偏置磁通叠加，即可形成向左的悬浮力。在垂直方向上的悬浮力同理可得。

如图 7.4 所示为一种永磁偏置轴向磁轴承的结构示意图，其由轴向定子磁极、轴向控制绕组、径向充磁的环形永磁体、转子铁心等构成，轴向定子磁极上绕有轴向控制绕组。径向充磁的环形永磁体嵌装于转子铁心中，转子铁心套装在转轴上，与轴向定子形成轴向气隙。其磁路图如图 7.4 所示，环形永磁体产生偏置磁场(如实线箭头所示)，经转子铁心、轴向气隙、轴向定子磁极、轴向气隙、转子铁心形成闭合磁路。轴向控制磁通(如虚线箭头所示)则在轴向定子磁极、轴向气隙、转子铁心间形成闭合回路。

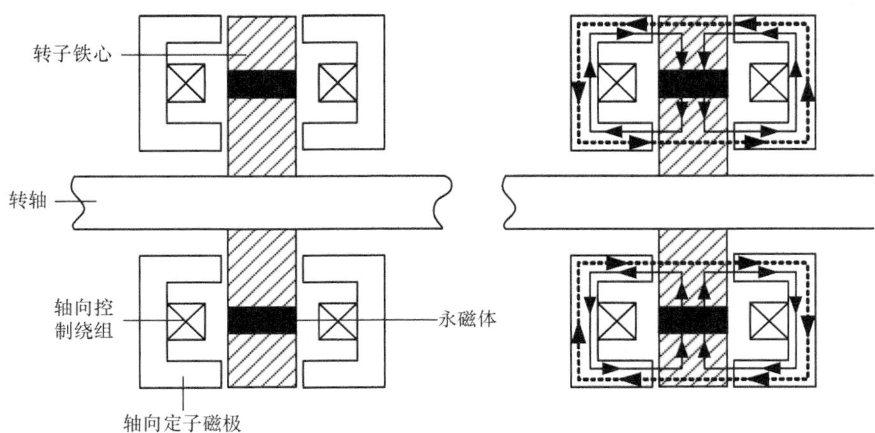

图 7.4　永磁偏置轴向磁轴承结构示意图

其轴向悬浮原理为：当转子铁心位于轴向平衡位置时，由于结构的对称性，环形永磁体产生的磁通在转子铁心轴向端面的右面气隙和左面气隙处是相等的，此时左、右吸力相等。假定此时转子铁心向左偏移一微小位移，与前面径向磁轴承类似，由控制器控制轴向控制绕组产生控制磁通，其与偏置磁通叠加，使右气隙中磁通增强，左气隙中磁通减弱，在转子铁心上产生水平向右的悬浮力。若转子铁心向右偏移一微小位移，则控制电流反向，形成的反向控制磁通与偏置磁通叠加，形成向左的悬浮力。

容易想到，如果能在一个拓扑结构中同时实现轴向、径向的悬浮，便可以使磁轴承的结构更为紧凑，永磁偏置轴向径向磁轴承即可实现这样的目标。图 7.5 给出了一种永磁偏置轴向径向磁轴承的结构示意图，其利用永磁体同时提供轴向和径向偏置磁通，即可实现转子的三自由度(Degree of Freedom，DOF)悬浮。相比于永磁偏置的径向磁轴承，这样的结构则更为紧凑，永磁体利用率更高，但设计和加工相对复杂。具体的悬浮原理类似于永磁偏置轴向磁轴承与永磁偏置径向磁轴承，这里不再赘述。

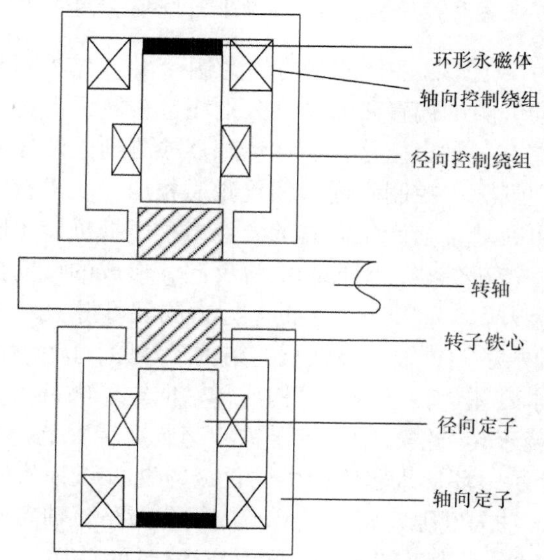

图 7.5　永磁偏置轴向径向磁轴承结构示意图

需要说明的是，本节中磁轴承的偏置磁通均由永磁体产生，这便是“永磁偏置磁轴承”命名的由来；如果利用直流线圈产生偏置磁通，这样的磁轴承则为电磁偏置磁轴承。两者的悬浮原理类似，均在偏置磁场上叠加控制磁场，实现不均衡的磁拉力以实现不同方向、不同大小的悬浮力。

7.2.2　磁轴承电机结构组成

三维空间中任一物体都具有 6 个自由度(DOF)，即沿 x、y、z 轴的平动和绕 x、y、z 轴的转动。对于没有机械轴承支承的磁悬浮电机转子，其 6 个自由度都需要进行主动控制来确保电机转子的稳定悬浮运转。其中，转子转动的自由度由电机产生转矩进行控制，剩余 5-DOF 则需要通过悬浮力进行控制，因此一个完整的磁悬浮电机即是 5-DOF 磁悬浮电机。

而在实际的磁悬浮电机系统中，5-DOF 通常包括：转轴两端各 2 个径向自由度(通常为相互垂直方向)，以及 1 个轴向自由度。对这 5-DOF 进行悬浮力控制即可实现转子的稳定悬浮。

为了实现 5-DOF 的电磁力控制，磁轴承电机主要有 3 种常见的结构形式，如图 7.6 所示。

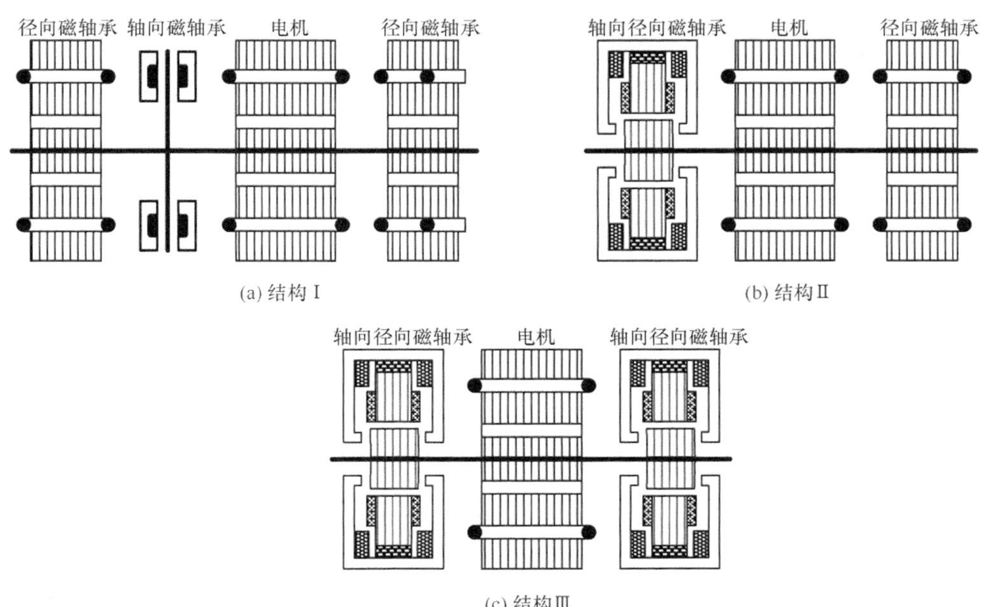

(c) 结构 III

图 7.6 5-DOF 磁轴承电机的主要结构形式

如图 7.6(a)所示的结构 I 为传统的磁轴承电机结构，其由 3 个磁轴承构成，即 2 个径向磁轴承和 1 个轴向磁轴承。其中，径向磁轴承通过闭环控制径向悬浮力使转子两端的轴心均悬浮在定子的内孔中心附近；轴向磁轴承通过控制轴向悬浮力调整悬浮转子在轴向上的位移。如此，即可实现对转子 5-DOF 的悬浮控制。

对于结构 I，由于 3 个磁轴承占据了较大的轴向空间，电机空间利用率较低，且限制了电机转速的提高。为此，McMullen 等提出一种集成化的永磁偏置轴向径向磁轴承，该磁轴承可以同时实现轴向、径向悬浮，使电机结构紧凑，减小了电机轴向长度，提高了电机的临界转速。可将此 3-DOF 磁轴承和一个 2-DOF 的径向磁轴承结合实现电机的 5-DOF 悬浮，如图 7.6(b)所示。

还有一种结构为双端 3-DOF 磁轴承结构，如图 7.6(c)所示，转子两端均采用 3-DOF 磁轴承实现电机的 5-DOF 悬浮，其中两个磁轴承中的轴向控制绕组串联，实现一个轴向自由度的悬浮。采用双端 3-DOF 磁轴承结构，一台电机只需一种磁轴承，降低了设计成本，两端磁轴承可互换，通用性高，控制实现较为方便。

7.2.3 转子动力学分析

转子动力学问题是磁悬浮电机设计基础之一。设计者需要从转子结构的角度探索提高转子临界转速的方法，通过调节转轴直径，优化转子布局，将转子的临界转速远离电机工作转速，使得转子在工作转速下取得优良的动力学特性；对转子支承系统的稳定性进行分析，并通过动平衡技术进一步减小轴系自身的不平衡分量；开展转子动态响应测试与振动分析，获得转子各工作状态下及故障状态下的振动模态，并研究其检测、诊断方法；通过实验检测，结合有限元法获得不同工况下的转子振动状态，以便于控制器的设计。

转子动力学在磁轴承领域主要涉及两个方面的研究内容。其一，利用经典振动理论和陀螺力学，对转子的固有振动、临界转速、进动和章动等问题进行分析；其二，利用磁轴承悬浮控制系统实现转子状态的测量和辨识，进而通过控制方法消除磁轴承系统中由进动、章动等引起的转子动平衡问题，这一方向仍属于目前的研究热点之一。

由于磁悬浮系统的转子在高转速下，转子质心偏心造成的离心力会产生很强的振动，尤其在接近或超过临界转速时，严重的振动会造成转子的断裂事故，因此在磁悬浮系统设计时必须进行转子动力学分析，确保系统安全稳定地运行。下面对转子动力学的基本知识以及几个重要概念进行阐述。

固有振动：大多数弹性支承的物体都会遇到振动的问题，一般利用转子的运动方程对振动进行描述。如果在没有外部激振力的情况下，由转子自身因素而引起的振动，则为固有振动；如果由某些随着时间变化的外力而引起的振动，则为受迫振动。其中，固有振动描述的是转子本身振动结构的动力学特性，如特征频率、模态振型等。

利用转子的运动方程，推导其特征值，即得固有振动频率和模态振型。另一种固有频率和模态振型的解算方法是有限元法，可以通过 ANSYS 等有限元仿真软件求得。如图 7.7 为 ANSYS 有限元仿真软件获得的某磁轴承电机的轴系特征值随转速变化的曲线图，图 7.8 为此轴系的一阶弯曲模态示意图。

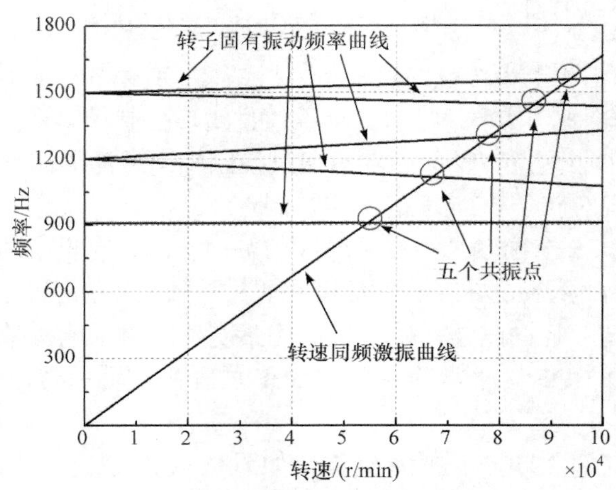

图 7.7　磁轴承电机的轴系特征值曲线图

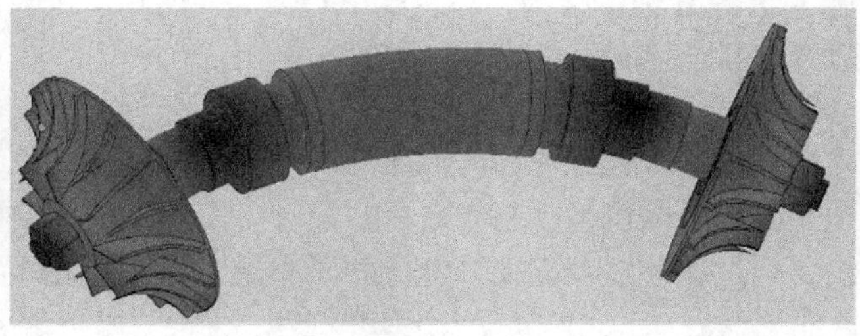

图 7.8　磁轴承电机的轴系一阶弯曲模态示意图

临界转速：当转子的转动频率和转子自身的固有频率相一致时，则可能产生持续共振的情况，转子处于不稳定状态，这时的转速即临界转速。因此，在电机悬浮运转时，工作转速不能在临界转速附近。利用图 7.7 的曲线图，很容易得到转子各阶频率对应的临界转速。

涡动：典型旋转转子固有振动的表现形式即转子轴的涡动。在不平衡力作用下，转轴会发生挠曲变形。转动时，转轴的运动则为两种运动的合成：一种是转轴绕自身轴线进行的定轴转动，转速即电机转速；另一种是轴线绕着静平衡位置进行回转的运动。这类似于跳绳时绳的运动，转轴第一种转动类同于跳绳本身旋转，转轴第二种转动类同于弓状的跳绳在空间回转，即涡动。正常转轴的涡动角速度和旋转角速度相等，称为同步涡动；当转子发生自激振动时，由于涡动转速与转子转速不符，将发生异步涡动。当涡动方向与转子转动方向相同时，这种涡动称为正向涡动，或正进动；当涡动方向与转子旋转方向相反时，称反向涡动，或负进动。

在计算转子系统临界转速时，通常只考虑同步正向涡动时的临界转速，因为转子在实际运行时，由于不平衡质量的激励，转子将做同步正向涡动。

7.2.4　控制方式

本节围绕磁轴承主动控制部分进行介绍。如图 7.9 所示为磁轴承一个自由度悬浮控制的控制系统框图。

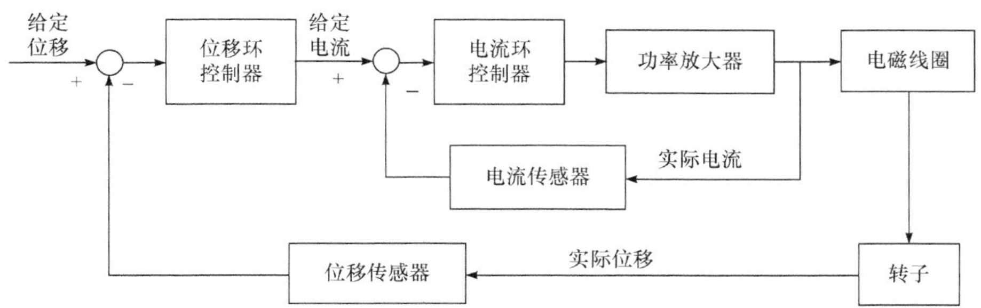

图 7.9　磁轴承控制系统框图

由图 7.9 可见，磁轴承的控制由内外两环构成。外环位移环主要包括位移传感器、位移环控制器；内环电流环主要包括电流传感器、电流环控制器、功率放大器。由位移传感器实时测得转子的悬浮位移，其与给定位移的偏差作为反馈量反馈给控制器，进而计算得到给定电流值；电流环根据电流误差，通过控制器的控制，使实际电流实时跟踪给定电流；最终，实际电流通过电磁线圈产生对转子的悬浮力。

需要说明的是，图 7.9 仅为磁轴承一个单自由度，即单通道的悬浮控制框图。对于一个完整的 5-DOF 磁悬浮电机，则需要对 5 路通道进行控制。这样 5 路通道独立进行控制的方式被称为分散控制，即不考虑各自由度之间的耦合因素，在目前的磁轴承控制系统中，分散控制的应用较为普遍。

下面对控制系统中的几个重要部件进行具体的介绍。

1. 控制器

早期的磁轴承控制器是通过模拟电路实现的，随着数字信号处理技术的发展，自 20 世纪 90 年代以来，数字控制已经在很多的应用中代替了模拟控制。其原因在于数字控制相对于模拟控制有许多优势：高度灵活，参数调节极其方便；控制参数不会随着时间和温度的变化而漂移；可以实现复杂的、非线性的控制算法，同时完成一些附加任务；数字控制系统中的很多接口能力，有助于终端用户将其集成在大的设备系统中。

对于磁轴承的数字控制器，主要包括微处理器(如 DSP)、模数转换器(AD)、数模转换器(DA)、滤波器、外设及接口单元等。由图 7.9 可以看出，位移环和电流环都需要控制器以实现各自的控制算法。对于控制器——磁悬浮控制系统的核心部分，可以用足够强大的微处理器同时实现内外两环的控制，也可以利用多个微处理器实现不同的任务，较为常见的是：一个处理器实现位移环的悬浮控制，另一个处理器实现功率放大器的电流跟踪控制。

磁轴承的数字控制对数据采样精度的要求很高。为了避免混叠效应，必须在 AD 采样前提供适当的模拟滤波器，以滤除系统中固有的高频信号，从而避免高频噪声对低频段信号的混叠，影响信号采样的质量。对于数字控制器采样频率的选取，也并非越高越好，即使采样频率很高，但如果 AD 采样精度相对较低，也会放大信号噪声，引起误差。因此，在控制器计算能力充裕的前提下，可以通过过采样技术与高质量的数字滤波方法完成高精度的信号采样。实现数字控制的另一个关键之处在于尽可能地减小控制器信号输入到输出之间的延时，这可以通过提高 AD 采样转换速度，还可以在控制算法上采取一定的措施，以减小计算耗时。

在磁轴承位移环控制器中，较为常见的一些控制算法包括 PID 控制、被动控制、H_∞ 控制、μ 控制等，但在实际应用中，PID 控制仍占据着很大的比重。在电流环的控制器中，常见的控制算法包括载波交截控制、滞环控制、采样保持控制、最小脉宽控制等。

2. 传感器

在磁轴承中所用的传感器主要利用的是电测技术，即将机械量、热工量、电量等物理量转换为电量的方法。必不可少的传感器包括位移传感器和电流传感器。

位移传感器与电机中所用的位置传感器是不同的概念。位置传感器是通过光电码盘或旋转变压器这样的装置测算出电机转动的位置角，从而得到电机实时的位置或转速信息；而位移传感器是用来测量传感器探头到测量面之间距离的装置。在磁轴承中采用的位移传感器一般为非接触式传感器，如电感式、电涡流式、电容式等。对于线性范围、灵敏度、分辨率、使用温度和环境要求不同的场合，可以选择不同的与之相符合的传感器。

磁轴承中的电流传感器多为霍尔传感器，即利用霍尔效应将电流的大小线性转换为电压量的大小，进而作为反馈信号完成电流闭环。

3. 功率放大器

功率放大器将控制信号转换成磁轴承线圈所需的电流，从而产生可控的电磁悬浮力，保证转子稳定悬浮，因此功率放大器的性能直接影响磁轴承系统的控制品质。某些学者甚至将功率放大器与电磁铁部分合称为磁轴承的执行器。除了磁轴承的电磁损耗外，功率放大器贡献了磁轴承系统损耗的绝大部分。

磁轴承功率放大器一般分为三种类型：线性功率放大器、开关功率放大器、混合型功率放大器。它们适用于不同的场合，具有各自的特点。

1) 线性功率放大器

在磁轴承发展初期多使用线性功率放大器，其优点是电流纹波小、控制精度高。但缺点是损耗较大，效率较低；在容量较大时，发热严重。因此，线性功放通常用于对开关干扰敏感或所需功率很低的应用场合，其原理如图 7.10 所示。

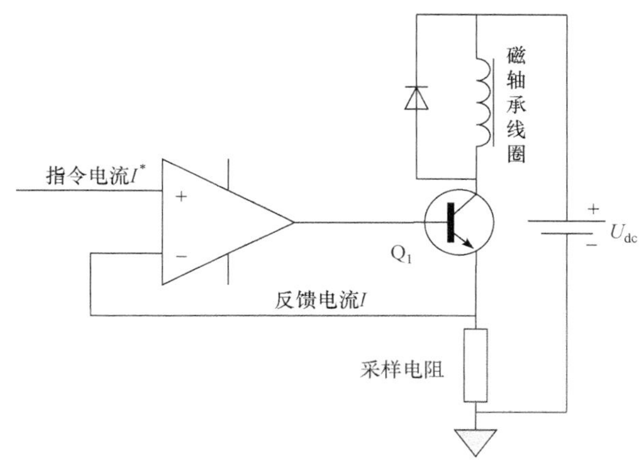

图 7.10　线性功率放大器示意图

2) 开关功率放大器

由于开关功率放大器的损耗远低于线性功率放大器，因此为了追求高效率和大容量，目前磁轴承系统普遍采用开关功放。其主要的拓扑结构如图 7.11 所示。其中全桥结构和改进型半桥结构具有四种开关模式，可工作于三态(充电、放电和续流)，而半桥结构只能工作在两态(充电和放电)。改进型半桥结构只能实现电流的单向流动，因此只适用于电磁偏置的磁轴承；而全桥结构和半桥结构可实现电流的双向流动，且全桥结构功放的电流纹波可做得比半桥结构功放小，因此永磁偏置磁轴承多采用全桥结构的开关功放。

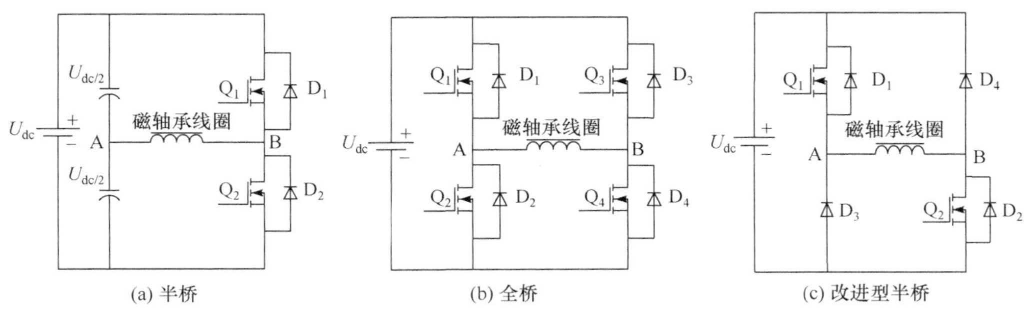

图 7.11　开关功率放大器示意图

3) 混合型功率放大器

一般来说，磁轴承电磁线圈等效于大电感和小电阻串联。当流过线圈的电流是恒定值时，线圈两端的电压主要作用于线圈的等效电阻，由于等效电阻一般很小，所以线圈两端所需的电压不会很高；在电流动态变化过程中，为了使电磁轴承获得需要的悬浮力变化率，就必须在控制线圈中产生足够的电流变化率，因而需要提供较高的电压来克服等效电感对电流的阻碍作用。因此稳态电流和动态电流对电压的需求是矛盾的。

可以通过模拟功放和开关功放的组合来解决该问题。这种功放被称为混合型功率放大器，如图 7.12 所示，它可以充分发挥模拟功放和开关功放各自的优势。但是混合型功率放大器的缺点是主电路拓扑和控制电路相对来说比较复杂，可靠性设计是值得关注的问题。

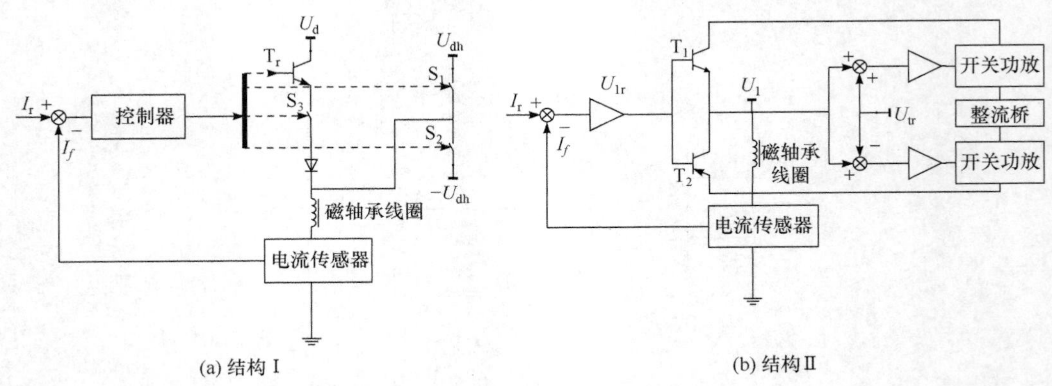

图 7.12　混合型功率放大器示意图

7.3　无轴承电机

7.3.1　无轴承电机的基本理论

无轴承电机是根据磁轴承结构和电机定子结构之间的相似性，把磁轴承功能集成到电机中，通过电力电子技术和微机控制技术，同时控制电机转子的旋转和悬浮。无轴承电机集电机旋转与悬浮支承功能于一体，相较磁轴承电机，其结构更加紧凑，轴向利用率和转轴刚度显著提高、悬浮功耗减少、系统成本降低。无轴承电机是磁悬浮电机的一个重要分支，也是现代特种电机研究的一个热点。

1. 基本运行原理

各种类型无轴承电机的悬浮运行原理基本类似，以表贴式无轴承永磁同步电动机为例介绍无轴承电机的运行原理。

如图 7.13 所示为表贴式无轴承永磁同步电机运行原理示意图。其定子槽中绕有不同匝数的两套三相对称分布绕组：一套绕组产生的旋转磁场与转子上的永磁体磁场共同作用，产生电磁转矩，称为转矩绕组；另一套为悬浮绕组，当悬浮绕组通电后，也会产生旋转磁场，该旋转磁场会打破由原转矩绕组和永磁体产生的气隙磁场的平衡性，从而产生径向磁拉力——悬浮力。当转矩绕组的极对数 p_1 与悬浮绕组的极对数 p_2 满足 $p_2= p_1\pm 1$ 时，可产生可控的麦克斯韦力，从而为永磁电机转子提供可控的悬浮力。如图 7.13(a)所示，永磁体产生的磁场方向如图中永磁体区域的箭头所示，转矩绕组产生虚线所示方向的四级磁场，悬浮绕组产生实线所示方向的两级磁场，三种磁场的相互叠加使得气隙 1 处磁通增强、气隙 2 处磁通减弱，从而产生指向 x 轴正方向的悬浮力 F_x，同理如图 7.13(b)所示，三种磁场的相互叠加使 1、2 处磁通增强，3、4 处磁通减弱，产生指向 y 轴正方向的合力 F_y。通过位移传感器检测转子径向位移偏离量，通过位移闭环来调节悬浮绕组的电流，就可以改变可控悬浮力的大小与方向，实现电动机转子的稳定悬浮。

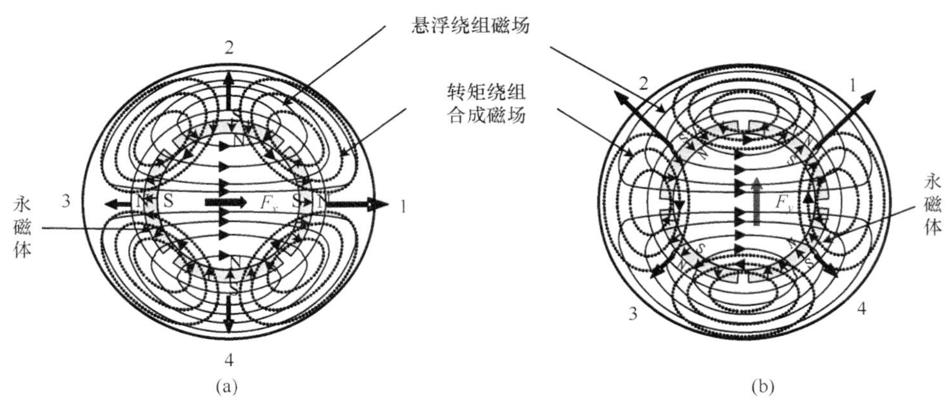

图 7.13　无轴承永磁同步电机运行原理示意图

2. 结构形式

无轴承电机根据磁轴承电机的思想发展而来，根据应用场合的不同，无轴承电机系统有不同的结构形式。

一个无轴承电机单元只能主动控制转子的两个径向自由度，可将两个无轴承电机单元同轴联结来同时控制两个径向及两个扭转方向的自由度，如图 7.14(a)、(b)所示。为了对轴向自由度进行限制，实现电机的 5-DOF 悬浮，通常的做法是引入一轴向磁轴承。根据电机用途不同，轴向磁轴承可安装于两无轴承电机单元的一侧，如图 7.14(a)所示；轴向磁轴承也可安装于两无轴承电机单元之间，如图 7.14(b)所示。在电机的径向负载较大的情况下，如图 7.14(a)、(b)所示的无轴承电机系统中的其中一个无轴承单元通常用一径向磁轴承代替，构成如图 7.14(c)所示的无轴承电机系统。将图 7.14(c)所示系统中的轴向磁轴承和径向磁轴承可用一个 3-DOF 轴向径向混合磁轴承来替代，其与一个无轴承电机单元组合也可构成 5-DOF 无轴承电机系统，如图 7.14(d)所示。

以上所述的无轴承电机系统的 5-DOF 都是主动控制的，而当电机转子的轴向长度较其直径小得多，电机呈薄片状时，其轴向和扭转方向上则可以依靠磁阻力实现被动悬浮，仅一个无轴承单元即可实现电机的 5-DOF 悬浮运行，这种电机称为无轴承薄片电机，其结构图如图 7.14(e)所示。

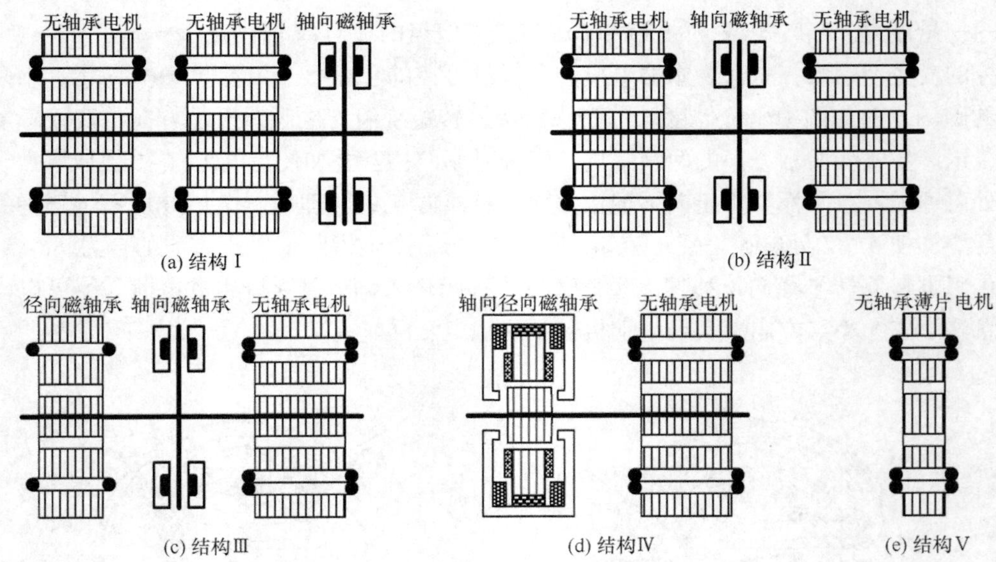

图 7.14　典型的无轴承电机系统结构

3. 无轴承电机的类型

从电机的类型来看，无轴承电机几乎涉及各种主要电机类型，如无轴承永磁同步电机、无轴承异步电机、无轴承开关磁阻电机以及其他类型的无轴承电机。各类型的电机采用无轴承技术后，也呈现出各自的特点。

无轴承永磁同步电机是最早采用无轴承技术的电机之一，该类型的电机转子磁链易确定，无轴承技术实现起来相对容易。其中，无轴承永磁薄片电机由于转子可以与定子实现真正的隔离，在超纯净液体传输领域具有重要应用价值，因此该电机一经提出就引起了工业界的广泛关注，成为第一个产业化的无轴承电机。除此之外，由于无轴承永磁同步电机存在弱磁能力差、可控悬浮力小等缺陷，有学者将易于弱磁的交替极永磁电机引入无轴承领域。该电机从转子的磁路结构上实现了旋转控制与悬浮控制的固有解耦，并解决了无轴承永磁电机悬浮力和转矩无法兼顾的矛盾，成为无轴承电机领域一种极具研究价值的电机。

鼠笼式异步电机结构简单、性能可靠、应用广泛，也较早地被引入无轴承领域。但考虑到实际感应型无轴承电机在过载情况下的磁路非线性与磁饱和，转子参数容易发生变化从而影响气隙磁场定向的准确性，因此其采用无轴承技术具有一定的难度。

开关磁阻电机结构简单、鲁棒性好，能充分发挥无轴承技术在高速下的优越性。由于其定、转子皆为凸极结构，对其悬浮力进行分析时，需要结合磁路分析法和有限元法求解其气隙磁导，数学建模较为复杂。

结合无轴承电机的特点和应用前景，本章将重点介绍三类无轴承电机，即无轴承薄片电机、无轴承交替极永磁同步电机和无轴承开关磁阻电机。

7.3.2　无轴承薄片电机

无轴承薄片电机(Bearingless Slice Motor，BSM)最早是由瑞士联邦工学院的 Barletta 和

Schob 在 1995 年的第 3 届国际磁悬浮技术会议上提出的。1998 年，Barletta 在其博士论文中对 BSM 进行了完整论述。本节介绍 BSM 的基本理论及其应用特色。

如图 7.15 所示为三相六齿的 BSM 结构示意图，从图中可以看出，其轴向长度相对于电机直径较短，呈薄片状。又因采用无轴承技术实现转子径向悬浮，因而得名无轴承薄片电机。BSM 在利用无轴承技术实现径向悬浮的同时，依靠磁阻力实现其他三个自由度(一个轴向自由度、两个扭转自由度)上的被动悬浮。这种电机除具有磁悬浮技术的无磨损、无润滑、无机械噪声、长寿命等的特点外，还有体积小、结构简单、轴向利用率高、可靠性高、集成度高、功耗低等特点。而且由于其转子可以与定子实现真正的隔离(普通电机和经典磁悬浮电机技术均不能实现这一功能)，密封性好。采用这种电机制造的泵，在生物、化学、医疗、半导体制造等对纯净度要求极高的领域具有明显的应用优势。

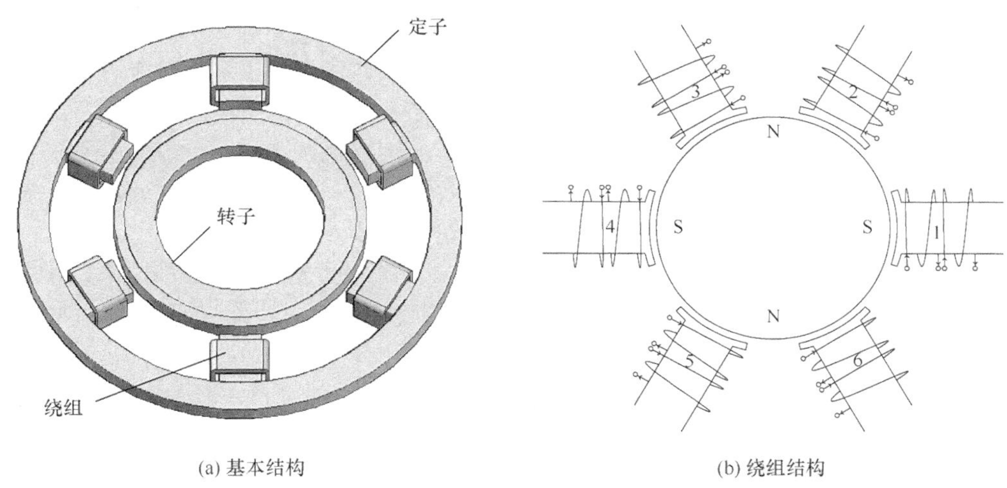

(a) 基本结构　　(b) 绕组结构

图 7.15　无轴承薄片电机结构图

1. 基本工作原理

BSM 的旋转原理与普通电机无异，不同的是电机径向支承采用的是无轴承技术，其悬浮运行原理和 7.3.1 节所述无轴承永磁同步电机类似。值得一提的是，BSM 在轴向和扭转方向上采用的是被动悬浮，其正是利用了薄片电机转子的轴向长度较直径小得多的结构特点和磁阻力有使磁路磁阻最小化趋势的特性。如图 7.16(a)所示，当转子发生轴向偏移时，磁拉力总会将转子朝磁阻最小的方向拉；而发生扭转时，同理也会产生相应的扭转力矩迫

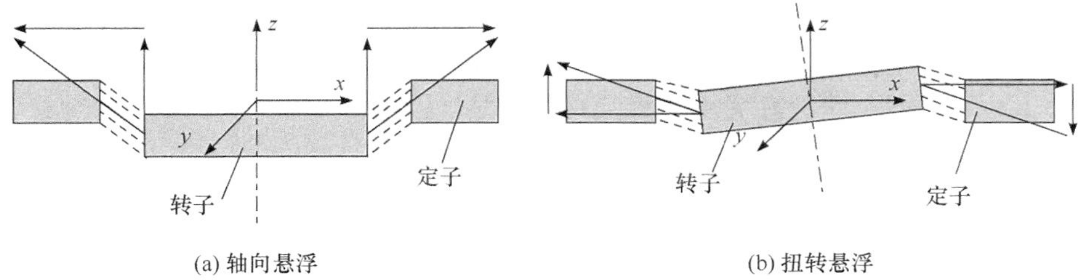

(a) 轴向悬浮　　(b) 扭转悬浮

图 7.16　无轴承被动悬浮运行原理

使转子回到平衡位置，如图 7.16(b)所示。这种不需要主动控制的悬浮方式称为被动悬浮。因此，无轴承永磁薄片电机转子的两个径向自由度、一个轴向自由度以及两个扭转方向自由度，共五个自由度都得到了限制，只释放了一个旋转自由度，从而构成了一个 5-DOF 全悬浮的旋转系统。

2. 数学模型

以图 7.15 所示的集中式绕组永磁薄片电机为例，采用磁导分布理论和分段积分的方法推导电机的径向悬浮力与转矩的数学表达式。该电机结构的特点是悬浮绕组采用 1 对极、转矩绕组采用 2 对极、线圈整数匝且不跨绕，推导中做如下假设。

(1) 忽略漏磁和磁路饱和；

(2) 取电机单位轴向长度进行分析；

(3) 设永磁体的相对磁导率为 1；

(4) 定子各齿沿圆周等距分布；

(5) 采用 6 齿结构，6 齿编号为 1～6；

(6) 采用两套 3 相绕组，分别产生悬浮和转矩磁场。悬浮绕组和转矩绕组配置方式如表 7.1 所示。

表 7.1 悬浮绕组与转矩绕组配置方式

定子齿号	悬浮绕组	转矩绕组
1	+A	+A
2	–C	+B
3	+B	+C
4	–A	+A
5	+C	+B
6	–B	+C

电机的气隙展开图如图 7.17 所示，考虑到转子偏心，如图 7.18 所示，可推导出气隙长度沿圆周的分布函数：

$$l_{\mathrm{egp}} = l_{\mathrm{eg}} - l_p \cos(\theta - \theta_p) \tag{7.5}$$
$$-\frac{\alpha}{2} + \frac{2\pi(n-1)}{6} \leqslant \theta \leqslant \frac{\alpha}{2} + \frac{2\pi(n-1)}{6}$$

式中，l_{eg} 为等效气隙长度；l_p 为转子偏心距离；θ_p 为转子偏心角度；α 为齿宽弧度。式中所

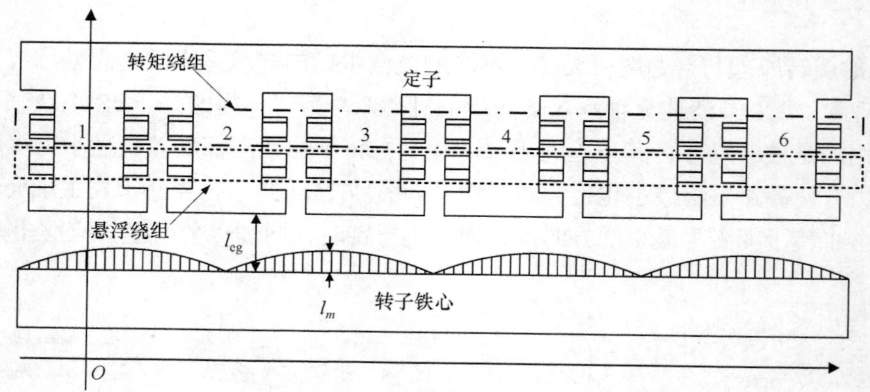

图 7.17 集中式绕组表贴式永磁薄片电机的气隙展开图

示为各齿下的气隙长度，并假设磁场仅分布于齿下，忽略齿间的漏磁。

气隙磁导沿圆周的分布函数可写为

$$p_g = \frac{\mu_0}{l_{\text{eg}} - l_p \cos(\theta - \theta_p)} \tag{7.6}$$

$$-\frac{\alpha}{2} + \frac{2\pi(n-1)}{6} \leqslant \theta \leqslant \frac{\alpha}{2} + \frac{2\pi(n-1)}{6}$$

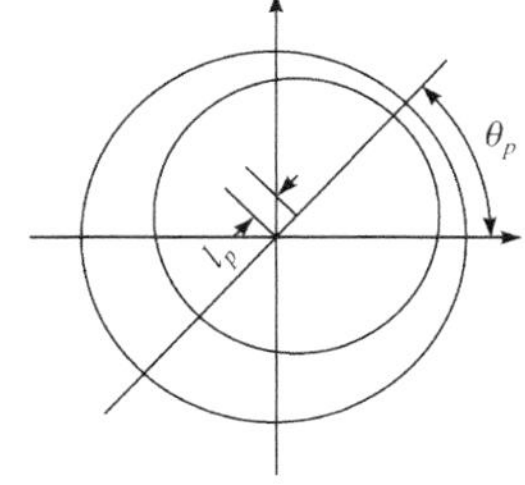

图 7.18　转子偏心图

当转子偏心距离较小，满足 $l_p \ll l_{\text{eg}}$ 时，式(7.6)可以简化为

$$p_g = \frac{\mu_0}{l_{\text{eg}}^2}[l_{\text{eg}} + l_p \cos(\theta - \theta_p)] = \frac{\mu_0}{l_{\text{eg}}^2}(l_{\text{eg}} + l_{px} \cos\theta + l_{py} \sin\theta) \tag{7.7}$$

式中，l_{px}、l_{py} 分别为 x、y 方向上的偏移。

根据磁导分布原理，绕组磁势沿圆周的分布函数为

$$a_c = A_{ln} + A_{tn} \tag{7.8}$$

式中，A_{ln} 为第 n 齿上的悬浮电流安匝数；A_{tn} 为第 n 齿的转矩电流安匝数。

根据上述的绕组配置，各齿悬浮绕组和转矩绕组中的电流安匝数应分别满足：

$$A_{ln} = A_l \cos\left[\theta_l - \frac{\pi}{3}(n-1)\right] \tag{7.9}$$

$$A_{tn} = A_t \cos\left[\theta_t - \frac{2\pi}{3}(n-1)\right] \tag{7.10}$$

式中，A_l、θ_l 分别为悬浮电流的幅值和相位；A_t、θ_t 分别为转矩电流的幅值和相位。

永磁磁势基波分量沿圆周的分布函数为

$$a_{\text{PM}} = A_{\text{PM}} \cos[2(\theta - \theta_r)] \tag{7.11}$$

式中，A_{PM} 为永磁磁势幅值；θ_r 为转子机械转角。

根据磁导分布理论和磁场叠加原理，气隙中磁通密度的分布函数为

$$\begin{aligned} B_g &= (a_c + a_{\text{PM}} + \Delta A_{sr})P_g \\ &= \{A_{ln} + A_{tn} + A_{\text{PM}} \cos[2(\theta - \theta_r)] + \Delta A_{sr}\} \cdot \frac{\mu_0}{l_{\text{eg}}^2}(l_{\text{eg}} + l_{px} \cos\theta + l_{py} \sin\theta) \end{aligned} \tag{7.12}$$

$$-\frac{\alpha}{2} + \frac{2\pi(n-1)}{6} \leqslant \theta \leqslant \frac{\alpha}{2} + \frac{2\pi(n-1)}{6}$$

式中，ΔA_{sr} 为定转子间的磁压差。

根据磁场的无源特性，绕圆周对气隙磁密进行积分应为 0，即

$$\int_0^{2\pi} B_g \mathrm{d}\theta = 0 \tag{7.13}$$

将 B_g 代入式(7.13)，并求解 ΔA_{sr}：

$$0 = \int_0^{2\pi} (a_c + a_{\text{PM}} + \Delta A_{sr})P_g \mathrm{d}\theta$$

$$\Delta A_{sr} = -\frac{1}{6l_{\text{eg}}\alpha}\int_0^{2\pi}(a_c + a_{\text{PM}})P_g \mathrm{d}\theta \tag{7.14}$$

将各量代入式(7.14)，并进行分段积分得

$$\begin{aligned}\Delta A_{sr} &= -\frac{1}{6l_{\text{eg}}\alpha}\sum_{n=1}^{6}\int_{-\frac{\alpha}{2}+\frac{2\pi(n-1)}{6}}^{\frac{\alpha}{2}+\frac{2\pi(n-1)}{6}}(A_{ln} + A_{tn} + a_{\text{PM}})\cdot[l_{\text{eg}} + l_p\cos(\theta-\theta_p)]\mathrm{d}\theta \\ &= -\frac{A_l\sin\dfrac{\alpha}{2}}{l_{\text{eg}}\alpha}l_p\cos(\theta-\theta_p)\end{aligned} \tag{7.15}$$

根据 Maxwell 磁吸力公式，沿圆周进行分段积分得到径向悬浮力：

$$\begin{aligned}F_x &= \frac{rh}{2\mu_0}\sum_{n=1}^{6}\int_{-\frac{\alpha}{2}+\frac{2\pi(n-1)}{6}}^{\frac{\alpha}{2}+\frac{2\pi(n-1)}{6}}B_g^2\cos\theta\mathrm{d}\theta \\ F_y &= \frac{rh}{2\mu_0}\sum_{n=1}^{6}\int_{-\frac{\alpha}{2}+\frac{2\pi(n-1)}{6}}^{\frac{\alpha}{2}+\frac{2\pi(n-1)}{6}}B_g^2\sin\theta\mathrm{d}\theta\end{aligned} \tag{7.16}$$

式中，h 为电机轴向长度；r 为电机转子半径。

由于 $A_l \ll A_{\text{PM}}$、$l_p \ll l_{\text{eg}}$，忽略 A_l 和 l_p 的高次项，并将 $l_p\cos\theta_p = l_{px}$、$l_p\sin\theta_p = l_{py}$ 代入，进行化简后得

$$\begin{aligned}F_x &= k_{\text{FA}}A_l[A_{\text{PM}}\cos(\theta_l - 2\theta_r) + A_t\cos(\theta_l - \theta_t)] + k_{xx}l_{px} + k_{xy}l_{py} \\ F_y &= -k_{\text{FA}}A_l[A_{\text{PM}}\sin(\theta_l - 2\theta_r) + A_t\cos(\theta_l - \theta_t)] + k_{yy}l_{py} + k_{yx}l_{px}\end{aligned} \tag{7.17}$$

式中，l_{px}、l_{py} 分别为转子在 x、y 方向上的偏移，其他系数为

$$\begin{aligned}k_{\text{FA}} &= \frac{3\mu_0 rh}{l_{\text{eg}}^2}\sin\frac{\alpha}{2} \\ k_{xx} &= \frac{\mu_0 rh}{4l_{\text{eg}}^3}\begin{Bmatrix}6(A_{\text{PM}}^2 + A_t^2)\alpha + 12A_{\text{PM}}A_t\cos(2\theta_r - \theta_t)\sin\alpha + 3A_t^2\cos(2\theta_t)\sin\alpha \\ +3A_{\text{PM}}A_t\cos(2\theta_r + \theta_t)\sin(2\alpha) + A_{\text{PM}}^2\cos(4\theta_r)\sin(3\alpha)\end{Bmatrix} \\ k_{yy} &= \frac{\mu_0 rh}{4l_{\text{eg}}^3}\begin{Bmatrix}6(A_{\text{PM}}^2 + A_t^2)\alpha + 12A_{\text{PM}}A_t\cos(2\theta_r - \theta_t)\sin\alpha - 3A_t^2\cos(2\theta_t)\sin\alpha \\ -3A_{\text{PM}}A_t\cos(2\theta_r + \theta_t)\sin(2\alpha) - A_{\text{PM}}^2\cos(4\theta_r)\sin(3\alpha)\end{Bmatrix} \\ k_{xy} &= k_{yx} = \frac{\mu_0 rh}{4l_{\text{eg}}^3}\begin{Bmatrix}A_{\text{PM}}^2\sin(4\theta_r)\sin(3\alpha) + 3A_t^2\sin(2\theta_t)\sin\alpha \\ +3A_{\text{PM}}A_t\sin(2\theta_r + \theta_t)\sin(2\alpha)\end{Bmatrix}\end{aligned} \tag{7.18}$$

忽略偏心对转矩的影响，则气隙储能为

$$\begin{aligned}E_g &= \int_0^{2\pi}\frac{B_g^2 l_{\text{eg}}rh}{2\mu_0}\mathrm{d}\theta = \frac{l_{\text{eg}}rh}{2\mu_0}\int_0^{2\pi}(a_c + a_{\text{PM}})^2P_g^2\mathrm{d}\theta \\ &= \frac{l_{\text{eg}}rh}{2\mu_0}\sum_{n=1}^{6}\int_{-\frac{\alpha}{2}+\frac{2\pi(n-1)}{6}}^{\frac{\alpha}{2}+\frac{2\pi(n-1)}{6}}(a_c + a_{\text{PM}})^2P_g^2\mathrm{d}\theta\end{aligned} \tag{7.19}$$

根据虚功法原理，电磁转矩为气隙储能关于转子转角的导数，将各量代入并进行化简得电磁转矩的表达式为

$$T = \frac{\mathrm{d}E_g}{\mathrm{d}\theta_r} = \frac{6\mu_0 rh \sin\alpha A_{\mathrm{PM}} A_t}{l_{\mathrm{eg}}} \sin(\theta_t - 2\theta_r) \tag{7.20}$$

3. 控制方式

BSM 的悬浮系统与旋转系统存在耦合，与普通无轴承永磁电机一样，控制方式的关键问题仍是解耦。如图 7.19 所示为三相六齿 BSM 的控制系统框图。整个控制系统分旋转系统和悬浮系统两个子系统。旋转系统采用 $i_d = 0$ 的转子磁场矢量控制，采用转速闭环。CRPWM 为电流控制型 PWM 逆变器。悬浮系统在取得转子位置反馈信号后经 PID 控制器调节后得到给定悬浮力 F_x 和 F_y，再经解耦后即可得出悬浮绕组的电流，该电流经 2/3 变换后将三相给定电流发送给 CRPWM 逆变器以驱动悬浮绕组。

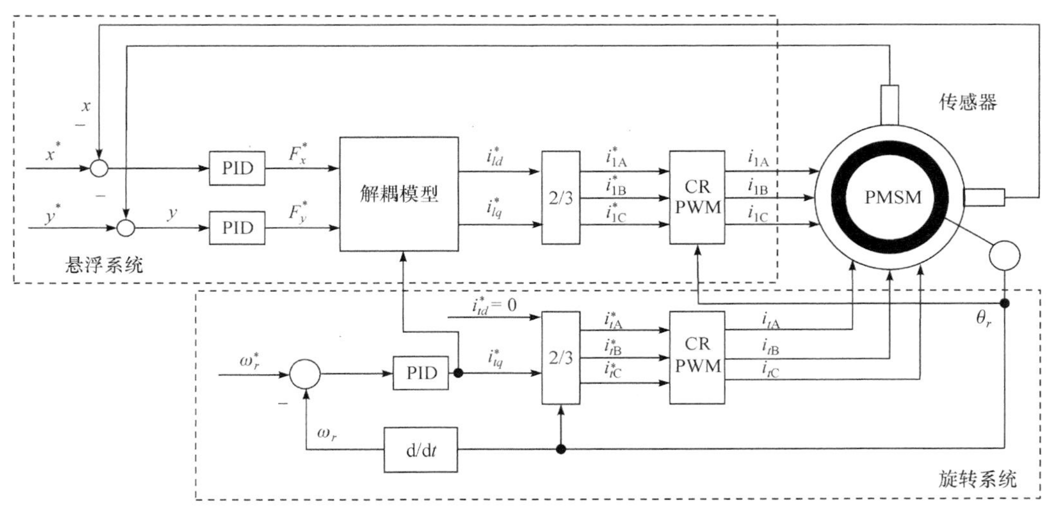

图 7.19　三相六齿结构 BSM 的控制系统框图

7.3.3　无轴承交替极永磁同步电机

传统无轴承永磁电机都存在一个缺点，即悬浮力与转矩都存在严重的耦合，悬浮控制系统需要转子转角信号，这不仅增加了系统的复杂度，而且转角信号的细微误差将导致悬浮性能急剧下降。为克服上述不足，日本学者提出了无轴承交替极永磁电机(Consequent-Pole Bearingless Permanent Magnet Motor, CPBPMM)。

CPBPMM 悬浮原理与传统无轴承永磁电机存在较大差异，如转矩绕组和悬浮绕组极对数不再受相差 1 对极的约束，电机悬浮控制无需转子位置信号，悬浮控制与转矩控制耦合程度比传统无轴承表贴式永磁电机大幅降低等。不仅如此，CPBPMM 还同时解决了无轴承永磁电机悬浮力与转矩无法兼顾的矛盾。

1. 电机结构

CPBPMM 的定子结构与传统的无轴承永磁同步电机相同，而转子分为铁极和永磁体两部分，转子永磁体沿径向充磁并按同一极性排列于转子表面，永磁体之间的铁极因此被相应地沿径向顺次磁化成相同的另一极性，从而永磁体磁极与转子铁极极性交替分布，构成交替极电机。

图 7.20 为一种 CPBPMM 的结构及悬浮原理示意图。从图中可以看出，四个用阴影表示的永磁体嵌在转子铁心内。永磁体沿径向磁化，极性被定为 N 极向外，S 极向内。永磁体磁链通过气隙、定子齿、定子轭、相邻定子齿、转子铁极，最后回到永磁体，其方向由图中箭头表示。永磁磁链通过永磁体之间的铁极形成回路，铁极随之被磁化为 S 极，从而永磁体磁极与转子铁极极性交替分布。

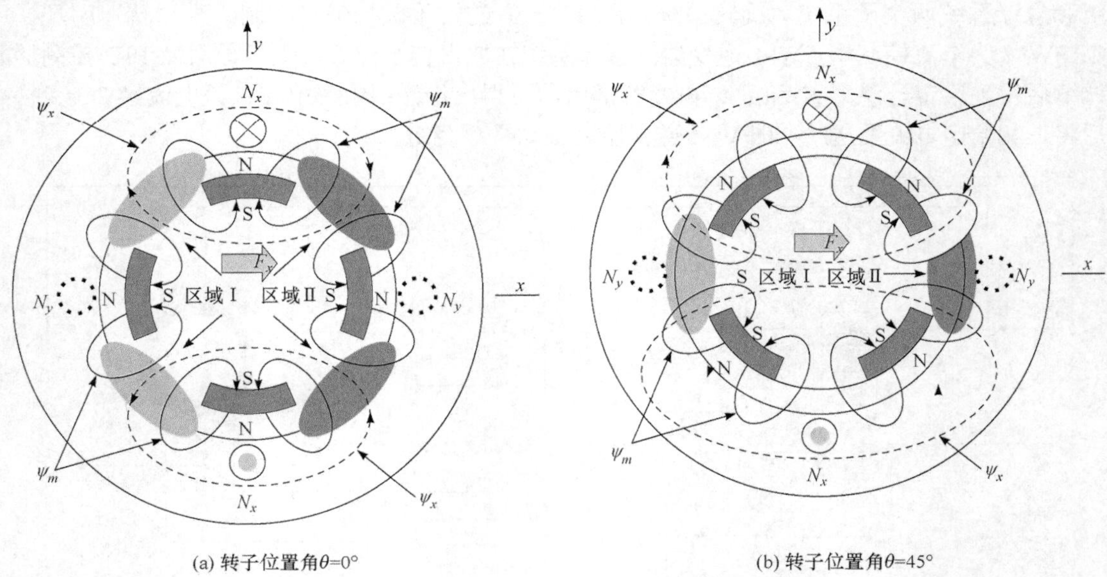

图 7.20　CPBPMM 的结构及悬浮原理示意图

电机悬浮力产生机理也如图 7.20 所示。图 7.20(a)中转子位置角$\theta = 0°$，实线回路ψ_m代表永磁体磁链，虚线回路ψ_x表示只在悬浮绕组N_x通入悬浮绕组电流所产生的悬浮磁链。当转子永磁体磁场和悬浮绕组磁场相互作用时，原有电机内气隙磁场的对称分布发生改变。图中对应区域Ⅱ的气隙内的ψ_m与ψ_x方向相同，合成气隙磁场加强；对应区域Ⅰ中的ψ_m与ψ_x方向相反，合成气隙磁场减弱，此时在转子上产生一个水平x方向的磁拉力。图 7.20(b)显示了转子位置角$\theta = 45°$时的情况。同样，在图中区域Ⅱ合成气隙磁场增强，区域Ⅰ合成气隙磁场减弱，产生的悬浮力仍然是沿着x轴方向。同理，当在悬浮绕组N_y通入悬浮电流也可产生y方向的悬浮力。从图中还可以看出，无论转子旋转位置如何，由于转子铁心部分的磁阻小，绝大部分悬浮磁链只通过转子铁心，而不经过永磁体部分，因此 CPBPMM 的悬浮控制与转子的旋转位置无关。通过控制悬浮绕组N_x的电流，就可以实现对x方向悬浮力的控制。同理，通过控制悬浮绕组N_y中的电流可以实现对y轴方向悬浮力的控制。

2. 悬浮力模型

CPBPMM 中有三个磁场：永磁体产生的磁场、转矩绕组电流产生的磁场和悬浮绕组电流产生的磁场。气隙磁场由三种磁场共同作用而成，不同磁场间存在耦合。为了简化数学模型，通常忽略x轴和y轴方向磁动势的耦合；忽略磁饱和、磁滞和涡流损耗的影响，认为磁路是线性的；忽略定子的齿槽效应和绕组边端效应。除此之外还做如下假设：

(1) 转子位于中心位置；

(2) 磁动势呈正弦分布，忽略高次谐波；

(3) 悬浮绕组 N_x 轴线与水平正 x 方向、转矩绕组 A 相轴线重合。

图 7.21 为数学模型推导过程中参数和坐标的定义。θ_m、θ_i 分别为永磁体磁极和铁极弧度角；ωt 为 t 时刻转子旋转位置角；ω 为转矩绕组电流的机械角频率；φ_s 为定子坐标角。

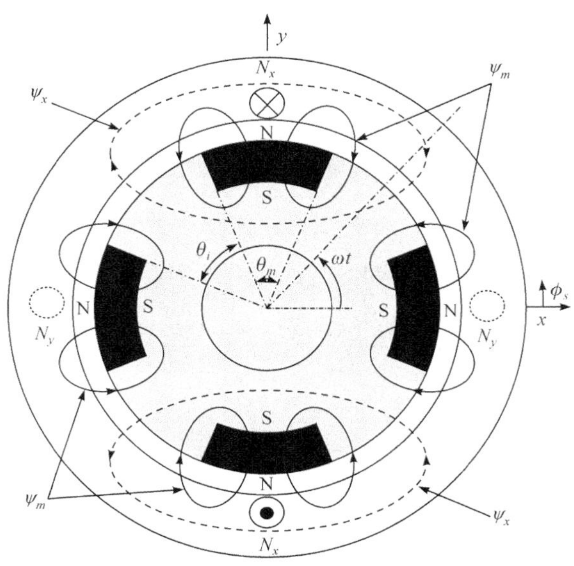

图 7.21　参数和坐标的定义

CPBPMM 总磁动势由转子永磁体建立的气隙磁动势 F_m、极对数为 p_1 的转矩绕组电流建立的气隙磁动势基波 $F_1(\phi_s)=\widehat{F}_1\sin[p_1(\phi_s-\omega t)]$、极对数为 p_2 的 x 方向悬浮绕组建立的气隙磁动势基波 $F_{2x}(\phi_s)=\widehat{F}_{2x}\cos(p_2\phi_s)$ 三部分组成。需要说明的是，为了体现转子 x 和 y 两自由度间悬浮力固有的解耦特性，悬浮力建模过程中，悬浮绕组只考虑由 x 方向悬浮绕组产生的磁势，而 y 方向悬浮绕组磁势设为 0。下标 1、2 分别对应于 p_1 对极转矩绕组和 p_2 对极悬浮绕组，$\widehat{F}_1$、$\widehat{F}_{2x}$ 分别为两绕组的气隙磁动势基波幅值，则合成气隙磁动势为

$$F(\phi_s)=F_1(\phi_s)+F_m+F_{2x}(\phi_s)=F_m+\widehat{F}_1\sin[p_1(\phi_s-\omega t)]+\widehat{F}_{2x}\cos(p_2\phi_s) \tag{7.21}$$

图 7.22 为电机沿着定子坐标角 ϕ_s 的气隙磁导分布情况。

应用气隙磁导理论，由图 7.22 可推导出单位面积气隙磁导分布 $\lambda(\phi_s)$ 为

$$\lambda(\phi_s)=\begin{cases}\dfrac{\mu_0}{g}, & \omega t+\dfrac{\theta_m}{2}+\dfrac{2\pi}{p_1}(k-1)<\phi_s<\omega t-\dfrac{\theta_m}{2}+\dfrac{2\pi}{p_1}k,\\[2ex] \dfrac{\mu_0}{\dfrac{l_m}{\mu_r}+g}, & \omega t-\dfrac{\theta_m}{2}+\dfrac{2\pi}{p_1}k<\phi_s<\omega t+\dfrac{\theta_m}{2}+\dfrac{2\pi}{p_1}k,\end{cases}\quad k=1,2,3,\cdots,p_1 \tag{7.22}$$

式中，$\mu_0=4\pi\times10^{-7}$ 为真空磁导率；g 为气隙长度；l_m 为永磁体厚度；μ_r 为永磁体相对磁导率。

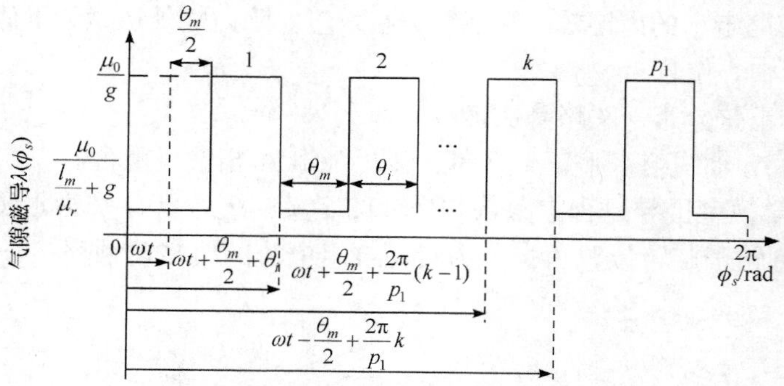

图 7.22 气隙磁导分布图

由磁路欧姆定律可得气隙磁密 $B(\phi_s)$ 为

$$B(\phi_s)=\lambda(\phi_s)F(\phi_s) \tag{7.23}$$

取气隙中的小角度 $\mathrm{d}\phi_s$ ，面积为 $rl\mathrm{d}\phi_s$ 的区域上的麦克斯韦力为

$$\mathrm{d}F=\frac{B^2(\phi_s)\mathrm{d}S}{2\mu_0}=\frac{B^2(\phi_s)lr\mathrm{d}\phi_s}{2\mu_0} \tag{7.24}$$

麦克斯韦力在 x、y 轴上的分量为

$$F_x=\int_0^{2\pi}\frac{B^2(\phi_s)lr}{2\mu_0}\cos\phi_s\mathrm{d}\phi_s \tag{7.25}$$

$$F_y=\int_0^{2\pi}\frac{B^2(\phi_s)lr}{2\mu_0}\sin\phi_s\mathrm{d}\phi_s \tag{7.26}$$

式中，l 表示电机转子铁心轴向长度；r 表示转子外径。

将式(7.21)～式(7.23)代入式(7.25)和式(7.26)，对定子角坐标 ϕ_s 积分并累加可得

$$F_x=\frac{\mu_0 lr}{2g^2}\sum_{k=1}^{p_1}\int_{\omega t+\frac{\theta_m}{2}+\frac{2\pi}{p_1}(k-1)}^{\omega t-\frac{\theta_m}{2}+\frac{2\pi}{p_1}k}F^2(\phi_s)\cos\phi_s\mathrm{d}\phi_s+\frac{\mu_0 lr}{2\left(\frac{l_m}{\mu_r}+g\right)^2}\sum_{k=1}^{p_1}\int_{\omega t-\frac{\theta_m}{2}+\frac{2\pi}{p_1}k}^{\omega t+\frac{\theta_m}{2}+\frac{2\pi}{p_1}k}F^2(\phi_s)\cos\phi_s\mathrm{d}\phi_s \tag{7.27}$$

$$F_y=\frac{\mu_0 lr}{2g^2}\sum_{k=1}^{p_1}\int_{\omega t+\frac{\theta_m}{2}+\frac{2\pi}{p_1}(k-1)}^{\omega t-\frac{\theta_m}{2}+\frac{2\pi}{p_1}k}F^2(\phi_s)\sin\phi_s\mathrm{d}\phi_s+\frac{\mu_0 lr}{2\left(\frac{l_m}{\mu_r}+g\right)^2}\sum_{k=1}^{p_1}\int_{\omega t-\frac{\theta_m}{2}+\frac{2\pi}{p_1}k}^{\omega t+\frac{\theta_m}{2}+\frac{2\pi}{p_1}k}F^2(\phi_s)\sin\phi_s\mathrm{d}\phi_s \tag{7.28}$$

当 $p_1\geqslant 4$ 、 $p_2=1$ 时，在 x、y 方向上转子受到的磁悬浮力如下：

$$F_x=\frac{\mu_0 lr}{2g^2}F_m\widehat{F}_{2x}(2\pi-p_1\theta_m)+\frac{\mu_0 lr}{2\left(\frac{l_m}{\mu_r}+g\right)^2}F_m\widehat{F}_{2x}p_1\theta_m \tag{7.29}$$

$$F_y=0 \tag{7.30}$$

从式(7.29)、式(7.30)可以看出：

(1) 悬浮力与转矩绕组电流和转子旋转位置角无关，悬浮控制与转矩控制解耦；

(2) 当 x 方向悬浮绕组通入电流时，将只产生 x 方向的悬浮力，因此 x 和 y 方向的悬浮力控制互不影响，径向两自由度间解耦；

(3) 由于 $l_m / \mu_r \gg g$，式中 F_x 的第二项可近似忽略。悬浮力大小与永磁体厚度近似成正比，永磁体厚度增加既可增大悬浮力也能提高输出转矩，克服了传统无轴承永磁同步电机转矩与悬浮力无法兼顾的问题。

3. 控制系统

转矩系统采取 $i_d = 0$ 控制时，CPBPMM 的矢量控制系统框图如图 7.23 所示。

可以看出，转矩控制系统将电机实际转速与给定转速进行比较作为速度调节器的输入，调节器输出作为转矩控制 q 轴给定电流 i_{1q}^*，经 2/3 旋转变换得到转矩绕组三相电流给定值。通过电流跟踪型逆变器调节实际转矩绕组电流，产生电磁转矩。悬浮控制系统将实际转子位置与位置给定值比较后作为位移调节器的输入，其输出作为悬浮绕组 x、y 方向电流给定分量 i_{2x}^*、i_{2y}^*，再经 2/3 变换得到悬浮绕组三相电流给定值，通过电流跟踪型逆变器调节实际的三相悬浮绕组电流，产生所需的电磁悬浮力。显然，得益于 CPBPMM 悬浮系统与旋转系统的固有解耦，图 7.23 不再需要解耦环节。

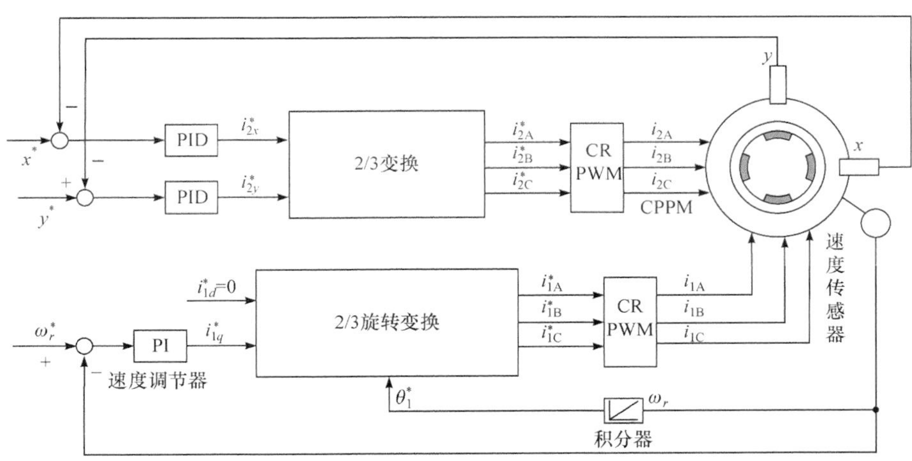

图 7.23　无轴承交替极永磁电机的控制系统框图

7.3.4　无轴承开关磁阻电机

开关磁阻电机(Switched Reluctance Motor，SRM)是依靠定、转子齿极间的电磁力来运行的，作用在转子齿极上的电磁力切向分量为电机旋转提供转矩；同时在定子、转子齿的径向也会有电磁力产生，通过控制绕组电流使该径向电磁力可控，从而为电机转子提供悬浮力，可实现 SRM 的无轴承化。将无轴承技术应用于 SRM，不仅丰富了无轴承电机的研究理论，同时可使得 SRM 的高速适用性得以充分发挥，拓宽 SRM 的应用领域。

无轴承开关磁阻电机(Bearingless Switched Reluctance Motor，BSRM)是 20 世纪 90 年代末才发展起来的，国内外学者从定转子结构、绕组的分配等方面入手，已对多种结构形式的 BSRM 展开了研究。本节以其中最典型的 12/8 极双绕组结构 BSRM 为例介绍其基本理论，并简单介绍其他结构形式的 BSRM。

1. 双绕组 BSRM

1) 基本结构和运行原理

如图 7.24 所示为一个 12/8 结构 BSRM 的截面图，图中简要画出了电机定子 A 相绕组的结构。由图 7.24 可以看出，BSRM 保持了 SRM 的双凸极结构，每个定子凸极上有两套绕组，一套是转矩绕组 N_{ma}，另一套是悬浮绕组 N_{sa}。A 相转矩绕组由四个凸极上的转矩绕组串联而成；而悬浮绕组分为两个方向：$a1$ 方向悬浮绕组 N_{sa1} 和 $a2$ 方向悬浮绕组 N_{sa2}，由各自方向两个正对凸极上的悬浮绕组串联而成。B 相绕组绕在与 A 相相差−30°的四个定子极上，C 相绕组绕在与 A 相相差 30°的四个定子极上。以相互垂直的 $a1$ 方向和 $a2$ 方向作为参考，定义α-β坐标系如图 7.24 所示，此时 $a1$ 方向和α坐标轴重合，$a2$ 方向和β坐标轴重合。

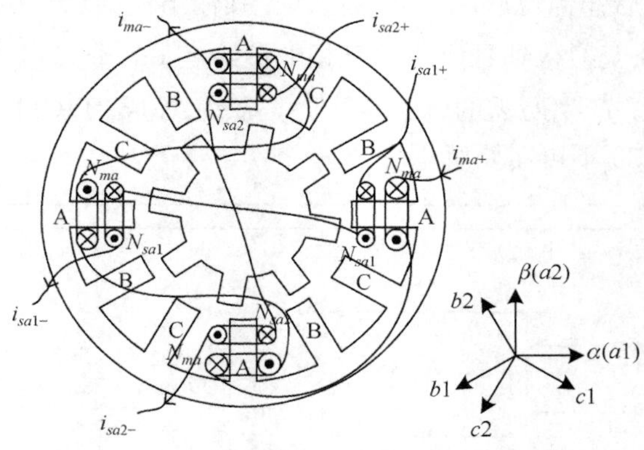

图 7.24　结构示意图

SRM 同样是通过对励磁电流的控制，使位于转子径向相对位置的气隙磁密不对称分布，产生可控的径向力，如图 7.25 所示。根据α和β两个方向转子径向位移传感器的反馈，实时地控制径向力的大小和方向，实现电机转子的动态悬浮。当 A 相绕组通以如图 7.25 所示方向的电流时，转矩绕组电流 i_{ma} 产生图中粗实线表示的四极对称磁通，悬浮绕组电流 i_{sa1} 产生图中虚线表示的二极对称磁通。两种磁场相互叠加使得气隙 1 处的磁通增加，气隙 2 处的磁通减小，其结果使得转子受到指向α轴正方向的麦克斯韦力(径向悬浮力)。改变悬浮绕组电流 i_{sa1} 的方向，即可产生沿α轴负方向的径向悬浮力；同理，悬浮绕组电流 i_{sa2} 产生的二极对称磁通和转矩绕组磁通的相互叠加可以产生沿β轴方向的径向悬浮力。任意方向的径向悬浮力可以通过合成α方向和β方向的悬浮力来产生。因为转子齿数是 8，每相至少要在 15°的区间内产生悬浮力，可利用三相绕组每隔 15°的轮流导通和转子位移的负反馈控制来产生转子悬浮所需的径向悬浮力，从而实现转子悬浮运行。在此需要说明的是：B 相的 $b1$ 和 $b2$ 方向，C 相的 $c1$ 和 $c2$ 方向都不与α、β坐标轴重合，因此在将上述悬浮力产生原理推广到 B 相和 C 相绕组时要经过相应的坐标变换。

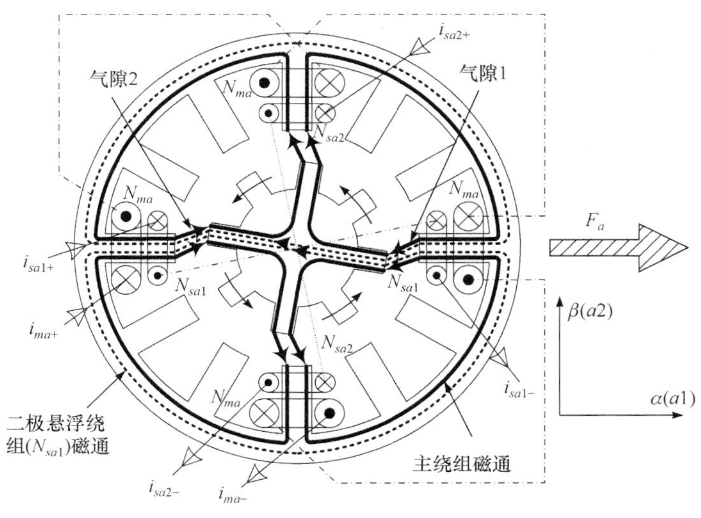

图 7.25　悬浮力产生原理图

2) 数学模型

BSRM 数学模型的基本推导思路为：首先根据有限元辅助分割磁场法得到气隙磁导解析表达式，然后根据等效磁路的原理推导出用气隙磁导表示的绕组电感矩阵，在电感矩阵的基础上得出磁场储能的表达式，最后根据机电能量转换原理推导出悬浮力表达式和转矩表达式。为了简化分析，和前述 BSM 及 CPBPMM 一样忽略磁饱和及漏磁通。同时根据电机特点做如下假设：

(1) 与气隙长度相比，转子的径向位移足够小；

(2) 定、转子极对中位置定义为转子零度位置，此时可忽略边缘磁通；

(3) 转子转角规定为逆时针为正；

(4) 各相绕组轮流导通工作。

在此以 A 相绕组工作时为例进行说明。在忽略铁心磁压降和相间互感的前提下，根据磁路等效原则可得 A 相绕组的磁路等效图如图 7.26 所示。图中 N_m 为主绕组匝数，N_s 为悬浮力绕组匝数，P_{a1}～P_{a4} 分别为四个定子齿极下的磁导，ϕ_{a1}～ϕ_{a4} 分别为四个气隙下的磁通。

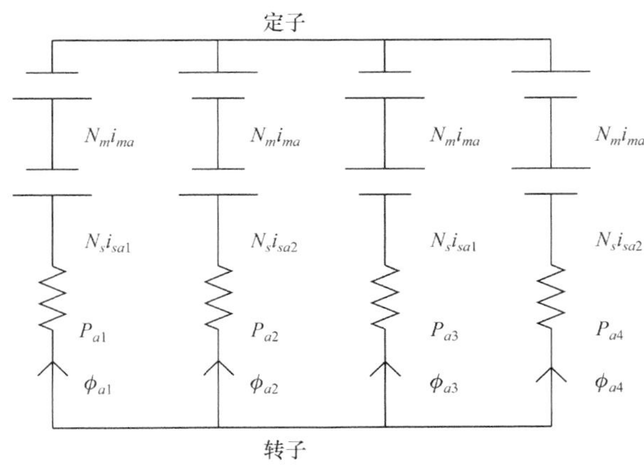

图 7.26　A 相等效磁路图

由磁通连续性定理和图 7.26 可得 A 相绕组用气隙磁导表示的自感和互感表达式为

$$
\begin{aligned}
L_{ma} &= \frac{4N_m^2\left(P_{a1}+P_{a3}\right)\left(P_{a2}+P_{a4}\right)}{P} \\
L_{sa1} &= \frac{N_s^2\left[P_{a1}\left(P_{a2}+2P_{a3}+P_{a4}\right)+P_{a3}\left(2P_{a1}+P_{a2}+P_{a4}\right)\right]}{P} \\
L_{sa2} &= \frac{N_s^2\left[P_{a2}\left(P_{a1}+P_{a3}+2P_{a4}\right)+P_{a4}\left(P_{a1}+2P_{a2}+P_{a3}\right)\right]}{P} \\
M_{(ma,sa1)} &= \frac{2N_mN_s\left(P_{a1}-P_{a3}\right)\left(P_{a2}+P_{a4}\right)}{P} \\
M_{(ma,sa2)} &= -\frac{2N_mN_s\left(P_{a1}+P_{a3}\right)\left(P_{a2}-P_{a4}\right)}{P} \\
M_{(sa1,sa2)} &= -\frac{N_s^2\left(P_{a1}-P_{a3}\right)\left(P_{a2}-P_{a4}\right)}{P}
\end{aligned}
\tag{7.31}
$$

式中，L_{ma} 表示 A 相主绕组的自感；L_{sa1} 表示悬浮绕组 N_{sa1} 的自感；L_{sa2} 表示悬浮绕组 N_{sa2} 的自感；$M_{(ma,\,sa1)}$表示主绕组和悬浮绕组 N_{sa1} 间的互感；$M_{(ma,\,sa2)}$表示主绕组和悬浮绕组 N_{sa2} 间的互感，$M_{(sa1,\,sa2)}$表示悬浮绕组 N_{sa1} 和 N_{sa2} 间的互感。磁导 P_{a1}～P_{a4} 关于电机结构参数和转子位置角的表达式可以利用磁场分割法得到。

储存在 A 相绕组四个齿极下的气隙磁场能量 W_a 可表示为

$$
\begin{aligned}
W_a &= \frac{1}{2}\begin{bmatrix} i_{ma} & i_{sa1} & i_{sa2} \end{bmatrix}\times[L]\times\begin{bmatrix} i_{ma} \\ i_{sa1} \\ i_{sa2} \end{bmatrix} \\
&= \frac{1}{2}\left[L_{ma}i_{ma}^2+2M_{(ma,sa1)}i_{ma}i_{sa1}+2M_{(ma,sa2)}i_{ma}i_{sa2}+L_{sa1}i_{sa1}^2+L_{sa2}i_{sa2}^2\right]
\end{aligned}
\tag{7.32}
$$

式中，$[L]$为电感矩阵。

根据机电能量转换原理，作用在转子上的径向悬浮力 F_α、F_β 可由磁场储能 W_a 对 α 、β 求偏导得到：

$$
\begin{bmatrix} F_\alpha \\ F_\beta \end{bmatrix} \approx i_{ma}\begin{bmatrix} K_{f1} & K_{f2} \\ -K_{f2} & K_{f1} \end{bmatrix}\begin{bmatrix} i_{sa1} \\ i_{sa2} \end{bmatrix}
\tag{7.33}
$$

式中，K_{f1}、K_{f2} 为径向悬浮力比例系数。

瞬时电磁转矩可以通过磁场储能对转子位置角θ求导得到。A 相绕组产生的瞬时转矩可以表达为

$$
T_a = J_t(\theta)\left(2N_m^2 i_{ma}^2 + N_s^2 i_{sa1}^2 + N_s^2 i_{sa2}^2\right)
\tag{7.34}
$$

式中，J_t 为转矩系数。

3) 控制系统

由前面可知，BSRM 的转矩和悬浮力与转矩绕组电流、悬浮绕组电流、转子位置角和电机参数均有关。所以根据给定的悬浮力和转矩，如何确定主绕组电流、悬浮绕组电流以

及选择合适的相开通角是控制策略研究的关键。本节介绍一种单相导通悬浮运行控制策略：转矩绕组方波电流控制策略，该控制策略最早由日本学者提出，其以平均转矩和瞬时悬浮力为控制对象。

定义绕组电流导通区域的中点超前于定转子齿轴线对齐位置的角度为超前角，用θ_m表示。在单相导通控制策略下，开通角和关断角都可以用θ_m表示，对于 12/8 极的 BSRM，单相导通控制策略下每相绕组电流的导通宽度为固定的 15°，因此开通角和关断角可分别表示为

$$\begin{cases} \theta_{\text{on}} = -\dfrac{\pi}{24} - \theta_m \\ \theta_{\text{off}} = \dfrac{\pi}{24} - \theta_m \end{cases} \tag{7.35}$$

这样，在电机结构参数确定的情况下，控制电机的关键就是控制绕组的电流和超前角，在式(7.33)和式(7.34)表示的数学模型中只有三个方程，但是却有转矩绕组电流 i_{ma}、悬浮绕组电流 i_{sa1}、i_{sa2} 和超前角θ_m四个未知量，因此有无数个解。必须施加一定的约束条件才能唯一确定控制参数，而约束条件的不同，确定的控制策略也不同，电机性能也不同。转矩绕组方波电流控制策略将转矩绕组电流控制成方波形式及“超前角为最大值”作为控制的约束条件。

由于控制对象为平均转矩，首先要推导平均转矩的表达式。对瞬时转矩在一个开通周期内积分，就可得到一个开通周期内的 A 相绕组的平均电磁转矩，可表示为

$$T_{\text{av}} = \frac{12}{\pi}\int_{\theta_{\text{on}}}^{\theta_{\text{off}}} T_a \mathrm{d}\theta = G_{tm1}(\theta_m) i_{ma}^2 + G_{ts1}(\theta_m)\frac{F^2}{i_{ma}^2} \tag{7.36}$$

式中，F 为α、β两方向瞬时悬浮力 F_α 和 F_β 合成悬浮力的幅值；$G_{tm1}(\theta_m)$和 $G_{ts1}(\theta_m)$都是电机自身结构参数和超前角θ_m的函数。

基于转矩绕组方波电流控制的 BSRM 控制系统框图如图 7.27 所示，通过光电传感器检测出转子位置后经位置解算得到电机的实时转速，其与给定转速的差值经 PI 调节器输出为平均转矩给定值T_{av}^*。两个径向位移经电涡流传感器转换为电信号，经 PID 调节器输出为悬

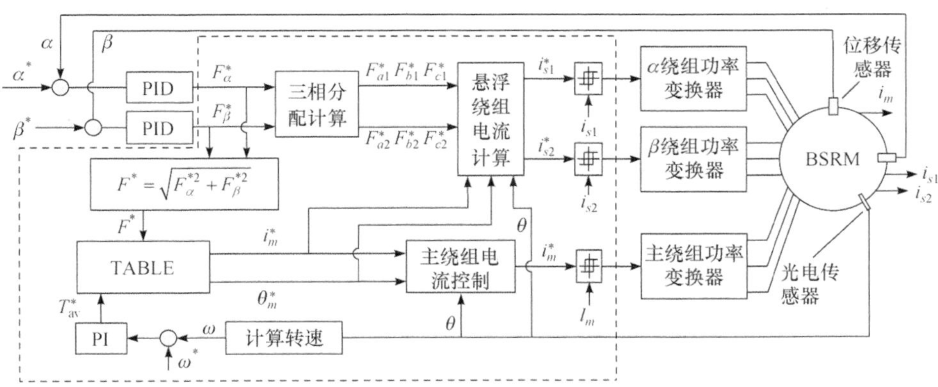

图 7.27　基于转矩绕组方波电流控制的 BSRM 控制系统框图

浮力给定值 $F_\alpha{}^*$和 $F_\beta{}^*$。平均转矩 T_{av} 和悬浮力合成幅值 F 的给定值与超前角 θ_m^* 和主绕组电流 i_m^* 的关系已通过式和约束条件提前解算装入 TABLE，因此超前角 θ_m^* 和主绕组电流 i_m^* 可查表得到，然后通过式(7.36)解算出悬浮绕组电流 i_{s1}^* 和 i_{s2}^*。最后，通过两套绕组的功率控制器实时跟踪电流给定值，以实现电机运行时的稳定悬浮。

2. 其他结构 BSRM

1) 单绕组结构

单绕组 BSRM 结构与普通开关磁阻电机相同，其定子齿上只有一套绕组，每个齿极绕组电流均单独控制。图 7.28 给出了 A 相每个齿极绕组的连接方式及电流方向。当通入的电流 i_{sa3} 小于 i_{sa1} 时，气隙 3 处的磁通小于气隙 1 处的磁通，转子在α方向上受到一个水平向右的磁拉力；同理，转子可在β方向受到竖直向上的磁拉力。通过调节四个电流的相对大小，产生不同大小的磁通，即可改变作用于转子上的磁拉力方向，以实现转子的悬浮运行。三相绕组轮流导通 15°，在各相导通区间内合理控制各自的绕组电流，即可实现一个相周期 45°内转子的稳定悬浮。

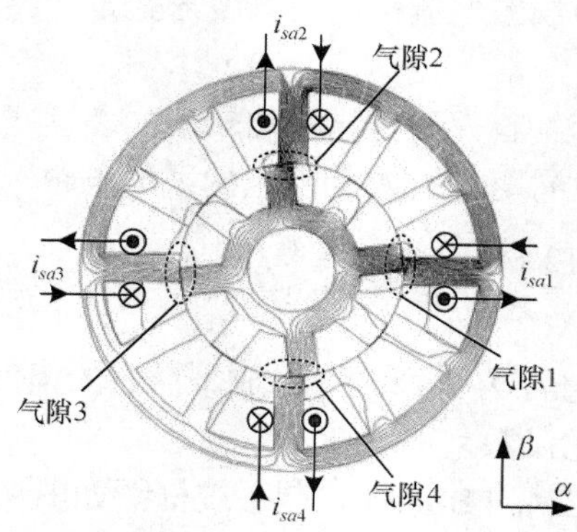

图 7.28　单绕组 BSRM 结构和悬浮原理

单绕组电机最大的优点在于：电机本体和普通 SRM 一样，更具有通用性。普通 SRM 经过适当改造加上相应的控制策略就可改装为 BSRM，相应的成本也会降低。因此，BSRM 的单绕组悬浮技术已经成为该领域的研究热点。

2) 混合定子齿结构

传统 BSRM，无论双绕组结构还是单绕组结构，转矩和悬浮力之间均存在强耦合，且很难在数学模型和控制策略中实现二者的完全解耦，限制了 BSRM 悬浮和运行性能的提高。如图 7.29 所示为 8/10 极混合定子齿结构的 BSRM，其宽窄齿相隔分布，窄齿 A1、A2、B1、B2 为转矩绕组，A1 和 A2 串接构成 A 相，B1 和 B2 串接构成 B 相；宽齿 P_{y1}、P_{x2}、P_{y3}、P_{x4} 为悬浮力绕组，其极弧宽度与转子极距相等，这四个悬浮绕组线圈的电流独立控制来提供一个相周期转子悬浮所需的悬浮力。这种结构形式的最大优点是可以实现转矩与悬浮力的固有解耦，简化控制。宽窄齿结构的 BSRM 还有 12/14 极结构，相较 8/10 极结构，12/14 极结构可提高转矩输出，但最大悬浮力的输出明显降低。

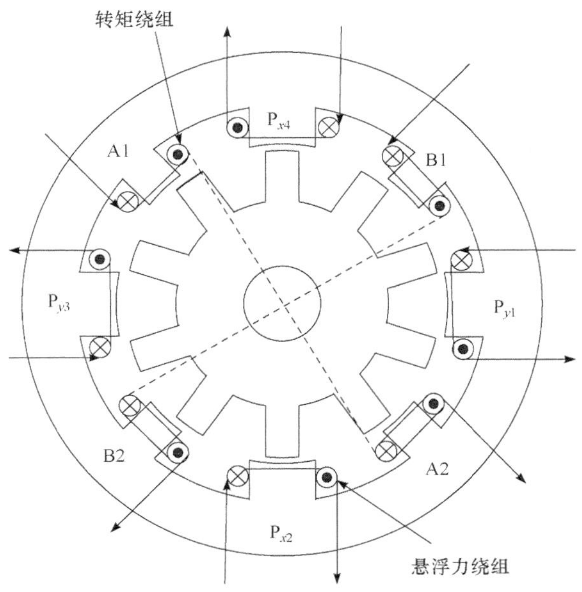

图 7.29　宽窄混合定子齿结构的 BSRM 结构图

3) 混合转子结构

美国 NASA 格林研究中心的 Morrison 等还提出了一种混合转子结构的无轴承开关磁阻电机，其定子有 8 个凸极，每极缠绕一套线圈；所不同的是其转子由两部分结构组成：圆形叠片结构和六极凸极齿叠片结构，转子结构如图 7.30 所示。控制时，定子四个极的线圈组成一套绕组为圆形转子部分提供悬浮力，承担磁轴承作用实现转子悬浮；另外四个线圈对凸极齿转子提供磁阻转矩。这种电机结构可以简化控制策略，但其最大的不足就是轴向长度较长，转子的临界转速受到限制。

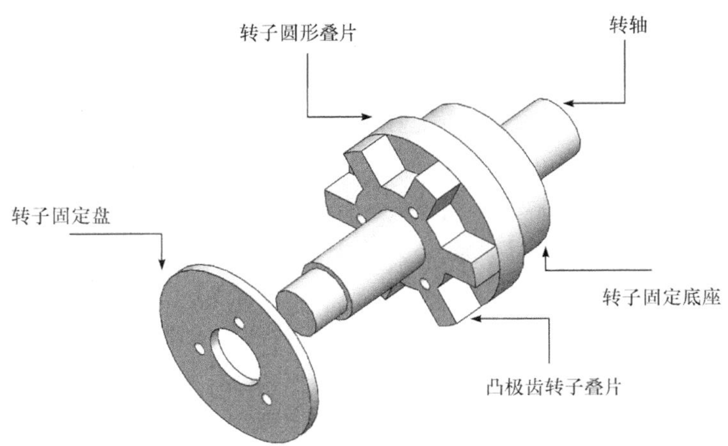

图 7.30　混合转子结构 BSRM 转子结构示意图

7.4 磁悬浮电机的应用和发展

磁性材料技术、数字信号处理技术、电力电子技术、计算机控制技术和交流电机调速技术日渐发展成熟，为磁悬浮电机的发展和应用提供了技术支持。同时，近年来磁轴承技术和无轴承电机技术的进步也直接促进了磁悬浮电机的发展。本节简要讲述磁轴承和无轴承电机的研究概况，总结磁悬浮电机的应用现况、研究热点和发展前景。

7.4.1 磁轴承和无轴承电机研究概况

1820 年丹麦物理学家奥斯特发现了电流的磁感应现象，1822 年法国物理学家阿拉戈和吕萨克发明了电磁铁，1823 年英国人斯特金制作了吸持力为其自重 20 倍的电磁铁，这些发明和制作都让科学家坚信利用磁力使物体处于无接触悬浮状态的设想是可行的。1842 年，英国物理学家 Earnshaw 对磁轴承技术进行了研究和论述，他通过实验证明：单靠永久磁铁本身不能使一个铁磁体在空间所有 6 个自由度上都保持自由、稳定的悬浮状态。为了使铁磁体实现稳定的磁悬浮，必须根据物体的悬浮状态不断地调节磁场力的大小，即采用可控电磁铁才能实现。也就是说，要实现稳定悬浮，至少对被悬浮转子的某一个自由度实行主动控制。1937 年德国学者肯珀(Kemper)申请了第一个磁悬浮技术的专利，并构成了之后开展的磁悬浮列车和磁轴承研究的主导思想。1938 年肯珀采用电感式传感器和电子管放大器做了一个可控电磁铁，使一个重 2100N 的物体成功地实现了稳定磁悬浮。在同一时期内，美国弗吉尼亚(Virginia)大学的 Beams 和 Homes 采用磁轴承技术悬浮小钢球，通过钢球高速旋转时能承受的离心力来测定实验材料的强度，所达到的旋转速度高达 18×10^6r/min (300kHz)，1957 年法国 Hispano-Suiza 公司提出利用电磁铁和位移传感器组成悬浮系统的设想，并取得了法国专利，这应该是现代磁轴承技术的雏形。

航空航天领域发展的需求推动了磁轴承技术的发展，1972 年，法国 SEP 公司第一个将磁轴承应用于卫星导向器飞轮支承。20 世纪 80 年代法国 S2M 公司推出磁轴承产品后，磁轴承才开始大规模的工业应用。至此越来越多的科研单位和公司加入磁轴承研究和开发的行列，其中，瑞士联邦工学院、美国弗吉尼亚大学和马里兰大学、日本东京大学等研究机构是国际上该领域研究中具有代表性的科研院校，主要研究内容围绕磁轴承本体设计、控制器设计、振动抑制和不平衡补偿、功率放大器研究、系统故障诊断、系统损耗研究等。技术较先进的磁轴承设计和制造公司有瑞士 IBAG、芬兰 ABS、瑞士 MECOS、法国 S2M(已被 SKF 收购)、德国 GMN、美国 Calnetix、日本精工、俄罗斯 OKBM、英国 Glacier 等。这些公司已将数以万计的磁轴承成功地应用在机床电主轴、压缩机、鼓风机、真空泵、燃气轮机、飞轮储能、人工心脏泵等领域，并且仍在不断拓展更多的应用领域。

国内的磁悬浮轴承研究从 20 世纪 80 年代开始起步。国内第一台全磁悬浮电机设备于 1983 年由上海微电机研究所研制。哈尔滨工业大学于 1988 年研制了国内第一台全主动式磁悬浮轴承机床主轴。1990 年，西安交通大学实现了四自由度磁轴承的稳定悬浮运行。清华大学于 1994 年成功研制卧式五自由度磁悬浮轴承系统。国内研究磁悬浮轴承的具有代表性的高校有清华大学、北京航空航天大学、南京航空航天大学、哈尔滨工业大学、武汉理工大学、西南交通大学、国防科技大学、江苏大学等。进入 21 世纪以来，国内也涌现了很多磁轴承及磁悬浮电机制造的相关企业，比较有影响的企业有天津飞旋科技股份有限公司、南京磁谷科技股份有限公司、南京磁之汇电机有限公司、佛山格尼斯磁悬浮技术有限公司等，这些公司的产品主要应用于离心式鼓风机、空气压缩机、制冷和空调设备等领域。

从无轴承电机的发展历程来看，20 世纪 70 年代，Hermann 和 Meinke 提出通过改变电机定子绕组配置的方式使转子同时具备旋转和径向支承能力的构想，并申请了相关专利。但这种电机从本质上仍然是磁轴承和电机的简单组合，由于机理制约，缺乏实现悬浮力和旋转力矩之间解耦的有效手段，其实用价值有限。20 世纪 80 年代，随着功率变换器、数字信号处理器及交流电机控制技术的发展，瑞士、日本等国家开始对无轴承电机进行研究。1988 年，Bosch 在其论文中首次提出“bearingless”的概念。1990 年，瑞士学者 Bichsel 率先研制成功无轴承永磁同步电机，随后日本学者 Chiba 在同步磁阻电机上也实现了无轴承技术的运用。不仅如此，Chiba 在无轴承异步电机、无轴承永磁同步电机、无轴承薄片电机和无轴承开关磁阻电机等领域做出诸多开创性的工作。1998 年，瑞士的 Schob 和 Barletta 研制出结构紧凑、造价低廉的无轴承薄片电机，这为无轴承电机的实用化创造了条件。在无轴承电机领域比较突出的研究机构有日本的东京理工大学、美国的 NASA 格林研究中心、德国的开姆尼茨工业大学、英国的莱斯特大学、韩国的庆星大学，奥地利的林兹大学等。在无轴承电机的产品化方面，Levitronix 公司作为无轴承泵的先驱，是第一个获得 CE 和 FDA 批准的无轴承血液泵的公司，与其他类型泵相比，无轴承泵可以处理无污染的纯流体，用于微电子、生命科学和工业应用等，产品范围包括无轴承密封泵、流量传感器、黏度计、人工心脏辅助装置等。

国内的无轴承电机研究起步于 20 世纪末期，自 1999 年起，国内的南京航空航天大学、沈阳工业大学、浙江大学、北京交通大学、江苏大学、北京航空航天大学等高校在国家自然科学基金的资助下对无轴承电机开展了一系列的研究工作，在无轴承开关磁阻电机、无轴承薄片电机、无轴承磁通切换型电机等研究领域取得了一些开创性的研究成果，但目前国内无轴承电机的工业化应用还没有实质性的进展。

7.4.2　磁悬浮电机的应用

1. 磁轴承电机的应用

目前，磁轴承电机已被广泛应用在透平压缩机、透平发电系统、真空泵、飞轮储能等大型设备中。

1) 高速直驱压缩机

压缩机因其用途广泛被称为“通用机械”。在采矿业、冶金业、机械制造业、土木工程、石油化学工业、制冷与气体分离工程以及国防工业中，压缩机是必不可少的关键设备之一。传统的空气压缩机产品一般采用“中低速电机—齿轮增速箱—叶轮”的模式，其电机转速低、齿轮增速箱结构复杂、体积大、噪声高、能耗高、调速控制困难，数字化、智能化程度低，系统维护成本较高。而采用高速电动机直驱可省掉齿轮传动系统和润滑系统，从而使零部件数大幅减少，结构紧凑，整机效率更高，节能效果明显。传统的机械轴承虽然容易实现标准化和系列化生产，但是空气压缩机工作时叶轮的高速旋转会产生很大的轴向力，将导致机械轴承严重的温升甚至失效，而磁轴承技术应用于高速直驱压缩机则具有安全、高效、寿命长等优点。目前，Danfoss 的磁悬浮高速直驱压缩机在该领域处于领先地位。

2) 高速透平发电系统

在透平发电系统中，透平机械通常转速较高，每分钟在上万转以上，而普通的发电机一般工作转速为每分钟几千转，转速相差悬殊，必须通过齿轮减速箱来传递功率。而高速的齿轮减速箱成本高、使用寿命较短。磁悬浮高速发电机可以直接和透平机械直接连接，不需要齿轮减速箱，既减小了设备体积，又避免了齿轮传动引起的损耗、振动及噪声等问题，使传动系统的运行效率、运行精度及运行可靠性得到有效的提高。目前，Piller、Danfoss 等少数企业拥有磁悬浮高速透平发电系统的成熟产品。

3) 分子泵

分子泵作为获得真空环境的核心设备，在半导体与薄膜工业、太阳能光伏、核物理科学等领域有着广泛的应用前景。作为分子泵的关键部件，轴承的性能直接影响分子泵的性能与使用寿命。采用磁轴承可实现分子泵完全无油化工作，且具有高转速、低噪声、长寿命、泵安装角度不受限等优良特性，因此磁悬浮分子泵是现代分子泵发展的主流趋势。1976 年，德国 LEYBOLD 公司开发了世界上第一台完全无接触的磁轴承分子泵，但由于技术不成熟，事故多，成本高，未能普及。直至 20 世纪 80 年代中期，日本一些真空设备制造公司在德国的磁悬浮技术基础上进行改进，开发出结构更为合理、性能更为先进的内环式旋转磁悬浮涡轮分子泵。如图 7.31 所示为日本株式会社大阪真空机器制作所生产的磁悬浮涡轮分子泵，该分子泵采用立式结构，实现了控制器和电源的一体化。

图 7.31　磁悬浮涡轮分子泵

4) 飞轮装置

飞轮储能是以高速旋转的飞轮质体作为能量储存的介质，利用电动发电一体电机和电子控制设备来控制能量的输入和输出。传统的机械轴承难以满足飞轮高速重载、低摩擦损耗的要求，磁轴承则可以实现飞轮无机械接触的高速重载运行，提高了系统的储能效率和待机时间。近三十多年来，随着磁轴承、复合材料、电力电子技术等一系列关键技术的突破，传统的飞轮储能上升到储能电池的层次。它在公共电网的动力调节、电动汽车、不停电电源（UPS）、备用电源、太阳能和风能的储存、电气化铁道再生制动能量储存、核聚变等领域有着广泛的应用。国际上开展磁轴承飞轮储能装置开发和生产的研究机构与生产厂家主要有美国的 NASA Glenn 研究中心、Beacon Power 公司、Active Power 公司、VYCON 公司，德国的 Piller 公司等。

2. 无轴承电机的应用

无轴承电机比磁轴承电机结构更为紧凑，但是控制系统的复杂性制约着其应用。无轴承永磁薄片电机因其独特的原理、简单的控制、低廉的成本，在无轴承密封泵的应用中具有其他类型电机无可替代的优势，从而为无轴承电机的应用开辟了路径。

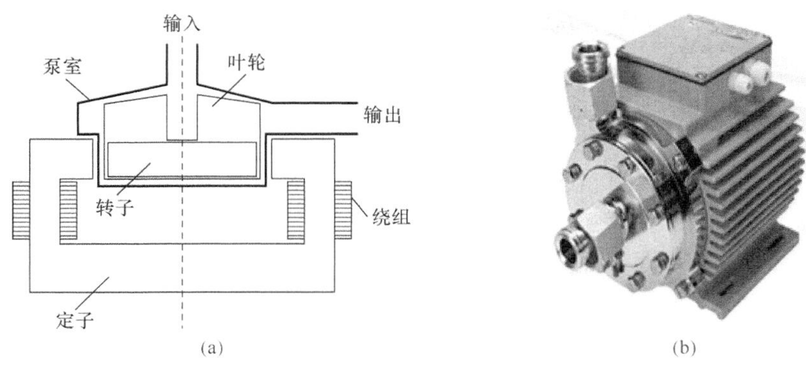

图 7.32　无轴承密封泵的结构示意图和实物图

在制药、医疗、化工等领域的密封传送和生产系统中，为防止一些物质如药品、血液、酶类受到外面的热源和微生物进入，或避免危险物质被工作人员接触或对环境造成污染，广泛地采用密封泵。影响泵使用寿命的主要因素是它的密封和轴承问题。由于不是所有的化学产品都适合做润滑剂，因此采用润滑的机械轴承支承其可靠性得不到保证，所以采用磁悬浮支承是较佳的选择，但磁轴承的成本较高。采用基于无轴承永磁薄片电机的无轴承密封泵提高了系统的集成度和可靠性，降低了造价。如图 7.32(a)、(b)分别为 Levitronix 公司生产的应用于超洁净领域液体传输的无轴承密封泵的结构示意图和实物图。这类泵具有如下特点：①泵的运动部件之间无机械接触、无磨损，可避免颗粒物的生成，从而确保液体的超高纯度；②无轴承磨损和密封故障，可延长使用寿命和降低维护成本；③叶轮和泵壳没有机械耦合，泵几乎不产生振动，精确调节流体流量和压力，无脉动，低噪声；④磁悬浮实现了无接触操作和低剪切设计，用于温和的泵输敏感液体。因此，无轴承泵不仅可成为半导体制造中圆晶清洁、金属电镀或 CMP 浆料输送的标准用泵，也可以是细胞疫苗、生物制剂及基因疗法等领域用于敏感液体及超纯液体输送的低剪切标准用泵。

7.4.3　磁悬浮电机的研究热点和发展前景

磁悬浮电机的研究和发展与磁轴承的研究和发展密切相关。1988 年，在瑞士苏黎世召开了第一届“磁轴承会议(International Symposium on Magnetic Bearings)”，此后每两年召开一次。美国航空航天局分别在 1988 年 2 月召开了“磁悬浮技术专题研讨会(A Workshop on Magnetic suspension Technology)”，在 1991 年 3 月召开了“磁悬浮技术在航天中的应用(Aerospace Application of Magnetic Suspension Technology)”学术研讨会。从 1991 年起，在上、下两届国际“磁轴承会议”的中间一年，召开国际“磁悬浮技术会议(International Symposium on Magnetic Technology)”，该会议也是每两年召开一次。

国内，在中国力学学会、清华大学核能与新能源技术研究院的努力以及国内各磁轴承研究单位的大力支持下，第一届“中国磁轴承学术会议(Chinese Symposium on Magnetic Bearings)”于 2005 年 8 月在北京顺利召开，此后每两年举办一届。经过多年的努力，我国的磁轴承及磁悬浮电机技术已得到国际同行的广泛肯定，与国际先进水平的差距也逐步缩小。

就磁轴承及磁悬浮电机未来的发展而言，主要集中在以下几个方面。

(1) 低成本的磁轴承开发与研究。降低磁轴承的成本将为磁轴承的大规模工业应用创造条件。其中需要解决的关键问题有：基于霍尔效应的低成本高分辨率的位移传感器的开发；功率放大器的模块化和批量化；适合磁轴承的专用低成本控制芯片的开发；低成本的磁轴承结构拓扑的研究等。

(2) 具有容错、冗余功能的磁轴承的研究。磁轴承主要用于高速旋转机械，控制系统一旦失效，高速旋转机械不仅无法正常工作，甚至带来严重的安全问题。由于磁轴承系统相对复杂，其容错、冗余功能设计代偿较大，磁轴承的可靠性设计现已成为其应用于航空航天、作战舰艇等尖端领域的主要瓶颈。

(3) 无位移传感器磁轴承的研究。传统的磁轴承需要传感器来检测转子位移信号，位移传感器的存在加大了磁轴承轴向尺寸、降低了系统动态性能、提高了成本、降低了可靠性。无位移传感器磁轴承则是通过测量电气回路的内部信号来间接获取转子的位移信息，这有助于简化磁轴承的结构并降低制造成本，拓展磁悬浮电机的应用领域。

(4) 用磁轴承取代传统的滚动轴承是多电发动机的关键技术之一。采用磁轴承则取消了传统发动机传动、润滑系统，简化发动机的轴承腔、密封装置和密封增压系统结构，可以对发动机进行主动振动控制、叶尖间隙控制和运行状态监测，提高轴承的 DN 值，从而提升发动机工作可靠性、节省运行和维护成本。国际上已将磁轴承列为 21 世纪先进航空发动机的关键高新技术之一。

(5) 先进控制器的研究。磁轴承属于典型的机电一体化、强耦合、非线性、时变不确定的机电耦合系统，将磁轴承的鲁棒性控制、振动抑制以及不平衡补偿控制、无位移传感器技术和高速电机的高性能转矩控制、无速度传感器技术、参数识别算法等组合起来的复合型高性能控制器是未来磁悬浮高速电机的必然选择。

(6) 超高速电机的研究。随着对工业节能减排的需求，透平机械如空气压缩机的转速也越来越高，这给磁悬浮高速电机的本体和控制设计提出更高的要求。超高速永磁同步电机需要解决高预紧力碳纤维的缠绕工艺、防护套强度设计，以及提升永磁材料的抗拉强度、降低电机的高频损耗等问题；而超高速实心转子异步电机则需要解决基于涡流损耗抑制的本体和控制系统设计等难题。

未来磁轴承及磁悬浮电机的发展不仅局限于上述几个方面，还和其具体应用密不可分，不同的应用场合必然要求不同结构的磁轴承和不同类型的磁悬浮电机。随着人工智能技术和信息工业的发展，具有自我感知、自我修复、自我学习和自我决策的智能磁轴承和智能磁悬浮电机将是未来发展的必然趋势和终极目标。

参考文献

蔡中, 1991. 有源磁悬浮轴承数字控制系统的研究与实现[D]. 北京：清华大学.

曹鑫, 2010. 12/8 极无轴承开关磁阻电机的研究[D]. 南京：南京航空航天大学.

邓智泉, 严仰光, 2000. 无轴承交流电动机的基本理论和研究现状[J]. 电工技术学报, 15(2): 29-35.

胡业发, 王晓光, 宋春生, 2021. 磁悬浮智能支承[M]. 武汉：华中科技大学出版社.

廖启新, 2009. 无轴承薄片电机基础研究[D]. 南京：南京航空航天大学.

刘迪吉, 张焕春, 傅丰礼, 等, 1994. 开关磁阻调速电动机[M]. 北京：机械工业出版社.

梅磊, 2009. 混合型磁悬浮轴承基础研究[D]. 南京：南京航空航天大学.

仇志坚, 2009. 永磁型无轴承电机的基础研究[D]. 南京：南京航空航天大学.

汪希平, 1994. 电磁轴承系统的参数设计与应用研究[D]. 西安：西安交通大学.

王晓琳, 2005. 无轴承异步电机基本控制策略研究与实现[D]. 南京：南京航空航天大学.

吴刚, 2006. 混合磁轴承飞轮系统设计与控制方法研究[D]. 长沙: 国防科学技术大学.
徐龙祥, 周波, 2003. 磁浮多电航空发动机的研究现状及关键技术[J]. 航空动力学报, 18(1): 51-59.
杨钢, 2008. 无轴承开关磁阻电动机的基础研究[D]. 南京: 南京航空航天大学.
杨艳, 2010. 无轴承开关磁阻电机振动分析与抑制的基础研究[D]. 南京: 南京航空航天大学.
虞烈, 2003. 可控磁悬浮转子系统[M]. 北京: 科学出版社.
张宏荃, 2005. 无轴承异步电机非线性解耦控制的研究[D]. 南京: 南京航空航天大学.
赵旭升, 2011. 永磁偏置磁悬浮轴承的研究[D]. 南京: 南京航空航天大学.
BARLETTA N, et al., 1998. Der lagerlose scheibenmotor[D]. Zurich: ETH.
BICHSEL J, 1991. The bearingless electrical machine[A]. Zurich: Institute of Electrotechnical Developments and Constructions Swiss Federal Institute of Technology: 561-573.
BOSCH R, 1988. Development of a bearingless electric motor[C]. Proceedings of international conference on electric machines (ICEM'88), Pisa: 373-375.
CHIBA A, FUKAO T, 1998. Optimal design of rotor circuits in induction type bearingless motors[J]. IEEE transactions on magnetics, 34(4): 2108-2110.
DOWNER J, GOLDIE J, GONDHALKAR V, et al.,1993. Aerospace applications of magnetic bearings[C]. Second international symposium on magnetic suspension technology: 3-26.
EARNSHAW S, 1842. On the nature of the molecular forces which regulate the constitution of the luminiferous ether[J]. Transactions of the cambridge philosophical society, (7): 97-112.
FANG J C, SUN J J, XU Y L, et al., 2009. A new structure for permanent-magnet-biased axial hybrid magnetic bearings[J]. IEEE transactions on magnetics, 45(12): 5319-5325.
HOSSAIN M A, 2006. High temperature, permanent magnet biased, homoploar magnetic bearing actuator[D]. College Station: Texas A&M University.
MILLER T J E, 2001. Electronic control of switched reluctance machines[M]. Oxford: Reed educational and professional publishing Ltd.
MORRISON C R, 2004. Bearingless switched reluctance motor: US6727618[P]. 2004-04-27.
NA U J, 2004. Fault tolerance of homopolar magnetic bearings[J]. Journal of sound and vibration, 272(3/4/5): 495-511.
NAKAGAWA M, ASANO Y, MIZUGUCHI A, et al., 2006. Optimization of stator design in a consequent-pole type bearingless motor considering magnetic suspension characteristics[J]. IEEE transactions on magnetics, 42(10): 3422-3424.
OKADA Y, KOYANAYI H, KAKIHARA K, 2004. New concept of miracle magnetic bearings[C]. Proceedings of the 9th international symposium on magnetic bearings, Lexington: 89-95.
SCHWEITZER G, MASLEN E H, 2009. Magnetic bearings: theory, design, and application to rotating machinery[M]. Berlin: Springer.
TAKEMOTO M, CHIBA A, FUKAO T, 2000. A new control method of bearingless switched reluctance motors using square-wave currents[C]. Proceedings of the 2000 IEEE power engineering society winter meeting, Singapore: 375-380.

第 8 章　起动发电一体电机

8.1　起动发电双功能系统概述

8.1.1　起动发电双功能系统的定义与简介

汽车、特种车辆、舰艇和飞行器等车载或机载电源系统均使用发动机作原动力。通常，发动机需用专门的起动装置起动，点火自行运行后，带动所配置的发电机输出电能为后级电气负载供电。传统车载或机载的起动和发电系统是独立的，电起动时，则需要一台专门的起动电机来起动发动机，并且需配置大传动比的齿轮箱，可以获得放大的发动机起动转矩。采用电起动方案的缺点为：由起动电机和齿轮箱构成的这套起动系统，仅在发动机起动时起作用，使用率低，并且一定程度上增加了车载或机载设备的体积和重量。

针对独立起动和发电系统的缺点，起动发电双功能系统应运而生，用一台电机兼做起动电机和发电机，称为起动发电机(Integrated Starter Generator，ISG)。如图 8.1 所示，ISG 起动发动机时，电机工作于电动状态，作起动电机用，带动发动机旋转，达到点火转速后，开始喷油点火，发动机进入稳定怠速运转。发动机怠速下，拖动起动发电机即可输出一定的电功率。发动机正常工作范围内，ISG 系统的起动发电机能输出额定电功率，供给车载或机载电气负载。ISG 系统共用一台电机实现起动发电双功能，使得成本降低，体积重量减小，能提供更合理、更简洁的整机、整车结构配置，并能进一步提高电源系统的可靠性，专门的设计与控制系统的加入，使其能提供更大容量和更高品质的电能。ISG 在交通运输工具中的应用越来越多，尤其以汽车为对象，装备 ISG 系统的车型逐渐增多。

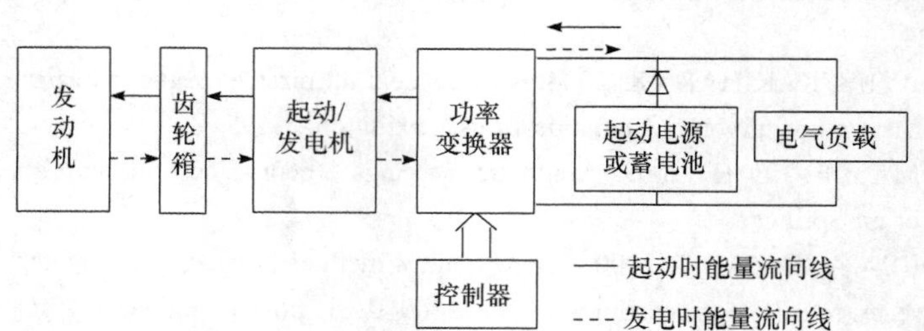

图 8.1　起动发电双功能系统原理图

汽车 ISG 系统应用的一个典型就是发动机即时起停系统，其特点是：增加汽车车载蓄电池容量，部分车型提升车载电压至 42V，即时起停 ISG 电机功率较低，一般在 5kW 以内，工作转矩小于 50N · m。汽车动力传动系统的配置也影响 ISG 电机的选型，ISG 取代传统配置中的起动电机和发电电机的功用，包括两类：①ISG 安装在传统配置中起动机或发电机的位置，用皮带驱动 ISG，结构变动小；②用曲轴直接驱动 ISG，需要全新的动力结构设计。其中，第①类多见，又称皮带弱混合动力(Belt Integrated Starter Generator, BISG)。

一般汽车发动机配置的发电机用皮带传动，安装在发动机的前端，起动电机安装在发动机的后面，以齿轮传动。这种配置中发电机大多采用电励磁爪极电机，起动电机则采用串励直流电机。用 ISG 取代传统配置中的起动电机和发电机功能后，ISG 的安装部位有三种：第一种，ISG 安装在原来发电机的位置，带传动，即 BISG 系统，可执行自动起停功能。第二种，将 ISG 安装在传统配置中起动电机的位置，但用皮带驱动。这种安装配置由于 ISG 的尺寸大于起动电机的尺寸，要求整个系统的径向长度稍宽，并需要改变传动，因此这种配置用得不多。第三种，设计盘式 ISG 电机，轴向尺寸较短，方便将 ISG 直接安装在发动机曲轴上，此时发动机的动力传动部分要做较大的变化，可用 ISG 转子代替或部分代替惯量飞轮，发动机轴向空间可不用增加或略增加。这种方式易配置成较大功率的 ISG 系统，若发电机为全功率变换控制，还可起到阻尼扭转振动的作用。ISG 电机的类型可以有多种，如永磁电机、电励磁同步电机、异步电机、开关磁阻电机等，均可设计为 ISG 电机。永磁电机功率密度高，效率高，应用较多。但若发动机温度高或传动离合器有转差时将产生较大的摩擦损耗发热，由于常规永磁材料的性能在高温环境中会有损失，通常情况下 ISG 永磁电机不适用于高温环境。因此，高温工作场合常使用异步电机和开关磁阻电机作为 ISG 电机，但工作温度高的钐钴永磁电机也适用于特种车辆应用场合。

在航空领域，随着多电飞机相关技术的发展，具备起动发电双功能的电源系统是多电飞机的基本特征。先进波音 787 采用了基于三级式无刷电励磁同步发电机的起动发电电源系统，安装于发动机附件机匣中；开关磁阻电机已被开发成发动机内装式起动发电机，其具有可以高速运行的特点，应用于高压直流电源系统中；异步电机作为航空起动发电机，也已得到一些研究机构的青睐。

8.1.2　车载 ISG 系统的工作要求

车载 ISG 系统虽然简化了发动机系统的结构，减轻了体积重量，但要极大地提升技术水平，需要综合起动电机与发电机以及控制等多方面的要求。

(1) 较大的发动机初始冷态起动转矩及频繁的起停操作功能。

如果用 ISG 电机来起动初始冷态发动机，由于发动机低温润滑较差，阻力大，特别是寒冷气候下，需要提供相当于常规起动转矩 1.5～1.8 倍的转矩来克服发动机初始静态转矩，ISG 工作于大电流下，转速为 80～180r/min，随着转速上升，电流有所下降。带有频繁起停功能的 ISG 电机，由于蓄电池的电压较低，特别是在低温时，起动更困难，因此低速大起动转矩是电机及其控制的设计需综合考虑的。图 8.2 给出了某发动机的 BISG 系统典型的转矩与功率要求。在发动机与 ISG 电机之间有皮带轮实现的传动比，图 8.2 中转速与转矩是经皮带传动后的数据。

(2) 低速阶段应能提供一定的加速转矩和功率。

发动机低速阶段动力弱，燃油效率低，为提高车辆加速性能，减小油耗与排放，低速阶段 ISG 电机应能够提供一定的转矩和发动机转矩叠加输出，持续时间为 3～15s，直接曲轴安装的 ISG 电机要求能够提供连续的辅助加速转矩。

(3) 电动/发电状态快速转换及振动的阻尼抑制功能。

ISG 系统通常配合电力电子控制器工作，控制器应能够控制电机快速地切换电动和发电状态，在怠速与低速时能有效地实现振动的阻尼抑制，有更好的乘车体验。

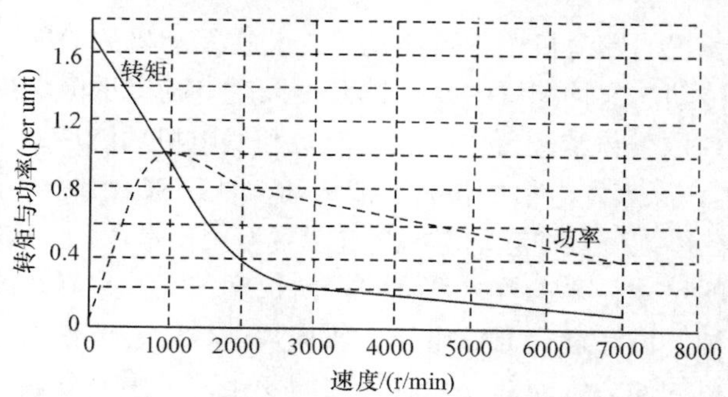

图 8.2　ISG 电机的转矩与功率要求图

(4) 适应宽转速运行。

发动机运转转速范围从怠速至最高转速最大可达 6 倍多，ISG 电机发电运行，对蓄电池充电并带载，发电机应具有在宽速范围内保持恒功率输出的能力，因具备一定的强度，在发动机最高速度下转子能承受机械应力而不损坏。在发动机怠速及低速运转发电模式下，ISG 电机的输出功率为 35%～60%的额定输出功率；正常转速下，短时间应当达到 1.3～1.4 倍的额定功率的过载能力。以一台汽车 ISG 电机发电模式的典型特性为例，如图 8.3 所示，发动机与 ISG 电机之间的传动比为 3∶1，电机转速在 1750～2000r/min 的区域对应于发动机转速 580～670r/min，而 6000～7000r/min 对应于发动机 2000～2330r/min 的转速，当电机速度高于 12000r/min，发动机速度大于 4000r/min 时，为超速运行段，系统仍要稳定发电运行。

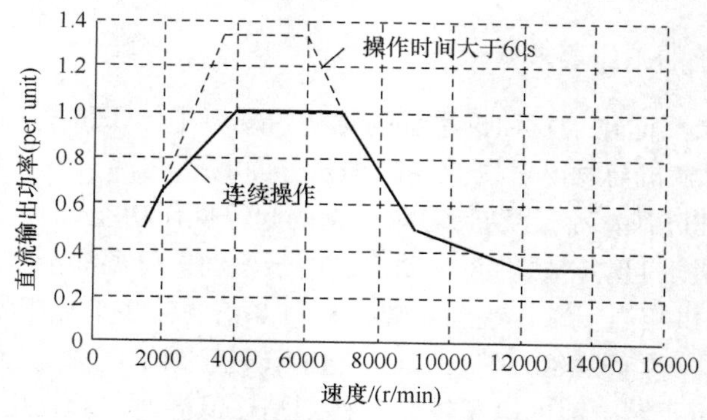

图 8.3　汽车 ISG 的发电要求

因电机的可逆运行原理，几乎各种类型的电机均能设计用作起动发电电机。以汽车行业中应用为例，从国内外文献来看，可作为 ISG 的电机有电励磁同步电机(有刷和无刷)、异步电机、开关磁阻电机、永磁同步电机(无刷直流)、双凸极电机和磁通切换电机等多种类型。航空应用中，三级式无刷电励磁同步电机、开关磁阻电机已实现应用，其他类型的电机也有较多的应用研究报道。各类 ISG 电机用作电动运行或发电运行的电机功能要求并无多大不同，但由于不同的电机有不同的工作原理与运行特点，本章将分别介绍几类电机的起动发电原理与应用特点，重点介绍不同种类电机构建起动发电系统的构架及运行控制方法。

8.2　电励磁同步起动发电一体电机

根据同步电机的转子励磁源可将同步电机分为电励磁同步电机与永磁同步电机，永磁电机的最大缺点是励磁固定，电机磁场难以调节，电机输出的交流电压随转速变化而变化，不能直接利用。一种新型混合励磁电机通过在电机中设置一套励磁绕组，可以根据需要，调节励磁磁势与永磁磁势的叠加关系，进而增强电机磁场或减弱电机磁场，达到改变电机绕组的感应电势来实现恒压输出的目的。本节介绍电励磁同步电机起动发电系统。

8.2.1　基本构成和工作原理

车载应用场合，电励磁同步电机根据结构分为径向磁场的多励磁绕组的普通电励磁电机和单一环形轴向励磁绕组的爪极发电机。目前，汽车上广泛使用的发电机是爪极伦德尔式电机，属于同步电机一类，它的定子与多相交流电机一样，而它的转子由爪极片、转子铁心、励磁线圈与滑环组成，如图 8.4 所示。伦德尔式电机通过调节磁场电流来调节磁链，可以在十分宽广的速度范围内保持功率与电压恒定，因此其在汽车行业发电机中应用广泛。但是伦德尔式电机爪极之间的高转子漏磁链限制了它的功率输出，增加了轴向叠片长度，而且该电机的效率较低，约为 50%，转子惯量大，起动控制需要转子位置，控制也比较复杂，实际应用较少。

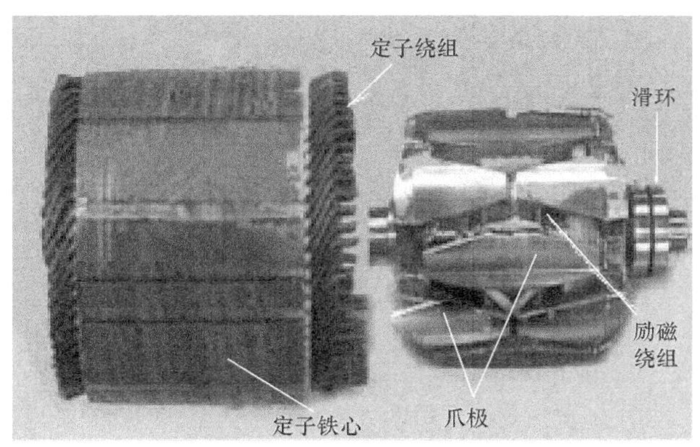

图 8.4　伦德尔式电机

由于爪极伦德尔式同步发电机的转子漏磁大，不宜做成大功率电机。目前，飞机发电机及功率较大的车用、船用发电机采用普通电励磁同步发电机，为了提高发电机的可靠性，往往采用旋转整流器式无刷同步发电机。

由于传统结构电励磁同步电机存在固有的电刷问题，为满足航空、舰船应用领域的无刷起动发电一体化功能需求，构成如图 8.5 所示的三级式同步电机结构，由主发电机、交流励磁机、永磁副励磁机以及旋转整流器构成，其中主发电机是旋转磁极式同步发电机，交流励磁机是旋转电枢式同步发电机，电枢绕组输出三相交流电，经整流后为主发电机提供直流励磁电源。副励磁机为永磁发电机，在航空、舰船等独立电源系统中，为发电机控制器提供电源，传统民用发电系统中没有永磁副励磁机。如图 8.6 所示，整流器装在转子上，随转子旋转。图 8.7 与图 8.8 分别为三级式同步发电机的定子与转子。

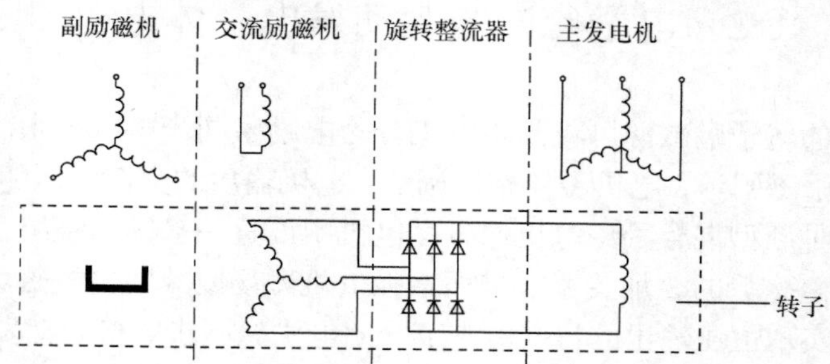

图 8.5　三级式同步电机结构

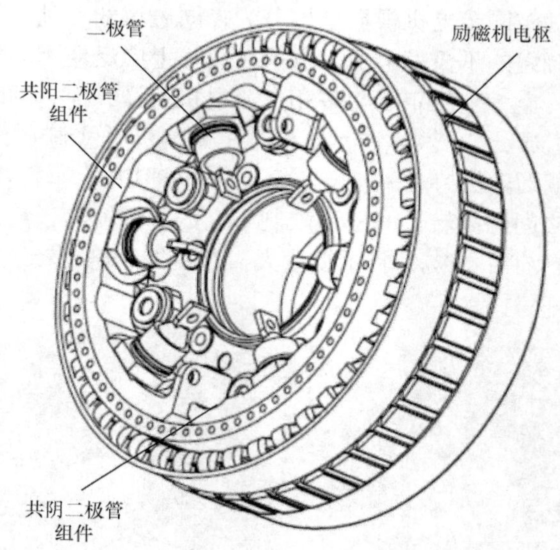

图 8.6　旋转整流器结构

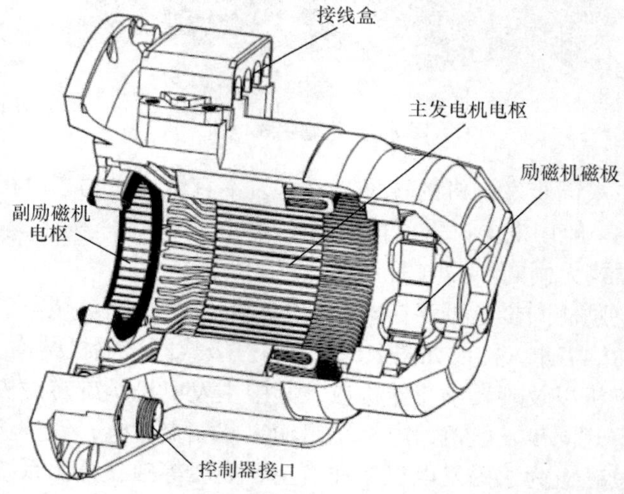

图 8.7　三级式同步发电机定子

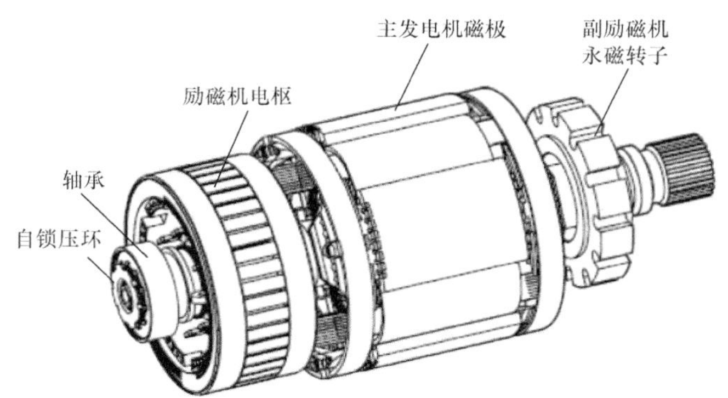

图 8.8　三级式同步发电机转子

由三级式同步电机的基本结构可知，其数学模型可等效为由永磁副励磁机、主励磁机和主发电机的数学模型共同构成，其中主励磁机和主发电机虽然结构分别为旋转电枢式和旋转磁极式电励磁同步电机，但是两者数学模型基本相同，因此在数学模型分析中以电励磁同步电机为例。

在三相 ABC 静止坐标系中，交流电机各绕组电感值都是随转子角θ_r周期性变化的，电机数学模型含时变参数，增加了分析和运算的复杂性，通过坐标变换将静止的三相定子绕组用假想的与转子同步旋转的直、交轴电枢绕组替代，能够将随转子角θ_r周期性变化的电感量都转换为常量，从而使同步电机运行方程简化为常系数线性微分方程，以便于求解。忽略电机的饱和、磁滞等因素，可以得到同步旋转坐标系下的永磁副励磁机和电励磁同步电机的数学模型，包括磁链方程、电压方程(电动机惯例)、转矩方程和运动方程。

1. *永磁副励磁机*

1) 定子磁链方程

$$\begin{bmatrix}\psi_d\\ \psi_q\end{bmatrix}=\begin{bmatrix}L_d & 0\\ 0 & L_q\end{bmatrix}\begin{bmatrix}i_d\\ i_q\end{bmatrix}+\begin{bmatrix}\psi_f\\ 0\end{bmatrix} \tag{8.1}$$

式中，L_d、L_q分别为 d、q 轴电感。

2) 定子电压方程

$$\begin{bmatrix}u_d\\ u_q\end{bmatrix}=R_s\begin{bmatrix}i_d\\ i_q\end{bmatrix}+\begin{bmatrix}\mathrm{p} & -\omega\\ \mathrm{p} & \omega\end{bmatrix}\begin{bmatrix}\psi_d\\ \psi_q\end{bmatrix} \tag{8.2}$$

式中，u_d、u_q分别为 d、q 轴电压；R_s为定子电阻；i_d、i_q分别为 d、q 轴电流；p 为微分算子；ω为转子电角速度；ψ_d、ψ_q分别为 d、q 轴磁链。

3) 电磁转矩方程

$$T_e=\frac{P_e}{\Omega}=\frac{\frac{3}{2}\omega(\psi_d i_q-\psi_q i_d)}{\omega/P}=\frac{3}{2}P[\psi_f i_q+(L_d-L_q)i_d i_q] \tag{8.3}$$

式中，T_e为电磁转矩；P_e为电磁功率；$\Omega=\omega/P$ 为机械角速度；P 为电机极对数。由式(8.3)可以看出，电机的电磁转矩由两项组成：第一项是由三相旋转磁场和永磁磁场相互作用所产生的电磁转矩，与电流 i_q成正比；第二项是磁阻转矩，它是由 d、q 轴同步电感的不同造成的，且与 d、q 轴电流的乘积成正比。

4) 机械运动方程

$$T_{\mathrm{e}} - T_{\mathrm{L}} = \frac{J}{P}\frac{\mathrm{d}\omega}{\mathrm{d}t} \tag{8.4}$$

式中，T_{L}为负载转矩；J为转动惯量。

2. 电励磁同步电机

1) 磁链方程

$$\begin{bmatrix} \psi_d \\ \psi_q \\ \psi_f \\ \psi_D \\ \psi_Q \end{bmatrix} = \begin{bmatrix} L_1 + L_{\mathrm{md}} & 0 & L_{\mathrm{md}} & L_{\mathrm{md}} & 0 \\ 0 & L_1 + L_{\mathrm{mq}} & 0 & 0 & L_{\mathrm{mq}} \\ L_{\mathrm{md}} & 0 & L_{1f} + L_{\mathrm{md}} & L_{fD} & 0 \\ L_{\mathrm{md}} & 0 & L_{fD} & L_{1D} + L_{\mathrm{md}} & 0 \\ 0 & L_{\mathrm{mq}} & 0 & 0 & L_{1Q} + L_{\mathrm{mq}} \end{bmatrix} \begin{bmatrix} i_d \\ i_q \\ i_f \\ i_D \\ i_Q \end{bmatrix} \tag{8.5}$$

式中，ψ_d、ψ_q、ψ_f、ψ_D、ψ_Q 分别为直轴绕组、交轴绕组、励磁绕组、直轴阻尼绕组以及交轴阻尼绕组磁链；i_d、i_q、i_f、i_D、i_Q 分别为直轴绕组、交轴绕组、励磁绕组、直轴阻尼绕组以及交轴阻尼绕组电流；L_1、L_{1f}、L_{1D}、L_{1Q} 分别为电枢绕组、励磁绕组、直轴阻尼绕组和交轴阻尼绕组漏感；L_{md}、L_{mq}、L_{fD} 分别为直轴绕组间、交轴绕组间以及励磁绕组与直轴阻尼绕组间互感。

2) 电压方程

$$\begin{bmatrix} u_d \\ u_q \\ u_f \\ 0 \\ 0 \end{bmatrix} = \begin{bmatrix} R_{\mathrm{s}} & 0 & 0 & 0 & 0 \\ 0 & R_{\mathrm{s}} & 0 & 0 & 0 \\ 0 & 0 & R_f & 0 & 0 \\ 0 & 0 & 0 & R_D & 0 \\ 0 & 0 & 0 & 0 & R_Q \end{bmatrix} \begin{bmatrix} i_d \\ i_q \\ i_f \\ i_D \\ i_Q \end{bmatrix} + \mathrm{p} \begin{bmatrix} \psi_d \\ \psi_q \\ \psi_f \\ \psi_D \\ \psi_Q \end{bmatrix} + \omega_{\mathrm{r}} \begin{bmatrix} -\psi_q \\ \psi_d \\ 0 \\ 0 \\ 0 \end{bmatrix} \tag{8.6}$$

式中，u_d、u_q、u_f分别为直轴绕组、交轴绕组和励磁绕组电压；R_{s}、R_f、R_D、R_Q分别为电枢绕组、励磁绕组、直轴阻尼绕组和交轴阻尼绕组内阻；ω_{r}为转子电角速度；p 为微分算子。

3) 转矩方程

$$T_{\mathrm{e}} = \psi_d i_q - \psi_q i_d \tag{8.7}$$

式中，T_{e}为电磁转矩。

4) 运动方程

$$T_{\mathrm{e}} - T_{\mathrm{L}} = J \cdot \mathrm{p}\omega_{\mathrm{m}} + B\omega_{\mathrm{m}} \tag{8.8}$$

式中，T_{L}为负载转矩；J为电机转动惯量；B为系统摩擦系数；ω_{m}为转子机械角速度。

由三级式同步电机构成的航空起动发电一体化系统结构如图 8.9 所示，起动运行过程中，开关 S 闭合，起动电源接入，通过双向功率变换器给三级式同步电机主发电机定子三相绕组供电。由于三级式同步电机中旋转整流器的存在，从静止开始起动时，励磁机无法给主发电机提供励磁电流，存在励磁困难而无法起动的问题。需要增加外部励磁电源和起动励磁控制电路，采用交流励磁控制方式，实现三级式同步电机转子静止阶段的励磁功能，控制器根据转子位置信号，控制双向变换器导通逻辑，驱动三级式同步电机起动运行，拖动发动机起动；当发动机转速达到点火速度后，发动机喷油点火，拖动三级式同步电机运行，此时系统运行于发电状态，开关 G 闭合，S、E 断开，控制器根据电机转速切换至发电控制状态，检测发电机输出电压，调节励磁绕组电流，稳定系统输出电压。

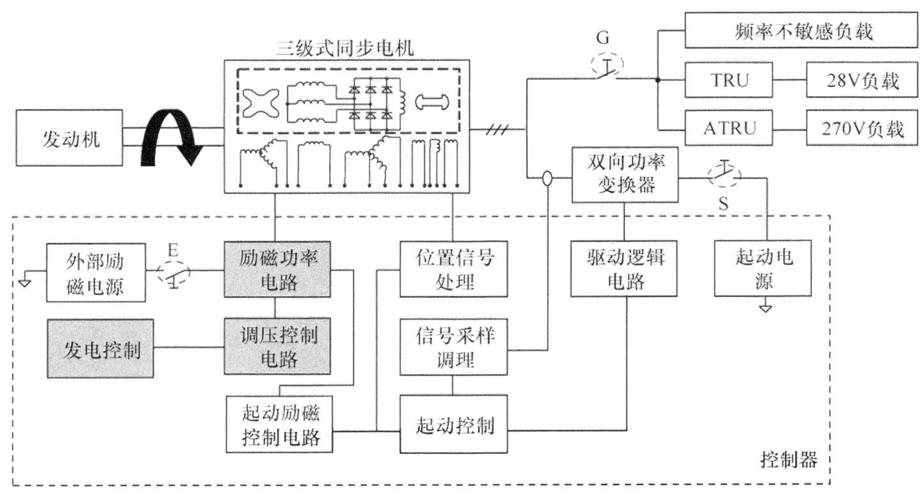

图 8.9 三级式同步电机起动控制系统的原理框图

8.2.2 控制方式与运行特性

1. 起动控制策略

三级式同步电机的前两级电机(PMG 和交流励磁机)的主要作用是给主发电机提供励磁电流，是作为发电机来使用的，因此在起动过程中这两级电机并不提供起动转矩，起动转矩完全是由主电机产生的。三级式同步电机的主发电机励磁电流 I_f 只能通过交流励磁机产生的三相交流电经整流后得到，但在起动初始阶段电机转速为零时，若在交流励磁机的励磁绕组中通入常规的直流电励磁，则不能在其电枢绕组中产生感应电动势，故主发电机励磁绕组中无励磁电流，即使主发电机定子电枢绕组施加三相交流电也无法起动。因此三级式起动控制时首先要解决励磁控制问题。

图 8.10 为典型的单相交流励磁起动方式。在起动时，在励磁机励磁绕组中通入单相交流电，会在励磁机内产生一个脉振磁势。即使电机处于静止状态，该脉振磁势也会在励磁机转子电枢绕组中产生电势，该电势为变压器电势，此时交流励磁机工作在变压器模式，输出的三相电流经整流后为主发电机提供励磁电流 I_f，同时在主发电机电枢绕组中通入三相交流电，主发电机作为电动机运行，从而起动发动机。当交流励磁机旋转后，它的电枢绕组中既有变压器电势，又有旋转电势，两者共同作用为主发电机提供励磁。待起动机转速升高后再切换至直流励磁方式，该控制方式中交流励磁与直流励磁共用一套绕组，具有结构简单、实施方便的优点，通过合适的励磁电压幅值和频率设计，能够满足实现三级式同步电机的起动励磁控制需求，然而单相交流励磁方案的有限励磁效果导致三级式同步电机的输出转矩受限，仅适用中小功率场合的起动发电系统。

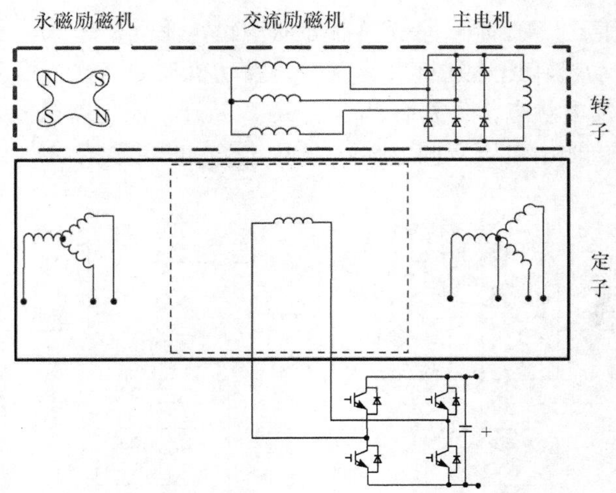

图 8.10　单相交流励磁起动方式

图 8.11 为一种三相交流励磁起动方式，交流励磁机中采用三相励磁绕组代替传统的直流励磁绕组。在起动时，逆变器给励磁机三相励磁绕组中通入交流电，在励磁机空间内产生旋转磁场，这样即使电机处于静止状态，也能在励磁机的转子电枢绕组中产生感应电势，为主发电机提供励磁电流。由于该起动方式产生了旋转磁场，因此能够通过控制三相电流相序来控制旋转磁场的旋转方向。若磁场旋转方向与电机旋转方向同向，则励磁机本身成为异步电动机，形成与转子同向的异步转矩，主电机励磁电流随转速升高而降低；若磁场旋转方向与电机旋转方向反向，则励磁机的异步力矩与转向相反，主电机励磁电流随转速升高而加大。起动完成后，励磁机定子励磁绕组在控制器控制下转换为直流励磁。这种起动方式在起动中没有利用永磁励磁机，采用三相交流励磁的方法能够提供的主发电机励磁电流较大，主发电机的输出转矩较大。

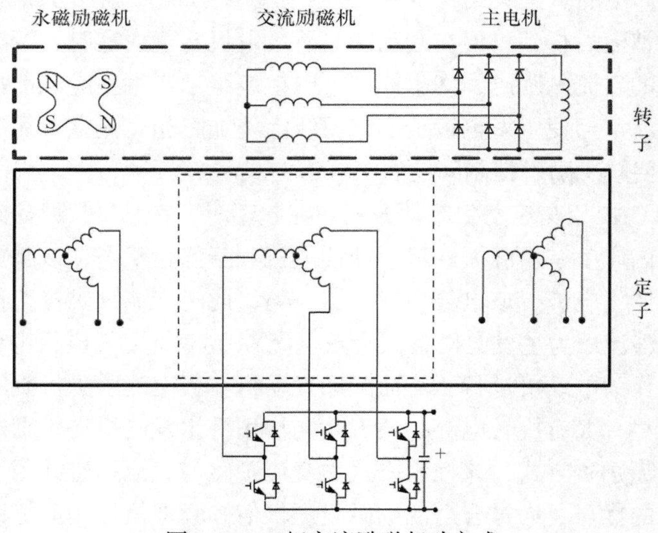

图 8.11　三相交流励磁起动方式

起动运行过程中主电机采用磁场定向控制。在转速较低时，电机以恒转矩运行，转速较高时以恒功率运行。起动时主电机的控制需要转子位置信息，因此需要位置传感器，一般采用旋转变压器实时监测转子位置，或是采用无传感器技术。根据主发电机的基本原理可知，在转子励磁绕组通入励磁电流产生励磁磁势后，当通入电机定子侧的电枢电流产生的定子电枢磁势 F_a 在空间上超前转子励磁磁势 F_f 时，定转子磁极相互吸引，就可以使电机旋转。在其他条件不变的情况下，为了使电机输出的电磁转矩最大，需要将定子侧的电枢磁势 F_a 控制在空间上超前转子励磁磁势 F_f 90°电角度，可见三级式同步电机的起动原理和起动控制方法与普通同步电机相同。

图 8.12 为基于矢量控制的三级式同步电机起动控制系统结构框图，主发电机采用电流闭环控制结构，由主发电机定子电流控制器和励磁电流控制器两部分组成。在主发电机定子电流控制器中，检测主电机相电流 i_{sa}、i_{sb}，经过坐标变换后得到同步旋转坐标系下的直、交轴电流分量 i_{sd}、i_{sq}，作为电流环的反馈量；电流调节器的输出电压给定信号 u_{sdref}、u_{sqref} 经过 Prak 逆变换和 SVPWM 调制产生开关信号控制主功率电路的输出。在励磁电流控制器中，采用 SPWM 调制策略产生开关信号控制励磁功率电路的输出，实现单相交流励磁控制，SPWM 调制策略的调制比由转矩调节器输出给定。

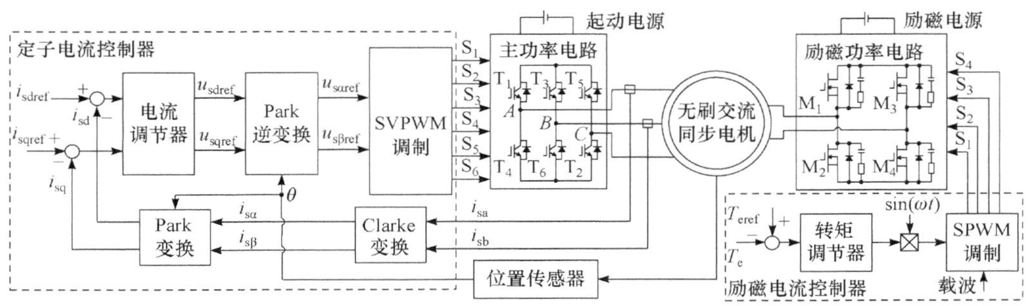

图 8.12 基于矢量控制的三级式同步电机起动控制系统结构框图

三级式同步电机的起动过程分为两个阶段：一是实现电机平稳起动的恒转矩加速阶段；二是恒功率弱磁升速阶段。由于三级式同步电机的励磁问题主要存在于零速及低速阶段的恒转矩加速阶段，恒功率阶段采用直流励磁即可，方便实现弱磁升速功能，根据主发电机 dq 坐标系下的数据模型可知，主发电机的电磁转矩仅和励磁电流及电枢电流的 q 轴分量有关。主发电机以额定电流起动时，电机的输出转矩与励磁电流 i_f 成正比，通过控制 i_f 的大小即可进行电磁转矩调节。

2. 发电控制策略

航空三级式同步发电机系统中发动机转速的变化将直接引起发电机输出电压频率的变化，并导致交流同步发电机输出特性发生变化。发电机输出电压表达式如下：

$$U = E_0 - (\mathrm{j}I_d x_d + \mathrm{j}I_q x_q + Ir_a) \tag{8.9}$$

式中，U 为发电机端电压；E_0 为发电机的电动势；I_d 为发电机电流直轴分量；I_q 为发电机电流交轴分量；I 为发电机电枢电流；x_d 为直轴电枢反应电抗；x_q 为交轴电枢反应电抗；r_a 为发电机电枢电阻。

可见，发电机的压降主要包括两部分：一部分为电枢反应压降，另一部分为电枢电阻压降。电枢电阻的压降部分，只受输出电流大小的影响，不受输出电压频率的影响。电枢反应压降部分，不但受输出电流大小的影响，还受输出电压频率的影响。交直轴同步电抗值与输出电压频率成正比，输出电压频率越高，由电枢反应产生的压降值越大，从而导致发电机输出特性随发电机转速的变化而变化。因此要求发电系统的电压调节器(简称调压器)有良好的稳态和动态调压性能、快速调压响应能力。

传统交流发电机系统中为实现恒定频率输出，需要在发动机和发电机之间增加恒速传动装置(简称恒装)，如航空电源系统中的恒装，从变速运行发动机获得恒定转速拖动发电机恒频 400Hz 发电。发电机的输出电压控制采用如图 8.13 所示的结构，整个电压控制系统有两个反馈环，外环为输出电压环，内环为励磁电流反馈环。输出电压环主要是维持输出电压的稳定性，将给定的基准电压与反馈回来的电压比较后，得到输出电压误差量，经过一个电压调节器 C_v 计算得到励磁电流给定量 i_{exref}，将其作为内环励磁电流环的给定量。将输出电压环调节器计算得到的励磁电流给定量 i_{exref} 和实际检测得到的励磁电流量 i_{ex} 做比较，得到励磁电流的误差量，再经过一个电流调节器 C_{ex} 计算得到励磁调节电路的控制信号，即 PWM 驱动的占空比 D，经过驱动放大后，驱动励磁功率电路中的开关管。

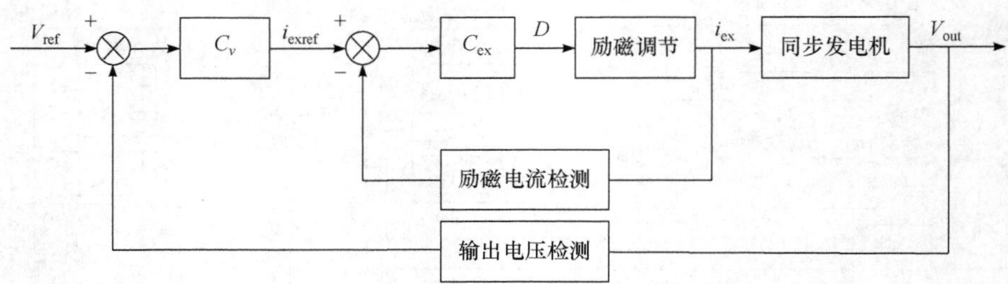

图 8.13　双环调压原理图

整个系统包括检测、计算、驱动放大等重要环节，每个环节的精度和动态性能都影响整个调节系统的性能，但是航空电源系统中的恒装存在功率传输单向性的问题，为实现起动发电一体化功能，通常三级式同步电机需要与发动机直接相连，转速变化(一般是两倍)导致负载变化范围也较大，发电机需要一个性能良好的调压器来保证发电系统的稳态和动态响应，上述传统恒速交流发电系统的电压调节方法存在一定的局限性。

转速的变化影响发电机的感应电势，由转速决定的频率影响发电机的电抗参数，影响电机电枢反应。在低速情况下，由于电机的磁场比较饱和，且此时相对于高速来说，电机电抗较小，突加负载时，电枢反应对电机的磁场影响不是很明显，则端电压变化不是很大，但同时由于电机的饱和，励磁电流的作用不是很明显，因此反馈调节的时间较长；突卸负载时，励磁电流减小，由于发电机的磁场比较饱和，磁场不会立即有较大变化，此时发电机的时间常数较大；而高速运行时，电机内的磁场还在线性区，没有饱和，发电机的时间常数小，且增益较大，调节励磁电流可以很快地使电机磁场发生变化，但是此时电机的频率相对较大，因此电抗较大，电机负载时，电枢反应对端电压的影响较大，这样突加负载的时候，电压跌落很大，突卸负载时的电压突变很大。为了抵消电机转速对系统的影响，提高系统的响应速度，需要在上述双环电压调节控制的基础上，增加随转速变化的分段 PI 控制，如图 8.14 所示。当发电机转速发生变化时，实时调节双环控制器中的比例和积分参数，维持发电机的输出性能。

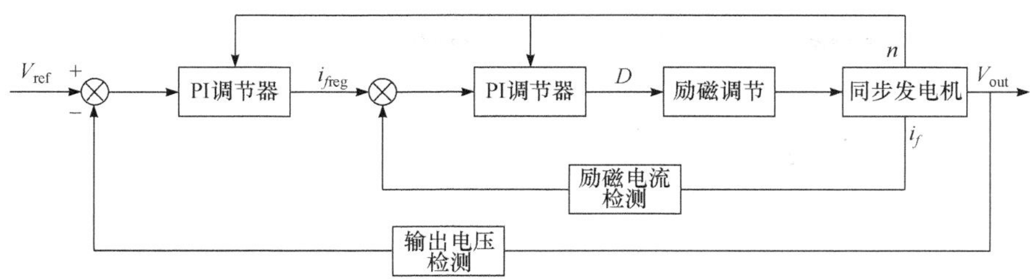

图 8.14　变 PI 参数的两环调压控制框图

此外，还可以在原有双环调压控制基础上，增加工作在欠补偿模式下的负载电流反馈，以抵消负载电流的扰动，提高系统突加、突卸负载的响应速度，原理如图 8.15 所示。最外环为输出电压反馈环，通过给定基准电压 V_{ref} 与反馈电压 V_{out} 的比较，经过输出电压调节器 C_v 计算，输出为励磁电流调节量 i_{freg}。中间为负载电流和转速的反馈，通过检测负载电流的有效值 i_L，再综合此时的转速 n 计算出需要的励磁电流 i_{fg}，然后与电压环计算得到的励磁电流调节量 i_{freg} 相加，得到最内环励磁电流环的给定量 i_{fref}。通过检测到的励磁电流 i_f 和前面计算出来的给定励磁电流量 i_{fref} 比较，经过励磁电流调节器 C_{ex} 调节，计算得到控制励磁电路开关管的 PWM 信号的占空比，信号经驱动电路放大后驱动励磁功率电路的开关管以控制励磁电流。

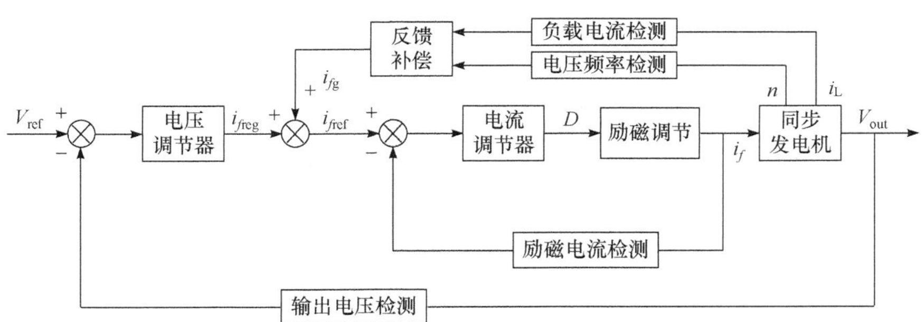

图 8.15　具有负载电流补偿的双环调压控制原理图

反馈补偿计算可以通过同步电机的电枢反应理论和电势矢量图分析计算得到发电机转速、负载和输出电压之间的关系。这种计算理论上可以得到负载电流和励磁电流、转速之间的关系，但计算过程较为复杂，且依赖于发电机电抗参数的准确获取，负载电流反馈的目的是加快系统的动态响应，复杂的数字处理与计算削弱了反馈补偿的意义。另一种方法，可以根据电机实际试验数据获取电机在不同的转速下的调节特性，励磁电流由负载电流和转速二维查表的方法获得，这样既减小了处理器的计算量，又准确地补偿了负载和转速变化对系统的影响，提高了控制系统的稳态精度和响应速度。

8.3　开关磁阻起动发电一体电机

开关磁阻电机的结构比较简单，呈现出一种双凸极结构，其转子是简单的迭片结构，没有导电的转子绕组，坚固且经济，由于转子没有绕组和磁钢，因此可以在较高转速下运行，其定子集中绕组可以绕制好再嵌入定子槽，定子装配工艺简单，制造成本低，冷却方便。电机转子没有绕组与永磁体，转子结构对温度不敏感，电机的最高运行温度取决于绝缘材料，因此其高温环境的运行性能优良。这些特点决定了开关磁阻电机适合被开发为特殊场合应用的具有电动、发电双功能的起动发电一体电机，因此其在飞机、特种车辆中都有应用。图 8.16 为 250kW 的 12/8 航空电机的结构，图 8.17 为开关磁阻电机起动发电特性曲线。

图 8.16　250kW 航空开关磁阻起动发电机

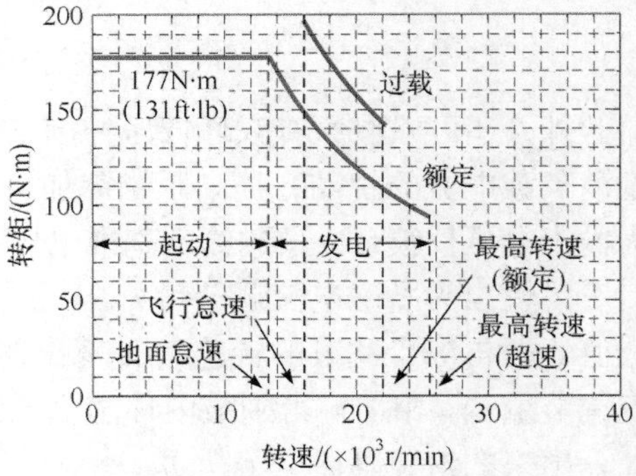

图 8.17　250kW 开关磁阻起动发电机特性曲线

开关磁阻电机及双凸极电机的缺点是噪声太大，转矩脉动较大，转子位置要求精确测量，电机非线性，设计较困难。

8.3.1　开关磁阻起动发电一体电机基本构成

图 8.18 为开关磁阻电机航空直流电源系统的起动发电系统框图，起动运行时 S_2 闭合，S_1 断开，控制器控制信号触发，机载蓄电池向功率变换器供电；电机拖动发动机旋转，待发动机能自行工作后，发动机即作为原动机输入机械能，同时切换开关 S_2 断开，开关 S_1 闭合，系统工作在发电机状态，功率变换器向负载输出电能。

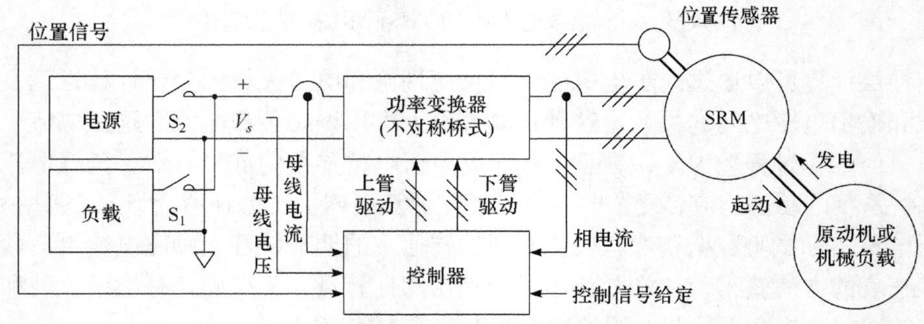

图 8.18　开关磁阻起动发电系统框图

开关磁阻电机系统无须增加任何附件就能实现起动发电双功能运行，由此形成的开关磁阻起动发电机系统除了具备开关磁阻电机系统的上述优点，结构简单，可靠，还是一种典型单绕组串励型电机，仅需单向励磁控制即可实现起动发电双功能运行；作起动机运行时具有起动转矩大、起动电流小的优良性能；作发电机运行时具有电流源特性，它的动态特性好、过载能力强；电机绕组相间耦合弱，缺相故障运行能力强；相绕组串在主电路两功率管之间，不会发生桥臂直通短路故障；发电时因转子无励磁，故不会形成危险故障电流，无需专门的灭磁装置；它是典型的组合起动发电机系统，可以达到很高的功率密度，有很强的竞争力和生命力；作为一种新型飞机电源系统具有很大的潜力，国外对航空高压直流开关磁阻起动发电机的研究给予了高度重视，在先进的飞机中用开关磁阻起动发电机系统作为其主电源系统。

按可逆性原理，开关磁阻电机也可将机械能转换成电能输出，在调速系统中可再生制动运行，在发电系统中可作为发电机工作。开关磁阻发电机(Switched Reluctance Generator，SRG)与电动机结构一样，也由双凸极磁阻电机、功率开关电路、位置检测器及控制调节单元等组成，SRG 的相数组成比较自由，可以是单相、三相、四相或多相。电机转子由原动机拖动旋转，靠转子位置检测器实现位置闭环控制，各相轮流工作。当一相主开关导通时，相绕组形成电流，之后适时关断主开关，则绕组电流将继续循续流二极管流通，这样磁场储能及以磁场为中介转换的机械能一并以续流电流的形式输给用电负载，或给蓄电池充电。

8.3.2　开关磁阻起动发电一体电机发电工作原理及控制方法

开关磁阻电机的工作原理在本书其他章节有详细介绍，本节主要介绍开关磁阻电机的发电原理，并引出起动发电转换及控制方法。

1. 发电工作

根据开关磁阻电机基本原理可知，电机正转运行时只要控制相电流出现在$\partial L/\partial\theta<0$范围，就可产生制动转矩。这时只有外加机械力克服制动转矩，才能维持正转运行。在这种状态下，若在电源供电(主开关导通)阶段，则电能(电源提供)和机械能(外部机械能源提供)均转换成磁储能；若为续流阶段(主开关阻断、续流二极管导通)，则磁能主要转换为电能并以续流电流形式向电源回馈，其中的磁能在续流过程中还部分吸收外力所做的功而得到补充。

典型发电工作状态相电流波形如图 8.19 所示，图 8.20 为典型发电工作状态相电流实测波形。一周期中相电流可分为两段：$\theta_1\sim\theta_2$ 段，主开关导通，由外电源供电，电流逐步上升至 i_c，称为励磁区；θ_2 开始，主开关关断，电流呈续流状态，称发电区。励磁区是消耗电能的，其中 i_c 作为磁场强弱的主要标志，越大越有利。根据电路基本方程(不计内阻及管压降)，在开始续流瞬间，有

$$\frac{\mathrm{d}i}{\mathrm{d}t}=\frac{1}{L}\left(-\frac{\partial L}{\partial\theta}i_c\varOmega-U\right)\tag{8.10}$$

这说明若$\partial L/\partial\theta<0$且 i_c 足够大，则运动电势$|(\partial L/\partial\theta)i_c\varOmega|>U$，电流(即发电电流)将进一步增大，形成有利的发电效果。强化励磁可加大 i_c，同样励磁区适当延伸到$\partial L/\partial\theta<0$区段(即$\theta_2>\theta_m$)，也是为了有效利用运动电势，促进励磁电流加大。换言之，在$\theta_2\sim\theta_m$区间，利用发电机理，把机械能转化为电能，加速形成需要的励磁电流。

实际发电机一相输出的电功率，应该是发电区续流输出功率与励磁区消耗功率之差。

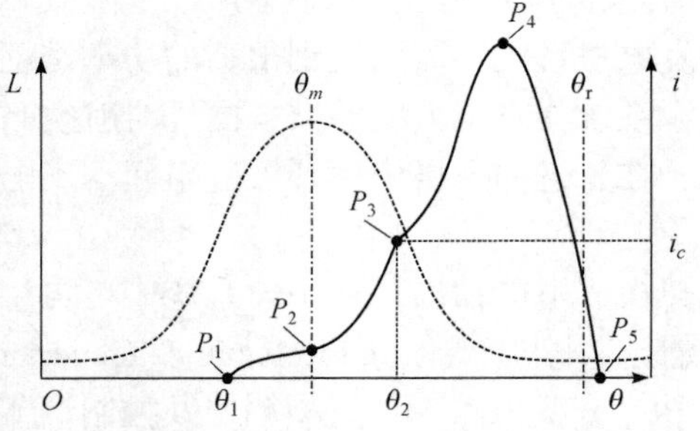

图 8.19　典型发电工作状态相电流波形

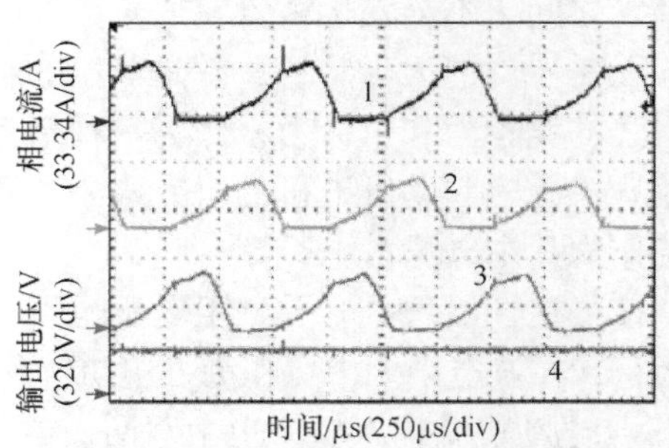

图 8.20　典型发电工作状态相电流实测波形

2. 能量转换关系

每相一周期工作过程中，始终存在电能、磁能及机械能之间的转换。我们将相电流各状态(图 8.19)，逐点描绘在磁链特性曲线平面上，如图 8.21 所示。$P_1 \to P_2 \to P_3$ 为励磁阶段，这个过程消耗的电能主要用来建立磁能，部分地与机械能有交换；$P_3 \to P_4 \to P_5$ 为发电阶段，输出的电能源于输入的机械能和释放的磁储能。基于一周期磁储能并无增量，所以每相一周期中发电电能，即闭合曲线面积 $S_{P_1P_2P_3P_4P_5}$ 所代表的能量，也代表一周期中消耗的机械能，即一个相周期参与机电能量变换的电磁功率。

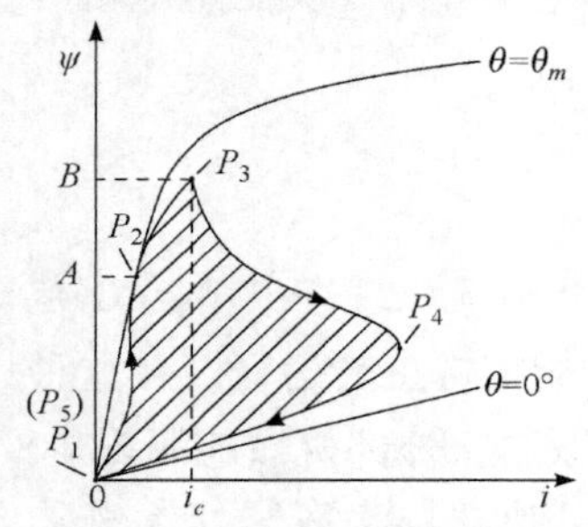

图 8.21　机电能量转换示意图

3. 控制方法

SRG 的可控参数多，包括开通角 θ_1、关断角 θ_2、励磁电压、励磁电流 i_c，其主控状态参数是励磁电流 i_c(包括大小和位置)，实现调控发电机的输出。直接调控主开关的开通角 θ_1 和关断角 θ_2，可影响电机励磁过程。通常 θ_1 和 θ_2 分别在 θ_m 的前后，θ_1 提前、θ_2 推后都会增加励磁时间、增大 i_c，增加励磁强度，其效果如图 8.22 所示。

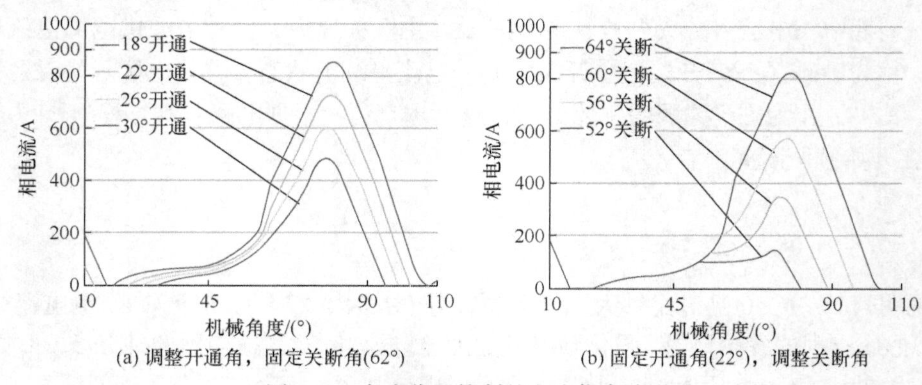

图 8.22　角度位置控制的电流仿真波形

如果有固定的机械能源(如风力发电)，则可做到续流时向电源回馈的能量大于供电时电源提供的能量，这就是发电运行。再生工作也可根据转速、制动强度要求进行控制，而且因为每一步都可以改变状态，所以可控性好、反应快，这是高性能调速系统的基本要求。

4. 开关磁阻发电机主要特性

开关磁阻电机的再生运行包括两重意义：一是产生制动转矩实现降速、调整；二是可作为发电机运行，将电能反馈给电网。开关磁阻发电机有诸多特点和优良性能。

(1) 它是一种可控电流源，可以高效地将机械能转换为脉冲电能输出。带有滤波元件(如电容)或储能装置(如蓄电池)，可作为一种直流电源应用，配备相应变换器也可作为交流电源应用。

(2) 开关磁阻发电机具有串励特性，过载能力强；多相电机的相间耦合弱，缺相运行适应能力强；常规的每相双开关方案主电路不会发生电源直通故障，所以它具有较好的安全裕度。

8.4　异步起动发电一体电机

异步电机转子分为有刷的绕线型和笼型两种，ISG 应用中的异步电机大多是三相笼型异步电机。绕线型异步电机属于有刷电机，要有三个滑环及电刷，而笼型异步电机具有转子结构简单、运行可靠、适合高速运行、制造成本低等优点，因此无论作为航空还是汽车上的 ISG 电机，研究应用比较充分。

鼠笼异步电机作为起动发电机使用，由于其励磁电流与转矩电流同时存在于电枢绕组中，需要通过电力电子全功率变换器实现发电机的矢量控制或直接功率控制，因此异步起动发电一体电机加上电力电子变换器组成起动发电系统。异步电机实现起动、发电双功能必须要解决的两个问题是：①低速下高起动转矩；②高品质发电性能。图 8.23 为异步电机用作汽车 ISG 的转矩与转速的关系曲线。起动时采用恒磁通控制，保持 E/f=常值等高性能控制策略可使低速时获得高起动转矩，如矢量控制策略、直接转矩策略。采用变换器控制的异步电机发电，电机的有功分量、励磁分量可以用变换器进行调节，关键是采用什么样的控制策略，如何获得高品质电能，这是实现高性能异步电机起动发电系统的一个关键问题。当发动机起动到 10～30r/min(电机速度要乘传动比)时，所要求的电机转矩可以逐渐减少。这是因为采用恒定的高起动转矩虽然对缩短起动时间有好处，但是降低起动转矩要求有助于异步起动发电一体机的紧凑设计。异步起动发电一体电机在高转速下需要采用弱磁控制，与永磁电机弱磁控制相比，易于实现。另一个强于永磁电机的特点是故障下可采取灭磁保护。

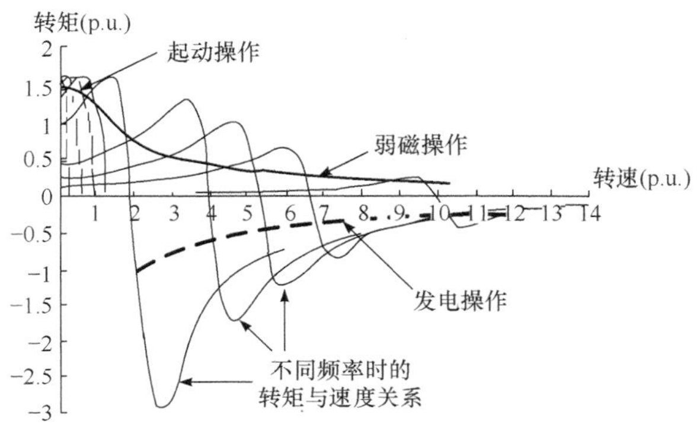

图 8.23　异步电机作为 ISG 应用时转矩与转速的关系曲线

8.4.1　基本构成和工作原理

以特种车辆起动发电应用为目标的异步起动发电一体电机的基本技术要求如下。起动工况：48V 蓄电池供电，在 6s 以内，负载转矩为 50N · m，将电机驱动至 600r/min 以上。发电工况：能在 2000～10000r/min 的 1 ∶ 5 的转速变化范围内提供直流 270V 额定电压的电能。其中，4000～10000r/min 的 1 ∶ 2.5 的转速范围内恒功率方式运行，输出 18kW 的额定电功率，低于 4000r/min 为恒转矩方式，输出电功率随转速的减小而减小；发电运行的动态性能要求：突加、突卸 15%～85%的额定负载(70%的额定值)时，输出电压的变化符合美军标要求，即电压波动在±20V 以内，电压恢复时间为 20～30ms。

如图 8.24 所示，异步起动发电一体电机系统构成框图，包括笼型异步起动发电机，主功率回路是功率开关变换电路，控制核心采用 DSP，起动电源为 48V 低压蓄电池，发电输出为 270V 直流，实现了起动与发电不同电压等级下的双功能及相互转换。设计这种异步起动发电一体电机所遇到的最大难点是低压起动电源电压 48V 与发电工作电压 270V 差别很大；另外的难点有：系统的转速范围大，并且起动工作时间短，电机电流大，相电流达 200A 以上，而发电状态的电机额定电流为 66A。

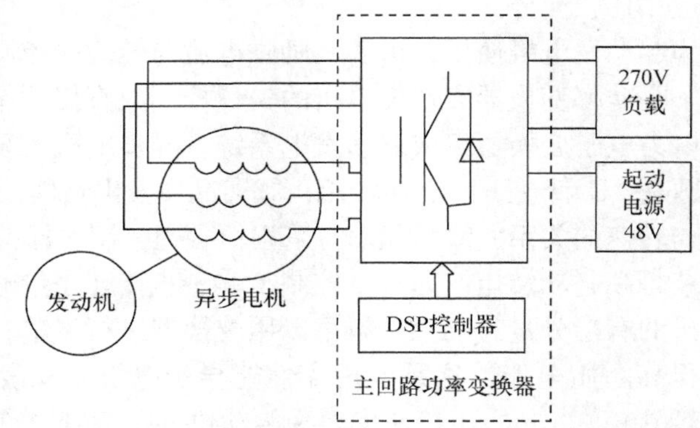

图 8.24　异步电机起动发电系统结构示意图

起动发电双功能系统中，通常采用固定传动比，不设换挡功能。采用综合设计的技术来解决上述问题。系统的转速变化范围很宽，从 2000～10000r/min 达到 1 ∶ 5。在 4000r/min 时要求达到输出额定 18kW、270V 的高压直流，把 4000r/min 设计成异步电机发电运行的额定转速，电机的额定电压为 200V(相电压 115V)。以 4000r/min 为界，将异步电机发电控制为恒转矩和恒功率两种工作状态，4000～10000r/min(1 ∶ 2.5)的转速变化范围是恒功率状态，输出 18kW 的额定功率，恒功率发电状态能保持输出电压一定；2000～4000r/min 为恒转矩工作状态，电机的输出端电压随转速的降低而降低。但由于利用电压泵升原理，能使恒转矩工作范围内的较低的电机端电压也泵升到母线，加入闭环控制，使输出直流母线电压保持为 270V 额定电压，当然这种恒转矩控制下输出功率要随着转速的下降而降低。如此，系统的恒压供电的转速范围很宽，从 2000～10000r/min(1 ∶ 5)的变化范围都能输出 270V 直流电压，大大超过一般的调磁调压发电机系统。实际上该系统还可运行于更低的转速。图 8.25 为系统的输出功率与转速的关系。系统设计时选齿轮变比为 1 ∶ 3，发电状态时电机的额定转速为 4000 r/min，最高转速为 10000r/min，额定相电压为 115V，电机工作于“Y”连接方式，在 4000r/min 以下恒转矩发电运行方式的额定电磁转矩为 50N · m。

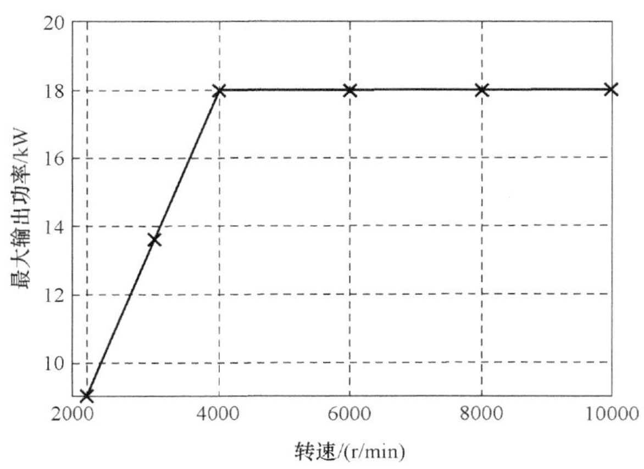

图 8.25　输出功率与转速的关系

当异步电机起动运行时，电动运行转速越高，所需供给的电源的电压越高，当电动运行到额定速度 4000r/min 时，需要供给 270V 的母线电压。起动运行转速范围在 1000r/min 以下，按比例推算，变换器直流母线的电压应为 68V DC。车载铅酸蓄电池是目前通常的起动电源，特种车辆一般为 24V DC 电池组，起动时可串接得到 48V DC。显然按发电状态设计的电机在 48V 蓄电池直接供电下不能保证驱动发动机到理想的点火转速。如图 8.26 所示，用电力电子变换器与电机巧妙地配合来解决低压起动与高压发电的矛盾，电机三相绕组的连接关系由两个电力电子三相逆变桥的开关决定，即发电 Y 接法、电动△接法。发电时两个逆变桥的母线并联的转换开关打开，右侧三相桥 B_4、B_5、B_6 桥臂的下管开通(零矢量 000)，短接电机一侧端子，形成 Y 接法，左侧三相桥 B_1、B_2、B_3 进行发电机的 PWM 控制。当电机作起动运行时，转换开关闭合，两个逆变桥并联工作，分担起动时的大电流。控制方式改为 B_1 与 B_2、B_3 与 B_4、B_5 与 B_6 并联工作，由相同的 PWM 脉冲控制，电机按△接法工作，由于相电压等于线电压，相电压较 Y 接法提高了 $\sqrt{3}$ 倍，起动发动机至 1000r/min 所需

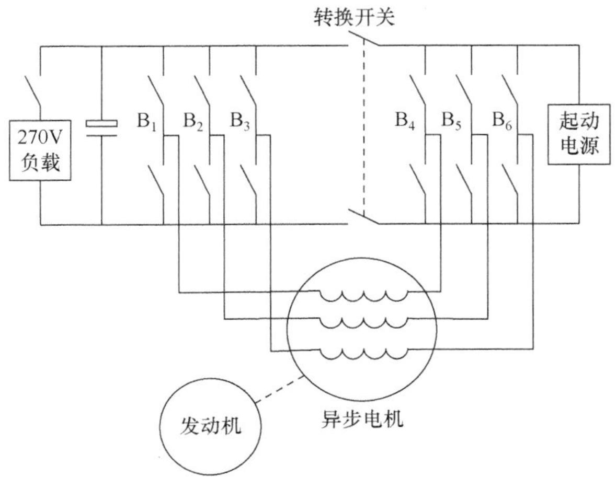

图 8.26　异步电机起动发电系统主电路拓扑结构

的母线直流电压为 40V 左右。这样，保证了在 48V 蓄电池的放电电压降、开关管压等因素的影响下，满足起动发动机所需的转速要求。并且两个三相变换器并联工作，也能共同分担起动运行时的大电流。

异步电机在发电和起动时绕组出线端与变换器的实际连接关系如图 8.27 所示。图 8.27 中给出的是等效后的△与 Y 连接关系。该方案通过电力电子线路控制配合，使电机起动采用△接法，发电运行采用 Y 接法是最佳的方案，调和了低压起动与高压发电的矛盾。

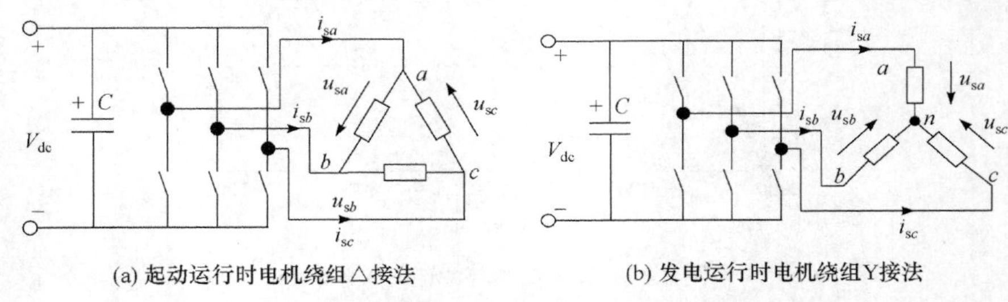

图 8.27　变换器控制下的异步电机电动发电的△-Y 变换

8.4.2　异步起动发电一体电机的控制方式与运行特性

为了使新型的异步电机起动发电系统满足规定的性能指标，控制策略的选择十分关键。可选择的控制策略有磁场定向矢量控制、直接转矩等高性能控制，可以满足起动与发电的控制要求。无论电动运行还是发电运行，电机的电磁转矩是机电能量转换的关键物理量，以直接转矩控制技术为基础，对于起动运行和发电运行均采用控制电机的瞬时转矩的策略。

1. 起动控制策略

电机带动发动机从静止到发动点火的起动过程中，要求起动电机遵循一条发动机的起动曲线，在一定的时间内(数秒至数十秒)完成起动过程。对应不同的起动要求，起动曲线可以有多种。如以起动运转速度跟踪为控制目标的曲线，以速度转矩为目标的曲线等。实际上均要落实到对起动力矩的控制才能保证好的起动性能。采用直接转矩控制策略，能够直接对电机的瞬时转矩加以控制，确保对给定转矩的跟踪效果。下面介绍起动控制采用直接转矩控制的基本原理。异步电机数学模型在α-β坐标系中表示为

$$\boldsymbol{u}_{\mathrm{s}} = r_{\mathrm{s}}\boldsymbol{i}_{\mathrm{s}} + \frac{\mathrm{d}}{\mathrm{d}t}\boldsymbol{\psi}_{\mathrm{s}} \tag{8.11}$$

$$0 = r_{\mathrm{r}}\boldsymbol{i}_{\mathrm{r}} + \frac{\mathrm{d}}{\mathrm{d}t}\boldsymbol{\psi}_{\mathrm{r}} - \mathrm{j}\omega_{\mathrm{r}}\boldsymbol{\psi}_{\mathrm{r}} \tag{8.12}$$

$$T_{\mathrm{e}} = \frac{3}{2}\frac{p}{\sigma}(\boldsymbol{\psi}_{\mathrm{r}} \times \boldsymbol{\psi}_{\mathrm{s}}) \cdot \boldsymbol{\gamma}_0 \tag{8.13}$$

式中，r_{s}、r_{r}分别是定子、转子电阻；ω_{r}是转子电角速度；p 为电机极对数；$\sigma = (L_{\mathrm{s}}L_{\mathrm{r}} - L_{\mathrm{m}}^2)/L_{\mathrm{m}}$，$L_{\mathrm{s}}$、$L_{\mathrm{r}}$、$L_{\mathrm{m}}$ 分别是定子、转子自感与互感；$\boldsymbol{\gamma}_0$ 为α-β平面呈右手关系的轴向单位矢量。设定子、转子磁链分别为$\boldsymbol{\psi}_{\mathrm{s}} = \psi_{\mathrm{s}}\mathrm{e}^{\mathrm{j}\theta_{\mathrm{s}}(t)}$、$\boldsymbol{\psi}_{\mathrm{r}} = \psi_{\mathrm{r}}\mathrm{e}^{\mathrm{j}\theta_{\mathrm{r}}(t)}$，$\theta_{\mathrm{s}}$、$\theta_{\mathrm{r}}$ 为磁链矢量角。忽略定子电阻影响，则有

$$\frac{\mathrm{d}}{\mathrm{d}t}\boldsymbol{\psi}_{\mathrm{s}}=\boldsymbol{u}_{\mathrm{s}} \tag{8.14}$$

$$\frac{\mathrm{d}T_{\mathrm{e}}}{\mathrm{d}t}\approx\frac{3}{2}\frac{p}{\sigma}(\dot{\theta}_{\mathrm{s}}-\dot{\theta}_{\mathrm{r}})\psi_{\mathrm{s}}^{2} \tag{8.15}$$

式(8.14)说明空间电压矢量能迅速改变定子磁链，式(8.15)则说明若定子磁链幅值不变，转矩变化率正比于定转子磁链的转速差。利用不同电压矢量对磁链和转矩的不同调节作用，可使磁链和转矩得到迅速有效的控制。起动过程转矩控制系统结构如图 8.28 所示。通过检测到的母线电压、定子电流，计算出电机的定子磁链和转矩，再通过磁链和转矩的滞环比较，在不同的扇区选择合适的电压矢量，实现对磁链和转矩的控制。异步起动发电系统在起动运行时需要提升相电压而将电机定子绕组变为△ 接法，发电运行变为 Y 接法，直接转矩控制中的电压矢量、电流矢量、磁链与转矩的计算方法均要相应改变，见参考文献。

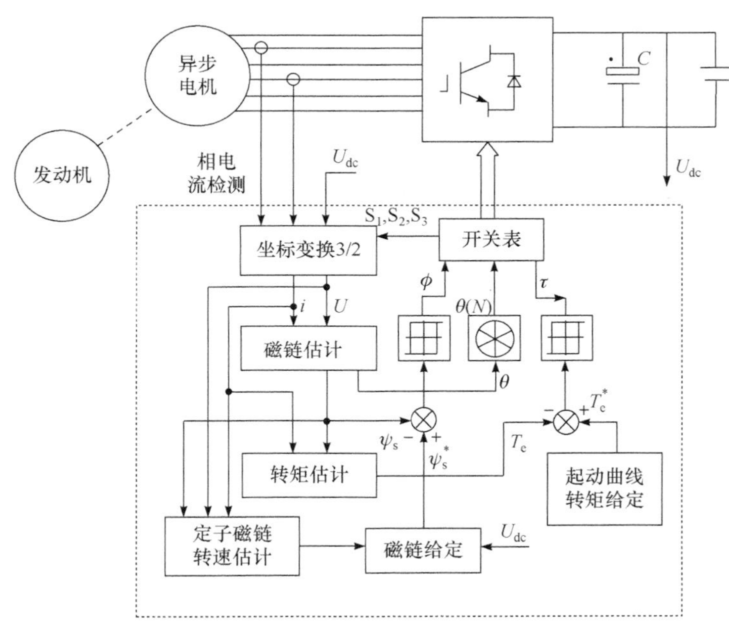

图 8.28　异步电机起动过程转矩控制系统结构图

2. 发电控制策略

起动运行结束，发动机点火自主运转，系统转换至 Y 接法发电运行。具有励磁绕组的发电机，当负载、转速变化造成端电压变化时，通过调节励磁电流来调节端电压，维持恒定，这种调节方式的动态响应速度慢，因为励磁绕组匝数多，电抗较大，励磁电流调节环中的时间常数较大。对于异步发电机，由于没有单独的励磁绕组，若需调节内部磁场实际是调节其定子电流无功励磁分量。笼型异步发电机与电力电子变换器结合而成的高压直流发电系统并非从异步电机绕组输出端供电，输出电压是从变换器的直流母线得到的，没有与发电机直接相连，这样可摆脱调节发电机无功励磁来调节输出电压的传统方式。在这种新型的异步发电机与电力电子变换器结合的发电系统中，由变换器供给异步发电机的无功电流分量来建立电机内部的磁通，磁通大小与系统的转速相关。发电时电机在 4000r/min 基速以下，磁链控制恒定，则发电机的端电压随转速变化；在 4000r/min 基速以上，定子磁链随转速上升而减小，弱磁恒功率控制，发电机的端电压基本不变。异步起动发电系统实际上为直流发电系统，逆变器在控制异步电机发电的同时将输出的交流电能整流为直流。从系统瞬时功率平衡的角度出发，直流发电系统输出电压波动的根本原因是输出电能瞬时功率与负载所需电功率不匹配，如果能迅速使这二者匹配，就可以获得高动、静态指标的直流电压输出。在电机发电过程中，吸收机械能转化成电能的关键是电机的电磁转矩，如果能根据负载功率的变化迅速地控制电磁转矩改变，即控制输入的机械能量转化为电能的过程，就有可能使发电与用电需求相平衡，达到稳定输出电压的目的，这种控制策略即发电运行时的直接转矩控制策略，因强调转矩的瞬时控制，所以称为瞬时转矩控制策略。其物理表述可以归结到下列的物理量的数学方程式中。

若不计电机与变换器的损耗，则发电时的瞬时功率平衡关系为

$$T_e\omega = U_{dc}I_{dc} \tag{8.16}$$

式中，T_e 为电磁转矩；U_{dc}、I_{dc} 为输出侧直流电压和电流；ω为电机转速，由原动机决定。由于机械常数比电气常数大得多，在分析电磁转矩中，原动机决定的转速ω可视为常数，表明发电机产生的电磁功率与负载侧功率在任何瞬时都需达到平衡。因此，当发生负载突变时，输出电流发生变化，要使输出电压 U_{dc} 不变，即 $\frac{dU_{dc}}{dt}=0$，则可得到

$$\frac{dT_e}{dt} = \frac{U_{dc}}{\omega}\frac{dI_{dc}}{dt} \tag{8.17}$$

其物理意义为：要保持输出直流电压 U_{dc} 不变，则电磁转矩 T_e 的变化要和输出电流的变化 $\frac{dI_{dc}}{dt}$ 成正比。当负载发生变化时，系统控制单元检测到负载功率的变化(输出电压和电流之积反映功率变化)和电压与给定电压的偏差，由电压调节器按式(8.17)的原理输出发电机的给定转矩，给定转矩能反映负载功率的变化，必须控制发电机的电磁转矩 T_e 使其跟随给定转矩的这种变化，即必须尽可能快地改变电磁转矩，越快越好。已知改变电磁转矩最快的方法，即直接转矩控制，每个控制周期能从开关表优选电压矢量技术，保证了转矩的快速响应。在异步电机的电力电子变换器控制的发电运行中，控制策略框图如图 8.29 所示。电压调节除了按式(8.17)计算电机电磁转矩，还需外加 PI 调节器输出转矩调节量来消除电压偏差，综合得到电机的给定转矩。再通过开关表优选空间电压矢量来达到快速改变电磁转矩的目的，这是异步发电机瞬时转矩控制策略的根本所在。

3. 异步起动发电一体电机的控制策略仿真与实验研究结果

利用 MATLAB 仿真软件，对 270V/18kW、额定转速 4000r/min 的异步电机起动发电系统进行数字仿真。起动蓄电池直流电压为 48V。仿真了异步电机的起动过程、起动到发电的转换以及发电运行的突加、突卸负载的过程，仿真结果如图 8.30 所示，验证了控制策略

的正确性。在起动时增加了相电流限幅 200A 的控制，限制蓄电池的最大放电电流可延长其寿命。

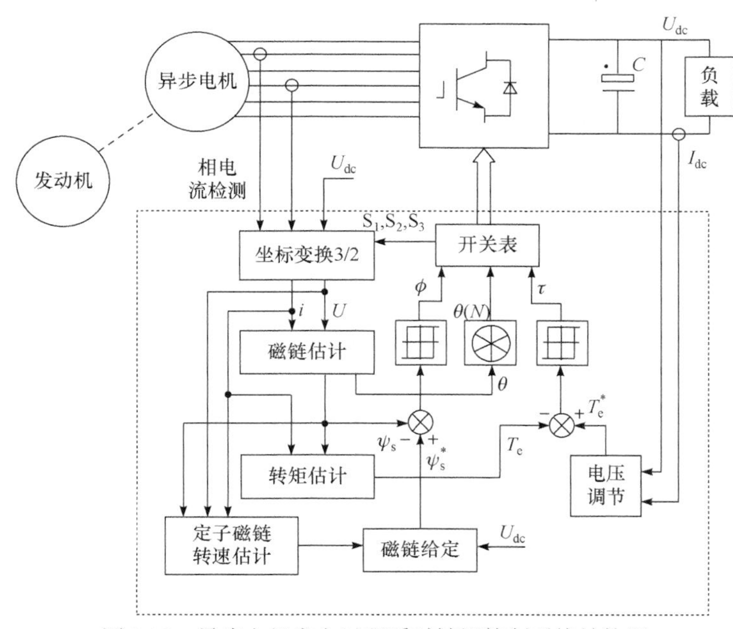

图 8.29　异步电机发电过程瞬时转矩控制系统结构图

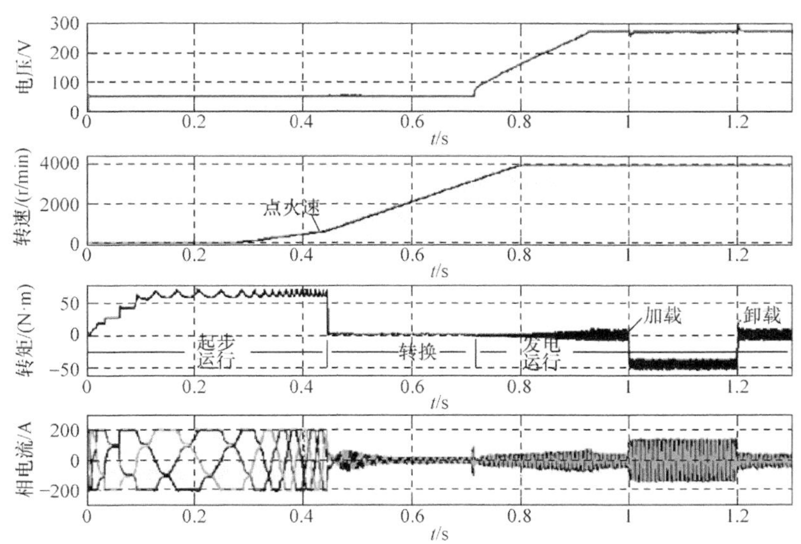

图 8.30　异步电机起动发电系统仿真波形

18kW 异步起动发电一体电机发电时动态特性的典型的实验结果如图 8.31 所示。该图表明，在 70%的额定负载突加、突卸切换时，270V 直流输出电压恢复时间<10ms。输出电压波动的幅度<8V，该系统发电运行具有良好的动态性能，它完全达到了相关标准电源动态指标过渡时间<20ms 的要求，为车载、机载计算机、精密仪器等设备的正常运行提供了可靠的保证。

异步起动发电一体电机系统实现了在 2000～10000r/min(达 1∶5)的速度变化范围正常发电运行，稳定提供 270V DC 电能。48V 蓄电池供电起动时，电机顺利地在 6s 内将发动机驱动到 1000r/min，最大能输出 110N · m 的峰值起动转矩，有利于克服柴油机的较大的初始静力矩。

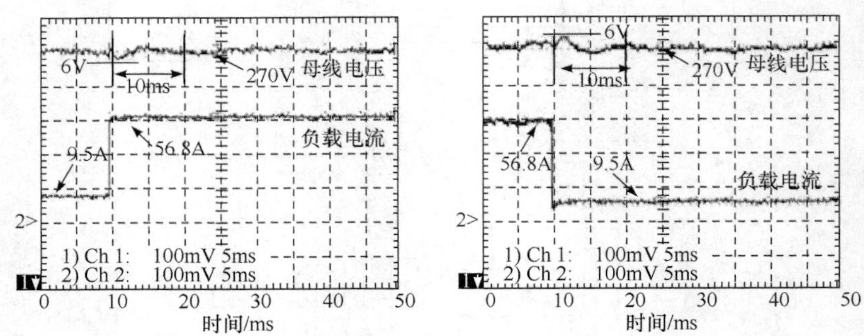

图 8.31　突加、突卸负载直流母线电压瞬态波形

输出电压为 270V，每一格为 20V，负载电流从 9.5A 突变至 56.8A

8.5　磁通切换型起动发电一体电机

永磁磁通切换电机(FSPM)结构最初由美国学者 Rauch 和 Johnson 在 20 世纪 50 年代提出，1997 年法国学者 Hong 提出了经典的 12 定子齿/10 转子齿结构的永磁磁通切换电机拓扑，拉开了永磁磁通切换电机研究的序幕。将 FSPM 中的永磁体采用励磁绕组替代，可得到电励磁磁通切换电机(FSEM)，定子上套装有电枢绕组和励磁绕组。由于 FSEM 电机的内部磁场可以通过励磁绕组电流来控制，可以简单地实现电动过程的弱磁控制和发电过程的调压控制，故具有成为起动发电机的特有潜质，尤其在航空、车辆等移动电源系统领域中有重要应用价值。

这两类电机结构简单、体积小、重量轻、功率密度大、可靠性好、成本低，具有广阔的应用前景。

8.5.1　基本构成和工作原理

永磁磁通切换电机如图 8.32(a)所示，其结构可以看成在 SRM 的定子齿中嵌入永磁体。对于永磁磁通切换电机，定子轭高 h_{ys}，定子齿宽 h_{ts}，定子槽宽 h_{slot}，转子齿尖宽 h_{tr1} 满足关系如下：

$$h_{ys} = h_{ts} = h_{slot} = h_{tr1} = \frac{360°}{4P_s} \tag{8.18}$$

式中，P_s 为定子齿数。

FSPM 电机的工作原理如图 8.33 所示，图 8.34 给出了电机的永磁磁场分布。随着转子位置的变化，电枢绕组中所匝链的永磁磁链发生变化，从而产生感应电动势。但值得注意的是：永磁双凸极电机的永磁磁链是单极性的，而永磁磁通切换电机永磁磁链则体现为双极性。

将永磁磁通切换电机的永磁体换成励磁绕组和导磁桥，即可得到对应的电励磁磁通切换电机结构，如图 8.35 所示。

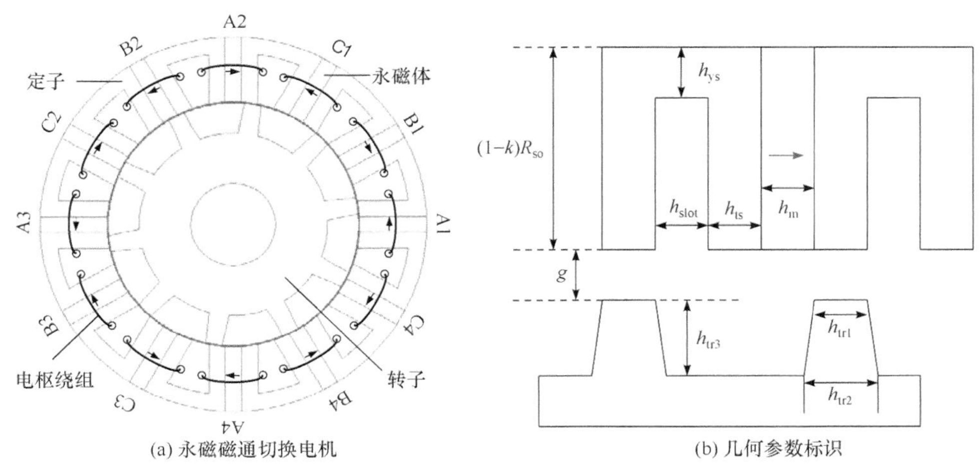

(a) 永磁磁通切换电机　(b) 几何参数标识

图 8.32　永磁双凸极结构电机

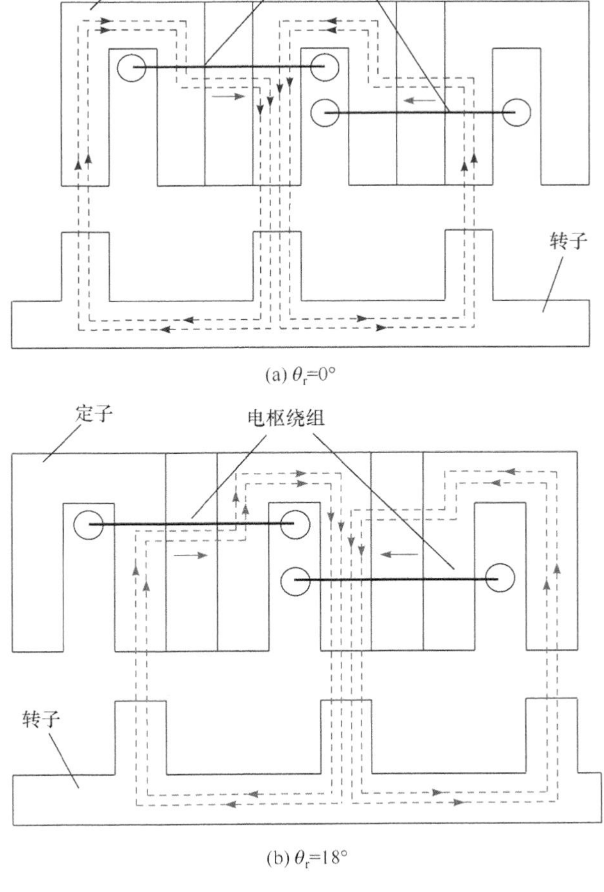

图 8.33　永磁磁通切换电机工作原理

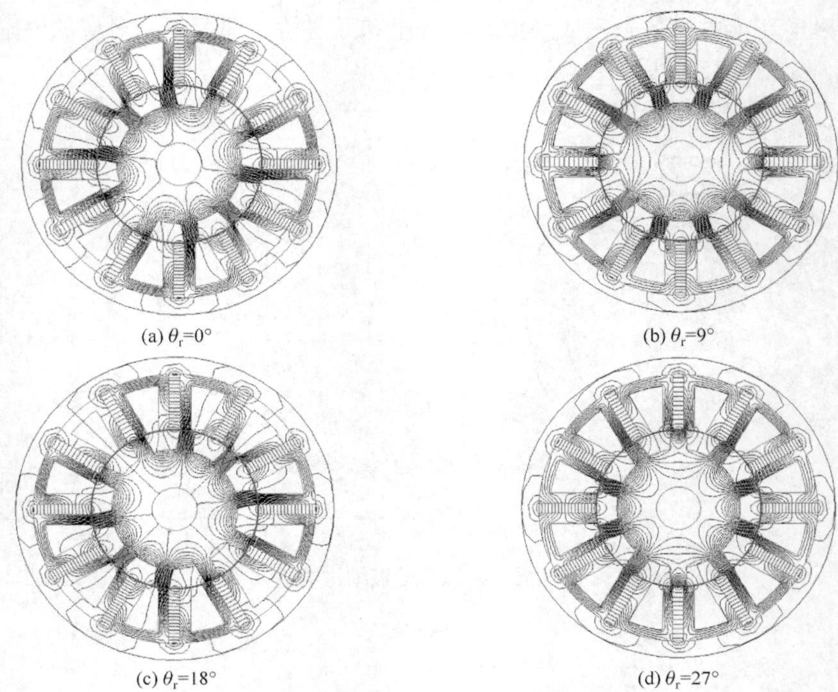

图 8.34　永磁磁通切换电机永磁磁场分布

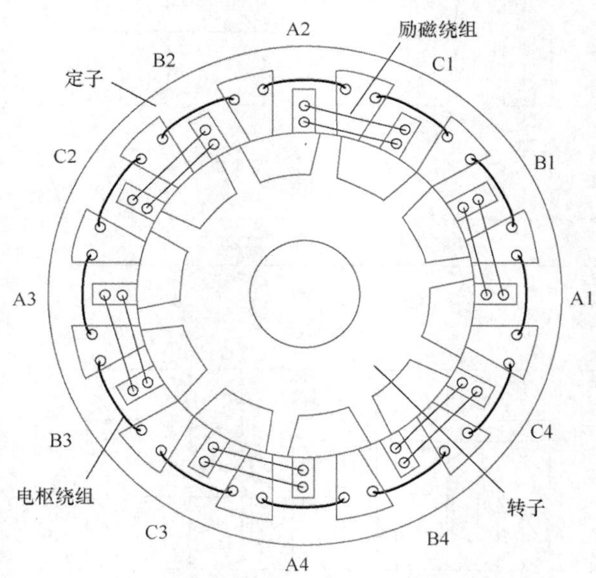

图 8.35　电励磁磁通切换电机

将永磁磁通切换电机与电励磁磁通切换电机组合在一起，可以得到串联式混合励磁磁通切换电机、磁桥式混合励磁磁通切换电机、E 形铁心混合励磁磁通切换电机、并列式混合励磁磁通切换电机，如图 8.36 所示。

传统的转子永磁式电机要实现无刷结构的电励磁拓扑和混合励磁拓扑，其结构比较复杂；而对于永磁磁通切换电机，由于励磁源放置在定子上，因此其电励磁拓扑和混合励磁拓扑比较容易实现无刷化。

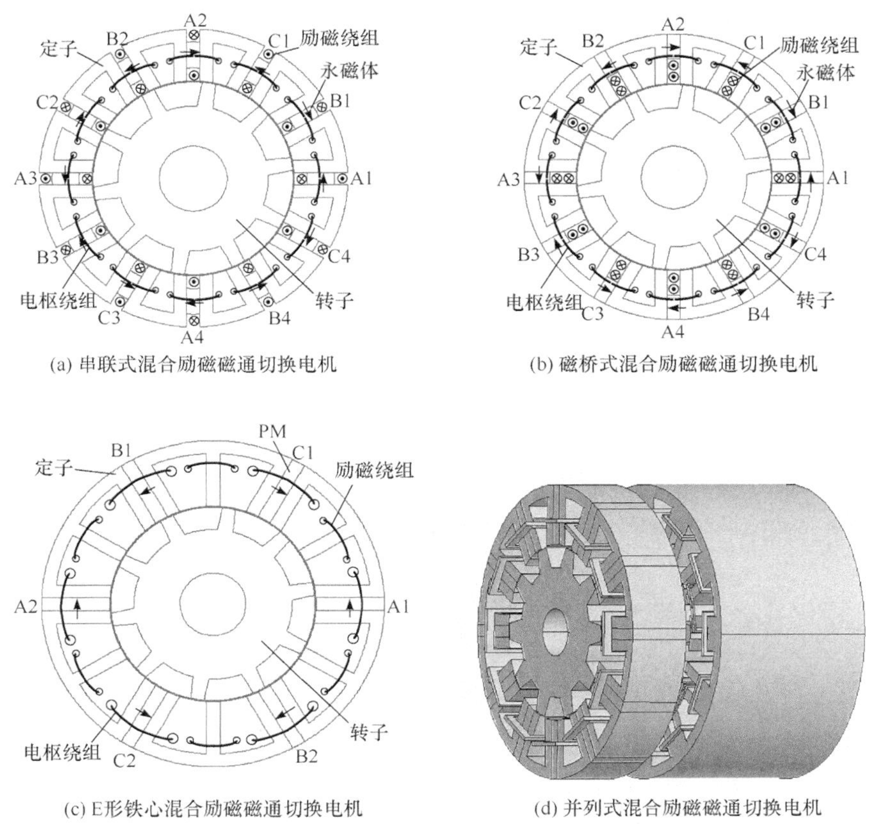

(a) 串联式混合励磁磁通切换电机　(b) 磁桥式混合励磁磁通切换电机

(c) E形铁心混合励磁磁通切换电机　(d) 并列式混合励磁磁通切换电机

图 8.36　混合励磁磁通切换电机

8.5.2　控制方式与运行特性

调磁调压是发电系统常用的较为简单的控制策略，无需全功率变换器，如图 8.37 所示。开关磁阻发电机控制策略本质上也属于调磁调压控制，通过控制前半个电周期的电枢电流来调节后半个电周期的输出电压，需要知道转子位置的准确信息；电励磁双凸极发电机、混合励磁双凸极发电机由于有独立的励磁绕组，在实现调磁调压时无需转子位置的信息，发电机的结构及其控制系统非常简单、成本低、可靠性高。电励磁磁通切换电机、混合励磁磁通切换电机同样具有无刷结构的凸极转子，也可采用调磁调压策略构成简单可靠的发电系统。

由于磁通切换电机适合运行在无刷交流场合，因此全功率变换器直接功率控制可以移植到磁通切换电机发电系统中来提高系统的动态性能，如图 8.38 所示。如何保持直接功率控制系统的动态性能，减小由于磁链滞环、转矩滞环引起的转矩和磁链脉动就成为同时提高发电系统动、静态性能的关键。

对于同一种发电机的不同控制策略，根据其系统成本、可靠性、控制性能、转矩密度、功率因数等指标来划分其适合的应用场合也是十分有意义的，在确定发电机拓扑和控制策略前提下，可以为发电机优化设计提供有力的借鉴和指导。

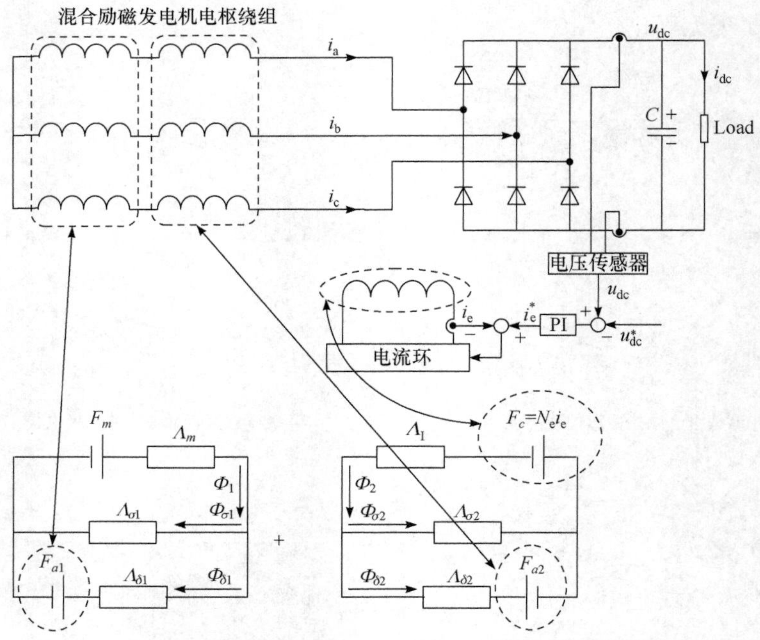

图 8.37　混合励磁电机调磁调压控制策略

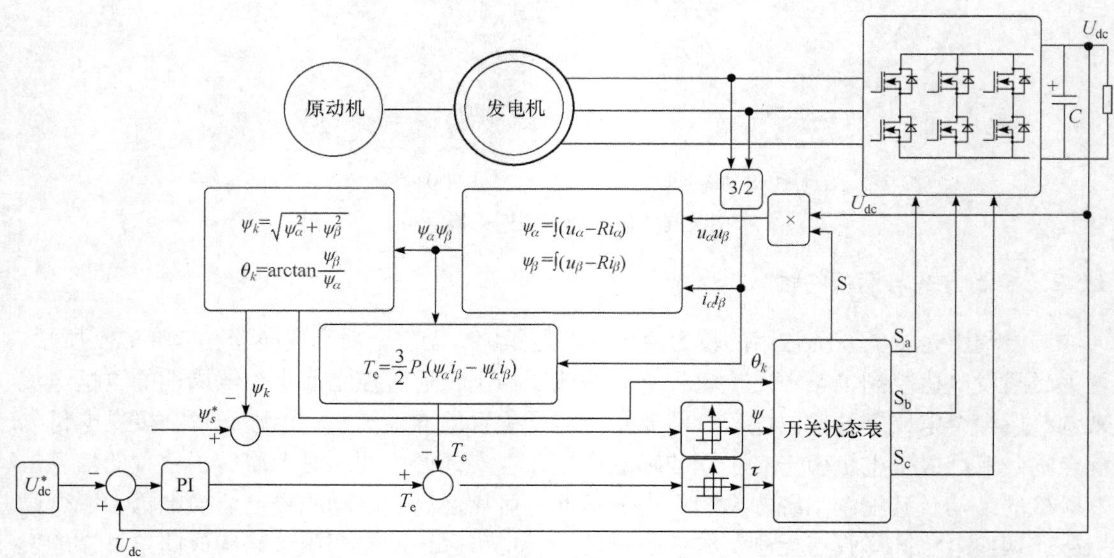

图 8.38　混合励磁电机直接功率控制策略

8.6　双凸极起动发电一体电机

8.6.1　基本构成和工作原理

1992 年，美国学者 Lipo 等在开关磁阻电机的基础上提出了双凸极永磁电机的概念，它的结构和开关磁阻电机类似，如图 8.39 所示，其定、转子均为凸极结构，安放于定子槽内的电枢绕组为集中绕组，转子上无绕组。DSPM 不仅保持了开关磁阻电机结构简单、控制灵活的特点，而且有高效率、高功率密度、高转矩电流比等优点。但 DSPM 作为发电机使用时有着永磁电机固有的输出电压调节困难和无法故障灭磁的缺点。

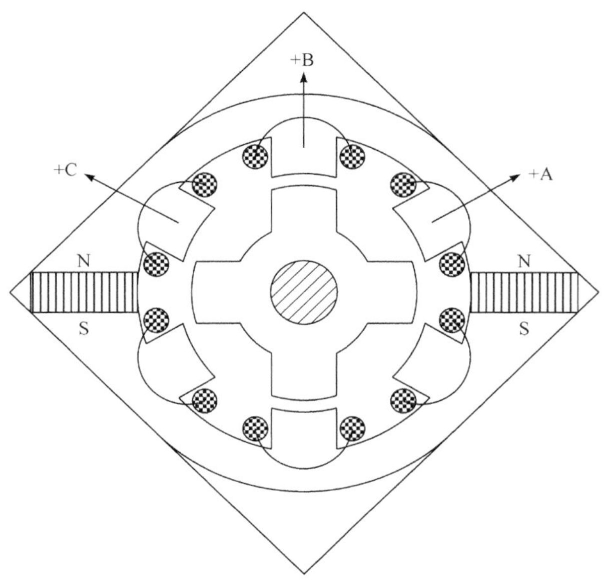

图 8.39 永磁双凸极电机

采用励磁绕组替代 DSPM 中的永磁体可以得到电励磁双凸极电机(Doubly Salient Electromagnetic Machine，DSEM)，如图 8.40 所示。它包括定子和无绕组的转子，定子上套装有电枢绕组和励磁绕组。励磁源不同，电励磁双凸极电机和永磁双凸极电机运行原理与工作特性有很大不同。

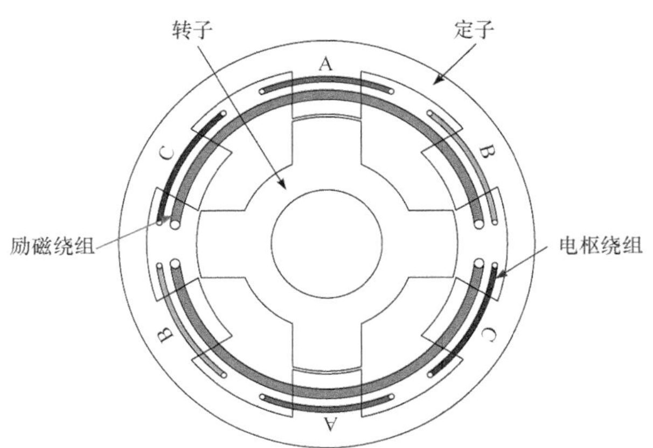

图 8.40 6/4 电励磁双凸极电机结构

电励磁双凸极电机的基本结构为 $6N/4N$ 齿结构，即定子齿数 $6N$，转子齿数 $4N$。定子齿宽为 $\pi/6N$，转子齿与定子齿等宽。定子齿上套装集中电枢绕组，励磁线圈绕在 3 个定子齿上。转子旋转一周，定、转子重合 p 次，p 不同于普通同步电机，这里表示为转子极数，而不是极对数，电机转速为 n，电机频率可以表示为

$$f = \frac{pn}{60} \tag{8.19}$$

当电励磁双凸极电机发电运行时，励磁绕组中通入直流电，其产生主磁通，经过定转子齿部、轭部和气隙形成回路。转子旋转时，三相电枢绕组匝链的磁通周期性变化，绕组可以感应出电动势。

以 6/4 的电励磁双凸极电机为例，定子极与转子极对齐时，电枢绕组匝链的磁通最大，气隙磁导最大；定转子完全不重叠时，定子极匝链的磁通最小，气隙磁导最小。相磁链和反电动势波形如图 8.41 所示。由于产生反电动势非正弦波，三相电枢绕组通常接全桥整流器作为无刷直流发电机使用。

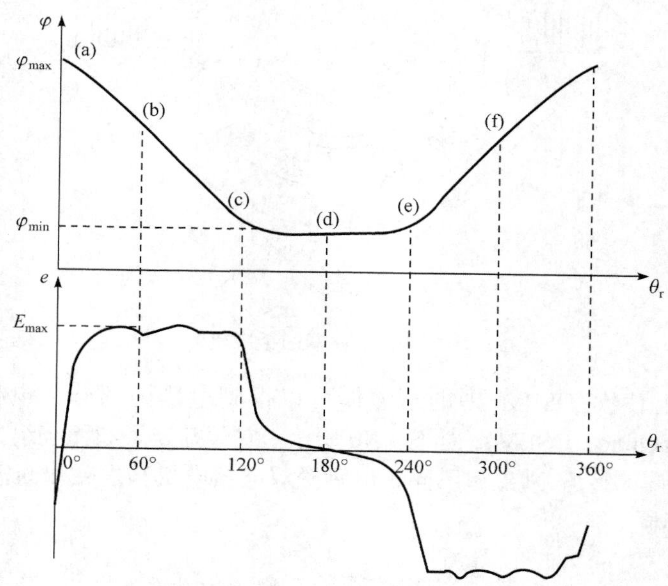

图 8.41　相磁链和反电动势波形

当电励磁双凸极电机作为电动机运行时，与普通同步机依靠洛伦兹力产生转矩不同，它依旧遵循的是磁阻最小原理。励磁绕组通入直流电，在电机内部产生直流偏置磁场，磁力线沿磁阻最小路径闭合。接着电枢绕组通电，电枢绕组产生的磁通与励磁绕组产生的磁通相叠加，对转子极产生切向磁拉力，使电机能够实现旋转。根据转子位置角合理选择绕组导通顺序，就能够让转子沿着一个方向连续旋转。

南京航空航天大学较早地对 DSEM 的起动发电技术进行了研究，采用双向功率变换器的电励磁双凸极起动发电系统典型框图如图 8.42 所示，其由 DSEM、双向功率变换器、起动控制器与发电调压器组成。

当 DSEM 工作于起动状态时，起动触点 S 闭合，外接电源或永磁励磁机给励磁线圈供电，励磁电流在电机内部产生偏置磁场。主控制器根据位置传感器检测到的位置信号，控制双向变换器开关管的导通逻辑，给相应的电枢绕组通电，使电机输出转矩，实现起动运行。

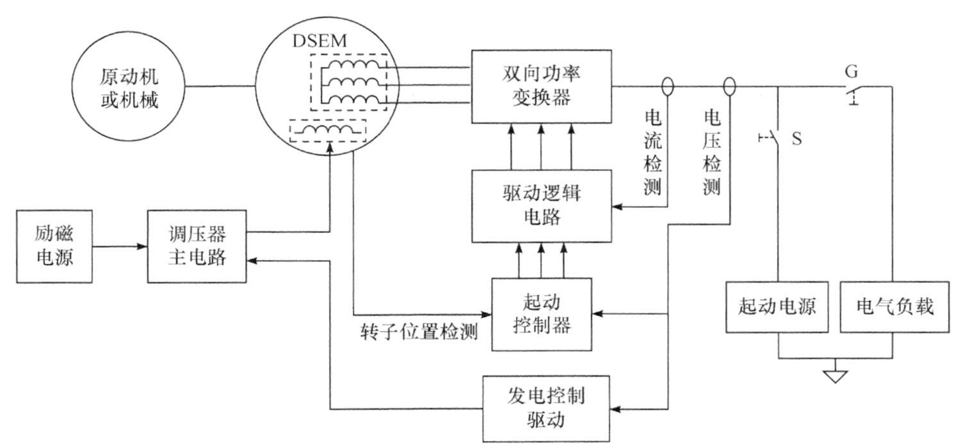

图 8.42　电励磁双凸极起动发电系统框图

当起动运行达到怠速后，起动触点 S 断开，母线与起动电源断开，同时发电触点 G 闭合，接入电气负载。励磁功率控制器从起动阶段对励磁电流的控制切换到发电调压控制方式，完成起动/发电的切换过程。

当 DSEM 工作于发电状态时，原动机拖动电机转子旋转，各相电枢绕组匝链的磁链随着转子位置改变而变化，从而感应出电势。通过变换器整流后，向负载输出直流电，实现发电运行。

8.6.2　控制方式与运行特性

1. 控制策略

起动控制的实质是对转矩的控制，DSEM 的转矩公式可以写成

$$T=\frac{1}{2}i_{\mathrm{a}}^2\frac{\partial L_{\mathrm{a}}}{\partial\theta}+\frac{1}{2}i_{\mathrm{b}}^2\frac{\partial L_{\mathrm{b}}}{\partial\theta}+\frac{1}{2}i_{\mathrm{c}}^2\frac{\partial L_{\mathrm{c}}}{\partial\theta}+\frac{1}{2}i_f^2\frac{\partial L_f}{\partial\theta}+i_{\mathrm{a}}i_f\frac{\partial L_{\mathrm{a}f}}{\partial\theta}+i_{\mathrm{b}}i_f\frac{\partial L_{\mathrm{b}f}}{\partial\theta}+i_{\mathrm{c}}i_f\frac{\partial L_{\mathrm{c}f}}{\partial\theta} \tag{8.20}$$

式中，i_{a}、i_{b}和 i_{c}分别为 A 相、B 相和 C 相电枢电流；i_f为励磁电流；L_{a}、L_{b}和 L_{c}分别为 A 相、B 相和 C 相电枢绕组的自感；L_f为励磁绕组的自感；$L_{\mathrm{a}f}$、$L_{\mathrm{b}f}$、$L_{\mathrm{c}f}$为三相电枢绕组与励磁绕组之间的互感。

从转矩公式中可以看出，在 DSEM 中，转矩控制的实质是对励磁电流和电枢电流的控制。其中，励磁电流为直流电，并且变化较慢，因此控制起来相对容易一些。而电枢电流为交流电，电流开通的位置、电流的幅值、电流的波形等，都会影响电机转矩的输出，因此控制起来要复杂得多。

电枢电流的控制主要包括两个方面：一是电流斩波控制，二是角度位置控制。其中，电流斩波控制主要是限制相电流的幅值，通常采用的方法有滞环控制和 PWM 控制两种。斩波的上限，即相电流闭环控制中的参考值，根据需要可以直接给定，或者通过转速闭环的 PI 计算来得到，因此实现起来比较简单。然而在双凸极电机中，在高速或者重载时，通常相电流还未到达给定的参考值时，电流的换相就已经发生，因此通常只有在低速或者轻载时，相电流斩波控制才会发生作用。相对而言，电励磁双凸极电机中，角度位置控制发挥的作用更大一些，而且其实现也更加复杂。

DSEM 角度控制参数包括三个，即开通角、反向角、关断角，分别用于确定相电流开通、反向、关断时转子的位置。目前，DSEM 常用的角度位置控制有标准角控制、提前角控制、三相六状态控制以及三相九状态控制等方法。图 8.43 为 DSEM 起动运行时的主功率变换器拓扑。

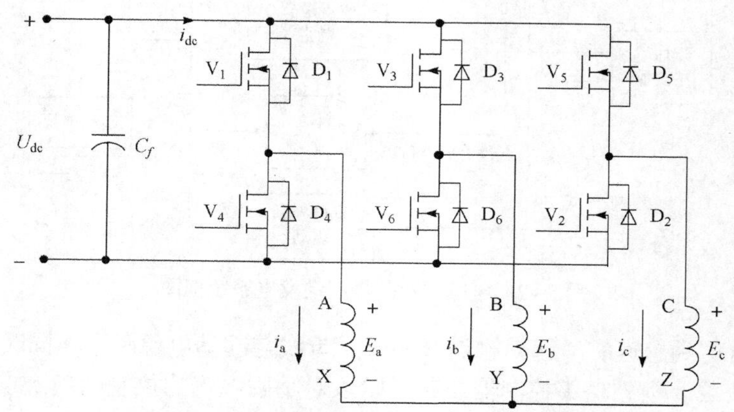

图 8.43 DSEM 起动控制三相全桥逆变器

在众多方法中，标准角控制是电励磁双凸极电机最简单、最基本的控制方法，相电流模态如图 8.44 所示。在标准角控制中，当反电动势为正时，通入正向电流；当反电动势为负时，通入负向电流；当反电动势为 0 时，则不通入电流。

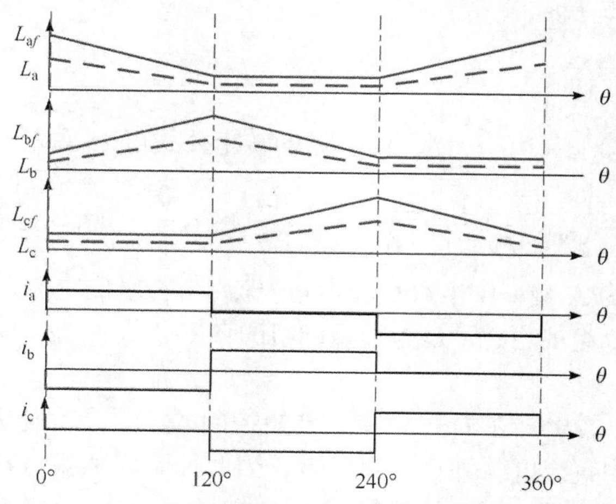

图 8.44 标准角控制相电流模态

标准角控制方法虽然简单，但输出转矩较小，难以满足起动转矩要求。制约标准角控制方法出力的因素主要有两个：一是相电流的反向发生在电感达到最大值时，很难在短时间内完成，当电感开始下降时，就会产生负转矩；二是相电流的注入在电感开始上升之后才进行，逐步增大的电感进一步限制了电流的流入。

将双凸极电机的换相提前，即在标准角控制方法的基础上，将相电流的换相位置提前一个电角度α，从而使得双凸极电机性能显著提高，于是就得到了提前角控制方法。当电机为负励磁状态时，开关管模态如图 8.45 所示。在提前角控制方法中，这三个角度参数均提前了α电角度，即相电流提前开通、相电流提前反向、相电流提前关断。

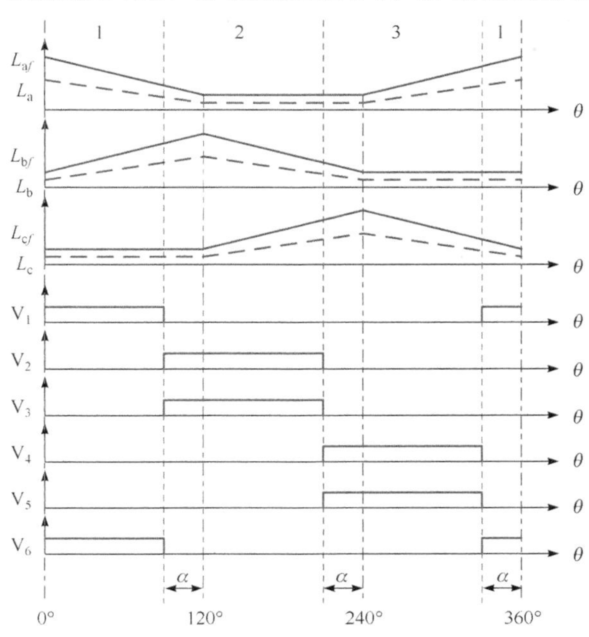

图 8.45　提前角控制开关管模态(负励磁)

换相提前之后，相电流的反向提前开始，电感还未达到最大值，电流反向容易；相电流的开通提前，此时电感值很小，因此相电流很容易流入电枢绕组。但是相电流关断提前了α电角度，这是不利的。因为对应的电感下降区还没有结束，此时若继续通入相电流，仍然可以输出转矩。

在双凸极电机提前角控制方法的基础上，将全桥逆变器电路中的各上管或者下管再提前另一个电角度β来开通和关断，就得到了三相六状态控制方法，如图 8.46 所示。使用三相六状态控制方法后，电励磁双凸极电机的转矩输出能力可以进一步提高。

除了前面提及的这三种控制方法，还有三相九状态控制、不对称电流控制等方法，本书中不做详细展开。

2. 发电控制策略

DSEM 有三种发电方式，分别是 SRG 发电方式、DSG1 发电方式与 DSG2 发电方式，这三种方式对应三种外接整流电路，如图 8.47 所示。其中最常用的是 DSG2 发电方式，它是 SRG 发电方式和 DSG1 发电方式的结合，在转子极滑入和滑出定子极时均发电。

图 8.48 为某 18kW DSEM 发电系统结构框图，主要由电励磁双凸极电机、整流桥、调压器和励磁回路主功率电路等组成。

当控制器接收起动转发电指令信号时，发电系统中励磁回路的 GCR 继电器闭合，励磁电流开始由永磁励磁机经整流后提供，另外，调压器的电压检测电路也开始对整流桥输出电压进行检测，PWM 控制芯片 SG3525 经过软起动之后，调压系统进入稳定工作状态。输出电压的调节点设置为 28.5V，SG3525 通过比较输出电压与基准电压产生 PWM 波信号，控制励磁回路的开关管来实现对励磁电流的调节。电励磁双凸极发电机输出电压纹波比较大，因此调压器在输出电压单闭环控制基础上，引入励磁电流前馈补偿，形成双闭环调节，很好地提高了系统的动态响应和稳态精度。此外调压系统还包括励磁电流过流保护、输出电压过压保护。当出现过励磁电流、过压等情况时，封锁 SG3525 的输出，防止发生器件的损坏。

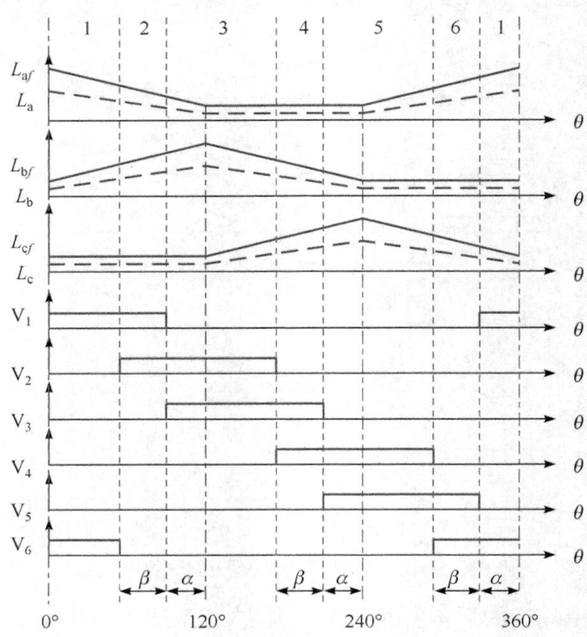

图 8.46　三相六状态控制开关管模态(负励磁)

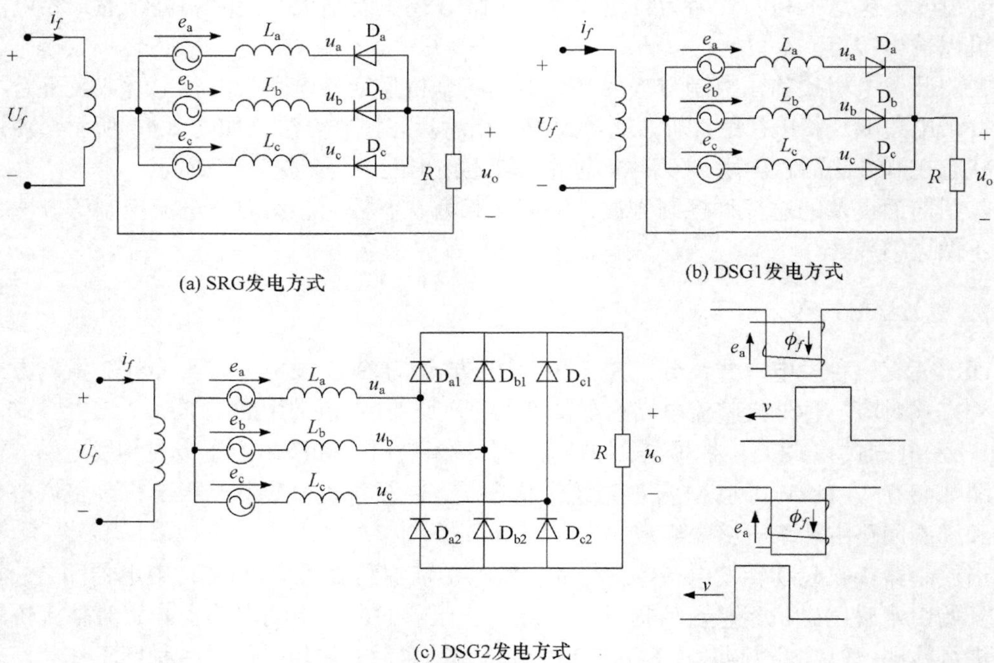

(a) SRG发电方式

(b) DSG1发电方式

(c) DSG2发电方式

图 8.47　发电整流电路

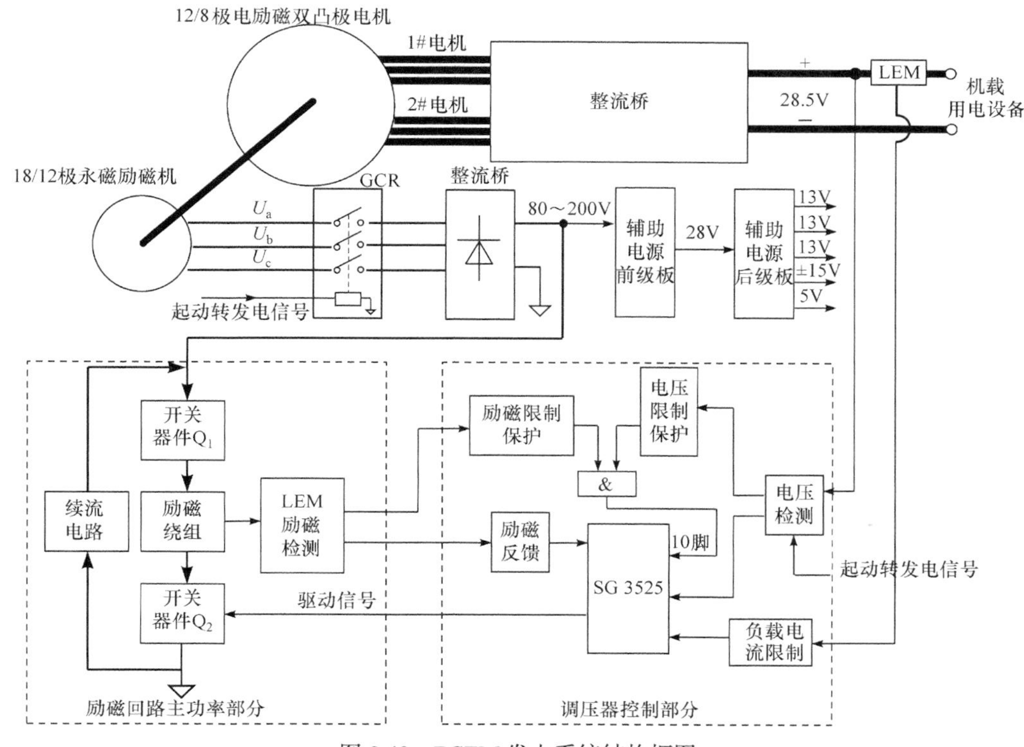

图 8.48　DSEM 发电系统结构框图

DSEM 发电控制也可以由数字控制器实现，其基本结构原理与模拟式控制类似，主要是生成调压控制主回路开关管 PWM 驱动控制信号的形式不同。

8.7　起动发电一体电机的应用和发展

用一台电机集成起动发电双功能，构建发动机起动发电系统在工程实现中的应用价值，人们早有认识。在 20 世纪 30 年代，汽车电气工程师根据电机的可逆运行原理，就试图用一台直流电机来起动发动机并产生电功率，但是由于电机在电动和发电状态不同的特性要求，以及没有适合的控制技术，这一想法在相当长的一段时间内并未实现。随着汽车上用电负荷的增多，低压系统下电线的重量与体积大大增加，粗粗的线束不但占用了车上宝贵的空间资源，随之增加的复杂电路还降低了车辆的可靠性，加大了维修难度。因此，在汽车上采用更高电压等级的电气系统已是必然趋势。1998 年，汽车国际标准界宣布汽车的电源电压从 14V/28V 上升到 42V 后，从电机容量与控制上，起动发电技术在汽车上均变得易于实现，这引起研究者极大的研究兴趣。采用起动发电双功能系统，可以节省空间和成本，提高汽车的动力性、经济性和舒适性。起动发电双功能系统另一重要的意义是可以促进混合动力汽车技术的发展，降低城市环境污染，减少燃油损耗。混合动力技术通过电机辅助输出转矩，补足内燃发动机低速运行的效能，并可回收部分制动动能。在 42V 下，提升起动发电机的功率，即可构成弱混合动力系统，在城市交通拥挤的状况下，传统汽车的怠速和超低速运行占总行驶时间的 20%～30%，这不但浪费能源，而且在这种工况下工作时，汽车排放的有害物是正常工况的几十倍乃至数百倍。采用起动发电机的混合动力汽车，起动发电机可以按行驶工况需要运行在电动或发电状态。在交通阻塞或交通管制路口等待信号时可以关掉发动机，避免了怠速的工况；当需要起动时，发动机在 ISG 的控制下，迅速起动。发动机低速动力不足，ISG 电机电动运行输出转矩，提升燃油经济性。发动机高速运行时，ISG 处于发电状态，对汽车电负载供电，同时对蓄电池充电。目前，国际上多个汽车厂家推出基于起动发电系统的弱混合动力的车型，国内吉利汽车也推出博瑞 GE 车型，其具备起动发电弱混合动力功能，实现了很好的动力与节油效果。在强混合动力及插电式混合动力汽车中，一般采用多电机构架，电池容量较大，除了驱动电机，采用一台与发动机相关联的起动发电机，随着发动机工况的变化，该电机充当一台起动发电机，担负瞬间起动发动机与发电运行、为蓄电池充电的任务或与蓄电池一起为行驶提供电力。可以预见，汽车的起动发电功能将越来越普遍，成为主流技术。

汽车上起动发电一体化的电机种类有多种，有刷直流电机不适合长期运行已弃用，永磁电机、开关磁阻电机、异步电机、磁通切换电机等都有被开发成起动发电电机系统的应用实例。随着汽车电源系统采用 42V 低压直流电源，已有多个车型采用了永磁电机、异步电机构建的 BISG 系统，内置低压大电流功率 MOS 管起动发电控制器，控制策略大多采用磁场定向控制，实现了起动、发电、低速助力、动能回收等工况控制要求，节油效果可观。对于特种车辆或其他起动发电应用，由于起动转矩、电压等级、性能指标要求、使用环境等因素，起动发电系统往往是专门开发与定制的，一些特种电机，如电励磁双凸极电机成功应用于车辆增程发电系统。

在航空领域，人们一直在为航空发动机的起动发电系统的工程实现而努力，到 20 世纪 50 年代，在 24V 飞机低压直流电源系统中，实现了有刷直流电机起动发电双功能，这一技术为飞机动力系统性能提升做出了重大贡献，被誉为航空电源发展史上的一个重要里程碑。近二三十年来，随着电力电子技术、计算机控制技术及各种控制理论的飞速发展，在现代电力电子技术的控制下，用一台电机实现起动发电双功能变得更加容易，进一步促进了人们实现起动发电系统工程的研究热情。现代飞机上用电设备的增加与自动化程度的提高，多电飞机(MEA)、全电飞机(AEA)概念的提出，对飞机电源的要求越来越高，不仅要求大幅度提高容量，而且要求大幅度提高电能品质，电源系统将成为飞机上最重要的系统之一。而起动发电双功能技术将是飞机电源实现高容量、高品质的关键技术。目前针对飞机的起动发电系统的研究比较充分，且有多种电机形式。目前，最先进的客机 B787 采用了基于三级式电励磁同步电机的起动发电技术，电机容量达 230kV·A，军机 F35 采用了基于开关磁阻电机的起动发电系统。从 20 世纪 80 年代起，在美国 NASA Lewis 研究中心的呼吁、倡导与资助下，开关磁阻电机和异步电机起动发电系统得到了航空应用研究。美国威斯康星大学(University of Wisconsin)主要进行三相笼型异步电机起动发电系统的研究，在美国国防科学基金 CNSF 的资助下，Ohio 州立大学进行了双馈电机起动发电系统的研究。双馈电机由于转子结构复杂，且绕线转子不适宜高速旋转，没有在航空电源中得到应用，但却在变速风力发电中获得广泛应用，笼型异步电机在逆变器控制下构成高压直流发电系统是十分有竞争力的方案。20 世纪 80 年代末，国外开始研究开关磁阻起动发电系统，此后这方面的研究一直十分活跃，尤其美国 Kentucky 大学和 GE、Sundstrand 公司对开关磁阻起动发电系统进行了大量的研究与实验。美国汉胜公司的 Ferreira 等研制了航空 270V 高压直流的

30kW、6/4 结构单通道供电以及 250kW、12/8 结构双通道三相 SR 起动发电系统，图 8.16 为 250kW 的 12/8 航空电机，其实现了双余度供电，成为美国四代飞机 F35 和未来多电飞机的主电源方案，多通道容错技术成为多电飞机大容量电机驱动系统发展的趋势。国内对三级式无刷同步电机、异步电机、开关磁阻的开发应用为航空起动发电系统的研究积累了较多经验，南京航空航天大学和西北工业大学等研究单位分别就多种电机的航空工程应用展开了较多工作，在发电机理、控制策略和励磁拓扑构建等方面进行了专题研究，取得了较多的成果。

永磁双凸极电机(DSPM)在 1992 年由美国威斯康星大学的 Lipo 教授首次提出，该电机集合了永磁无刷直流电机功率密度高、效率高和开关磁阻电机可靠性高的优点，国内外学者对永磁双凸极电机的参数计算、模型建立、分析方法、控制策略进行了深入研究，该电机已有了初步应用。永磁磁通切换电机(FSPM)与永磁双凸极电机结构相似，理论研究和应用探索起步较晚。这两种电机的永磁励磁均位于定子上，称为定子励磁永磁电机。若将永磁换成励磁绕组，则成为电励磁双凸极电机(DSEM)和电励磁磁通切换电机(FSEM)。

由于 DSEM 与 FSEM 的内部磁场可以通过励磁绕组电流来控制，可以简单地实现电动过程的弱磁控制和发电过程的调压控制，故具有成为起动发电机的特有潜质，尤其在航空、车辆等移动电源系统领域中有重要应用价值。

与开关磁阻电机类似，定、转子为凸极的这类电机具有结构简单、体积小、重量轻、功率密度大、可靠性高、成本低的优点，随着研究的加深，这类电机将具有很好的应用前景。

多电飞机的航空电源的起动发电技术的发展目前处于第一代与第二代技术并行的阶段，第一代多电飞机采用外装式起动发电机，有足够大的发电容量，足以取代飞机上的液压系统，供电系统可靠性提高；第二代多电飞机采用发动机内置式起动发电机技术，研发了基于开关磁阻起动发电机的样机，其功率为 500kW，功率密度是现有水平的 3 倍，故障间隔平均时间为 15000h，是现有水平的 6～10 倍。未来第三代多电飞机将综合运用内置式整体起动发电机、超导发电机和储能装置，使多电发动机产生的电力达到几兆瓦，最终实现飞机的分布式电力推动。电机的起动发电技术面临巨大的挑战。

作为 ISG 的几种电机，各有利弊。同步电励磁电机通过调节励磁电流，可以在宽转速范围内运行，但是它的结构特点决定了其输出功率有限，并且由于附加励磁磁场的存在，控制复杂，效率较低；SRM 电机结构简单，控制简单，适合高速运行，可以被运用到电机转速高达 60000r/min 或更高的航空应用上，但它的转矩纹波及噪声大，要求高分辨率的位置检测器；永磁电机比感应电机及开关磁阻电机(SRM)高效，但是它的弱磁控制与故障灭磁保护较难，不能在宽转速范围内保持恒功率输出；异步电机结构简单、坚固可靠、转子结构适合较高速运行，运行平稳、成本低，缺点是功率因数低、起动转矩稍低。几种电机的特点比较如表 8.1 所示。

表 8.1　作为汽车 ISG 应用的电机的特点比较

特点	电励磁同步电机	双凸极类电机及开关磁阻电机	永磁(无刷)电机	异步电机
简单的转子结构		√	√	√
高效率与高功率密度			√	
低转矩纹波与噪声	√		√	√

续表

特点	电励磁同步电机	双凸极类电机及开关磁阻电机	永磁(无刷)电机	异步电机
宽转速范围	√	√		√
高功率应用		√	√	√
制造容易		√		√

开发 ISG 前景很好，值得深入研究，由于一台电机兼顾起动与发电，电机设计本体及其控制上具有区别于仅为电动或发电单一功能电机的特点，从此意义上看，起动发电一体机属于特种电机范畴，每一应用场合均应当进行针对性开发，由此将带来电机设计、控制器设计、控制策略与运行等多方面需要解决的问题。

参考文献

电气学会·42V 电源化调查专门委员会, 2008. 汽车电源的 42V 化技术[M]. 贾要勤, 译. 北京: 科学出版社.

胡育文, 黄文新, 张兰红, 2012. 异步电机（电动发电）直接转矩控制系统[M]. 北京: 机械工业出版社.

黄文新, 张兰红, 胡育文, 2007. 18kW 异步电机高压直流起动发电系统设计与实现[J]. 中国电机工程学报, 27(12): 52-58.

克拉普尔, 2010. 起动机-发电机一体化技术(ISG)未来汽车设计的基础[M]. 中国第一汽车集团公司, 译. 北京: 北京理工大学出版社.

王雨婷, 2017. 直升机电源双凸极起动发电机设计方法与效率优化研究[D]. 南京: 南京航空航天大学.

严加根, 2006. 航空高压直流开关磁阻起动/发电机系统的研究[D]. 南京: 南京航空航天大学.

杨溢炜, 2013. 三级式同步电机的起动控制策略研究[D]. 南京: 南京航空航天大学.

张兰红, 2006. 异步电机起动/发电系统研究[D]. 南京: 南京航空航天大学.

CHEN J T, ZHU Z Q, IWASAKI S, et al., 2011. A novel hybrid-excited switched-flux brushless AC machine for EV/HEV applications[J]. IEEE transactions on vehicular technology, 60(4): 1365-1373.

CHEN Z H, WANG H Z, YAN Y G, 2012. A doubly salient starter/generator with two-section twisted-rotor structure for potential future aerospace application[J]. IEEE transactions on industrial electronics, 59(9): 3588-3595.

CHENG M, HUA W, ZHANG J Z, et al., 2011. Overview of stator-permanent magnet brushless machines[J]. IEEE transactions on industrial electronics, 58(11): 5087-5101.

ELBULUK M E, KANKAM M D, 1997. Potential starter/generator technologies for future aerospace applications[J]. IEEE aerospace and electronic systems magazine, 12(5): 24-31.

GRIFFO A, WROBEL R, MELLOR P H, et al., 2013. Design and characterization of a three-phase brushless exciter for aircraft starter/generator[J]. IEEE transactions on industry applications, 49(5): 2106-2115.

HU Y W, HUANG W X, LI Y, 2010. A novel instantaneous torque control scheme for induction generator systems[J]. IEEE transactions on energy conversion, 25(3): 795-803.

JIA W Y, XIAO L, ZHU D M, 2020. Core-loss analysis of high-speed doubly salient electromagnetic machine for aeronautic starter/generator application[J]. IEEE transactions on industrial electronics, 67(1): 59-68.

JIAO N F, LIU W G, MENG T, et al., 2016. Design and control of a two-phase brushless exciter for aircraft wound-rotor synchronous starter/generator in the starting mode[J]. IEEE transactions on power electronics, 31(6): 4452-4461.

JIAO N F, LIU W G, ZHANG Z, et al., 2017. Field current estimation for wound-rotor synchronous starter-generator with asynchronous brushless exciters[J]. IEEE transactions on energy conversion, 32(4): 1554-1561.

LI J C, ZHANG Z R, LU J W, et al., 2018. Design and characterization of a single-phase main exciter for aircraft wound-rotor synchronous starter-generator[J]. IEEE transactions on magnetics, 54(11): 1-5.

OWEN R L, ZHU Z Q, JEWELL G W, 2010. Hybrid-excited flux-switching permanent-magnet machines with iron flux bridges[J]. IEEE transactions on magnetics, 46(6): 1726-1729.

SHYU K K, LIN J K, PHAM V T, et al., 2010. Global minimum torque ripple design for direct torque control of induction motor drives[J]. IEEE transactions on industrial electronics, 57(9): 3148-3156.

WANG Y, ZHANG Z R, YU L, et al., 2015. Investigation of a variable-speed operating doubly salient brushless generator for automobile on-board generation application[J]. IEEE transactions on magnetics, 51(11): 1-4.

WEI J D, XUE H, ZHOU B, et al., 2020. Rotor position estimation method for brushless synchronous machine based on second-order generated integrator in the starting mode[J]. IEEE transactions on industrial electronics, 67(7): 6135-6146.

XU Y W, ZHANG Z R, BIAN Z M, et al., 2021. Advanced angle control for active rectifier in doubly salient electromagnetic generator system[J]. IEEE transactions on industrial electronics, 68(7): 5672-5682.

YU L, ZHANG Z R, GERADA D, et al., 2018. Performance comparison of doubly salient reluctance generators for high-voltage DC power system of more electric aircraft[C]. 2018 IEEE International Conference on Electrical Systems for Aircraft, Railway, Ship Propulsion and Road Vehicles & International Transportation Electrification Conference (ESARS-ITEC), Nottingham: 1-6.

ZHU Z Q, CHEN J T, 2010. Advanced flux-switching permanent magnet brushless machines[J]. IEEE transactions on magnetics, 46(6): 1447-1453.

第 9 章　混合励磁发电机

9.1　混合励磁发电机的概述

9.1.1　定义与类别

在电机内建立进行机电能量转换所必需的气隙磁场有两种基本方式：一种是电励磁方式；另一种是永磁励磁方式。顾名思义，电励磁方式是由励磁绕组提供励磁，改变励磁电流大小和方向以方便地对气隙磁场进行调节；永磁励磁方式是由永磁体提供励磁，由于永磁体的固有特性，故气隙磁场难以调节。

混合励磁技术是将两种励磁方式进行有机结合，综合两者的优点，克服各自的不足。混合励磁发电机利用混合励磁技术，兼具了永磁发电机高功率密度和电励磁发电机磁场易于调节的优点。

混合励磁发电机结构和运行原理多样，对该类型电机的命名、定义和分类也不尽相同。根据磁路原理，混合励磁电机的永磁磁势和电励磁磁势关系可以归类为串联磁势式、并联磁势式、串并联磁势式和并列磁势式。根据励磁源安置的位置可分为：①永磁励磁源与电励磁源均在转子上；②永磁励磁源位于转子上，电励磁源位于定子上；③永磁励磁源和电励磁源均在定子上。按照两种励磁源的磁势关系对混合励磁发电机进行分类，具体的分类如图 9.1 所示。混合励磁发电机中的串并联磁势混合励磁发电机在不同励磁状态下可以视为串联磁势或并联磁势。

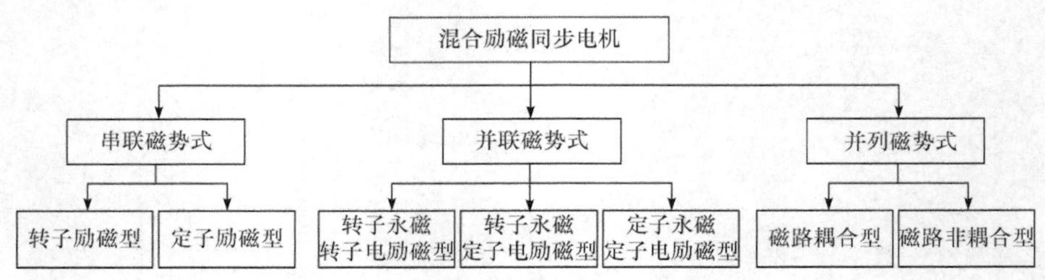

图 9.1　混合励磁发电机的分类

9.1.2　特点与应用领域

传统的电励磁发电机配以励磁电源并通过励磁绕组提供励磁，改变励磁电流可以方便地调节气隙磁场，实现输出电压宽范围调节；断开励磁电路可以实现完全灭磁，达到系统故障保护的目的。但励磁损耗的存在降低了整个发电系统的效率，功率密度相比永磁发电机较低。

永磁发电机用永磁体替代传统电励磁发电机的励磁绕组，省去了电刷和滑环，结构简单，运行可靠，同时也消除了励磁损耗，提高了发电机效率，功率密度大，结构形式多样。

但气隙磁场难以调节，因而发电运行难以实现宽转速范围内输出电压调节和故障灭磁保护。

混合励磁发电机是在永磁发电机基础上通过合理的结构改进的，引入辅助电励磁绕组。为了最大限度地继承永磁发电机高效率的优点，励磁源主要由永磁磁势提供，电励磁磁势主要用来增强或削弱主磁路磁通，起调节作用。

从电机本体来看，由于混合励磁发电机中同时存在两个磁势源，两者磁通路径相互耦合、相互影响，加之这类电机的结构都比较特殊，磁场分布往往呈现三维特性，因此，电磁参数关系复杂，呈很强的非线性。这首先对电机本体的电磁计算、磁场特性的分析方法提出了更高的要求，需要研究以提升效率和功率密度为目的的电机结构拓扑优化方法。

从控制角度来看，混合励磁发电机与稀土永磁发电机比较，多了一个电机性能参数在线可控的环节——励磁电流(不包括永磁电机与无励磁磁阻类电机并列形式)，使它可以具有比现有永磁发电机和电励磁发电机更优越的特性，与电力电子变换器和数字控制器的结合，能够形成一类新的高效电机系统。永磁发电机实现变转速恒压输出需要全功率变换器，降低了系统的功率密度和可靠性。混合励磁发电机可以通过调节直流励磁电流实现宽转速范围内输出恒定电压，这与传统的电励磁同步发电机调压原理与控制规律相似。混合励磁发电机不仅继承了永磁电机功率密度高的特点，也继承了电励磁电机易于实现变转速恒压输出的特点，同时定子励磁型结构消除了旋转整流器，大大简化了系统结构，提高了发电系统的可靠性。

混合励磁发电机“调磁调压”的控制方式基本思想如下：发电机的电枢绕组连接二极管不控整流电路，二极管不控整流电路的输出电压给定值与二极管不控整流电路的输出电压实际值作差，该差值经过比例积分调节器得到混合励磁发电机的励磁电流给定值，利用一个全控变换器实现混合励磁发电机的励磁电流闭环控制，比例积分调节器实现了二极管不控整流电路的输出电压的无静差调节。

混合励磁发电机调压原理如图 9.2 所示，整个电压控制系统有两个反馈环，外环为输出电压环，内环为励磁电流反馈环。输出电压环主要是维持输出电压的稳定性，将给定的基准电压与反馈回来的电压比较后，得到输出电压误差量，经过一个调节器计算得到励磁电流给定量，作为内环励磁电流环的给定量。将输出电压环调节器计算得到的励磁电流给定量和实际检测得到的励磁电流量做比较，得到励磁电流的误差量，再经过一个调节器计算得到励磁调节电路的控制信号，即 PWM 驱动的占空比 D，经过驱动放大后，驱动励磁调节电路中的开关管。整个系统包括检测、计算、驱动放大等重要环节，每个环节的精度和动态性能都影响整个调节系统的性能。

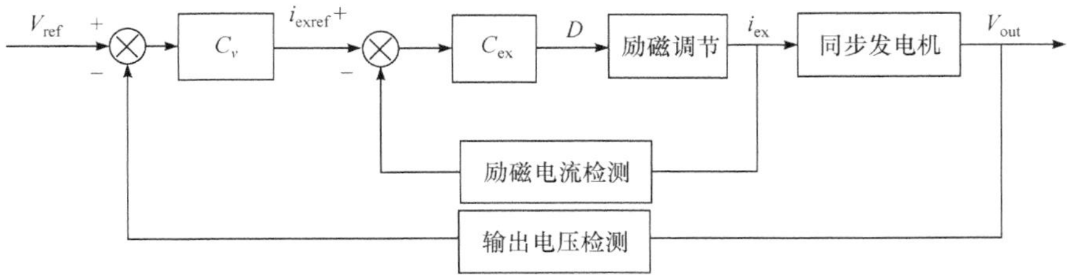

图 9.2　混合励磁交流发电控制框图

在“调磁调压”的控制方式下，混合励磁发电机在空载运行时，电机处于弱磁状态，随着负载的增加，通过调节励磁电流，增大气隙磁密，保持输出电压恒定。串联磁势式及并联磁势式混合励磁发电机通过调节气隙磁密实现输出电压的直接调节，但前者较后者励磁效率低，要达到相同的调压效果，需要提供更大的励磁磁势，对控制器的要求更高；并列磁势式混合励磁发电机通过调节电励磁部分气隙磁密，改变电励磁部分气隙电势，间接实现输出电压调节。

总之，无论发电机本体方面，还是控制系统方面，混合励磁发电机与传统发电机相比都有较明显的区别。混合励磁发电机的特点归纳如下：

(1) 混合励磁发电机内同时存在两个磁势源，与永磁发电机相比，特点在于气隙磁场可调。合理的结构形式应该最大限度地发挥永磁发电机气隙磁密大、功率密度高的优势，同时结合电励磁发电机尽可能宽的气隙磁场调节范围的特点。

(2) 混合励磁发电机内除传统发电机的径向磁场外，多数还有轴向磁场，两者的磁通路径相互耦合、相互影响，电磁特性复杂。另外，混合励磁发电机结构往往比永磁发电机复杂，漏磁现象也更加突出。因此，混合励磁发电机往往需要进行准确的三维场数值计算和分析。

(3) 混合励磁发电机内引入励磁绕组，既可以放置在定子上，也可以放置在转子上。考虑电机无刷化需求，励磁绕组放在定子上为理想的结构形式。

(4) 混合励磁发电机的电励磁磁势对气隙磁场的调节作用与电励磁发电机是有区别的。电励磁发电机的励磁电流单向调节即能满足主磁场从零到额定值的要求，而混合励磁发电机中励磁电流往往需要正负双向变化，从而对气隙磁场起到增强或减弱的双向调节作用。

(5) 混合励磁发电机相比永磁发电机多了一个励磁电流可控环节，励磁电流的高效灵活控制也是实现高性能混合励磁发电系统的关键。

混合励磁电机继承了永磁电机功率密度高和电励磁电机气隙磁场调节方便的特点，作为发电机可以通过励磁电流的调节实现宽转速和负载范围内的恒压输出。在交通运载装备电源系统和风力发电领域具有良好的应用前景，这部分将在9.6节有更为详细的介绍。

9.2　串联磁势式混合励磁发电机

9.2.1　串联磁势式混合励磁发电机磁路原理

串联磁势式混合励磁发电机是指永磁磁势与电励磁磁势在磁路上呈串联关系的混合励磁发电机。由于电励磁磁势与永磁磁势的串联作用，电励磁磁势提供的磁通路径和永磁磁势提供的磁通路径与永磁发电机的磁通路径一致，励磁绕组产生的磁通直接穿过永磁体，永磁体存在较大的不可逆退磁风险，图 9.3 给出了串联磁势式混合励磁发电机的简化等效磁路。

从等效磁路可以推导出气隙主磁通为

$$\Phi_\delta = \Phi_{pm} - \Phi_i = \frac{F_{pm} - F_i}{R_{pm} + R_g + R_{\text{iron1}} + R_{\text{iron2}}} \tag{9.1}$$

通过式(9.1)可以看出，通过调节励磁电流大小和方向可以实现气隙磁通的调节，从而实现发电机输出电压的调节。但是电励磁磁势和永磁体磁势为串联作用关系，这会带来两方面问题：一方面，电励磁磁势产生的磁通路径经过永磁体，磁路磁阻大，因此调节气隙磁场所需的励磁磁势较大，使得铜耗增加，电励磁效率降低；另一方面，电励磁磁势直接作用于永磁体，使永磁体发生不可逆退磁的风险增大。

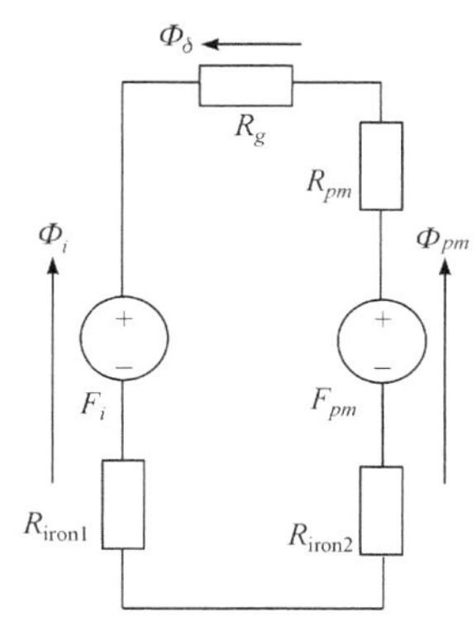

图 9.3　串联磁势式混合励磁发电机等效磁路

9.2.2　串联磁势式混合励磁发电机结构

串联磁势式混合励磁发电机的结构形式和运行原理相对简单，主要有两类形式：永磁体和励磁绕组都位于转子上的转子励磁型；永磁体和励磁绕组都位于定子上的定子励磁型。

1. 转子励磁型

图 9.4 是一种典型的转子励磁型串联磁势式混合励磁发电机结构图。永磁体为表贴径向结构；励磁绕组嵌绕在转子槽中，不需要占用额外的空间；定子铁心无须做特殊处理，结构与传统电机相同。可以看出，永磁磁势和电励磁磁势串联，通过调节励磁电流的大小和方向实现气隙磁场的调节。但由于励磁绕组位于转子上，整个电机仍然为有刷结构，可靠性降低。

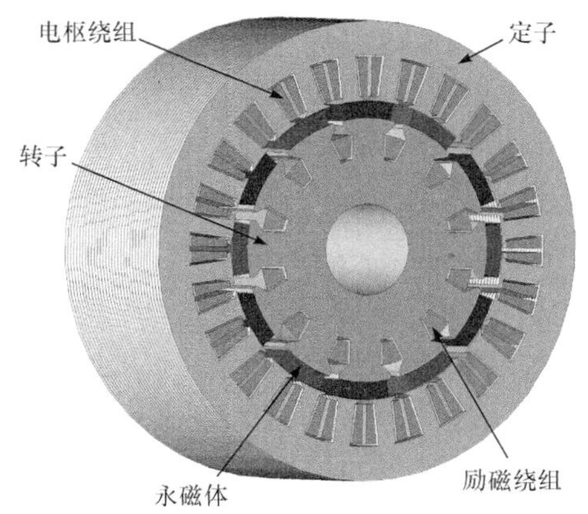

图 9.4　转子励磁型串联磁势式混合励磁发电机

2. 定子励磁型

如图 9.5 所示为一种定子励磁型串联磁势式混合励磁发电机，主要由定子铁心、转子铁心、永磁体、直流励磁绕组、电枢绕组和转轴等部件组成。其中，定、转子铁心由硅钢片叠压而成，且均为凸极结构；永磁体、电枢绕组和励磁绕组在定子上，转子上无绕组，具有结构简单、鲁棒性高、散热效果好等特点；电枢绕组和励磁绕组均为集中绕组，从而大大缩短了端部长度，减少了铜的用量和铜损耗。

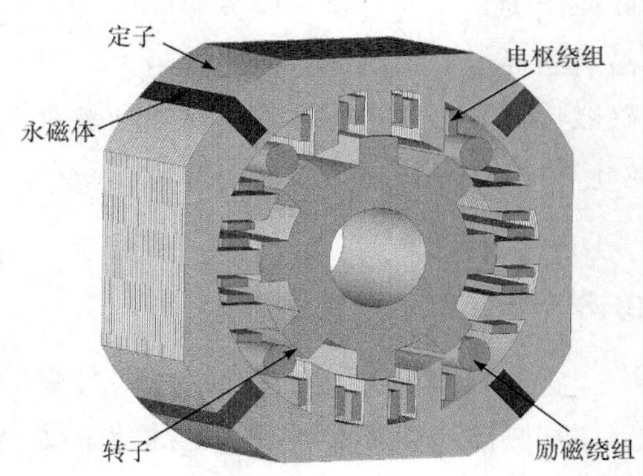

图 9.5　定子励磁型串联磁势式混合励磁发电机

励磁绕组安置在定子槽内，并在电励磁绕组和永磁体之间加入特定尺寸的导磁桥，这样就达到以较小励磁磁势获得较大气隙磁场调节范围的目的，提高了直流励磁的利用率，同时又保证了电机定子铁心为一个整体，简化了电机装配。

9.3　并联磁势式混合励磁发电机

9.3.1　并联磁势式混合励磁发电机磁路原理

并联磁势式混合励磁发电机是指永磁磁势与电励磁磁势在磁路上为并联关系的混合励磁发电机。并联磁势式混合励磁发电机中永磁磁势和电励磁磁势并联作用于气隙磁场，两部分磁路相互耦合，电励磁磁通不必穿过永磁体。图 9.6 给出了并联磁势式混合励磁发电机的简化等效磁路。

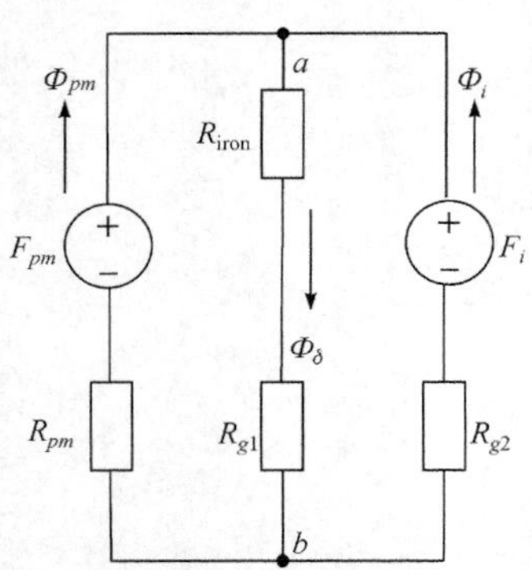

图 9.6　并联磁势式混合励磁发电机等效磁路

从等效磁路可以推导出气隙主磁通为

$$\begin{aligned}\Phi_\delta &= \Phi_{pm} + \Phi_i \\ &= \frac{1}{\dfrac{R_{g1}+R_{\text{iron}}}{R_{pm}} + \dfrac{R_{g1}+R_{\text{iron}}}{R_{g2}} + 1} \times \left(\frac{F_{pm}}{R_{pm}} + \frac{F_i}{R_{g2}}\right)\end{aligned} \tag{9.2}$$

合理设计电机的结构尺寸，可以使 R_{pm}、R_{g1} 和 R_{g2} 有适当的数值，从而改变弱磁状态下气隙磁通大小与调磁范围，改变励磁电流可以有效地控制气隙磁场的强弱。由于励磁绕组产生的磁通并不直接穿过永磁体，所以不存在不可逆退磁风险。相互并联的磁路结构，便于实现电机的增磁与弱磁运行，其弱磁能力优于串联磁势式混合励磁发电机。并联磁势式混合励磁发电机的永磁体、励磁绕组设置也比较灵活，既可以放置在定子上，也可以在转子上，结构形式多样。

9.3.2　并联磁势式混合励磁发电机结构

并联磁势式混合励磁发电机可以根据励磁源放置的位置进行分类，主要有以下三类：①永磁励磁源与电励磁源均在转子上；②永磁励磁源位于转子上，电励磁源位于定子上；③永磁励磁源和电励磁源均在定子上。

1. 永磁励磁源与电励磁源均在转子上

该类型结构励磁绕组位于转子上，仍存在电刷和滑环。如图 9.7 所示为一种车载双轴混合励磁发电机(Biaxial Excitation Generator for Automobiles, BEGA)。双轴混合励磁发电机的 d 轴磁路和普通电励磁发电机转子励磁轴上的磁路相似，磁通路径为：转子轭部→转子极靴→定转子之间的气隙→定子齿→定子轭部→定子齿→定转子之间的气隙→转子极靴→转子轭部，其磁路磁阻小，故其 d 轴电抗很大。双轴混合励磁发电机的 q 轴磁路磁通路径则为转子轭部→永磁体→隔磁槽→不导磁槽楔→定转子之间的气隙→定子齿→定子轭部→定子齿→定转子之间的气隙→不导磁槽楔→隔磁槽→永磁体→转子轭部。由于 q 轴磁路上隔磁槽的存在，磁路磁阻大，故双轴混合励磁发电机的 q 轴电抗很小。在双轴混合励磁发电机额定运行时，定子 q 轴电流 i_q 产生的磁场与永磁体产生的磁场相抵消。发电运行状态下，该类型电机与直流有刷电机相似，永磁体起到补偿绕组的作用，用于抵消电枢反应气隙磁场产生的畸变。该类型电机在调节气隙磁场时非常方便，只需要直接调节位于 d 轴的转子部分的励磁绕组中通过的励磁电流，就可以实现对电机的调磁。该混合励磁拓扑结构永磁体磁场磁路和电励磁有共用磁路，铁磁材料的利用率高，电机的功率密度高。

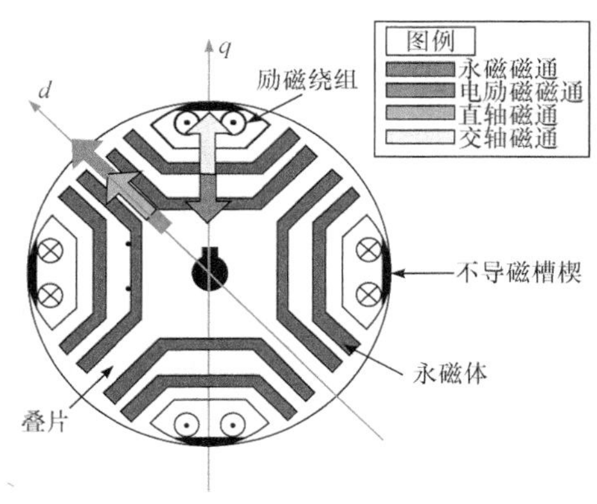

图 9.7　BEGA 混合励磁拓扑

2. 永磁励磁源位于转子上，电励磁源位于定子上

这类电机电励磁源不随转子转动，省去了电刷和滑环，提高了电机可靠性。如图 9.8 所示为转子磁分路混合励磁发电机。该混合励磁拓扑结构是在传统的切向磁钢永磁发电机的结构基础上，将转子的 N、S 极导磁体分别沿轴向延伸，N 极延伸后集合于圆环形极靴，S 极延伸后集合于外径较小的圆柱形极靴。两个极靴中间设置圆环形的导磁桥，导磁桥内嵌绕励磁绕组，这种结构也是通过改变励磁电流来控制轴向磁通进而调节主气隙磁通。混合励磁发电机内部同时存在轴向磁通和径向磁通，环形导磁桥内的励磁绕组没有励磁电流时，由于附加气隙相对于主气隙较小，永磁体磁通主要由轴向磁路经过附加气隙，主气隙中磁通较少，电机处于弱磁状态；励磁绕组通入某一方向励磁电流时，励磁磁场可以阻碍永磁体产生的轴向磁通，从而增大主气隙磁通；励磁绕组通入反方向电流时，可以进一步弱磁。

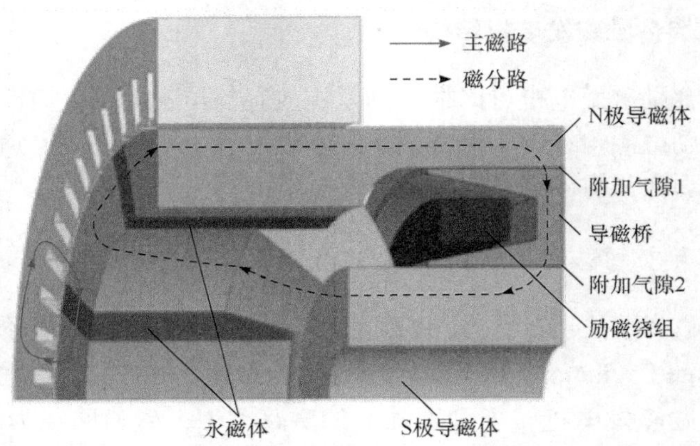

图 9.8　转子磁分路混合励磁发电机结构示意图

为了改善转子磁分路混合励磁发电机的性能，拓宽其应用范围，基于该拓扑相继发展了双端转子磁分路、轴向附加气隙转子磁分路、轴向非均匀气隙转子磁分路、内置导磁桥转子磁分路混合励磁发电机。双端转子磁分路混合励磁发电机结构如图 9.9 所示，定子部分依然沿用传统的永磁发电机的定子铁心，转子可看成由两段单端转子磁分路混合励磁发电机的转子对接而成，这样就形成了两条轴向磁路。在同样的定子内外径情况下，定子铁心长增加了一倍，在长径比增加的情况下同样能保证其调磁性能。此外，两套励磁绕组既可以串联，也可以并联，还可独立进行控制，其连接方式可灵活选择，采取并联式的连接方式可以在一套绕组发生开路故障时保证电机正常工作，提高了电机的可靠性。

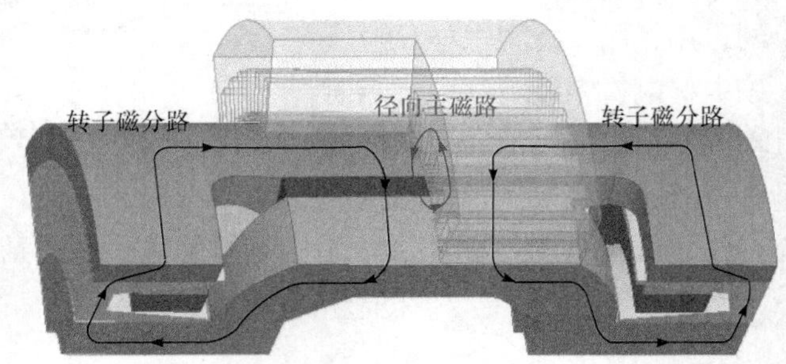

图 9.9　双端转子磁分路混合励磁发电机的轴向磁路示意图

轴向非均匀气隙转子磁分路混合励磁发电机结构示意图如图 9.10 所示，该发电机实现了转子磁分路混合励磁发电机完全灭磁，提高了电励磁在电机中的调节效率，增加了调磁范围。因此考虑并列结构的转子磁分路混合励磁发电机，减小转子磁分路混合励磁发电机中的永磁体的轴向长度，这样电机的有效部分就分为有永磁体的永磁侧和没有永磁体的电励磁侧，电励磁侧在转子的延伸方向。一方面，由于永磁体减小，在没有励磁电流时电机中的磁场减小了；另一方面，在电励磁侧可以实现磁通的双向调节，提高了整个电机的弱磁能力，通过调节永磁侧和电励磁侧的长度比例以及两部分对应的主气隙大小，可以实现电机的完全弱磁甚至出现磁通反向。

还有很多永磁励磁源位于转子上、电励磁源位于定子上的混合励磁发电机结构，图 9.11

所示为旁路式混合励磁发电机的结构，图 9.12 所示为转子磁极分割型混合励磁发电机。旁路式混合励磁发电机的特点在于转子表面磁极由永磁极和铁心极交错排列构成，所有的永磁极极性相同。机壳和左右两个端盖需由导磁材料制成，两个端盖内侧为带有双向侧壁的凸缘，凸缘的内侧壁与转子铁心之间留有较小的气隙(第二气隙)，而凸缘的外侧壁与左右两个端盖内壁之间形成的环形凹槽可以嵌入励磁绕组，两套直流励磁绕组电流大小相同、方向相反。电机的极对数等于转子永磁极个数，也就是铁心极的个数。

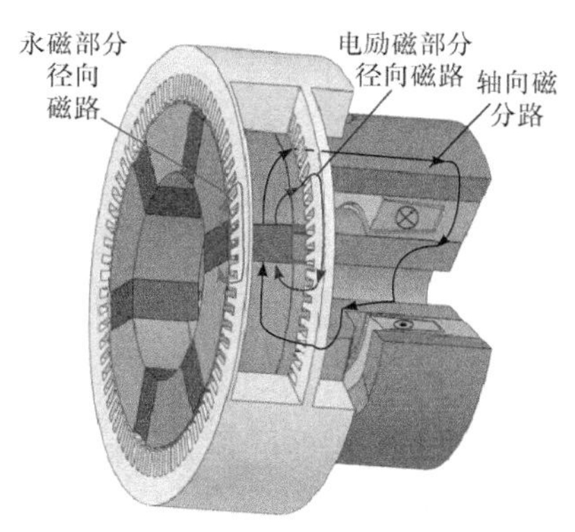

图 9.10　轴向非均匀气隙转子磁分路混合励磁发电机结构示意图

转子磁极分割型混合励磁发电机具有径向式和轴向式两种结构，基本结构如图 9.12 所示，这里以径向式为例说明其磁路结构和工作原理。该电机的定子电枢绕组为常规的三相对称绕组。定子铁心由叠片铁心和实心的定子轭部组成。叠片铁心被定子环形直流励磁绕组分成两部分，定子轭部也可以看作轴向导磁的机壳，一方面实现两部分叠片铁心的机械连接，另一方面提供励磁绕组的轴向磁路。转子也分成两部分：N 极端和 S 极端。每极端由同极性的永磁体和铁心形成的中间极交错排列，且两部分的 N、S 永磁极及中间极也交错排列。转子铁心和转轴间有一实心导磁套筒(转子轭部)，用于给电励磁磁通提供轴向的磁路。

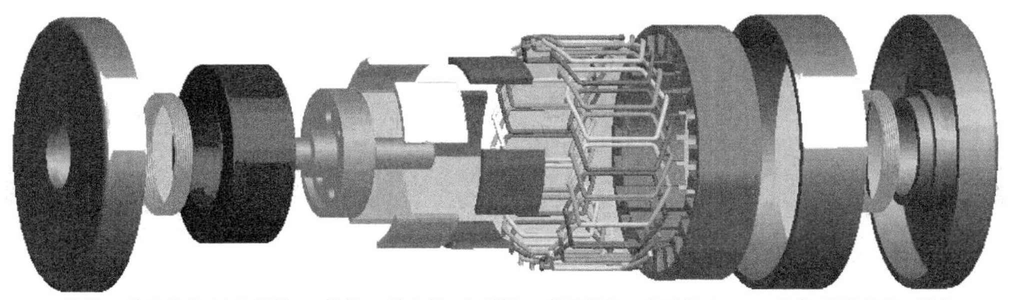

图 9.11　旁路式混合励磁发电机结构

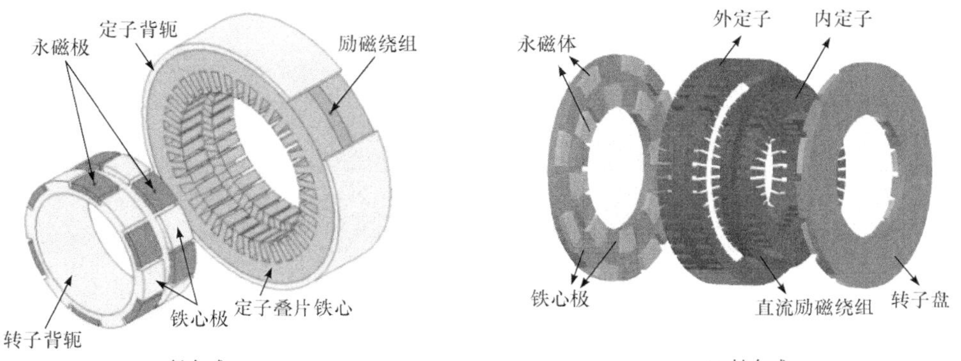

图 9.12　转子磁极分割型混合励磁发电机

若定子上的直流励磁绕组无电流，则气隙磁场仅由永磁体产生，其主磁通的路径为永磁体 N 极→气隙→叠片定子→定子轭部→叠片定子→气隙→永磁体 S 极→叠片转子→转子轭部→叠片转子→永磁体 N 极。

当直流励磁绕组中通入电流时，由于铁心极磁阻较永磁体小得多，故直流励磁磁通的路径为铁心极→气隙→叠片定子→定子轭部→叠片定子→气隙→铁心极→叠片转子→转子轭部→叠片转子→铁心极。若通入某一方向的励磁电流时，同一极下铁心极和永磁极极性相反，则气隙磁密减弱，达到弱磁的效果，如图 9.13(a)所示；若改变励磁电流的方向，则同一极性下铁心极和永磁极极性相同，气隙磁密增强，达到增磁的效果，如图 9.13(b)所示。

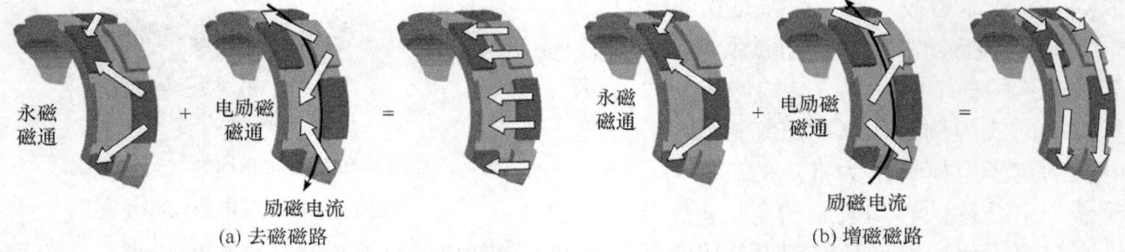

图 9.13　转子磁极分割型混合励磁发电机磁路示意图

3. *永磁励磁源和电励磁源均在定子上*

这类转子结构可以大大简化，转子多为凸极结构。图 9.14 为一种典型双凸极混合励磁发电机拓扑结构，主要由定子铁心、转子铁心、永磁体、励磁绕组、电枢绕组和转轴等部件组成。

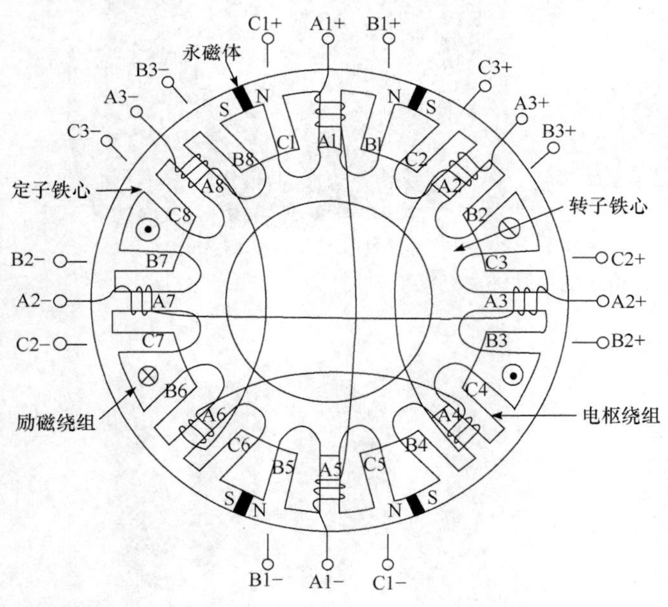

图 9.14　双凸极混合励磁拓扑

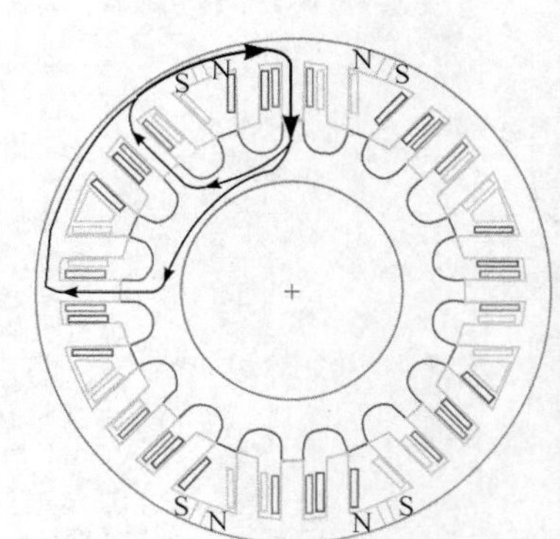

图 9.15　$I_f=0$ 时双凸极混合励磁发电机磁通路径图

双凸极混合励磁发电机的主磁场由永磁磁场和电励磁磁场共同作用产生，改变励磁电流的方向可起到增磁或去磁的作用。根据双凸极电机内磁场方向交错分布的特点定义双凸极混合励磁发电机励磁电流的正方向。以 24/16 极双凸极混合励磁发电机为例，当励磁电流为零时，其磁通路径如图 9.15 所示：永磁体 N 极→定子轭部→定子齿→气隙→转子齿→转子轭部→转子齿→气隙→定子齿→定子轭部→永磁体 S 极。

图 9.16 为励磁电流不为零时双凸极混合励磁发电机的调磁原理图。如图 9.16(a)所示，当励磁电流为负时，电励磁磁场(图示虚线部分)对位于永磁体与励磁绕组之间的气隙圆周段的磁场起削弱作用，但增强了位于相邻两套励磁绕组之间的气隙圆周段的磁场；当增加负向励磁电流至一定值时，永磁体与励磁绕组之间的气隙圆周段的磁场将被削弱至零；此时继续增加负向励磁电流，永磁体与励磁绕组之间的气隙磁场将改变方向，与零励磁时该部分的气隙磁场方向相反；同理，正向励磁电流同样也会增强或削弱电机不同部分的气隙磁场，甚至改变其初始方向。

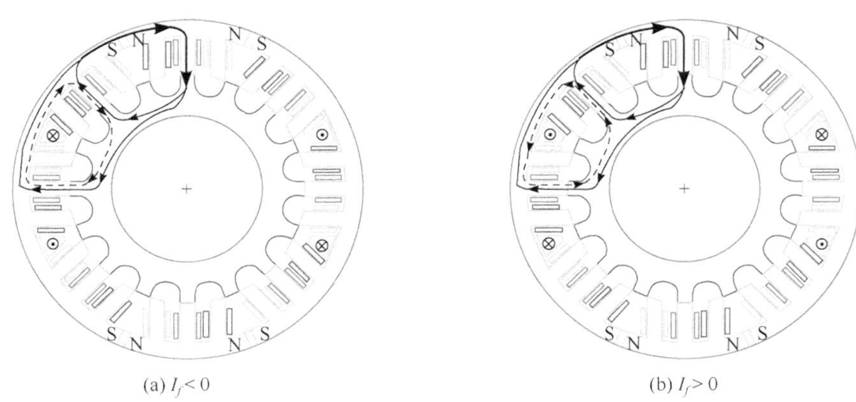

(a) $I_f<0$　　(b) $I_f>0$

图 9.16　$I_f\neq 0$ 时双凸极混合励磁发电机调磁原理图

图 9.17 为另一种励磁源均在定子上的混合励磁的拓扑结构——混合励磁磁通切换发电机。混合励磁磁通切换发电机是在永磁磁通切换发电机外圆周上安装直流励磁绕组，励磁绕组外侧有导磁桥连接，直流励磁磁动势大小和方向随着励磁电流改变而变化，达到调节主磁场的目的。混合励磁磁通切换电机的定子铁心是一个整体，有利于电机安装。该结构

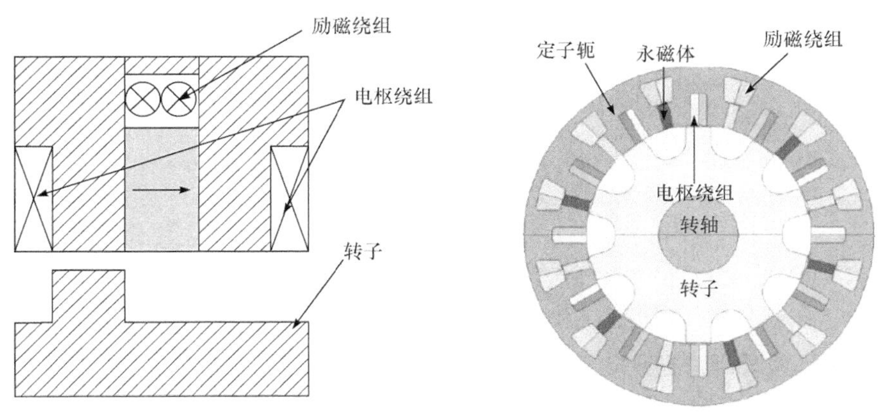

图 9.17　混合励磁磁通切换发电机

下，励磁绕组无须覆盖电枢绕组，但为了提升励磁绕组安放空间，需要提高定子外径，影响电机转矩密度大小。

对于串并联混合励磁发电机，此处作简单介绍。混合励磁变磁极同步电机是典型的串并联结构，如图 9.18 所示。它的转子上既有永磁磁极(4 极)，又有电励磁磁极(2 极)，定子仍为传统的多相电机的定子结构。当励磁电流产生的磁场方向与相邻永磁体的磁场方向相反时，混合励磁变磁极同步电机是一个 6 极电机，如图 9.19(a)所示，此时电励磁磁势和永磁磁势为串联关系，可作为串联式混合励磁发电机进行分析；当励磁电流产生的磁场方向与相邻永磁体的磁场方向相同时，混合励磁变磁极同步电机是一个 2 极电机，如图 9.19(b)所示，此时电励磁磁势和永磁磁势为并联关系，可作为并联式混合励磁发电机进行分析。

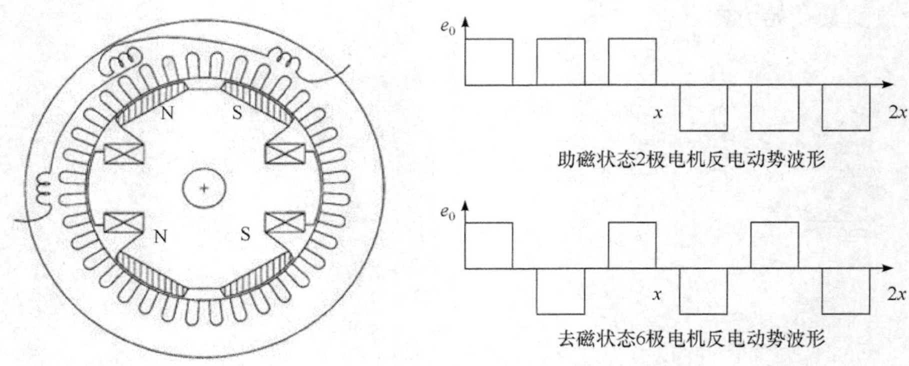

图 9.18 混合励磁变磁极同步电机结构示意图

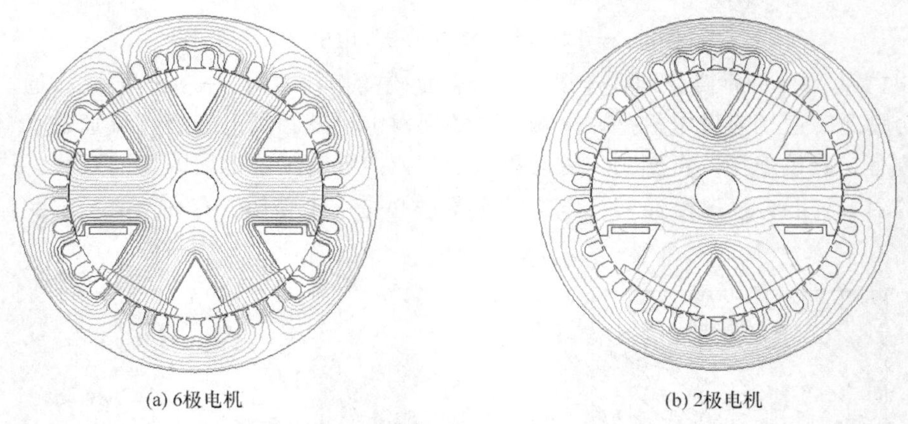

图 9.19 混合励磁变磁极同步电机磁路

9.4 并列磁势式混合励磁发电机

9.4.1 并列磁势式混合励磁发电机磁路原理

混合励磁发电机由于在性能上的优势，受到越来越多的人关注，但传统的混合励磁电机大多磁路都较为复杂。在实际应用中存在电机结构复杂、加工工艺难度大，永磁体工作点变化、可靠性降低的特点。因此有学者提出了结构较为简单、磁路相互独立的并列式混合励磁电机。

并列磁势式混合励磁发电机具有并联磁势式混合励磁发电机电励磁磁路不经过永磁体的优势，同时永磁磁路与电励磁磁路彼此独立。并列磁势式混合励磁发电机中永磁磁势和电励磁磁势共同作用于气隙磁场，两部分磁路没有耦合。图 9.20 给出了并联磁势式混合励磁发电机的简化等效磁路。

从等效磁路可以推导出气隙主磁通为

$$\Phi_\delta = \Phi_{pm} + \Phi_i = \frac{F_{pm}}{R_{pm} + R_{g1} + R_{\text{iron1}}} + \frac{F_i}{R_{g2} + R_{\text{iron2}}} \tag{9.3}$$

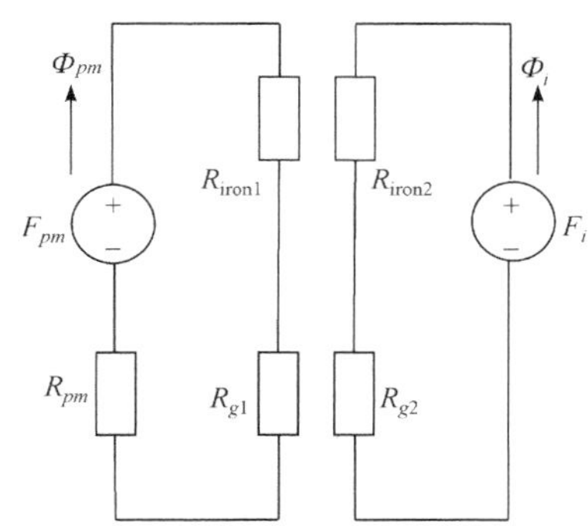

图 9.20　并联磁势式混合励磁发电机等效磁路

容易看出，通过调节励磁电流大小和方向可以实现气隙磁通的调节，从而实现发电机输出电压的调节。电励磁磁势和永磁体磁势磁路彼此独立，电励磁磁路不经过永磁体，磁路磁阻小，可以实现励磁电流对气隙主磁通的有效调节。并列磁势式混合励磁发电机两部分磁路可以分别进行优化设计，从而实现两种磁势源的高效叠加。

9.4.2　并列磁势式混合励磁发电机结构

并列磁势式混合励磁电机的永磁电机部分和电励磁电机部分转子同轴连接，共用一套电枢绕组或者将电枢绕组对应串联。并列磁势式混合励磁电机由永磁部分和电励磁部分组成，根据励磁源位置的不同，永磁部分可以分为定子励磁型和转子励磁型。同样，电励磁部分可以分为三类：定子励磁型、转子励磁型和磁阻类电机。对两种不同类型的电机进行排列组合，得到 6 种组合形式，如表 9.1 所示。

表 9.1　并列磁势式混合励磁电机组成形式

拓扑	组合形式
1	转子励磁型永磁电机+无励磁绕组磁阻类电机
2	转子励磁型永磁电机+转子励磁型电励磁电机
3	转子励磁型永磁电机+定子励磁型电励磁电机
4	定子励磁型永磁电机+无励磁绕组磁阻类电机
5	定子励磁型永磁电机+转子励磁型电励磁电机
6	定子励磁型永磁电机+定子励磁型电励磁电机

并列磁势式混合励磁电机拓扑 1(转子励磁型永磁电机+无励磁绕组磁阻类电机)如图 9.21 所示，电机的转子由一个表贴式永磁电机转子和磁阻电机转子组成，属于拓扑 1“转子励磁型永磁电机+无励磁绕组磁阻类电机”；该电机中并没有真正的电励磁绕组和电励磁磁场，电机工作在弱磁区域时，磁阻电机部分产生的转矩提高了电机的恒功率区域的运行能力。图 9.22 中的励磁绕组放置在转子上，电机是有刷结构，属于拓扑 2“转子励磁型永磁电机+转子励磁型电励磁电机”。为提高电机的可靠性，图 9.23 引入两个附加气隙实现了电机的无刷结构(示意图如图 9.24 所示，由于 2 个附加气隙的存在，图中励磁绕组不随电机转子旋转，为静止结构)。

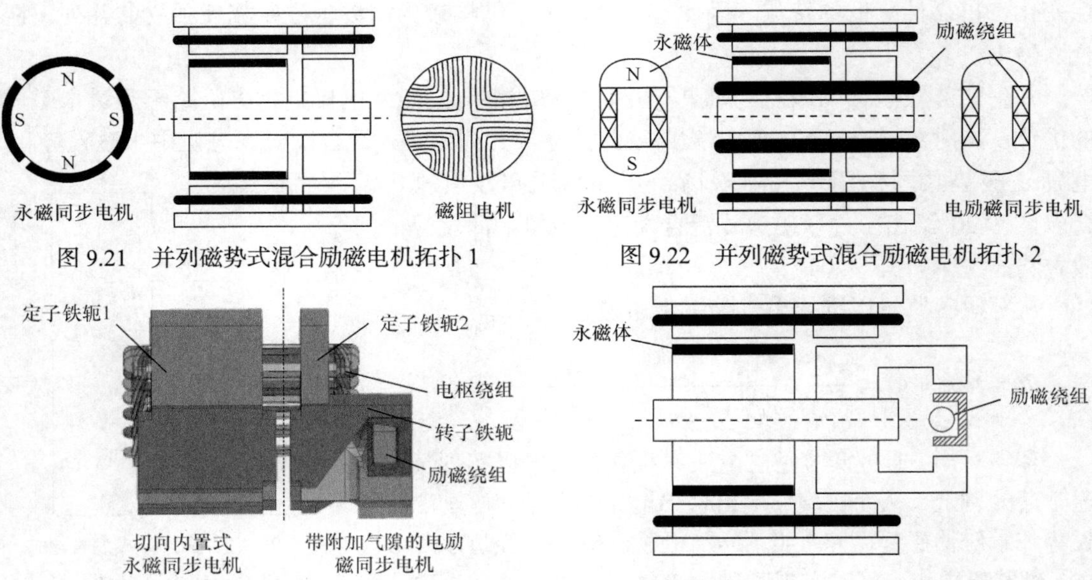

图 9.21　并列磁势式混合励磁电机拓扑 1

图 9.22　并列磁势式混合励磁电机拓扑 2

图 9.23　并列磁势式混合励磁电机拓扑 3

图 9.24　并列磁势式混合励磁电机拓扑 3 示意图

并列磁势式混合励磁电机拓扑 4 如图 9.25 所示，在拓扑 1 的基础上在磁阻电机中引入定子励磁绕组，实现直流无刷励磁，属于拓扑 3“转子励磁型永磁电机+定子励磁型电励磁电机”，兼具永磁电机功率密度高和电励磁电机磁场调节简单的优势。

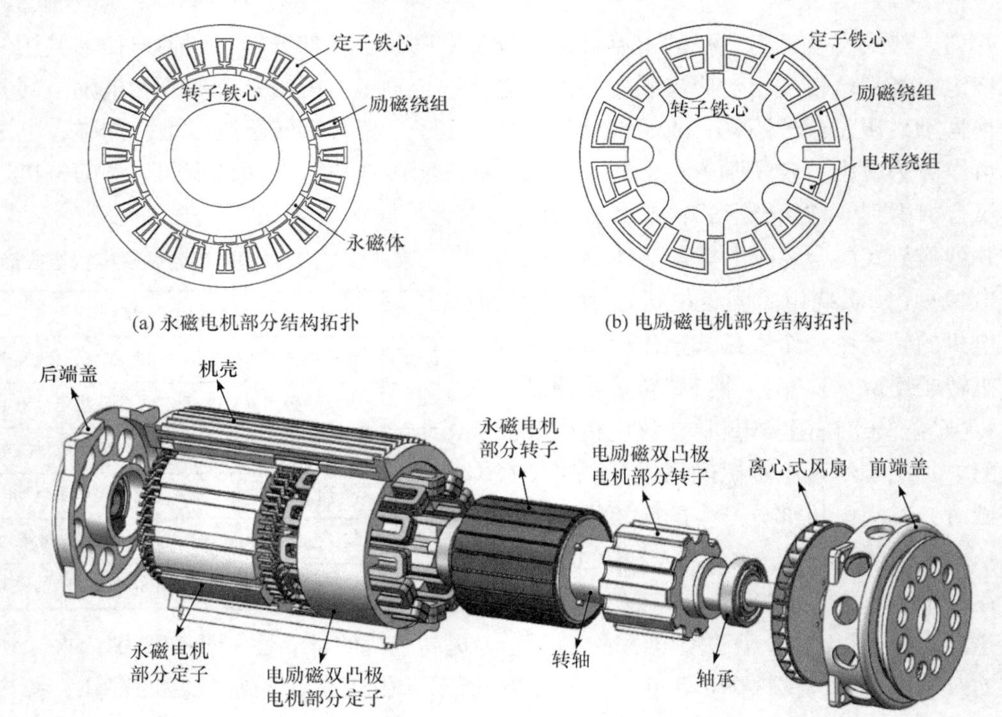

(a) 永磁电机部分结构拓扑

(b) 电励磁电机部分结构拓扑

(c) 电机三维结构

图 9.25　并列磁势式混合励磁电机拓扑 4

两部分电机均采用定子励磁结构(拓扑 6“定子励磁型永磁电机+定子励磁型电励磁电机”)，可以得到并列磁势式混合励磁双凸极电机(图 9.26)和并列磁势式混合励磁磁通切换电机(图 9.27)。对于并列磁势式混合励磁磁通切换电机，当励磁绕组通入正向励磁电流时，励磁绕组在电枢绕组中产生的励磁磁场与永磁体产生的励磁磁场极性一致，电机处于增磁状态，如图 9.27(c)所示；当励磁绕组通入负向励磁电流时，励磁绕组在电枢绕组中产生的励磁磁场与永磁体产生的励磁磁场极性相反，电机处于弱磁状态，如图 9.27(d)所示。合理设计电励磁部分和永磁部分的轴向长度比例，可以实现电机磁场调节能力的改变。

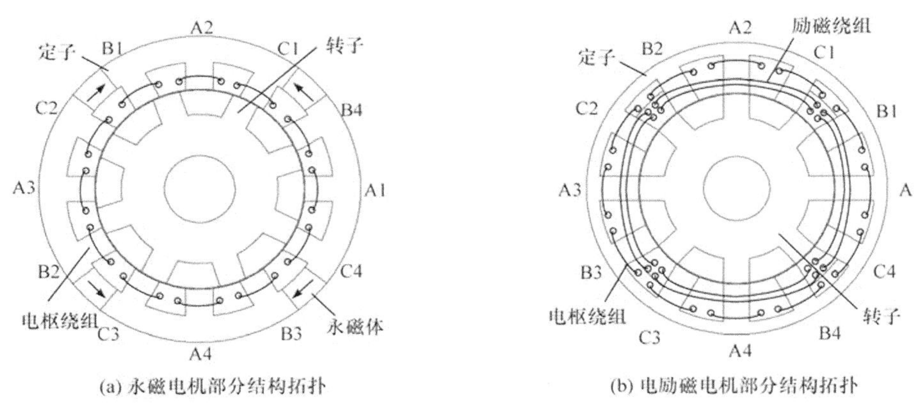

(a) 永磁电机部分结构拓扑　　(b) 电励磁电机部分结构拓扑

图 9.26　并列磁势式混合励磁电机拓扑 5

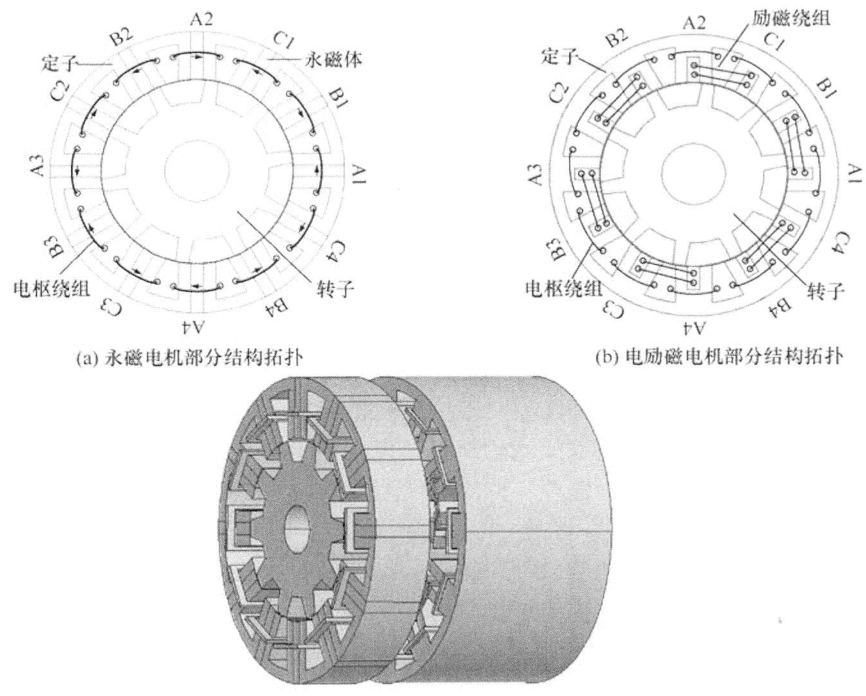

(a) 永磁电机部分结构拓扑　　(b) 电励磁电机部分结构拓扑

(c) 永磁电机部分结构拓扑

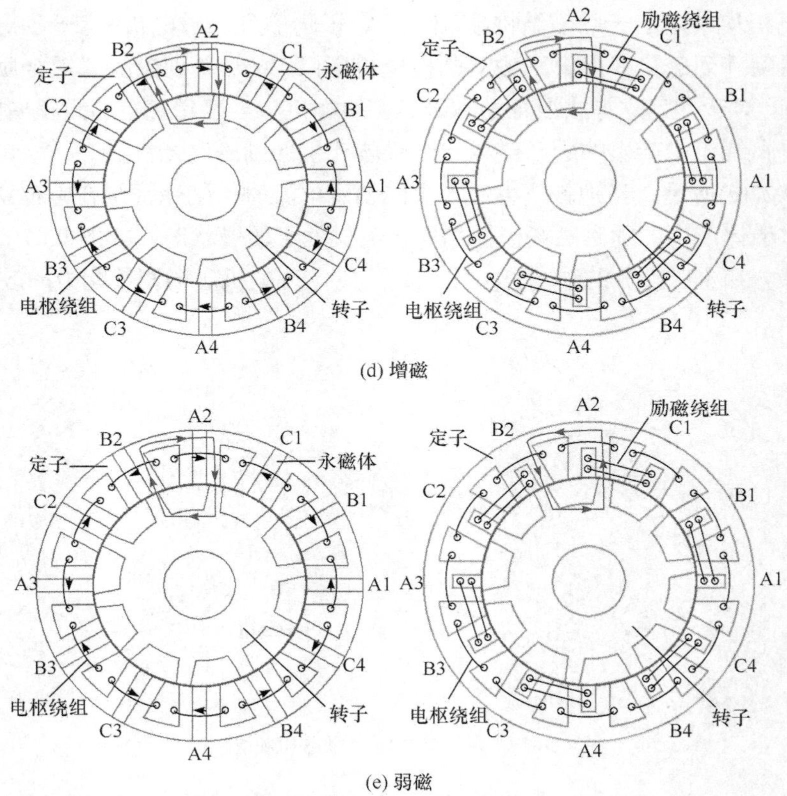

图 9.27　并列磁势式混合励磁电机拓扑 6

并列磁势式混合励磁电机的电励磁部分和永磁部分磁路是独立的，因此，即使处于弱磁状态甚至故障灭磁状态，电励磁磁场均不会引起永磁体的退磁。

9.5　混合励磁发电机的应用和发展

9.5.1　混合励磁发电机的起源

机电能量转换中，电机可以通过磁场进行能量转换，也可以通过电场进行能量转换，但是电场型电机能量密度太低，不实用，故而现在的电机基本都是通过磁场进行能量转换的。构成磁场的激励源可以是电流或永磁材料，电励磁电机为了提高励磁效率，通常气隙较小，电枢反应严重，过载能力较差，同时转子直流励磁无刷结构需要通过多级组合结构实现，结构复杂，高速运行困难；永磁电机采用永磁材料励磁，不存在励磁损耗，效率高，同时电枢反应的影响较小，过载能力相对较强，同时转子励磁无刷结构简单，易于实现高速运行。但是永磁同步电机由永磁体提供励磁，气隙磁场难以调节，因而发电运行难以实现正常运行时的输出电压调节和发生故障时的灭磁保护。

由上述可知，永磁电机相比于电励磁电机更容易实现高功率密度、高转矩密度、高效的现代化电机系统，但是由于气隙磁场难以调节的问题限制了其应用，为了进一步解决这一难题，实现永磁电机的推广应用，国内外学者针对永磁电机磁通调节技术展开了大量研究并取得了诸多进展，混合励磁电机技术是永磁电机磁通调节技术的重要研究方向。目前，效果较好的永磁电机磁通调节技术主要方向有电枢电流调磁、励磁电流调磁、机械调磁、脉冲电流调磁。

电枢电流调磁通过调整电枢电流角度进行调磁，无附加结构，易于实现，技术成熟，但调磁效率较低，退磁风险大。机械调磁通过机械作动机构调节电机定转子结构，改变绕组匝链的磁通，从而进行调磁，无附加损耗，效率高，但作动机构体积较大、控制复杂，影响电机系统功率密度。永磁材料调磁通过脉冲电流对低矫顽力的永磁体进行在线充去磁，效率高，但低矫顽力的永磁体磁能积较低，影响电机转矩/功率密度。励磁电流调磁通过引入电励磁绕组调节励磁磁势进行增磁或弱磁，但结构复杂，漏磁严重，产生励磁损耗。

美国学者 Fredenrick 等最先采用励磁电流调磁技术并提出混合励磁同步电机(Hybrid Excitation Synchronous Machine，HESM)拓扑结构。国内外学者针对结构拓扑和控制策略展开研究，在风力发电、飞机和车载电源等独立发电领域的应用取得了诸多进展。混合励磁电机结构和运行原理多样，对该类型电机的命名、定义和分类也不尽相同。永磁磁势与电励磁磁势同时存在，增加了混合励磁电机磁路的复杂程度。根据磁路原理，永磁磁势与电励磁磁势的关系主要分为三类：串联磁势、并联磁势和并列磁势。通过采用混合励磁技术，利用定子电励磁磁势对气隙磁场进行调节，同时实现无刷励磁。对于交流发电系统，可采用“转子磁分路”混合励磁电机，相比于三级式同步电机，转子无励磁绕组，消除了旋转整流器，提高了电机的功率密度，同时易于实现起动。对于直流发电系统，因对反电动势正弦度没有具体要求，可选用的混合励磁电机种类较多。

9.5.2　混合励磁发电机的国内外研究概况

混合励磁电机拓扑结构丰富，继承了电励磁电机磁通调节方便的优势，应用在电源系统中具有与电励磁电机类似的系统结构，便于实现宽转速范围内恒压运行，引起了国内外学者广泛的兴趣。国内外学者针对混合励磁电机的研究主要集中在拓扑研究上，并在此基础上提出了具有不同励磁方式的交、直流电源系统拓扑。美国威斯康星大学麦迪逊分校、英国谢菲尔德大学和布里斯托大学、法国巴黎大学、芬兰拉彭兰塔工业大学是国际上该领域研究中具有代表性的科研院校，研究内容包括串联磁路式混合励磁电机的本体优化设计及其电磁性能、并列磁势式混合励磁电机的本体优化设计及其电磁性能、混合励磁电机的转矩特性、混合励磁无刷直流发电系统拓扑及其应用于飞机 270V 高压直流系统的基本性能。谢菲尔德大学针对混合励磁系统切换电机的极槽配合、电励磁磁通与永磁磁通耦合形式、电枢绕组的结构形式等电机拓扑优化设计方面开展了全面的研究，并在此基础上提出了新型并联磁路式双转子混合励磁电机拓扑，也通过实验对样机进行了原理验证；加拿大麦格纳动力总成公司对应用在高压直流风力发电场合的混合励磁电机拓扑和基本性能进行了研究，如图 9.28 所示，俄罗斯俄技集团(Rostec)旗下的技术动力控股公司(Technodinamika)对并列磁路式混合励磁电机应用于直升机低压直流起动发电系统的关键技术进行了研究。

我国海军工程大学对高速混合励磁发电机的适用拓扑及其建模方法进行了深入研究与验证，并对其作为电励磁同步电机的励磁机的建模和基本特性进行了研究，如图 9.29 所示。

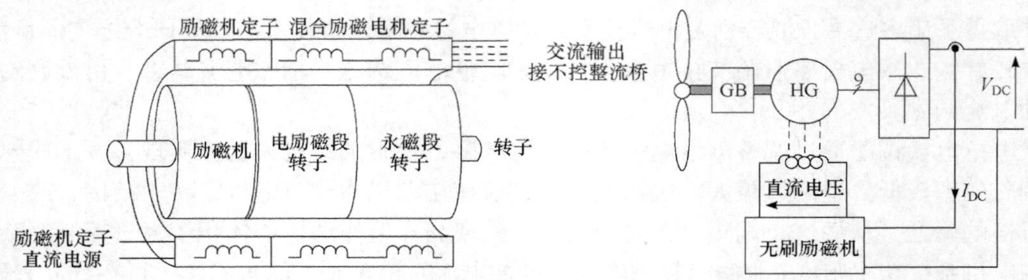

图 9.28　混合励磁电机应用于高压直流风力发电系统

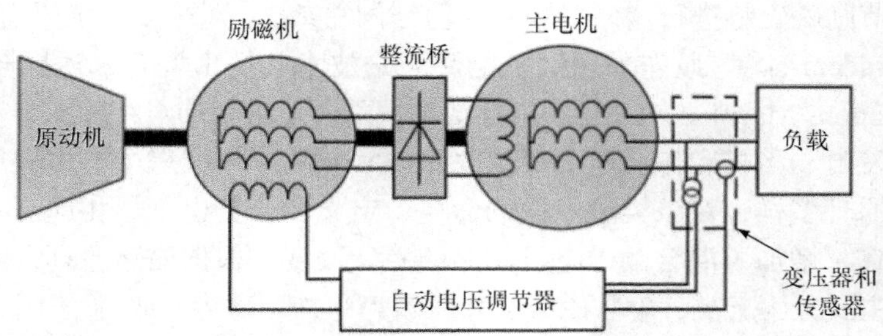

图 9.29　发电系统示意图

东南大学也对混合励磁电机开展了相关研究与验证，详细研究了不同拓扑类型的串联磁路式混合励磁电机的设计与优化，特别是研究了不同拓扑结构的记忆电机的电磁特性，并对多相混合励磁容错电机的容错运行特性进行了研究和分析，多相双定子串联磁路式混合励磁电机如图 9.30 所示，提出了轴向磁通混合励磁电机并对其应用在驱动领域的控制方法进行了研究。

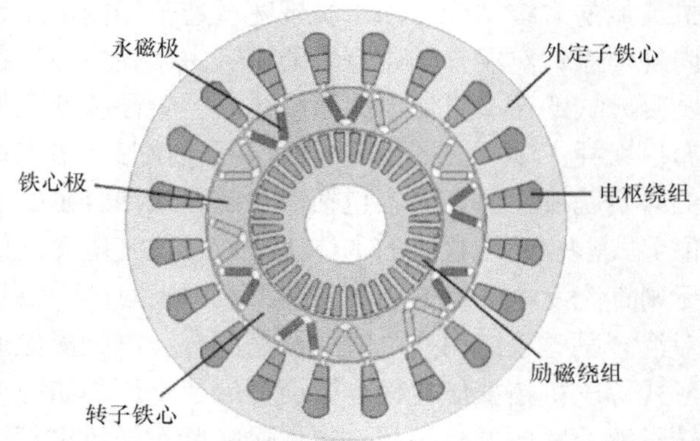

图 9.30　多相双定子串联磁路式混合励磁电机

香港学者对混合励磁电机的拓扑结构进行了理论研究和实验，丰富了混合励磁电机的拓扑类型，完善了混合励磁电机的分析手段：香港理工大学针对混合励磁游标电机开展了一系列研究，提出了有独立励磁绕组的双层永磁体混合励磁电机并对其运行原理进行了研究，如图 9.31 所示，在此基础上，香港理工大学还研究了无独立励磁绕组的双层永磁体混合励磁电机，采用两套电枢绕组并用两个全桥逆变器分别控制，混合励磁电机也采用双电

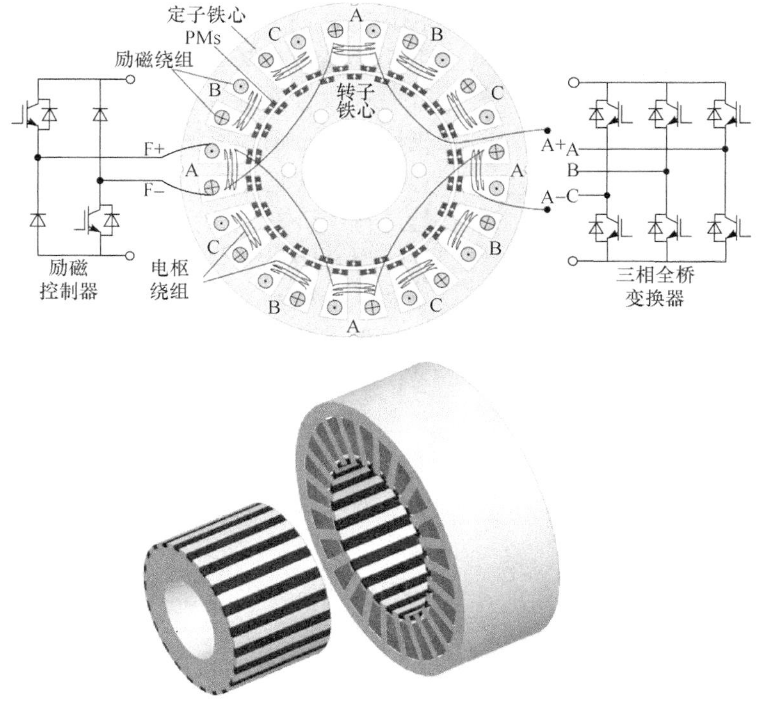

图 9.31　有独立励磁绕组的双层永磁体混合励磁电机

枢绕组的形式，无独立的励磁绕组，提出并研究了双转子(永磁极转子、调制极转子)混合励磁电机。香港城市大学研究了应用于混合动力汽车的并联磁路式混合励磁起动发电系统的结构和电机的基本电磁特性，提出了应用于机器人机械臂的内外双定子混合励磁磁通调制电机并对其运行原理进行了研究。

南京航空航天大学对混合励磁电机应用于飞机电源起动发电系统和车载电源系统开展了一系列研究与实践，研究了并列磁势式混合励磁磁通切换发电机和并列磁势式混合励磁双凸极电机的控制方式，以及开绕组并列磁势式混合励磁磁通切换发电机的功率分配和控制策略等，如图 9.32 所示。针对航空变频交流起动发电系统的应用场合，提出并研制了转

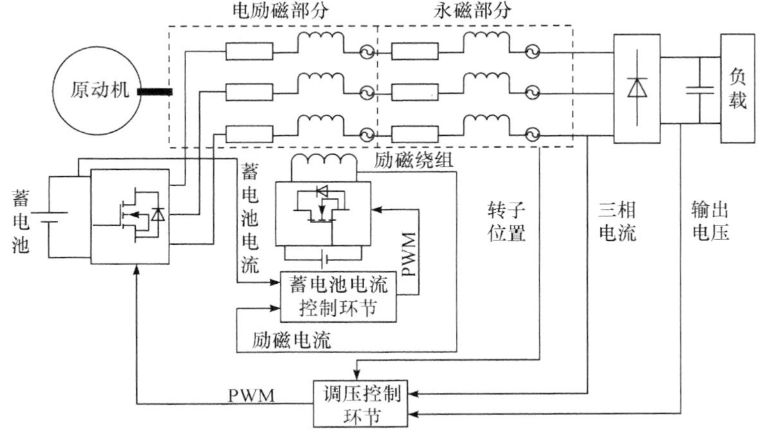

图 9.32　开绕组并列磁势式混合励磁磁通切换电机

子磁分路混合励磁电机，其发电系统原理图如图 9.33 所示，对转子磁分路电机的建模、发电系统结构和基本电磁性能进行了系统的研究。针对车载直流电源系统应用场合研制开发了并列磁势式混合励磁电机，对不同运行原理电机组合运行的基本理论、工作模态及其无功功率补偿特性进行了研究与实验。

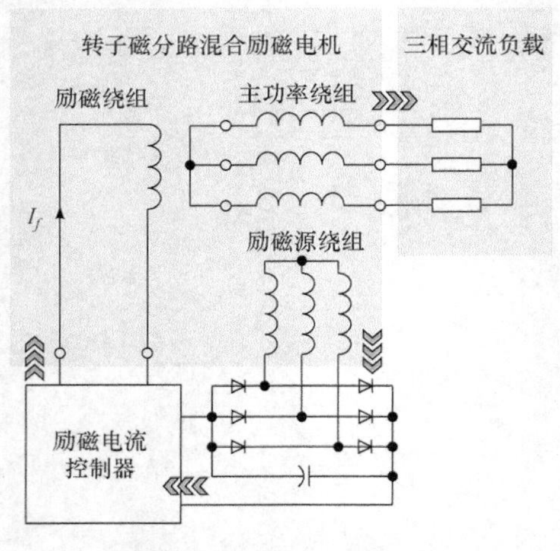

图 9.33　转子磁分路混合励磁电机发电系统原理图

混合励磁电机应用在电源系统中具有与电励磁电机类似的系统结构，可以通过调节励磁电流实现发电系统恒压输出，具有电压调节简单的优势。混合励磁电机的励磁绕组的电功率可以采用外部电源供电、励磁机供电、并励和自励的方式。外部电源供电的电源系统结构示意如图 9.34 所示。对于独立电源系统，其混合励磁电机的励磁功率需由系统自身提供，在其他电源故障时保证发电系统对重要负载的供电。

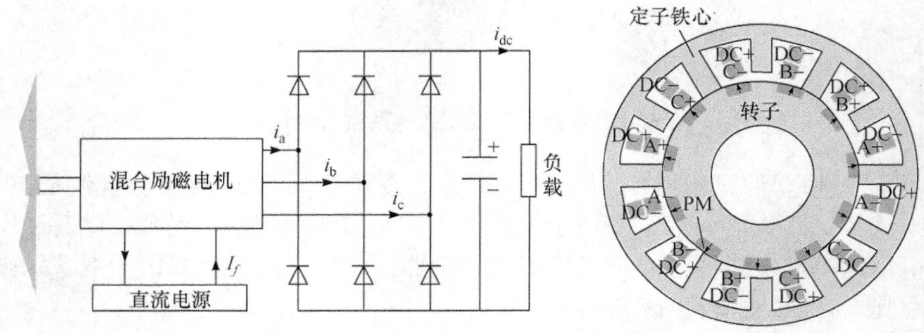

图 9.34　外部电源供电混合励磁发电系统

通过引入附加的永磁励磁机，可取代外部电源，提供系统所需励磁功率，实现电源系统的独立供电。在转子绕线式混合励磁发电系统中，可利用电刷和滑环为转子励磁绕组供电，励磁功率由永磁励磁机提供。与直流电机类似，引入的电刷和滑环结构会降低系统的可靠性和可维护性。应用于三级式电机中的两级励磁方式同样可用于转子绕线式混合励磁发电系统中，如图 9.35 所示，通过增加永磁副励磁机和励磁机实现发电系统的无刷结构。

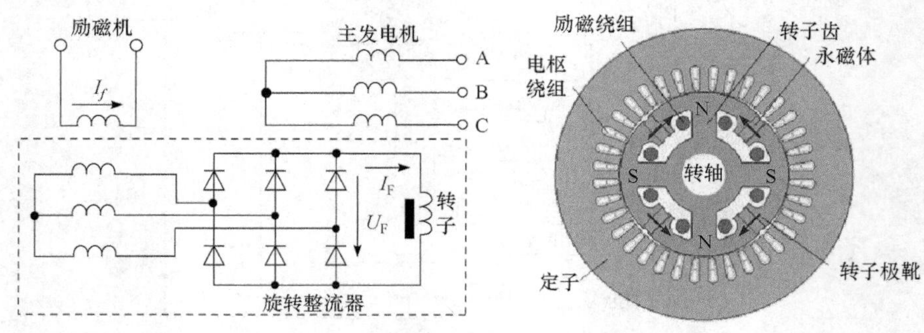

图 9.35　两级励磁混合励磁发电系统

而对于定子绕线式混合励磁发电系统，励磁绕组位于定子上，可直接采用附加永磁励磁机的励磁方式构成无刷励磁独立电源系统。

在不附加永磁励磁机的情况下，混合励磁发电系统可采用并励方式。在直流电源系统中，通过简单的 DC/DC 变换器可实现励磁功率提供和励磁电流调节，因此并联方式常应用于混合励磁直流发电系统，如图 9.36 所示。在交流发电系统中，同样利用直流母线实现了电机的并励。对于转子绕线式混合励磁发电系统，两级励磁结构可与并励结构相结合，从直流输出端提取功率取代永磁副励磁机，保留转子电枢式的励磁机和旋转整流器，实现无刷励磁。

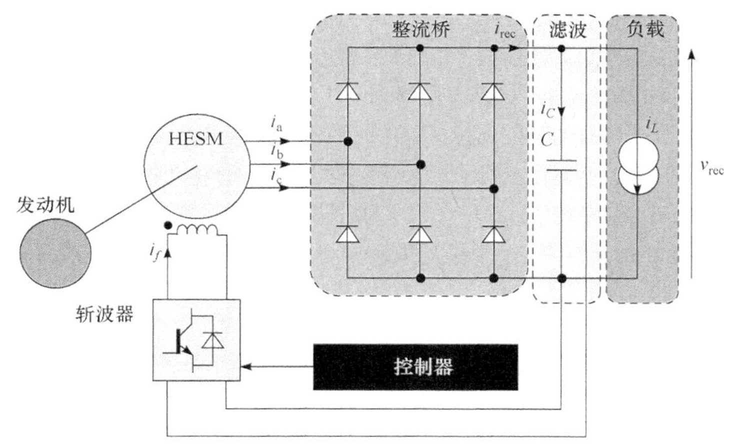

图 9.36　并励混合励磁发电系统

自励方式同样可应用于混合励磁发电系统。在混合励磁电机中增加一套励磁源绕组作为电源系统的励磁功率来源，从而实现混合励磁发电系统自励，如图 9.33 所示。

9.5.3　混合励磁发电机的应用

电励磁发电机技术成熟，在传统电源系统中得到广泛应用。永磁发电机在新能源发电系统中也已受到极大关注，并得到越来越多的应用。混合励磁发电机在永磁发电机技术基础上继续发展，力求综合电励磁发电机的优点。近年来，随着混合励磁技术的日益成熟，混合励磁发电机在各种电源系统中有着越来越重要的应用价值和广阔的前景，主要可以分为以下三个应用领域。

1. 电源系统

高压直流电源系统和变频交流电源系统是现代飞机电源系统的两个重要发展方向。在这两种电源系统中，起动发电技术是其典型技术特征之一。起动发电系统使得航空发电机与起动机实现了统一，从而有效地简化了发动机附件，提高了系统的可靠性。

电励磁无刷同步电机是飞机变频交流电源系统以及高压直流电源系统的主选电机。该电机由永磁副励磁机、励磁机、主发电机构成，借助转子上的旋转整流器实现无刷结构，技术成熟。但是其转子上的旋转整流器影响电源系统的可靠性，不宜高温、高速运行；电机可逆运行技术方案复杂。开关磁阻和电励磁双凸极等磁阻类电机的转子由具有凸极结构的软磁材料叠压而成，无永磁体和绕组，结构简单，在高温高速场合能够得到很好的应用，是航空起动发电机的重要方向。永磁电机功率密度高、效率高，其与全功率变换器构成的起动发电机在重量、费用、可靠性等方面有一定的优势。但在航空电源系统中，永磁电机存在气隙磁场难以调节，短路故障下灭磁困难等问题。

混合励磁发电机作为一种综合了永磁电机和电励磁电机优点的新型电机，引起国内外学者的广泛关注。目前，各国学者在其结构拓扑、参数设置、优化和控制等方面进行了深入研究。由于励磁绕组的引入，混合励磁电机可以通过励磁电流实现对气隙磁场的主动调节，在发电与电动运行下都能获得较好的控制性能，使其有望应用于飞机电源系统。法国学者研究了基于混合励磁发电机的高压直流发电系统，并验证了该电机发电时的各项性能指标。南京航空航天大学系统地开展了混合励磁发电机与起动发电机在飞机交流电源、低压直流电源及高压直流电源系统中的应用基础研究，提出并研制了 12kW 混合励磁低压直流无刷起动发电系统，成功研制出 30kV · A 混合励磁起动发电机系统，电压调节范围达 3 ∶ 1，励磁功率小(输出功率的 2.85%)，输出电压谐波含量小、对称性好，实现了优良的调压精度和动态性能，并进一步提出了非均匀气隙结构的混合励磁发电机，实现了故障时的完全灭磁，验证了混合励磁发电机用于航空交流电源系统的可行性。

2. 风力发电系统

风能作为一种清洁和可再生能源获得越来越广泛的应用，风力发电技术更是在近年来迅速发展。风力发电有两个突出的特点：一是风能密度不够大，要获得大功率的风能需要采用直径很大的风力机，对于 MW 级的风力机，桨叶直径需要数十米甚至上百米，风力机的转速很低，只有 10～20r/min；二是风速和风向的多变与不稳定性，为了获得电压和频率稳定的电能，风力发电机需要采用变速恒频控制技术。

针对风力机转速变化实现变速恒频的发电技术，通常有两种途径：①采用绕线转子感应电机的双馈运行方式，针对发电机转速的变化，适时调节转子绕组电流的频率、幅值、相位和相序，实现定子绕组输出电压的恒频恒压控制；②在变速运行风力发电机的输出端，采用电力电子功率变换器，将频率和幅值变化的交流电转变为频率和幅值恒定的交流电能。在后一种变速恒频系统中，虽然可以采用各种类型的交流发电机，如电励磁的凸极和隐极同步发电机、感应发电机和磁阻发电机等，但这些电机的功率密度和电机效率都比较低。

混合励磁发电机既具有电励磁发电机调节磁场方便的特性，同时又具有永磁发电机无刷、免维护、可靠和高效率的优点，有很大的推广应用价值。另外，采用多极结构还可以做到风力机与发电机的直接耦合，省去了齿轮箱，即直驱式结构。这样可大大减小系统运行噪声，提高可靠性和效率，维护方便，降低了整个系统的成本。针对风力发电系统混合励磁发电机的应用，香港大学学者先后提出了混合励磁无刷直流发电机、新型外转子混合励磁发电机，东南大学学者提出了一种双定子混合励磁风力发电机并进行了仿真与实验研究，对其控制方法进行了深入研究。混合励磁发电机在风力发电系统的应用受到国内外众多学者关注，电机本体以及控制方法都在持续地发展。

3. 车载发电系统

20 世纪 70 年代以前，车载发电机使用的都是有刷直流发电机，直流发电机固有的缺点使得其不能适应车载发电系统的发展。随后的车载发电系统均采用交流发电机(Alternator)，并通过外接整流单元变换为直流电。随着车载用电功率的增加，车载发电系统的电压等级从 6V 提升为 14V。在 14V 发电系统中，三相爪极电机一直占据市场主导地位，爪极电机的转子内部有一套轴向绕制的励磁绕组，因此需要电刷和滑环将励磁电流引入。而对于无刷式爪极电机，励磁绕组固定在定子上，然而这样的改进一方面省去了电刷和滑环，另一方面却引入了附加气隙，降低了功率。爪极电机转子饱和程度高，漏磁大，发电系统效率偏低。

混合励磁爪极发电机不仅继承了永磁电机的优点，还具有电励磁发电机气隙磁场平滑可调的优点，作为发电机，可以获得较宽的调压范围。国内对于混合励磁爪极发电机的研究起步比较晚，上海电机学院针对传统的电励磁爪极发电机效率低、永磁发电机磁场难以调节的问题探讨了一种串联式的混合励磁爪极发电机结构，并利用三维有限元的分析方法对电机进行了仿真，确定了该种结构的发电机的极对数及磁钢厚度，并研究了此种电机的空载特性、外特性及调节特性。山东理工大学提出了一种爪极式电励磁和带极靴径向永磁组合励磁的混合励磁发电机结构，基于磁钢截面积、径向磁化长度、气隙、绕组匝数等参数对发电机交轴电枢反应电抗、直轴电枢反应电抗、漏抗及发电机输出特性的影响规律进行研究，并对电机进行了优化。合肥工业大学提出了一种新型的混合励磁爪极发电机结构，通过磁网络法计算得到了该电机的负载特性，并在磁场计算的基础上，由电路分析计算了电机的各种损耗，得到了混合励磁爪极发电机系统的效率。上海大学设计了一种并联式的混合励磁爪极皮带式起动发电机，该电机采用混合励磁的结构，通过在爪极间添加永磁体来减小漏磁，提高电机的输出性能和效率，并采用磁路法和三维有限元法分析了该种电机的机构和原理，通过仿真分析得出电机可以在宽速度变化范围内输出恒定的电压并向蓄电池进行充电。

并列磁势式混合励磁电机由磁路互相独立的永磁电机部分和电励磁电机部分并列组合而成，两部分比例可以灵活调整以适应不同的应用场合。南京航空航天大学针对混合动力客车、作战车辆等应用场合，提出了由不同运行原理电机组合而成的新型并列磁势式混合励磁电机，对不同类型与原理电机的组合机理进行了探究，从电机电感特性的角度出发，对电机两部分参数选择以及比例配合进行了优化。研发了 6kW 低压直流并列式混合励磁发电机，成功实现了电机 3.6 倍转速范围恒压输出，额定负载长时间稳定运行至温度平衡，达到了 1.7 倍过载 10min 运行的过载要求，满足了行车发电系统的宽转速范围运行及可靠、无刷要求。并列磁势式混合励磁电机在飞机起动发电系统和车载电源系统中具有重要的应用价值。

混合励磁发电机可以通过调节励磁电流来方便地调节气隙磁场实现调压，因此相比于永磁发电系统，混合励磁发电系统整流结构简单，控制灵活，在车载发电系统中有良好的发展，并具有广阔的应用前景。

参考文献

林楠，王东，魏锟，等，2017. 新型混合励磁同步电机的数学模型与等效分析[J]. 电工技术学报，32(3): 149-156.

宋路程，邓智泉，王宇，2014. 电枢绕组开路式混合励磁电机发电系统[J]. 中国电机工程学报，34(9):

1392-1403.
徐妲，林明耀，付兴贺，等，2015. 混合励磁轴向磁场磁通切换型永磁电机静态特性[J]. 电工技术学报，30(2): 58-63.
徐敦煌，王东，林楠，等，2017. 失磁故障下交错磁极混合励磁发电机的等效二维解析磁场模型[J]. 电工技术学报，32(21): 87-93.
张卓然，王东，花为，2020. 混合励磁电机结构原理、设计与运行控制技术综述及展望[J].中国电机工程学报，40(24): 7833-7850, 8221.
赵纪龙，景梦蝶，林明耀，等，2017. 基于矢量控制的混合励磁轴向磁场磁通切换永磁电机分区控制策略[J]. 中国电机工程学报，37(22): 6567-6576, 6768.
赵纪龙，林明耀，徐妲，等，2015. 混合励磁轴向磁场磁通切换电机弱磁控制[J]. 中国电机工程学报，35(19): 5059-5068.
AL-ADSANI A S, BEIK O, 2018. Design of a multiphase hybrid permanent magnet generator for series hybrid EV[J]. IEEE transactions on energy conversion, 33(3): 1499-1507.
BEIK O, SCHOFIELD N, 2018. High-voltage hybrid generator and conversion system for wind turbine applications[J]. IEEE transactions on industrial electronics, 65(4): 3220-3229.
CAI S, ZHU Z Q, MIPO J C, et al., 2019. A novel parallel hybrid excited machine with enhanced flux regulation capability[J]. IEEE transactions on energy conversion, 34(4): 1938-1949.
CHEN J T, ZHU Z Q, IWASAKI S, et al., 2011. A novel hybrid-excited switched-flux brushless AC machine for EV/HEV applications[J]. IEEE transactions on vehicular technology, 60(4): 1365-1373.
CHEN Z H, WANG B, CHEN Z, et al., 2014. Comparison of flux regulation ability of the hybrid excitation doubly salient machines[J]. IEEE transactions on industrial electronics, 61(7): 3155-3166.
HUA H, ZHU Z Q, ZHAN H L, 2016. Novel consequent-pole hybrid excited machine with separated excitation stator[J]. IEEE transactions on industrial electronics, 63(8): 4718-4728.
LI G J, HLOUI S, OJEDA J, et al., 2014. Excitation winding short-circuits in hybrid excitation permanent magnet motor[J]. IEEE transactions on energy conversion, 29(3): 567-575.
LIU C H, CHAU K T, JIANG J Z, 2010. A permanent-magnet hybrid brushless integrated starter–generator for hybrid electric vehicles[J]. IEEE transactions on industrial electronics, 57(12): 4055-4064.
SARLIOGLU B, MORRIS C T, 2015. More electric aircraft: review, challenges, and opportunities for commercial transport aircraft[J]. IEEE transactions on transportation electrification, 1(1): 54-64.
SCRIDON S, BOLDEA I, TUTELEA L, et al., 2005. BEGA-a biaxial excitation generator for automobiles: comprehensive characterization and test results[J]. IEEE transactions on industry applications, 41(4): 935-944.
SUN L N, ZHANG Z R, YU L, et al., 2019. Development and analysis of a new hybrid excitation brushless DC generator with flux modulation effect[J]. IEEE transactions on industrial electronics, 66(6): 4189-4198.
WANG Q S, NIU S X, 2018. Design, modeling, and control of a novel hybrid-excited flux-bidirectional-modulated generator-based wind power generation system[J]. IEEE transactions on power electronics, 33(4): 3086-3096.
WANG Q S, NIU S X, LUO X, 2017. A novel hybrid dual-PM machine excited by AC with DC bias for electric vehicle propulsion[J]. IEEE transactions on industrial electronics, 64(9): 6908-6919.
WANG Y, DENG Z Q, 2012. Hybrid excitation topologies and control strategies of stator permanent magnet machines for DC power system[J]. IEEE transactions on industrial electronics, 59(12): 4601-4616.
WANG Y, DENG Z Q, WANG X L, 2012. A parallel hybrid excitation flux-switching generator DC power system based on direct torque linear control[J]. IEEE transactions on energy conversion, 27(2): 308-317.
YANG H, ZHU Z Q, LIN H Y, et al., 2017. Design synthesis of switched flux hybrid-permanent magnet memory machines[J]. IEEE transactions on energy conversion, 32(1): 65-79.
ZHANG Z R, LIU Y, LI J C, 2018. A HESM-based variable frequency AC starter-generator system for aircraft

applications[J]. IEEE transactions on energy conversion, 33(4): 1998-2006.

ZHANG Z R , YAN Y G , YANG S S, et al., 2008. Principle of operation and feature investigation of a new topology of hybrid excitation synchronous machine[J]. IEEE Transactions on Magnetics, 44(9): 2174-2180.

ZHAO J L, LIN M Y, XU D, 2016. Minimum-copper-loss control of hybrid excited axial field flux-switching machine[J]. IET electric power applications, 10(2): 82-90.

ZHAO X, NIU S X, 2017. Design and optimization of a new magnetic-geared pole-changing hybrid excitation machine[J]. IEEE transactions on industrial electronics, 64(12): 9943-9952.

ZHAO X, NIU S X, FU W N, 2019. Design of a novel parallel-hybrid-excited dual-PM machine based on armature harmonics diversity for electric vehicle propulsion[J]. IEEE transactions on industrial electronics, 66(6): 4209-4219.

ZHU J W, CHENG K W E, XUE X D, 2018. Design and analysis of a new enhanced torque hybrid switched reluctance motor[J]. IEEE transactions on energy conversion, 33(4): 1965-1977.

第 10 章 交流容错电动机

10.1 交流容错电动机的概述

随着电力电子器件、微电子器件，特别是微型计算机及大规模集成电路的发展，再加上现代控制理论向电气传动领域的渗透，交流电机变频调速从电压/频率比值恒定控制法、转差频率控制法发展到矢量控制法，乃至直接转矩控制法，交流电动机瞬时转矩的控制得以实现，它可完成加速度、速度和位置等各种控制。交流电动机调速技术正向高频化、数字化和智能化方向发展，而近年来，多电/全电飞机、混合/纯电动汽车的发展，对系统安全可靠性提出了很高的要求。电机驱动系统发生故障后，电机非对称运行，输出转矩将出现脉动，产生较大的机械噪声，导致系统的整体性能，尤其是输出功率大大降低，甚至不能工作，严重危害系统的安全，因此系统故障时的容错控制能力就成为一个非常突出的问题。在工程上，容错技术指当系统一个或多个关键部件出现故障时，系统能够将发生故障的部件从系统中隔离开，并采取相应措施维持其规定功能，在可接受的性能指标变化下，继续稳定可靠运行。为了提高机电系统的可靠性，可采用容错控制方式。

容错电机有两个典型特点：一是采用多相电机(大于三相)；二是具备故障隔离能力，即电机绕组发生断路或者短路故障时，故障相绕组不影响其他正常相绕组的正常控制。它的这种思想和双余度思想是截然不同的。双余度思想如前所介绍的，当电机控制系统的某一相绕组或者功率管发生故障时，为了使系统可靠运行，双余度电机控制系统必须切除包含故障相的一整套绕组(三相对称绕组)和变换器，剩下另一整套三相对称绕组和变换器，如图 10.1(a)所示；而容错电机控制系统(以六相电机为例)则仅需要切除故障相绕组及其变换器支路，剩下五相不对称绕组和五相变换器支路，如图 10.1(b)所示，显然，发生故障时，容错电机控制系统中切除的部分比双余度系统少得多，因此与双余度电机控制系统相比，容错电机控制系统具有很大的优势。

为了方便比较这两个系统的冗余特性，用一台 3kW 的电力作动系统(如油泵)来说明，假设它分别采用热备份并联式三相双余度电机控制系统和六相容错电机控制系统。

若采用双余度方式，当电机的某一相绕组或者功率管发生故障时，为了保证含有故障相的一套绕组切除后，电机仍然输出 3kW，则另一套绕组的每相绕组都要承担 1kW，那么该双余度电机的总容量为 $2\times 3\text{kW}=6\text{kW}$ 。当电机正常工作时(热备份)，每相绕组输出的功率为 $3\text{kW}/6=0.5\text{kW}$ 。

若采用容错方式，当电机的某一相绕组或者功率管发生故障时，将故障相切除后，电机从六相对称系统变成五相不对称系统，此时，若要电机仍然输出 3kW，则每相绕组要承担 0.6kW，那么该六相容错电机的总容量为 $6\times 0.6\text{kW}=3.6\text{kW}$ 。当电机正常工作时，每相绕组输出的功率为 0.5kW。由此可见：

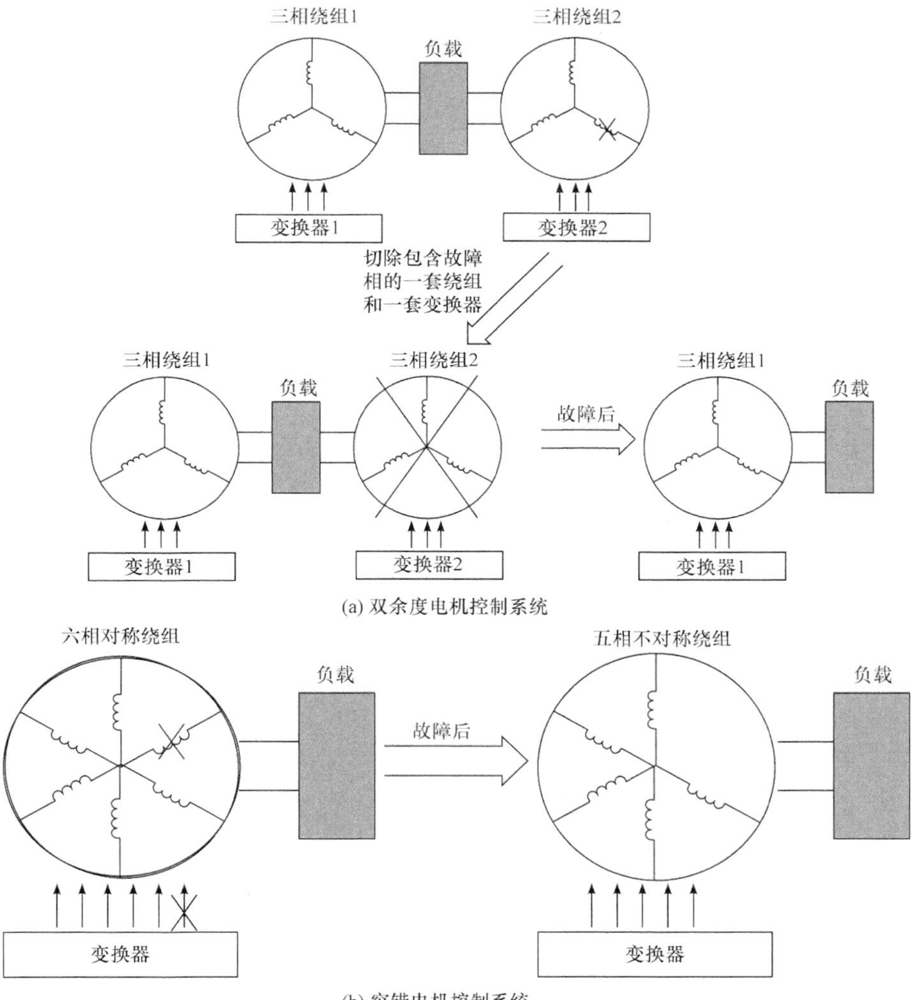

图 10.1　不同电机控制系统的容错实现方式

(1) 利用率方面。

容错电机控制系统的利用率为$0.5\text{kW}/0.6\text{kW}=83.3\%$，双余度电机控制系统的利用率为$0.5\text{kW}/1\text{kW}=50\%$。因此，容错系统的利用率要远远高于双余度电机控制系统。

(2) 体积重量方面。

由于容错电机的利用率大幅度提高，即在满足同样的输出功率下，容错电机的容量比双余度电机要小得多。根据前面的计算，为保证故障时也输出 3kW 的功率，双余度电机需要 6kW 容量，而容错电机只要 3.6kW 容量，后者的容量只为前者的 60%。显然，容错电机系统的体积、重量要大幅度下降。

(3) 电流均衡方面。

容错电机中只有一套电枢绕组，因此不存在电流均衡问题，并且发生单相故障时，电机不必降额使用。

(4) 故障隔离方面。

容错电机具有磁隔离、热隔离、电气隔离和抑制短路电流能力，避免了绕组间的故障传染。

虽然容错电机控制系统有如此多的优点，但经过几十年的发展，它却还不能面市，其原因在于它遇到了控制方面的巨大难题：如何设计一个控制器去控制这个不对称绕组的电机，使它的运行性能和对称绕组的电机一样平稳？而双余度电机控制系统正是还未解决不对称绕组电机的稳定运行问题，只好用体积、重量来换取系统的可靠性。也就是当故障出现时，它不得不切除电机整套绕组和控制支路，以使剩下的电机绕组和控制支路仍然是对称状态，满足在电机控制(如变压变频控制、矢量控制、直接转矩控制)上只能控制对称绕组电机的要求。

可见，要使可靠性技术从双余度技术上升到容错技术，发生如此重大的质变，关键的技术难点有两个：

(1) 如何设计这个容错电机？这个容错电机有两个重要的特性：一是电机各相绕组能容错；二是当电机是不对称绕组结构时，如何更好地去配合特殊的控制方案使不对称电机能稳定运行。

(2) 如何设计电机的容错控制算法？即对绕组不对称的永磁电机如何设计控制方案，使这种缺相电机仍然能和正常电机一样正常平稳地运行。

为了解决以上两大难题，电气工作者从 20 世纪 80 年代就展开了孜孜不倦的工作，他们想从各个方面突破，进行了和正在进行着艰苦卓绝的工作。

1. 开关磁阻电机及其控制系统

首先向容错电机技术发起冲击的是开关磁阻电机，因为容错系统并不限制电机类型，任何电机类型，只要能实现容错的目标，均可形成容错系统。而开关磁阻电机在 20 世纪 80 年代就显示出在这方面有特别的天赋。

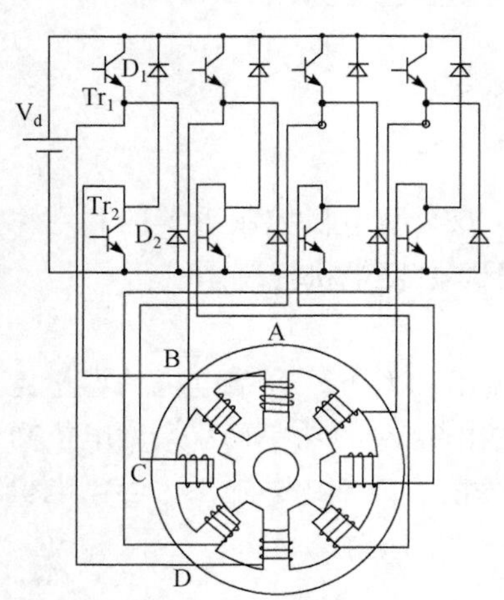

图 10.2 开关磁阻电机及其驱动电路

开关磁阻电机及其控制系统是由电力电子技术、控制技术以及计算机技术与传统的磁阻式电机相结合，进而发展起来的调速系统。开关磁阻电机是定转子双凸极、定子集中相绕组、无永磁体和转子绕组的无刷同步电机，其简单的叠片结构，使其能在很高转速下运行，且具有高温工作的潜能，因此广泛应用到工业自动化及航空应用领域。

开关磁阻电机遵循磁阻最小原理，即磁通总是沿着磁阻最小的路径闭合，由磁场扭曲产生旋转电磁转矩。一套典型的 8/6 结构开关磁阻电机及其驱动器如图 10.2 所示，定子每相绕组由径向相对的两个磁极的线圈串联构成，然后与相应的两个功率开关器件串联，因此不可能发生功率管直通故障；另外，由于开关磁阻电机属于单边激磁电机，并且电机相绕组在物理上和电磁上彼此隔离，相绕组发生短路故障时，不存在短路电流，因此具备短路故障抑制能力。它是由磁场扭曲产生电磁转矩，对绕组是否对称不敏感，因此这类电机及其控制系统很适合形成容错系统。但开关磁阻电机毕竟属于磁阻电机，电磁噪声大；同时，与永磁电机相比功率密度较低，增加了电机驱动系统的重量和体积，从而限制了其在高功率密度及高可靠性的航空及军事领域的容错应用。

2. 永磁容错电机及其控制系统

针对开关磁阻功率密度低、噪声大的不足之处(相对永磁电机而言)，1996 年英国 Newscastle 大学的 Mecrow 教授提出非备份式永磁容错电机及其控制系统，先后完成了六相和四相永磁容错电机系统，并在 2003 年实现了无速度传感器的永磁容错电机控制系统。1996 年，Shfield 大学的 Howe 教授等与英国的 LUCAS 航空公司合作，提出了模块化永磁容错电机的概念。永磁容错电机本体具有磁隔离、物理隔离、热隔离、电气隔离和抑制短路电流的特点，结合容错控制算法，整个电机控制系统具备很强的容错能力，系统的安全可靠性提高。目前主要有两种控制方案：一是基于电机特性表的查表控制方案；二是最优转矩控制方案。

1) 查表控制

在每个采样周期开始时，首先通过采样信号(转子的位置和直流母线电压)，在电机特性表 $i=f(\Psi,\theta)$ 的基础上查出该时刻的输出给定电流，然后通过电流调节器得到 PWM 驱动信号，使得电枢绕组在功率变换器的作用下跟踪给定电流，如图 10.3 所示，系统可以实现高度模块化，这样不仅维护方便，并且间接地提高了系统的可靠性。

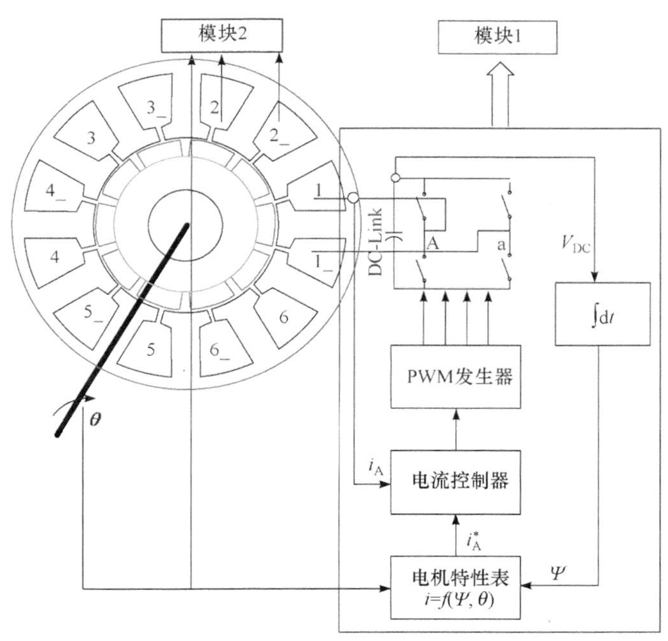

图 10.3　基于查表法的容错控制框图

在实际的电机控制系统中，位置传感器是电机控制的核心元件，但也是故障率较高的元件，因此为了提高系统的可靠性，又提出了无速度传感技术，其控制系统主要有两种方式：单相隔离式和全相集中式。单相隔离式是指每相绕组都有自己的位置估计器，利用各自的电压和电流信号来估计出各自的位置，因此各相间的位置估计没有相互影响，但由于各相检测信号有误差，所以位置估计的整体精确性不高；全相集中式只有一个位置估计器，利用所有相的检测信号得到一个位置信息，由于所有的检测信号相当于加权处理，因此位置估计的精确度较高，但任何一相出现故障时，都会影响位置估计的精确性。为了消除这种影响，必须增加辅助控制器。它们的控制框图与图 10.3 相似，只不过少了位置传感器，多了位置估计器，为了提高系统的调速性能，可以加上外环速度环。

查表法简单易行，但电机是一个高度非线性的元件，很难得到精确的电机特性曲线，尤其是电机过载运行时，会出现电机局部饱和现象，这就大大降低了电机特性曲线的精确度。因此该控制方案的调速性能较差，只适合高速运行的电机控制系统。

2) 最优转矩控制

电机控制的本质是控制转矩，因此容错电机控制的目标是：电机无论处于正常状态还是故障状态，都输出稳定的电磁转矩。

通常希望电枢绕组的感应电势是正弦波，这样，只要给定一个与电磁转矩成正比的正弦电流，并通过电流环使电枢绕组的电流也为正弦波，就可以使电机输出稳定的电磁转矩。这种控制方法简单易行，但是如果电枢绕组的感应电势不是完全的正弦波，那么这时仍然采用以上的使电枢电流为正弦波的方案，就会使电机输出脉动的电磁转矩，特别是电机出现故障的时候，电磁转矩的脉动更大。因此，传统的方法已不适合永磁容错电机的控制系统。2002 年，Shefield 大学的 Howe 教授发表了一篇关于永磁容错电机控制的文章，提出了最优转矩控制的方案，该方案可以使电机脉动转矩最小化输出，但只适合在恒转矩区，因此电机的调速范围不宽；2003 年，他又发表了两篇关于永磁容错电机控制的文章，提出了新的最优转矩控制的方案，该方案不仅适合恒转矩区，而且也适合恒功率区，从而大大地扩展了电机的调速范围，其甚至可以作为伺服电机使用。

最优转矩控制是通过设定以铜耗最小为目标，转矩脉动最小化为约束条件的一个价值函数(Cost Function)，并求其极值，得到一组各相电流的解析式，然后通过电流控制器，使电枢电流跟踪该电流。目前主要有两种价值函数被提出来：第一个是只考虑电机恒转矩运行时的价值函数，第二个是在考虑恒转矩运行的基础上，同时考虑电机恒功率运行时的价值函数。有关最优转矩控制表达式如表 10.1 所示。

表 10.1　最优转矩控制的表达式

项目	仅考虑恒转矩区	同时考虑恒转矩区和恒功率区
目标函数	$R\sum_{j=1}^{m} i_j^2(t) = \min$	$\sum_{j\neq k}^{m}(Li_j + x\psi_j)^2 = \min$
约束条件	$T_d = \sum_{j\neq k}^{m} K_j(t)i_j(t) + T_f(t)$	$T_d = \sum_{j\neq k}^{m} a_j(\theta)i_j + T_f + T_{\text{cog}}(\theta)$
价值函数	$F = \sum_{j=1}^{m} I_j^2 + \lambda\left[T_d - \sum_{j\neq k}^{m} K_j(t)i_j(t) - T_f\right]$	$F_a = \sum_{j\neq k}^{m}(Li_j + x\psi_j)^2 + \lambda\left[T_d - \sum_{j\neq k}^{m} a_j(\theta)i_j - T_f - T_{\text{cog}}\right]$
电流解析式	$i_j(t) = \dfrac{K_j(t)[T_d - T_f(t)]}{\sum_{n\neq k}^{m} K_n^2(t)}, \quad j\neq k$	$i_j = \dfrac{a_j(\theta)\times(T_d - T_f - T_{\text{cog}})}{\sum_{j\neq k}^{m}[a_j(\theta)]^2} + \dfrac{(x/L)\sum_{j\neq k}^{m} a_j(\theta)\psi_f}{\sum_{j\neq k}^{m}[a_j(\theta)]^2} - \dfrac{x}{L}\psi_f, \quad j\neq k$

表 10.1 中，m 指电机总共的相数；k 指故障相；T_d 指电机的给定转矩；T_f 指故障相所

产生的电磁转矩；T_{cog} 指电机的齿槽转矩；L 指各相绕组的自感；λ 指拉普拉斯因子；$K_j(t)$ 指 j 相电枢绕组的瞬态感应电势与转速的比值；$i_j(t)$ 指 j 相电枢绕组的瞬态相电流；ψ_j 指 j 相绕组的磁链；$a_j(\theta)$ 指磁链对位置的导数，因此 $a_j(\theta)i_j = p(\mathrm{d}\psi_f/\mathrm{d}\theta)i_j$，即 j 相绕组所产生的瞬态转矩；x 指磁链的权重因子。根据以上分析，可以得出系统的控制框图，如图 10.4 所示。

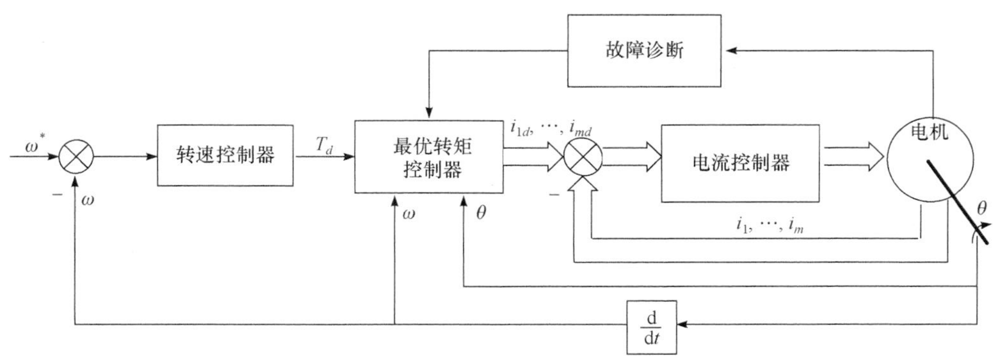

图 10.4　基于最优转矩控制的容错控制框图

由图 10.4 可见，它不存在矢量控制中的坐标变换，同时，面贴式永磁容错电机的绕组电感参数变化不是很大，则电机参数对控制系统的影响较小，因此最优转矩控制系统的结构比较简单可靠。但是，也可以看到各相电流的表达式比较复杂，存在多项的乘除运算，如表 10.1 所示，因此对控制器的要求很高。同时，故障辨识的正确性和快速性对系统影响很大，因此，最优转矩控制的难点就在两个方面：一个是数字信号的运算和处理；另一个是故障的辨识。

10.2　开关磁阻电动机容错基本构成和工作原理

开关磁阻电机结构简单坚固，转子无永磁体，具有高温和高速适应性等优点，且各相独立工作。当某一相绕组或控制器一相发生故障时，电机仍能缺相运行，因此开关磁阻电机具有较强的容错性能。虽然开关磁阻电机容错性较强，但其容错能力是有限的。如果电机长期运行在比较恶劣的环境中，电机很可能会出现各种形式的故障，这些故障会影响电机的输出特性，从而对整个系统的稳定性产生影响。为了延长电机的使用寿命，提高系统的整体稳定性，开关磁阻电机的容错性能需要进一步提升优化。

近年来，学者对开关磁阻电机故障状态下的容错控制进行了很多研究。有学者针对绕组开路或短路的故障情况设计新的容错式电路拓扑结构。也有学者从电机本体结构层面考虑，提出了模块化定子开关磁阻电机，提高电机的容错能力。另外，在控制方法上，有学者针对某些特定的故障状态提出相应的容错控制方式。

综上所述，开关磁阻电机故障状态下的容错控制方法可以归结为以下三种：①优化电机本体结构，设计容错性能更强的开关磁阻电机；②设计新的容错式电路拓扑结构，使电机在新型功率变换器的控制下进一步提高容错性能；③设计新的控制器，当电机发生故障时，改变电机控制方式，保证其在故障状态下仍能有较好的输出特性。

为了增强开关磁阻电机磁热的隔离从而增强电机的可靠性及容错性，近年来，国际上开展了模块化定子开关磁阻电机的研究。此种结构的定子不再是一个整体定子，而是由若干个结构相同的模块(分块)组成，这使得相间及相内的电磁热隔离增强，大大增加了电机的可靠性。

文献(Lee et al., 2007)介绍了两相 E 形 SRM，定子由两个 E 形块组成，且为大小齿结构，绕组绕在 E 形定子块的两个小齿上，此种结构使得两个 E 形块间电磁隔离。文献(Holtzapple et al., 2006)提出了 U 形模块化定子。绕组绕在插入非导磁框架中的 U 形模块化定子上，转子在 U 形模块化定子两磁极间转动，此种结构可对称性地增加 U 形磁极以提高电机的转矩输出，U 形磁极在电气和磁性上与相邻磁极隔离，增强了电机的容错性能。文献(陈小元 等，2010)提出了 C 形模块化定子、E 形模块化定子结构。其中，C 形模块化定子相间及相内各定子磁极在结构、磁路和电路上几乎完全独立，因而热隔离、磁隔离以及电气隔离的能力强，容错性能好。E 形模块化开关磁阻电机就是将 C 形定子变为 E 形定子即可。E 形模块化定子 SRM 除了具有 C 形高容错性能的优点，还具备接线灵活、定子轴向利用率高等优点。

如图 10.5 所示为三相不对称半桥主回路，每一相由两个开关器件和两个续流二极管构成。以 A 相为例，在导通期间，主开关管处于开通状态，直流电加在 A 相绕组的两端。在换相期间，两只开关管同时关断，相绕组通过两只续流二极管将能量回馈给直流电源。这种结构能够保证各相之间独立工作，并且控制简单。

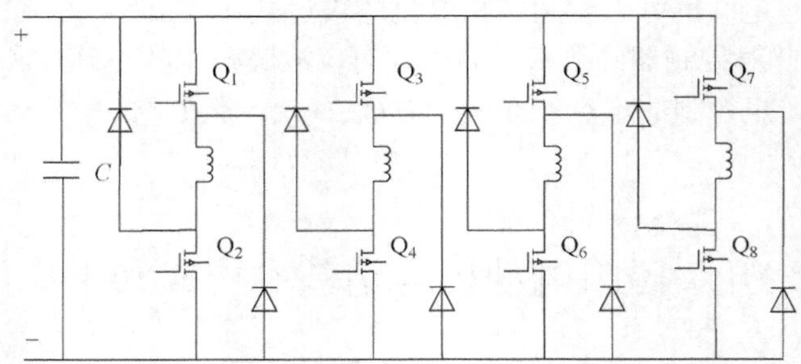

图 10.5　三相不对称半桥拓扑

10.2.1　开关磁阻电机的故障分析

本节以三相不对称半桥结构为研究对象，分析几种不同的故障模式。

1. 主开关管开路故障

功率管开路使得电机进入缺相运行状态，但由于该类电机各相间具有独立的特殊工作方式，正常相不受故障相影响。鉴于这一特点，开路故障时一般采用正常相分担故障相工作的容错控制思想，即通过调节故障相前一相的关断角以及故障后一相的开通角来扩大正常相励磁导通区间。

例如，若电机三相导通顺序为 A-B-C，故障相为 C，则容错控制系统会推迟非故障相 B 的关断角，提前 A 相的开通角来扩大正常的励磁区域，这样便弥补了缺相运行区间，使转矩无“死区”输出。

2. 主开关管短路故障

当下管出现短路故障时，相当于失去斩波控制功能，为励磁电流提供直流通路，故障相电流大幅升高，直至出现尖峰电流后下降为零。从工作状态来看，该类故障实质是在故障相导通期间开关管由“不断闭合与断开”状态变为常闭合状态，无法实现斩波功能。但如果上管工作良好，可以代替管进行斩波控制，即互换上、下管的工作职能。

当常闭功率管短路故障，在故障相导通区间，功率管通断状态与控制程序相同，相电流不会发生明显变化。但在下一相导通区域，故障相电流将明显变大，加剧了转矩脉动，使得电机的输出性能恶化。为了解决这一问题，一般会对传统 PI 速度控制器进行优化设计，以达到降低转矩脉动的效果，合理地选择 PI 参数能够优化控制器的性能。

另外，针对不对称半桥功率电路发生的故障情况，有学者提出一些改进功率电路的方法来提高电机的容错性。文献(Hu et al., 2016)在四相不对称半桥功率电路的基础上提出了一种容错型功率变换器，并针对容错型功率变换器上、下管的开路故障进行容错控制。图 10.6 给出了该功率变换器的拓扑结构，可以看出，该结构在普通不对称半桥的基础上增加了少量的元件及连线。当电机正常工作时，开关管 $IGBT_1$、$IGBT_2$、$IGBT_3$、$IGBT_4$ 均处于未导通状态。以 A 相为例，若检测出 A 相桥臂上的开关器件 Q_1 开路，则控制系统会命令 $IGBT_1$、Q_5 导通，母线电流不再经过 Q_1，而是直接流向 Q_5，再经过 $IGBT_1$ 流入 A 相绕组。若检测出 A 相桥臂的下开关管 Q_2 开路，则控制系统命令 $IGBT_3$ 和 Q_6 导通，A 相绕组的电流不再经过 Q_2，而是经过 $IGBT_3$ 和 Q_6 流入电源。以此类推，B、C 以及 D 相容错原理相同。这就实现了用不相邻相的正常开关器件代替故障器件，隔离了发生开路故障的器件，同时不影响各相的续流回路，从而使故障相可以继续正常运行。

有学者针对 8/6 极开关磁阻电机提出了一种新的容错拓扑结构。在传统的 8/6 极开关磁阻电机的功率拓扑电路中，每一相由两个绕组串联而成。如图 10.7 所示，以 A 相为例，相转换器被分成两个部分：左边部分和右边部分。图 10.8 是故障容错拓扑，它由一个信号相位转换器和一个中继网络组成。传统的 8/6 极开关磁阻电机转换器由两部分组成，所以故障通常会发生在其中的一个。由 S_9、S_{10} 组成的桥臂可以阻断左侧故障，由 S_{11}、S_{12} 组成的桥臂可以阻断右侧故障。当电路出现混合故障情况，其中每项都出现故障时，传统的拓扑结

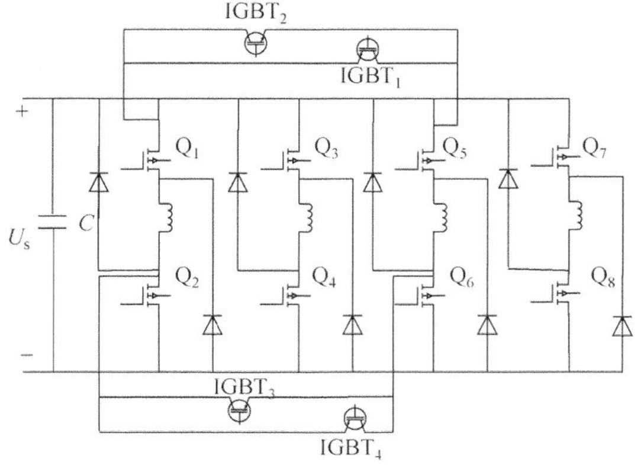

图 10.6　容错型功率变换器

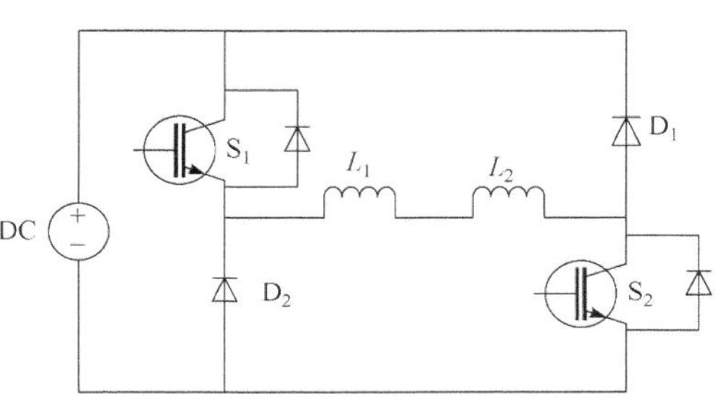

图 10.7　相转换器

构中驱动系统无法工作。通过提出的容错拓扑，故障的 8/6 极 SRM 仍然可以使用新形成的相位转换器运行，避免了缺相运行，并且相位绕组的状态与开关动作相关的情况如表 10.2 所示。

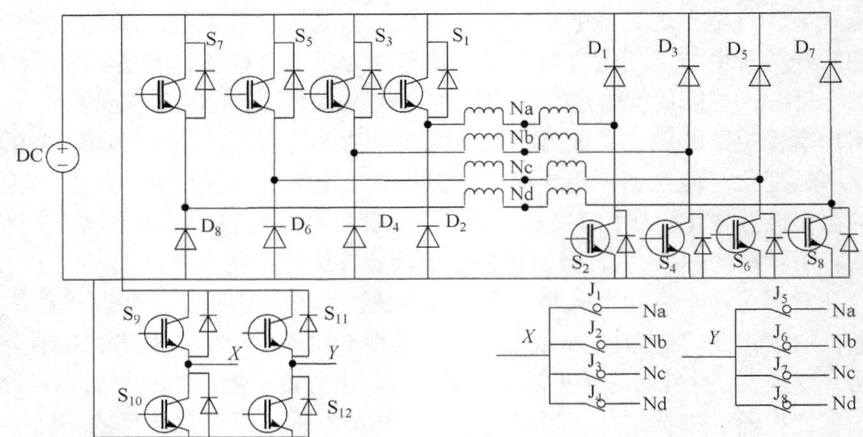

图 10.8　8/6 极开关磁阻电机容错拓扑

表 10.2　工作相位与开关器件关系表

工作绕组	开关动作	绕组状态	工作绕组	开关动作	绕组状态
A 相	S_9，S_2	激励	C 相	S_9，S_6	激励
	S_{10}，D_1	退磁		S_{10}，D_5	退磁
B 相	S_3，S_{12}	激励	D 相	S_7，S_{12}	激励
	D_3，S_{11}	退磁		D_8，S_{11}	退磁

3. 缺相故障

除了功率管故障外，电机也会出现缺相故障的情况。以四相开关磁阻电机为例，分析驱动器在缺相故障情况下，采用容错控制的调速控制策略。

当四相电机有一相故障时，该相不能产生转矩，必然会产生转矩死区，此时电机的起动不一定成功，必须采用相应的起动措施。电机缺相时的起动步骤如下：

(1) 读出转子位置信息，按照正常顺序给绕组通电。

(2) 若转子未起动，停止于某一位置，根据定、转子相对位置判断故障相，然后给其他相通电使电机反转至合适的位置。

(3) 重新判断定、转子的相对位置，按正常相序通电，若负载不大，电机一般可以顺利起动。

(4) 若电机仍不能起动，则可能因为电机负载转矩太大，必须断开负载，使其空载运行，等电机正常运行后再加上负载转矩。

当驱动器的某一相发生故障时，正常情况下的控制参数会降低总输出，加剧转矩脉动。而驱动器的容错控制是通过阻断故障相的选通信号和消除故障相的激励实现的，这样驱动器在保持没有故障相的情况下继续运行，并在故障情况下保持驱动器的额定输出。具体方式是调节控制器的控制参数，使得驱动器可以继续运行并保持系统的额定输出，因此需要确保部件中的额定电流和相绕组的额定负载充足，以便实现容错控制。

10.2.2　开关磁阻电机双通道容错性能研究

双通道开关磁阻电机是基于驱动系统的可靠性以及容错性提出的一种新型电机。它是在普通的 12/8 极开关磁阻电机的基础上，将电机互相垂直的四个齿极绕组两两串联或并联构成两个互相并联、独立输出的通道，由两套独立的功率电路驱动形成新型的双通道控制系统。其双通道电源系统变换器拓扑如图 10.9 所示，它可以看作由两个三相 6/4 结构开关磁阻电机、两个相互独立的功率变换器组成，当其中一个通道发生故障时能够构成单通道控制系统，实现故障状态的容错工作方式。

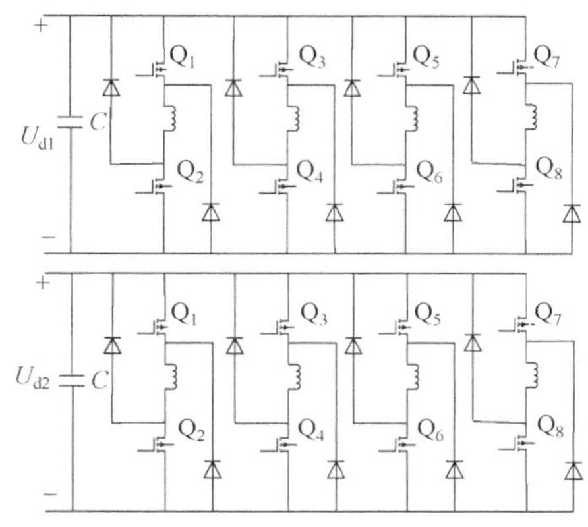

图 10.9　双通道开关磁阻功率变换器

12/8 极开关磁阻电机定子上有 12 个绕组，将相对的两个绕组构成一相，共 6 相，绕组连接如图 10.10 所示，每 3 相构成一个通道，在电机内形成两个通道。为了方便说明，以 A 相绕组为例。图 10.10 中绕组 A1、A3 串联构成 A1 相(通道#1 的 A1 相)，绕组 A2、A4 串联构成 A2 相(通道#2 的 A 相)，同理可得 B1、B2 相，C1、C2 相。其中，A1、B1、C1 相构成通道#1，A2、B2、C2 相构成通道#2。

双通道开关磁阻电机的功率变换器采用的是传统的不对称半桥功率变换器备份，得到双余度的不对称半桥功率变换器。系统采用两路独立的电源供电，在一路电源出现故障的情况下，另一路仍然能够正常工作。

12/8 结构双通道开关磁阻电机在单通道工作时的输出转矩小于双通道工作时输出转矩的一半的原因，主要是单通道工作时两个绕组间的互感影响，削弱磁链，使得输出转矩减小。为了解决这一问题，有学者提出一种通过改变绕组接法实现通道解耦的方法。采用如图 10.11 所示的绕组连接方式，将相对的两个绕组接成一个 N 极、一个 S 极结构，并将这两个绕组串联起来构成一相，形成 NNSS……型磁场。采用此种方法后，双通道工作时，通道#1 的绕组 A1 产生的磁路大部分与通道#2 中的绕组 A4 构成回路，通道#1 的绕组 A3 产生的磁路大部分与通道#2 中的绕组 A2 构成回路。当单通道工作时，假设通道#1 工作，通道#2 不工作，此时，通道#1 中的绕组 A1 产生的磁链大部分与绕组 A3 构成回路，和通道#2 没有任何耦合。采用此种绕组接线的方式，单通道工作时的电磁转矩几乎为双通道工作时的一半，这表明两个通道近似解耦。由于开关磁阻电机一个通道内的三个绕组间存在的天然弱耦合，可以把 12/8 极开关磁阻电机看作 6 相独立的电机控制，从而提高了电机的可靠性。

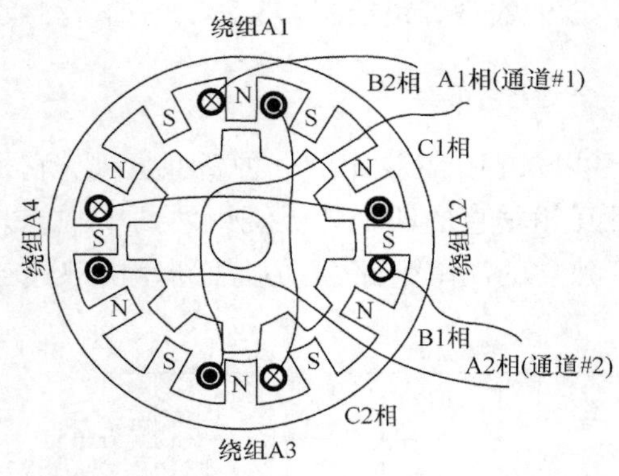

图 10.10 双通道开关磁阻电机绕组接线图(一)

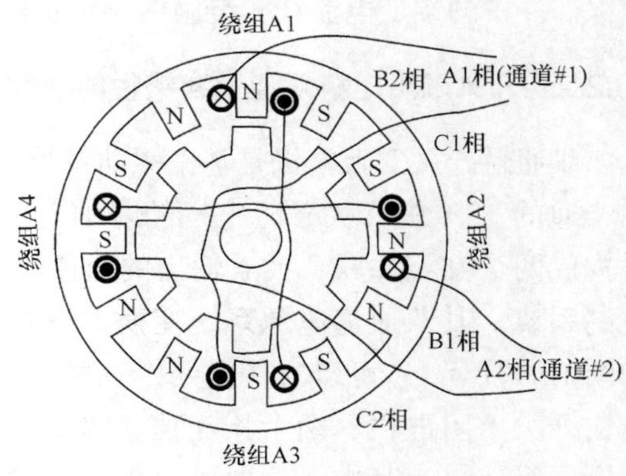

图 10.11 双通道开关磁阻电机绕组接线图(二)

10.3 永磁无刷直流容错电动机

传统的永磁无刷电机的绕组一般采用叠绕方式，一方面增加了绕组的互感值，不满足故障隔离要求；另一方面，绕组间的物理接触增加了绕组短路故障发生率。同时，传统电机不具备抑制短路电流的能力。针对以上问题，通过改变绕组结构形式以及特殊的槽口设计，国外学者提出了具有容错能力的永磁电机，经过十几年的发展，永磁容错电机已成为高可靠性电机驱动系统的研究热点。本章对永磁容错电机的结构形式及特点进行深入分析，得出电机本体满足容错要求所要具备的特点，即磁隔离、物理隔离、电气隔离、热隔离以及抑制短路电流能力；研究定子槽数与转子磁极对数的配合对绕组系数、齿槽脉动转矩、径向磁拉力以及功率管选取的影响，综合以上影响因素，确定了 12 槽 10 极的永磁容错电机结构。

10.3.1 基本构成和工作原理

要使电机驱动具备容错能力必须解决以下两个问题：第一，故障相对其他正常相的影响要最小化，从而避免故障相的传染；第二，要采用合适的容错控制策略，保证故障后的电机输出性能满足负载要求。本章主要讨论第一个问题，第二个问题在后续章节中讨论。为了解决第一个问题，永磁容错电机必须具备电气隔离、物理隔离、热隔离、磁隔离和抑制短路电流能力。

1. 电气隔离能力

在传统的永磁同步电机驱动系统中，各相绕组采用星形连接方式和全桥拓扑结构，以三相电机为例的结构如图 10.12(a)所示。当电机驱动系统出现故障时，故障相的电流或者母线电压会通过中心点耦合到其他正常相绕组，使得系统不能正常工作。为了消除绕组间的电气耦合，永磁容错电机的各相绕组采用 H 桥的拓扑结构单独供电，可以实现绕组间的电气隔离。图 10.12(b)为某一相绕组的 H 桥供电方式。

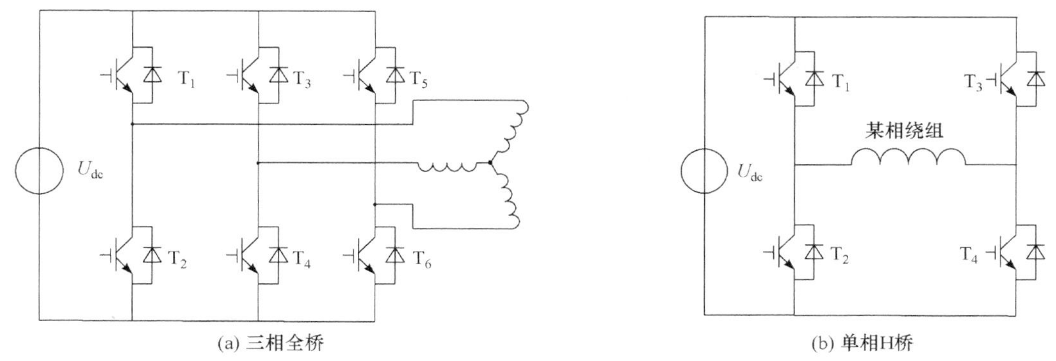

图 10.12　不同供电拓扑

2. 物理隔离能力

永磁容错电机的每个定子槽中仅有一相绕组的线圈边，如图 10.13 所示，各相绕组间不存在线圈接触，实现了电机各相绕组的物理隔离，避免了相间短路故障的发生。

图 10.13　六相永磁容错电机的物理模型图

3. 热隔离能力

由于永磁容错电机各相绕组间不存在物理接触，而每相绕组主要通过定子表面散热，故障相产生的热量很难传递到相邻或者其他正常相绕组的线圈边，从而实现了绕组间的热隔离。

4. 磁隔离能力

当系统发生短路时，若绕组间存在磁耦合，短路相会在正常相产生感应电压，从而破坏整个电机驱动系统，因此，磁隔离能力是电机容错性能的重要体现。

绕组间采用隔齿绕制方式为各相绕组的磁场提供了回路，同时为了减弱由定子耦合到转子的磁场，永磁容错电机的磁钢采用面贴式结构，以增大电机有效气隙，降低电枢反应，从而提高绕组间的磁隔离能力。

以六相十极容错电机为例，有限元 2D 仿真模型如图 10.14(a)所示。电机空载时，永磁体在电机内产生的磁力线如图 10.14(b)所示，磁场对称分布；当 F 相绕组短路时，不计永磁体的激磁作用，电机内的磁力线分布如图 10.14(c)所示，F 相绕组的磁力线大部分通过相邻的定子齿形成闭合路径，只有一小部分的磁力线通过转子耦合到其他相绕组；考虑永磁体的激磁作用时，电机内的磁力线分布如图 10.14(d)所示，短路相内的磁力线较少，但正常相绕组的磁力线基本不变，即短路相不影响正常相绕组的磁场，表明了绕组间的磁隔离能力。

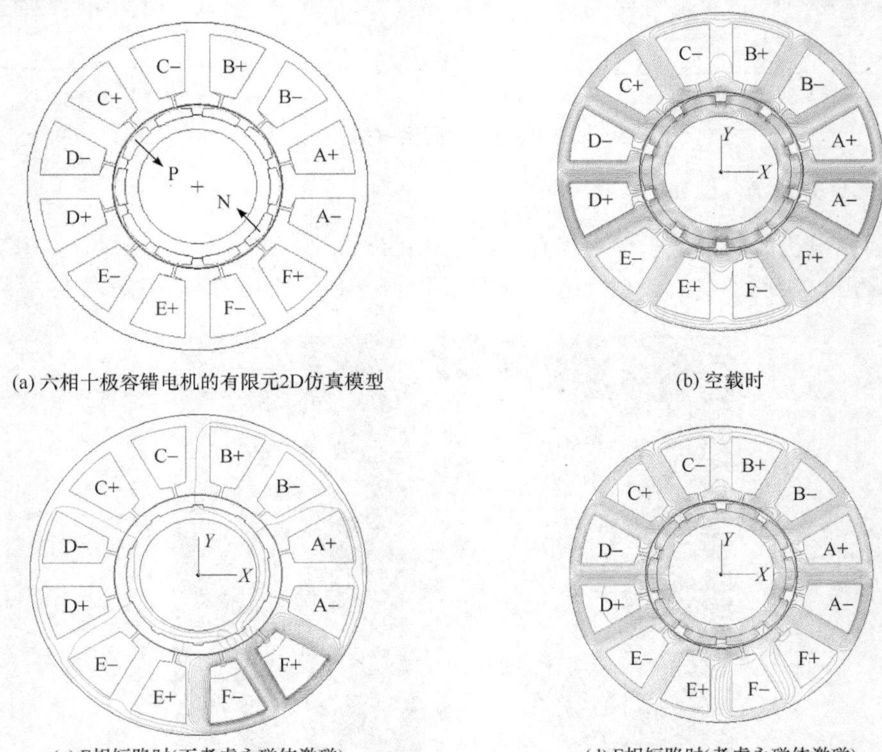

(a) 六相十极容错电机的有限元2D仿真模型　(b) 空载时

(c) F相短路时(不考虑永磁体激磁)　(d) F相短路时(考虑永磁体激磁)

图 10.14　电机内的磁场分析

5. 抑制短路电流能力

绕组短路故障是电机控制系统中最严重的故障类型之一，若不限制短路电流，将会损坏整个电机控制系统，因此，抑制短路电流能力是电机容错性能的重要体现之一。

当 F 相绕组发生端部短路故障时，稳态短路电流表示为

$$I_s = \frac{E_0}{\sqrt{(\omega_e L_s)^2 + R^2}} \tag{10.1}$$

$$L_s = L_{sm} + L_{s\sigma} \tag{10.2}$$

式中，E_0 表示空载反电势；L_s、L_{sm} 和 $L_{s\sigma}$ 分别表示绕组自感、激磁感和漏感；R 表示绕组电阻；ω_e 表示电角频率。在一定的空载反电势下，忽略电阻，短路电流仅与绕组电感有关。由于永磁体采用面贴式结构，激磁感很小，因此，永磁容错电机的槽口采用深而窄的设计方案，增加槽口漏感，从而达到抑制短路电流的目的。

10.3.2 控制方式及特性分析

电机驱动系统故障后，不采取特别的控制策略，电机将输出较大的转矩脉动，影响电机的输出性能，并且不同的故障类型，其转矩脉动量也是不一样的，因此，必须对故障后的转矩脉动进行分析，这有助于实现高性能的容错控制。

以六相十极永磁容错电机为研究对象，根据功率守恒原则，忽略电机损耗，j 相绕组产生的电磁转矩可以表示为

$$\begin{aligned} T_{ej} &= p\Psi_f \cos\left[p(\omega_m t-\theta_0)-\frac{(j-1)\pi}{3}\right]\cdot i_m \cos\left[p(\omega_m t-\theta_0)-\frac{(j-1)\pi}{3}-\gamma\right] \\ &= \frac{p\Psi_f i_m}{2}\left\{\cos\gamma+\cos\left[2p(\omega_m t-\theta_0)-\frac{2(j-1)\pi}{3}-\gamma\right]\right\} \end{aligned} \tag{10.3}$$

式中，分别包括平均转矩和脉动转矩，将 j 相绕组的脉动转矩转换成相量形式：

$$\dot{T}_{rj} = \frac{p\Psi_f i_m}{2}\mathrm{e}^{\mathrm{j}\left(-\frac{2(j-1)\pi}{3}-\gamma-2p\theta_0\right)}, \quad j=1,2,\cdots,6 \tag{10.4}$$

当 k 相绕组发生短路故障时，忽略短路瞬间电流衰减过程和绕组上的电阻值，同时，当绕组电感设计成单位标幺值时，该相绕组输出的短路脉动转矩表示为

$$\begin{aligned} T_{sk} &= p\Psi_f \cos\left[p(\omega_m t-\theta_0)-\frac{(k-1)\pi}{3}\right] i_m \cos\left[p(\omega_m t-\theta_0)-\frac{(k-1)\pi}{3}-\frac{\pi}{2}\right] \\ &= \frac{p\Psi_f i_m}{2}\cos\left[2p(\omega_m t-\theta_0)-\frac{2(k-1)\pi}{3}-\frac{\pi}{2}\right] \end{aligned} \tag{10.5}$$

同理，将其转换成相量形式：

$$\dot{T}_{sk} = \frac{p\Psi_f i_m}{2}\mathrm{e}^{\mathrm{j}\left(-\frac{2(k-1)\pi}{3}-\frac{\pi}{2}-2p\theta_0\right)} \tag{10.6}$$

为了简化分析，令 $\gamma=\theta_0=0$。由于相对绕组相(如 A 相和 C 相)的脉动转矩相量一样，为了便于相量图的可视化分析，建立两个极坐标系表示 $\dot{T}_{rj}$ 和 $\dot{T}_{sk}$，如图 10.8 所示。每个相量的幅值 c 都为

$$c=\left|\dot{T}_{rj}\right|=\left|\dot{T}_{sk}\right|=\frac{p\Psi_f i_m}{2} \tag{10.7}$$

其中，j 和 k 分别代表 A～F 相绕组。定义正相位角是从实轴开始以逆时针方向旋转。

当电机发生单相或多相故障时，利用相量图对不同故障类型的脉动转矩相量进行叠加，得到综合脉动转矩相量的幅值和相角，便于算法中对此脉动转矩进行抵消，实现故障态转矩脉动最小化的最优电流控制。

由图 10.15 可知，当电机控制系统无故障时，各相脉动转矩叠加起来为零；六相永磁容错电机控制系统中存在两种对称系统，即相邻三相对称系统(如 A、B、C)和互隔一相的三相对称系统(如 A、C、E)。这里的三相对称系统指合成脉动转矩相量为零的三相绕组。

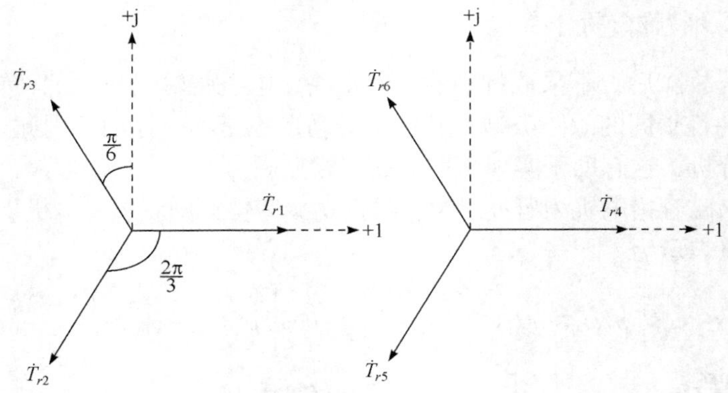

(a) 无故障时各相绕组产生的脉动转矩相量图

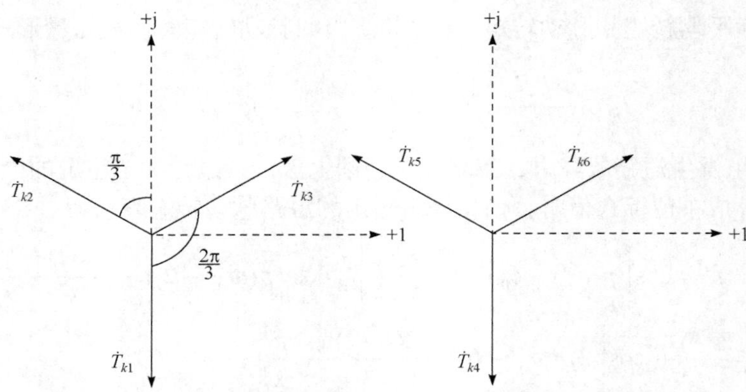

(b) 无故障时各相绕组短路时产生的脉动转矩向量图

图 10.15　无故障时电机脉动转矩相量图

下面对单相及多相故障态的脉动转矩进行分析。

1) 一相故障

当 F 相绕组发生断路故障时，F 相电流为零，无电磁转矩输出，同时不包含 F 相的三相对称系统(A、B、C 三相)的脉动转矩相量合成后为零，则利用相量叠加法对剩余两相(E、F 两相)的脉动相量进行叠加得到最终的综合脉动转矩相量 $\dot{T}_{6\_\text{open}}$，如图 10.16(a)所示。它为缺相不对称脉动转矩，其幅值为 c，相位与 F 相的脉动转矩相量相反。依次类推，其他相绕组发生断路故障时的综合脉动转矩相量的幅值 $\left|\dot{T}_{1k\_\text{open}}\right|$ 及相位 θ_{1k_open} 为

$$\begin{cases}\left|\dot{T}_{1k\_\text{open}}\right| = c, \\ \theta_{1k\_\text{open}} = -\dfrac{2k+1}{3}\pi, \end{cases} \quad k = 1,2,\cdots,6\text{分别表示A, B,}\cdots\text{, F相} \tag{10.8}$$

当 F 相绕组发生短路故障时，电机输出的综合脉动转矩相量如图 10.16(b)所示，综合脉动转矩相量 $\dot{T}_{6\_\text{short}}$ 由两部分组成：缺相不对称脉动转矩 $\dot{T}_{6\_\text{open}}$ 和短路脉动转矩 $\dot{T}_{k6}$，其幅值是断路故障时的 $\sqrt{2}$ 倍，相位超前缺相不对称脉动转矩相量 45°。依次类推，其他相绕组发生短路故障时的综合脉动转矩相量的幅值 $\left|\dot{T}_{1k\_\text{short}}\right|$ 及相位 θ_{1k_short} 为

$$\begin{cases} \left|\dot{T}_{1k\_\text{short}}\right| = \sqrt{2}c, \\ \theta_{1k\_\text{short}} = -\dfrac{8k+1}{12}\pi, \end{cases} \quad k=1,2,\cdots,6\text{分别表示A, B,}\cdots\text{, F相} \tag{10.9}$$

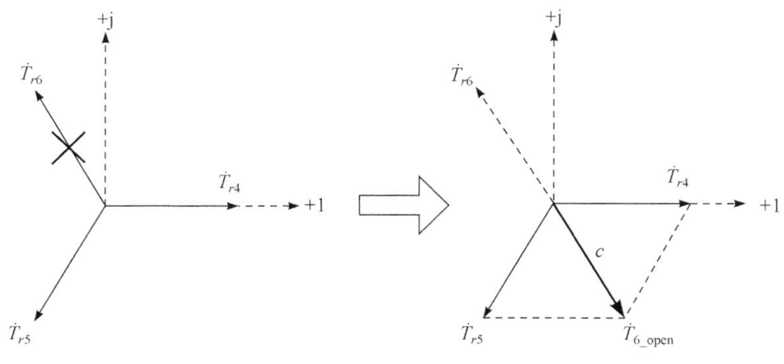

(a) F相断路

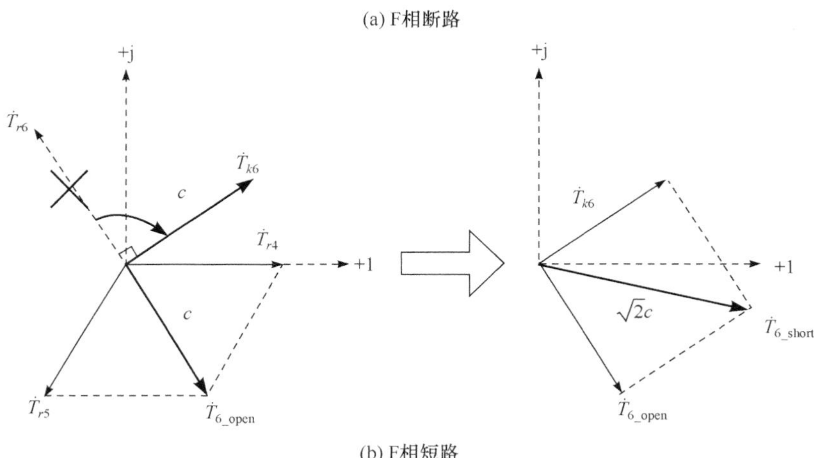

(b) F相短路

图 10.16　F 相发生故障时的综合脉动转矩相量图

2) 两相故障

短路故障是系统中最恶劣的故障类型，为了提高系统在多相故障态的实验可行性，本书多相故障中的短路故障只考虑一相，因此两相故障主要考虑两种情况，即两相同时断路故障和一相断路另一相短路故障。本书两相故障可发生在两个不同三相对称系统的不同部位，它们的组合有三种情况：①相邻两相，如 A、B 两相；②相隔一相的两相，如 A、C 两相；③相对两相，如 A、D 两相。

当 F、C 相同时发生断路故障时，如图 10.17(a)所示，综合脉动转矩相量 $\dot{T}_{6\&3\_\text{open}}$ 由 F 相断路故障时和 C 相断路故障时的缺相不对称脉动转矩(分别是 $\dot{T}_{3\_\text{open}}$ 和 $\dot{T}_{6\_\text{open}}$)叠加而成，其幅值是单相断路故障时的 2 倍，但相位相同。利用相量叠加法得到其他组合的两相断路故障时的综合脉动转矩相量的幅值和相角如式(10.10)所示。式中，$\left|\dot{T}_{2k\_\text{open1}}\right|$、$\left|\dot{T}_{2k\_\text{open2}}\right|$ 和 $\left|\dot{T}_{2k\_\text{open3}}\right|$ 分别指相邻两相、隔一相的两相和相对两相同时发生断路故障时的综合脉动转矩

相量的幅值；θ_{2k_open1}、θ_{2k_open2}和θ_{2k_open3}分别指相邻两相、隔一相的两相和相对两相同时发生断路故障时的综合脉动转矩相量的相位。

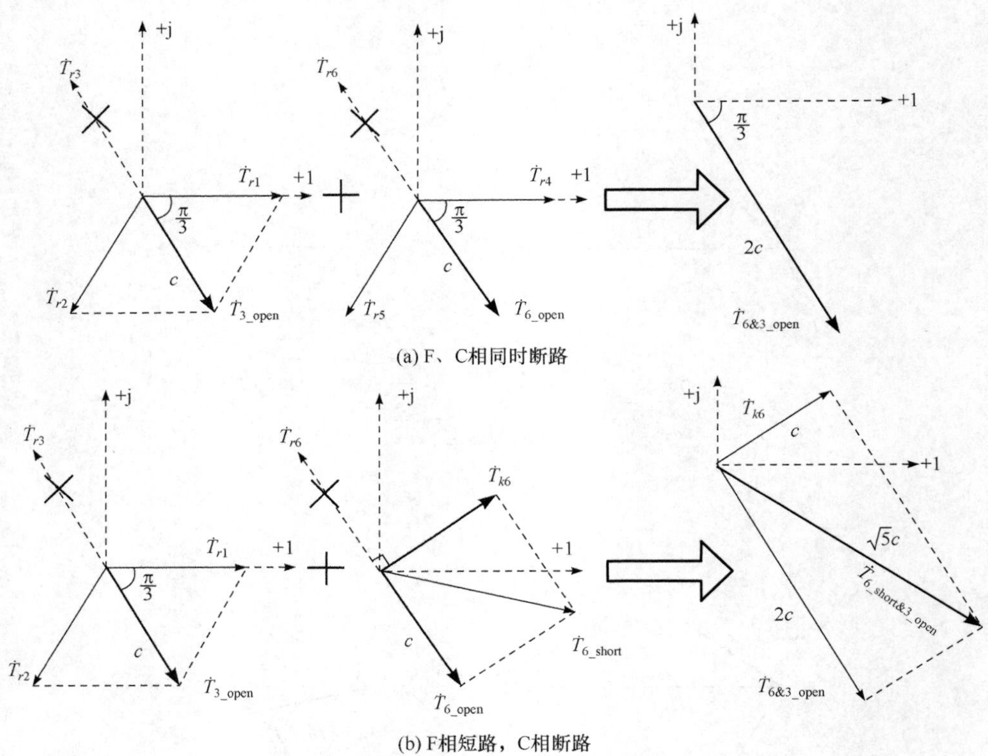

图 10.17　F、C 相发生故障时的综合脉动转矩相量图

$$
\begin{cases}
\left|\dot{T}_{2k\_\text{open1}}\right| = c, \\
\theta_{2k\_\text{open1}} = -\dfrac{2(k-2)}{3}\pi,
\end{cases}
\quad k = 1,2,\cdots,6\text{分别指AB, BC,}\cdots\text{, FA相}
$$

$$
\begin{cases}
\left|\dot{T}_{2k\_\text{open2}}\right| = c, \\
\theta_{2k\_\text{open2}} = -\dfrac{2k}{3}\pi,
\end{cases}
\quad k = 1,2,\cdots,6\text{分别指AC, BD,}\cdots\text{, FB相} \tag{10.10}
$$

$$
\begin{cases}
\left|\dot{T}_{2k\_\text{open3}}\right| = 2c, \\
\theta_{2k\_\text{open3}} = -\dfrac{2k+1}{3}\pi,
\end{cases}
\quad k = 1,2,\cdots,6\text{分别指AD, BE,}\cdots\text{, FC相}
$$

当 F 相短路故障和 C 相断路故障同时发生时，如图 10.17(b)所示，综合脉动转矩相量$\dot{T}_{6_\text{short\&3_open}}$由 F 相的缺相不对称脉动转矩$\dot{T}_{6_\text{open}}$和短路脉动转矩$\dot{T}_{k6}$、C 相的缺相不对称脉动转矩$\dot{T}_{3_\text{open}}$叠加而成，其幅值是$\sqrt{5}c$，是两相故障中最恶劣的情况。利用相量叠加法得到其他组合的两相断路故障时的综合脉动转矩相量的幅值和相角如式(10.11)所示。式中，$\left|\dot{T}_{2k\_\text{open\&short1}}\right|$、$\left|\dot{T}_{2k_\text{open\&short2}}\right|$和$\left|\dot{T}_{2k_\text{open\&short3}}\right|$分别指相邻两相、隔一相的两相和相对两相

发生短路及断路故障时的综合脉动转矩相量的幅值；$\theta_{2k\_\text{open\&short1}}$、$\theta_{2k\_\text{open\&short2}}$ 和 $\theta_{2k\_\text{open\&short3}}$ 分别指相邻两相、隔一相的两相和相对两相发生短路及断路故障时的综合脉动转矩相量的相位。其中相邻两相中的 $k=1,2,\cdots,6$ 分别指 A 短 B 断，B 短 C 断，…，F 短 A 断的故障组合；隔一相的两相中的 $k=1,2,\cdots,6$ 分别指 A 短 C 断，B 短 D 断，…，F 短 B 断的故障组合；相对两相中的 $k=1,2,\cdots,6$ 分别指 A 短 D 断，B 短 E 断，…，F 短 C 断的故障组合。由式(10.11)可见，发生不同类型的故障时，电机输出的脉动转矩幅值相差很大。当发生相邻两相故障时，由于缺相不对称脉动转矩和短路脉动转矩的相角差是 150°，合成后的脉动转矩幅值变小；而发生隔一相的两相故障时，正好相反，其相角差是 30°，合成后的脉动转矩幅值增大。

$$
\begin{cases}
\left|\dot{T}_{2k\_\text{open\&short1}}\right| = \sqrt{2-\sqrt{3}}c, \\
\theta_{2k\_\text{open\&short1}} = -\dfrac{8k-21}{12}\pi,
\end{cases} \quad \text{相邻两相，} k=1,2,\cdots,6
$$
$$
\begin{cases}
\left|\dot{T}_{2k\_\text{open\&short2}}\right| = \sqrt{2+\sqrt{3}}c, \\
\theta_{2k\_\text{open\&short2}} = -\dfrac{8k-1}{12}\pi,
\end{cases} \quad \text{隔一相的两相，} k=1,2,\cdots,6 \tag{10.11}
$$
$$
\begin{cases}
\left|\dot{T}_{2k\_\text{open\&short3}}\right| = \sqrt{5}c, \\
\theta_{2k\_\text{open\&short3}} = -\dfrac{2k+0.55}{3}\pi,
\end{cases} \quad \text{相对两相，} k=1,2,\cdots,6
$$

3) 三相故障

三相故障主要考虑以下两种情况，即三相同时断路故障和一相短路另两相断路故障。

当 FAB 或 FBD 三相同时发生断路故障时，系统剩下三相对称系统，合成缺相脉动不对称转矩为零；当 FBC 三相同时发生断路故障时，如图 10.18(a)所示，此时系统中的两种三相对称系统都被破坏，所以故障后系统存在缺相不对称脉动转矩。利用相量叠加法得到 ACD, BDE, …, FBC 三相发生断路故障时的综合脉动转矩的幅值 $\left|\dot{T}_{3k\_\text{open1}}\right|$ 和相位 θ_{3k_open1} 如式(10.12)所示，其中 $k=1,2,\cdots,6$ 分别指 ACD 断路，BDE 断路，…，FBC 断路的故障组合。

$$
\begin{cases}
\left|\dot{T}_{3k\_\text{open1}}\right| = \sqrt{3}c, \\
\theta_{3k\_\text{open1}} = -\dfrac{4k+1}{6}\pi,
\end{cases} \quad k=1,2,\cdots,6 \tag{10.12}
$$

当分别发生 F 相短路、BC 断路或 AC 断路故障时，如图 10.18(b)和(c)所示，F 相短路 BC 断路时的缺相不对称转矩 $\dot{T}_{6\&2\&3\_\text{open}}$ 和短路脉动转矩 $\dot{T}_{k6}$ 的相角差是 60°，合成后的综合脉动转矩相量 $\dot{T}_{2\&3\_\text{open6\_short}}$ 的幅值增加，达到 $\sqrt{4+\sqrt{3}}c$，是三相故障组合中最恶劣的情况(仅含一相短路路故障时)；而 F 相短路 AC 断路时的相角差是 120°，合成后的综合脉动转矩相量($\dot{T}_{1\&3\_\text{open6\_short}}$)的幅值为 $\sqrt{4-\sqrt{3}}c$，比前一种故障的幅值小($\dot{T}_{2\&3\_\text{open6\_short}}$)。因此不同的故障组合，脉动转矩幅值相差很大，取决于故障组合以及缺相脉动转矩和短路脉动转矩的相角差。

$$
\begin{cases}\left|\dot{T}_{3k\_\text{open\&short1}}\right| = \sqrt{4+\sqrt{3}c}, \\ \theta_{3k\_\text{open\&short1}} = -\dfrac{2k_1+0.14}{3}\pi, \end{cases} \quad k_1 = 1,2,\cdots,6
$$

$$
\begin{cases}\left|\dot{T}_{3k\_\text{open\&short2}}\right| = \sqrt{4-\sqrt{3}c}, \\ \theta_{3k\_\text{open\&short2}} = -\dfrac{2k_2-5.1}{3}\pi, \end{cases} \quad k_2 = 1,2,\cdots,6 \tag{10.13}
$$

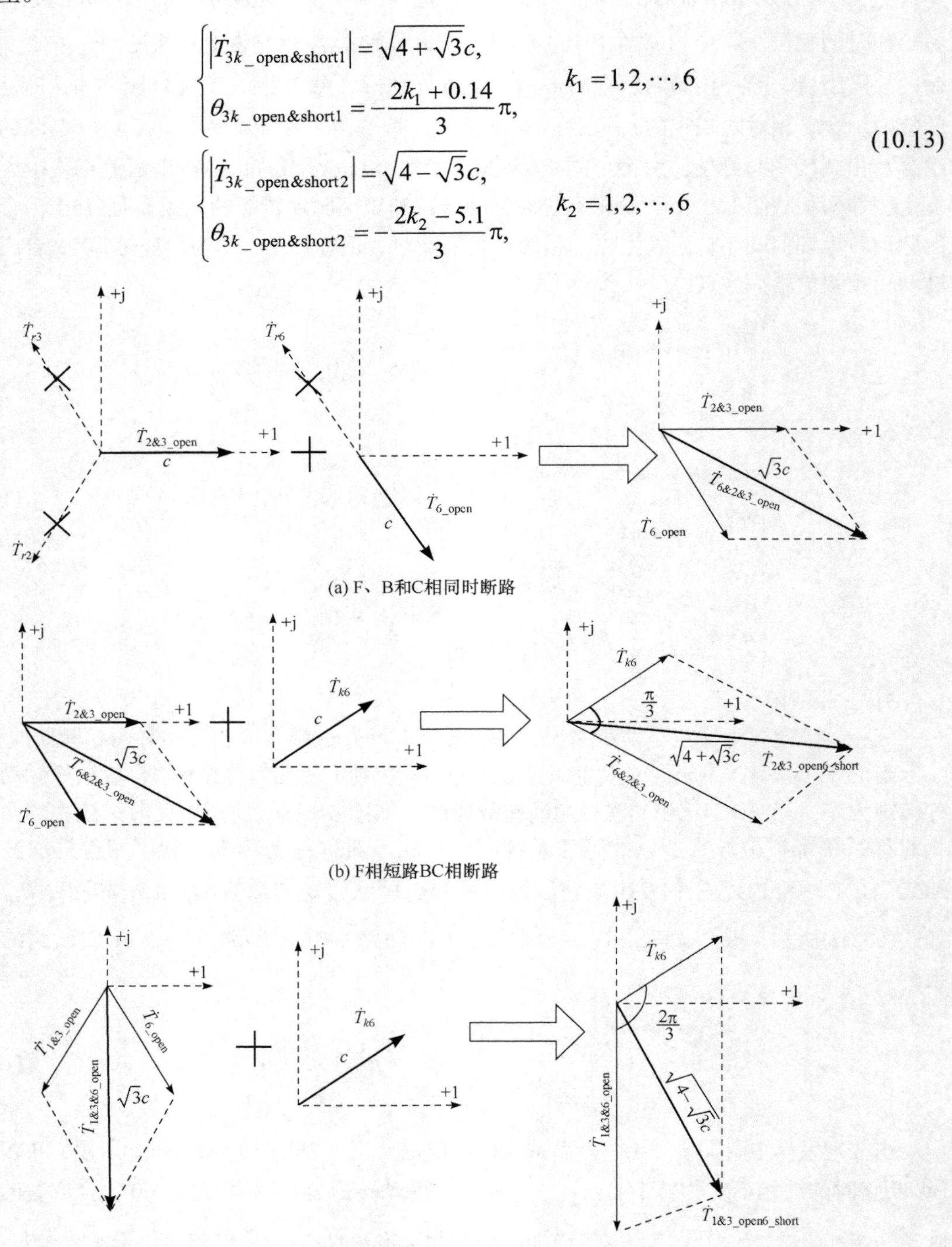

图 10.18 三相同时发生故障时的综合脉动转矩相量图

利用相量叠加法得到发生 A 短 CD 断，B 短 DE 断，…，F 短 BC 断的故障组合时的综

合脉动转矩的幅值$\left|\dot{T}_{3k_\text{open\&short1}}\right|$和相位$\theta_{3k_\text{open\&short1}}$如式(10.11)所示，式中，$k_1=1,2,\cdots,6$分别指 A 短 CD 断，B 短 DE 断，…，F 短 BC 断的故障组合；发生 A 短 BD 断，B 短 CE 断，…，F 短 AC 断的故障组合时的综合脉动转矩的幅值$\left|\dot{T}_{3k_\text{open\&short2}}\right|$和相位$\theta_{3k_\text{open\&short2}}$如式(10.11)所示，式中，$k_2=1,2,\cdots,6$分别指 A 短 BD 断，B 短 CE 断，…，F 短 AC 断的故障组合。

综上所述，利用相量叠加法得到第 9 章中故障类型的综合脉动转矩相量幅值见表 10.3。

表 10.3　不同故障类型下的综合脉动转矩相量幅值

故障类型		$\lvert\dot{T}\rvert/c$
一相	F 相断路	1
	F 相短路	1
两相	F、A 断路	1
	F、B 断路	1
	F、C 断路	2
	F 短，A 断	$\sqrt{2-\sqrt{3}}$
	F 短，B 断	$\sqrt{2+\sqrt{3}}$
	F 短，C 断	$\sqrt{5}$
三相	F、A、B 断路	0
	F、B、D 断路	0
	F、B、C 断路	$\sqrt{3}$
	F 短，A、B 断	1
	F 短，B、D 断	1
	F 短，A、C 断	$\sqrt{4-\sqrt{3}}$
	F 短，B、C 断	$\sqrt{4+\sqrt{3}}$

表 10.3 中，$\left|\dot{T}\right|$指综合脉动转矩相量幅值。比较第 9 章中不同故障态下电机输出的脉动转矩的实验测量值与理论分析值，实验结果与理论分析基本一致，如表 10.4 所示。

其中，不同故障态下的理论脉动转矩值定义为

$$
T_{\text{ripple}}^{*}=\frac{2\left|\dot{T}\right|}{\varepsilon c}\times 100\%
$$
$$
\varepsilon=\begin{cases}5, & \text{一相故障}\\ 4, & \text{两相故障}\\ 3, & \text{三相故障}\end{cases} \tag{10.14}
$$

表 10.4　不同故障态下的脉动转矩百分比

故障类型		理论分析值(T_{ripple}^{*})	试验测量值(T_{ripple})
一相	F 相断路	40%	42%
	F 相短路	57%	52%
两相	F、A 断路	40%	44%
	F、B 断路	40%	45%
	F、C 断路	80%	79%
	F 短，A 断	26%	23%
	F 短，B 断	97%	95%
	F 短，C 断	112%	105%
三相	F、A、B 断路	0	0.13%
	F、B、D 断路	0	0.13%
	F、B、C 断路	116%	112%
	F 短，A、B 断	100%	91%
	F 短，B、D 断	67%	76%
	F 短，B、C 断	160%	185%

实验测量的脉动转矩值定义为

$$T_{\text{ripple}} = \frac{T_{e\_\max} - T_{e\_\min}}{T_{e\_\text{aver}}} \times 100\% \tag{10.15}$$

式中，$T_{e\_\max}$ 指实测最大转矩值；$T_{e\_\min}$ 指实测最小转矩值；T_{e_aver} 指实测的平均转矩值。

由此可见，若控制系统不采取一些优化措施，故障态时电机将输出一定的脉动转矩，尤其在相对两相同时发生故障时，转矩脉动会较大。因此，本章提出转矩脉动最小化的最优电流控制策略，使永磁电机控制系统满足高可靠性的前提下具备高质量的电机输出性能。

10.3.3　控制策略分析

永磁电机的转矩脉动主要有三个部分：①转子磁钢和定子齿槽相互作用而产生的齿槽转矩；②电枢反应而产生的永磁转矩；③随转子位置角度变化的磁阻引起的磁阻转矩；而永磁容错电机除了以上三个转矩脉动源外，还包括系统故障后产生的缺相不对称脉动转矩和短路脉动转矩。

由前面的电机设计及其测试实验可知：①齿槽脉动转矩标幺值仅为 0.05，电机输出转矩中可忽略齿槽脉动转矩；②空载反电势的 THD = 1.5%，空载反电势可默认为正弦波；③无凸极效应，忽略电机磁路饱和的影响，电机输出的磁阻转矩为零。因此，通过电机本体的优化设计可实现电机控制系统在正常态的转矩脉动最小化输出。而故障态的脉动转矩与绕组电流有关，因此必须通过控制正常相的绕组电流抵消脉动转矩，从而实现故障态的转矩脉动最小化。

当电机出现一相、两相及三相故障时，电机输出总的电磁转矩表示为

$$T_e(t)=\frac{p\Psi_f i_m}{2}\{a_1\cos\gamma+a_2\cos[2p\omega_m t+\theta(k)-\gamma]\}+T_k(t)$$
$$T_k(t)=\begin{cases}0, & \text{断路故障}\\ p\Psi_f\cos\left[p\omega_m t-\dfrac{(k-1)\pi}{3}\right]i_k(t), & \text{短路故障}\end{cases}\tag{10.16}$$

式中，a_1 指平均转矩系数；a_2 指脉动转矩系数；$\theta(k)$ 指不同故障组合时的综合脉动转矩相量的相角。利用相量叠加法，直接得到以上参数，如表 10.5 所示。

表 10.5　系数表

故障相数	a_1	a_2	$\theta(k)$	$k=1,2,\cdots,6$ 分别对应的故障组合
一相故障	5	1	$-2(k-2)\pi/3$	A，B，…，F 相
两相故障	4	1	$-2(k-2)\pi/3$	AB，BC，…，FA 相
	4	1	$-2k\pi/3$	AC，BD，…，FB 相
	4	2	$-2(k-2)\pi/3$	AD，BE，…，FC 相
三相故障	3	0	0	三相对称故障(如 ABC 或 ACE 相)
	3	$\sqrt{3}$	$-(4k+1)\pi/6$	ABD，BCE，…，FAC 相
	3	$\sqrt{3}$	$-(4k-9)\pi/6$	ACD，BDE，…，FBC 相

为了使电机在一相、两相以及三相故障态时可分别输出 100%、80%以及 60%的额定功率，转速不变，而转矩脉动最小化输出，实现系统的高性能容错控制，则令不同故障相数时的电磁转矩分别等于 100%、80%以及 60%的恒定给定转矩 $T^*(t)$，即

$$T_e(t)=\zeta T^*(t)$$
$$\zeta=\begin{cases}1, & \text{一相故障时}\\ 0.8, & \text{两相故障时}\\ 0.6, & \text{三相故障时}\end{cases}\tag{10.17}$$

得到正常相绕组的最优给定电流解析式为

$$i_j^*(t)=i_m(t)\cos[p\omega_m t-(j-1)\pi/3-\gamma],\quad j=1,2,\cdots,6\text{ 且 }j\neq k$$
$$i_m(t)=\begin{cases}\dfrac{T^*(t)}{3p\Psi_f\cos\gamma}, & \text{正常态}\\ \dfrac{2[\zeta T^*(t)-T_k(t)]}{p\Psi_f\{a_1\cos\gamma+a_2\cos[2p\omega_m t+\theta(k)-\gamma]\}}, & \text{故障态}\end{cases}\tag{10.18}$$

令 $\gamma=0$ 时，可实现最大转矩电流比控制，使得定子绕组的铜耗最小化，因此，本章提出的最优电流控制体现在两个方面的优化：转矩脉动最小化和定子绕组铜耗最小化。则此时的最优给定电流解析式为

$$
\begin{aligned}
& i_j^*(t)=i_m(t)\cos\left[p\omega_m t-(j-1)\pi/3\right], \quad j=1,2,\cdots,6\text{且}j\neq k \\
& i_m(t)=\begin{cases}\dfrac{T^*(t)}{3p\Psi_f}, & \text{正常态} \\ \dfrac{2\left[\zeta T^*(t)-T_k(t)\right]}{p\Psi_f\left\{a_1+a_2\cos\left[2p\omega_m t+\theta(k)\right]\right\}}, & \text{故障态}\end{cases}
\end{aligned} \tag{10.19}
$$

式(10.19)中的分母有确定的安全变化范围，即

$$
a_1-a_2\leqslant a_1-a_2\cos\left[2p\omega_m t-\theta(k)\right]\leqslant a_1+a_2 \tag{10.20}
$$

这可以保证式(10.19)算出的给定电流值小于绕组的最大电流值，因此，无须限幅迭代计算即可得到正常相绕组的最优给定电流，同时其表达式简单，降低了软件编程的复杂度，易于实现。

由此可见，永磁容错电机及其控制系统在正常态时，各相绕组的给定电流是互差π/3电角度的正弦波；当发生故障时，结合故障诊断信号及给定转矩，利用最优电流控制算法，得到故障态时正常相绕组的最优给定电流，实现系统的强容错控制，并保证转矩脉动最小化输出，整个系统的控制框图如图 10.19 示。

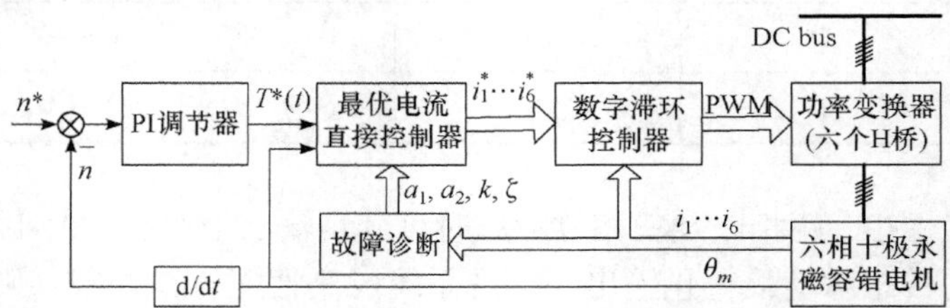

图 10.19　基于六相十极永磁容错电机的最优电流控制框图

采用上述分析的电流直接控制策略，利用 MATLAB 中 Simulink 和 Power System Blockset 两个工具箱对系统进行建模仿真，整个控制系统的仿真模型如图 10.20 所示。

1. 一相开路故障

F 相绕组在 0.1s 发生断路故障，电枢绕组的电流波形如图 10.21(a)所示，故障瞬间，正常相绕组电流发生畸变，从而补偿缺相的平均转矩，抵消由于缺相造成的脉动转矩，以使故障态的转矩脉动最小化。电机输出转矩及转速波形如图 10.21(b)和(c)所示，系统从六相正常态平滑过渡到五相故障态，电机输出性能不变，实现了高性能的断路故障容错功能。

2. 一相短路故障

F 相绕组在 0.1s 发生断路故障，电枢绕组的电流波形如图 10.22(a)所示，稳态后，短路相的短路电流与额定电流相当，具备抑制短路电流功能。同样，为了补偿缺相转矩，抵消短路相的脉动转矩，正常相电流畸变，故障后的转矩及转速波形如图 10.22(b)和(c)所示，电机输出性能不变，实现了高性能的短路故障容错。

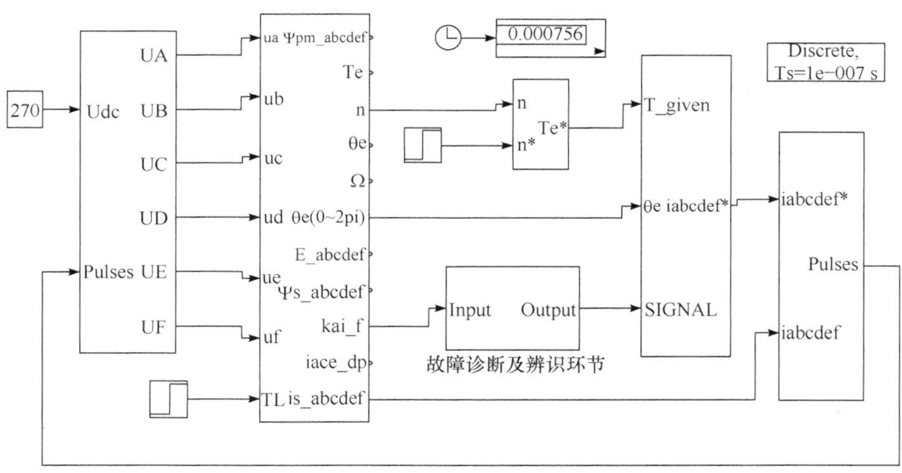

图 10.20　六相十极永磁容错电机及其控制系统的仿真模型

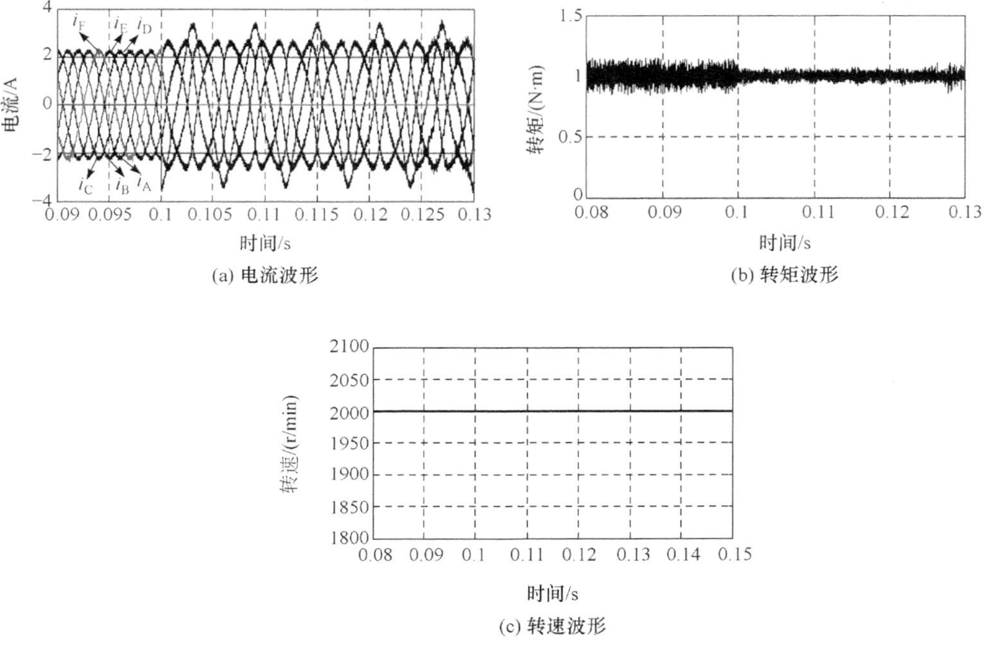

(a) 电流波形

(b) 转矩波形

(c) 转速波形

图 10.21　F 相绕组发生断路故障

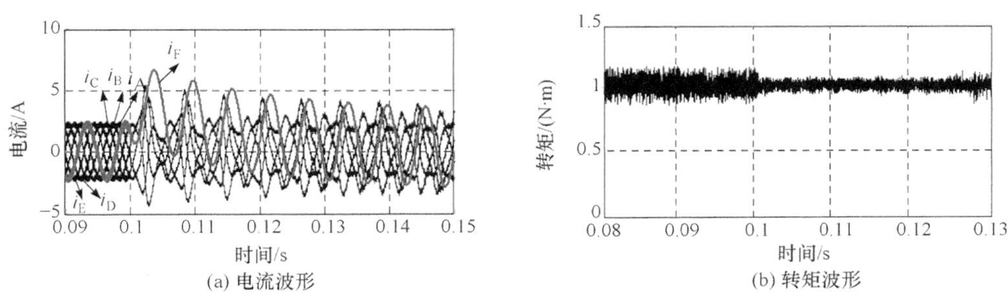

(a) 电流波形

(b) 转矩波形

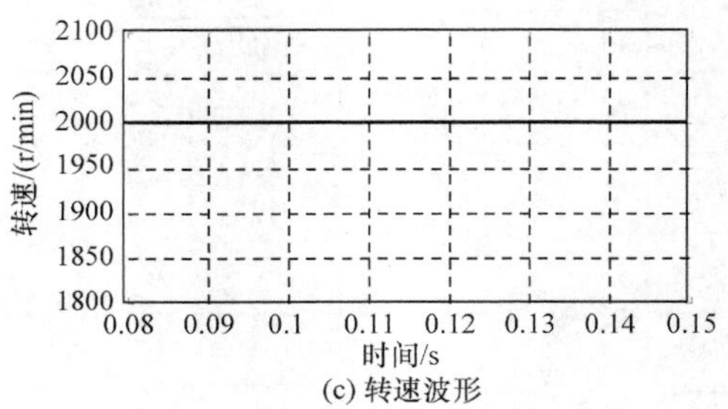

(c) 转速波形

图 10.22　F 相绕组发生短路故障

3. 多相故障时的系统仿真

通过前面的电流直接控制法的多相故障态实验可知：当相对两相绕组同时发生断路和短路故障时，电机输出转矩脉动最大，因此，本章的多相故障仿真和实验主要针对以上最恶劣的两种故障，即 F 相短路 C 相断路时的两相故障和 F 相短路且 B、C 相断路时的三相故障。仿真波形如图 10.23 和图 10.24 所示，故障后电机输出转速不变，转矩脉动最小化，实现了高性能的强容错控制。

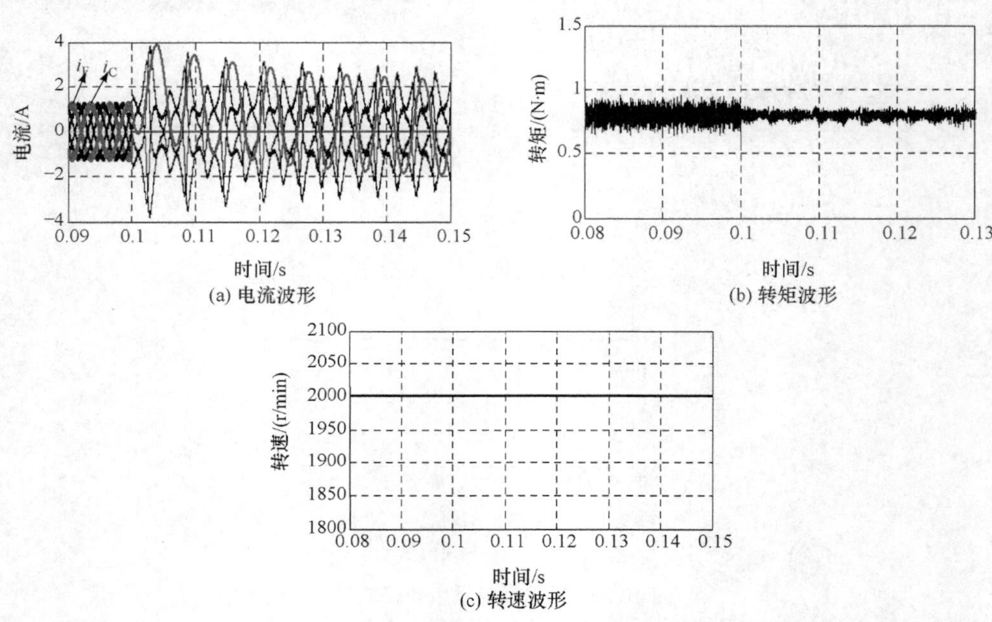

图 10.23　F 相绕组发生短路故障，同时 C 相绕组发生断路故障

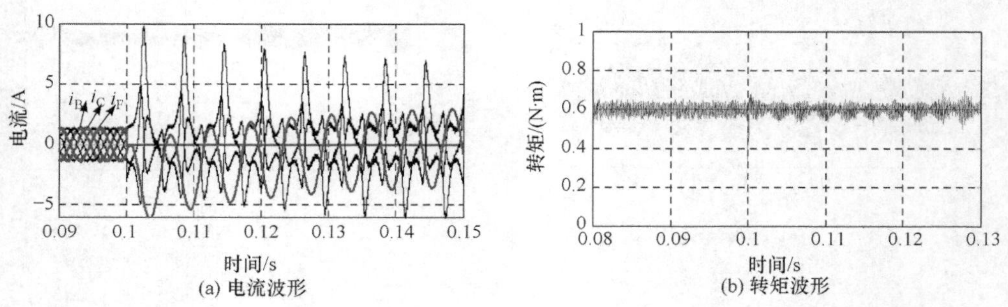

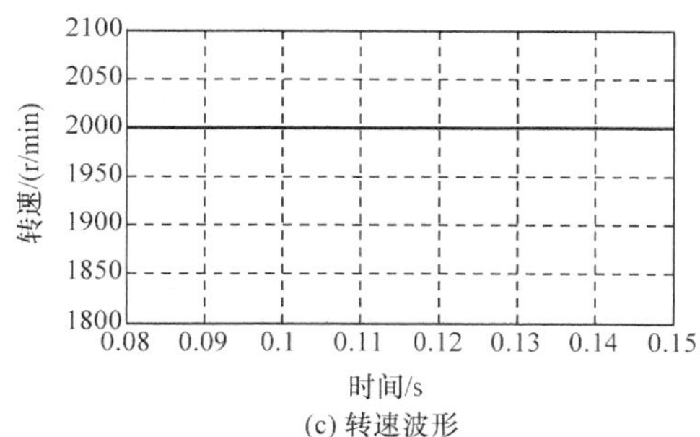

(c) 转速波形

图 10.24　F 相绕组发生短路故障，同时 B、C 相绕组发生断路故障

10.4　交流容错电动机的应用和发展

10.4.1　国内外对交流容错电机系统的研究现状及发展

江苏大学、南京航空航天大学、哈尔滨工业大学、东南大学、大连海事大学报道的相关文献数量居于前五名。其中，江苏大学的刘国海、陈前课题组一方面针对五相永磁同步电机提出了模型预测容错控制策略，在改善单相开路故障的同时实现了两相开路故障的容错控制，还提出一种改进式 SVPWM 容错方法，有效提升了母线电压利用率，抑制电流谐波；另外针对永磁同步磁阻电机单相开路故障时的情况提出了三次谐波电流注入的容错控制方法，考虑容错运行时五相内嵌式永磁同步电机反电势谐波的影响和磁阻转矩的利用，提出了固定开关频率下的谐波注入式容错控制策略和最大转矩电流比容错控制策略。相对于普通永磁同步电机，游标电机更适合在低速大转矩场合应用，江苏大学的周华伟课题组设计了一种聚磁型交替极容错永磁游标电机。赵文祥课题组则设计了分裂齿永磁容错游标电机。全力课题组针对一类新型少稀土永磁电机，结合电动汽车潜在应用领域需求，针对永磁电机驱动系统位置传感器失效、逆变器故障等，先后提出了无位置传感器控制策略、逆变器故障容错控制策略，并进行了理论分析、仿真和实验验证。朱孝勇课题组研究共直流母线开绕组少稀土组合励磁永磁无刷电机的容错控制，针对目前共直流母线开绕组容错方式未充分利用双逆变器结构的冗余性，且容错后电机调速范围较小的问题，提出了基于桥臂复用原理的容错控制方法，针对单桥臂故障，给出了四种相应的容错拓扑结构及其调制方式，通过比较不同容错拓扑结构和不同解耦角度下容错运行时的电压范围，得到了调制范围最优的容错控制方式，并将其推广到两桥臂故障时的容错控制，得到统一的容错拓扑结构及其容错调制策略。吉敬华课题组针对容错式磁通切换永磁电机的气隙磁场调制机理展开研究，并研究了永磁体涡流损耗及其抑制方法。孙宇新课题组以矢量控制为基础分别针对五相容错型永磁同步电机、永磁游标电机提出了相应的容错控制算法。

南京航空航天大学的学者则主要聚焦于电励磁双凸极电机、双边磁通切换永磁直线电机、容错型永磁磁通切换电机、双绕组永磁容错电机、双绕组五相异步发电机、开放式绕组异步电机的研究。周波课题组针对电励磁双凸极电机分析了功率变换器和电机本体的故障类型，并提出相应故障后系统重构方法与容错控制策略，同时结合数学模型研究了电励磁双凸极发电机的失磁故障与失磁容错发电机理，提出了三种失磁后能够实现发电系统继续容错运行的功率变换器拓扑及其控制策略。曹瑞武课题组针对双边磁通切换永磁直线电机运行过程中的典型故障状态，分析电机的应对策略，选择合适的逆变器拓扑，选用基于SVPWM 的容错控制算法，详细推导了电机在故障状态下的输出推力。王宇课题组致力于研究容错型永磁磁通切换电机的调速控制方法，提出转矩冲量平衡控制策略，针对矢量控制和直接转矩控制受 PI 参数影响、动态响应慢的特点进行优化。黄文新课题组既深入研究了双绕组永磁容错电机，针对当前传统永磁容错电机驱动系统容错控制策略存在控制策略过于复杂、开关频率不固定、电流波动大等问题，提出了基于矢量控制的热备份余度容错控制策略；又针对双绕组五相异步发电系统，提出了一种基于空间电压矢量调制的五相双绕组异步发电机控制绕组磁场定向控制方法。此外，黄文新课题组还提出了开放式绕组异步电机的开关管和绕组故障辨识方法，比较了采用两相容错和三相容错控制系统，在保证空间电压矢量不变的情况下，给出了控制方法，实现了系统的容错控制。

哈尔滨工业大学的寇宝泉、郑萍、隋义、王高林、周洪亮等学者也主要针对多相永磁容错电机的控制技术展开研究，哈尔滨工业大学的研究热点聚焦于汽车驱动用轮毂电机的容错控制技术。

10.4.2　交流容错电机系统的应用和发展

1. 航空用电力作动器的发展

目前，研发新一代的多电以及全电飞机已成为航空领域里一个热点课题。飞机主发动机除了提供推力外，还提供飞机上 4 种次级功率系统，即液压、气压、供电和机械系统的原动力。全电飞机是一种用供电系统取代液压、气压和机械系统的飞机，即所有的次级功率均用电机的形式分配：用电力作动器来取代液压作动器，用电力泵取代齿轮箱驱动的滑油泵和燃油泵，用电动压气机来取代气压动力的空调压气机，全电飞机和现有飞机的比较如图 10.25 所示，大大节约了飞机的运行成本，提高了飞机的可靠性、可维护性及地面保障能力等。据估计，采用电力作动系统后，可使一般客机的燃油消耗节省 5%～9%，地面设备减少 50%；可使军用飞机的起飞总重减少 272～454kg，飞机受轻武器攻击的受损面积减少 14%。

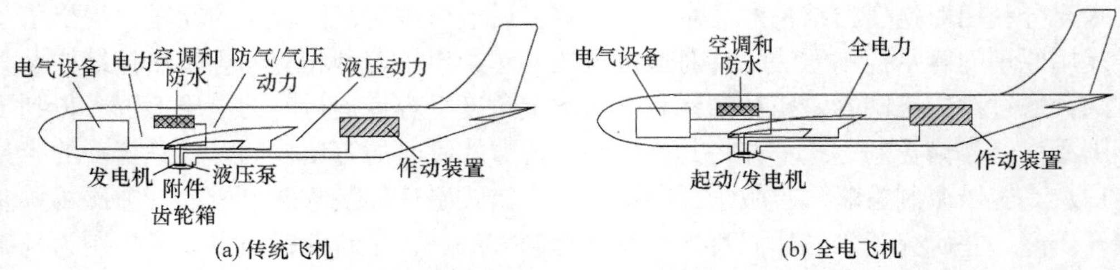

图 10.25　传统飞机和全电飞机的结构比较

由于电力作动系统广泛应用于飞机制动、舵面控制以及油泵等关键电力传动系统中，因此电力作动系统除了要满足高功率密度要求外，还必须具备高可靠性和强容错性。一种典型的用于舵面控制的电力作动器结构如图 10.26 所示，功率变换器和电机是电力作动器的核心部分。对电机驱动系统，器件特性变化、绝缘老化以及电磁干扰等原因，常会使系统产生电机和主功率变换器的电气故障，电气故障主要包括绕组断路、绕组端部短路、相间绕组短路以及绕组匝间短路故障，主功率变换器故障主要包括功率管的断路和短路故障。为了使系统可靠运行，设计一套具有容错功能的电机本体及其控制系统成为电力作动器的关键技术。

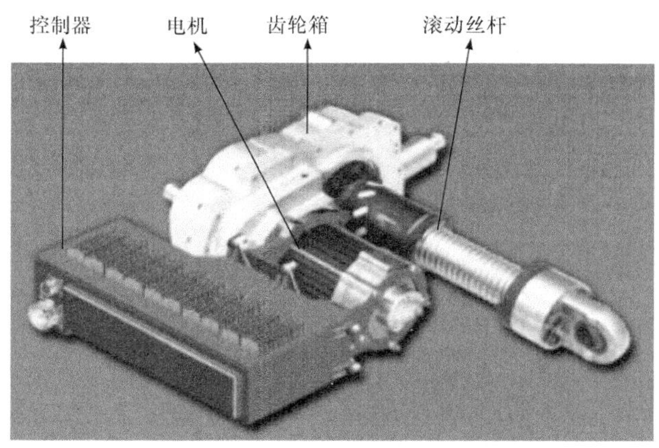

图 10.26　一种用于舵面控制的电力作动器

2. 混合/纯电动汽车的发展

近年来，随着环境污染问题日益恶化以及石油资源的渐趋匮乏，发展低排放、低油耗的新型电动汽车已迫在眉睫！电动汽车这个概念的内涵很广泛，包括蓄电池电动汽车或纯电动汽车、混合动力电动汽车和燃料电池电动汽车。

纯电动汽车可实现零排放，并能利用风力、水电及太阳能等其他非石油资源，因此，它是解决环境及能源问题的最有效途径，但由于纯电动汽车关键部件之一的电池的能量密度、寿命、价格等方面存在问题，其性能价格比和续驶里程无法与传统的内燃机汽车相抗衡。燃料电池电动汽车具有作为未来主流汽车的潜力，但其技术尚处于研发阶段，它的成本高和氢氧燃料系统供应是主要问题。因此，纯电动汽车和燃料电池电动汽车离商品化阶段仍有一定的距离。

混合动力汽车整合了传统内燃机汽车与纯电动汽车的优点，续驶里程比纯电动汽车延长 2～4 倍，能快速补充燃料，加速性能好，废气排放比传统内燃机汽车低，虽不能像纯电动汽车那样做到零排放，但根据需要可实现部分区段零排放。在价格上目前初始成本虽比传统内燃机汽车要高些，但考虑到它的省油、油价的攀升、环保及全寿命成本等因素，完全可以与传统内燃机汽车相媲美，因此，目前混合功力汽车是电动汽车的研发热点，被认为是传统内燃机汽车与纯电动汽车的折中方案与过渡产物。

混合电动汽车的结构按驱动装置不同可分为串联型混合动力汽车、并联型混合动力汽车及混联型混合动力汽车，如图 10.27 所示，不管什么结构形式，电机及其控制器是必不可少的，它是电动汽车驱动系统的核心，因此，为了减少汽车抛锚概率，研发具有一定容错能力的高可靠性电机驱动系统是整个汽车动力系统的关键所在。

3. 交流容错电机系统中故障诊断技术的发展

现代化生产方式的不断发展使电机故障诊断技术应运而生。从 20 世纪 60 年代起，美国、日本、英国等先后成立了机械故障诊断技术研究机构。我国机械设备诊断技术的研究

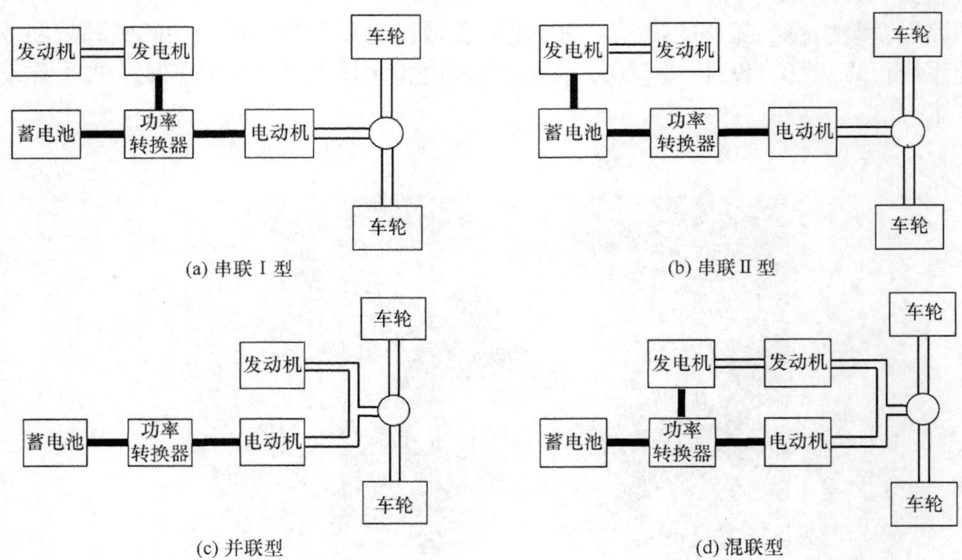

图 10.27　混合动力汽车的结构类型

起步稍晚，始于 20 世纪 70 年代。虽然在这期间各国相继成立了机械故障诊断技术研究机构，但由于缺少经验和技术手段，均未取得实质性研究成果。随着计算机、传感器等设备的不断发展和完善，电动机故障诊断技术才取得了长足进展。直至今日，国内外研究者对电机故障诊断技术的研究取得了诸多显著成果。侯新国等引进 MUSIC 方法进行检测，选用的故障特征分量为频率分量，对 Park 矢量模平方信号进行频谱分析，最后在整体数据库缺乏数据的基调下对故障进行检测。但因 Park 矢量模平方信号分析中存在的二次方的计算步骤，频谱复杂化程度高。尤其是针对复合型故障，存在的部分交叉频率极大地增加了故障识别难度。孙向作、高媛媛先后利用信息融合、数据融合对电机进行故障诊断，其中信息融合主要着力解决电机故障诊断中的不确定问题，但此故障诊断方式时间复杂程度高，无法满足系统 24 小时在线诊断要求，数据融合引入了 BP 神经网络对系统所测数据进行局部诊断。张荣对转差率较小或轻载的鼠笼式感应电机转子断条故障采用小波包分析与瞬态有限元相结合方法进行研究，但其所采用的模糊关系矩阵 R 普遍性不足，模糊关系矩阵对不同诊断要求及电动机型号的通用性差。徐巍等以交流感应电动机定子电流信号作为分析对象。首先采用小波变换法对电流信号进行消除噪声处理，然后运用独立分量分析法提取故障隐患特征，从而诊断交流感应电动机常见故障。此方法具有一定的可行性，但故障诊断精确度不够。宋博翰等采用瞬态计算法、有限元分析法进行动态数字仿真。首先构建电动机退磁故障模型，然后使用 Hilbert-Huang 变换技术处理信号，最后通过比对电动机正常、退磁两种状态下相电流模态函数分量瞬时频率中高频分量的分布情况，诊断出永磁同步电动机退磁故障。李臻等引进故障定量识别技术对故障进行识别，同时结合小波包滤波技术进行消噪，最后利用双处理器实现了对矿山大型机电设备在运转时的正常状态与故障状态的监测。杨宇等通过 EMD 方法对旋转机电设备进行故障诊断，主要内容是通过提取信号特征以及非平稳特征，获得多种故障特征采集方法。另有学者提出将支持向量机应用于故障特征提取中，并结合模态函数将其应用于旋转机电设备中，此方法为故障诊断开辟了一条新的路径。目前，永磁同步电机故障诊断方法有电机振动信号分析法、局部放电法、轴通量测量分析法、电流信号监测分析法、人工智能技术等方法。振动分析法首先在分析系统中提前输入电机各种状态时的振动信号信息作为参考信号，然后采集并提取电机在不同故障状态下产生的不同特性的振动信号信息，通过将采集并提取到的振动信号信息与分析系统中提前输入的参考信号信息进行对比，从而判断出故障类型及故障部位的一种故障诊断方法。该方法的适用范围非常广泛，基本上可以用于电机所有机械故障的诊断研究，但振动分析建立在海量的振动数据的基础上，而获取这些振动数据离不开众多的传感器设备，所以电机振动分析法成本比较高而且较容易出错。局部放电分析方法是通过测量电气设备之间产生微小电火花的情况来诊断电气设备有无故障的一种诊断方法。实际生产中，局部放电分析法主要用于诊断发电机或大型电机的绕组绝缘故障，具有使用成本较低的优势。轴通量分析法是利用轴通量可以反映出磁路不平衡现象来诊断电动机故障的一种方法。该方法主要用于对电机电压供给不平衡不稳定、电动机退磁及电机定子不对称等故障的诊断研究，但因为轴通量的测量比较困难，而且精确度很难保证，所以该诊断方法是否有效，关键就在于能否获取可靠的轴通量数据。电机电流信号分析法是电机故障诊断中应用最为普遍而且技术相对最成熟的一种诊断方法。该分析方法中分析的信号可以是定子电流信号，也可以是轴电流信号和序分量等电路信号，该方法的最大优势在于能够有效分析出电机的早期故障，从而及早采取措施，避免故障扩大。但该方法在分析时需要依靠强大的硬件设备设施来支持其大量复杂的数据计算，因此成本花费通常比较高。但在今天计算机技术非常成熟、成本非常低的背景下，电流信号分析法因其经济可行已逐渐在实际生产中普及开来。人工智能分析方法对机器加以强化训练学习，将机器与数据建立联系，其不仅可以代替人类去计算，而且具有诊断精确度高的优势。快速傅里叶变换法(Fast Fourier Transform Algorithm，FFT)是应用比较普遍的一种电机电流信号分析方法。该方法的工作原理就是利用 FFT 变换方式，将实验人员需要的电气信号从时域转换到频域，进而方便实验人员将其所需的故障量提取出来。Hilbert 变换和小波变换是电机信号分析处理的两种重要分析工具，其中 Hilbert 变换是在对电机进行频谱分析前，先对电流信号进行预处理，从而将故障分量突显出来的一种线性变换技术，小波变换是一种既具备时频分析能力，又可以对不稳定瞬时电流信号产生特定谐波频率的电流信号分析处理技术。但是，通常情况下所需提取的谐波幅值远低于基频信号幅值，所以要想提高所处理电流信号的分辨率，上述时频变换方法需要将被分析电流的基频信号进行滤波处理。一般情况下，要想通过此方法获得故障特征，需要“追踪”谐波与提取谐波两个步骤，这大大简化了电机故障的数据构成，进而诊断的计算量极大减少。

参考文献

陈小元, 邓智泉, 连广坤, 等, 2010. 高容错性模块化定子开关磁阻电机[J]. 电机与控制学报, 14(6): 8-12, 20.

董慧芬, 周元钧, 沈颂华, 2007. 双通道无刷直流电动机容错动态性能分析[J]. 中国电机工程学报, 27(21): 89-94.

郝振洋, 胡育文, 黄文新, 2008. 电力作动器中永磁容错电机及其控制系统的发展[J]. 航空学报, 29(1): 149-158.

郝振洋, 胡育文, 黄文新, 等, 2009a. 电力作动器中永磁容错电机的电感和谐波分析[J]. 航空学报, 30(6): 1063-1069.

郝振洋，胡育文，黄文新，等，2009b. 具有高精度的永磁容错电机非线性电感分析及其解析式求取[J]. 航空学报, 30(11): 2156-2164.

吉敬华，孙玉坤，朱纪洪，等，2008. 新型定子永磁式容错电机的工作原理和性能分析[J]. 中国电机工程学报, 28(21): 96-101.

马瑞卿，刘卫国，解恩，2008. 双余度无刷电动机位置伺服系统仿真与试验[J]. 中国电机工程学报，28(18): 98-103.

欧阳红林，周马山，童调生，2004. 多相永磁同步电动机不对称运行的矢量控制[J]. 中国电机工程学报，24(7): 145-150.

任元，孙玉坤，朱纪洪, 2009. 四相永磁容错电机的 SVPWM 控制[J]. 航空学报, 30(8): 1490-1496.

孙丹，何宗元，BLANCO I Y，等，2007. 四开关逆变器供电永磁同步电机直接转矩控制系统转矩脉动抑制[J]. 中国电机工程学报, 27(21): 47-52.

于黎明, 1999. 全电飞机的技术改进及其发展状况[J]. 飞机设计, 19(3): 1-3, 20.

余文涛，胡育文，郝振洋，等，2010. 一种改进型永磁电机数字电流滞环控制方法[J]. 电气传动，40(2): 29-32.

张兰红，胡育文，黄文新，2005a. 采用瞬时转矩控制策略的异步发电系统的容错研究[J]. 航空学报，26(5): 567-573.

张兰红，胡育文，黄文新，2005b. 容错型四开关三相变换器异步发电系统的直接转矩控制研究[J]. 中国电机工程学报, 25(18): 140-145.

赵文祥，程明，花为，等，2009. 双凸极永磁电机故障分析与容错控制策略[J]. 电工技术学报，24(4): 71-77, 91.

周强，严加根，刘闯，等, 2007. 航空开关磁阻发电机双通道容错性能研究[J]. 航空学报, 28(5): 1146-1152.

ANTHONY S, 1994. The development of a highly reliable power management and distribution system for transport aircraft[J]. AIAA, 12(8):1-6.

BIANCHI N, BOLOGNANI S, PRÉDAI PRE M D, 2008. Impact of stator winding of a five-phase permanent-magnet motor on postfault operations[J]. IEEE transactions on industrial electronics, 55(5): 1978-1987.

BIANCHI N, PRE M D, BOLOGNANI S, 2006. Design of a fault-tolerant IPM motor for electric power steering[J]. IEEE transactions on vehicular technology, 55(4): 1102-1111.

CHAN C C, 2007. The state of the art of electric, hybrid, and fuel cell vehicles[J]. Proceedings of the IEEE, 95(4): 704-718.

CLOYD J S, 1998. Status of the United States air force's more electric aircraft initiative[J]. IEEE aerospace and electronic systems magazine, 13(4): 17-22.

FERREIRA C A, JONES S R, DRAGER B T, et al., 1995. Design and implementation of a five-hp, switched reluctance, fuel-lube, pump motor drive for a gas turbine engine[J]. IEEE transactions on power electronics, 10(1): 55-61.

HAYLOCK J A, MECROW B C, JACK A G, et al., 1999. Enhanced current control of high-speed PM machine drives through the use of flux controllers[J]. IEEE transactions on industry applications, 35(5): 1030-1038.

HOLTZAPPLE M T, RABROKER G A, FAHIMI B, et al., 2006. High-torque switched reluctance motor: 20060279155[P].

HU Y H, GAN C, CAO W P, et al., 2016. Flexible fault-tolerant topology for switched reluctance motor drives[J]. IEEE transactions on power electronics, 31(6): 4654-4668.

JEONG Y S, SUL S K, SCHULZ S E, et al., 2005. Fault detection and fault-tolerant control of interior permanent-magnet motor drive system for electric vehicle[J]. IEEE transactions on industry applications, 41(1): 46-51.

LEE C, KRISHNAN R, LOBO N S, 2007. Novel two-phase switched reluctance machine using common-pole E-core structure: concept, analysis, and experimental verification[C]//2007 IEEE Industry Applications Conference-Forty-Second IAS Annual Meeting, Los Angeles: 2210-2217.

MECROW B C, JACK A G, ATKINSON D J, et al., 2004. Design and testing of a four-phase fault-tolerant permanent-magnet machine for an engine fuel pump[J]. IEEE transactions on energy conversion, 19(4): 671-678.

STEPHENS C M, 1991. Fault detection and management system for fault-tolerant switched reluctance motor drives[J]. IEEE transactions on industry applications, 27(6): 1098-1102.

第 11 章　超 声 电 机

11.1　超声电机的定义与分类

超声电机是 20 世纪 90 年代以来迅速发展起来的一种全新原理、全新结构的新型能量转换装置。由于这种电机的工作频率一般都在 20kHz 以上，故称为超声电机。

超声电机的一般工作原理是利用压电材料的逆压电效应，通过输入的交流电激发弹性体(定子)在超声频段内产生微幅振动，并通过定、转子(动子)之间的摩擦作用将振动转换成转子(动子)的旋转(直线)运动，最终输出机械功率，以驱动负载。从能量传递的角度分析：首先，输入超声电机的电能在压电陶瓷体上形成电势能；在逆压电效应的作用下，电能转化为压电陶瓷的应变能；压电陶瓷的应变进一步传递给定子基体，在一定的驱动频率下，引发定子体的共振；定子体的振动通过接触摩擦力的作用转化为动子体的机械能；动子将运动并且带动与之相连的负载向外输出动能。具体能量流如图 11.1 所示。

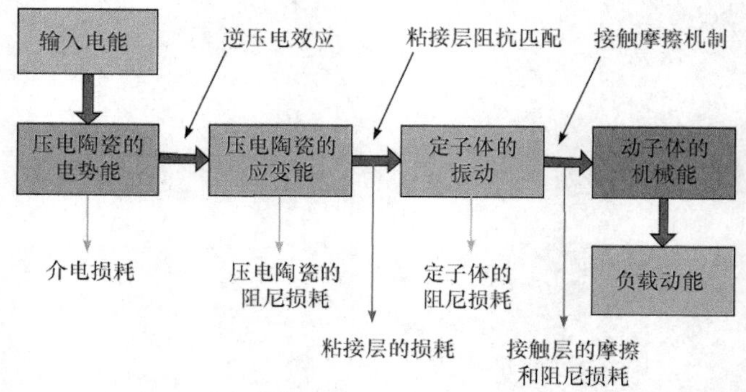

图 11.1　能量在超声电机内部的转移过程

因为超声电机设计灵活、结构多样，所以目前尚无统一系统的分类方法。表 11.1 列举了从不同的角度划分的超声电机类型。由于超声电机是一种振动利用的典型产品，因此按其振动的特征来进行分类能较好地反映超声电机的特点。据此，现有的超声电机主要有五类，即纵振电机、纵/弯电机、纵/扭电机、弯/弯电机和基于面内振动模态的超声电机。

表 11.1　超声电机的分类

分类方法	类型
振动特征	纵振、纵/弯、纵/扭、弯/弯、面内
运动输出方式	旋转型、直线型
波的传播方式	行波型、驻波型

续表

分类方法	类型
定、转子的接触方式	接触式、非接触式
压电元件对定子的激振方式	共振式、非共振式
转子运动的自由度数	单自由度、多自由度
驱动点的振动位移方向相对于定子工作表面的几何关系	面外模态、面内模态
定子的结构形式	板式、环式、杆式

11.2 超声电机的特点和应用领域

11.2.1 超声电机的特点

超声电机属于多学科交叉的产物，它突破了传统电机的概念，没有电磁绕组，不以电磁的相互作用来产生运动。与传统的电磁电机相比，超声电机具有如下的优点。

(1)结构紧凑，设计灵活、转矩密度(转矩/重量比)大，电机短、小、轻、薄。超声电机利用逆压电效应激发出定子弹性体在超声频率范围内的振动，根据纵向、弯曲、扭转等不同的工作振型，定子可以灵活地设计为多种结构形式，使电机外形变得更短、更小、更薄，便于实现系统装置的一体化和集成。超声电机通常是由定子、转子以及加压装置等零部件组成，并由定子与转子间的摩擦界面直接驱动，结构非常紧凑，转矩质量比可达传统电磁电机的 3～5 倍。如表 11.2 所示为电磁电机和超声电机的性能对比。

表 11.2 电磁电机(EM)与超声电机(USM)的比较

电机类型	生产厂家	堵转力矩/(N·m)	空载转速/(r/min)	质量/g	转矩密度/[(N · cm)/g]	最大效率/%
EM，直流，有刷	Micro Mo	0.00332	13500	11	0.0302	71
EM，直流，有刷	Maxon	0.0127	5200	38	0.0334	70
EM，直流，有刷	Mabuchi	0.0153	14500	36	0.0425	53
EM，直流，无刷	Aeroflex	0.00988	4000	256	0.00386	20
EM，交流，三相	Astro	0.0755	11500	340	0.0222	20
USM，驻波，纵扭	Kumada	1.334	120	150	0.889	80
USM，行波，盘式，ϕ60	Shinsei	1.0	150	260	0.385	35
USM，行波，盘式，ϕ 60	航大超控	1.2	180	230	0.522	35

(2) 低速大转矩，无需齿轮减速机构，可实现直接驱动。超声电机通过摩擦力来驱动，其转速不会太高但输出转矩较大。在实际系统中使用超声电机时可实现直接驱动，无须配置齿轮减速机构，从而避免了因齿轮减速机构所引起的体积增大、振动噪声、能量损耗和

传动误差等问题，因此可提高整个系统的控制精度和响应速度。

(3) 电机运动部件(转子)的惯性小、响应快(毫秒级)、能断电自锁，且具有较大的保持力矩。超声电机的转子惯性小，在定子逆压电效应和驱动界面摩擦力的作用下响应速度特别快，从静止上升到稳定转速仅需数毫秒，断电制动时响应更快，且具有断电自锁能力，其自锁力矩比驱动转矩更大。

(4) 位置和速度控制性好，位移分辨率高。超声电机定子的振幅一般是微米级，且转子(旋转型超声电机)或动子(直线型超声电机)的质量较小，响应快。在伺服系统中，能够实现微米级甚至纳米级的控制精度。

(5) 不产生磁场，也不受外界磁场干扰。与电磁电机的运行机理不同，超声电机不存在绕组和磁极，运转时对外界电磁场不敏感，也不会产生电磁场干扰，非常适用于对电磁兼容性有特殊要求的场合。

(6) 低噪声运行。在超声电机上所施加的交流电源频率一般在 20kHz 以上，超过了人类听觉的频率范围，且电机自身结构简单，无需齿轮减速结构，可以很安静地运转。

(7) 可运转于极端环境，适用于航空航天领域。通过合理设计和适当选材，可在真空、高/低温环境等比较恶劣的极端环境下运转，能够适应航空航天领域的苛刻环境，因而受到越来越多的关注。

11.2.2 超声电机的应用领域

如前所述，超声电机体积小、可微型化，且具有良好的位置及速度控制精度，可作为控制系统的执行元件广泛应用于精密仪器仪表、航天、医疗、机器人等高新技术领域，发挥难以替代的作用。图 11.2 列举了国内外成功应用超声电机的部分实例。

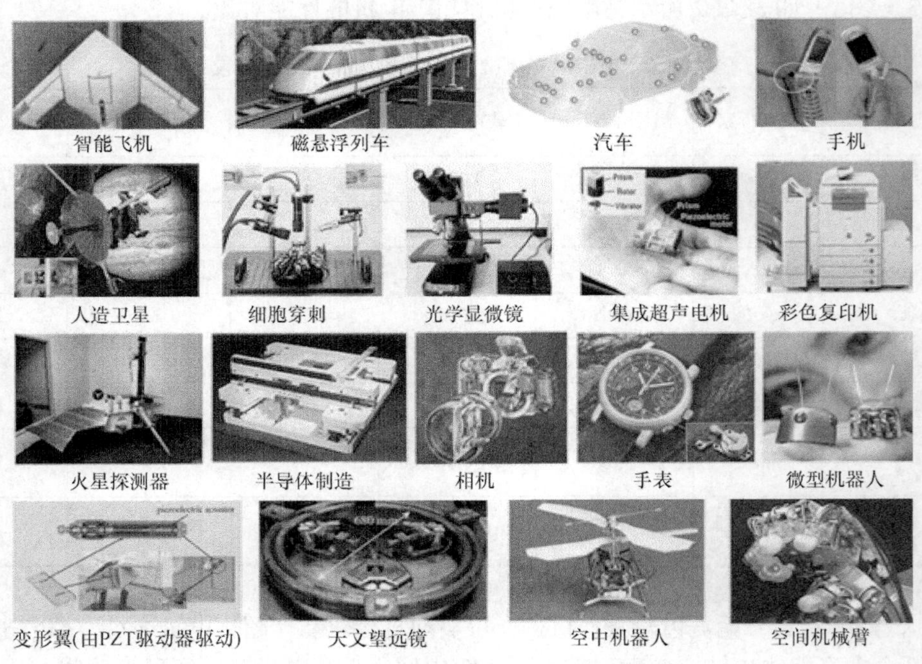

图 11.2　超声电机主要应用领域

超声电机最成功的应用领域是相机自动聚焦系统，利用的正是它静音、响应速度快的优点。在航空航天中的应用领域包括飞机、卫星和探测器等，主要是利用了它低速、大力矩的特性。由于不需要额外的减速装置，系统整体质量较电磁电机轻很多，非常适合对重量有苛刻要求的航空航天领域。在磁悬浮列车以及医疗领域的应用是利用超声电机无磁的特点，而将它用于天文望远镜中是因为它可以实现超低的转速，便于跟踪缓慢运动的天体。

11.3　基本构成和工作原理

行波型旋转超声电机是目前研究和应用最为成熟的一类超声电机。图 11.3 是行波型旋转超声电机外形，如图 11.4 所示为其结构分解图。

图 11.3　行波型旋转超声电机

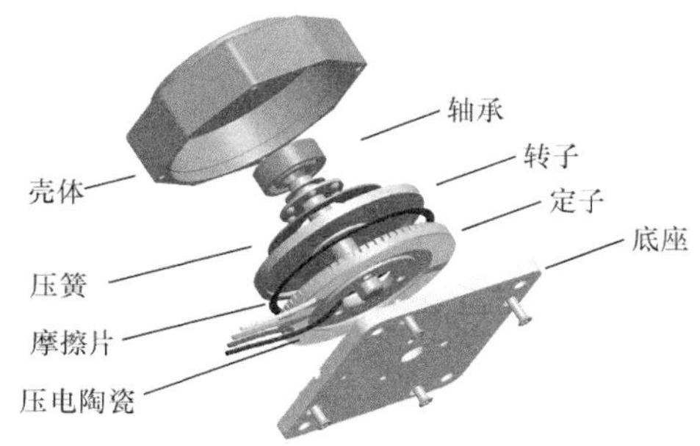

图 11.4　行波型旋转超声电机结构图

从图 11.4 看出，行波型旋转超声电机主要由定子、转子、壳体、轴承、压簧、摩擦片、压电陶瓷及底座等组成。压电陶瓷元件与定子黏结成一体，而转子上黏结一层摩擦材料(摩擦片)。定、转子间通过施加一定的轴向预压力使二者保持接触。

为形象说明该电机的工作原理，将其定、转子沿周向展开，如图 11.5(a)所示。在两组压电陶瓷元件上分别施加相位差为 π/2(即时域正交)的同频率(超声频域内)、等幅交变电压。通过压电陶瓷元件的逆压电效应，可在定子的模态频率上激发出两个幅值相等、在时间和空间上均相差 π/2 的模态响应。这两个模态响应在定子上叠加形成行波。如果此时在转子上施加一定的预压力，通过定、转子之间的摩擦作用，定子表面质点的微幅振动就会转换为转子的旋转运动。

图 11.5 很形象地表示了行波在定子中的传播过程。当 $t=0$ 时，定子表面质点 P 处于图 11.5(a)所示的状态；行波向右前进，当 $t=T/4$ 时，波峰移动 P 点，达到图 11.5(b)所示的状态；当 $t=T/2$ 时，行波又前进 $\lambda/4$，P 点处于图 11.5(c)所示的状态；当 $t=3T/4$ 时，波谷达到了 P 点，如图 11.5(d)所示；当 $t=T$ 时，即一个周期之后，P 点又回到图 11.5(a)所示的状态。总之行波在前进，质点 P 轴向位移和相位在不停变化。

图 11.5 也很直观地显示：当定子中产生向右前进的行波时，P 点的运动轨迹呈现为逆时针的椭圆。在定子驱动端各点的作用下，转子将获得与行波前进方向相反的运动。由运动的相对性可知，将定子固定(这就是定子的含义)，转子就会转动；反之，若将转子固定，则定子也会反方向转动起来。

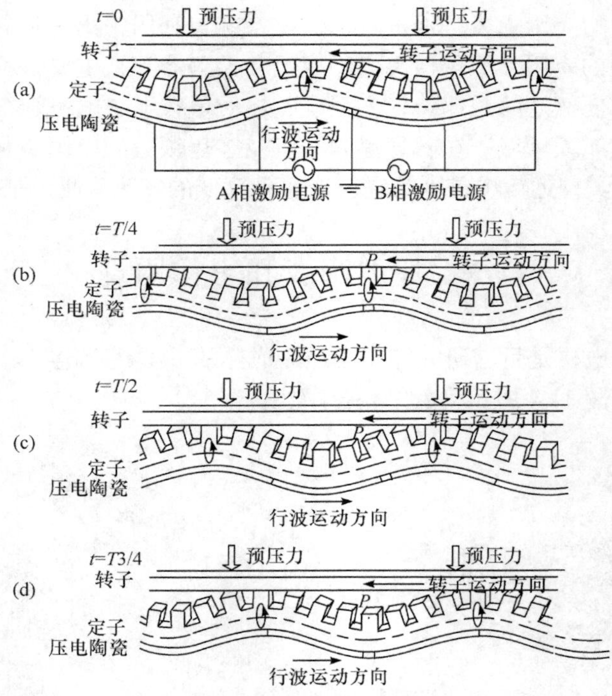

图 11.5 行波型旋转超声电机的驱动原理

以上只是概要地说明了行波型旋转超声电机的驱动过程，下面将深入讨论行波型旋转超声电机的运动机理。

行波型旋转超声电机的定子是具有轴对称特点的圆环形板。由振动力学可知，圆形薄板或圆环薄板的面外弯曲模态的节型由节圆和节径组成，一般用 B_{mn} 来表示，其中 m 和 n 分别表示节圆数和节径数。为了激励出“纯”的行波，必须设法激发出同频、同形、正交的两个“纯”模态，如图 11.6 所示。

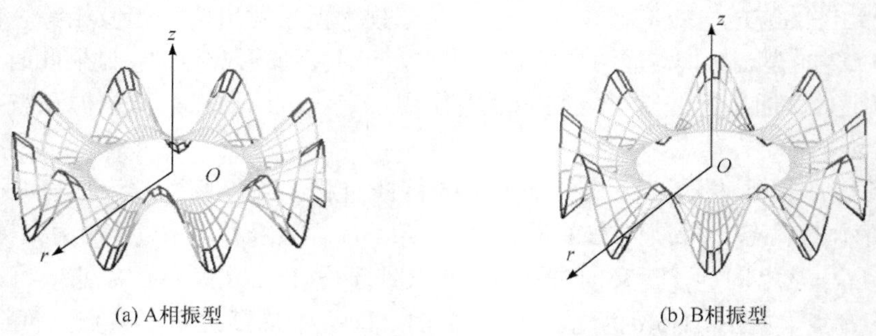

(a) A相振型　　(b) B相振型

图 11.6 圆形环薄板定子的同频正交弯曲模态

定子面外弯曲模态 B_{0n} 的 A、B 两相正交(空间上相差 π/2)振型函数可表示为

$$\phi_{\mathrm{A}}(r,\theta)=R(r)\sin n\theta \tag{11.1a}$$

$$\phi_{\mathrm{B}}(r,\theta)=R(r)\cos n\theta \tag{11.1b}$$

式中，$R(r)$ 为归一化的沿半径方向垂直于中面的位移分布函数；$\sin n\theta$ 、$\cos n\theta$ 为沿周向

的位移分布函数。

当两相电压分别施加在两相压电陶瓷片上时，在无其他模态干扰的情况下，A、B 两相模态响应可写为

$$w_{\mathrm{A}}(r,\theta,t)=\phi_{\mathrm{A}}(r,\theta)q_{\mathrm{A}}(t)=W_{\mathrm{A}}R(r)\sin n\theta\cos\omega_n t \tag{11.2a}$$

$$w_{\mathrm{B}}(r,\theta,t)=\phi_{\mathrm{B}}(r,\theta)q_{\mathrm{B}}(t)=W_{\mathrm{B}}R(r)\cos n\theta\sin(\omega_n t+\alpha) \tag{11.2b}$$

式中，W_{A}、W_{B} 分别为定子对 A 和 B 两相激振的响应幅值；α 为两相响应之间的相位差。

于是，A、B 两相模态的模态坐标为

$$q_{\mathrm{A}}(t)=W_{\mathrm{A}}\cos\omega_n t \tag{11.3a}$$

$$q_{\mathrm{B}}(t)=W_{\mathrm{B}}\cos(\omega_n t+\alpha) \tag{11.3b}$$

若二相电压分别且同时施加在二相压电陶瓷片上，根据叠加原理，定子的位移响应为

$$\begin{aligned}w&=w_{\mathrm{A}}+w_{\mathrm{B}}\\&=\frac{1}{2}R(r)\{(W_{\mathrm{A}}-W_{\mathrm{B}}\sin\alpha)\sin(n\theta+\omega_n t)\\&\quad+(W_{\mathrm{A}}+W_{\mathrm{B}}\sin\alpha)\sin(n\theta-\omega_n t)+2W_{\mathrm{B}}\cos\alpha\cos n\theta\cos\omega_n t\}\end{aligned} \tag{11.4}$$

由式(11.4)可知，定子此时的运动由正向行波 $\cos(n\theta-\omega_n t)$、反向行波 $\sin(n\theta+\omega_n t)$ 和 $\cos n\theta$ 驻波组成。

(1) 当 $\alpha=\pi/2$，且 $W_{\mathrm{A}}=W_{\mathrm{B}}=W_0$ 时，由式(11.4)得到一个正向行波：

$$w(r,\theta,t)=W_0R(r)\sin(n\theta-\omega_n t) \tag{11.5}$$

(2) 当 $\alpha=-\pi/2$，$W_{\mathrm{A}}=W_{\mathrm{B}}=W_0$ 时，则由式(11.4)得到一个反向行波：

$$w(r,\theta,t)=W_0R(r)\sin(n\theta+\omega_n t) \tag{11.6}$$

(3) 当不满足上述条件时，定子中不能形成“纯”的行波。

由此可见，行波在定子中产生的条件是：用时间上相差 π/2 的两相激励信号同时施加在两组按特定方式极化的压电陶瓷片上，激励出 B_{0n} 的两相在空间上和时间上都相位差 π/2 的模态响应。

下面分析行波作用下定子表面质点的椭圆运动轨迹。把圆环形薄板展开成直梁，定子表面质点的运动及行波前进方向如图 11.7 所示。其中 x 坐标与梁的未变形中性轴重合。根据前述结论，当定子满足产生行波的条件时，定子中就形成行波。设定子的外径为 r_c，$R(r_c)=1$，则式(11.5)可写成：

$$w=W_0\sin(n\theta-\omega_n t) \tag{11.7}$$

由于梁微变形，存在如下关系：

$$\theta=\frac{x}{r_c},\quad k=\frac{2\pi}{\lambda}=\frac{n}{r_c} \tag{11.8}$$

式中，λ 为行波波长；k 为波数。

将式(11.8)代入式(11.7)，得

$$w=W_0\sin(kx-\omega_n t) \tag{11.9}$$

取处于行波运动的定子表面任一点P_0，P_0在行波运动时，梁产生弯曲变形，其截面旋转了一个β角度，P_0点位移到P点。从图 11.7 的几何关系，可以得到P点在z方向和x方向的位移为

$$\begin{cases}\xi_P = W_0\sin(kx-\omega_n t)-h(1-\cos\beta) \\ \zeta_P = h\sin\theta\end{cases} \tag{11.10}$$

式中，h为梁厚度的 1/2。

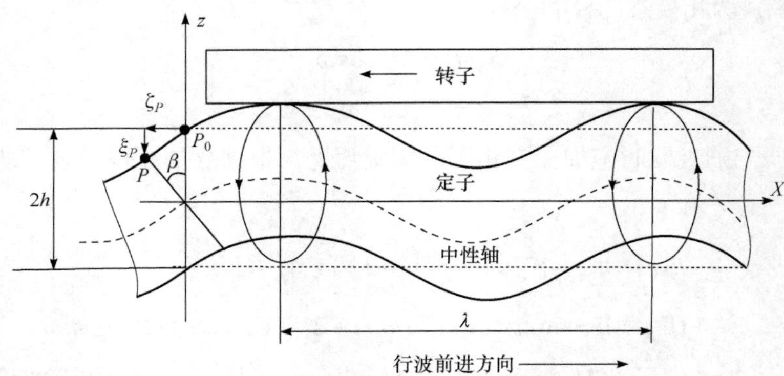

图 11.7　行波表面质点的运动分析

由于位移w_0与波长λ相比是很小的，β非常小，因此点P在z方向和x方向的位移为

$$\begin{cases}\xi_P \approx W_0\sin(kx-\omega_n t) \\ \zeta_P \approx -h\beta\end{cases} \tag{11.11}$$

由于梁为微小形变，弯曲角可用式(11.12)表示：

$$\beta \approx \frac{\mathrm{d}w}{\mathrm{d}x} = W_0 k\cos(kx-\omega_n t) \tag{11.12}$$

将式(11.12)代入式(11.11)，可得

$$\zeta_P \approx -W_0 hk\cos(kx-\omega_n t) \tag{11.13}$$

结合式(11.13)和式(11.11)，则可得定子表面任意质点P沿z向位移与x向位移之间的位移关系：

$$\left(\frac{\xi_P}{W_0}\right)^2 + \left(\frac{\zeta_P}{W_0 hk}\right)^2 = 1 \tag{11.14}$$

这就形成了定子上质点的椭圆运动轨迹。正是这种椭圆运动在x方向的速度(或称切向速度)为转子提供了旋转速度。

对式(11.13)求导，可得到定子各质点沿x向的速度分量：

$$V_{s\tau} = \frac{\mathrm{d}\zeta_p}{\mathrm{d}t} = -W_0 hk\omega_n\sin(kx-\omega_n t) \tag{11.15}$$

结合式(11.15)与式(11.8)，可得

$$V_{s\tau 0} = -hk\omega_n w = -h\frac{2\pi}{\lambda}\omega_n w \tag{11.16}$$

式(11.16)表明：

(1) 当转子与定子在行波波峰处相接触时，若转子与定子间无滑动，则速度 $V_{s\tau 0}$ 在数值上就等于转子在该点的线速度 V_τ，式中的负号表示转子的速度与行波前进的方向相反。

(2) 转子速度 V_τ 与定子在该点的垂直方向的振动速度($\omega_n W_0$)成正比。因此，通过增大垂直方向振幅和提高激励频率，就可以增加电机的旋转速度。

(3) 速度 V_τ 与该点距中性层的距离 h 成正比。因此，圆板式行波型旋转超声电机在定子基底上增设一定高度的齿，以增大驱动面上质点到中性层的距离，达到提高电机旋转速度的目的。

(4) 速度 V_τ 与波长 λ 成反比。因此，通过提高模态阶数，减少波长，就能提高电机旋转速度。

如果式(11.5)或式(11.6)不成立，就不能在定子内形成一个“纯”的行波，这将会影响电机运转的平稳性和效率。下面仅讨论两相驻波的幅值不同时定子的振动情况。

假设材料不均匀、加工误差和零件装配误差等原因破坏了圆环形薄板定子的轴对称性，得不到同频、同形的模态，这时就很难保证激发出两相幅值完全相同的驻波。设式(11.4)中 $W_A \neq W_B$， α 为 π/2 时，式(11.2a)和式(11.2b)相加，可得

$$\begin{aligned} w &= W_A R(r)\sin n\theta\cos\omega_n t + W_B R(r)\cos n\theta\sin\omega_n t \\ &= W_A R(r)\sin(n\theta - \omega_n t) + (W_B + W_A)R(r)\cos n\theta\sin\omega_n t \end{aligned} \tag{11.17}$$

由此可知，当两相驻波的幅值不同时，定子中同时存在一个行波(式中第一项)和一个驻波(式中第二项)。此时，定子表面上各个质点的运动轨迹虽能近似形成椭圆，但将变得倾斜和不规则。图 11.8 给出了不同的 $W_A/W_B = \eta$ 时，定子表面在一个波长 λ 内的各质点的运动轨迹数值仿真结果。可见，当两相驻波幅值不同时，定子表面质点轨迹不规则、不稳定，需要避免这种情况。

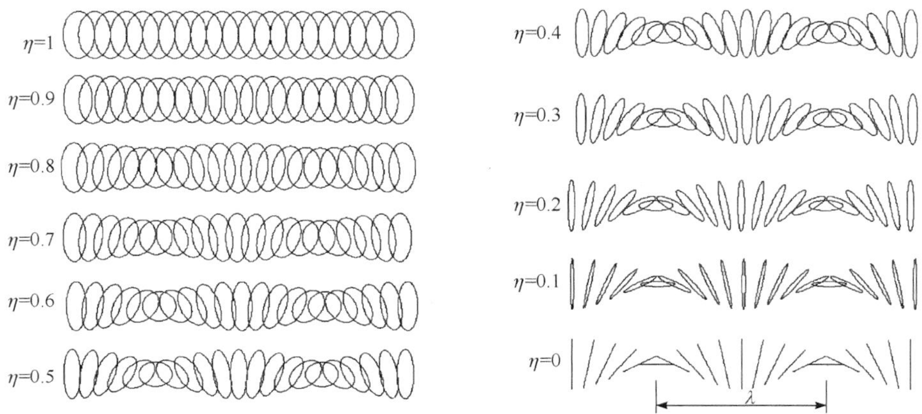

图 11.8　两相驻波振幅不同时定子表面质点的运动轨迹

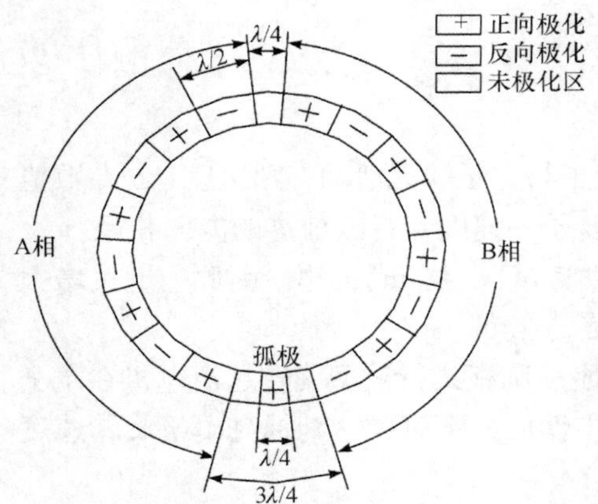

图 11.9 压电陶瓷的极化分区形式

为产生 A、B 两相驻波并满足其空间相位差 $\pi/2$，通常将压电环形陶瓷元件按图 11.9 的方式进行极化和配置，即在 A、B 两相极化区中间留有 $\lambda/4$ 和 $3\lambda/4$ 的区域，其中常把正向极化的 $\lambda/4$ 区域用来提供频率自动跟踪控制的反馈信号，称为孤极。该区域的压电陶瓷能利用正压电效应产生与定子振动强度成正比的交流电压，用来对电机定子的振动情况进行检测。

A、B 两相极化区分别通以两相电压 $v_A(t)$、$v_B(t)$。为了正确描述压电陶瓷环自由表面(非粘贴面)上每个区域的电压,可定义电压符号函数为 Φ_e：

$$\Phi_e(\theta)=\left[\varphi_A(\theta)\quad \varphi_B(\theta)\right] \tag{11.18a}$$

$$\varphi_A(\theta)=\begin{cases}1, & \text{当}\theta\text{位于A相正极化区内}\\ 0, & \text{当}\theta\text{位于未极化区或B极化区内}\\ -1, & \text{当}\theta\text{位于A相负极化区内}\end{cases} \tag{11.18b}$$

$$\varphi_B(\theta)=\begin{cases}1, & \text{当}\theta\text{位于B相正极化区内}\\ 0, & \text{当}\theta\text{位于未极化区或A极化区内}\\ -1, & \text{当}\theta\text{位于B相负极化区内}\end{cases} \tag{11.18c}$$

压电陶瓷环上的电势函数为

$$\varphi(\theta,t)=\Phi_e(\theta)U(t)=\left[\varphi_A(\theta)\quad \varphi_B(\theta)\right]\begin{bmatrix}v_A(t)\\ v_B(t)\end{bmatrix} \tag{11.19}$$

式中，$U=\left[v_A(t)\quad v_B(t)\right]^{\mathrm{T}}$ 为分别施加在两相陶瓷片上的两组交变电压。

为保证两相激励信号在时间上有π/2 的相位差，对两相压电陶瓷元件分别施加正、余弦交变电压：

$$U(t)=\begin{bmatrix}v_A(t)\\ v_B(t)\end{bmatrix}=\begin{bmatrix}U_A\cos\omega_n t\\ U_B\sin\omega_n t\end{bmatrix} \tag{11.20}$$

为了产生“纯”的行波，必须激励出“纯”的驻波。而要激励出“纯”的驻波，除定子结构必须满足轴对称的要求外，齿数最好选为偶数，且每波长所含齿数相同(即齿数能被波数整除)。由于在定子环上未极化区及孤极占一个波，所以波数最好选为奇数。这样两相极化区都拥有偶数个波长。

满足以上条件以后，定子对 A、B 两相压电陶瓷片的激励响应互不影响，从而使两相驻波在定子内自动叠加而形成行波。特别说明的是：时间相差 π/2 不仅是指两组压电陶瓷片加的激励电压的相差，更确切地说，是指定子的 A 和 B 两相模态响应的相差。

11.4 超声电机本体控制

超声电机技术涉及材料学、机械学、电力电子、控制理论以及生产工艺等诸多领域，其性能也受众多因素的影响和制约。虽然超声电机本身具有良好的控制性能，但这需要合适的控制技术促使它发挥出来。因此，电机控制技术直接影响到超声电机的性能发挥，从而影响其应用和推广。

根据超声电机的结构、原理及实际需求，对其控制技术的研究分为两个层次：一是如何使超声电机稳定运行，满足输出性能要求，即本体控制；二是在电机本体运行稳定、可靠的基础上，进行面向工程应用的伺服控制研究，以实现一定精度的定位或速度控制。

根据行波型旋转超声电机的运动机理，其控制的实质在于改变行波的波幅、速度以及质点的椭圆轨迹，因此，相应的控制量为电压幅值、频率和相位差。

1. 调压控制

由压电振子的行波产生机理和椭圆运动方程可知，调整两相驻波的振幅 W 可以改变行波的波幅和椭圆的形状。由式(11.15)可知，当两相驻波的振幅相等、相位差为 90°时，定子表面质点的切向速度为

$$V_{s\tau} = -\pi\omega_n W_0 \frac{h}{\lambda}\sin\left(\frac{2\pi}{\lambda}x - \omega_n t\right) \tag{11.21}$$

在一定范围内，驱动电压幅值与驻波振幅 W_0 呈线性关系。因此，通过调节压电陶瓷元件的激励电压，可以实现线性调速。图 11.10 为某型超声电机实际的调压调速图。由图可知，由于压电材料性能、定转子间的摩擦、非线性等因素，激励电压存在门槛值，且与转速近似为分段线性函数。

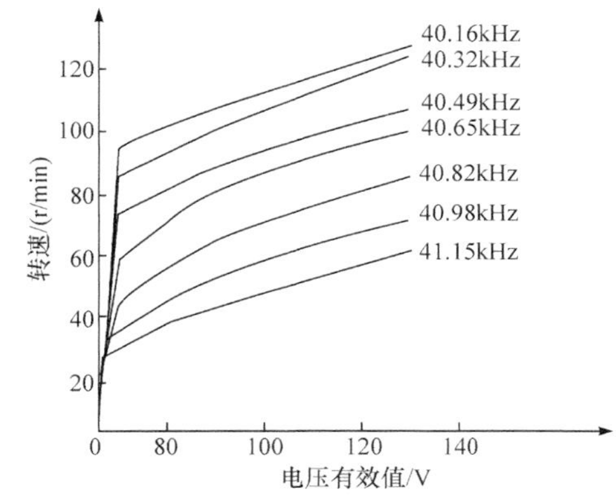

图 11.10 调压调速图

而当两相驻波的振幅不相等、相位差为 90°时，由式(11.17)可导出定子切向速度为

$$V_{s\tau} = -\frac{\pi h\omega_n W_B}{\lambda}\left[1 + \frac{W_A^2 - W_B^2}{4W_A^2}(1+\cos 2\omega_n t)\right]\sin\left(\frac{2\pi}{\lambda}x - \omega_n t\right) \tag{11.22}$$

式中，W_A 和 W_B 分别为两相驻波各自的振幅。

可见，调整两相驻波振幅中的任意一相也可起到调速的目的。但是，两相驻波振幅不相等会导致定子表面各质点的椭圆运动轨迹发生畸变，定子上各质点和转子接触不均匀，电机转速不稳定。因此，这种调速方式有较强的非线性，实际应用中很少采用。

2. 调频控制

设超声电机行波在定子中的传播速度为常数 c，则 $c = \lambda f_n$，f_n 为激振频率。那么，当两相驻波的振幅相等、相位差为 90°时，将其代入式(11.21)可得定子表面质点的切向运动速度为

$$V_{s\tau} = 2\pi^2 f_n^2 W_0 \frac{h}{c} \sin\left(\frac{2\pi}{c} f_n x - 2\pi f_n t\right) \tag{11.23}$$

由式(11.23)可知，调节激振频率可以控制定子的共振状态，进而调节超声电机的转速。但在这种控制方式中，频率与速度之间没有良好的线性关系，图 11.11 为某电机的调频调速图。从图中可以看出：在小频率范围内，可以对它们做近似线性化处理。

3. 调相控制

当超声电机定子中两相驻波之间振幅相等，相位差不为 90°而为任意值α时，其合成的响应为

$$w = W_0 \sin\frac{2\pi}{\lambda} x \cdot \sin\omega_n t + W_0 \cos\frac{2\pi}{\lambda} x \cdot \sin(\omega_n t + \alpha) \tag{11.24}$$

可以推导出行波波峰处的切向运动速度幅值为

$$\left|V_{s\tau}\right| = \frac{\pi\omega_n h W_0 \sin\alpha}{\lambda\sqrt{\sin^2\omega_n t + \sin^2(\omega_n t + \alpha)}} \tag{11.25}$$

由式(11.25)可知，定子质点的运动速度是两相驻波相位差的函数。因此，在固定激励电压和频率的条件下，调节两相激励电压的相位差同样可以达到改变电机转速的目的。但是，这种方法也存在相位差与速度之间没有很好的线性关系的问题。图 11.12 为某超声电机实际工作时的调相调速图。当相位差从−90°到 90°连续变化时，电机的转速从反转的最大速度到正转的最大速度，但在−20°～20°存在死区，相位差与速度之间为非线性关系。

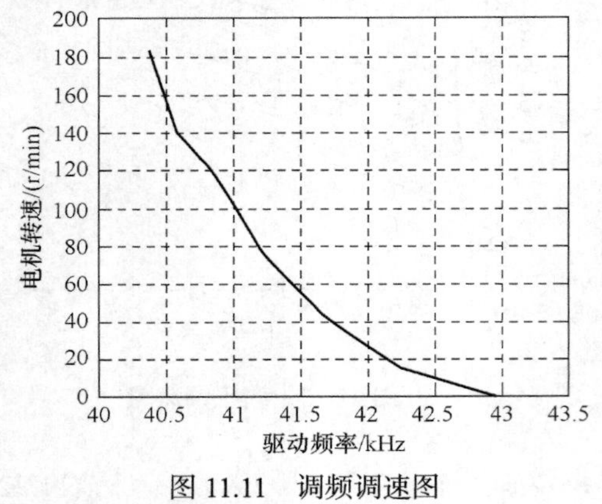

图 11.11 调频调速图

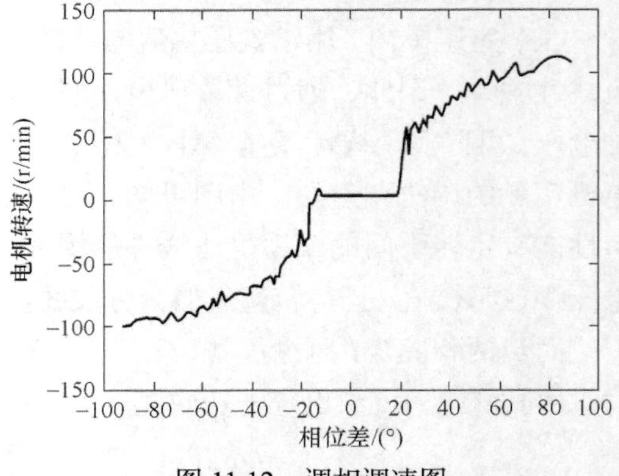

图 11.12 调相调速图

表 11.3 为上述三种控制方式的比较。结果表明，频率调节比较适合于速度控制，而相位差调节比较适合于位置控制。

表 11.3 超声电机调速机理与方式比较

控制量	调速机理	优点	缺点
电压幅值	改变行波波幅	线性调速，驱动器简单	调速范围小，死区大，低速扭矩小
电压频率	改变定子的共振状态	响应快，易于实现低速起动，电源简单	存在非线性，稳定性较差
相位差	改变定子表面质点运动的椭圆轨迹	换向简单平滑，调速平稳，易于控制	低速起动困难，电路复杂

由于超声电机的结构特点和运动机理，其输出特性会随着环境温度、摩擦损耗、预压力、驱动器激励频率等因素的变化而变化。上述诸因素决定了它不能像电磁步进电机那样在开环系统下工作，而必须采用闭环控制才能满足控制性能。此外，超声电机在实际应用中还需要对其位置、速度或扭矩(力)进行控制。因此，超声电机控制的目的在于克服电机自身缺陷和不足，改善其输出性能，发挥它固有的良好控制特性，最终实现高品质输出。

4. 超声电机孤极反馈控制

由于超声电机是利用压电陶瓷元件激发定子的振动继而利用定、转子之间的摩擦作用而工作的，因而电机本体会产生发热现象，使得定子的固有频率改变，导致工作状态变化并影响输出性能。因此需采取频率跟踪技术来稳定超声电机输出性能。

由压电陶瓷的温度特性可知，压电陶瓷元件对温度比较敏感。当超声电机运行一段时间使机体温度上升后，电机定子的共振频率会随着温度上升而下降，导致开环运行时的转速下降，如图 11.13 所示。图中 S_1 为超声电机温升前的速度-频率曲线，S_2 为温升后的速度-频率曲线，ω_p 和 ω_p' 为相应的共振频率。

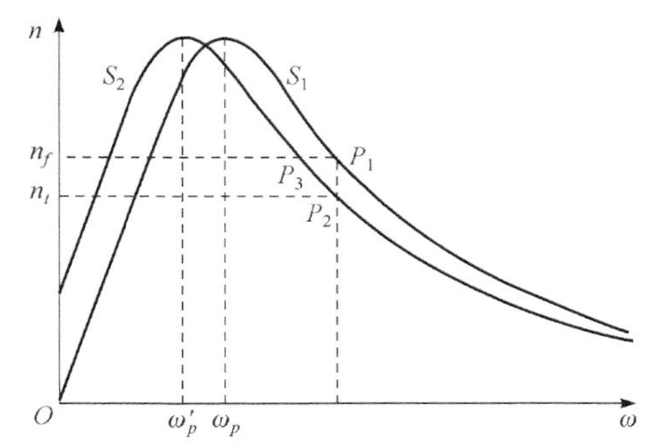

图 11.13 超声电机在不同温度下的速度-频率曲线

设 P_1 为温升前的工作点。当温度升高而使超声电机的特性曲线由 S_1 变为 S_2 时，如果驱动信号频率仍不变，则工作点将变为 P_2，电机转速下降到 n_t。为此，驱动器必须自动降低驱动信号频率，使其工作点上升为 P_3，以保持原来的转速 n_f。这就是频率自动跟踪控制。

当超声电机转子只与定子质点的波峰相接触时，由式(11.21)可导出，转子的转速 n 与定子质点轴向振幅 W_0 具有如下关系：

$$n = a\omega_0 W_0\left(\frac{h}{\lambda}\right) \tag{11.26}$$

式中，a 为比例常数。

可见，电机的转速与定子的振幅及激振频率成正比。事实上，振幅的大小与多个参数有关，其中一个最主要的参数是激振频率ω，即式(11.26)可以写成

$$n = a\omega_0 W_{0t}(\omega_0)\left(\frac{h}{\lambda}\right) \tag{11.27}$$

式(11.27)中，振幅的下标 t，表示振幅是时变的。也就是说，即使频率ω不变，振幅也会慢慢变化。如果激振频率在工作点ω_0的附近有一个微小的变化$\Delta\omega$，那么

$$n = a(\omega_0 + \Delta\omega)W_t(\omega_0 + \Delta\omega)\left(\frac{h}{\lambda}\right) \approx a\omega_0 W_{0t}(\omega_0 + \Delta\omega)\left(\frac{h}{\lambda}\right) \tag{11.28}$$

对此式进行近似计算的依据是：一般有 $\dfrac{\Delta\omega}{\omega_0} < 1\%$ 。由式(11.28)可以看出，如果能够实时地调整激振频率，使 $W_{0t}\left(\omega_0 + \Delta\omega\right) \equiv \text{Const}$ ，那么，就能保证转子转速稳定。这就是频率自动跟踪控制的基本原理。

要使转子的转速稳定，就要使定子的振幅恒定。检测定子振幅通常的方法是在定子上所粘贴的压电陶瓷片中设置一个压电陶瓷传感器。这个传感器就是前面提到的孤极。定子在行波的作用下，孤极由于正压电效应而产生的交流电压为

$$V_f = -\frac{\kappa}{\omega C_0}\dot{w}_f \tag{11.29}$$

式中，C_0、κ 和 $\dot{w}_f$ 分别为孤极的夹持电容、压电陶瓷元件的力系数和孤极的振动速度。而

$$\dot{w}_f = \frac{\mathrm{d}}{\mathrm{d}t}(W_t \sin \omega t) \approx \omega W_t \cos \omega t \tag{11.30}$$

式中，做近似处理的依据是 W_t 为缓变信号。把式(11.30)代入式(11.29)中，可得

$$V_f = -\frac{\kappa W_{0t}}{C_0}\cos \omega t \tag{11.31}$$

可见，孤极交流电压是一个与激振频率同频的交流信号，其幅值与定子的行波波幅成正比，而转速也与定子行波波幅成正比(式(11.26))。因此可以得出结论：理论上，如果定、转子之间的传动是理想的，则孤极交流电压幅值的大小与电机的转速成正比，进一步对孤极交流电压 V_f进行整流和滤波，得到的平均电压也与电机的转速成正比。

图 11.14 是孤极电压反馈频率自动跟踪闭环控制系统的框图。在此控制系统中，仅能保证固定负载下定子波动的稳定性，即固定负载下转速的稳定性。因为实验表明，负载不但对转速有影响，同时对孤极电压也有影响。即相同转速下，负载不同，孤极电压也不同，其原因目前还没有很合理的解释。

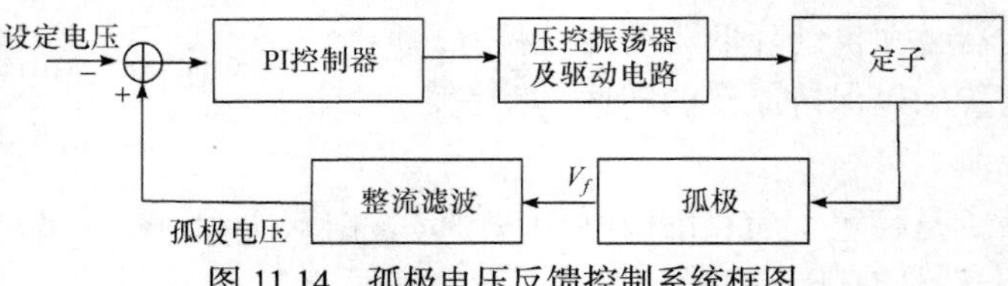

图 11.14　孤极电压反馈控制系统框图

如图 11.15 所示的是电机的开环速度、温度、闭环速度和闭环频率与时间的关系。由图

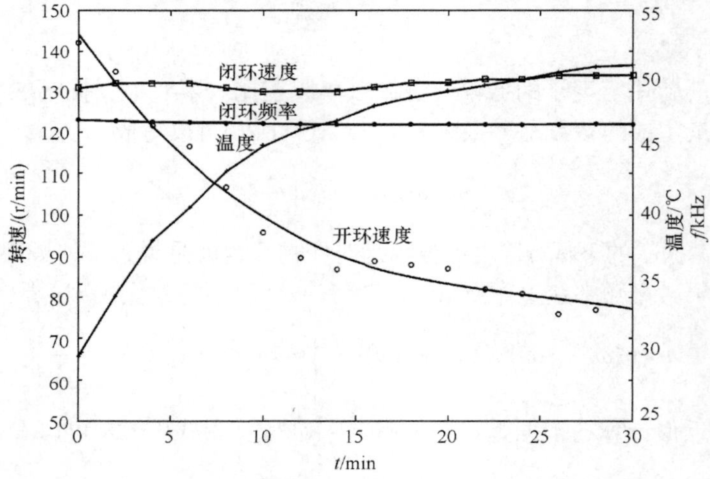

图 11.15　行波超声电机转速随温升的变化实验结果

可见，施加了频率跟踪控制(闭环)后，电机的速度变化可稳定在 5%以内。随着电机温度的升高，其开环速度急剧下降。在恒负载下，频率自动跟踪技术可以很好地补偿由于温度变化而导致的电机速度的变化。

11.5 超声电机伺服控制

超声电机是一种具有优良控制性能的控制电机。迄今为止，几乎所有在电磁电机上使用的控制理论都在超声电机中进行了应用研究。现将几种主要控制方法的特点和效果归纳如下。

11.5.1 PID 控制

固定增益的 PID 控制器系统比较简单，易于实现，但参数设置困难，难以满足超声电机的动态性能要求。克服上述缺点的可变增益的 PID 控制器，只需预先根据电机的工作状态、环境和负载等条件的变化确定相关参数，实际操作难度大。

图 11.16 为电机带载时的 PI 控制结果。图 11.17 为电机在 45°～90°的方波位置输入时的 PI 控制响应，可见，PI 控制能较好地实现超声电机的位置跟踪。

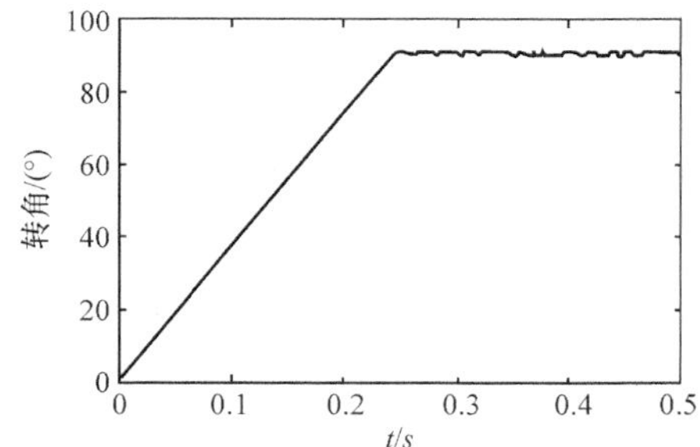

图 11.16 带载时 PI 控制响应(K_P =20， K_I =2)

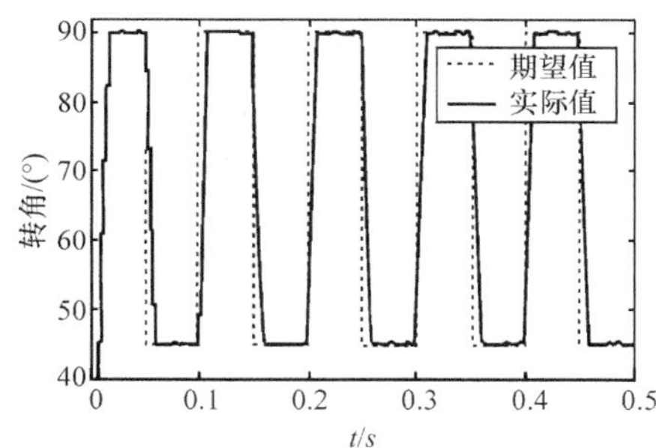

图 11.17 方波跟踪响应(K_P =20， K_I =2)

11.5.2 自适应控制

自适应方法是目前应用到超声电机控制中一种较成熟的方法，自适应控制器目前主要有自校正控制器和模型参考自适应控制器。它们能在线辨识系统参数，随时补偿位移或速度的误差。

模型参考自适应控制是一类基于模型的控制方法，它通过不断调整控制器参数来补偿被控对象的参数变化。该方法对被控对象的模型要求不高。根据超声电机的工作特性，可以考虑采用此类方法对其进行控制。

超声电机的 MRAC 位置控制系统如图 11.18 所示，在 MRAC 系统中，设置了一个参考模型 $G_m(s)$，其控制器由前置滤波器 $\hat{\boldsymbol{K}}_u$ 和反馈补偿器 $\hat{\boldsymbol{F}}$ 及自适应机构组成。$r(t)$为系统的参考输入。当 USM 运转时，系统通过比较电机转子实际位置 $x_s(t)$ 与参考模型 $G_m(s)$ 输出的位

置 $x_m(t)$ 所得到的位置偏差 e_m (广义偏差)，对控制器的参数 $\hat{\boldsymbol{K}}_u$ 、$\hat{\boldsymbol{F}}$ 进行动态调整，以便补偿电机的非线性和电机参数变化带来的误差，使电机的实际位置逼近参考模型的输出。在图 11.18 中，采用调频法对超声电机进行控制，即以频率变化作为电机的控制变量(称为频率控制量)，该变量的值与基准频率相加，将成为电机的驱动频率。

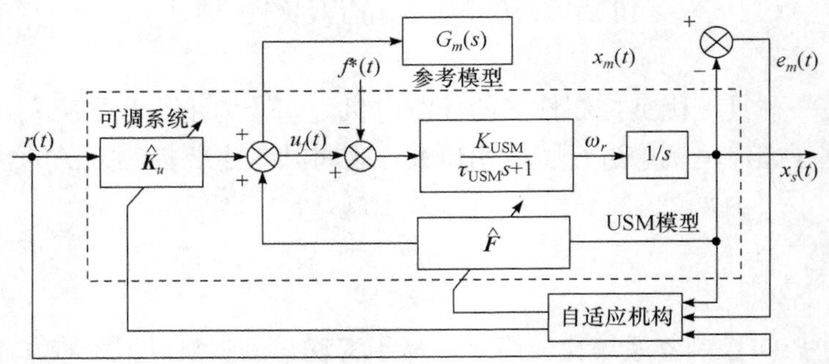

图 11.18　超声电机的 MRAC 控制系统

由于超声电机速度响应具有一阶惯性环节的响应特性，并考虑到 MRAC 对模型要求不高，因此，可假定电机的传递函数为

$$G(s)=\frac{\Omega_r(s)}{U_f(s)}=\frac{K_{\text{USM}}}{\tau_{\text{USM}}s+1} \tag{11.32}$$

式中，$\Omega_r(s)$ 和 $U_f(s)$ 分别为电机转速和频变控制量在频域中的表示；τ_{USM} 为电机的时间常数；K_{USM} 为模型中的比例增益。作为一个时变对象，K_{USM} 具有一定的时变不确定性。在进行 MRAC 设计时，可将 K_{USM} 看成常数。

图 11.19 给出了超声电机 MRAC 控制的结果。其中，图 11.19(a)为参考输入为 45°～90°的方波信号时的跟踪控制结果。可见，电机的角位移可以较快地跟踪参考模型的输出，而且跟踪精度较高。图 11.19(b)给出了自适应参数的变化情况。

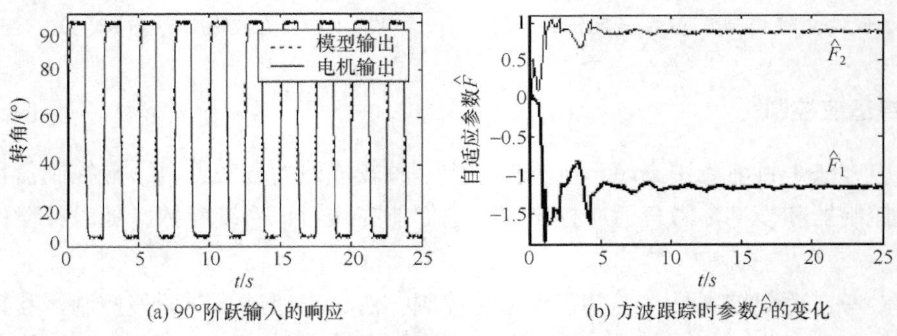

(a) 90°阶跃输入的响应　　(b) 方波跟踪时参数$\hat{F}$的变化

图 11.19　超声电机的模型参考自适应控制结果

11.5.3　神经网络控制

神经网络采用大量的神经元和连接权，实现输入、输出信号的非线性映射功能，且具有自适应、自学习和容错功能。神经网络控制器能够获得较好的控制精度。然而，随着网

络规模的扩大，需要大量用于训练的实验数据，不仅实验数据获取困难，且运算和学习速度慢，控制系统的响应速度受到限制。

超声电机的神经网络 PID 控制系统如图 11.20 所示。它主要由两部分组成：①PID 控制器直接对电机进行控制，其参数可动态调整；②BP 神经网络可根据系统的运行状态，通过 PID 参数的在线调整，使系统的某种性能最佳。该神经网络的输出对应着 PID 控制器的三个可调参数。

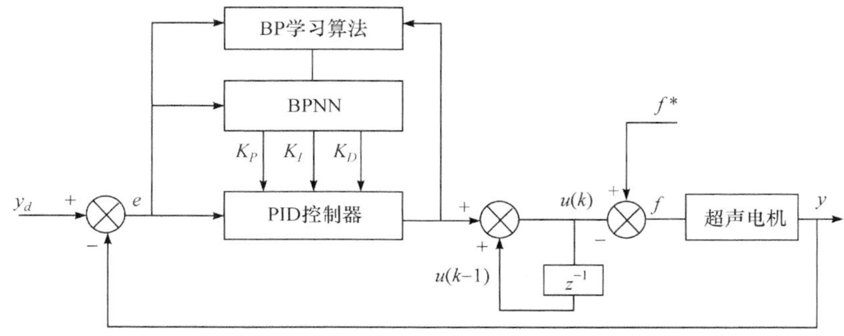

图 11.20　超声电机的神经网络 PID 控制系统

图 11.21 为超声电机神经网络 PID 控制的实验结果，从图 11.21(a)中可以看出，神经网络 PID 控制不仅取得了较高的位置控制精度(稳态位置误差：−0.08°～+0.08°)，而且在电机加载后仍能保持电机原有控制性能不变。图 11.21(b)说明，通过神经网络在线整定 PID 控制器参数，能使 USM 获得快速而高精度的伺服位置跟踪。

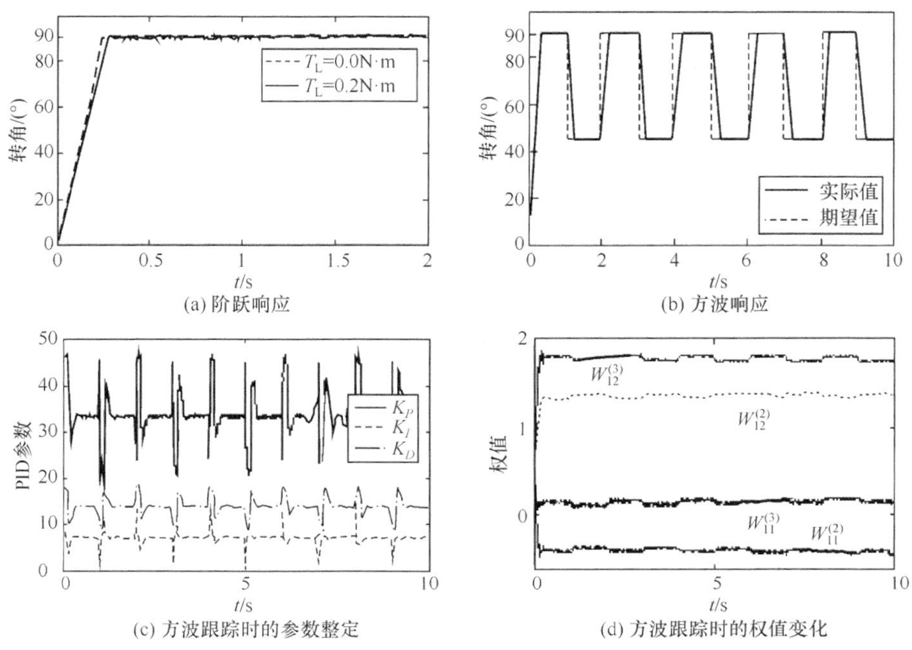

图 11.21　超声电机神经网络 PID 控制结果

11.5.4　模糊控制

模糊控制方法是应用模糊集合论和模糊推理的一种智能控制方法，该方法不需要电机的数学模型，仅需要根据操作控制经验或电机运行数据构建模糊推理规则，选择模糊推理方法。模糊控制器具有一定的自适应能力和鲁棒性，但在某些特定场合，当系统参数变化时，控制器的响应轨迹会变化得很剧烈，难以实现高精度的伺服控制。

行波超声电机的模糊逻辑控制系统框图如图 11.22 所示，其核心是模糊逻辑控制器，该控制器采用二维输入结构。通常情况下，二维的 FLC 是以被控对象的误差及误差变化率作为输入，但针对超声电机的工作特点，为了保证控制系统在电机参数及工作条件变化时具有较好的鲁棒性，特选取位置偏差 e ($e = y_d - y$) 及电机角速度 ω_r 为 FLC 的输入。采用调频法调节电机速度，需设定一个频率基点 f^*，该频率对应电机的额定速度。图 11.22 中，以工作频率的增量(称为频变量) Δu 作为 FLC 的输出，u 为频变控制量。

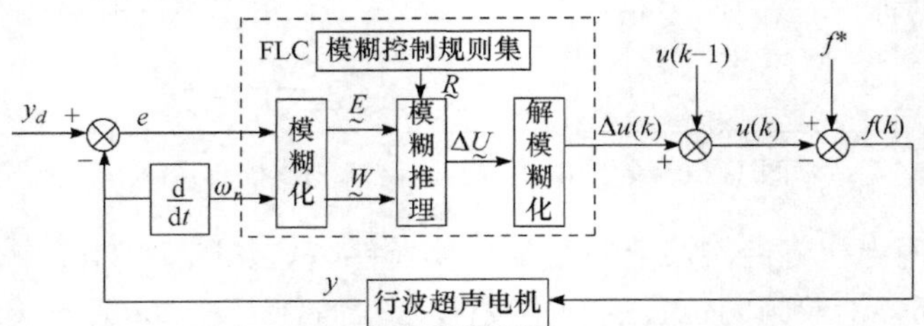

图 11.22　行波超声电机的模糊逻辑控制系统框图

图 11.23(a)给出了系统在 90°阶跃信号输入时的响应曲线，其稳态误差为±0.28°，响应时间约 0.18s，控制精度不高。图 11.23(b)为带载状态下的阶跃响应曲线，由图可见，加入负载后，电机的响应时间比空载时略有增大(约为 0.2s)，但控制误差没有多大变化。这表明模糊控制对电机的负载变化具有较强的鲁棒性。该方法控制精度不高的原因主要有两点：一是所制定的控制规则不一定完全符合 USM 的工作特性；二是 FLC 输出分档不够细，致使控制器的调节作用过于粗糙。

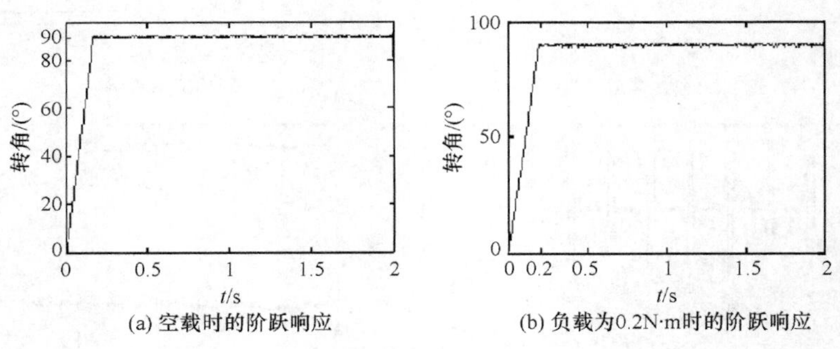

(a) 空载时的阶跃响应　　(b) 负载为0.2N·m时的阶跃响应

图 11.23　USM 模糊位置控制的阶跃响应

图 11.24 给出了 USM 的 90°方波输入的跟踪结果。可以看出，当目标位置在 0°～90°按方波规律变化时，USM 也在 0°～90°之间做往复摆动，以较快速度进行位置跟踪，表明模糊控制能实现 USM 的快速位置跟踪控制。值得注意的是，图 11.24(b)中的控制值为频变量控制值的数字形式，而且当其值为负时，“负号”只表示使电机反向运转的控制作用。

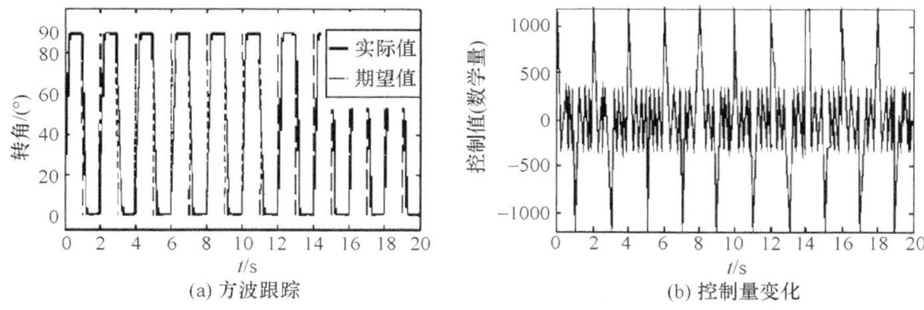

图 11.24　超声电机模糊位置控制的方波跟踪结果

11.5.5　无模型自适应控制

综上可知，几乎所有曾经应用于传统电磁电机的控制策略都已被尝试用于超声电机。但是由于多数现有控制算法是以被控对象机理模型或数学模型为设计基础的，而超声电机运行机理复杂，无论利用逆压电效应的机电能量转换过程，还是定、转子间的机械能摩擦传递过程，均具有显著的分散性和时变非线性，因而难以得到准确的数学模型，更难以得到相对简单、适合于控制应用的模型。此外，基于模型的控制必然遇到系统模型精确建模和模型简约或控制器简约、未建模动态和系统鲁棒性、未知不确定性与鲁棒控制要求不确定性上界已知等孪生理论难题。

无模型自适应控制(Model Free Adaptive Control，MFAC)是一种典型的数据驱动控制方法，它不需要构建被控系统的机理模型或数学模型，仅依靠系统的输入、输出数据就能实现未知非线性受控系统的参数自适应控制和结构自适应控制，非常适合于超声电机这类时变非线性系统应用。

大部分离散系统的输入/输出关系均可表示为如下函数：

$$y(k+1)=f[y(k),\cdots,y(k-n_y),u(k),\cdots,u(k-n_u)] \tag{11.33}$$

以基本的一阶局部线性化模型为例，引入伪偏导数(Pseudo Partial Derivation，PPD) $\phi_c(k)$ 来表达系统的动态特性：

$$\Delta y(k+1)=\phi_c(k)\Delta u(k),\quad \forall\Delta u(k)\neq 0 \tag{11.34}$$

图 11.25 形象地描绘了式(11.34)中各个变量的几何关系，它表明 PPD 是系统的动态偏导数，能够反映系统的时变特性。

设计 PPD 的估计准则函数如下：

$$J\left[\phi_c(k)\right]=\left|y(k)-y(k-1)-\phi_c(k)\Delta u(k-1)\right|^2+\mu\left|\phi_c(k)-\hat{\phi}_c(k-1)\right|^2 \tag{11.35}$$

该准则函数在最小二乘估计的基础上，增加了对待估参数的限定，防止估计过程中参数的突变。通过对该准则函数求极值，可得出 PPD 的迭代估计结果为

$$\hat{\phi}_c(k)=\hat{\phi}_c(k-1)+\frac{\eta\Delta u(k-1)}{\mu+\Delta u(k-1)^2}\left[\Delta y(k)-\hat{\phi}_c(k-1)\Delta u(k-1)\right] \tag{11.36}$$

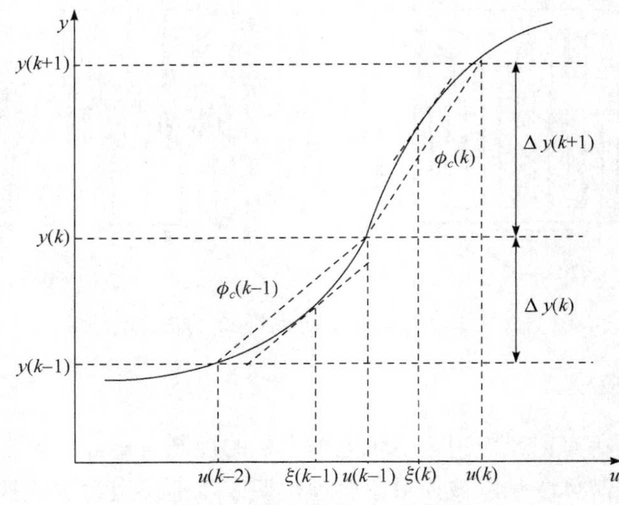

图 11.25　伪偏导数 PPD 示意图

同样，可以采用类似的准则函数估计系统的控制输入：

$$J\left[u(k)\right]=\left|y^{*}(k+1)-y(k+1)\right|^{2}+\lambda\left|u(k)-u(k-1)\right|^{2} \tag{11.37}$$

通过对该准则函数求极值，可得出系统的控制输入迭代算法：

$$u(k)=u(k-1)+\frac{\rho\phi_{c}(k)}{\lambda+\left|\phi_{c}(k)\right|^{2}}\left[y^{*}(k+1)-y(k)\right] \tag{11.38}$$

综上，MFAC 的控制算法仅由式(11.36)和式(11.38)构成，它不需要任何形式的超声电机的模型，只需要电机系统的输入、输出数据即可获得反映系统动态特性的伪模型，进而对电机进行控制。与基于模型的控制算法相比，该算法具有算法简单、对时变参数跟踪性能好等优点。

图 11.26(a)展示了 MFAC 和 PID 作用下方波速度跟踪曲线，其中 PID 的参数优化选择为 P=6.12，I=8.86，D=0，而 MFAC 的参数随意取为 $\lambda=\rho=\mu=\eta=1$。MFAC 的误差保持在 4.22%以内，上升时间为 20ms，而 PID 的误差在 5.46%以内，上升时间为 30ms，从图中也可以明显看出，MFAC 的跟踪特性要优于 PID。图 11.26(b)展示了 MFAC 作用下输出频率和 ϕ 的曲线，其中 ϕ 已在式(11.34)中定义，它表示改变频率造成电机转速变化的程度。随着时间的增加，电机内部由于定、转子之间的摩擦力作用及定子高频振动产生的热量大量堆积，温度剧烈上升，从而使电机共振频率下降，为了获得相同的转速需要用更小的频率去驱动电机。从图 11.26 也可以看出，0～1.25s，当期望转速为 10r/min 时，电机驱动频率离共振点较远，温度上升不高，此时电机性能稳定，ϕ 几乎不变。1.25～2.5s，当期望速度突变至 50r/min 时，驱动频率迅速减小到 41.55kHz 附近，离电机共振频率较近，电机温度上升造成共振频率下降，而转速对频率的斜率越来越大，因此 ϕ 逐渐增大。2.5～3.75s，期望转速又突变至 10r/min，电机发热量迅速减小，共振频率不再明显下降，转速对频率的斜率又恢复至稳定值。因此，MFAC 的参数 ϕ 可以在一定程度上代表电机运行性能。

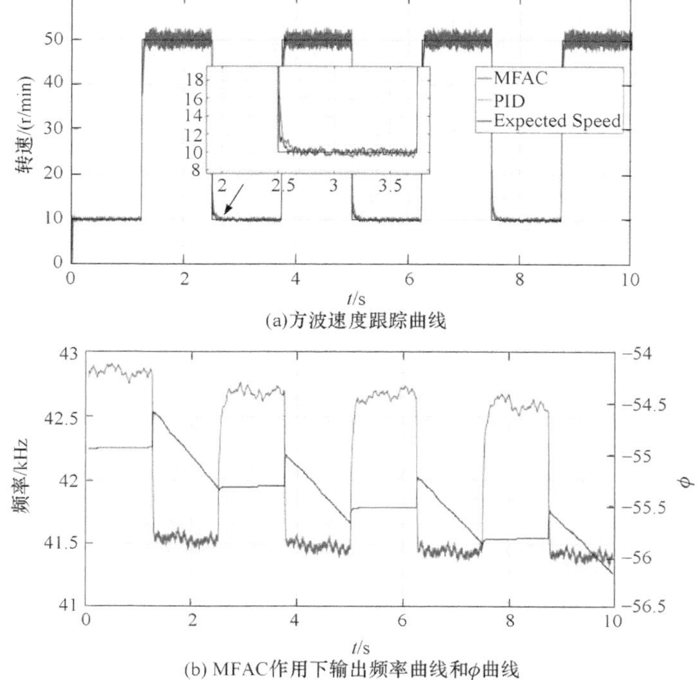

(a)方波速度跟踪曲线

频率/kHz
ϕ
t/s

(b) MFAC作用下输出频率曲线和ϕ曲线

图 11.26 MFAC 和 PID 作用下方波速度跟踪曲线

图 11.27 展示了 MFAC 和 PID 作用下变负载跟踪曲线。负载如下：

$$T=\begin{cases}0.2\text{N}\cdot\text{m}, & 0\text{s}\leqslant t<2.5\text{s}或5\text{s}\leqslant t<7.5\text{s}\\0.8\text{N}\cdot\text{m}, & 2.5\text{s}\leqslant t<5\text{s}或7.5\text{s}\leqslant t<10\text{s}\end{cases}$$

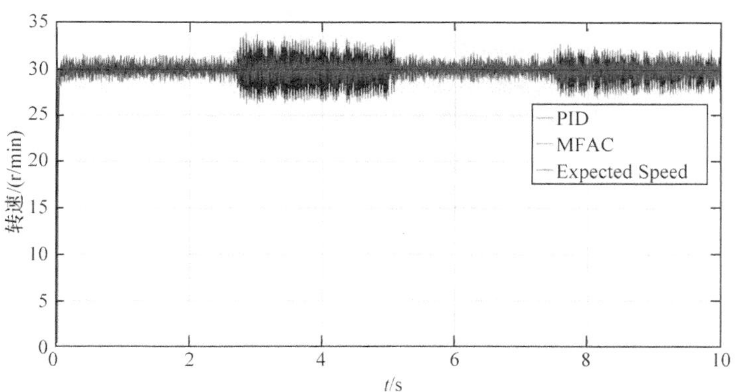

图 11.27 MFAC 和 PID 作用下变负载速度跟踪曲线

其中，PID 的参数优选为 P=10.43，I=8.25，D=0，而 MFAC 的参数仍随意取为 $\lambda=\rho=u=\eta=1$。实验结果表明，PID 控制下，上升时间为 25ms，MFAC 控制下，上升时间为 15ms。在 0～2.5s 和 5～7.5s 时间段中，MFAC 的误差保持在 4.97%以内，PID 的误差保持在 5.18%以内。而在 2.5～5s 和 7.5～10s 时间段中，MFAC 的误差保持在 5.43%以内，PID 的误差在 13.33%以内。这主要是因为某一组 PID 参数很难适用于超声电机运行的各种工作情况，实际工作情况变化较大时需用多组 PID 参数进行控制。而 MFAC 表现出较好的鲁棒性能，一组参数就能在负载突变的情况下保持较高的稳定性。

以上实验数据表明：相比于 PID 控制，MFAC 在参数整定上更加容易，又能保证较好的跟踪性能，这在实际应用中有较大的优势。

11.6　超声电机的应用和发展

超声电机在我国的典型成功应用是南京航空航天大学将其研制的一台直径 30mm 的超声电机用于嫦娥三号“玉兔”巡视器中的红外成像光谱仪定标板的开合。该电机重量只有 46g，是同等电磁电机重量的 1/10，而其定转子仅重 17g。图 11.28 为超声电机及其在“玉兔”号巡视器中的位置。随后改进的超声电机也成功用于嫦娥四号和“墨子号”量子科学实验卫星中。

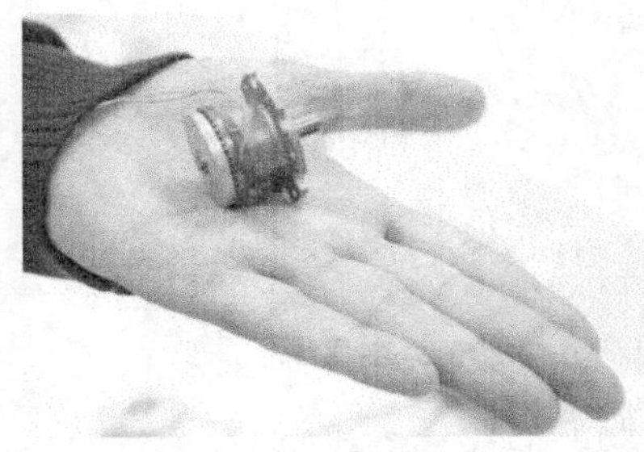

(a) 超声电机

(b) 超声电机安装在红外光谱仪定标组件中

(c) 超声电机用于嫦娥三号巡视器中

图 11.28　超声电机的应用

国际上，日本掌握着世界上大多数超声电机技术发明专利。其中，Canon 公司花费 10 亿日元建立了一条超声电机生产线，每月能生产 20 万～40 万台超声电机。它所生产的超声电机在照相机自动聚焦系统、手表、汽车、机器人、核磁共振仪、电动窗帘以及卡片传输机等产品上都得到了成功的应用。Canon 公司已有 37 种照相机聚焦镜头应用了超声电机，图 11.29 为应用了环形超声电机的相机。Nikon、Olympus 等公司的照相机也在逐步应用超声电机。日本 Seiko 公司每年生产 20 万台用于手表振动报时的超声电机，如图 11.30 所示。

如图 11.31 所示为 Seiko 公司研发的集成式超声电机，用作内窥镜的作动器。如图 11.32 所示为 Epson 公司将厚 0.4mm 的微型超声电机用于昆虫机器人。如图 11.33 所示为 Toyota 公司应用于轿车方向盘操纵系统的超声电机。如图 11.34 所示为 Konica Minolta 公司生产的应用了直线型超声电机的镜头。如图 11.35 所示为 Epson 公司将两台超薄型超声电机应用于空中机器人。还有不少公司，如 Shinsei、Honda、Panasonic、Hitachi 等公司都在发展和生产超声电机。

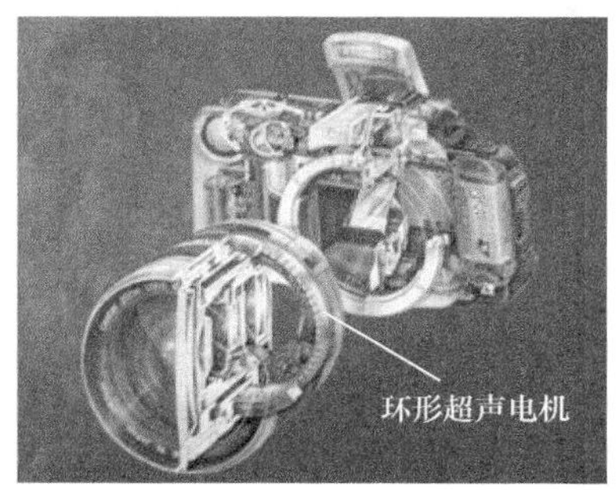

图 11.29 Canon 装有 USM 的相机

图 11.30 Seiko 将 USM 用于手表振动报时

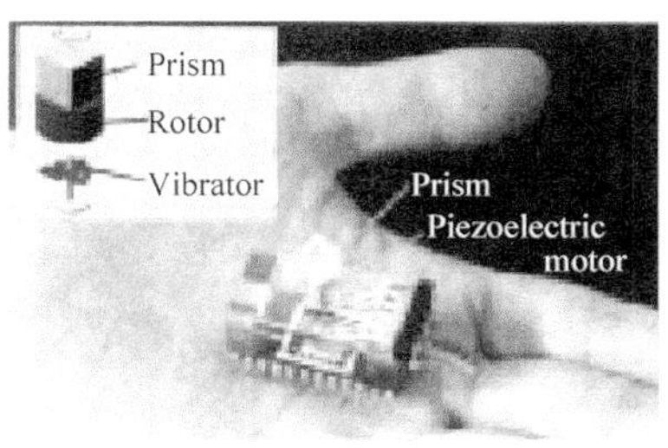

图 11.31 Seiko 研发的集成式 USM

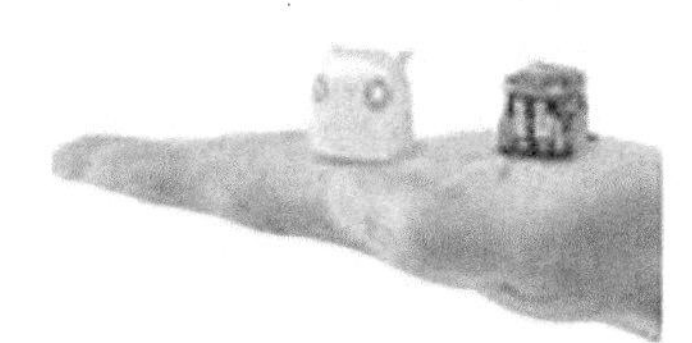

图 11.32 Epson 将 USM 应用于昆虫机器人

图 11.33 应用于轿车方向盘操纵系统的 USM

图 11.34 USM 应用于光学镜头

与日本不同，美国将超声电机陆续应用于宇宙飞船、火星探测器、运载火箭等航空航天工程中。图 11.36 为美国喷气推进实验室(JPL)和 MIT 联合研制的超声电机应用于火星探测微着落器。该电机扭矩达 2.8N·m，使用最低温度达−1000℃，比用传统的电机重量减轻 30%。美国国家航空航天局(NASA)的 Coddar Space Flight Center 将超声电机应用于空间机器人。其中，微型机械手 MicroArm Ⅰ使用了扭矩 5mN·m 的超声电机。火星机械手 MicroArm Ⅱ使用了 3 个扭矩为 0.68N·m 和 1 个扭矩为 0.11N·m 的超声电机。它们比使用同等功能的传统电机轻 40%。如图 11.37 所示为美国把微型超声电机应用于质量为 7～8kg 的纳米卫星。

图 11.35 USM 应用于空中机器人

图 11.36 USM 应用于火星探测微着落器

在德国，Physik Instrument(PI)公司开发了基于直线型超声电机的运动平台，该平台在半导体制造中得到应用(图 11.38)。如图 11.39 所示为 University of Paderborn 的 Heinz Nixdorf Institute 研制的驱动轿车顶窗的直线型超声电机。图 11.40 为韩国 Korea Institute of Science and Technology 研制的应用于 Sumsung 公司照相机防抖系统的直线型超声电机。如图 11.41 所示为以色列 Nanomotion 公司研制的多头直线型超声电机并将其应用于半导体制造行业。如图 11.42 所示为以色列 Kyocera 公司生产的基于直线型超声电机驱动的真空型精密平台。其他，如英国、法国、意大利、瑞士、新加坡等国家的各大院校和研究机构都有学者在研究和开发超声电机。

纵观国内外近几年的研究状况，许多新型直线型超声电机以及多自由度超声电机被开发和应用。此外，超声电机还有以下三个重要的发展方向。

图 11.37 美国将 USM 应用于纳米卫星

图 11.38 直线型 USM 应用于运动平台

图 11.39 驱动轿车顶窗的直线型 USM

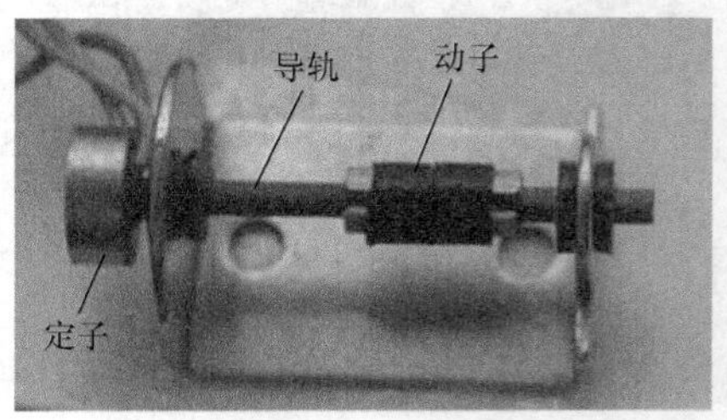

图 11.40 应用于相机防抖系统的直线型惯性式 USM

图 11.41　Nanomotion 研制的应用于半导体制造行业的直线型 USM

图 11.42　Kyocera 研发的基于直线型 USM 驱动的真空型精密平台

1) 研制新型摩擦材料和压电材料，提高超声电机对环境的适应性

由于超声电机靠摩擦耦合来传递扭矩，摩擦界面的磨损和疲劳是不可避免的。这大大限制了超声电机的应用。目前，超声电机仅应用于一些间隙工作的场合：照相机的聚焦系统，累计工作寿命为 10 多个小时；汽车窗门开关和座椅头靠调整装置，累计工作时间约 500h。最近 2 年，日本 Canon 公司将行波型超声电机应用于彩色复印机，要求寿命达 3000h 以上。某些应用场合还要求更长的累计工作寿命，甚至期望超声电机能连续地长时间运转。为此，世界各国都在研制新型摩擦材料，以提高超声电机的使用寿命。以日本 Shinsei 公司超声电机产品为例，近 10 年来，其最大改进就是摩擦材料，包括摩擦材料的成分和粘涂方法等，从而使超声电机的寿命和效率都有提高。

要使得超声电机能应用于航天领域，还必须研究超声电机对环境工作条件的适应性。针对复杂的宇宙环境，美国 NASA 和 JPL 对超声电机在高/低温和真空环境下进行了大量的试验研究。日本 Shinsei 公司 USR-30 超声电机在−80℃和 25mTorr(1mTorr=0.133Pa)的环境(Cryovac Conditions)条件下，经过 67h 运转损坏试验。在此试验的基础上，NASA/JPL 采取了一些特殊措施，研制出一种 SRPD 型超声电机。该电机在 Cryovac 环境下，运行了 336h(先在−80℃和 25mTorr 下工作 65h 后，又在−150℃和 16mTorr 下工作 271h)，具有很好的 Cryovac 特性。研究表明，要使超声电机获得良好的低温特性，除了改善胶接材料和胶接技术以外，还需要提高压电材料的低温性能，研制适合于低温环境的新型压电材料。常用的 PZT 系列压电陶瓷在温度降低到−40℃时会因为迟滞损耗的增加而导致性能下降。在温度为−240℃时，压电陶瓷的性能会下降 75%。而新型弛豫铁电压电单晶 $(1-x)\mathrm{Pb(Mg_{1/3}Nb_{2/3})O_3}-x\mathrm{PbTiO_3}$ (铌镁酸铅和钛酸铅固容体，简称 PMN-PT)和 $(1-x)\mathrm{Pb(Zn_{1/3}Nb_{2/3})O_3}-x\mathrm{PbTiO_3}$ (铌锌酸铅和钛酸铅固容体，简称 PZN-PT)在−240℃时的压电性能仍然优于压电陶瓷 30℃时的压电性能。显然，如果超声电机需要在超低温场合下工作，PMN-PT 单晶将有效地替代传统多晶压电陶瓷材料。

2) 超声电机的微型化和集成化

如前所述，与传统电磁电机相比，超声电机没有线圈，结构简单并易于加工，转矩/体积比大。尺寸减小时能基本保持效率不变，非常适合作为微机电系统(MEMS)中的作动器。因此，微型化和集成化是超声电机的重要发展方向。

尽管还有一种类型的微特电机-静电电机可以基于 IC 工艺来加工制作，也能实现与驱动电路的集成化，但其工作原理的限制使它的输出力矩非常小。静电电机的能量密度可以表示为 $\frac{1}{2}\varepsilon_0 E^2$，其中，$\varepsilon_0$ 表示空气的介电常数，E 表示电场强度，当气隙为 1μm 时，$E \approx 10^8 (\text{V/m})$；对于利用 PZT 压电陶瓷逆压电效应来工作的超声电机来说，其能量密度同样可以表示为 $\frac{1}{2}\varepsilon_p E$，同样有 $E \approx 10^8 (\text{V/m})$，$\varepsilon_p$ 表示压电陶瓷的介电常数，但是 $\varepsilon_p \approx 1300\varepsilon_0$。因此，相比而言，超声电机具有更高的能量密度。如图 11.43 所示的微型超声电机，直径为 2mm，高 0.3mm，体积为 0.49mm^3，在驱动电压为 18V_{pp} 时，力矩达到 3.2μN·m；图 11.44 给出的微型杆式行波型超声电机直径为 2.4mm，长 10mm，转速为 570r/min，输出力矩达到 1.8mN·m，效率为 25%。

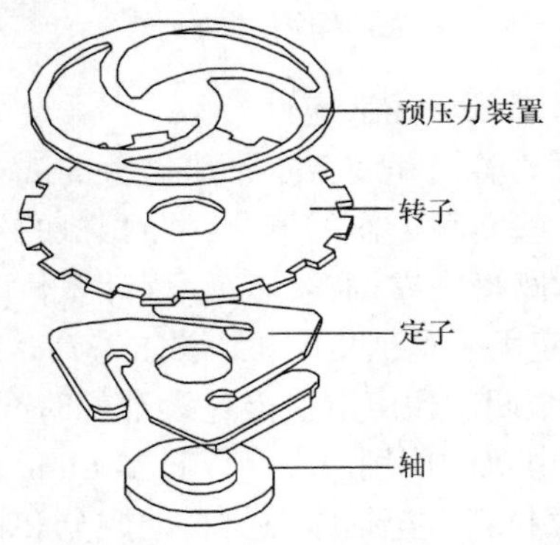

图 11.43　Suzuki 研制的微型 USM

图 11.44　Koc 研制的微型杆式行波型 USM

3) 压电作动器(包括超声电机)与生物医学工程相结合

生物医学工程离不开对细胞的加工、传递、分离和融合，以及细胞内物质(细胞核、染色体、基因)的转移、重组、拉伸、固定等操作。对只有几微米的细胞来说，关键动作是接近细胞时的精细微调，要求分辨率达几十纳米，要完成以上操作，需要很高的定位精度和精细操作能力的驱动装置。目前，这些工作主要依靠受过专门训练的技术人员手工完成，工作效率很低，成功率也很低。位移分辨率高、响应快的超声电机可以成功地解决这一难题。日本研制的三维微操纵系统用于操作白细胞，人的白细胞直径大约为 10μm，该系统的定位精度可以达到 0.1μm，工作范围可达到 586μm×586μm×52μm。该系统利用压电叠层作为作动器，具有两个指头的微操作手是模仿筷子的运动而设计的。它还可以进行外科手术，操作 2μm 大小的玻璃球、微装配等。采用精密驱动系统，可以提高效率，简化操作，实现生物工程的自动化。日本学者还在实验室里，利用基于压电型惯性式直线型超声电机的纳米定位技术和图像处理技术，研制出一套自动化细胞穿刺微操作系统，如图 11.45 所示。药物传送的概念是基于充分利用现代微制造技术而提出来的。它可以大大改善口服肽(Peptide)和口服含蛋白质(Protein)药剂的传统方法。目前用于药物传送的射流微系统包括微型压电泵、电泳膏药和智能药丸。图 11.46 为美国具有微型压电泵的智能药片。

特别需要提出的是，日本的 Kurosawa 研制的表面波超声电机的损耗比体波超声电机更小，效率更高，体积可以做得更小。目前已经研制出 4mm×4mm×3mm 的表面波电机。电机工作频率为 10～100MHz。当它作为步进电机使用时，其步距可达到亚纳米级(0.5nm)，每一步的响应时间可达 0.2ms。这种高分辨率的超声电机将在计算机、生物医学等领域有广阔的应用前景。

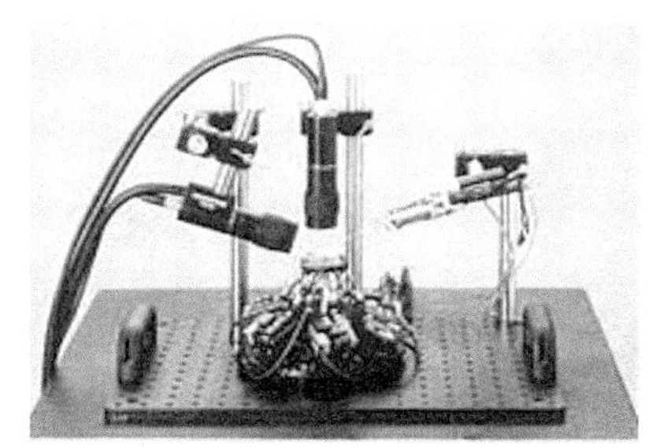

图 11.45 USM 用于细胞穿刺微操作系统

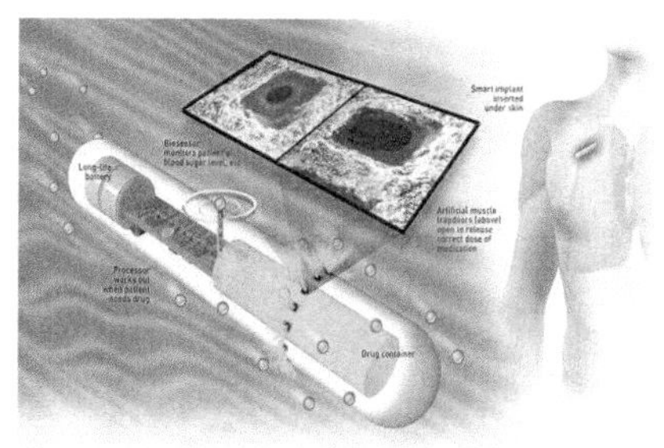

图 11.46 压电作动器应用于智能药片

参 考 文 献

陈超, 2005. 旋转型行波超声电机理论模型的研究[D]. 南京: 南京航空航天大学.

陈志华, 2003. 超声电机控制中的若干问题的研究[D]. 南京: 南京航空航天大学.

贺红林, 2007. 超声电机及其在机器人上的应用研究[D]. 南京: 南京航空航天大学.

侯忠生, 金尚泰, 2013. 无模型自适应控制: 理论与应用[M]. 北京: 科学出版社.

金家楣, 2007. 若干新型超声电机的研究[D]. 南京: 南京航空航天大学.

李华峰, 2002. 超声波电机及其精密伺服控制系统研究[D]. 武汉: 华中科技大学.

李华峰, 2004. 超声电机驱动器的研究[D]. 南京: 南京航空航天大学.

芦小龙, 2014. 用于空间环境的超声电机的研究[D]. 南京: 南京航空航天大学.

时运来, 2012. 新型直线超声电机的研究及其在运动平台中的应用[D]. 南京: 南京航空航天大学.

王寅, 2013. 多模式压电直线电机的研究[D]. 南京: 南京航空航天大学.

赵淳生, 2007. 超声电机技术与应用[M]. 北京: 科学出版社.

曾劲松, 2006. 旋转型行波超声电机若干关键技术的研究[D]. 南京: 南京航空航天大学.